美学与艺术研究

第11辑

湖北省美学学会　编

西方美学·中国美学·艺术美学·环境与生态美学·设计美学

青年论坛

WUHAN UNIVERSITY PRESS

武汉大学出版社

目　录

西方美学

中国美学

青 年 论 坛

西方美学

审美对象之本质多义性

[德]汉斯·布鲁门贝格(Hans Blumenberg)/著

方瑞婷/译　贺念/校

　　每一种艺术理论的厄运都表现在如下的陈腔滥调中：鉴赏(Geschmack)是不可争论的。究竟为什么不可争论呢？因为关于某些已确定或可(待)确定之对象的争论只有在一种情况下才有意义，即：此对象的明确规定性同时能够成为对该对象之争辩的结果的形式。因此，美学总是试图通过将理论性的客体化设置成一个虽无法实现却又无限接近的模型来走出它的困境。由此，康德将审美判断的主观普遍性视为避免使审美性的(感性的)对象关联(das ästhetische Gegenstandsverhältnis)变成绝对个体性之间完全无约束的连接的唯一可能。每一种艺术哲学都需具备这样的意图，问题仅在于，康德的路径是不是唯一的可能。

　　审美之主观性是否真的仅仅且首要地取决于主体，或者是否审美对象就其本身而言本质上是多义的，以至于这样的多义性相较于理论对象并不造成审美对象的缺失，反而使其审美功能由此得以可能？多义性恰恰是审美之对象性(Gegenständlichkeit)得以证明的索引。诗人或造型艺术家所创造的作品必须具有自己的审美之对象性——这一点并不是不言自明的。当然，在此讨论的并不是物理的时空客观性，在此客观性下我可以抓取并带走一幅画，用化学方法检查它的底纸或颜色，或者验证它的尺寸说明。在此讨论的是，一件这样的作品同样能够具有一种单纯传达或指引性的、非直接对象化的意义，例如作品可以唤醒人们面对自然或人类之内在经验世界中那些可历经的情境；或者正如人们常说的那样，作品可以让那些尚未发生但原则上可见之物得以被看见或被强调；抑或我们可以把作品的功能看作对思想的传达，使思想通过可直观模式(Modell der Anschaulichkeit)更清晰或令人印象更深刻地为人所接近。

　　相较而言，当现代作家要求诗人永远不应表达一种思想，而应表达一个对象时，这暗含着说，诗人在思想里还必将包含对对象的态度，就将完全是另一回事了。但是这意味着，思想不再简单地仅仅被翻译成为合适的可直观性媒介，以使此思想随时可通过此媒介被提取并重返其起始同一性（Ausgangsidentität）——当然是在另一个主体的范围内；毋宁说，思想最终不可逆转地成为对象，这一对象对每个观赏者来说都有不同且特有的意义，此对象由其来源的明确性出发，却最终迷失在一个内在于它的历史（die ihm immanente Geschichte）的多义性中。

审美对象正是通过对一切思想性、语义性及意图性的消除，对主体发出了绝对要求，即其应通过其关联能力（Bezugsfähigkeit）专注于此对象，并摒弃其他的指引来对此对象进行把握。这或许能够通过一个寓言作为例子来进行说明。一位当代戏剧作家记录下了以下念头：度假者们坐在一个旅店里，然后出现了一排瓦匠，他们逐渐将窗户和门砌了起来。没有一位客人……愿意离开房间。起初他们忽视这一事件过程，然后他们变得焦躁不安，然后他们试图把这当作奇异之事来看待，然后他们陷入恐慌，最后他们仿佛瘫痪了。笔者设想这些瓦匠是无害的、和善的且坚定不移的。……初看时人们倾向于把它称为一个寓言，但是对其人物形象的内核却表明，此处经典寓言所应展现的东西却是缺失的，即它总是已经知道它所呈现之物，它的指引关联（Verweisungsbezug）通过这一预知对明确性发出要求，并且理解活动在此明确关联被发现或领会之前不应停下来。在此所引用的这一现代寓言既不从内容的抽象表述出发，亦不倾向于这种明确易懂性。虽然破译寓言的可能性必须总是作为背景存在，但这一可能性不可能被实现，或者说，它应该允许甚至必须允许多义性的存在，即一个当时所被给予之阐释（Deutung）相较于另一个更明显之阐释的不可纠正性。这位被引用的现代舞台剧作者进一步记录道：我可以肯定，对"谁或为什么是这些瓦工?"这一问题有着很多的答案。一旦身处此种模型情景，人们便不再需要思考。这将由其他人来完成……即使我选择了某种明确的阐释，这也不会改变。因此，这种寓言不是一个基于被给定或立于背后之意义而出现的虚构故事，以使其作为工具服务于此意义，使后者更易懂、更简明、更易读、更易于传播。相反，这则寓言要求自己具有最后被给予性的特征（einer letzten Gegebenheit），这一被给予性虽然持续地激发阐释，却使这些阐释基由它们的可分离性或相互干涉性失去效力，使其悬浮不定，不断地扬弃，从而使其并不抵达最终有效性。这一起初作为他者之迹象（Zeichen für anderes）的被给予性自身转化为此他者的被给予方式，并使自身物象化，由此获得了一种内在一致性；在此一致性中此被给予性可被透视性（Perspektiv）地理解，且与此被给予性的极点相关联的诸多角度（Aspekte）也被提供出来。这些角度——它们的实现或执行在任何情况下都可以被冠以"评论"的称号——只能且恰好在它们的多元性（Pluralität）中，在它们所拥有的众多暗含意味的潜在性中，亦即一种丰富性中，才具备对其实在意识有所促成的意义。然而当此诸多可能性之一不再审美地，而是理论性地被实现并且作为完整的阐明被执行时，这种丰富性之共显（Mitpräsenz）将立即消失。因此不仅在造型艺术中，同样在诗歌（艾略特《荒原》；埃兹拉·庞德《诗章》）中，均产生了现代艺术的悖论性局面：他们的作品直截了当地叫嚷着对评论的需要，然而评论却对他们的实在模式（Realitätsmodus）起着破坏性作用。这一悖论之于审美对象之本质多义性而言是标志性的。

如果我们从寓言例子退一步，便遇到了一个想象（Phantasie）本身的理论，此想象不再是原初创造着的，而是作为一个器官在一个可现身之物的空间中移动着。这个空间既与经验现实的空间不同，也与完全陌生的传统意义上所谓理念领域内的想象之空间无关。由此，想象的产物获得了其自身客观性的特性，此客观性即想象着的主体在其意料之外所触及的某种坚固性（Solidität）。这为审美对象的多义性提供了它所需要的规范，多义性为此不能被等同为那些因太少被看过、太少被仔细看过、仅是半成品的对象在连接性与清晰性上的缺失。虽然想象力在近代才被揭示并定义为创造的与发明的，但当它进入某种确定立场时，它似乎仍必须去体验某个向它展示出来的东西。由此容易得出，人们经由经典的主客观区分不能再得到任何进展，恰恰是那必须在最大限度上被描述为主观的东西拥有着客观性的特性，因为它摆脱了恰由生产者带来的支配权与任意规定。

想象空间中的客观实际性（die objektive Faktizität）至少允许这样一种约定，即此空间能够以一种主体间性（intersubjektiv）的方式被进入，且进入此空间并在其中有所体验的主体的身份是偶然的。一位现代诗人在其诗选的序言中给读者这样写道：如果在这本书的页面上有任意一行幸运的诗句成功了，请读者原谅，我已把此诗句强占。这一作者与读者的偶然划分恰好建立于假定的作品选章与其作者的主观性之间的独立自主性：它们不是被发明，而是被发现，它们自身具有非此不可（So-und-nicht-Anderssein）的内在必要性，亦即它们立于道路之上，其发现者为何人仅是单纯的事实。因此，它们对于读者主体和作者主体一样陌生或一样熟悉，而这种约定或虚构提供了机会，使观赏者与审美对象的关系如同作者与审美对象的关系一般真实，使观赏者也同作者一般对阐释之成功充满了希望。他们之间的位置是可以互换的。作者的道歉，为的是他对这些对象的占有及将审美对象作为他所拥有之物进行出版的行为。此处我们面对的并非作者的谦虚修辞，而是一种经过了非常仔细考虑的尝试，即通过主体间性的虚构和位置的可互换性来提高他的审美作品的实在程度（Realitätsgrad）。创作审美（Produktionsästhetik）和接受审美（Rezeptionsästhetik）之间的区别应该从这个世界上消除。审美阐释不仅脱离了心理学的问题角度——即作者想通过其作品得到什么；同样也脱离了历史性地被客体化了的问题角度——此问题角度将作者的意愿（Wollen）置放于其作品之观赏者会相信何物的问题视野中，即：作者通过他的作品本可以想干什么。一种设想的作者具有的某种明确规定的意志（Wille），在最开始便不适用于具有审美吸引力的对象的本质多义性及不确定性。甚至通过暗示只有与此作品趣味相投的评论家才能完成此作品的实现，主张艺术作品进行自我扬弃的浪漫主义想法也会导致一种片面的强调——即使不是严格意义上对接受审美的神秘化，因为评论家此处成为一位被自然钦点的大众代表，而大众所拥有的一般化能力不再被信任，天才在审美上的特殊地位已经从创作领域转移到了接受领域。但是接受之天才创造了多元性与绝对整一性之间的矛盾，这些绝对整一性中的每一个都可以通过天才获取其合法性，审美对象的多义性在此则是反体系化的（systemwidrig）事实。

现在可能会出现反对意见，即这一理念与现代绘画中消除透视的现象最为矛盾。然而正相反，这一过程恰恰确认：技术性地将观赏者固定于某个由艺术家所选择的角度上正是那需要被消除的痛点。将多元性作为图画自身之多视角的同时性（毕加索），或是造型艺术中对所期待之结构的打破（阿奇彭科、摩尔），都证实了审美对象应该不再强迫观赏者选择阐释立场，而是应该留出空白，且此对象正是由此凝结到了一个新的实在程度。与透视技法和对空间期待之满足相关的对"幻觉产出"（Erzeugung von Illusion）的蔑视，奠基于对如下这种放弃之于审美作品而言的意义的低估，即放弃让自身成为审美关系中那最后的、绝对的关联极点（Bezugspol）。现代图画和现代造型艺术不想成为幻觉的使用说明书或其他事物之可见性的开场白；它们想成为自己，且不多不少正是它们所展现的自己。

让我们回到出发点：审美阐释的多元性并不是应然的立场及接受宣告失败的形式；相反，它看起来正是那使一般"鉴赏"（Geschmack）的表达具有意义的唯一形式。只有当一个人被想象为作为特殊存在的，并不依赖于与他人意见的交流、比较、争执的个体时，才能使人相信，仿佛存在一个孤立于构型着的审美对象之关联的"鉴赏"，仿佛它锁于审美之可表达性的个体性领域之内。相反，实际上并不存在着在这种逻辑分类的被孤立的定局意义上的审美"判断"（Urteil）；审美经验的形成只是为了使自己与他人进行比较，为了向他人表明自己的主张，而这在于对对象之相关性的多元化的保证，而不在于个人立场的"正确性"。鉴赏可以被传达，这才是其"普遍性"的真正基本形式。如果将结果的客观同一性如同在理论实践中一般视为理想和目标，那么对鉴赏进行理解便似乎是徒劳的。保尔·瓦雷里（Paul Valéry）所谓的"可能进行的交换"（l'échange possible），是每一个审美表达的意义；而倘若在它与所有可能交换意见的伙伴都"英雄所见略同"的那一刻，它便不仅失去了主体间的意义，而且也使该对象沦为"完结了的物品"。

今天，我们有一种时间维度上的审美多元主义，以及一种审美历史主义。在此审美历史主义下，鉴赏的历史性变化及变化了的判断在其意义视域（Sinnhorizont）中的根基与合法性是不言而喻的；但是我们没有一个就审美之对象关联而言的同时性的多元性系统，即没有对此种状态的辩护，相反它大多伴随着"心虚"为人们所忍受。审美对象的不可概览性（Unü bersehbarkeit）是其真正的"品质"，因为审美经验无法避开此对象，就像在经验现实中某些基本经验不能被省略一样。这可以被称为紧急的迫切性、无可争辩的相关性或其他任何东西——对进入审美态度之潜在性视域（Potenzialitätshorizont）的强制是审美之对象性的根本准则。

保罗·瓦雷里在他的对话"欧帕利诺斯"（Eupalinos）中，借由苏格拉底在海滩上所发现的不明确对象（objet ambigu）这一命中注定般的角色来呈现这一准则；正是借由对此不明确对象的唤醒，正在地狱中反思生活的苏格拉底察觉到了一种多义性，对此多义性的忽视此时成为促使他对哲学生活下定决心的冲击性事实。这个"世界上最可疑的东西"虽然是个自然产物，然而它在此海陆交界的地带、在无限长的时间里受到了不可忽视的多种因素的影响，它的形式已然达到了"完满的不确定性"这一悖论状态（den paradoxen Status der vollendeten Unbestimmtheit），而艺术家只能在无限努力的顶点向此状态靠近。这一被给予性与自古希腊以来的传统本体论是对立的，在后者看来对象之自然抑或人工起源的问题必须是可判定的，并且起初人工要次于自然的。演化和腐蚀乃是自然的基本力量，只有在它们处在可确定的自然中，对"从未见过之物所携之惊喜的期待"这一悖论事态才规定了在艺术方面与"发明"（Erfingdung）

和"建构"(Konstruktion)等基本概念完全对立的态度。瓦雷里的对话中的苏格拉底并没有在面对"不明确对象"时抵达这一审美态度，因为他执着于问题、定义和对象的分类——为此他决定成为哲学家。审美态度允许不确定性成立，它通过对理论好奇心的放弃来获得其特定的享受，而前者总是要求且必须要求其对象之确定性的明确性。审美态度成就得少，因为它承受得多，它允许对象为其自身而强劲地存在，从而不至于让对象在对其各种追问中消解于对其的客体化过程(Objektivierung)。

（方瑞婷　德国耶拿大学哲学系；贺念　武汉大学哲学学院）

海德格尔《艺术作品的本源》之本源[①]

[比]雅克·塔米尼奥(Jacques Taminiaux)/著　　蓝莹/译

我记得海德格尔曾在 1973 年 9 月举办扎林根研讨会的讲话，他指出，对艺术作品本源的沉思在转折中起着决定性作用，这里的"转折"亦即发生在他 20 世纪 30 年代思想中的转折。在本文中，我试图以一种暂时性的方式来说明，涉及艺术作品本源问题的文本在何种意义上以及在何种程度上证明了海德格尔思想的转向，或者说，它们至少是有所变化的。

我们应该从哪些文本寻获这种证据？事实上，我们现在有三个关于《艺术作品的本源》的文本，按照时间顺序，它们分别是：

第一，1935 年 11 月 13 日，海德格尔在弗莱堡的艺术科学学会上首次作此演讲。该文本已经在上一期《海德格尔研究》中发表，现已可阅读。

第二，对同一讲稿的再次阐述。该版本于 1987 年在法国发行，同时还有埃曼纽埃尔·马蒂诺(Emmanuel Martineau)根据海德格尔本人手稿的打字记录本影印而成的法文译本。它以海德格尔在 1935 年 11 月实际宣读的演讲稿为基础，并在 1936 年 1 月于瑞士苏黎世大学以《艺术作品的本源》为题，一字不改地重述了该演讲的内容。

第三，对这一主题的第三次阐述，即 1936 年 11 月与 12 月在美因河畔法兰克福的德国自由大学举办的三次讲座的文本。该版本于 1945 年秋季在《林中路》中以《艺术作品的本源》为题出版。

此文的目的是要从字面上理解海德格尔在 1973 年提出的建议：在处理艺

---

① Jacques Taminiaux. *The Origin of "The Origin of the Work of Art"*. In *Reading Heidegger*: *Commemorations* (*Studies in Continental Thought*). Edited by John Sallis. Indiana University Press. 1993. pp. 392-405。雅克·塔米尼奥(1928—2019)，波士顿学院哲学教授，1977 年获得弗朗基奖(由比利时国王每年颁发给该国的杰出学者)，比利时皇家学院、国际哲学研究所和英国剑桥欧洲研究院的成员。

术作品本源的文本中寻找转折的证据。换句话说，以及更准确地说，我建议通过比较 1935 年的两个版本与 1936 年版的文本来寻找此类证据。但是，在试图比较之前，简短地研究艺术在海德格尔 1935 年秋季前的作品中的位置，此举颇有意义。当然，这只是一种尝试。

基础存在论

如果我们思索基础存在论时期的著作与如今出版的讲座课程，就可以发现，在希腊语的意义上，τέχνη是一个广泛的主题，但它不是本源性的。

基础存在论的项目意在证实，理解存在之多重意义的唯一要点，即我们自身所是的存在的有限时间，即此在。要证明存在的意义问题在有限的和要死者的时间中得到答案，而这一根本就是"此在"，这就等于把"此在"的存在本身视为存在论的基础。它相当于把此在的存在论变成基础存在论的基础。因为在《存在与时间》出版前，海德格尔出版了在马尔堡开设的讲座课程讲义，尤其是关于"柏拉图的苏格拉底"与"希腊哲学的基本概念"的讲座课程得到广泛传播。如今我们似乎明白，海德格尔之所以形成其基础存在论的诠释，首先是由于他对亚里士多德进行了长达十年的思考，更具体地说，是由于他对《尼各马可伦理学》进行了创造性的再诠释。这部作品对当时的海德格尔来说，的确是第一次关乎此在的存在论。

我们现今的艺术一词，其希腊语为τέχνη，是《尼各马可伦理学》的主题之一。这部作品是如何处理艺术的呢？亚里士多德的论著仔细研究了"智性德性"，或称"理智德性"，以确定其等级。理智德性有两种级别：较低层次是伦理的德性，较高层次是认识的德性。Τέχνη，艺术，是一种理智德性，但它位于最低层次，即低层次的伦理德性。它作为一种敞开的、去蔽的、ἀλήθεια与揭示的方式，因而是一种知识性的美德。它也因此是一种认识真理的方式。作为一种认识真理的方式，甚至是存在于真理中的方式；然而，艺术严格地与一种特殊的活动联系在一起，即ποίησις（生产制造的活动），它还意指设置入作品，也就是艺术所揭示的东西。在亚里士多德的思想范式中，the ἔργον of the τεχνίτης（艺术作品的本源）是ποίησις，即艺术作品的本源是生产制造的活动，但生产活动自身源于艺术，在艺术中作为一个ἀληθεύειν（解蔽）的方式。"艺术作品的本源是艺术本身"是一种严格的亚里士多德的说法。同样，说艺术的本性在于真理的发生，也是严格意义上的亚里士多德的解释。然而，在亚里士多德的伦理学中，艺术与规定并贯穿于其中的活动，即生产制造的活动，都有一个内在的不足。它们的不足之处在于，由艺术规定的生产活动的τέλος（结果），并不在人之中，而是在人之外。它是一个ἔργον（作品）。可以肯定的是，生产过程的原则是发生在人之中（它是人所思考的模式），在这个程度上，它是一种德性。但它的德性有所不足，这是因为它的目的是人之外的ἔργον。

这样的缺陷并不代表最高的伦理德性，即φρόνησις（实践美德），也不是一种ἀλήθεια的方式，它成为一种不再是ποίησις（生产制作）而是πρᾶξις（实践）的活动，即一个体的生命在其他个体及其存在中的活动。φρόνησις是最高的伦理德性，这是因为它的ἀρχή（开端）及其τέλος（目的）都超越了人本身。事实上，实践判断的原则是人出于善才作出选择的，其目的是人的善。实践美德是善的决断，而不是别的东西。

然而，对亚里士多德来说，实践美德根本不是最高的德性。一般地，艺术和实践美德都与暂时性的领域有关。而实践美德被严格限制在人类的范围内，它不可能是最高的层次，人是要死者，故而不是世界上最高的东西。Ἀεί（永恒）高于αἰών，即永恒高于要死者之有限性时间，因其所是与何是是永恒的。

两种伦理的德性或美德与ἀεί有关。它们是认识的德性：ἐπιστήμη（知识）和σοφία（智慧）。这两种德性都被提高为一种高于制作与实践的行为方式。这种行为方式就是θεωρία。θεωρία的两个敞开或无蔽的美德与暂时性的事物无关。事实上，知识关注的是不可改变的实体，如数学符号。而智慧，最高的德性，关注的是存在者整体的存在论结构与最高的存在，即原动力，它是有智慧的存在者之一切行动的原则。根据亚里士多德的观点，对于一个要死者来说，沉思这一永恒领域是最本真的存在方式。只要这种沉思持续下去，要死者就会接近神性。他抵达了αὐθεντικός（本真性），在这个意义上，他凭借着极高的德性成为存在自身。

海德格尔的基础存在论既是对亚里士多德观点的重新诠释，又是对其的批判。他完全赞同亚里士多德对艺术的区分，即艺术是一种适应于生产工具生产或生产目的的敞开样式，而实践美德是一种服务于人类生活行为的敞开样式。换言之，他同意亚里士多德对艺术的区分，认为艺术是为生产服务的，而实践美德是为实践服务的。但他从存在论的层面重新调整了这种区分，这意味着它被转化为以下两种区分：一方面是一种日常的存在方式，它关注并预设了通过器具和它们的手上之物所要达到的目的，它被一种特定的周密性所揭示；另一方面是一种本真的存在方式，它关注此在的存在本身，存在，并被决断所

11

照亮。

海德格尔对亚里士多德的再诠释还包括他赞同亚里士多德关于θεωρία的特权，但这一重新诠释再次表明其存在论的蜕变。

亚里士多德关于理论的最高形式的概念，涉及存在者的存在的知识；这种知识在亚里士多德那里被混同于最高存在的科学，即神学。海德格尔宣称，这种观点既涉及一种含混不清的问题，也涉及一种不确定的问题。在含糊不清的意义上，因为存在的科学（本体论）与神性的科学（神学）被混淆了。在不确定性的意义上，因为对于亚里士多德和所有希腊人来说，存在的意义仅限于在场。此外，这种在场的特权预示着它只涉及一种时间的样式。基础存在论的目的是要克服含混不清与不确定性。它通过表明原动力的永恒性只是一个来自日常的概念，我们的艺术与知识——我们周遭对寻视性与投射性的揭示，确实一再需要一种永恒性，即自然的稳定持久性。但是，海德格尔指出，这种对永恒的兴趣和迷恋，无非是逃避我们自身的存在，逃避我们自己的存在及其有限的时间的一种方式。如今，正是通过考虑到我们自己的有限时间是本源性的，对未来的投射与对过去的追问在其中占据上风，当存在被限制为纯粹的在场时，基础存在论也克服了存在的意义中仍然不确定的东西。

我认为，这种简要的回溯足以表明，在基本存在论的框架内，即使艺术被理解为一种无蔽的模式，它也不是本源性的。恰恰相反，艺术作为τέχνη，以及由它所规定的设置入作品的活动是次要的，它们是派生的；相对于我们自身的东西、我们的存在及其有限的时间而言，它们处于一种沉沦的境地。

就纯艺术而言，我们从海德格尔在1927年的讲座课程"现象学的基本问题"中处理《布里格随笔》的方式中确认了这一点。海德格尔的评论表明，在那个时候，诗人不能与思想家平起平坐。诗人不能超越对存在的不恰当或不真实的理解，因为虽然他有存在是什么的感觉，但他要么把存在投射到事物上，要么把事物的存在方式投射到存在上（BP 171-73, 289。）

《校长就职演讲》

因此，在基础存在论中，艺术作为一个整体被最小化和贬低了。在1933年的《校长就职演讲》之前，这一问题并没有显著的变化。但到了《校长就职演讲》，事情就发生了巨大的变化。我们确实在《校长就职演讲》中发现了对《存在与时间》中所阐述的积极生活的等级制度的重大修正，就艺术而言，这是一个极其重大的修正。以前，艺术被狭隘地限制在非本真的、沉沦的日常领域内，现在突然上升到了本真性的层面。我们来更仔细地思考这一转变的发展。

在《校长就职演讲》的开头，海德格尔回顾了他与亚里士多德高度一致的内容（如下所示），并且继续他在马堡时期就已经形成的观点，即哲学作为存在的最高方式以及个体化的真实原则。他说，希腊人把 θεωρία 视为"真正 πρᾶξις 的最高实现"（SU 12）。事实上，在他之前的亚里士多德和柏拉图都把 θεωρία 看作是一种 βίος，一种存在或行为的方式，亦即一种 πρᾶξις。在这个问题上，海德格尔的说法并无新意。但在《校长就职演讲》的早些时候，海德格尔声称有一个古老的希腊传说，在这个传说中，普罗米修斯是第一位哲学家，他从这个角度回顾了埃斯库罗斯悲剧中的普罗米修斯的作品。"τέχνη δ' ἀνάγκης ἀσθενεστέρα μακρώ." 海德格尔译为："知识比必要性弱得多。"他认为，这意味着所有关于事情的知识首先被交付给命运的强大力量（Übermacht），并在这种至高无上的强大力量面前摇摇欲坠。正因为如此，如果要真正地动摇，知识必须显示出其最高挑战，在这种挑战面前，只有遮蔽存在者的力量才能突显而出（SU II）。因此，哲学是最高的知识，亦即关于存在者之存在的知识，既是θεωρία—因此是 βίος 或 πρᾶξις 的最高形式，同时也是艺术，这显然是指一种揭示模式，它被调整为一个特殊的 ποίησις，也就是对它所规定的东西进行某种设置入作品。这对之前的高低之分有相当大的修正。

这是否意味着以前在艺术与沉沦的日常状态之间建立的联系消失了呢？完全不是。事实上，必须区分低级艺术和高级艺术，前者在本体论上无法克服现成状态（或在手状态），后者则适应于存在者之存在的无蔽。关于艺术的更高形式，我们在海德格尔在校长任期结束后开设的两门讲座课程中找到了其发展与明确的解释，即关于荷尔德林的第一门讲座课程（1934—1935 年冬季学期）以及在 1935 年夏季学期开设的讲座课程讲义《形而上学导论》，也就是在第一门讲座讲义《艺术作品的本源》（Vom Ursprung des Kunstwerkes）的阐述之前。让我总结一下这些进程。

关于荷尔德林的首次讲座和《形而上学导论》

关于荷尔德林的第一个讲座课程，对我来说很明显的是，它的阐述直接源于基础存在论，在这个意义上，它完全为沉沦的日常性和决断的本真性之间的比较所规定。对荷尔德林的这种解读，建议立即抛弃各种沉沦的日常形象，它们被《存在与时间》描述为对问题的筑坝。谁是此在？与《存在与时间》不同的是，它所涉及的"此在"不再是个人，而是群体中个人的本真的聚集（GA 39：8）。荷尔德林的诗歌提出了一个问题："我们是谁？"（GA 39：48）——不是作为单一的存在者，而是作为诗人向其讲述的这个奇特的德国民族。"（GA 39：48）为了恰当地提出这个问题，"这一民族的存在呢？"（GA 39：22）海德格尔指出，人们应该能够"从日常状态中退出"（GA 39：22），并坚持《校长就职演讲》中对立即反对的"他们"采取彻底质疑的态度：不，"答案是决定性的"（GA 39：41）。

在此，海德格尔是如何诠释日常性的？答案是：通过艺术。当然，从某种意义上说，这是一种致力于周围世界之操控的环视。他指出，一方面，"本真的此在"作为"向存在敞开"，另一方面，"生产者的日常运作，并使用其产品来促进文化的进步"（GA 39：38），这两者之间应该保持严格的对立。在荷尔德林讲座的背景下，这种较低级的艺术包括纳粹政权的日常生活：文化活动、思想和诗歌对特定政治需求的服从、各部门的裁决。但在本真的此在的层面上，有一个极其特殊的艺术的维度。在对荷尔德林的这种解读中，所涉及的不再是个人的有限时间，而是"一个民族的历史性此在，被经验为真实而独特的存在，从那里发展出了整体存在者的基本立场并获得其立足之处"（GA 39：121-22）。现在，在个人的有限时间和一个民族的自身（eigenste，ownmost）时间或历史性之间存在着差异：每个人都可以让前者时间化；只有少数人可以让后者时间化。这少数人就是创造者。

在诠释荷尔德林的神圣哀悼——即意识到神已经远去，海德格尔试图表明这样一种基本情绪（Grundstimmung），它不仅揭示了德国人的真理，"还敞开了它的决定，准备好迎接神性的回归"（GA 39：102）。由此，他写道：

> 基本情绪（Grundstimmung），这意味着一个民族的此在的真理，最初是由诗人创建的。但是，如此揭示的存在者被理解和阐明，并因此首次被思想家敞开，而这样理解的存在被安放在最后和原始的严肃性中，这意味着一个确定的（bestimmt）历史性真理，只有这样，人们才被引向作为人的自己。这要归功于国家的创造——一个特别的国家的创造者适应了其人民的本质……历史性此在的这三种创造性的力量是实现那唯一值得被赞誉为伟大的东西的人（GA 39：144）。

诗人、思想家与建国者三位一体，体现了《校长就职演讲》中所说的普罗米修斯式的艺术。只要他们意识到命运的超能力，他们就意识到了有限性。只要这种意识促使他们接受最高的挑战，他们就会提升到半神的水平。普罗米修斯——具有诗人、思想家和国家创始人的伟大特性，就这样与日常低级的、琐碎的特质之间隔了一个深渊。

讲座课程亦即"形而上学导论"，沿着前苏格拉底的思路，重点讨论了同一主题。我们已经了解到，没有πράξις就没有τέχνη，没有作品的产生，没有将艺术所揭示的东西设置入作品就没有艺术。由于一种特殊的艺术被提升到最高的本体论层面，如今海德格尔发现巴门尼德、赫拉克利特和索福克勒斯之间的共同点可以被概括为以下方式：

人是从与作为一个存在者整体的关系中决定自己的。人的本质在这里显示出它是一种关系，它首先向人敞开了存在。人的存在，出于理解和聚集的需要，是一种被驱使进入承担艺术的自由，与存在的设置入作品，这种设置入作品本身就是认识。这就是历史（Geschichte）（EM 130）。

换句话说，现在有一个本体论的强制或派送给艺术，并将艺术所理解的东西设置入作品。为什么对艺术有这样一个必要的派送？因为存在本身在本质上是偏爱争执的。它是一种无蔽的东西，一方面，它将自己保留在自身之中，另一方面，在它的敞开之中，它又一次次地受到纯粹的表象、欺骗和幻觉的威胁。存在本身就是一种力量之间的"错综复杂的斗争"（EM 81）：遮蔽和去蔽，去蔽和纯粹的显现，存在和非存在。由于这种错综复杂的力量斗争，"存在"是一种需要"创造性的自我主张"（EM 81）的强力，这种力量将人置于"持续的决断"（Entscheidung）跟前，这意味着一种"存在的同一性在去蔽与表象、非存在之间的分离"（EM84）。这样的决定是人被要求对存在的强力作出反应的方式。由于这种权力是一种暴力，他可以通过自己成为破坏者和暴力者来做出反应。对他来说，问题在于操纵"一种受控的与规定性的力量，凭借这种力量，当人进入其中时，存在者整体就会如此敞开。这种对存在者的揭示（Erschlossenheit）是人必须掌握的力量，以便在存在者中成为自己，也就是说，为了成为历史"（EM 120）。在这里，"自己"指的是"权力的掌控者"，一个"爆发和突破的人，他控制并征服着"（EM 120）。

这种暴力活动是高级的艺术，同时也是本质意义上的艺术。海德格尔写道，"正是艺术提供了暴力的基本特征：因为暴力是使用力量来对抗压倒性的东西；通过知识，它把存在从先前的遮蔽中夺取出来，变成作为存在的显现"

（EM 122）。

这样解释的话，艺术又像在马堡时期一样，是一种知识与一种权力。但不同的是，在马堡时期，艺术被简化为日常状态，因此在本真此在的层面，艺术沉迷于手上之物，并陷入沉沦的境地。相比之下，如今在前苏格拉底的帮助下，被重新诠释的知名艺术原来是对日常状态和低级艺术之沉沦趋势的反动。此处被推崇的艺术是伟大的艺术，而非低级的艺术。作为一种知识，它不是被眼前的手前之物所限制，而是"超越眼前直接给予的东西（Vorhandene）的最初和持续的视域"（EM 122）。作为一种力量，它是"设置入作品的能力，存在之为存在，每一次都是如此这般"（EM 122）。因此，源自艺术的作品是"存在在存在者中的一种显现的生-成（Er-wirken）"（EM 122）。

相对于许多低级艺术或常人，这种伟大的艺术只有三个基本形式：艺术的、哲学的和政治的。海德格尔写道："只有当它为作品所获得的时候，无蔽才会发生：诗歌中的文字作品，神庙和雕像中的石头作品，思想中的文字作品，城邦作为历史性场所的作品，所有这一切都在其中扎根和保存。"（EM 146）这些作品的创造者在那些在关于荷尔德林的第一次讲座中饱受赞誉：诗人、思想家和国家创造者。此外，现在还有神庙的建筑师和一个民族之众神的雕塑家。这些创造者的作品是建基性的，因此也只有它们才称得起伟大。

国家创造者为城邦奠定了基础，即"地方，那里以及在其中亦即历史性此在所处的地方"，他是那个首先创造"制度、边界、结构和秩序"的人（EM 117）。伟大的诗人致力于"一个民族的历史性此在的原始建构（Stiftung）"（EM 126），也书写出让"一个民族进入历史的伟大诗歌"（EM 131）的人。伟大的思想家是把哲学的本质放在自己身上的人，即"一个打破规则并敞开设置规范和等级的知识的视角思维，是一个民族在历史上和精神上实现自己的知识"（EM 8）。或者说：

> 哲学的真正作用是挑战历史性的此在，因此，归根结底，挑战的是纯粹与简单的存在。挑战（Erschwerung）让事情、存在者恢复其重量（存在）。怎么说呢？因为挑战是生成一切伟大的基本前提之一，而在谈到伟大时，我们主要指的是一个历史性民族的命运及其作品。然而，命运只有在关于事情的本真知识规定着此在之处。正是哲学敞开了这种知识的道路和视域。（EM 8）

海德格尔甚至表示，正是因为这种关于民族的建基性作用，他迄今为止的工作才称得上"基础存在论"这一标题（EM 133）。在这种情况下，当时海德格尔偏爱且以全然赞同的立场引用黑格尔在 1812 年《逻辑学》中的话："一个没有形而上学的民族就像一个没有圣人的神庙。"

至于真理的艺术设置入作品，我们的发现如下：

> 希腊人特别强调艺术的真正意义和艺术作品，因为艺术是最直接地将"存在"（即显现其自身）置于某种现存的事物中，即置于作品中……正是通过作为本质存在的艺术作品，其他一切显现与被发现的东西首先被确认，并作为存在或不存在被获得、解释和理解。因为在一个更重要的意义上，艺术安置存在且让存在在作品中作为一个存在者，所以它可以被视为一种设置入作品的能力，纯粹且简单，亦即τέχνη。（EM 122）

以上就是 1935 年 11 月关于艺术作品的本源的讲座背景。

实际讲座中所有关键词和主题，还有它第一篇尚未出版的草稿，都已经在关于荷尔德林的第一次讲座课程，或在《形而上学导论》中有所阐释。这些主题分别是：一个民族的历史性此在；存在之中的争执与作品之中的争执；无蔽的设置入作品；通过作品的历史性建构（Stiftung），以及这一建构在三个基本模式中的伟大特征；"为存在不是不存在，从而与表象进行斗争"与"与投身日常与惯常之地所产生的持续压力进行斗争"之决断（Entscheidung）的必要性（EM 128）；保存无蔽的必要性与"遮蔽与隐藏"的斗争（EM 133）；由于艺术是对存在者的存在的敞开，而不是在愉悦意义上对美的表象，因此有必要与美学作斗争，并在"**重新找回与存在的原初关系**"①的基础上为"艺术"一词提供新的内容（EM 101）。甚至在《形而上学导论》中，本源的主题也是一个决定性的问题。事实上，在对形而上学基本问题的初步思考中，我们可以看到这样的问题，即"为什么是存在而不是无？"，它回溯到它自身，并且"在一个跳跃中找到了自己的位置，通过这个跳跃，人推翻了他生命中所有先前的保障。"而海德格尔补充道，"在这种追问中的飞跃（Sprung）打开了它自己的源头……我们把这种敞开自己的源头或本源（Ursprung）的飞跃称为找到自己的基础"（EM 5）。

---

① 此处加粗与引号为作者自己的强调。

关于艺术作品的本源，我回顾了 1935 年秋季之前以及从《校长就职演讲》开始的初步讨论，到目前为止，它们尚未显示海德格尔思想的任何转向。与此相反，区别于伟大的艺术将存在本身作为无蔽，它们不仅没有触及低级艺术忽视存在并困于日常状态的问题，甚至强化了存在论的诠释，譬如比较非本真与本真，抑或是更进一步地区别了流俗时间与原初时间。就此而言，如今所涉及的此在是一个民族的此在，这一事实并没有对基础存在论的早期问题造成任何重大的断裂。无论是希腊人还是德国人，民族的此在仍然是根据基础存在论的关键句来理解的："此在乃是为其自身而存在。"上述修正非但没有导致思想的断裂，反而将基础存在论带到了某种形而上学的高潮。可以肯定的是，海德格尔在他对希腊世界的态度中，介绍了前苏格拉底与柏拉图之间的诸多差异。因此，他似乎从前苏格拉底的立场反对柏拉图。但从某种意义上说，这也许只是一种表象，因为很明显的是，海德格尔从柏拉图那里得到了这样的论断：哲学不仅是个体的真正原则，而且是基础性的工作，思想家通过它在概念上揭示了在其基础上的存在者整体，并认为这样能成为一个民族的统治者。换句话说，尽管经过几次修改，柏拉图的《理想国》仍然是海德格尔思想核心中最具影响力的文本之一。

1935 年 11 月的讲座

那么，关于 1935 年 11 月的讲座《艺术作品的本源》呢？正如我所说，它有两个版本。由于它们在短时间内相继出版，我们可以认为第一个版本是第二个版本的草稿。由于它们与《形而上学导论》这一讲座课程时间间隔不长，人们可以认为它们都是在遵循该讲座课程中形成的思路。然而，基础存在论遗留下来的，包括前文所提到的修正，它们在草稿中的分量比在实际论文的手稿中更明显。

这里的重点不是像《艺术作品的本源》的后记所指的那样，"解开艺术之谜"，而是像海德格尔在草稿开头所坚持的那样，"只是预备转变我们的此在对艺术的基本立场（Grundstellung）"（这句话已经在《形而上学导论》中出现过）（UK 2）。这种转变的准备工作意味着要克服从现成之物的角度看待艺术作品的方法。这种方法忽略了"本源"（Ursprung）一词的含义，其本意是"飞跃"。因为如果"本源"仅仅指的是艺术作品在艺术家心理过程中的原因，那么它就可能让作品成为作品。而通常的做法似乎是这样的，即把作品视为艺术事业的对象，从而解释、维护、修复、批评和欣赏作品。然而，作品既不是一个对象，也不是一个产品。以这种方式来看待作品，我们就错过了它的本源。我们只有从艺术事业的喧嚣中跳出来，才能走向它的本源。显然，这里的"飞跃"被理解为远离"常人"(das Man)的日常宣传。这一点表明了该讲座与基础存在论之间的连续性。事实上，当海德格尔在初稿的第一部分将艺术作品视为作品时，他就强调，作品的存在-显现与大众的理解无关。他写道："作品与大众唯一关系，如果有的话，也就是前者破坏后者。作品的伟大特性就是凭借这种破坏力来衡量的。"(Uka 3)换句话说，正如在基础存在论中，这里的问题也是日常性和本真性之间的区别，手上之物和存在之间的区别。海德格尔描述作品的两个基本特征的方式证实了这一点——作品的存在，即世界和大地。

作品所建立的世界既不是现成事物的总和，也不是它的框架，更不是我们眼前的一个客体。它就像一个庇护者(Geleit)，它"比日常状态中所有现成事物和可把握的事物让我们觉得我们在家里，它更靠近存在。世界始终是陌生的(Unheimische)"。它建立了一个世界，"拒绝[Abweisung]日常的现成事物"从而在作品中运作(UKa 4)。

另一个特点是大地的生-产(Herstellung)。在这里，大地被理解为"不可超越的丰富性的统一体"，它"既是根基，又是本质上自我封闭的深渊"(UKa 5-6)。但它也是一种坚固(Härte)，因为它处于与世界的试炼或斗争(Streit)中，为了涌现出来，需要有通常被称为形式或图样(Riß)的反坚固。这样的斗争敞开了一个游戏场域，即"此"(Da)，一个民族在那里走向了自身。诸如神庙中的神以及"诗"的作品，敞开了"此"，并在其中"为一个民族预设了关于存在者整体的伟大概念"。因此，正如荷尔德林的《许贝利翁》或黑格尔在《精神现象学》中关于艺术宗教的章节中所呈现的那样，诗歌即哲学的预言。

对艺术作品的诸类诠释让海德格尔有机会批判从物质和形式的角度进入作品的传统方式，将它们的概念应用于器具，而非艺术作品。同样地，海德格尔也拒绝从表象(Darstellung)到作品的方式。这一个概念，无论它多么复杂，"日常的现成事物都作为一种标准运作着"(UKa 9)。在这一解释的最后，为了与基础存在论的一个基本方案保持一致，海德格尔强调艺术作品的"孤寂"(Einsamkeit)，而非为其所震撼和惊吓的共同现实(UKa 9)。

初稿的第二部分涉及本源。本源是艺术的本性，艺术的本源是真理的历史性，亦即真理之发生(Geschehen)。就这一点而言，与早期的基础存在论及其最近的拓宽与转到一个民族的此在上的连续性又是清晰可见的。海德格尔坚持认为，本源进入作品是一种必然，因为真理只有在作品中且必须凭借作品才有发生之可能。因为真理必须被筹划，它只在作品中发生。换句话说，在《存在与时间》中，真理与历史的特征作为本真的πράξις或完全的时间性存在，而今也变成了当前ποίησις和τέχνη的高级形式。

但是，诗，即德语中的 Dichtung，需要一个处所，其自身何是取决于诗歌作品的影响。这个处所是一个民族的此在，这意味着"此"作为真理的开放性，或者作为历史化的真理本身，除了民族之外没有其他的场所。因此，只要人们愿意赢得"明确我们是谁以及我们不是谁"的答案，人们最终就会认识艺术的本质。这种明确的知识作为一种意志，也是一种决定，如同"何谓伟大与何谓渺小，何谓勇敢与何谓懦弱，何谓永恒与何谓短暂，何谓主人与何谓奴隶"。这是一个民族自身意志决定的明确知识，是靠近本源的决定性一跃(UKa 13)。

迄今为止，我看不到有任何重大转向的痕迹。可以肯定的是，"此"的敞开，其根基性乃是基于"黑暗的深渊"，基于大地本身，而对一个民族来说，大地"封闭自身且抵制涌现"。诚然，"本源的飞跃在本质上仍然是一个谜"。但是，尽管这里有几个新的语词出现，但是都可以在《论真理的本质》和《论根据的本质》找到。在我看来，在初稿的结尾处的这句话是非常重要的，听起来它是对 1929 年关于真理一文的呼应："本源是那个我们必须称之为自由之基础的一种模态"(UKa 14)。

在 1935 年的实际讲座中，也没有关于转向的迹象。以下几个句子就足以说明这一点。"世界是一个民族走向自身的场域"(OA 26)。"世界从来不是一个广义的所有人的世界；它是一个民族的世界，是派送给它的任务。"(OA 36)"'此'的敞开，真理只是作为历史。而当一个民族重新找回它自身何是并以此来筹划其自身的未来，它才能成为历史的。人民接受成为'此'的任务。"(OA 36)"真理只有在它是如此且如此决定的时候才会显现，从而为新的决定场域奠定基础。"(OA 44)"作品是一个飞-跃[Vor-sprung]，并指向一个民族决定要成为的东西。"(OA 48)

1936 年的讲座

因此，1935 年两次讲座的版本都不关注艺术之谜，而是变成了对此在之意志的宣言。然而，那些只知道或通过第三个版本来理解《艺术作品的本源》的人必然会反对，即民族的意志宣言在第三个版本中的语气并不明显。他们是正确的。尽管在我提到的从《德国大学的自我主张》开始的所有文本中，质疑被认为是一个核心问题，但从这些文本的语气中可以看出，自我主张压倒了问题。1936 年的版本却非如此。海德格尔在最终版本中所呈现的态度，其变化值得我们思考。

可以肯定的是，"人民"及其诸神在此仍然是一个问题，"伟大"也仍同国家的创建者一样被讨论。同样，决断也仍然是一个问题。但所有这些主题似乎都失去了它们在之前的版本中的严肃性。或者说，至少它们的严肃性似乎被一种思而非独断或宣言式的语气所冲淡，当然，它们也不再是普罗米修斯式的。此外，早期版本所强调的圆圈，归根结底是显示此在的循环特性的一种手段，作为一种为其自身而存在的存在者，并成为它已经是的东西。相比之下，1936 年的圆圈失去了这种意志主义的内涵，它现在似乎意味着存在既不是存在者，也不在存在者之外，人也为二者的差异所关切。此外，之前对日常性及其琐碎性的蔑视也几乎消失了。最终版本的前三分之一都是关于这个问题的，其意义十分重大。何谓一物之物性？在基础存在论的框架内，关注物的存在显然不是其思想任务的核心问题。物不值得考察，因为它们的存在没有任何神秘之处。对物的解释，它要么是手前之物，要么是手上之物。这些简单的答案不再被提及。相反，物如今被指认为："越不明显的物越最顽固地逃避思考。这种对纯粹之物的自我拒绝，这种自足的独立性，难道恰恰是物之物性？物性这种奇怪的特征难道不应该成为一种必须坚信的物之思想吗？若真是如此，那么我们就不应该逼近其物性。"（GA 5：17）换句话说，日常性不再是决断必须避免和克服的"熟悉的、过于熟悉的"。尽管是熟悉的，它如今却是陌生。同样地，以前由其随时可以使用并一劳永逸地定义的器具，如今变成了最深刻的真理的见证者，真理的无蔽与遮蔽在它的可靠性中运作。显然，倘若如今物和器具的朴素的特点值得沉思，那么，贬低日常性及其低级的艺术就毫无意义了。

我们还可以看到最终版本的后三分之一处有一个明显的转变。以前，真理与一个民族所承担的"此"有关，因此，真理立于一个民族的"此在"之中。如今，这一点消失了。此在不再是真理的中心。无蔽现在被认为是存在者中的一个空地，人属于并于其中为其所揭示，而不是去建立它。因此，坚决性也经历了意义的深刻变化：它放弃了最初对意志与决定的召唤，放弃了成为自身的筹划。如今的它在林中空地之中，变成了对储藏的敞开或揭示。同样地，真理本身不再是人决定的存在与非存在，抑或是无蔽与纯粹表象。如果它不再是人决定的问题，那也是因为遮蔽和欺骗或仅仅是表象之间的区别现在已经变得无法决定。"遮蔽可以是一种拒绝，也可以只是一种掩饰。我们从未直接确定它是这一个还是那一个。遮蔽自我遮蔽与自我掩饰。"（GA 5：41）可以肯定的是，决定这个词仍然在使用。但是，决断如今属于存在，而不再是此在。

最后，最终版本的末节关于创造，但在这一诠释中，普罗米修斯式的灵感论已经消失了。在作品中，最重要的是它的创造，最特别的是它的价值，而不再是它的能力——在飞跃中预判一个民族有望成为什么以及在伟大的历史书张贴其排名和标准应该是什么的能力。更委婉一些，作品最重要的是作为被创造的东西，亦即"这对于作品是最根本的而不是不重要"（GA 5：53）。现在最重要的是，"这个"它是"被创造的"（GA 5：53）。换句话说，如今的存在似乎几乎去除了之前的未来式筹划的预先权。

至于创造者，他设置入作品的仍然是一种斗争，亦即世界和大地的斗争，但他自己不再是一个斗争者。海德格尔说，创造是"在与无蔽的关系中接受和借取"。这些动词绝不是普罗米修斯式的。

（蓝莹　爱尔兰国立科克大学）

"我首先是一个人":《玩偶之家》中的
理想主义、戏剧与性别①

托莉·莫伊/著　王阅/译　汪余礼/校

引　言

　　《玩偶之家》是充分发展了易卜生现代主义的第一部作品。它包含一种令人极度震惊的、交织着朝日常转向的理想主义批评,一种与日常戏剧性的犀利分析相结合的戏剧庆典(《玩偶之家》充满了元戏剧成分),以及对现代爱情状况的深入思考。在《玩偶之家》中,易卜生利用了当代背景中诸如此类的全部特征,这一特征与一个根本性的现代主题相关,即女性在家庭与社会中的境况。② 因此,这部剧成为一部呼吁根本性转变的戏剧,它不仅仅是关于法律与制度的转变,而且是关于人类及其爱的理想的转变。

　　本文探讨了《玩偶之家》中的三大主题:理想主义、戏剧与性别。尽管理

---

　　①　本文发表于《现代戏剧》2006 年秋季刊,论文在托莉·莫伊著《亨利克·易卜生与现代主义的诞生:艺术、戏剧、哲学》一书第七章的基础上稍有改动,其主要内容收录于此书第三部分(即最后一部分),这部分题为"怀疑主义时代的爱",共包含四章,此部分为这四章中的第一章,后面三章分别单章论述与分析了《野鸭》《罗斯莫庄》和《海上夫人》这三部剧。译文获原作者授权。本文系国家社科基金艺术学重大项目"当代欧美戏剧理论前沿问题研究"(项目编号:18ZD06)的阶段性成果。
　　②　尽管我将展示《玩偶之家》包含着我在《亨利克·易卜生与现代主义的诞生》中为易卜生的现代主义之大体特征给出的定义,但我不会试图倚仗显在的现象。比如,几乎不需要展示《玩偶之家》意在创造一种现实的幻象。本文也大量分析了演出情况,这既与娜拉的女性气质行为相关,也同这些演出对易卜生的现实主义之重新评价相关。我力荐索罗蒙论述《玩偶之家》的出色的章节,它强调易卜生在此剧中对戏剧本身的自觉运用,与此同时,我也很赞赏阿斯拉可塞恩对易卜生在《玩偶之家》中使用的情节剧成分的分析。而对这部剧最全面的呈现与分析是杜尔巴赫的《玩偶之家:易卜生转变之神话》一书。

想主义的美学范式是该剧的第一批评论者们所关注的焦点，但当代的文学学者极少提及这个问题。① 我使用"理想主义"这个术语来表示"理想主义美学"，其广义的定义是，艺术的任务是与真善美三者合一的信念相结合而去创造美。理想主义美学将美的问题作为道德与真理的问题考虑，因此它无疑将美学与伦理学融合起来了。尽管理想主义美学的最早版本受到浪漫主义激进者的支持和拥护，比如弗里德里希·席勒、斯塔尔夫人以及稍晚一些的雪莱，但浪漫主义运动在《玩偶之家》以前很长时间就已经消亡了；然而，理想主义美学继续存在，虽然其形式愈渐衰微，但它通常得到保守与道德的社会力量的支持。毫不奇怪，经过激进的丹麦知识分子乔治·勃兰兑斯的慷慨激昂的演讲——1871年到1872年，他在一场关于《欧洲文学的主流趋势》的演讲中大力呼吁现代文学——以后，理想主义愈来愈受到攻讦，并且如我在《亨利克·易卜生与现代主义的诞生》一书中所论述的：易卜生的作品是迅速繁荣的现代主义者反对理想主义的关键。②

《玩偶之家》的诞生标志着一种在与日俱增的文化冲突中的明晰的转向，这种强烈的文化冲突介于理想主义者和出现在欧洲的现代主义者之间。对《玩偶之家》作出回应的理想主义者处境艰难，而对《爱的喜剧》与《皇帝与加利利人》作出回应的理想主义者则不然。③ 在此文中，我将论证易卜生现实主义的卫道士们仍然不如他们的理想主义反对者们成熟。事实上，通过宣扬《玩偶之家》应被理解为一种"现实生活的片段"的思想，易卜生最初的欣赏者们完全没有理解他的"先戏剧主义"，即他的元戏剧坚持，亦即我们所见者为戏剧。在1880年前后，易卜生的敌对者和他的朋友都没能真正理解他的美学成就之广度。

然而，理想主义不仅仅是《玩偶之家》接受中的一个重要成分。它也植根于这部剧，最显著的体现在托伐·海尔茂这个人物身上，他是一位彻头彻尾的理想主义审美家。不仅如此，最震撼人心的是，易卜生通过让娜拉与海尔茂成为各种女性牺牲和男性拯救的理想主义范本的主角，而使得海尔茂的理想主义

---

① 莎茨基和杜蒙的论文伊始便援引萧伯纳的主张"易卜生的真正敌人是理想主义者"（转引自第73页），并且他们在将理想主义降至一种道德与政治的地位这方面也追随萧伯纳。

② 在《亨利克·易卜生与现代主义的诞生》一书的第三章中，我表明，理想主义美学的概念很大程度上已经被今天的文学历史学家和文学理论家遗忘了，如果我们将现实主义与现代主义的关系置于与理想主义美学相对的背景下，那么这一关系发生了根本性的转变。我也论述了直到20世纪初的理想主义之多种继续存在的方式。

③ 我在《亨利克·易卜生与现代主义的诞生》一书中讨论了理想主义者对《爱的喜剧》与《皇帝与加利利人》的回应。

与娜拉失慎的呼应将他们自己与对方都戏剧化了。

易卜生的理想主义批评是为现代性别做革命性分析的可能性条件。在这一方面，这部剧的关键台词是娜拉所说的"我首先要成为一个人"。① 娜拉为了力争作为一个被认可的人而搏斗，这被理所当然地当作一个女性为争取政治与社会权利的案例。② 但娜拉只在明确拒绝了另外两种身份（即"玩偶"和"妻子与母亲"）以后再声明她的人性。为了展示这些拒斥意味着什么，我首先考虑的是玩偶形象的意义。"人的身体是人的灵魂的最好的写照"，③ 路德维希·维特根斯坦如是说。如果我们将娜拉跳着塔兰台拉舞的身体看作她的灵魂写照，会发生什么呢？从这个问题开始，我将论证塔兰台拉舞场景的革命性不仅在于它对戏剧与戏剧性的掌控，而且在于它对看待表演中的女性身体的不同方式的理解。

在我的解读中，我认为娜拉拒绝将她自己定义为一个妻子与母亲，这一点是对黑格尔关于女性在家庭和社会中所处地位的理论的拒斥。在这种烛照之下阅读《玩偶之家》，它成为一部令人惊奇的激进戏剧，它关乎女性的历史性过渡——从家庭成员的有机组成部分（妻子、姐妹、女儿、母亲）到成为个体（娜拉、吕贝克、艾梨达、海达）。我的意思并不是说易卜生打算图解黑格尔（没有什么比这么说更使他感到厌恶的了）。我的意思是，与此相反，黑格尔正好是这样一位伟大的理论家，他的理论与《玩偶之家》所调查的传统、父权与有性别偏见的家庭结构相吻合。无须将任何知识建立在易卜生对黑格尔关于女性与家庭的理论之了解上：我们只须知道，易卜生至少和黑格尔一样看清了女性在家庭中的情境，而易卜生与黑格尔不同的是，他认为，如果女性想有机会在现代社会中追求幸福，则必须改变这一现实。正如吕达·菲莪斯基所说，如果现代主义文学表现的不仅是历史之外的女性，而

① 参见亨利克·易卜生著《玩偶之家》剧本，收录于《易卜生全集》（全21卷本）百年纪念版第8卷，奥斯陆：金谷出版社1928—1957年版，第359页。本文剧本英文译文皆由作者自行从挪威语原文译出。为节约空间，我没有将挪威原文引出（原文可参见挪威文版的《易卜生的现代主义》）。

② 社会主义者与女权主义者常常将《玩偶之家》作为争取女权的突破性事件进行褒扬，较全面的论述易卜生与女性主义并以《玩偶之家》作为核心个案的论文，我认为芬尼所著《易卜生与女性主义》十分有益。泰姆普丽敦著《易卜生的女性》中关于《玩偶之家》之接受的重要地位的评论也有利于增长见识，很值得一读。

③ 参见路德维希·维特根斯坦：《哲学研究》，德英对照，G. E. M. 安思科姆博译，牛津：布莱克维尔出版社2001年版，第152页。

且是现代之外的女性，那么，易卜生的现代主义则是一个充满荣光的例外，不仅因为《玩偶之家》关乎娜拉痛苦地进入现代，而且因为易卜生所有的现代戏剧中都有这样的女性：她们同她们周围的男性一样，也激进地参与现代生活的问题中。①

《玩偶之家》的理想主义与现实主义回应

《玩偶之家》发表于1879年12月4日，地点是哥本哈根。它首演于1879年12月21日，在哥本哈根的皇家剧场，娜拉的扮演者为贝蒂·亨宁斯。1873年，阿尔奈·伽勒博勒格对《皇帝与加利利人》的理想主义解读是在当时人们并不接受与众不同的美学观的情境下写出来的。6年后，这一情况发生了改变。挪威和丹麦的书评以及世界首演显示出：《玩偶之家》在理想主义者与现实主义者之间的论争十分激烈的文化语境下为社会所接受。

1880年1月9—10日，克里斯蒂阿尼亚的《晚报》发表了关于《玩偶之家》的两篇文章，它们作为迟来的和处境艰难的理想主义的例子出现。作者是弗雷德里克·彼得森(1839—1903)，他是克里斯蒂阿尼亚大学的神学教授，因此，他具有典型的代表性——他代表着理想主义美学、既定的宗教观与19世纪80年代至90年代易卜生的反对者们所持有的保守社会观念三者的结合(绝非偶然的是，《群鬼》中曼德牧师这一人物正是这一社会与政治群体的化身)。

彼得森明确地将基督教义与理想主义美学融为一体，他的分析基于这种想法："社会需要神性理想，需要信仰美善事物的继续存在。"因此，《玩偶之家》的明显瑕疵是缺少和解："然而，人们不能把这部剧置于希腊时期就已存在的鼓舞人心的心境之中，这种心境被认为是任何艺术的或诗意的作品的绝对要求。当我们看到某些影响深远的丑恶事物之时，我们心中唯余一种令人难过的感情，当展现理想的最终胜利未达成和解时，这是不可避免的后果。"②在彼得

---

① 参见芮塔·菲尔斯基：《性别与现代性》，马萨诸塞州剑桥市：哈佛大学出版社1995年版，第30页。

② 在这段引文中经常反复出现理想主义评论的两个词：uskjønt 和 pinlig. Uskjønt 的字面意思是"不美的"。这个词也出现在《玩偶之家》中，它常常与托伐·海尔茂相联系。这个词一般被译为"丑陋的"，尽管在现代挪威语中表示"丑陋的"最常见的词是 stygt(在易卜生那个年代，stygt 通常有一种清晰的道德意义)。Pinlig 意为尴尬的、痛苦的、令人难过的；这个词源自 pine(痛苦、折磨)。

森看来，现实主义的本质特征总体上是拒斥和解、排斥鼓舞人心的精神的。

为什么这种鼓舞人心的感觉对于理想主义批评者而言如此重要呢?① 基于这一前提——艺术是"人类最高理想的创造力的孩子，在这方面，人类最接近神"，彼得森坚持认为，任何被称为艺术作品的东西都必须打上"人类精神创造性的、理想化的烙印"。他将这种理想化与"纯粹的再创造"尖锐对立起来，以此表明他自己的想法和观点，这不仅使我们联想到席勒，而且也使人想到乔治·桑与巴尔扎克之间的讨论："艺术的理想是美，因为美是善的自然的外部表达。甚至当艺术表现丑恶时，它并不是表现真正的丑恶，而是理想化的丑恶。"（彼得森②）和解使读者和观众对作品留下这样的印象："理想在他的灵魂中被唤醒"，而这恰恰能引起鼓舞人心的感觉。因此，艺术在这世上极为重要，因为它赋予我们力量，使我们变得高贵。

在彼得森看来，现实主义是真实艺术的反题。由此可见，通过故意抑制和解，现实主义失去了在"生活中神性理想的力量"中的一切信仰。现实主义以这种方式与怀疑主义以及世俗主义结盟了。这一点十分重要，因为在整个斯堪的纳维亚爆发的"现代突进运动"③的文化斗争发生在基督教理想主义者与自由思想的现实主义者之间，其领导者是犹太裔乔治·勃兰兑斯。

彼得森并非唯一对《玩偶之家》作出回应的理想主义者，尽管他是最有趣与最能说会道的。其他评论者也对此剧缺少和解而扼腕叹息。在丹麦，艾姆·维·布鲁恩在 1879 年 12 月 24 日的《人民日报》上评论这部剧的时候，甚至说夫妻间和解的缺席一点儿也不自然，违背了日常的心理感受。一旦娜拉理解了她犯下了一桩罪行，她自然而然就要"将自己投入她丈夫的怀抱，并请求说，'我错了，但我并不知情，我这么做是出于对你的爱，救救我吧!'那么，她的丈夫那时就会原谅并拯救她"（布鲁恩④）。布鲁恩写到，直到这部剧的最后，观众仍希望娜拉认错，随之达到和解。因此，观众对第三幕中"反叛的分手"

---

① 在一篇佚名的关于易卜生的《玩偶之家》的评论中也表达过同样的观点。参见《玩偶之家》评论，*Foedrelandet*，22 Dec. 1879. 12 June 2006. ibsen. net.

② 弗雷德里克·彼得森：《易卜生的戏剧〈玩偶之家〉》，*Aftenbladet* 9-10 Jan. 1880. *ibsen. net.*

③ "现代突进运动"，Modern Break-Through，丹麦语为 Det moderne Gennembrud，指的是 19 世纪八九十年代斯堪的纳维亚地区的文学论争与运动，主要指自然主义以强有力的气势取代了浪漫主义——译者注。

④ 艾姆·维·布鲁恩：《丹麦皇家剧院〈玩偶之家〉》，载《人民日报》，1879 年 12 月 24 日。

毫无准备，他们认为这是"骇人听闻"的。的确，《玩偶之家》展示了"这种令人尖叫的不协调，以至于任何可以解决它们达到美好和谐的可能性都是不存在的"。

社会学家和激进分子不仅毫无保留地褒奖这部剧，而且没有丝毫的美学成见。在丹麦报纸《民主社会》上，一位以"I-n"为笔名的作者将这部剧视为一部完全现实主义的政论文："我们自己的生活，我们自己的日常生活在此已经被置于舞台之上，并受到谴责！我们从未在戏剧或诗歌中看到更好、更有力地介入妇女解放问题的作品了！"①在激进报刊《挪威日报》上，艾瑞克·乌鲁姆使用理想主义的术语称赞这部剧在美学上的登峰造极（他谈及其"澄明与艺术的和谐"，并使用"美"这个词作为他对此剧的最高褒奖），他认为，这种戏剧实践显然完全可以与对易卜生激进的社会思想的政治褒奖相提并论。②

1880年1月，女性主义小说家阿玛里·斯科拉姆在《挪威日报》上发表了一篇关于《玩偶之家》的出色评论。这篇评论极具洞察力、充满同情心，并热情洋溢地为娜拉的行动辩解，同时，她也洞见了此剧向社会秩序提出的激进的挑战。斯科拉姆惊人地将女性主义与理想主义结合起来，她完全认同娜拉的理想主义幻想："一种深刻而独到的见解像闪电一样在娜拉的灵魂里击打着：太卑劣了，他的灵魂无法理解，更不要说去滋养那种接受一切指责的爱，是的，甚至不愿为其生活而祈祷。[他愤怒]于那虚伪的、欺骗性的罪行，然而其内在的、本质的真相是，她不顾一切危险去拯救他的生命。"③斯科拉姆的结论实际上重复了席勒的观点，现代诗人要么哀叹理想的缺席，要么美化它的出现："婚姻在此受到评判。它崇高而神圣的观点已经从大地上逃逸了。这位诗人只能展露既成状态的漫画式描述，或者通过指向苍穹而劝诫我们。"④

后来，在1880年前后，理想主义者仍主导着这些观念，它们要求严肃地讨论艺术与美学。即使在它迟来的、道德说教的形式中，理想主义也有其智慧

① 参见 I-n：《玩偶之家：亨利克·易卜生的三幕剧》，载《民主社会》，1879年12月23日。

② 参见艾瑞克·乌鲁姆：《文学新闻》，亨利克·易卜生的《玩偶之家》评论，载《挪威日报》，1879年12月13日。

③ 参见阿玛里·斯科拉姆：《关于〈玩偶之家〉的思考》，载《挪威日报》，1880年1月19日，收录于《易卜生全集》第七卷，第309页。

④ 参见阿玛里·斯科拉姆：《关于〈玩偶之家〉的思考》，载《挪威日报》，1880年1月19日，收录于《易卜生全集》第七卷，第313页。

的力量。彼得森关于《玩偶之家》的评论使得一种高度清晰与成熟的艺术理论得以表达，这种艺术理论源自日耳曼民族的理想主义，它与路德教的基督教义相融合。

主张文化现代化的人们，要么像对待生活那样对待艺术，要么简单地将理想主义美学的概念（理想、美、和谐）与激进的政治结合起来。因为他们将《玩偶之家》看作一种予人深刻印象的、感人的政治条文，看作舞台上真实生活的片段，这些看法损害了易卜生，他们的反应仅仅巩固了这样一种印象，即易卜生的现实主义只不过是真实生活的直接表现。尽管理想主义者还不了解它，但他们注定会被历史忘却。与此相悖的是，胜利的现实主义者们为广为流传的信条奠定了基础，并使人们相信，易卜生的现代戏剧仅仅是直截了当并且枯燥无味的现实主义。此外，他的反对者们与支持者们都完全误解了《玩偶之家》中对戏剧进行有自我意识的、元戏剧性的使用。在这一方面，易卜生自己的实践大大超出了他的观众的美学类型。

易卜生晚年总是固执地申辩：他写作时从未考虑过政治或社会哲学。当然，这些说法应该被理解为一种反对简单化的反应。在某种程度上说，这种反应使他的戏剧的接受变得过于政治化了，而这种接受主导了 19 世纪的 80 年代与 90 年代。否认这种简单化反应的最著名的例子是 1898 年易卜生在挪威妇女权益保护协会一个宴会上的讲话："与人们通常以为的不同，我主要是个诗人，而并非社会哲学家。谢谢你们的敬意，但我不能接受自觉促进女权运动的荣誉。说实话，我甚至不清楚女权运动究竟是怎么回事。在我看来，妇女的权利问题在总体上是一个全人类的问题。……我的任务一直是描写人类。"①

海尔茂的美感

通观《玩偶之家》，托伐·海尔茂作为一名美学意义上的理想主义者而出现。我并不是第一个注意到这一点的人。在 1880 年，伟大的丹麦作家海尔曼·巴恩格批评在该剧首演中扮演海尔茂的演员艾米厄·珀乌厄塞恩，说他塑

---

① ［挪］亨利克·易卜生：《在挪威妇女权益保护协会一个宴会上的讲话》，克里斯蒂阿尼亚，1898 年 5 月 26 日，收录于《易卜生全集》第十五卷《论文与演讲集》，第 417 页。此处译文参见汪余礼等译《易卜生书信演讲集》，北京：人民文学出版社 2012 年版，第 385 页。

造的这个人物不够确切。巴恩格所写的最有力的相关段落便是说，海尔茂是一位"彻底的审美者"，事实上，是一位"倾向于审美的自我主义者"（《玩偶之家》）。① 这是一种精确的认知：海尔茂是一位自我主义者，也是一位相当残忍与心胸狭窄的人。敏锐的当代读者与观剧者完全可以注意到由这种理想主义与自我主义并置而产生的蒙着面纱的理想主义批评。然而，我们应该注意的是，巴恩格从不称海尔茂为理想主义者；他总是使用"审美者"②这个词。在我看来，这似乎证实了《玩偶之家》的报纸接受所展示的，即在 1880 年，成为一位审美者仍然只有一种方式，这种方式就是理想主义的方式。而成为一位现实主义者则是激进的、政治性的、忠诚而坚定的，总之，是全然不同的另一种体验的记录。

于是，托伐·海尔茂以他的审美感觉而自豪。"没有人具有像你这样高雅的品味，"娜拉对他如是说。③ 他十分享受地看着娜拉打扮得美丽大方的样子，但他"不能忍受看到她做裁缝活儿"。④ 海尔茂更喜欢女性做刺绣，因为"没有什么比裁缝编织更丑陋［uskønt］了"。⑤ 在这些台词中，海尔茂也表现出社会等级观念：裁缝编织是丑的，因为它是实用的；刺绣是美的，因为它对于悠闲的女士而言是一种闲暇娱乐。不仅如此，海尔茂的美感还取消了伦理学与美学之间的差别。他从来不想"不精致漂亮［smukke］地处理事务"。⑥ 他对美善的爱使他鄙视像柯洛克斯泰这样犯了违背理想的罪行之人。他们被罪感和罪行损毁，注定要将谎言与虚伪的有害影响带入他们自己的家庭中，其结果是丑恶的：

> 海尔茂：只要想想这样一个负罪的人如何必须对所有人撒谎、假装，成为一个伪君子，甚至对他最亲近的家人也不得不戴上面具，是的，甚至

---

① 参见海尔曼·巴恩格：《现实主义与现实主义者：批评研究与手稿》，哥本哈根：博格恩出版社 2001 年版。

② 巴恩格也称娜拉与易卜生自己为理想主义者，但是在上述语境下，这个词主要不是指美学层面上的意思。参见海尔曼·巴恩格：《玩偶之家》，收录于《现实主义与现实主义者：批评研究与手稿》，哥本哈根：博格恩出版社 2001 年版。

③ ［挪］亨利克·易卜生：《玩偶之家》，参见《易卜生全集》第八卷，第 306 页。

④ ［挪］亨利克·易卜生：《玩偶之家》，参见《易卜生全集》第八卷，第 314 页。

⑤ ［挪］亨利克·易卜生：《玩偶之家》，参见《易卜生全集》第八卷，第 344 页。

⑥ ［挪］亨利克·易卜生：《玩偶之家》，参见《易卜生全集》第八卷上，第 280～281 页。

对待他的妻子和他自己的孩子也是如此。而孩子们，娜拉，恰恰是最可怕的事情。

娜拉：为什么？

海尔茂：因为这样一种糟透了的谎言的圈子将不良影响与病菌带入全家人的生活当中。孩子们在这间房子里所吸入的每一口空气都充满了某种丑恶的病菌。①

疾病、污染、传染、瘟疫：这些是规律性地出现在对易卜生后期剧作展开理想主义攻击的母题。海尔茂也使用了理想主义极具特色的反戏剧性语言：虚伪、伪装和面具。当娜拉打算淹死自己的时候，海尔茂对娜拉这么说："不要演戏了！"②然后，他说她是个伪君子、骗子和罪犯。③

马卡龙饼干同样以美的名义而被禁止，因为海尔茂担心娜拉会毁坏她漂亮的牙齿。因此，娜拉只在阮克医生在场或独自一人的时候才吃马卡龙。有这样一个时候，当娜拉与阮克医生单独在一起的时候，她用力地咀嚼被禁止食用的马卡龙，然后说她迫不及待地将一些"丑恶的"咒语放进嘴里。鉴于海尔茂不停地对美喋喋不休，怪不得娜拉想说的咒语是"死亡与痛苦"[Død og pine]，并且她的这些话都是对阮克医生说的。④

海尔茂的温文尔雅无法面对和解决死亡与痛苦。阮克医生十分清楚地说明了他不想让海尔茂出现在他最好朋友(指阮克医生自己，译者注)的临终床前："海尔茂天性优雅，对一切丑陋的事物怀有一种强烈的恶心感。我不想让他待在我的病房里，"当阮克医生告诉娜拉他将在一个月以内离开人世的时候，他如是说。⑤ 那么，难怪海尔茂对阮克即将离开人世的消息的第一反应完全是审美的："他的苦难和他的孤独仿佛为我们阳光灿烂的幸福生活给出了一个阴霾灰暗的背景。"⑥海尔茂的这句话就像出自一位画家之口，甚至更像一位剧场装置的美工师：他想到的一切都是极具画面感的表面效果。当海尔茂受到娜拉的

---

① ［挪］亨利克·易卜生：《玩偶之家》，参见《易卜生全集》第八卷，第 307 页。
② ［挪］亨利克·易卜生：《玩偶之家》，参见《易卜生全集》第八卷，第 351 页。
③ ［挪］亨利克·易卜生：《玩偶之家》，参见《易卜生全集》第八卷上，第 352 页。
④ ［挪］亨利克·易卜生：《玩偶之家》，参见《易卜生全集》第八卷，第 293 页。
⑤ ［挪］亨利克·易卜生：《玩偶之家》，参见《易卜生全集》第八卷，第 320 页。
⑥ ［挪］亨利克·易卜生：《玩偶之家》，参见《易卜生全集》第八卷上，第 274 页。

刺激时，他甚至一想到某些丑陋的事情就放弃做爱的念头。当娜拉问他，他们是否真的应该刚刚得知阮克医生即将离开人世的消息就做爱，① 他默许了，因为"我们之间发生了一些丑陋的事情；关于死亡与腐朽的想法。我们必须试着让我们自己从中解放"。②

对于海尔茂而言，美是自由，自由就是美。在第一幕伊始，他就警告娜拉不要借款："不要借债！永远不要！那样会让我们被束缚起来，对于一个建立在借债基础上的家而言也会有些丑恶 [uskønt]。"③如果海尔茂认为借债并非束缚人的丑事，他也许不会反对借钱去意大利旅行。

海尔茂经常表现出他对美的感受，这也是他称柯洛克斯泰的揭发信揭开的是"无限丑恶"的原因。④ 他高雅的美学感受并没有阻止他提出他们在一起的生活现在应该以戏剧的方式存在："而考虑到你和我，我们必须保持我们之间的关系，使一切原样不变。但是，当然只是在世人面前是这样。"⑤极具反讽意义的是，正当娜拉终于准备"脱下装束"的时候，海尔茂更情愿穿上它。⑥

---

① 此处，莫伊的原文为：When prodded by Nora, Helmer is even capable of giving up sex at the thought of something ugly. When she questions whether they really should have sex just after learning about Rank's impending death, he acquiesces, for "something ugly has come between us; thoughts of death and decay. We must try to free ourselves from them"（350）. 根据潘家洵先生的译本，这段台词是娜拉让海尔茂看信而海尔茂拒绝了，并且说："不，不，今晚我不看信。今晚我要陪着你，我的好宝贝。"对此，娜拉问："想着快死的朋友，你还有心肠陪我？"由此打消了海尔茂的念头，他说："你说的不错。想起这件事咱们心里都很难受。丑恶的事情把咱们分开了，想起死人真扫兴。咱们得想法子撇开这些念头。咱们暂且各自回到屋里去吧。"特此致敬！这段文字的挪威语剧本原文是：HELMER. Nej, nej; ikke inat. Jeg vil være hos dig, min elskede hustru.（海尔茂：不，不；今晚不看。我想要和你在一起，我亲爱的妻子。）NORA. Med dødstanken på din ven－?（娜拉：想着你濒死的密友——?）HELMER. Du har ret. Dette har rystet os begge; der er kommet uskønhed ind imellem os; tanker om død og opløsning. Dette må vi søge frigørelse for. Indtil da－. Vi vil gå hver til sit.（海尔茂：你是对的。这使我们都很震惊；我们之间发生了一些丑陋的事情；关于死亡与腐朽的想法。我们必须抛开这些念头。到那时——。我们先各自回到自己屋里吧。）——译者注。
② [挪] 亨利克·易卜生：《玩偶之家》，参见《易卜生全集》第八卷，第350页。
③ [挪] 亨利克·易卜生：《玩偶之家》，参见《易卜生全集》第八卷，第274页。
④ [挪] 亨利克·易卜生：《玩偶之家》，参见《易卜生全集》第八卷，第352页。
⑤ [挪] 亨利克·易卜生：《玩偶之家》，参见《易卜生全集》第八卷，第353页。
⑥ [挪] 亨利克·易卜生：《玩偶之家》，参见《易卜生全集》第八卷，第355页。

理想主义与戏剧性：牺牲与解救的情节剧

娜拉和海尔茂两人都耗费了此剧的大部分时间演出他们陈词滥调的理想主义剧本，从而将他们自己戏剧化。娜拉的幻想是理想主义形象的变体，她是高尚纯洁、为爱牺牲一切的女性。首先，她自己扮演的是一位纯洁无私的女主人公，她拯救了她丈夫的性命。她的秘密是她的身份的来源，也是她的价值感之基础，这使她轻松自如地扮演了海尔茂的爱唱歌的活泼的小鸟儿和爱玩耍的小松鼠的角色。她把她的秘密审美化了——将之转变为一件美好的事情，也是一件清白的事情，当柯洛克斯泰威胁她要将他们的交易揭示给海尔茂的时候，娜拉眼里含着泪水，她说："这个我以之快乐、为之自豪的秘密，他（指海尔茂，译者注）竟将以这样一种丑陋的方式得知，并且是从您这里得知。"①

当娜拉意识到自己的秘密实际上是一种罪的时候，她感到被这种丑恶所诋毁。为了保留她的自我价值，她运用了质朴的情节剧幻想"最奇妙的事情"[det vidunderlige]（这个短语的字面意思是"最奇妙的事情"；通常被译为"奇迹"，显得宗教感过于强烈，或者更好的译法是译为"光荣的事情"）。娜拉想象着一旦海尔茂了解到她的罪行，他将慷慨而英勇地提出牺牲自己来解救她。甚至在更高尚也更高贵的自我牺牲精神中，娜拉将拒绝海尔茂的牺牲而淹死自己，绝不会让他为了她而玷污自己的名誉。这是被降格了的理想主义，是一种情节剧的脚本梗概，它通常在 19 世纪街上的剧场里上演。

在易卜生写作《玩偶之家》以前，纯洁而自我牺牲的女性形象已经成为一句使用过多而缺乏新意的陈词滥调，当柯洛克斯泰对林丹太太提出结婚作出怀疑的反应时，这一点变得清晰起来："我不相信这个。这只不过是一种高度敏感的女性高贵感，这种感觉驱使她自我牺牲。"②将林丹太太与柯洛克斯泰同娜拉与海尔茂相比，起码他们拒绝将自己的婚姻建立在戏剧的陈词滥调之上。

当然，海尔茂也在幻想。首先，他认为他自己极具男子气概，甚至是英勇的。娜拉完全注意到了这一点："托伐带着他的男子汉的自豪——对他而言，要是他知道他亏欠我任何东西，他会多么尴尬并因此而蒙羞啊"。③ 海

---

① ［挪］亨利克·易卜生：《玩偶之家》，参见《易卜生全集》第八卷，第 300 页。

② ［挪］亨利克·易卜生：《玩偶之家》，参见《易卜生全集》第八卷，第 340 页。

③ ［挪］亨利克·易卜生：《玩偶之家》，参见《易卜生全集》第八卷，第 287 页。

33

尔茂的男性气质取决于娜拉无助的表演与天真的女性气质："如果不是这种女性的无助感加倍地吸引着我，我不会成为一个男人。"①同娜拉的幻想一样，海尔茂的幻想也是陈词滥调与戏剧性的，更坦率地说，是关于两性关系的，尽管他们以理想主义的用语来表现性欲（很可能为了避免承认理想主义者认为这仅仅是动物性欲望）。例如，在化装舞会之后，海尔茂表示，他有一种想要占有他贞洁的女孩的幻想，但仅仅在婚礼之后："［我］想象……你是我年轻的新娘，我们刚刚从婚礼回家，我正第一次把你带入我的房子——我第一次单独与你在一起——完全单独与你这位年轻的、颤抖的、快乐的美人在一起！"②

海尔茂也认为他自己是拯救这位纯洁女性的浪漫而迷人的英雄："你知道么，娜拉——我常常希望有某种即将发生的危险威胁着你，那样我便可以冒着生命和流血的危险，不惧一切地来解救你。"③当娜拉按照字面的意思理解他并催促他阅读信件的时候，结果却极具讽刺意味地毁掉了理想主义舞台的传统习俗，这提醒人们：那些声称凭借理想主义陈词滥调而生活的人们倾向于将他们自己与旁人戏剧化。

海尔茂的幻想之最具破坏性的表达就是当他已经读完柯洛克斯泰的第二封信并意识到他获救了的时候，他立刻原谅了一切。当娜拉说她要"脱掉她的装束"时，海尔茂完全听错了她的语气，他开始了一段极度自夸的独白。舞台指示表明，他说这段独白的时候门是敞开的，娜拉此时已经走下了舞台，正在换衣服。易卜生通过让海尔茂独自待在舞台上，强调了他的自我戏剧化的疏隔与疏离效应："哦，娜拉，你不了解真实的男人的心。对于一个男人而言，得知他已经原谅了他的妻子有一种说不出的甜蜜和满足感——他真的已经完全原谅她了。就仿佛她再次成为他的财产；仿佛他再次带她来到这个世界；仿佛她既成为他的妻子，也成为他的孩子。从现在开始，你将成为我困惑而无助的小生灵。"④这段宽恕的话肯定是格瑞格斯·威利在敦促雅尔玛·艾克达尔高尚地宽恕基纳时候心中所想。这是理想主义者应当和解的时刻，易卜生通过让娜拉穿着日常的衣服［hverdagskjole］返回到舞台上而彻底地破坏了它。

---

① ［挪］亨利克·易卜生：《玩偶之家》，参见《易卜生全集》第八卷，第354页。
② ［挪］亨利克·易卜生：《玩偶之家》，参见《易卜生全集》第八卷，第346页。
③ ［挪］亨利克·易卜生：《玩偶之家》，参见《易卜生全集》第八卷，第350页。
④ ［挪］亨利克·易卜生：《玩偶之家》，参见《易卜生全集》第八卷，第355页。

此时此刻，娜拉穿着她日常的衣服，而海尔茂则仍然穿着晚会上的衣服，这场著名的完全毁灭理想主义者期望的谈话开始了。易卜生对戏剧性、情节剧与降格的理想主义的关系的大师级探索在娜拉开门见山、直奔主题的时候到达了逻辑的制高点。她请求，或者说，命令海尔茂坐下来谈话：

> 娜拉：坐下。这将花费很长的时间。我有很多事要和你谈谈。
>
> 海尔茂（坐在她对面的桌旁）你让我感到不安，娜拉。我不明白你的意思。
>
> 娜拉：不，正是如此。你不了解我。我也从来没有了解你——直到今晚。①

显然，这里娜拉和海尔茂都被他们的自我戏剧化幻想所蒙蔽。海尔茂没能摆脱困境，娜拉承认她导致了这一结果："我为了谋生而为你欺瞒了世界。可是你却想以这样的方式生活。"②

娜拉承认自己参与他们的隐瞒游戏使我们不得不停下来思考。到目前为止，我已经论述了娜拉与海尔茂他们彼此的戏剧化，这种方式可能使人产生这样的想法，认为他们两者都可以说是纯粹的表演者但他们的这种想法，从表面上是看不出来的。因为他们在解救另一个人时是以爱的名义作出英雄事迹之幻想，以表现出娜拉和海尔茂尽其所能地彼此相爱。他们已经尽力了。如果他们知道当他们进行服装表演的时候在做什么，他们会停止这么做的。③ 通过向我们展示他们的戏剧性的婚姻，易卜生没有打算让这些两个得体的人成为敌对方，而是要让我们思考我们在日常生活中将自我与他人戏剧化的方式。

果真如斯坦利·卡维尔所说，成长就是选择有限性，那么显然，娜拉与海尔茂两者直到此时才成长。④ 然而，他们就像一直在玩过家家的孩子们一样。

---

① ［挪］亨利克·易卜生：《玩偶之家》，参见《易卜生全集》第八卷，第356页。
② ［挪］亨利克·易卜生：《玩偶之家》，参见《易卜生全集》第八卷，第357页。
③ 后现代的读者可能认为这有点过于简单化了（我们可以停止表演我们的化装舞会吗）。下面我将展示，易卜生的戏剧绝非简单化地处理这些问题。但在这里，我并没有试图要说什么关于现代性的"性别表演"的普遍性真理与理论。相反，我想说的是娜拉和托伐缺乏认识自己动机和行为的令人压抑的后果，特别值得注意的是，他们由于不理解自己而导致了彼此之间也不能互相理解。
④ 参见斯坦利·卡维尔：《理性的权利：维特根斯坦、怀疑主义、道德与悲剧》，纽约：牛津大学出版社1999年版，第464页。

在最后的对话中，他们所表演的成年男性和女性给人的印象就是单纯的模仿。但是他们或许不是孩子，或者不只是孩子，也是玩偶：毕竟，他们出现的这部剧被称为《玩偶之家》。①

玩偶作为一种文学和哲学的形象：柯西纳与娜拉

我们已经开始讨论玩偶的形象了。当娜拉试图解释她的人生经历和婚姻的时候，她使用这一形象来形容她的过去。她说，她的父亲"称我为他的玩偶孩子，并与我玩耍，就像我和我的玩偶一起玩耍一样"。② 海尔茂也做了同样的事情："但我们的家一直是一间儿童游戏房。在这里我一直是你的玩偶妻子，正如我原来在家里是父亲的玩偶孩子一样。"③她自己也延续了这一传统："而孩子们则又成为我的玩偶。"④然后，娜拉离开了，因为她再也不愿和这样的玩偶生活有任何关系。

玩偶的形象是《玩偶之家》中最重要的隐喻。在哲学中，有生命的玩偶——会动的玩偶给人留下有生命的印象——已经被用作其他心灵问题的形象，自打勒内·笛卡儿在1641年的一天傍晚从他的第三层楼窗户向外望去，看到人们在下面的街道上四处走动以来。或者说他这么做了吗？当他意识到他不能确定地说他在观看真实的人们的时候，令他晕头转向的眩晕时刻到来了。他能确定真正看到的一切就是"可能覆盖着人造机器的帽子和斗篷，它们的运

---

① 美国人有时问我 Et dukkehjem 是应该被翻译为 A Doll House 还是 A Doll's House。据我所知，这两个术语所指的都是同样的东西：一间给孩子们玩耍的小房子，或者一个陈列小型玩具与家具的小房子的模型。如果这种观点是正确的，两者唯一的区别是：前者是美式说法，后者是英式说法。在挪威语中，用来指 A Doll ['s] house 的常用的词是 en dukkestue 或 et dukkehus（Hjem 指的是"家"，而不是"房子"）。因此 Et dukkehjem 同两种译法都很不相同。易卜生的这个标题的用意是什么呢？娜拉和海尔茂在玩过家家吗？娜拉和海尔茂的家庭生活仅仅是为了展现吗（这便是其戏剧性的主题）？是两者均为不负责任的玩偶吗？是说他们如同玩偶一般不了解人类生活的真正问题吗？或者干脆说，海尔茂同娜拉的父亲都像对待玩偶一样对待娜拉吗？杜尔巴赫的《玩偶之家》也包含一场关于翻译此剧问题的有趣的讨论。参见杜尔巴赫的《玩偶之家：易卜生转变之神话》一书第27~39页。

② ［挪］亨利克·易卜生：《玩偶之家》，参见《易卜生全集》第八卷，第357页。

③ "儿童游戏房"是 legestue 的翻译，意思是一间给孩子们玩耍的小房子。它的意思并不是许多翻译者提出的"游戏围栏"（供幼儿在其中玩耍的便携式围栏）。

④ ［挪］亨利克·易卜生：《玩偶之家》，参见《易卜生全集》第八卷，第358页。

动可能取决于弹簧。"①这个句子中的短语"人造机器，其运动可能取决于弹簧"解释了一个拉丁单词 automata（"自动机器人"，也指机械地动作的人：以机械性的方式作出行为或反应的人）。②

自动机器人、机器人、玩偶的意象——在现代科幻小说中——它们是一个根本的哲学问题的异类：我如何知道另一个人是另一个人？他或她是作为一个人而思考和感觉吗？我怎么才能区分人与非人、生命与死亡？③ 因此，玩偶很容易成为一种恐怖的形象：在欧洲文学中，玩偶女性的形象常常出现在哥特式恐怖作品与浪漫主义作品之间的边界地带。在 E. T. A. 霍夫曼恩的恐怖故事《睡魔》中，作家拿但业拒绝了他真实生活中的未婚妻克拉拉而选择了只会点头与说"哦！哦！"的玩偶奥林匹亚。④ 尽管霍夫曼恩的玩偶仍然是恐怖故事的一部分，但他也用它批评一些偏爱顺从女性的男性。在易卜生的作品中，《复活日》里难以理解的人物爱吕尼一半是女人、一半是雕像，她也唤起了哥特式的不可思议的想象。在最近的电影历史中，《复制娇妻》也创造了同样产生恐怖与怪异效果的女性玩偶，她们出现的方式也使人不能不想起《玩偶之家》。⑤

在斯达尔夫人的作品中，玩偶的形象没有哥特式的弦外之音，但也具备批评性别歧视对女性的态度。在她的讽刺短剧《模特》中，一位名叫弗雷德里克·霍夫曼恩的德国画家帮助他心爱的苏菲·莫里哀戏弄愚蠢的"女性智慧"的敌人法国伯爵艾合维勒，使他偏爱纸质玩偶，而不爱真正的女人。在关键的场景中，伯爵爱上玩偶恰恰是因为其一言不发。然而，对于《玩偶之家》而言，更重要的是，斯达尔夫人在《柯西纳或意大利》中使用了玩偶的形象，这肯定了它与《玩偶之家》的密切联系。柯西纳长期待在英格兰，被迫在社会上保持

---

① ［法］勒内·笛卡儿：《方法论及沉思》，约翰·维奇译，纽约布法罗：普罗米修斯出版社 1989 年版，第 84 页。

② 参见［法］勒内·笛卡儿：《形而上学的沉思》，1641 年，弗罗伦斯·柯多思编译，巴黎：四马二轮战车出版社 1956 年版，第 49 页。

③ 我是在哲学想象中谈论玩偶。是否真的存在机械玩偶或自动机器人对于我的论点而言无关紧要。机械人体的形象与怀疑论之间的联系首先出现在卡维尔的《理性的权利：维特根斯坦、怀疑主义、道德与悲剧》一书中，参见该书第 400~418 页。

④ "睡魔"的故事也在 1851 年的一部法语通俗剧《霍夫曼恩的幻想故事》中由居勒·巴赫比叶和米歇勒·伽黑讲述。奥芬巴赫的歌剧《霍夫曼恩的故事》直到《玩偶之家》公演两年以后（1881 年）才上演。

⑤ 导演弗兰克·欧茨 2004 年通过将 1975 年布赖恩·福布斯导演的电影《复制娇妻》翻拍成一部轻松的喜剧，彻底摧毁了其潜在的恐怖，从而重塑了玩偶的母题。

沉默,因为她只是一个女人,她抱怨说,她完全可以变成"一个被机械稍加完善的玩偶"。① 当柯西纳说话(或跳舞或唱歌)时,情况并没有改善,因为那时她被指责为戏剧性的。②

不论柯西纳是被迫沉默还是被指责为戏剧性的,她都被降格为她的身体。在第一种情况下,她被埋葬在沉默中,而第二种情况使之成为一个戏剧性场面。不管是哪一种方式,她都无人倾听,人们对她的话充耳不闻,而她的人性——浪漫主义者称之为灵魂——一直不为人所知。因此,柯西纳被卷入性别歧视的困境,她要么被戏剧化,要么被迫沉默,在这两种情况下,她都被降格为一种物。一个女人处于这样一种境地时,便会挣扎着表明她的存在与她的人性。这一点对于柯西纳而言千真万确,对于娜拉而言也一样,她也不得不试图通过找寻一种声音来确证她的存在,通过进入到卡维尔在别处称为"我思表演"(一种用类似咏叹调的方式来表达她的灵魂,旨在宣称与公开表明她的存在)的状态来肯定她的存在。③ 柯西纳失去了她的声音,她死于不被理解与不为人所知。④ 然而,易卜生的娜拉找到了她的声音并确证了她自己的人性:"我相信,我首先也和你一样是一个人。"⑤

"人的身体是人的灵魂的最好写照":娜拉的塔兰台拉舞

第二幕中的塔兰台拉舞场景在某种程度上就像是娜拉身体的"我思表演":

---

① 关于此段的法语原文,参见斯达尔夫人:《柯西纳或意大利》,西蒙娜·巴拉耶编,巴黎:伽里马赫德出版社1985年版,第369页。其英文版译文稍有不同:"一个被改善的精致的机械玩偶",参见斯达尔夫人:《柯西纳或意大利》,希尔维亚·拉斐尔译,牛津:牛津大学出版社1998年版,第249页。

② 艾德格蒙德女士对奥斯瓦尔德揭示了她对柯西纳的敌意:"她需要一部戏剧来陈列所有那些你如此引以为豪的天赋,它们使生活变得如此艰辛。"参见《柯西纳或意大利》,英文版,第313页。

③ 卡维尔在分析《煤气灯下》的时候写道,英格丽·褒曼扮演的人物在影片结尾进入到"她复仇的咏叹调",参见斯坦利·卡维尔:《争辩的眼泪:未知女性的好莱坞情节剧》,芝加哥:芝加哥大学出版社1996年版,第59~60页。也参见卡维尔在《歌剧与嗓音的租期》(收录于《自传性哲思实践》,马萨诸塞州剑桥市:哈佛大学出版社1994年版,第129~169页)一文中对歌剧中不为人所知的女性之"我思表演"的讨论。

④ 我在莫伊著《女性之为人所闻的欲望:〈柯西纳〉中的表达性与沉默》一文中分析了柯西纳的死。

⑤ [挪]亨利克·易卜生:《玩偶之家》,参见《易卜生全集》第八卷,第359页。

只不过她的表演不是通过唱歌而是通过舞蹈来展现她的人性（与她的"玩偶性"相对）。塔兰台拉舞场景在这个词的所有通常意义上都是情节剧的。它提供了音乐和舞蹈，它的舞台呈现是为了推迟秘密被发现，而娜拉认为这个秘密会导致她的死亡。此外，娜拉跳她的塔兰台拉舞也源于恐惧与焦虑，她的这段表演被明确地称为"激烈的"［voldsom］。①

卡维尔在书中写道，情节剧的夸张的表现力可以被理解为一种对"极度失声"的恐惧的反应，一旦我们开始好奇我们是否能让他人认识到并承认我们的人性，这种表现力便可以征服我们。② 如果是这种情况，那么这种情节剧式的痴迷于恐惧、窒息、强迫表达之状态表达了对人类孤独、被降格为物以及死亡的恐惧。这样的状态立即在身体上与本质上都成为戏剧性的，从它们属于舞台传统技能的层面而言是如此，从展示它们的人被怀疑表演做作与过度表现自我感受的层面而言亦然。这恰恰是许多女演员和导演对娜拉的塔兰台拉舞的反应。他们希望以现实主义的名义降低这一场景的纯粹戏剧性，以保持娜拉的尊严。艾丽娅娜拉·杜思以几乎完全放弃塔兰台拉舞的表演而知名。阿力萨·索罗蒙写道，在英国主演多部易卜生戏剧的女演员伊丽莎白·罗宾斯甚至认为塔兰台拉舞"太戏剧化"。③ 但戏剧与戏剧性是《玩偶之家》所关注的核心，如果我们要理解娜拉的塔兰台拉舞，我们需要注意到，我们需要思索戏剧的本质，而非其他事物。正如索罗蒙一语中的地精彩论述那样，塔兰台拉舞"不是对追求老式效果的让步，［而是］对它的一种改编与挪用，此之谓化腐朽为神奇"。④

考虑到塔兰台拉舞的所有情节剧元素，很容易得出这样一个结论：它仅仅表明娜拉将自己的身体戏剧化，她有意将自己转变为一种景观，从而转移与分散海尔茂对邮箱的注意力，因此默认了她自己作为一个玩偶的地位与身份。尽管这无疑是娜拉坚持要立即排演塔兰台拉舞的主要动机，这一场景本身已经超过了这种有限的解读。娜拉胸中惴惴不安，在恐惧与战栗中疯狂起舞，她的舞蹈速度极快，也十分猛烈。这也成为她的行为的一部分，因为她想要说服海尔

---

① ［挪］亨利克·易卜生：《玩偶之家》，参见《易卜生全集》第八卷，第334页。

② 参见斯坦利·卡维尔：《争辩的眼泪：未知女性的好莱坞情节剧》，芝加哥：芝加哥大学出版社1996年版，第43页。

③ 参见阿力萨·索罗蒙：《重建易卜生的现实主义》，收录于《补救经典：戏剧与性别论文集》，伦敦：劳特里奇出版社1997年版，第55页。索罗蒙也描述了杜思对塔兰台拉舞的低调表演。

④ 参见阿力萨·索罗蒙：《重建易卜生的现实主义》，收录于《补救经典：戏剧与性别论文集》，伦敦：劳特里奇出版社1997年版，第55页。

茂教她跳舞，而不是去阅读他的邮件。然而，舞台提示告诉我们更多："阮克坐在钢琴前演奏。娜拉的舞姿愈来愈狂野。海尔茂和往常一样站在火炉旁一边看她跳舞，一边指导她应该如何跳舞；她看上去并没有听见他的话；她的头发慢慢松开，披散在她的肩上，她没有注意到这个，仍然继续跳舞。林丹太太进来了"。① 我们当然可以将娜拉的舞蹈与弗洛伊德的歇斯底里理论联系起来，将之与女性的身体指示了她的声音无法表达出来的悲痛联系起来。② 但是这样就通过将娜拉转变为一个医学案例而剥夺了她的力量。也许更好的说法是将娜拉的塔兰台拉舞看作女性为使她的存在为世人所知而斗争的图像化呈现，是为了强调女性存在的重要性（我以为卡维尔称之为"我思表演"的意义正是如此）。

在这场表演的过程中，娜拉的头发逐渐松开。我肯定，易卜生在此有意援引了著名的"后面的头发"这一戏剧性传统，它在19世纪情节剧手册中表示"疯狂的攻击"。③ 随着娜拉的头发散落下来，她不再听从海尔茂的教导。现在她仿佛在催眠状态中舞蹈，如同在疯狂的魔掌之中，好像她真的成为海尔茂将她降格的那副躯体。然而，如果娜拉仅仅是一副躯体而别无所是，那么这场塔兰台拉舞便具有色情意味，它展示的仅仅是一副性感的躯体。如果我们不是简单地站在海尔茂的立场上看待塔兰台拉舞，而是援引维特根斯坦的话说，此时此刻，娜拉的身体是她的灵魂的最好写照，我们对于塔兰台拉舞的理解会发生什么变化？

第一个问题是这意味着什么？是什么使得维特根斯坦的"人的身体是人的灵魂的最好写照"与《玩偶之家》相契合？这句话出现在《哲学研究》下编的第四部分，这部分以这种方式开始：

> "我认为他在受苦。"—— 我是否认为他不是自动机器人？在两种状态中使用这个词都是行非所愿。
>
> （或者是这样：我认为他在受苦，但我肯定他不是自动机器人？荒谬!）④

这里，他者受苦的问题与自动机器人的形象联系在一起（我认为这是在有

---

① ［挪］亨利克·易卜生：《玩偶之家》，参见《易卜生全集》第八卷，第334页。

② 参见戴蒙德对"现实主义的歇斯底里"的讨论。芬尼在《易卜生与女性主义》一文中（第98~99页）也有类似的论述。

③ 参见马丁·梅塞尔：《实现：十九世纪英格兰的叙事、绘画与戏剧艺术》，普林斯顿：普林斯顿大学出版社1983年版，第8页。

④ 参见路德维希·维特根斯坦：《哲学研究》，德英对照，G. E. M. 安思科姆博译，牛津：布莱克维尔出版社2001年版，第152页。

意召唤笛卡儿的怀疑论）。此后，在紧要关头，出现了玩偶（自动机器人）与人类之间的区别这一问题。这一点由下面几行话得到强调："假设我说一位朋友'不是自动机器人'—— 这传达了什么信息，而这信息又是对于谁而言的呢？对于一个在普通情况下遇到他的人而言吗？"①如果我想象一种情境，在此情境之中，我对朋友甲说另一位朋友乙"不是自动机器人"，我发现，我这么说是为了试图告诉甲终止像原先那样对待乙，很可能是因为我认为甲对待乙很残忍，以至于甲的行为好像没有考虑到乙也是有感情的。这便是这些段落中"灵魂"的意义：关于内在生命的想法，关于（未表达的）痛苦与苦难的想法（然而，我希望也有关于快乐的想法）。

要理解维特根斯坦这里的意思，有必要理解身体与灵魂之间的关系之怀疑论图景。对于一种怀疑论而言——让我们称之为浪漫主义怀疑论——身体隐藏了灵魂。因为它（表面上）是人类有限性（分离与死亡）的化身，所以浪漫主义者将身体视为一种阻止我们了解其他人的障碍。浪漫主义者认为，真正的人的交流必须克服有限性；因此，我们得到灵魂交合的幻想、无言的完美交流的幻想，以及注定从万物永恒中为彼此而存在的两个灵魂的幻想。

另一种怀疑论者——被我们称为后现代怀疑论者——可能不耐烦地拒绝所有的灵魂交谈，将之仅仅看作为形而上的建构；这种后现代怀疑论者更倾向于将身体描述为一种表象、一种客体，甚至作为一种诸如此类的物质。身体被视为纯粹的物质，既非内在的表达，亦非内在的象征。将身体作为一种表象思考就是将之戏剧化：不论这副躯体做什么或说什么，都将被看作为表演，而不是表达。尽管浪漫主义者会通过提升到理想主义天国的高度而否定有限性，后现代怀疑论者则会从整体上否定人的内向性（"主体""媒介"与"自由"）。②

---

① 参见路德维希·维特根斯坦：《哲学研究》，德英对照，G. E. M. 安思科姆博译，牛津：布莱克维尔出版社2001年版，第152页。

② 拉恩果斯对《玩偶之家》的出色分析与塔兰台拉舞的模棱两可在深层上是极为合拍的。我们在很多分析塔兰台拉舞的细节方面是一致的。但拉恩果斯最终将此剧解读为一部"关于女性乔装的戏剧"（参见吴恩尼·拉恩果斯：《人造的生活：〈玩偶之家〉中的模仿与疾病》，收录于《论写作与剧场观众席的黑暗：易卜生与福斯论文选》，古恩纳勒·福斯编，挪威克里斯蒂安桑大学出版社2005年版，第66页）并把娜拉变成一位后现代表演的女主角："娜拉是如此擅于表演'女性'以至于我们都看不出她在表演。在她的表演中，她沿用了传统女性的生活方式，并且，与此同时，还肯定了这些方式"（同上，第76页）。拉恩果斯的后现代视角无法严肃认真地阐释娜拉所说的她首先是一个人："她很可能认为她会在她的新生活中找到并成为这个'人'，但考虑到这部剧建立的前提，她的唯一选择，在我看来，就是去探索与形成新的角色来扮演"（同上，第67页）。我认为，拉恩果斯的非历史的解读没能理解这部剧的革新的方面。

维特根斯坦关于"人的身体是人的灵魂的最好写照"意味着对这些怀疑论立场的一种路径。它提醒我们：怀疑主义要么会逃避身体，要么会消除灵魂。"由机械完善的玩偶"与人之间的区别在于前者是机器，而后者拥有内在生命。

跳着塔兰台拉舞的娜拉的身体表现了其灵魂的状态。没有比这更真实的了。然而，与此同时，她的身体被她自己（她的表演是她自己的策略）与观看她的人（也许更大程度上是如此）戏剧化了。因为塔兰台拉舞的场景不仅显示出娜拉在舞蹈，也展现了两种看待她舞蹈的不同方式。其一是两位男性的视角。我猜想，他们观看她在相当程度上是以一种戏剧化的、类似色情的方式。对于他们而言，娜拉的舞蹈是她的身体的呈现；他们的凝视去除了她的灵魂并将她变为一个"机械的玩偶"。然而，在娜拉跳舞的时候，知道她的个人秘密的朋友林丹太太也进入房间：

> 林丹太太（站在门口瞠目结舌）。啊——！
>
> 娜拉（仍在跳舞）。看这多有趣［løjer］，克里斯提娜。
>
> 海尔茂：可是最最亲爱的娜拉，你跳舞的样子仿佛你的生命在危急关头。
>
> 娜拉：确实如此！
>
> 海尔茂：阮克，停下。这真是疯狂至极。快停下（阮克停止演奏，娜拉突然停止了舞蹈）。①

娜拉对林丹太太喊话让她看着她。在挪威语中，这个短句是"Her ser du løjer, Kristine"，其字面意思："您看这多有趣，克里斯提娜。"在19世纪的丹麦语词典中，løjer被定义为"某种有趣的事物，使人愉悦，引人发笑，某种没有严肃意图的说笑。"在一部传统挪威语词典中，其定义为："恶作剧；笑柄；娱乐；滑稽；喧嚣的骚动。"②这个词描述了海尔茂与阮克认为他们正在观看的情景。然而，娜拉告诉林丹太太来观看、瞧和看正在发生的趣事：克里斯提娜要看的并不只是娜拉，还有娜拉的表演与男士们凝视之间的关系。

林丹太太看到了娜拉的痛苦，她也看到了男士们没能看到这痛苦。他们只看到了娜拉野性的身体，在那最具表现性的时刻将之戏剧化。易卜生强化了这

---

① ［挪］亨利克·易卜生：《玩偶之家》，参见《易卜生全集》第八卷，第334页。

② 在此特别感谢维格迪丝·伊斯塔德为我提供的来源于《丹挪语辞书》的这些定义。

一点，因为在塔兰台拉舞之后，阮克医生私下里问海尔茂："不会有任何那种事情的迹象吧？"①我认为这里阮克医生指的是怀孕，即试图将她的舞蹈降低为简单的引起荷尔蒙改变的效果。海尔茂回答道，这只是"我告诉过你的幼稚的焦虑"。② 两位男士都拒绝将娜拉的身体的自我表现视为她的灵魂（她的意志、意图与问题）的表现，而将之降格为一种关于荷尔蒙的物质或者一个孩子的无稽担忧。不管是哪种情形，娜拉都被视作一个对她的行为不负责任的人（荒谬的是，也许这部剧中唯一将娜拉视为有思想的人的男士是柯洛克斯泰，正是这位男士教会了她：他们在法律眼中是平等的）。

而后，这一场景让观众看到了娜拉既在海尔茂与阮克医生的目光注视之下，同时也在林丹太太的眼中出现。尽管前者将她戏剧化了，后者却将她看作一个身处痛苦之中的灵魂。但是，这一场景没有告诉我们在这些视角中做何选择。如果我们尝试选择，我们会发现不论哪一种选择都会蒙受一种损失。我们不是更喜欢一种真实与真诚的戏剧吗？我们不是相信现实主义正是这样一种戏剧吗？那么我们也许忘记了：即便是最强烈的身体的表现也提供不了将真实从戏剧性与表演中截然分离出来的方式。那么我们是否更喜欢一种戏剧性的戏剧呢？就是那种关注表演自身与表现性的戏剧？如果是这样，我们也许通过将之戏剧化而对他人的痛苦与不幸充耳不闻。如果我被问到娜拉的塔兰台拉舞是戏剧性的还是全神专注的，我将不太确定该如何说。两者都是？两者都不是？在此，易卜生超越了狄德罗建立的历史框架。③

易卜生的双重视角以及他意识到在戏剧性与真实性之间的选择之不可能，使他站在了现代主义的核心位置。这正是他的戏剧在深度与广度上如此惊人的丰富的原因。娜拉在她的塔兰台拉舞中完全实现了易卜生的现代主义。在此，易卜生让我们思考：即便是最具戏剧性的表演也可能同时是人类灵魂的真实表现（然而也可能不是：我们无从预先知晓这一点）。

然而，不仅如此。塔兰台拉舞的惊人的戏剧性——事实上，它是如此明显的极具戏剧性的出彩段落——它提醒我们：我们是在剧场里。易卜生的现代主义是基于这样一种感觉：我们需要戏剧——我的意思是这种真实的艺术形式——来向我们开显隐藏的游戏以及我们日常生活中不可避免地参与的戏剧化

---

① ［挪］亨利克·易卜生：《玩偶之家》，参见《易卜生全集》第八卷，第335页。

② ［挪］亨利克·易卜生：《玩偶之家》，参见《易卜生全集》第八卷，第335页。

③ 参见德尼·狄德罗的美学理论与麦克尔·弗莱德在他的划时代论著《专注与戏剧性》中对它的讨论。莫伊著《亨利克·易卜生与现代主义的诞生》一书的第四章讨论了易卜生的作品对于19世纪承自狄德罗与莱辛的美学传统的重要性。

的活动。我的这一观点并不仅是基于娜拉的舞蹈的。在塔兰台拉舞的表演过程中，易卜生通过将两种观众同时置于舞台之上来告诉我们：只有观众能够看到整个画面，他们同时看到了将他人戏剧化的诱惑与理解并承认娜拉的痛苦之可能性。诚然，观众的视角更接近林丹太太，而不是另外两位男士，因为林丹太太比两位男士更了解娜拉与柯洛克斯泰之间的交易。然而，观众知道的甚至比林丹太太更多，他们了解对于娜拉而言更为性命攸关的事情，因为他们刚刚听说娜拉决定在海尔茂知道真相以后去自杀：

> 柯洛克斯泰：也许你打算——
>
> 娜拉：现在我有勇气了。
>
> 柯洛克斯泰：哦，你不要吓我。像你这样娇生惯养的小姐会接受处罚？
>
> 娜拉：等着瞧；等着瞧。
>
> 柯洛克斯泰：也许在冰层下？在冰冷而漆黑的水里？然后在春天漂上来，丑陋不堪，面目全非，你所有的头发都散落开来——
>
> 娜拉：你不要吓唬我。①

这种巧妙精湛的交流将娜拉跳塔兰台拉舞时脑海中的图景传达给观众（两个人都声称他们不害怕对方所说的话，然而事实却恰恰相反：他们当然都非常惧怕对方兑现所说的话）。娜拉的丑陋的尸体之幻象传达了海尔茂的美感试图拒绝接受的死亡与痛苦，并解释了当海尔茂说娜拉跳舞的样子仿佛在她生命的危急关头时，娜拉为什么情不自禁地回答："可是确实如此！"

在《玩偶之家》中，娜拉有七段非常简短的独白。它们通常被解读为易卜生尚不成熟的舞台技法的表现，人们认为这些独白是现实主义幻象中不明智或者不情愿的中断。② 可是早在 1869 年的《青年同盟》中，易卜生就已经自豪地在一封写给乔治·勃兰兑斯的信中指出，他在尝试写作一部全剧都没有一句独

---

① ［挪］亨利克·易卜生：《玩偶之家》，参见《易卜生全集》第八卷，第 329 页。

② 索罗蒙写道："如果学生们学习关于易卜生的知识，他们会了解到他的戏剧沿着一种明晰的线性发展，从精致华丽的诗体剧到现实主义的典范，这些散文剧自身像一种越来越优质的物种进化，在它们步步潜行的时候，去掉了独白、旁白与包裹在佳构剧外部的所有覆盖物，然后它们蜷伏起来，直到最杰出的作品《海达·高布乐》的出现，使之达到最高点。"（参见阿力萨·索罗蒙：《重建易卜生的现实主义》，收录于《补救经典：戏剧与性别论文集》，伦敦：劳特里奇出版社 1997 年版，第 48 页）

白或旁白的戏剧。① 只要易卜生想这么做，他完全可以避免在《玩偶之家》中使用独白。娜拉独自一人待在舞台上的时刻向我们展示了当她不在惯常为之表演的男士的目光凝视之下时的样子，但这些时刻也同样提醒了我们：我们是在剧场里。

娜拉的恐惧仅当她独自待在舞台上的时候才出现。② 在第二幕的一个瞬间，海尔茂解除了娜拉对柯洛克斯泰的报复的恐惧，他称之为"空虚的幻想"，③ 并说他是"一个完全可以自己承担全部责任的男人"。④ 娜拉独自一人，"恐惧而疯狂"，她几乎语无伦次地悄声自语道："他会这么做的。他会的。不管世上发生什么事，他都会这么做……不，永远不要让这件事发生！任何结果都好过此事！解救——！一种出路——"⑤这些独白的时刻几乎是哥特式的。尤其是最后这段独白：

> 娜拉(瞪着眼瞎摸，抓起海尔茂的舞衣披在自己身上，急急忙忙，断断续续，哑着嗓子，低声自言自语)从今以后再也见不着他了！永远见不着了，永远见不着了。(把披肩蒙在头上)也见不着孩子们！永远见不着了！喔，漆黑冰冷的水！没底的海！快点完事多好啊！现在他已经拿着信了，正在看！喔，还没看。再见，托伐！再见，孩子们！
>
> (她正朝着门厅跑出去，海尔茂猛然推开门，手里拿着一封拆开的信，站在门口)⑥

艾瑞克·乌鲁姆在他1879年为这部剧本写的评论中写道，这段话"妙不可言、无法复制"，并完整了引用了它。与李尔王一样，娜拉说了七次"永远不"，使用了"没底"这个词来描述她打算自溺于其中的漆黑冰冷的水；这段话的后面几行，在一段有意的戏剧性反讽中，海尔茂使用了同一个词来描述她的

---

① 参见亨利克·易卜生：《易卜生全集》第十六卷，第249页。

② 诺瑟姆列出了娜拉的所有独白并认为它们"缺乏诗剧中相应段落的说明性力量"。他认为，它们的存在提供了"进入易卜生剧作人物灵魂的很小的机会"(约翰·诺瑟姆：《易卜生的戏剧方法：散文剧研究》，伦敦：法贝尔出版社1953年版，第16页)。我完全不同意他的看法。

③ [挪]亨利克·易卜生：《玩偶之家》，参见《易卜生全集》第八卷，第319页。

④ [挪]亨利克·易卜生：《玩偶之家》，参见《易卜生全集》第八卷，第318页。

⑤ [挪]亨利克·易卜生：《玩偶之家》，参见《易卜生全集》第八卷，第319页。

⑥ [挪]亨利克·易卜生：《玩偶之家》，参见《易卜生全集》第八卷，第351页。

罪恶的"可怕"。① 当海尔茂站在那里、手持信件的时刻是一个戏剧性场面，这一时刻具有强烈的情节剧式的感染力，甚至可以成为一幅典型的 19 世纪风俗画。

通过娜拉在最具戏剧性的场景中（从形式的视角看）最真实的行动，易卜生再次表明了戏剧传达个人困境的力量。坐在观众席中的我们被给予了一次弥足珍贵的机会。如果我们不承认娜拉的人性，那么也许没有人会承认。

妻子、女儿、母亲：被抵制的黑格尔

娜拉说她"首先是一个人"，实际上一箭双雕地拒绝了两种身份。我们已经看到她拒绝成为一个玩偶，但她同时也拒绝将自己定义为一位妻子与母亲：

> 海尔茂：这话真荒唐！你就这么把你最神圣的责任扔下不管了？
> 娜拉：你说什么是我最神圣的责任？
> 海尔茂：那还用我说？你最神圣的责任是你对丈夫和儿女的责任。
> 娜拉：我还有别的同样神圣的责任。
> 海尔茂：没有的事！你说的是什么责任？
> 娜拉：我说的是我对自己的责任。
> 海尔茂：你首先是一个妻子，一个母亲。
> 娜拉：这些话现在我都不信了。现在我只信，首先我是一个人，跟你一样的一个人——至少我要学做一个人。②

在《语词的城市》中，卡维尔大胆尝试了解读这段话，他讨论了娜拉提出对她自己的责任的道德基础："这些区别源自她身上的何处？它们是这个女人申明她存在的权利与她所在的道德世界中的位置的开场白，这似乎同时具有批判这个世界的形式。"③基于卡维尔的解读，娜拉是走向流亡的（因此她仿效了柯西纳从世界中撤退）。她是否感到能够回归社会、回归婚姻、回到尽其所能

---

① ［挪］亨利克·易卜生：《玩偶之家》，参见《易卜生全集》第八卷，第 352 页。
② ［挪］亨利克·易卜生：《玩偶之家》，参见《易卜生全集》第八卷，第 359 页。
③ 斯坦利·卡维尔：《语词的城市：记录道德生活的教育书简》，马萨诸塞州剑桥市：哈佛大学贝尔纳普出版社 2004 年版，第 260 页。

爱她的托伐身边是一个有待解决的问题。卡维尔公正地指出："如果他对她生生不息的爱恋没有被拒绝，那么最后的场景只能是令人悲痛的。我从未见过这样上演的戏剧。"①我也从未见过。

大多数评论者没有像卡维尔这样严肃认真地看待这段话。琼·泰姆普丽敦表示，许多学者坚持认为，如果娜拉想要成为一个人，那么她就无法继续保持一个女人的身份。② 他们的动机似乎是这样的：如果《玩偶之家》是关于女性的，因此，它就不可避免的是关于女性主义的。那么紧随而来的结论就是，它并非一部真正具有普遍性的——也就是说——真正伟大的艺术作品。为了支撑这一观点，这些评论者们常常援引易卜生在 1898 年发表的演讲，他否认自己促进女权运动，而认为妇女的权利问题在总体上是全人类的问题。

我认为这是一种过度解读，至少是试图把易卜生拒绝将他的作品降低到社会哲学，转变为易卜生从未想过娜拉是一位女性的证据，或转变为否定娜拉的麻烦与她作为现代社会中的一名女性的情境相关的基础。这种主张是有致命缺陷的，因为他们认为女人（而不是男人）必须在将自己看成一位女性与将自己看成一个人之间做出选择。这是一个传统的性别歧视的陷阱，而女性主义者不应失足迈入这个错误的前提，例如，通过提出这样的观点（但这可以作为一个论点吗）：娜拉是一个女人，因此不具备普遍性。这样的批评拒绝承认女人可以和男人一样代表普遍的人类。他们是这样一幅性别图景的囚徒：在这幅图景中，女人、女性、女性气质总是特别的与相对的一方，而不是普遍的与常规的一方。易卜生本人从来不曾将娜拉的人性与她的女性气质对立起来，这证明了他的政治激进主义，也证明了他作为一名作家的伟大。③

然后，娜拉拒绝将她自己定义为妻子和母亲。这一拒绝正是在她肯定了对自己的职责之后，也正是在她说她首先是一个人之前，因此将"人"与"个人"的含义连结起来，并将之与"妻子和母亲"对立起来。对我而言，这无法抵挡黑格尔关于女性在家庭与婚姻中的地位与作用的保守理论进入我的脑海。为了

---

① 斯坦利·卡维尔：《语词的城市：记录道德生活的教育书简》，马萨诸塞州剑桥市：哈佛大学贝尔纳普出版社 2004 年版，第 258 页。

② 琼·泰姆普丽敦：《易卜生的女性》，剑桥：剑桥大学出版社 1997 年版，第 110~145 页。

③ 莫伊：《我是一个女人：个体与哲学》一文中讨论了女性（而非男性）受邀在性别与人性之间进行"选择"的方式。参见莫伊：《性、性别与身体：何为女性?》（学生版），牛津：牛津大学出版社 2005 年版，第 190~207 页。

解释原因，我需要先看看第一幕中的一个关键段落，这个段落建立起了娜拉自身对女性在世界上的位置的传统理解的毫无疑问的贡献。这就是当柯洛克斯泰让娜拉面对她的伪造签名的借据并向她解释她已经犯罪的时候，这场交易的段落：

> 柯洛克斯泰：可是难道你没想到你是欺骗我？
>
> 娜拉：这事当时我并没放在心上。我一点儿都没顾到你。那时候你虽然明知我丈夫病得那么厉害，可是还千方百计刁难我，我简直把你恨透了。
>
> 柯洛克斯泰：海尔茂太太，你好像还不知道自己犯了什么罪。老实告诉你，从前我犯的正是那么一桩罪，那桩罪弄得我身败名裂，在社会上到处难以站脚。
>
> 娜拉：你？难道你也冒险救过你老婆的性命？
>
> 柯洛克斯泰：法律不考虑动机。
>
> 娜拉：那么那一定是笨法律。
>
> 柯洛克斯泰：笨也罢，不笨也罢，要是我拿这张借据到法院去告你，他们就可以按照法律惩办你。
>
> 娜拉：我不信。难道法律不许女儿想法子让病得快死的父亲少受些烦恼吗？难道法律不许老婆搭救丈夫的性命吗？我不大懂法律，可是我想法律上总该有那样的条文允许人家做这些事。你，你是个律师，难道不懂得？看起来你一定是个坏律师，柯洛克斯泰先生。①

柯洛克斯泰断言：在他曾经所做的事情与娜拉所做的事情之间没有任何区别，而法律与社会会将他们俩都当作罪犯。对于娜拉而言，这是侮辱性的：她所做的正是一个好妻子和好女儿应该做的，她为她的家庭利益着想而为之。在柯洛克斯泰离开以后，她独自站在舞台上说，"可是？不，这不可能！我是出于爱而这么做的"。② 那么，对于娜拉而言，她在借据上伪造签名是高尚而无私的，是她所了解的最高形式的伦理学典范。

柯洛克斯泰与娜拉之间的谈话如此带有黑格尔式的特征，是由于柯洛克斯

---

① ［挪］亨利克·易卜生：《玩偶之家》，参见《易卜生全集》第八卷，第303页。
② ［挪］亨利克·易卜生：《玩偶之家》，参见《易卜生全集》第八卷，第304页。

泰援引的社会法律与娜拉对她作为妻子和女儿而非个体的伦理上的责任感之间产生了冲突。根据黑格尔的理论，家庭不是个体的集合，而是一种有机的单元，如他在《法哲学原理》中指出："身处其中的人不是独立的个人，而是作为一个成员而存在。"①在家庭内部，感情是占据主导地位的原则。对于黑格尔而言，像妻子、女儿、姐妹、母亲(以及丈夫、儿子、兄弟、父亲)这样的词语仿佛是类属性的术语。它们指的不是这一个或那一个个人，而是一种角色或一项功能。任何女人都可以是托伐·海尔茂太太，但只有娜拉是娜拉。

这一类属性成员的单元(父亲、母亲、姐妹、兄弟、儿子、女儿)处于父亲这个家庭中唯一与国家有联系的人的领导之下。通过他同家庭外部其他人的交流，这个人获得了具体的个性："因此人在国家里、在学习中、以及在工作中、在同外部世界和他自己的斗争之中拥有了他的真实的物质性生活，因此只有通过他的划分，他才能在斗争中找到实现自我满足的统一性的方式。"②男性成为公民并参与公共生活；女性则一直封闭在家庭单元内部。

对于黑格尔而言，女性从未真正变得具有自我意识，也从来不是具体的个体(变成个体唯一可能性使这个人通过工作和家庭之外的冲突加入与他人的斗争)。女性被封闭在"对家庭的虔诚"之中，她们既拥有不了也不关注通向世界(国家，法律)的路径。③ 这里提及的"虔诚"使我们联想到黑格尔提到的安提戈涅，他在《精神现象学》中称赞她为女性能够企及的伦理行为的最高典范(常有学者进行娜拉与安提戈涅之间的平行研究)。④

女性从这个普遍性的世界被放逐有两个结果。第一，黑格尔认为，女性不具备真正受教育的能力(这一点很明显，他总是拒绝让女性旁听他的演讲)。她们也不具备成为艺术家或知识分子的能力，因为他们的工作要求理解绝对理念，也就是说，要求理解概念，而这在本质上是普遍性的。她们在维护她们的家庭利益方面任性、按偶然偏好与感情行事，也使得她们完全不适合做管理工作：女性也许受到了良好的教育，但是她们天生不配研究较为高深的科学、哲

---

① [德]黑格尔：《法哲学原理》，1821 年，H. B. 尼斯贝特译，剑桥：剑桥大学出版社 1991 年版，第 158 页。

② [德]黑格尔：《法哲学原理》，1821 年，H. B. 尼斯贝特译，剑桥：剑桥大学出版社 1991 年版，第 158 页，第 166 页。

③ [德]黑格尔：《法哲学原理》，1821 年，H. B. 尼斯贝特译，剑桥：剑桥大学出版社 1991 年版，第 158 页，第 166 页。

④ 关于娜拉与安提戈涅之间的各种比较，一篇很好的论文是杜尔巴赫所著的《作为安提戈涅的娜拉》。

学和从事某些艺术创作，这些都要求一种普遍的东西。妇女也许聪明伶俐、风趣盎然、仪态万千，但她们不能达到优美理想的境界。男女的区别正如动物与植物的区别：动物近乎男子的性格，而植物则近乎女子的性格，因为她们的舒展比较安静，且其舒展是以模糊的感觉上的一致为原则的。如果女性领导政府，国家将陷于危殆，因为她们不是按照普遍事物的要求而是按照偶然的偏好和意见而行事的。①

第二，黑格尔认为，因为女性在家庭中的地位使其没有能力与世界发生联系，她们将永远成为不可靠也不忠诚的国家公民，成为社会的永恒的第五纵队。② 这一观点最著名的构想来源于《精神现象学》："女性，——这是对共体的一个永恒的讽刺——她竟以诡计把政府的公共目的改变为一种私人目的，把共体的公共活动转化为某一特定个体的事业，把国家的公共产业变换为一种家庭的私有财富。通常，成年人由于具有审慎的严肃的考虑，不复重视欢乐、享受和现实活动之类的个别性，而比较专心致志于公共本质方面的普遍性；女性就嘲笑成年人的这种练达老成而欣赏年轻人的放浪不羁，蔑视成年人的深思熟虑而钦佩青年人的热情激荡，处处推崇青年人的力量，认为青年人了不起。"③

在与柯洛克斯泰的谈话中，娜拉成为黑格尔式女性的完美化身。她性格轻狂、不负责任、只关心她的家庭的利益，与法律（普遍性）没有任何关系。然而，在剧末，这一切都发生了改变。娜拉经历了一场转变。她起初是黑格尔式的母亲与女儿，但结尾却发现，她也是一个个体，而这仅仅在她与她直接生活的社会发生联系而非间接地通过她的丈夫与之发生联系的情况下才成立："可是从今以后我不能一味相信大多数人说的话，也不能一味相信书本里说的话。什么事情我都要用自己脑子想一想，把事情的道理弄明白。"④尽管她所处时代的法律不允许离家出走的女性带上孩子，但这并不是娜拉离开他们的原因。她强调的重点是，她选择离开她的孩子们恰恰是因为她尚且不够格作为独立的个

---

① ［德］黑格尔：《法哲学原理》，1821年，H. B. 尼斯贝特译，剑桥：剑桥大学出版社1991年版，第166页。此处译文参照了范扬、张企泰译黑格尔著《法哲学原理》，北京：商务印书馆1979年版，第一章 家庭，第166节，第183页，（补充）"妇女的教养"部分。

② 第五纵队：工作在一国家内部的一个秘密的旨在颠覆政府的组织，援助入侵敌人的军事和政治。——译者注

③ ［德］黑格尔：《精神现象学》，1807年，A. V. 米勒译，牛津：牛津大学出版社1977年版，第475页。此处译文援引贺麟、王玖兴译，黑格尔著《精神现象学》下卷，北京：商务印书馆1981年版，第31页。特此致敬！

④ ［挪］亨利克·易卜生：《玩偶之家》，参见《易卜生全集》第八卷，第360页。

体来教育他们："照我现在这样子，我对他们一点儿用处都没有。"①

易卜生的娜拉打破黑格尔理论否定女性的观念是由她对教育的渴望而表达出来的。教育是通向普遍世界——参与艺术、学习与政治的前提。只要婚姻与母亲身份同女性作为个体与公民的存在不能并存，娜拉便什么身份也不会拥有。在《玩偶之家》以后，婚姻转变为必须能让两个自由而平等的个体互相适应的了。

然而，自由与平等并不足够：娜拉出走首先是因为她不再爱海尔茂了。《玩偶之家》拾起了《社会支柱》的线索，继续坚持认为，爱一个女人，就必须将她看作一个个体，而不仅是妻子与母亲，或者女儿与妻子：

> 娜拉：咱们的问题就在这儿！你从来就没了解过我。我受尽了委屈，先在我父亲手里，后来又在你手里。
>
> 海尔茂：这是什么话！你父亲和我这么爱你，你还说受了我们的委屈！
>
> 娜拉(摇头)：你们何尝真爱过我，你们爱我只是拿我消遣。②

于是，娜拉的唯一要求便是革命性地重审爱的确切含义。

当海尔茂追问什么才能让她回到他的身边时，娜拉回答说，除非发生"最奇妙的事情"［det vidunderligste］（有时被误译为"奇迹中的奇迹"）："我们在一起过日子真正成为婚姻。"③我认为在"一起过日子"［samliv］（他们一直以来的状态）与"婚姻"［oegteskab］（娜拉现在认为是一个不可能的梦）两者之间的区别是爱。在一个女性也要求被作为个体而认可的世界里，男女之间的爱为何物？两个处于现代的个人要建立一种基于自由、平等和爱的关系（不论我们称

① ［挪］亨利克·易卜生：《玩偶之家》，参见《易卜生全集》第八卷，第363页。在索里对易卜生的《玩偶之家》手稿的多次改动之杰出研究中，她展示了易卜生起初将娜拉构思为"一名现代的安提戈涅，她的责任感是基于一种特别的女性意识"，并且易卜生当时想要写一部关于"女性灵魂被男性世界摧毁"的悲剧（珊德拉·索里：《女性成为人：转变的娜拉》，收录于《通向易卜生的当代路径》，比约恩·海默尔、维格迪丝·伊斯塔德编，第六卷，奥斯陆：挪威大学出版社1988年版，第41页）。她强调，这并不是易卜生实际上要写的戏剧。在我看来，这表明，尽管易卜生也许开始时想到以黑格尔的理论术语构思，但他后来却破旧立新了。

② ［挪］亨利克·易卜生：《玩偶之家》，参见《易卜生全集》第八卷，第357页。

③ ［挪］亨利克·易卜生：《玩偶之家》，参见《易卜生全集》第八卷，第364页。

之为婚姻或仅仅是一起过日子)需要做什么？这些正是易卜生将要回归的问题，也是我们所有人要面对的问题。

（王阅　湖北师范大学文学院；汪余礼　武汉大学艺术学院）

"感性学"的扩容与中国当代艺术批评的新维度
——以对《物尽其用》的批评实践为例

刘春阳　萧涵耀

20 世纪以来，以杜尚为代表的前卫艺术家们"反美学"的艺术实践，给传统美学理论带来了巨大的挑战，为应对这种挑战，美学家和艺术理论家们从以下几个层面做出了应对：第一类以艺术品/审美对象为视点，开辟了"日常生活审美化"的崭新命题，沃尔夫冈·韦尔施和迈克·费瑟斯通是其中的代表性人物；第二类以艺术家/创作主体为视点，深化了浪漫主义唯美运动以来的作者观，福柯等人的观点颇具穿透力；第三类以受众/审美意识为视点，沿着审美-判断的合题继续深入，马丁·泽尔侧重体验式遭遇和时间性，[1] 格诺特·波默拎出"气氛"一词，强调布局场景和空间性；[2] 第四类以体制/语境为视点，将目光投向艺术品的认定过程，推动了艺术研究的社会学转向，阿瑟·丹托的"艺术界"理论、乔治·迪基的"艺术惯例"理论、霍华德·贝克尔的"艺术界"理论以及皮埃尔·布尔迪厄的"场域"理论都是对此问题的回应。

无论是哪一种回应，都超出了传统"感性学"（美学）的知识框架，也由此引发了"感性学"（美学）扩容的相关问题，当代艺术的创作、传播、接受与阐释也越来越多地在超越美学的话语体系中展开。其中，中国当代艺术家宋冬与其母亲赵湘源合作的超大型装置艺术《物尽其用》就很难以传统的美学话语予以解释，涉及生活与年代剧、现成品与古物、纪念碑与私人档案、美学人与记

---

① 参见杨震：《重建当代"感性学"如何可能——马丁·泽尔〈显现美学〉的启示》，载《文艺研究》2016 年第 5 期。

② 参见[德]格诺特·波默：《气氛美学》，贾红雨译，北京：中国社会科学出版社2018 年版，第 23 页。

忆之场等诸多问题，只有在"感性学"（美学）被扩容的情况下，方能得到很好
的阐释。

一、年代剧的主角：《物尽其用》与"赵湘源们"

《物尽其用》由上万件生活物品组成，这些物品并没有被"艺术地"改造或
拼贴，它们全都保留着生活中的原貌。就物质形态与展陈手法来说，《物尽其
用》很接近马塞尔·杜尚的《泉》，是一个"不是艺术家做的艺术品"；① 就其数
量规模与创作动机而言，《物尽其用》又像是安迪·沃霍尔的丝网印刷影像和
《布里洛盒子》，是一个"受了惊"的主体在强制重复中制作的"创伤性艺术"。②
然而，《物尽其用》不是当代艺术中的"现成品"，亦非历史博物馆中所陈列的
"古物"，不仅西方当代艺术无法为《物尽其用》提供适宜的"艺术判例"，③ 各
种西方当代艺术理论也无法充当具有阐释力的"理论判例"。从观念形态上来
看，《物尽其用》乃是一出以"赵湘源们"为主角的年代剧，借助"被传播"这一
状态，用海量的"物证"讲述了一段"物语"故事。其所产生的效果是：当欣赏
者们在惊叹《物尽其用》的体量之多、醉心于其味之杂时，既满足了欣赏者"看
自己"的精神需求，又在琐碎的日常用品和生活废墟之上重写自身历史、铭刻
其纪念碑性。这些辐辏于艺术家宋冬和其母亲赵湘源的古物、年代剧、记忆之
场和纪念碑性等概念，均隐隐揭示了一种可能涉及中国当代艺术的一个非常重
要的维度："记忆"。

《物尽其用》讲述了一个历史剧变时期的家庭故事，是一出不折不扣的年
代剧。其"叙事准则"与"观看之道"突出体现在三个方面：作为叙述框架的"大
历史""大历史"洪流之下的"小日子"和市井小民"看自己"的年鉴式表达。

首先，《物尽其用》的背景是一条历史的洪流。近百年来国家社会的大变

---

① 王瑞芸：《杜尚传》，桂林：广西师范大学出版社 2010 年版，第 152 页。

② ［美］哈尔·福斯特：《实在的回归：世纪末的前卫艺术》，杨娟娟译，南京：江苏
凤凰美术出版社 2015 年版，第 140~141 页。

③ "判例"是法学概念，"艺术判例"是蒂埃里·德·迪弗提出的艺术理论。迪弗强调
审美判断、艺术定义永远是在比较的语境中完成的，当人们确认某物是美的、什么是艺术
时，必然预设了相关的参照体系，所参照的就是艺术判例，如《布里洛盒子》的创作与接受
就参照了《泉》这一判例，参照并不是一味遵从，它同时也拥有拒绝和反抗的自由。参见
［法］蒂埃里·德·迪弗：《艺术之名：为了一种现代性的考古学》，秦海鹰译，长沙：湖南
美术出版社 2001 年版，第 39~43、55~58 页。

革、大转型已先行导演了一出波澜壮阔的历史剧，但历史剧要化作亲近可人的年代剧，便要重点刻画人，刻画一代人，这便是年代剧的"代"之内涵。赵湘源作为经历过抗日战争、解放战争一直到改革开放的全部社会史的一代人，其所积累的素材，以及从素材中酝酿、发酵的"剧"意，已经可以转换成一部"剧"了。历经剧变的这代人从被迫的节俭、储存走向主动的收集、囤积。在以浪费和抛弃为特征的消费社会中，《物尽其用》展出了无数耗散了日用价值的生活俗物，将时间上的历史剧变转化为空间中的海量垃圾，将一代人与时代之间的紧张关系融入《物尽其用》夸张的物质形态，从而获得了历史哲学层面的丰富张力。所以，赵湘源才是这出年代剧的主角，而非其他代际的观众(其中也包括她的儿子——艺术家宋冬)。当然，我们看到，大历史应当理涉兴亡关乎大体，所以大历史会本能地忽略日常生活、排斥次要题材。但这又恰是《物尽其用》所突出表现的戏剧张力之处，"琐碎的日常废物和巨大的纪念碑性在这里被结合在一起"。① 《物尽其用》不是单纯的历史编年，而是发现大历史叙述框架下的被遮蔽、掩埋的日常生活史、家庭变迁史，以至于"一些人把它形容成一个另类的历史博物馆，保留下了正统美术馆和博物馆不予收藏的日常生活的痕迹和经验"。② 就"观看之道"而言，要在《物尽其用》中发现历史的踪迹，就要找到那些标志物，这样才能发现历史的洪流是如何化入一段生活、某个人物和诸多事件之中的。比如：做衣服用的布头就是一个突出的例子，1953年，赵湘源曾与其母亲靠卖以前的华贵衣服为生；在北京安定下来后，其把父亲的国民党军装用颜料煮黑；上学时，赵湘源把磨坏的灯芯绒袜子翻改成棉裤面；三年困难时期，布票定量供应，每人 12 尺 8 寸……

其次，在"大历史"的叙述框架之下，围绕一个家庭的"小日子"浇筑了《物尽其用》的肌理内蕴。年代剧中的人，是一群"在'大历史'下过着'小日子'或者在'小日子'中感受'大历史'的人"，③ 所以赵湘源写作时也感慨，"留下这些东西只是记录我们这一代人、我们上一代人，我们不能改变世界，也不能改

---

① ［美］巫鸿：《物尽其用：老百姓的当代艺术》，上海：上海人民出版社 2011 年版，第 9 页。

② ［美］巫鸿：《物尽其用：老百姓的当代艺术》，上海：上海人民出版社 2011 年版，第 5 页。

③ 冯黎明：《话说"年代剧"》，载《长江文艺评论》2021 年第 4 期。

变历史，但我要记录历史，告诉未来"。① 而且，外在的大历史叙述框架决定了《物尽其用》是"中国"的，这种小日子哲学则是"当代"的。《物尽其用》的布景已从传统农村的宗亲家族嬗变为现代城镇的小型家庭，但市井小民漫步遐想的街巷里弄又尚未被极简主义的生活态度和充斥着消费景观的商场大厦所席卷，因此其"剧"意仍未被稀释。既然这出年代剧的舞台布景是家庭，那么情节自然就是各样的家庭成员，家庭关系、家庭角色和家庭职能的变迁等。宋冬为展览所制作的铝制钥匙形象的展览请柬、户口本式样的导览册和招贴海报等设计，都清晰地表明展览核心是家庭这一半公开场域。这出年代剧"以家庭关系的演变为中心线索"，② 其主要戏剧冲突便是赵湘源的家庭角色和家庭职能的变迁史：在《物尽其用》讲述的故事中，赵湘源刚出场时是一个已经意识到吃穿用度、懂得补贴家用的小女孩，"我们母女（赵湘源与其母亲）靠卖从前好一些的衣服过活"，③ "在放了寒假或者暑假的时候，出去给糖厂包糖"；④ 赵湘源与宋世平结婚后，"两个人的工资要养家糊口及供养老人……又想使老人过得好，又想让孩子过得好，很难做得十全十美，只能是自己克服困难，省吃俭用去安排生活"；⑤ 在改革开放后物质充足、儿女也各自成家后，赵湘源心安理得地继续储存这些已经"没用"的东西，"我也知道留这些东西没用。家里堆着满满当当的，反正没有人制止我留。大家都惯着我，依着我，顺着我"。⑥ 所以，这出年代剧的起止不以赵湘源的生卒年月为准绳（赵湘源去世后《物尽其用》仍在展览，仍在吸引越来越多的观众），不以她和丈夫宋世平、女儿慧慧和儿子冬冬组成的那个"共同体"为鹄的，而是以赵湘源顾家、持家、当家为其贯穿始终的线索。《物尽其用》并不是记录赵湘源一个人的传记片，而是描绘历史洪流下赵湘源这一代人的家庭关系、家庭职能和家庭角色的沉浮变动

① ［美］巫鸿：《物尽其用：老姓的当代艺术》，上海：上海人民出版社2011年版，第154页。

② 冯黎明：《话说"年代剧"》，载《长江文艺评论》2021年第4期。

③ ［美］巫鸿：《物尽其用：老百姓的当代艺术》，上海：上海人民出版社2011年版，第102页。

④ ［美］巫鸿：《物尽其用：老百姓的当代艺术》，上海：上海人民出版社2011年版，第100页。

⑤ ［美］巫鸿：《物尽其用：老百姓的当代艺术》，上海：上海人民出版社2011年版，第104页。

⑥ ［美］巫鸿：《物尽其用：老百姓的当代艺术》，上海：上海人民出版社2011年版，第198页。

的年代剧。

再次,《物尽其用》这出年代剧,为中国普通民众提供了一面"看自己"的镜子,让这些"文化当局者"(cultural insider)找到了想象"文化共同体"的途径。这出年代剧有主角、有配角,是"市民群体的'社会史'",① 对各色市井民众的历史和身份进行了集束化表达。在《物尽其用》激起的海量讨论中,并非只有"赵湘源们"心有戚戚,"赵湘源们"的配偶、子女、孙辈也在怀想遥追那段历史与那代人。在这个意义上,《物尽其用》激发了某种"文化共同体"意识,市井民众们开始用一种"自己人"的语言交流,"在经历过那个年代的人们会发现,啊,那个牌子的肥皂是我们当时常用的,这种鞋我也穿过等等"。② 在展览中所唤起的感情,其实正是"作为年代剧观赏主体的城市市民在年代剧中看到了自身的社会身份的建构历史"后萌生的亲近感、归属感。③ 也正是在文化共同体的意识上,数量、规模的空间形态被充分历史化、事件化,成了一份社会身份家庭关系变迁的年鉴,成了想象"文化共同体"、建构"市民身份"、叙述"自身历史"的有力武器。

二、"被传播"的物品:《物尽其用》的场域漂移

《物尽其用》走红是一个不折不扣的传播事件,《物尽其用》本身也是一件不折不扣的"传播艺术"。原本《物尽其用》只是"一大堆随意堆放的杂物……一排排空牙膏筒皮,形形色色的瓶瓶罐罐,难以计数的塑料瓶盖,快餐盒子,化石般的洗衣皂,纸袋和塑料袋,堆积如山的没有用过的中药和西药……"④这在当代中国社会并不罕见,在进入传播链之前,这顶多表征着穷苦年代物资匮乏的后遗症,也许还有稍嫌过度的囤积癖。而在艺术家宋冬、策展人巫鸿的策划、组织和阐释下,这些杂物从北京旅行到柏林、纽约等国际大都市,参加"亚洲再想象"展览,荣获光州双年展大奖,并成为第一件现身纽约现代艺术博物馆的中国当代大型装置艺术作品,摇身一变成了作为当代艺术的《物尽其

---

① 冯黎明:《话说"年代剧"》,载《长江文艺评论》2021年第4期。

② [美]巫鸿:《物尽其用:老百姓的当代艺术》,上海:上海人民出版社2011年版,第274页。

③ 参见冯黎明:《话说"年代剧"》,载《长江文艺评论》2021年第4期。

④ [美]巫鸿:《物尽其用:老百姓的当代艺术》,上海:上海人民出版社2011年版,第10~11页。

用》。

"传播艺术"并非艺术传播,而是指通过场域转移证成艺术的现成品,"被传播"的现成品在场域中流转,"借助于'阐释循环'而实现了'意义增值'以至于实现了利润增值"。① 但若以拉斯韦尔的"5W 模型"②来比照,就会发现《物尽其用》艺术属性的漂移轨迹与《布里洛盒子》的被传播路径③存在诸多区别。第一,在"who"的维度,艺术家沃霍尔将布里洛盒子的实践范围由商业圈移至艺术场,改变了传播物的社会实践属性;但《物尽其用》的传播主体相当模糊,似乎是赵湘源、宋冬与巫鸿的混合体。传播链的起点也不明朗,布里洛盒子的前场域是由超市、消费者、生产厂家和零售商构成的商业网络,而《物尽其用》在进入传播链之前的场域则近乎墓穴。从物质层面来看,其他场域的事物不断输入其中却未见输出,以象征层面观之,只有赵湘源一个主体,不存在精神上的交换和消费。第二,在"what"的维度,沃霍尔以提交送展的方式将布里洛盒子从实用空间位移到审美活动空间,签名、送展等方式凭借其艺术家身份清晰又迅速地转变了传播物的社会实践属性,直接压抑了肥皂盒的实用功能;《物尽其用》恰相反,传播主体以"物尽其用"之名招魂,试图收集古旧杂物早已耗散在时间之流中的实用功能。第三,在"whom"的维度,布里洛盒子的受众从消费使用者变更为观看鉴赏者;与强迫受众回应新场域的新要求不同,《物尽其用》只是将受众由赵湘源一人扩充至所有观众。在传播前后,传播客体都不是消费品的使用者,《物尽其用》甚至诱导传播客体去主动回忆这些物品的实用功能和原初场域。值得注意的是,此处的原初场域并不是赵湘源那个墓穴般的收集系统,而是需要精打细算、勤俭操持的家庭生活。第四,在"which channel"的维度,布里洛盒子与人的关系从"出售—使用"转变为"观看",甚至升格为审美意象;但《物尽其用》实际上并没有经历这种"关系"的变化,赵湘源与所有人都将这些物品视作回忆载体,他们既不使用、也不消费。第五,在"what effect"的维度,"布里洛盒子的展览因为传播主体、传播内容、传播方式、受众群体的改变而由商业实践变成了审美性的艺术品展示,其显性

---

① 冯黎明:《艺术品价值评估:一种可能的议程设置》,载《江汉论坛》2019 年第 4 期。

② 参见[美]哈罗德·拉斯韦尔:《社会传播的结构与功能》,何道宽译,北京:中国传媒大学出版社 2013 年版,第 35~36 页。

③ 关于《布里洛盒子》的传播学属性,参见冯黎明:《艺术品价值评估:一种可能的议程设置》,载《江汉论坛》2019 年第 4 期。

的效果是被传播物品属性的改变，而其隐性的效果则是对传统的艺术品属性的规定性的挑战"。① 然而，《物尽其用》的传播效果与《布里洛盒子》式现成品艺术迥然相异。

《布里洛盒子》式的现成品艺术是以断裂为标志的艺术革命，是强调独创精神、"美学人"气质和艺术家身份的观念艺术，洋溢着对传统、技艺论和视网膜艺术的嘲谑，被叙述为一场倒空现成品实用功能从而注入艺术家神力的神圣事件。在这个事件中，艺术家的行为与影响被反复提及和有意放大。而《物尽其用》则是一出由"记忆人"主演的年代剧，在重复与回忆中不断提及那个老故事，传统的家庭关系和家庭场景在这场遗迹展览中不断闪现。而展示这一媒介造成的变形和扭曲在无意间被掩盖和遮蔽了，最终留下差别巨大的印象：一边是反叛的艺术家形象和向上超越的先锋艺术，一边是对过日子起源图景的不断返归和向下纵深的古物艺术。其具体原因与以下几个方面相关：其一，《物尽其用》中的现成品是非替换性的，以卡特兰的"胶带香蕉"《喜剧演员》②为例，这件作品在展示时被另一位艺术家撕开胶带，拿下香蕉，剥皮吃掉，随后工作人员立即换上了新香蕉，并将胶带复原，声称卡特兰的艺术品并没有受到任何影响；但对赵湘源而言，"每一个布头的来源她都记得清清楚楚"，③ 这些承载记忆的物品显示出它们的不可替换性，"每一把勺子、每一个磕了边的碟子、每一块抽了丝的餐巾她都有个故事"。④ 其二，《物尽其用》中的现成品是非观念性的，杜尚最初展出的小便池遗失了，却不影响观众继续通过复制品、影像与印刷书籍感受这场艺术观念变化的冲击，但是赵湘源却"抗拒绘画、雕塑或摄影之类的形象再现，拒绝被转化为二维或三维的艺术图像……它不以异质的再现媒介对物质世界进行形态上的转化（transform），而是把过去转

---

① 冯黎明：《艺术品价值评估：一种可能的议程设置》，载《江汉论坛》2019年第4期。

② 意大利雕塑家卡特兰用胶带将一根实物香蕉粘贴在墙上，命名为《喜剧演员》，被评为"2019年度最受关注的艺术作品"，引发了大量讨论与二次创作。参见杨震：《作为显现事件的艺术——关于卡特兰作品〈喜剧演员〉》，载《艺术评论》2020年第6期。

③ [美]巫鸿：《物尽其用：老百姓的当代艺术》，上海：上海人民出版社2011年版，第14页。

④ [美]巫鸿：《物尽其用：老百姓的当代艺术》，上海：上海人民出版社2011年版，第278页。

移（transport）到现下和此处"。① 其三，《物尽其用》中的现成品主要是时间性的，当杜尚将小便器带入美术展、沃霍尔展出肥皂盒时，这些现成品在当时仍在五金商店与百货超市中售卖，他们的工作仅是在空间中进行转移，而赵湘源在展出她远为庞杂的生活物品时，这些现成品已经在社会中销声匿迹了，赵湘源的工作主要是时间中的收集、保存与养护。

因此，《物尽其用》并非西方艺术传统内部的现成品艺术，这些被赵湘源收集、珍视的物品，几近于她的肢体和生命，远非杜尚及沃霍尔式的艺术家们所随意拣选的商品可比；其展品也并非单纯的历史古物，仅有档案价值，它的所属权会对阐释造成极大影响；将《物尽其用》视作西方艺术谱系中的"装置"更是不对，它并没有从绘画走向装置，"从艺术表现的对象转移到艺术表现自身的材料和媒介"，②《物尽其用》的那些展品既不是表现对象也非表现的材料或媒介。《物尽其用》甚至从根底上拒绝"艺术"和"再现"这些概念，它并非西方艺术系统内部的自反式超越，而是"中国一代人的写照"。③ 以当代艺术国际的视野观之，这意味着当代现成品艺术的"艺术判例"正从《布里洛盒子》走向《物尽其用》，其"理论判例"也从"美学人"走向"记忆人"。

三、从物证到物语：《物尽其用》的叙事语法

仅就展览效果而言，《物尽其用》更接近历史博物馆中的古物、收藏家追捧的古玩，而非《泉》《布里洛盒子》式的观念艺术。因为《物尽其用》中的现成品具有双重内涵：它们是耗散了实用功能的实用物，实用的标志与不再实用的事实同时聚焦于此。"它们是独一无二的……似乎与功能计算的要求相抵触，它们回应的是另一种意愿：见证、回忆、怀旧、逃避。"④这些实用物具有气氛价值，"现代物的功能性［在此］变成了古物的历史性"，⑤ 丧失用处的生活俗

---

① ［美］巫鸿：《物尽其用：老百姓的当代艺术》，上海：上海人民出版社2011年版，第9页。

② ［美］巫鸿：《"市井"后现代》，载《读书》2003年第3期。

③ ［美］巫鸿：《物尽其用：老百姓的当代艺术》，上海：上海人民出版社2011年版，第264页。

④ ［法］让·鲍德里亚：《物体系》，林志明译，上海：上海人民出版社2019年版，第79页。

⑤ ［法］让·鲍德里亚：《物体系》，林志明译，上海：上海人民出版社2019年版，第79页。

物在"指涉过去时，则纯粹是在神话逻辑里。不再有实用的状况出现……在系统的框架里，它有一个特定的功能：它代表时间"。① 如此海量的收集延伸出了时间氛围与历史意味同时它们具有象征价值。"古物总是一张'家庭照'。这是在一个具体的事物之下，过去的存有变得像淹远得难以追忆的程序，那就好像是在想象中，以中间省略的方式去连接两段时间。这一点当然是功能物所不能及的，它们只在现时存在，以直述句、实用命令句的方式存在，它们的存在尽止于其使用，却不能说它们在过去存在过。"②

但仅从耗尽实用功能的现代物嬗变为代表时间和正确性的古物的理论逻辑，仍不能有效阐释《物尽其用》的其他特征。毕竟这些物件最早仅能标识到70多年前的历史时刻，如果仅强调它们的氛围价值与象征价值，历史博物馆里存放着历史更悠久也更震撼人心的文物甚至是史前文物，《物尽其用》与之相比显然远不够格。而且，《物尽其用》参加的展览均是当代艺术展览而非历史展览。在许多方面，这些现成品的保存与展示，更多的是流露出收藏品而非古物的特征，它们从被具体使用的状态逐渐转变为被特定的主体所拥有的状态，古物与实用物都是无主的，但收藏物铭刻着身份标识。孟华将《物尽其用》视作一个完整的人类学表达机制：赵湘源对现成物的后台积攒、宋冬对现成物的前台展示和巫鸿对现成物的文字总结。③ 不难发现，各层面都有赵湘源的参与：后台积攒时，赵湘源是积极的行动主体；前台展示时，赵湘源的整理、交流和写作与现成品自身又构成了整个装置艺术新形态；在巫鸿的介绍与论述中，赵湘源始终是意义建构、价值评估的第一光源。可以看到，赵湘源与这些现成品的关系始终没有被掩盖。这些现成品与仅记录历史的古董不同，和其他现成品艺术家"随意"拣选的材料也不一样，它们包含着"强烈的确定性和个人联系"，④ 甚至"关系到的是责任和所有权的问题"。⑤ 甚至可以说，这些

---

① [法]让·鲍德里亚：《物体系》，林志明译，上海：上海人民出版社2019年版，第80页。

② [法]让·鲍德里亚：《物体系》，林志明译，上海：上海人民出版社2019年版，第81页。

③ 参见孟华：《在对"物"不断地符号反观中重建其物证性——试论〈物尽其用〉中的人类学写作》，载《百色学院学报》2015年第2期，第87~97页。

④ [美]巫鸿：《物尽其用：老百姓的当代艺术》，上海：上海人民出版社2011年版，第5页。

⑤ [美]巫鸿：《物尽其用：老百姓的当代艺术》，上海：上海人民出版社2011年版，第11页。

现成品就是赵湘源本人的延伸，即便实践属性经历了使用→储存→收藏→展示四个阶段，远比《布里洛盒子》的传播过程复杂得多，但赵湘源对它们的所有权却是毋庸置疑的，它们并没有堕为一个历史积淀并不深厚的古玩物件，因为观者"在其庞杂的材料中发现了一个真实而又清晰的个人"。①

无论是与《布里洛盒子》在传播过程和传播效果上的显著差异，还是同"古物—收藏物"艺术间的亲缘关系，都说明单一的传播学溯源或人类学分析不能有效地阐释《物尽其用》的艺术属性。如果将传播主体单纯地设定为赵湘源，以两个场域和两种社会实践属性的变更来说明传播事件的始末，就可能掩盖了《物尽其用》意义建构路径的隐微之处。在这个传播事件中，存在多次多级传播，现成品的社会实践属性经历了使用→储存→收藏→展示等多种变化，不能将多次传播过程划到同一框架中进行讨论，也不能将多种实践属性变更处理为一头一尾的直接转换。在赵湘源的后台积攒阶段，她是传播主体，但她的使用、储存和收藏都是一种后台化的私人言语，现成品在此时仅是"物证"，只记录着赵湘源的个人经验，这些现成品辐辏于赵湘源的身体，像茧一样将她包裹起来。在宋冬组织的前台展示阶段，此时赵湘源和现成品均是传播物，宋冬的策划、设计与展览，就是一种前台化的公共语言，它使得"私人物品转化为公共空间的艺术作品"，② 现成品由"物证"变成了"物语"，变成了反映世事变迁的文化叙事基本单位：

> 生活贫困（为节省而将肥皂晒干）→物资匮乏（购物证）→对匮乏的忧虑（存留肥皂）→忧虑解除（肥皂用不上了）→成为记忆物（舍不得扔）。③

在这一层面，传播客体大大增多，同时，赵湘源作为传播主体也被卷入这个项目的迁移、组装与展览中，她摆放、归置这些杂物，为游客讲解，与人交流，将个人性的收藏物转变为集体化的见证，而这并不是对前场域的还原，而是在新场域中的再构与重建。最终，原本仅属于赵湘源的个人经验就被转化为

---

① ［美］巫鸿：《物尽其用：老百姓的当代艺术》，上海：上海人民出版社 2011 年版，第 11 页。

② ［美］巫鸿：《物尽其用：老百姓的当代艺术》，上海人民出版社 2011 年版，第 26 页。

③ 孟华：《在对"物"不断地符号反观中重建其物证性——试论〈物尽其用〉中的人类学写作》，载《百色学院学报》2015 年第 2 期。

当代中国的集体记忆，这条意义构建路径的关节点就在于作为"记忆人"的赵湘源的出现和作为"古物—收藏物"的现成品艺术的成形，其最终结果就是当代中国"记忆之场"的诞生。

四、废墟与遗迹：《物尽其用》的纪念碑性

如果说作为"美学人"的艺术家是通过其生活方式等呈现出来，那作为"记忆人"的赵湘源有其独特的建构路径：首先，"拥有"物品，让物品成为自己的延伸，单纯收集和储存物品并不是拥有物品，"拥有，从来不是拥有一件工具，因为这样的事物会将我带到［外在］世界，拥有，永远是拥有一样从功能中被抽象而出的事物，如此它才能与主体相关"，① "拥有"就发生在收藏阶段。其次，"重复"行为，也许收集与储存是有意识的（仍考虑其实用性），但收藏绝对是无意识的，"拥有本身总是既令人满意又令人失望，可以有一整个系列来延伸它"。② 收藏，正是赵湘源受物资匮乏的深层无意识的驱使，不竭地进行重复运动的新阶段。最后，时间的符号化和符号的时间化，前者指第一传播过程中被当作"物证"的现成品，它将时间封存在现成品古旧的灰尘和岁月的擦痕中，后者指第二传播过程中被当作"物语"的现成品，它作为"古物"的形象符号，"不再有实用的状况出现，它完全是作为符号存在的……有一个十分特定的功能：它代表时间"。③ 但必须注意，"在古物中被取回的，不是真正的时间，而是时间的符号，或是时间的文化标志"，④ 记忆永远只是特定主体处于当下时空的凭吊怀古，而非重回某时某刻的真实体验。

宋冬、巫鸿多次强调，《物尽其用》仅是转移（transport）了赵湘源的多年收集而非转换（transform），其实这一观点并不准确，因为《物尽其用》"只是指示

---

① ［法］让·鲍德里亚：《物体系》，林志明译，上海：上海人民出版社 2019 年版，第 93 页。

② ［法］让·鲍德里亚：《物体系》，林志明译，上海：上海人民出版社 2019 年版，第 94 页。

③ ［法］让·鲍德里亚：《物体系》，林志明译，上海：上海人民出版社 2019 年版，第 80 页。

④ ［法］让·鲍德里亚：《物体系》，林志明译，上海：上海人民出版社 2019 年版，第 80 页。

了(denote)过去,而非再现了(represent)过去"。① 也就是说,《物尽其用》并不能一劳永逸地为我们承担保存历史记忆的任务,"记忆是鲜活的"的一个含义就是指需要特定的现实主体去承载记忆,变成记忆人。正如皮埃尔·诺拉所写:"归根结底,记忆的强制力以坚定且不加区分的方式施加的影响作用于个人且仅仅作用于个人,正如记忆的再生建立在个人与自己的过去之间的关系上。普遍记忆原子化为私人记忆,这就赋予回忆的法则强大的内在强制权。它让每个人都觉得有责任去回忆,并从归属感中找回身份的原则和秘密。而这种归属感反过来会牵涉一切。当记忆不再无所不在时,如果个人不以独立决策和个人良知而做出担当记忆职责的决定,记忆就可能无处栖身。记忆的经验越是缺少集体性,它就越需要个人将它转化为记忆人。"②集体生活、票证时代的公共记忆与私人生活家庭场景的私密往事,都需要通过记忆人赵湘源来承担、运作与激活。《物尽其用》"把游离的记忆固定与结晶化",③ 一方面意味着记忆只有通过再媒介化、再符号化等反观方式才能真切地展示自身存在;另一方面也指出了越来越难以营造记忆之场的困境,"那些回忆在今天还是活生生的,到了明天就只能借助于媒介进行传播"。④《物尽其用》通过"记忆"谋划意义的路径,暗含着一个预判——我们认为这样的重返与回首是应当的,是值得的,这却也从侧面揭示了当代中国的"交往记忆""集体记忆"正在陷落遗散的事实。

所以,《物尽其用》必须为这种记忆提供一个框架,从中激发文化共同体的意识和责任感,"个体通过把自己置于群体的位置来进行回忆,但也可以确信,群体的记忆是通过个体记忆来实现的,并且在个体记忆之中体现自身"。⑤记忆人不再、也不应局限于单数的赵湘源,而是在这个记忆之场中不断同化、催生更多的"记忆人",因为在"大多数情况下,我之所以回忆,正是因为别人

---

① [美]巫鸿:《废墟的故事:中国美术和视觉文化中的"在场"和"缺席"》,肖铁译,巫鸿校,上海:上海人民出版社 2012 年版,第 34 页。

② [法]皮埃尔·诺拉:《记忆与历史之间:场所问题》,见[法]皮埃尔·诺拉:《记忆之场:法国国民意识的文化社会史》,黄艳红等译,南京:南京大学出版社 2020 年版,第 18 页。

③ [美]巫鸿:《物尽其用:老百姓的当代艺术》,上海:上海人民出版社 2011 年版,第 9 页。

④ [德]杨·阿斯曼:《文化记忆:早期高级文化中的文字、回忆和政治身份》,金寿福、黄晓晨译,北京:北京大学出版社 2015 年版,第 44 页。

⑤ [德]杨·阿斯曼:《文化记忆:早期高级文化中的文字、回忆和政治身份》,金寿福、黄晓晨译,北京:北京大学出版社 2015 年版,第 71 页。

刺激了我；他们的记忆帮助了我的记忆，我的记忆借助了他们的记忆"。① 在这个记忆之场中，"通过这种象征性的交流，历史的知识被传递，道德的准则被重申，人的社会关系被反复确认"。② 所以，《物尽其用》所召唤的，并非西方艺术中纯粹静观的"观看之道"，而是中国传统中思与境偕的"天人之际"，是由人、器物和程式化行为组成的整体——类似祭祀的礼仪行为，在促进交流、保存记忆的同时强化社会关系。

抛开类型学和物质形态，就内在的纪念性和礼仪功能而言，《物尽其用》蕴含着巨大的"纪念碑性"，而且兼具"纪念碑性"的两种表现形态，即"'无意而为'的东西(如遗址)以及任何具有'年代价值'的物件"和"'有意而为'的庆典式纪念建筑或雕塑"。③ 但《物尽其用》并不具有永恒、静止的象征力量，相反，它是脆弱的(即便它有生命)，它在慢慢死亡，它承载着时间的重负，实则是中国艺术传统中无意而为的"(废)墟"与有意为之的"(胜)迹"之交汇。

作为一个"空"场，这种墟不是通过可见可触的建筑残骸来引发观者心灵或情感的激荡：在这里，凝结着历史记忆的不是荒废的建筑，而是一个特殊的可以感知的"现场"(site)。因此，"墟"不是由外部特征得到识别的，而是被赋予了一种主观的实在(subjective reality)：激发情思的是观者对这个空间的记忆和领悟。④

墟与迹"从相反的两个方向定义了记忆的现场(site of memory)：'墟'强调人类痕迹的消逝与隐藏，而'迹'则强调人类痕迹的存留和展示"。⑤ 对《物尽其用》来说，首先，这些物品是某段历史之中生活的古迹，它对应着赵湘源的后台收集阶段，它永远无法还原，但却是废墟艺术参考的基准线；其次，《物

① [法]莫里斯·哈布瓦赫：《论集体记忆》，毕然、郭京华译，上海：上海人民出版社2002年版，第69页。
② [美]巫鸿：《物尽其用：老百姓的当代艺术》，上海：上海人民出版社2011年版，第10页。
③ [美]巫鸿：《中国古代艺术与建筑中的"纪念碑性"》，李清泉、郑岩等译，上海：上海人民出版社2009年版，第2~4页。
④ [美]巫鸿：《废墟的故事：中国美术和视觉文化中的"在场"和"缺席"》，肖铁译，巫鸿校，上海：上海人民出版社2012年版，第24页。
⑤ [美]巫鸿：《废墟的故事：中国美术和视觉文化中的"在场"和"缺席"》，肖铁译，巫鸿校，上海：上海人民出版社2012年版，第59页。

尽其用》"作为政治记忆和表达场所的遗迹",① 它正是一个可以感知的现场,相比难以抵达的古迹、遗迹,身处其中的人距离感更近,那些化石般的肥皂和褪色的布头,无疑外化了《物尽其用》沉积岩般的意义史;最后,《物尽其用》还是胜迹,不再是"某个单一的'迹',而是一个永恒的'所'(place)"。② 因此其艺术价值不再是单一静止的值,而是增殖积累的变量,《物尽其用》"并不吸引追溯往昔的目光,而是从属于一个永恒不息的现在"。③ 它尽量消弭自己只标识某一历史时刻的特殊性,而将所有被卷入其中的观众的"迹"整合成一个新的整体。当赵湘源的收集物被搬进美术馆后,它被打开,得到展示、引发交流、产生反响。

五、结　　语

无论是从生活与年代剧,还是从私人档案与纪念碑性,或是从现成品与古物的视角,都可以对《物尽其用》予以解释,涉及的知识门类也包括影视戏剧知识、历史学知识、艺术史知识、传播学知识等,这些知识显然超出了传统的"感性学"(美学)的知识框架。我们将这些知识统合集束并非为了生产某种单一的"学科化"的知识,而是集中于解释《物尽其用》的艺术特质这一应用情境。也许,由此可以看到中国当代艺术批评新的维度,这种新维度体现在两个方面:

其一,搭建情境化的理论框架。搭建"情境化"的理论"框架",也就是遵循知识增殖的"注意力经济"原则,通过"情境化"为诸多知识的集束化表达设定目的与规范,通过具有暂时、具体和可容纳特点的"框架",将过滤后的知识话语纳入其中。正如将单一审美原则推向极致的"美学人"理论无法完满解释《泉》《布里洛盒子》的艺术特征一样,必须借助情境化的理论框架,比如传播学的或其他的知识系统来予以解释。一个情境化的理论框架,能够使分裂的阐释技术、矛盾的价值立场、各异的知识依据得以充分交流。而这种情境化理

---

① [美]巫鸿:《废墟的故事:中国美术和视觉文化中的"在场"和"缺席"》,肖铁译,巫鸿校,上海人民出版社2012年版,第60页。

② [美]巫鸿:《废墟的故事:中国美术和视觉文化中的"在场"和"缺席"》,肖铁译,巫鸿校,上海人民出版社2012年版,第80页。

③ [美]巫鸿:《废墟的故事:中国美术和视觉文化中的"在场"和"缺席"》,肖铁译,巫鸿校,上海人民出版社2012年版,第81页。

论框架必然是针对具体现象、具体作品或具体问题的，同时又是各种知识话语的暂时配置，不能也无法被学科化。

其二，扩充"感性学"（美学）的内涵，超越此前的话语方式和观念模式，也就是琴科所说的，要由模式-1 美学转变为模式-2 美学。① 即，从"意味着艺术性，解释艺术的概念，且特别关注美"的单一的学科性话语，转向"与应用情境相关的，关注并解释具体问题"的超学科话语。在这种超学科的话语中，"感性学"（美学）不再筋疲力尽地追着新的艺术现象跑，而是超越"应答—挑战""冲击—回应"的思考逻辑，走出"抽象理论主宰艺术创作"或"艺术作品挑战理论规范"的对峙状况，搭建积极交流、协同演化的合作网络。而且，这种合作不是单向传递的"接力赛"，而是各司其职、协同合作的"足球赛"。

（刘春阳、萧涵耀　武汉大学文学院）

---

① Ženko E. Mode-2 Aesthetics. FV［Internet］. 2007Jan. 1［cited 2021Sep. 26］；28（2）. Available from：https://ojs.zrc-sazu.si/filozofski-vestnik/article/view/3177.

论审美经验的生命力

甘　露

审美经验始终与生命相关，它并非传统西方哲学、美学中单纯的审美认识或者狭义的审美体验，而是蕴含着蓬勃的生命力的活动。杜威通过对审美经验，尤其是审美经验的连续性的分析揭示了审美经验如何展现了生命的力量。

一、传统哲学中审美经验的内涵

"审美的"这个形容词最初来源于希腊文，希腊人用这个字来表示感觉的印象。但是其应用领域仅限于理论性的哲学，而非作为美、艺术以及与这些相关的经验的讨论。直至 18 世纪中叶，"审美的"（aesthetic）才伴随"美学"（aesthetics）一词的诞生而出现。在鲍姆嘉登看来，"审美的"一词介于理解与感觉的认知之间，是一种美的认知。①

最初，毕达哥拉斯学派认为审美经验是一种凝神专注（concentration），②也就是说审美经验是对于美的知觉和注视。涉及审美者的态度（亦即专注），及其关注的对象（亦即美）。柏拉图将审美经验与灵魂亦即特殊的能力联系起来，他认为要追寻理想的美或者说是真实的美，必须从灵魂出发，以一种特殊的能力体验美感，因为理想的美或者真实的美不在物象中，而是在观念中。普罗提诺虽然同样认为审美能力与灵魂相关，但是与柏拉图不同，他认为不是每个人，而是那些天生具有内在美的人才能感知美，亦即这个能审美的灵魂也是

① ［波］瓦迪斯瓦夫·塔塔尔凯维奇：《西方六大美学观念史》，刘文潭译，上海：译文出版社 2006 年版，第 319 页。

② ［波］瓦迪斯瓦夫·塔塔尔凯维奇：《西方六大美学观念史》，刘文潭译，上海：译文出版社 2006 年版，第 321 页。

美的，如此才能建立与美的直接联系。亚里士多德则对于审美经验有一套较为完整的说法，他从审美经验的主体、来源、程度等方面阐述了什么是审美经验。虽然他没有提出"审美经验"一词，但是他已经大致把握了审美经验的特质。托马斯·阿奎那继承了亚里士多德的思想，在区分人与动物之间的感觉时，他认为人能产生一种与维持自身生存无关的快感。但是中世纪更多的神学家发展了柏拉图以及普罗提诺的观点，即试图定义一种感知美的特殊能力亦即灵魂的内感(interior sensus animi)。①

18世纪英国哲学家们从心理学的角度开始探索审美经验，其中夏夫兹博里偏向从情感而非认知的角度来论述审美经验，他认为审美经验来源于对美的领会与认知的规定这两者的融合，而此融合与感觉善的机能一起，被称为道德感，是每个人都有的一种天赋。后经由哈奇生继承和发展，审美经验从道德感中脱离出来，成为一种由特别感觉感知而被直接知觉到的经验，亦即美本身不是一种理性认识的对象，而是感官对客观刺激做出的主观反映。因此，英国哲学家们并没有直接使用"审美经验"一词，而是"美的感觉"这种表达法。②

康德一方面发展了古希腊审美观照思想，抛弃了其中审美经验的认知以及道德功能；另一方面继承了英国经验主义的审美想象思想，将审美经验与日常生活区分开来。在《判断力批判》中，他形成了对审美经验非常重要的论述：第一，审美情感不是一种认知活动，是非概念性的；第二，它不仅仅是单纯的快感经验，也心灵的快感，亦即以感觉、想象力以及判断为基础的快感；第三，审美经验只属于对象的形式；第四，它是无功利的；第五，审美经验具有普遍性。如果说康德是近代审美经验思想的集大成者，那么杜威就是20世纪审美经验思想转向的代表人物。在杜威看来审美经验是一个周而复始、没有尽头的经验，而这个经验不仅是对艺术的创造还是对艺术的欣赏。他主张日常经验也带有审美性，认为审美经验具有意义以及价值。

总之，在西方传统哲学中审美经验概念发展的重大转向而言，该概念的流

---

① [波]瓦迪斯瓦夫·塔塔尔凯维奇：《西方六大美学观念史》，刘文潭译，上海：译文出版社2006年版，第325页。

② [波]瓦迪斯瓦夫·塔塔尔凯维奇：《西方六大美学观念史》，刘文潭译，上海：译文出版社2006年版，第330页。

变大致经历了三个时期：① 第一，古希腊时期。审美经验逐渐被抽象化为一个理智观照的产物，并与美联系在了一起。但是由于其偶然性以及现实性，审美经验通常对真理以及善，甚至真正的美的产生毫无作用。第二，英国经验主义时期。以培根为代表的英国经验主义者，将审美经验与其他经验区分开来，完全将审美经验归于人心灵的作用，因而美只是一种观念，是感觉印象的性质，与事物本身的性质无关，从而他们认为自然界中不存在美的事物。正因为审美的虚幻性，英国经验主义者还认为对审美经验的认识无助于对真理的认识，也不能服务于实际生活。第三，德国古典主义时期。康德将"审美无利害"的观点发展到了极致，影响了整个近代哲学中关于审美经验的最重要也是最主要特征的看法。康德认为：一方面，人们断定一个事物是否是美的是基于心灵而非事物本身；另一方面，这种美的判断一旦带有"功利性"的偏爱就会使判断出现偏差。因此，在康德看来，纯粹的欣赏判断不仅不相关于事物的性质，也相关于人的喜好，一个真正的批判者必须做到从心灵中的表象出发、毫无功利心地看待事物，才能对其做出公正的欣赏判断。可见，审美对象的表现与存在的分离，才是审美经验的基础。由此，审美经验才能说是自由的、无利害的。同时这一区分也将具有感官厉害的愉快与具有理性利害的愉快区分开来，从而审美活动也因此从理论活动以及实践活动中分离出来，美也成为一种独立的价值。

二、杜威审美经验的内涵

在对传统哲学的批判及其经验哲学思想的基础上，杜威展开了他对于审美经验思想的分析。②在杜威看来，传统思想中艺术品常常被实体化为某种已然

---

① 学界在此问题上通常将英国经验主义思想与康德的"审美无功利"思想概括在一起，但这样的划分，显然忽略了康德的本意以及审美经验作用的"升华"。亦即康德试图通过"审美无功利"的思想构建其"美的四契机"说，从而论证出美的最终目的在于通向道德。无疑这种忽略也必然将康德"审美无利害"思想简单化，也进一步模糊了杜威审美经验的特殊性，以及其自身思想的完整性。该问题将在后文做详细的论述。

② 张宝贵除了肯定了学界对杜威的审美经验思想将审美日常化的观点，还认为杜威的审美经验思想在一定程度上是古希腊哲学美学思想的回归。他认为"从 20 世纪早期开始出现一种回归前毕达哥拉斯传统的倾向，即强调审美经验范畴中'尝试'、'冒险'及经验理想化结局的倾向……"（张宝贵：《审美经验范畴的流变》，载《哲学动态》2011 年第 9 期，第 100~104 页）

存在的物品，比如画作、雕塑以及小说等。由此，人们很难理解艺术品实际上是通过经验这些产品，将这些产品置于经验之中才成其为自身的。更何况当一件艺术品被公众所认同，获得了经典的地位。那么，该艺术品在一定程度上就与其生产过程以及其对人产生的作用分离开来。也就是说，杜威反对传统观念将艺术品视为外在于经验的以及已经完成了的实体，而非将艺术品本身看作经验过程中所产生的一个具体的结果。因为如此一来艺术品不仅失去了其被创造的过程，还失去了其被欣赏的过程。其意义仅仅局限在作为一栋建筑、一本书或者是一座雕塑上，而没有因为该艺术品被创造以及被欣赏的过程生发出新的意义。其中，人与环境交互作用所起的作用也因此被忽视，艺术品成为一种外在于人而独立存在的物，而非经验中一个重要的因素或者是环节。并且人的积极的能动性也被消除了，艺术品被创造以及被欣赏的价值或者意义的源泉也枯竭了。艺术品作为物，丧失了其自身的生命力与蕴含其中人的生命力的衍生。

因而，杜威首先取消了经验与审美经验之间绝对的鸿沟，认为审美经验作为一种经验，是有机体在一定情境中相互作用的过程。由此，审美经验如同日常经验一样具有意义，富有价值。亚历山大·托马斯对此表示："他（杜威）没更加竭力、清晰地表达自己的观念或者为之变化，真是可惜。这里最为需要的就是分析他对审美经验的描述与其工具主义之间的关系。相同的经验理论在线面支撑着他哲学的两个方面，但是，工具主义仅仅因为直接积累了完满意义与价值的经验具有的审美可能性而获得了意味。"① 然而，假如任何人类经验都能够对生活中众多未实现的、残缺的、有问题的或者无意义的日常经验做评价，那么审美经验的完满性，以及工具主义的理智整合能力都毫无意义。② 由此可见，杜威并没有一味地模糊各种经验之间的区别，在杜威看来经验自身包含审美性，而审美性程度的不同，区分开了各种经验。而审美经验恰恰与价值联系紧密，而不是无功利的。

杜威在《艺术即经验》一书的开篇并没有直接谈艺术或者审美经验，而是

---

① ［美］托马斯·亚历山大：《杜威的艺术、经验与自然理论——感受的诸视野》，谷红岩译，北京：北京大学出版社 2010 年版，第 216 页。

② 舒斯特曼反对杜威认为审美经验是完满的看法，他认为审美经验可以是零散、刺耳、混乱或者不完整。他举出了行为艺术、比尔兹利"性虐待"、阿瑟·丹托"病态艺术"等例子阐述了人们从这些被扰乱的日常秩序中可以体验到某种震惊与爆炸感，获得某些价值，从而能够进行艺术欣赏（详见：Richard Shusterman："Aesthetic Experience：From Analysis to Eros"，The Journal of Aesthetics and Art Criticism，Vol. 64，No. 2，pp. 43-56）。

在达尔文主义思想的启发下探讨了"活的生物"。他认为要认识审美经验必须从其源头开始，从低于人类的动物开始。因为在动物身上，杜威找到了经验的直接性和整体性。在动物那里，其行动与感觉互融，完全处于当下。因为对于动物而言，其过去的经验并不会在意识中于当下分开，而被界定为模仿的模式，此过去的经验会保存于现在的经验中，并持续发展。所以无论是过去的经验，还是未来的经验都蕴含于当下的经验中。也就是说，对于野蛮的原始人，其感觉就是其思想以及行动直接促动的，而不是起着中介的作用。在当下的经验中，材料不仅被聚集，还被储藏，进而获得了一种可能性，亦即当下的经验将为未来服务的可能性。

这样一来，生命力得到了解放，它不再封闭于个人的感受与感觉之中，而是积极地与世界交流，甚至是交融。在此，我们获得的不仅仅是经验的完整性，更是经验的流动性。可见，杜威是强调经验在持续流动中不断发展变化的，它并不是起源于以及依赖于一个本质或者其他什么先验的概念，而是自身的不断发展。经验的过程如此，其经验的各个对象也是如此。所以杜威反对任何严格区分艺术与手工艺，日常经验与审美经验的看法。因为在杜威看来，任何经验中都包含有审美性，其区别只是日常经验、"一个经验"以及审美经验中审美性的程度不同而已。

无论是探讨经验、"一个经验"还是审美经验，杜威都立足于其对经验的基本定义之上，亦即审美经验也是"做"与"受"的过程。虽然杜威强调审美与艺术从不曾与日常生活相分离，它们存在于魔术师的表演中、园丁修剪植物的过程中，还有农民享受丰收的喜悦中。即便这些日常经验发生的过程是一个不断趋向完满的过程，其自身具有审美性，但是它们不是"一个经验"或者审美经验。日常经验中人与环境相互作用，其间冲突与和谐不断交替。当人处于一定的环境中时，其产生的需求都会是一种缺乏，为了满足缺乏、适应环境，人做出一定的协调，从而达到和谐。但是人的需求与环境的发展不总是处于一致的状态，和谐不断被打破，人不断做出调解与环境再次达到两者和谐的状态，这样的过程周而复始。

不过，每一次再协调都是经验的一次丰富，最后经验达到圆满。日常经验不断发展的过程不仅仅产生了"一个经验"，更缔造了经验审美性的根源。亦即日常经验可能会发生中断、转移，从而不是完满地实现其自身，使得不是所有的经验都可以被称为"一个经验"，更不用说以完满性为基础的审美经验了。也就是说杜威认为有机体与其环境之间的关系十分的重要，当两者处于有秩序的和谐状态时，就出现了一种稳定性，这种稳定性对于生命至关重要；但是当两者处于分裂或者冲突时，随后出现的稳定中就诞生了类似于审美经验的萌芽。而"一个经验"主要的特征就在于其完满性以及连续性。可见，"一个经验"是完整以及完满的日常经验，审美经验是"一个经验"的集中以及强化。

但是，这样的审美经验同"一个经验"一样是一个动态的，亦即是一个生长的过程，有开端、中间以及结尾。但是"只有在先前长时间持续的过程发展到一个突出的阶段，一个横扫一切的运动使人忘记一切，在这个高潮中，审美经验才会凝结到一个短暂的时刻之中。使一个经验成为审美经验的独特之处在于，将抵制与紧张，将本身是倾向于分离的刺激，转化为一个朝向包容一切而又臻于完善的结局的运动"。① 杜威将经验发展的过程比喻成呼吸，在这个取入与给出的节奏性运动中，整个运动本身是连贯的，但是由于每一次取入以及给出都存在间隙，而每一次的中断都是前个阶段的静止与积累，以及下一个阶段的开始与准备。在整个过程中，无论是取入还是给出的步伐都可快可慢，太快会造成呼吸的急促，太慢会造成呼吸的停滞。

就经验而言，发展太快，经验会变得混乱；发展太慢，经验会空虚。所以审美经验不同于日常经验，是一个完整且有序的经验，其主要特征是审美性，而这个审美性又使得审美经验自身完整、完满。当然，"一个经验"与审美经验之间的区别，不仅仅在于此。审美经验具有"一个经验"的所有特性，而当能被称为"一个经验"的要素达到知觉的高度时，其因自身原因而显现，那么这个对象就主要是审美的。也就是说一个经验必须经历了聚集以及凝结的过程，从而具强烈的特性进入被知觉的范围，具有了一定的意义，才能成为审美经验。这也更加体现出审美经验是"一个经验"的集中。

三、杜威审美经验中的连续性

由于审美经验是加强了的"一个经验"，整体性以及连续性在审美经验中的地位就显得尤其重要。因为它们是审美经验其他特性或者说审美经验独特性的基础。再次强调以及阐述审美经验中的整体性以及连续性不仅是有必要的，

① ［美］杜威：《艺术即经验》，高建平译，北京：商务印书馆2005年版，第60页。

还是必需的。只有认清审美经验的整体性才能明白为什么审美经验能够在最大限度上使人与环境相互作用,只有意识到审美经验的连续性才能清楚为什么审美经验是动态的,富有生命力的。

(一)生命意义上的连续性

杜威在《艺术即经验》一书的开始就直接表明了审美经验中连续性的重要性,他认为写艺术哲学的人天然肩负一种责任,即建立艺术经验与日常经验之间的连续性。这个连续性不仅仅指的是那些美好的、特别的事物,还涉及苦难的、普通的事件。

在其经验哲学中,杜威将经验与自然之间的关系描述为连续性。他认为:"连续性指有机的功能不断上升的层面,有机的功能,或者排除还原为某种等同的类型这一可能性,或者排除完全分离而成为自我封闭、独立的范畴这一可能性。"①具体而言,首先连续性是一个不断运作的过程,在这个过程中不存在完全的断裂、简单的重复以及从高到低的转变,它类似于一粒有生命的种子,经历了从发芽到成熟、发展的过程。

杜威将其经验哲学的基础"经验的自然主义"拓展到其艺术思想中。他依然从批判传统哲学出发,对于希腊思想家而言,他们轻视经验、重视理性或者科学,所以"当我们说经验就是艺术的时候,艺术反映自然的偶然的和片面的情况,而科学——理论——则显示其必然的和普遍的情况。艺术产生于需要、匮乏、损失和不完备,而科学——理论——则表现实有的丰满和完整"。② 不同于古希腊轻视经验以及艺术的态度,现代思想将科学看作或者只是看作自然唯一真实的表达方式,这样一来艺术就变成了附加在自然之上的东西,但是现代思想中并没有将艺术与自然结合在一起,形成有关自然存在的学说。不过无论是古希腊时期还是现代,无论是在生活实践中还是在理论观念里,艺术都是与经验以及自然分离开来的。

而实际上,艺术是一种具有创造性的实践活动,并且这种活动能够通过反思,自然而然地引导其创造过程中的方方面面不断地接近其要完成的以及要享受的自然的过程以及自然的材料。在这个反思的过程中,不仅自然由片面、不

---

① [美]托马斯·亚历山大:《杜威的艺术、经验与自然理论——感受的诸视野》,谷红岩译,北京:北京大学出版社 2010 年版,第 116 页。

② [美]杜威:《艺术即经验》,高建平译,北京:商务印书馆 2005 年版,第 226 页。

完备走向完满，自然的意义也在拣选中获得其目的。因此，自然是自然事情的自然倾向，它借助于理智的选择以及安排，将自然中一般的、重复的，以及有秩序的与那些偶然的、新奇的以及不规则的东西联合在一起；并且自然界基本的一致性赋予了艺术形式，假如这个一致性越是广泛和重复，艺术就越伟大。艺术在自然中获得材料以及形式，其在创造形成的过程中被人们赋予直接能够享受的意义，杜威认为这就是"自然界完善发展的最高峰"。①

在强调艺术与自然联系的基础上，杜威还强调了艺术与生命之间的直接关联。他从"感觉"一词出发强调了只有从动物的感觉出发，才能获得最根本的直接性经验。杜威并非将人等同于或者是降低到动物的水平，而是试图通过人与其动物祖先之间的连续性做分析，从其生物性的器官、需求出发构架其经验思想，并通过人与动物祖先之间的比较，区分出人类特殊的意义，从而论述人的经验的独特性。因此，杜威也强调了人具有复杂而细致的区分能力，从而人与周围环境建立起了复杂而多样的关系，其生命结构也变得更为丰富了。论及人的存在离不开时间与空间。生命的过程不能单纯地被定义为某一个时间点或者是某一个空间发生的事情，它们自始至终就是一个能量的聚集。一方面，过去对现在起着影响，两者又孕育着未来；另一方面，空间变成了一个全面而封闭的场景，人的行为在其中获得秩序。

而艺术的创造就是生命的过程，只有通过自然的力量有机体与环境相互作用，艺术才能实现；并且人由于有意识，从而能在自然中发现各种关系，并将这些因果关系转换为手段与目的的关系，艺术就被赋予了意义，正是意识促使了这一改变。艺术证明了人在使用自然的材料和能量时，拓展了其生命的意图。人不仅是在动物性的层面，更是在意识的层面满足了自身感觉、需要、冲动以及行动之间的相互作用。杜威赞同古希腊人将艺术普遍化并投射到人的活动上来的观念。在这个意义上，人被看作是艺术的存在物，人不仅与自然相联系，也与自然相区别。尽管随着人类文明的不断发展，文化还是产生于人类长期地、积累性地与环境交互作用。就艺术品而言，其与人类积累的文化经验的连续性联系得越紧密，其就越能触动人的内心。也就是说，杜威认为艺术不是自然的，当自然进入与人类交互活动的新关系之中，随着客观材料不断发展乃至完成，随之而激起的情感也跟随着产生了变化。

由于有机体与环境交互作用与生命过程相关，经验不断出现，当一些所经

---

① ［美］杜威：《艺术即经验》，高建平译，北京：商务印书馆2005年版，第228页。

验到的物质发展到完满时，就会形成"一个经验"。首先，杜威强调这个经验是完整的经验，不仅有开头、结尾，而且其中每个部分都与前后的部分相互联系着。杜威还将这样一种连续性比作流动的水流，其流动不仅是持续不断的，还是自由的。也就是说一个经验的各个部分之间不断地相互融合，没有任何机械的结合或者是突然的断裂。其次，杜威强调一个完整的经验是朝向一个完成和终结运动的，其中的静止与滞积都是相对的，因而没有真正的终结。假如经验中存在这样两种限制，那么这个经验就既不是一个完满的经验，也不是一个审美的经验：第一，具有松散的连续性。即事情没有特定的起点，也没有特定的终点。事物以及经验过程中没有任何因果关系，这样的经验是麻痹的。第二，抑制以及收缩。即经验的各个组成部分只是在局部机械的活动，并不结成整体。也就是说，杜威认为一个经验的形成并不仅仅取决于"做"与"受"的变换，而是在于两者互相作用而形成的关系，而正是这种关系提供了经验意义。

此意义不是外在强加给经验或者是来源于经验的某个部分，它源于经验整体，源于经验重要内容所构成的关系之范围以及内容。在生活中，即便一个小孩的经验再强烈，由于其过去背景的缺乏，经验中所涉及的关系较少，那么这个经验的所涉及的广度与深度就不足以让人看到其中相关的联系。在艺术中，经验内部各个关系的呈现以及意义的凸显就显得更为重要。杜威认为一部成熟的小说就是各种关系完整的呈现，主人翁即便是死后，其短暂的人生事件也不断地起着影响，各种与事件相关的关系也不断被发现。不仅仅是经验的缺乏，过度的接受性也会造成经验的不完整。亦即"做"与"受"关系的不平衡会导致人们将经验看作是单纯的经验，而没有注意到其中的意义。

（二）知觉意义上的连续性

因此，杜威强调经验以及艺术不仅要与生命过程，还要与知觉建立连续性。因为"一位艺术家的真正的工作时要建立在知觉中具有连续性，而又在其中不断变化的一个经验"。[①] 亦即艺术家必须在创作的过程中控制自己已掌握的以即将发生的联系。比如一个画家在作画时就应该知道自己每一次下笔的效果，在其中表现出自己的想法，控制作品发展的方向。也就是说，画家在作画时甚至作画前已经产生了此画作整体的意识，并以此考察这个创作过程中的"做"与"受"之间每一个特殊的联系。就算是色彩、语言符号或者是词语这些

---

① ［美］杜威：《艺术即经验》，高建平译，北京：商务印书馆 2005 年版，第 54 页。

特殊的材料，在艺术家的创作中，都可以通过知觉构成理性的工作，从而变成艺术品。在杜威看来，"由于语词更易于以机械的方式进行处理，一件真正艺术作品的生产可能会比绝大多数傲慢地自称为'知识分子'的人进行的所谓的思考要更多的智力"。①

除了通过知觉建立审美经验中的连续性，杜威还强调了知觉本身也具有连续性。知觉并不等同于认识，而是产生于本能的需求。因此，一旦有机体对于对象及其性质产生关心，有机体就会产生依赖于意识的要求，知觉由此诞生。但是知觉并非一个特别的反应，而是一种从内在冲动到平衡的过程，其间冲动和平衡相互作用，最终达到一种平静的状态，把所知觉到的东西充实进了价值。比如一个人与一头愤怒的公牛在一起，他会下意识地逃跑以躲避危险，从而保证自身安全的想法付诸行动。也就是说人在感觉到危险时，他更多的是产生本能的欲望以及想法：到达一个安全的地方。而一旦这个欲望或者思想实现了，这个人也许会欣赏富有野性力量的情境。比起逃脱的行动，这个过程更富有这个人知觉到的形象以及"思想"，其中的情感也不仅仅是受到公牛威胁后产生的刺激，而是附带了更多有意识的东西。

所以传统思想中将审美知觉等同于直觉性的且带有快感的观照的观点，不仅忽视了经验中"做"与"受"之间的关系，还将知觉的性质片面化，将知觉等同于认识，忽略了其中有机体对于对象本身的欲望与渴求。认识虽然以知觉为起点，但是其目的并不在于发展一个完整认识事物的知觉，而在于事物以外的目的。人们凭借原有的对于事物的部分性认识去发现事物，为其贴上合适的标签，而忽视了事物内部以及事物与周围环境因素合作而产生的重构，由此认识从一开始就没有真正的知觉对象，更不用说在经验中重构事物，产生生动的意识。同时，审美情感也成为观照中的愉悦，失去了其组织、协调经验各个部分的功能。那么这种情感没有渗透于被知觉的事物中，这种情感也变成了一种初步的甚至是病态的情感。由此，某些小说、戏剧中被欣赏的题材将被排除在艺术之外，这都将直接导致艺术观念的贫乏。

虽然杜威并没有给知觉下一个确定的定义，但是从知觉与观照之间的区别来看。知觉是可以被纳入意义结构的感觉内容的。杜威通过比较知觉与认出，得出了知觉的另外一个特点：连续性。杜威认为知觉能够感知构成意义或者价值的经验中诸多关系，且知觉的过程具有连续性。知觉是一个过程，在这个过

① ［美］杜威：《艺术即经验》，高建平译，北京：商务印书馆 2005 年版，第 49 页。

程中，经验的各个要素被感觉到，并在做与受的相互作用中结成各种关系。而这个关系形成的过程，也是意义或者价值产生的过程，不仅是各个要素本身的意义或者关系，其原有的意义以及关系也在经验的过程中产生了改变。虽然认出也是被人所感觉到的，而认出仅仅是时间上的一个点，即便这个点是事物发展成熟的顶点，但是对于整个经验过程而言，它也仅仅是一个有序的时间经验的连续性中高潮的凸显。亦即认出在一定程度上是一个完成或者是终结，而并非一个不断发展的过程。

杜威反复强调知觉不是一个瞬间，他认为"没有艺术作品可以在瞬间被知觉，因为那样的话，就不存在保存与增长紧张的机会，并因此没有释放和展开赋予艺术作品以内容的东西的机会"。① 因为并非所有艺术作品中的审美特性都是显而易见的，对于绝大多数的理性作品而言，欣赏的过程必须是一个有意识的回溯的过程。无论是艺术家还是欣赏者在审美知觉被打断的时候，都必须有意识地偏向之前的记忆以推进思想的继续前进。原先经验中所知觉的东西被压缩得越多越深，现在的知觉就越丰富，其带来的未来冲动就越强烈，涉及的范围就越广。

知觉不同于认出的另外一个特点就在于：知觉是对对象的真正感知，而认出恰恰就是对对象注意力的转移。"真正"意味着关注对象及其内在价值，而不是从外在的时间上的连续性向生命秩序与经验组织的转化。亦即在知觉中过去的经验被带入现在的经验之中，从而扩展以及深化现在的经验，而并非停留在经验的某一个缺乏前后联系的分立的点上。这是一个过去经验以及现在经验融合在一起的再造过程，过去的经验不能被抛弃，也不能成为停滞之处。如此，经验才能以整体性的模式进入一个新的模式之中。而"单纯的认出只是在我们的注意力集中在所认知的物或者人以外时才会出现。它标志着或者是被打断或者是企图用所认知之物作为其目的的手段"。② 就经验而言，认出代表的是整个经验过程中的一个死点，是有意识的经验生命的终结，而非知觉赋予经验的连续性。

总之，连续性就是杜威挑战传统思想中将经验以及艺术看作是静态的观点之基础。当然，审美经验中的连续性作用远不止这一点。通过经验的连续性，杜威不但连接起人与自然、人与社会的关系，日常经验、"一个经验"以及审

---

① ［美］杜威：《艺术即经验》，高建平译，北京：商务印书馆2005年版，第201页。
② ［美］杜威：《艺术即经验》，高建平译，北京：商务印书馆2005年版，第24页。

美经验之间的关系，还连接起过去、现在以及未来的关系。由此可知，审美经验本身就是生命力的表现。

（甘露　湖北第二师范学院马克思主义学院）

艺术与诠释

—— 帕莱松的生存论美学与自由存在论

庞　昕

　　帕莱松（Luigi Pareyson，1918—1991）是 20 世纪意大利最重要的哲学家。他的诠释学不仅开创了"都灵学派"，至今仍有持续的影响力，而且与德国的伽达默尔、法国的利科被共同看作现代诠释学的创立者。① 然而，帕莱松的诠释学并不以文本理解为中心，亦非哲学诠释学，也不像海德格尔是一种诠释学性的思想，而是"诠释学作为哲学，哲学作为诠释学"。这样的诠释学从生存哲学、美学到自由存在论共经历了三个阶段，并且与伽达默尔相似，艺术作品的审美经验是其"诠释"（interpretation）的开端。在《真理与方法》中，伽达默尔曾对帕莱松研究德国唯心论美学的功绩大加称赞，也完全认同他的"形成"（formatività）美学，认为"艺术作品自身通过它的具体化与构成而就其审美特质被经验"。② 帕莱松的美学正是艺术作品的"形成"理论。因此，他不仅探讨艺术的生存论基础，同时也揭示了美规定于自由的本质。

一

　　艺术家在生存世界中获得美感而从事艺术作品的创作，继而追问美本身的意义。一般认为，艺术作品有所表达，艺术家通过形式的创作表达相应的内容，而且艺术家先有对内容的筹划，再有具体形式的表达。从内容到表达形式是艺术家创作理念的实现。艺术家在创作中将其理念赋予作品，作品作为创作

---

　　① Pareyson. *Existence*, *Interpretation*, *Freedom. Selected Writings*, Paolo Diego Bubbio ed., Aurora：The Davies Group Publishers, 2009, p. 1.

　　② Gadamer, *Wahrheit und Methode*, GW1, Fn. 110, 219, Tübingen：Mohr Siebeck, 2010, S. 66, 124.

的完成规定于艺术家的理念。因此，美感得以保藏，美在艺术作品中显现、持存。艺术家是创作形式、表达内容、呈现理念并且守护美本身的人。通过对内容与形式的分析，人们不仅可以解读艺术家及其作品的理念，同样也可以作出更为细致的区分，比如不同的艺术门类、创作风格、品位格调等。艺术家位于作品的中心，决定了艺术作品的形成。

然而，"艺术的不同寻常之处在于，人们碰见一个'物'，却发现了一个'世界'"。① 作品既成，人们总可以从中经验更多，不但多于作品所表达的内容，也多于艺术家自己的审美经验，甚至艺术家往往并非解读自己作品的权威，而且，与一般的事物不同，艺术作品似乎没有绝对的完成，它的完成反而是其生命的开始。尽管作品具有固定的内容与形式，人们的解读却往往不只是以艺术家的创作理念为目标。在解读中，人们获得更为丰富的世界。此世界本不属于艺术家，也不属于作品的解读者，其自行给予，并且在艺术家的创作与解读者的解读中呈现出来。艺术作品开启了一个世界，所谓艺术家的创作与解读者的解读，不过是作品的世界得以呈现的不同方式而已。这便应当追问：在根本上，什么规定了艺术家的创作？继而应当追问：在艺术作品中，究竟是谁在言说？此"世界"何以形成？人们面对作品，往往将其看作对象，但人们沉迷于作品，获得审美经验，却在于艺术作品是美的直接呈现。由此，帕莱松的美学并不预设艺术的定义及其理念（ideell）的创作，而是实在（reell）的美感与直接的作品分析。他未曾称其美学为现象学，但也承认："美学必须从一种审美经验的现象学出发"。② 这与当时意大利流行的克罗齐（Benedetto Croce）的表现主义（expressionism）相对，在根本上揭示了"艺术家"对艺术作品的"创作"。

艺术作品由艺术家创作，艺术家因为艺术作品的创作而成为艺术家。海德格尔在《艺术作品本源》的开始便已提及艺术家与艺术作品之间互为本源的循环。从此循环中，帕莱松思考了艺术作品的奥秘：艺术作品自行给予、自行显现，"艺术作品自行创作自身，却由艺术家创作出来"。③ 帕莱松称艺术作品

① Pareyson. *Estetica. Teoria della formatività*, Milano：Bompiani, 1996, Milano：Bompiani, 1996, p. 285.

② Pareyson. *Estetica. Teoria della formatività*, Milano：Bompiani, 1996, Milano：Bompiani, 1996, p. 317.

③ Pareyson. *Estetica. Teoria della formatività*, Milano：Bompiani, 1996, Milano：Bompiani, 1996, pp. 78, 282.

为"形成"的"形式"（forma）。此形式并非内容的外在表达或某种形式主义，而是实际完成的艺术作品的"成形"（formare）。形成是成形的形式，形式总是成形的形成。艺术家在创作中"让"艺术作品自身"成形"并且最终"形成"。这在于，艺术家将作品的自行创作，即作品自身的形成创作出来。所谓创作，在根本上乃是作品自身的形成。由此，作品的"自行创作"与艺术家的"创作"在艺术作品的"形成"中同一。作品自身的形成通过艺术家的创作表现为成形的形式。然而，不仅艺术作品的创作，人的行为总有特定的形式与具体的形态。但一般的行为往往设定外在的目的，而艺术作品的创作却无目的或者只是以其自身为目的。作品作为形式的成形只是其自身的形成。在此意义上，"艺术是'纯粹的形成'"。① 艺术在作品自身的形成中成为艺术。艺术作品并非认知与观察的对象，甚至不是审美经验的承载者，作品只是自身形成，没有形成之外的艺术。以此方式，帕莱松消解了艺术的外在规定，无论主体的还是客体的。他仅就艺术作品自身的形成来谈论艺术。

艺术作品的形成并不抽象，也并非空洞无物，其具体化为艺术家的"个人"（persona）创作；作品自身的形成也不是从抽象到具体，而只是个人创作的"现实"（wirklichkeit）与现实的形成。无论作品的形态与风格，还是表达的内容与手法，甚至材料的选择与展示的方式，皆是艺术家"个人"创作的表现。艺术家如何创作，艺术作品如何形成？在此，艺术家并非主体，作品并非创作的客体，作品自身的形成也并非创作的理念。艺术家的创作"让"作品自身形成，作品自身的形成通过或"作为"艺术家个人的现实创作实现。此个人创作并非创作的任意，相应地，作品的现实也并不由具体的要素组成。人们往往首先观察作品作为创作结果（形式）的具体要素，并以此反思非现实性的维度，但这唯有从作品自身的形成而来才得以可能。对于真正的艺术作品，具体要素的变化与缺失往往无损其艺术的完整，甚至会更加凸显其艺术性，即作品的形成。就此而言，艺术往往只是被遮蔽，只有人工的东西才会被损坏。艺术家的个人创作并非偶然的人工，而是规定于先已给予的"形成"。作品自身有其形成的准则（Gesetz），艺术家依循作品自身形成的准则而获取创作的尺度。此先已给予的准则与尺度并非在时间上先行于创作的前提，而是作为创作的规定在艺术家的个人创作中成为现实。"艺术家有所发现，根本乃是创作"，② 创作

① Pareyson. *Estetica. Teoria della formatività*, Milano：Bompiani, 1996, p. 23.

② Pareyson. *Estetica. Teoria della formatività*, Milano：Bompiani, 1996, p. 61.

是艺术家唯一的存在方式。艺术家的创作没有既定的前提与理念，所谓理念与前提，不过是创作后的反思的结果。艺术家有所发现，发现的是作品的形成，但这并非艺术家的功绩，而是艺术作品的形成通过艺术家创作的成形。艺术作品如何形成，艺术家如何创作？作品的形成表现为艺术家的创作，这在于，艺术家的创作乃是作品自身的形成。

艺术作品自身的形成与艺术家的创作之间有一种"区分"。此区分并非理念与现实、主体与客体的对立，毋宁说其显示出艺术家个人创作的"被给予性"，即被作品自身的形成给予。从此被动的给予而来，艺术家开始创作，作品开始形成。形成与创作的"区分"所刻画的正是艺术作品的"开端"，"在开端的时刻是本源（sorgere）的发生"。① 此本源具有启示（Offenbarung）的意义，但并不神秘，更非神启，而是作品自身形成、自行给予自身的显示。本源的启示作为作品形成的开端只能是"瞬间"，亦即通常所说的"灵感"。在此瞬间，艺术家"接受"作品自身形成的尺度而以其"艺术意志"（volontà d'arte）去"创作"作品自身的形成。对于艺术家而言，作品形成的"瞬间"同时也是个人创作的"过程"。在此，并非先有瞬间，再有过程，而是瞬间与过程共同发生、同等本源，并无先后关系。作品的形成既是瞬间，也是过程。形成的瞬间必定在创作的过程中呈现，而过程所呈现的是瞬间的启示。没有先于过程的启示，也没有无瞬间的过程；或者说，在开端的"区分"中，作品自身的形成只是"瞬间"，而形式的成形作为艺术家的创作却表现为"过程"，二者在艺术作品的形成中同一。过程有其结果，而结果（形式）正是创作（成形）完成的作品，是作品自身"形成"的实现。但作品作为结果并不外在于过程，作品形成的过程必定呈现为结果，不然便成为晦暗的变化；结果也必定归属于形成的过程，不然便单纯只是认知或反思的对象。创作的结果也并非结束，因为作品的形成只以自身为目的。一个事物只有被设定于外在的目的才会结束，而结果反倒是作品有所呈现的开始。真正的开始乃是对开端的重复。这不仅是对既定结果的消解（并非消除），即从个人的现实创作到作品自身形成的隐匿（Entzug），同时又是后续结果得以形成的可能。在结果与开始的往复中，艺术作品作为"有限"（finito）的结果显示出"无尽"（inesauribile）的形成。有限不是对无尽的限定，而是对无尽的显示。有限基于无尽才得以可能，没有既成不变的艺术作品。正因如此，人们才可以解读并且继续解读作品，而对于作品的形成，艺术家因其

---

① Pareyson. *Estetica. Teoria della formatività*, Milano：Bompiani, 1996, p. 80.

现实的个人创作也是有限的解读者，只不过是作为创作者的解读者。艺术作品的形成是无尽的有限创作，艺术家的创作是有限的无尽形成。没有艺术家，自然也就没有作品的形成，但在根本上，却是艺术作品的形成让艺术家成为艺术家。艺术作品的形成规定了艺术家的创作。以此，帕莱松回应了海德格尔的《艺术作品本源》所提及的循环。帕莱松的学生、都灵学派的代表人物吉亚尼·瓦蒂莫(Gianni Vattimo)认为：海德格尔的艺术思想从帕莱松的"形成"而得以阐明。①

海德格尔将艺术作品的本源归于存在的真理：艺术作品得以形成，在于存在的真理自行设入作品。如果艺术作品有所呈现，那么在根本上并非艺术家在言说，而是存在的真理在言说。存在的真理作为艺术作品的准则规定了艺术家创作的尺度。此真理不"是"什么，其自行显示、自行给予，相应于现实的物(存在者)而给予创作的启示；艺术家听从真理的启示，并在作品的形成中将其创作出来。因此，存在的真理规定了作品的"形成"。海德格尔称之为"无蔽"(Unverborgenheit)，继而在晚期思想中揭示为物的物化(Dingen)与世界的世界化(Welten)。在艺术作品中，人们碰见一个"物"，却发现一个"世界"。此世界成为世界的世界化正是艺术作品的形成，作品自身所形成的正是存在的真理。对于艺术家而言，这具体表现为物成为物的物化，亦即真理的现实性的实现。存在的真理开启了物的世界，人(艺术家)在此世界中存在。由此，艺术家在创作中让存在的真理到来，其创作了"唯一"的存在的真理。这样的思考不仅影响了伽达默尔，帕莱松的诠释学同样也以存在的真理为主题。但与伽达默尔对世界经验(Welterfahrung)的分析不同，帕莱松强调真理与个人的关系。以此，帕莱松的美学获得生存论的基础。

二

艺术作品在本源的意义上与存在的真理相关。但真理与个人似乎是矛盾的，因为按照通常的观点，真理应当具有普遍性，若要获得真理，个人的东西应当被排除，以保留普遍性的东西。然而，正如帕莱松的美学理论，艺术作品的形成通过艺术家的个人创作实现。艺术家是被艺术作品规定的"个人"。这样的个人往往被称作艺术的"天才"。真正的艺术天才在于其对作品自身的形

---

① 参见 Vattimo. *Poesia e ontologia*，Milano：Mursia，1967，p. 82.

成有所预感、有所准备、有所期待。所谓天才，在于其创作不由任何外在的目的设定，而是"让"作品自身形成。天才的艺术家们甚至不知为何从事创作，但却有这样的能力，即直接领会或理解（Verstehen）作品自身形成的准则，并"接受"相应的创作的尺度。尽管他们不能将此准则与尺度看作认知的对象加以观察，但却能够通过具体的创作将其发现，并现实地揭示或解释（Auslegen）为艺术作品。艺术家的创作表现为"理解与解释"。海德格尔在《存在与时间》中已经揭示了理解与解释的生存论结构。帕莱松称之为"诠释"。艺术作品的形成给人"诠释"的经验。作品自身在艺术家的个人诠释中形成。诠释规定了作品自身形成与艺术家个人创作相互区分的"边界"。依据海德格尔：边界并非停止，而是本性开启的地方。① 创作在此边界处发生，其本性乃是诠释。艺术作品与艺术家的区分，其作为真理与个人的"区分"允诺了真理与个人的"共属"（solidarietà）。真理并非既定的、有待反思的认知对象，同样也不是认知与对象的符合，而是在个人"诠释"中表现为个人的真理。真理必定是个人诠释的真理，而非认知与反思的结果。相应地，个人并非附属于普遍性的真理，而是唯有从个人的真理诠释而来，才可以反思普遍与个人的区别。个人并不具有设定的普遍性，普遍反而从个人获得本源的规定。"真理与个人的诠释密不可分"，② 就存在的真理而言，首要的问题不是普遍与个人的区别，而是真理与个人的关系。真理与个人在诠释中的"共属"是帕莱松诠释学的基本问题。

真理与个人相互区分的共属正是"诠释"的开端。个人的真理诠释从此有所区分与共属的"开端"开始。开端乃是诠释。在此，真理作为诠释的本源"让"诠释发生并通过个人实现，因为个人的诠释并不首先指向任何具体的对象，比如对一个文本或一件艺术作品的解读，或者说，在诠释中，个人并不首先具有任何外在的规定，比如一件作品的创作者或解读者，而只是向真理敞开（Offenheit），"让"真理自行显示、自行给予。诠释唯有是真理的诠释，个人才能真正在诠释中"现实"地呈现真理，并以此作为创作者或解读者让文本成为文本，让作品成为作品。诠释规定了真理与个人相互区分与共属的"边界"，因而同时具有真理性与个人性。这并不意味着诠释的一端是真理，另一端是个人，而是诠释呈现了真理，却总是个人的诠释。也就是说，诠释的本源作为真

---

① 参见 Heidegger. *Vorträge und Aufsätze*, GA7, Frankfurt am Main: Vittorio Klostermann, 2000, S. 156.

② Pareyson. *Verità e interpretazione*, Milano: Mursia, 1967, p. 25.

理并不外在于诠释，没有诠释之外的真理。在根本上，个人诠释必定是真理的诠释，这在于，真理是个人诠释的真理。但诠释的本源仍在诠释之中，这应当如何理解？本源从属于开端性的诠释？诠释比其本源更具本源性？还是本源从开端而来才得以可能？对此问题，帕莱松诉诸"无尽"与"有限"的关系。

正如前文所述，艺术作品是无尽的形成，并且通过有限的个人创作实现。与此相应，真理是无尽的，其无所规定、不可穷尽，并在有限的个人诠释中呈现出来。个人的真理诠释是有所规定的"现实"呈现。然而，人们可以思考并言说无尽的东西吗？如果思考与言说只是针对既定的对象，那么人们无能于无尽的真理，但如果思想不仅有所表达，而且在根本上有所显示（rivelare），那么，无尽的真理便不至陷于无限的混沌。帕莱松区分了有所表达的思想与有所显示的思想，正如海德格尔晚期对诗与思的区分，① 前者相关于有限的现实呈现，后者相应于无尽的真理而显示出诠释的可能。诠释具有显示与表达双重维度：其有所显示，在于显示无尽的真理；其有所表达，在于表达有限的现实。人们有所表达，根本在于有所显示。无尽的真理通过有限的个人诠释可以在有所显示的意义上被思考、被言说。有限是无尽的中断，无尽只有在其自身的中断中才能显示出来。但中断不是停止，而是真理保持无尽并得以呈现的方式。由此，有限的诠释在根本上是无尽的真理的呈现，无尽的真理正是有限的个人诠释所呈现的真理，或者说，真理的呈现是无尽的有限，个人诠释是有限的无尽。个人诠释如何有限地发生，真理便如何保持其无尽的呈现。真理的无尽与个人的有限在"诠释"（开端）之际有一区分，无尽的真理与有限的个人在诠释"之中"共属。所以，真理作为诠释的本源并不外在于开端的诠释。开端与本源并不相同，开端有其本源，但本源不会超越开端所开启的边界，或者说，开端作为开端，正是在于让本源在开端性的边界成为开端的本源，开端开启了本源以及本源形成规定性的领域。本源与开端的关系刻画了真理与个人相互区分与共属的诠释。对此，有三种可能的误解需要澄清：

第一，个人不是主体，真理也不是客体，并非个人决定了真理，而是真理规定了个人。甚至可以说，个人是真理的"客体"，但并不存在超越性的真理本身。

第二，真理作为个人诠释的真理并不导致相对主义，因为个人并非具体的

---

① 参见 Heidegger. *Unterwegs zur Sprache*, GA12, Frankfurt am Main: Vittorio Klostermann, 1985, S. 256.

个体，而是真理的呈现。同样，个人诠释作为真理的呈现并不导致独断论，因为真理在有限的个人诠释中保持无尽。真理的呈现（无尽）与个人诠释（有限）共同发生。只有人为割裂并侧重某个方面（以反思的方式），才会导致独断论或相对主义。

　　第三，"真理只能被把握为无尽的真理，唯有如此，才能'整体'把握"。①无尽的真理在有限的个人诠释中呈现，但这并非一般意义上的整体与部分之间的诠释学循环。真理并非完整的整体，也不是变化生成的整体，而是个人诠释中的无尽的盈余（ulteriorità）；个人诠释也并非整体的组成部分，而是真理的有限呈现。个人诠释对真理有所占据，却总可以在有限中获悉真理有所盈余的无尽，比如艺术家总是不能穷尽自己创作的作品。此盈余并无具体的内容，而只是作为"整体"将个人带向真理的诠释以及诠释的边界，并指引有限的个人诠释向无尽的真理敞开，继而趋于无尽。在此意义上，无尽的"整体"使得有限成为可能，但同时也是对有限的消解（并非消除）。这让有限的个人诠释具有无尽的可能性，比如艺术作品在诠释中具有无尽的生命，无论是以创作还是解读的方式。由此，有限的个人诠释在根本上乃是无尽的诠释。如果此处也有一种诠释学循环，那么只能是无尽与有限的循环。当然，真理的"整体"总会让人意欲对此有所思考和言说，但这种倾向应当被克服，因为人们只能对有限的个人诠释的"现实"有所表达，对于无尽的真理，人们只能有所显示。

　　真理的无尽与个人诠释的有限最终表现为哲学历史上的基本问题：一与多。帕莱松的诠释学始终围绕这个问题进行。无尽的真理作为诠释的本源乃是"一"。此一并非最初的基础、最普遍的概念或最根本的本质，而只是无尽的、"整体"的发生。一个东西只有是无尽的，才能保持自身为一，不然就会因为"有所规定"而成为多。"一"本身便意味着"无所规定"的无尽。在此，作为无尽的一的真理，依据海德格尔，只能是"存在"本身。有限的个人诠释表现为"多"。个人诠释不是单数，而是复数，当然，这不是个体的复数，而首先是诠释的复数。多意味着有所规定的有限，而有所规定的东西正是"存在者"。一与多标明了真理与个人、无尽与有限、存在与存在者的"区分"。无尽的一只能在有限的多中显现出来，而多中的任何一个都是无尽的一的显现，其间没有本性的区别，只是有所规定的不同方式而已。依据帕莱松，此处的"显现"即诠释。在个人的真理诠释中，一显现为多，无尽显现为有限，存在显现为

---

①　Pareyson. *Verità e interpretazione*，Milano：Mursia，1967，p. 23.

"存在"者。这样的诠释刻画出人的存在,其一方面指向无尽的一,即存在的真理,另一方面指向有限的多,即现实的存在者。人的存在作为个人诠释乃是此双重指向的同一:存在的真理在个人存在中显现为存在者,存在者在个人存在中获得现实的规定。存在的真理与"存在"者共同在个人存在中显现。所谓存在,只是个人自身的存在,亦即"生存"(Existenz)。正如真理不外在于诠释,存在也不外在于生存。存在只是个人生存的存在。

帕莱松的诠释学道路受雅斯贝尔斯的影响从"生存哲学"(Existenzphilosophie)开始。在晚年(1985)对《生存与个人》的增补与回顾中,他将其一切美学与诠释学的思考归结于"个人"及其生存。当然,此个人生存并非唯我论,因为生存"让"存在显现,而非个人决定了存在。"存在与人的关系充分体现了人的本性,此关系无他,毋宁说是真理与个人的关系,亦即个人诠释"。① 相应于真理与个人的相互区分与共属,"诠释"乃是存在与人最为源初的同一性(Identität)所在。对于真理而言,诠释是其呈现的方式;对于个人而言,诠释是其存在的开端。"因为诠释是本源性的:诠释标明了与存在的关系,人自身的存在处于这种关系之中;在诠释中,发生的是人与真理的本源性的共属",而且"一切诠释皆有存在论的特征"。② 个人的真理诠释让"存在"发生。人的存在在根本上只是个人生存的存在。人作为个人的存在凭借诠释而得以可能,或者可以直接说,诠释是个人存在的生存本性。由此,诠释作为真理的呈现不仅是个人存在的开端,同时也是生存的根本方式。生存乃是真理的诠释,诠释问题具体化为个人生存的存在问题。帕莱松的诠释学最终表现为"生存诠释学"的存在论,与海德格尔相同,其同样以"存在"为主题。

三

艺术家的"存在"是作品自身形成的诠释者。帕莱松将作品的诠释者规定为边界的注视者。"注视是诠释过程的制高点",因为艺术家在创作中注视其存在的边界,而"美是形式作为形式的可被注视(contemplabile)",③ 艺术家作为诠释者注视作品自身的形成,以此获得美感,并让美显现。一件作品的完成

① Pareyson. *Esistenza e persona*, Genova: il melangolo, 1985, p. 20.
② Pareyson. *Verità e interpretazione*, Milano: Mursia, 1967, p. 53.
③ Pareyson. *Estetica. Teoria della formatività*, Milano: Bompiani, 1996, p. 196, 197.

莫过于让美发生。唯有在诠释中，艺术的"天才"才能判断其创作是否是作品自身形成的实现，即一件作品是否真正完成。这并非创作后的反思，而是"创作"本身。在这样的创作中，尤其在创作的完成与实现中，艺术家得以经验创作的自由。对于艺术家而言，怎样的自由比得过创作的实现，怎样的不自由比得过创作的不能完成？创作的完成作为作品的形成同时也是艺术家存在的自由的实现。在诠释中，美与自由具有本源性的关系。艺术家作为诠释者的本性最终表现为创作的自由。如果艺术家在诠释中得其本性的自由，那么这将给出启示，即不只是艺术家的存在，而是人的存在规定于诠释。艺术作品的创作让人寻回"存在"的经验。依据帕莱松，这得以可能，在于美学本属于存在论或生存论意义上的诠释学。

帕莱松的生存诠释学所思考的是"生存作为诠释"，并从个人生存出发探讨存在的意义。个人生存表现为有限的诠释：在生存中，个人将其自身带向诠释的边界（开端）；在诠释的边界处，个人生存让存在的真理（本源）自行显示、自行给予，继而在个人生存的现实中实现。与此相应，个人生存是无尽的"存在"已被给予的有限的"现实"，个人生存是现实的存在，其诠释的是无尽的真理。然而，个人生存究竟意味着什么？"存在"何以具有无尽与有限的区分？无尽的存在与有限的存在如何在个人生存的真理诠释中同一？对此，帕莱松从"个人"的生存描述开始。个人并非个体（individualita），个体可以有感性、理性、主体等多重具体形态，但个人是单个的（singolo），"单个的人不是个别，也不是总体的片段，而是整体"。① 个人在诠释的边界处获得存在的规定。尽管个人生存是有限的现实，但其所诠释的却是无尽的真理的"整体"。此整体不由现实构成，而恰恰是对现实的消解（并非消极的消除）、松动、解构，亦即现实的无根据（abisso）与可能性。由此，个人首先是整体的个人，是无尽的有限与可能的现实。个人在无尽与有限的诠释的边界处生存。从此边界而来，个人必然承受其有限并且无尽的存在。人"必然"生存或存在，诠释的边界显示出个人生存的必然性。这不仅是有限的现实，同时也是无尽的可能。如果人的"个人"维度被剥夺，无论是以日常沉沦，还是认知主体的形态，皆是剥夺了生存作为真理诠释的本性，这也正是对个人的"整体"的剥夺。就此而言，"个人作为整体"的表达并无矛盾，此"作为"所刻画的正是存在与个人、真理与诠释、无尽与有限的开端性的区分。个人生存是有限的存在，亦即有限的真

---

① Pareyson. *Esistenza e persona*, Genova：il melangolo, 1985, p. 93.

理诠释，其呈现的是无尽的存在，亦即无尽的真理整体。无尽的存在与有限的存在区分于"个人"，或者说，个人是无尽与有限的区分所在，人只有"是"此存在的"区分"才得以生存，并且成为个人。有限的个人生存在其自身区分的"诠释"的边界处让无尽的存在发生。存在的区分最终表现为个人成其生存本性的"自身"区分。个人生存自然由存在规定，但存在却在个人生存的"区分"中发生，正如前文所述的诠释的本源与开端的区分。由此，帕莱松并不预设存在或将存在现象学直观认为个人生存的"前提"，而是从个人生存出发思考存在的意义。具有规定作用的东西并不具有现实的优先权，被规定了的现实反而具有优先的地位。所谓前提(存在)，反而以其结果(个人生存)为起点。

存在是个人生存的存在，这得以可能，在于个人作为整体存在。此无尽的存在决定了其有限的现实生存的基本特征。"所谓有限，必定被思考为个人，其不足但并不消极，其积极但并不充分。"①个人生存是积极的，因为个人生存让无尽的存在到来，并以此让存在者存在；个人生存也是不足、不充分的，因为个人生存总是有限的存在，而无尽的存在总是不可通达、不可支配。个人生存表现为积极的不足，但唯有通过个人生存的不充分的积极，存在才得以实现。因此，"人的行为既非创造性，亦非被动性，而是主动性与接受性的综合"，而且"人是主动的，却是被推动了的主动"。② 个人生存不是无由的创造，也不是外在的被动，对于个人而言，所谓生存的推动者，莫过于自行显示、自行给予的存在的真理。个人生存的主动性在于其已然由存在推动并且有所接受，所接受的正是存在的真理，即生存的规定。存在不是具体的施动者，因为"存在"不是既定的根据，而只是作为无根据的真理在个人生存中实现。这也并非对个人的限定，而是在根本上开启了生存的可能。但个人生存不是在各种备选的可能性中作出选择，其可能性是可能性的现实或现实的可能性。正因如此，个人生存是接受性与主动性的同一。相应于存在的真理，接受性与主动性共同发生。诠释学所谈的理解与解释在根本上归属于生存的接受性与主动性。个人生存是被推动了的接受，具有"被推动"的开端。这并非宿命论，因为从此推动而来，个人生存获得完全的主动性，即现实地呈现存在的真理的主动。当然，生存的主动始终具有被推动的基调，生存始终而且已然"被"有所

---

① Pareyson. *Esistenza e persona*, Genova：il melangolo, 1985, p. 152.

② Pareyson. *Esistenza e persona*, Genova：il melangolo, 1985, p. 214.

接受。"有一本源性、决定性的接受，个人由此被给予为自由"，① 正如艺术家从事创作的自由，个人生存具有自由的本性。此自由并非无所限定或任意而为，个人生存恰恰因为开端性的"被推动"而获得真正的自由。还有什么自由比接受并且现实呈现存在的真理(生存的规定)更为本源？还有什么不自由比不能依循生存的规定(存在的真理)而更不自由？自由是个人最根本的存在的可能。所谓生存，乃是对自由的实行。"开端的必然性无他，正是被给予的自由"，② 个人生存作为真理的诠释最终呈现并且依循的只是存在的自由。生存的"开端"或开端的"诠释"最终以自由为准则和尺度。人的存在因自由而诠释并且在诠释中自由，帕莱松生存诠释学的最终形态正是自由存在论。

诠释问题最终表现为自由问题，个人生存的存在作为现实的真理诠释最终规定于自由。换言之，个人生存的自由凭借诠释而得以可能，思想道路的"开端"往往在最后的阶段阐明。帕莱松对自由的思考敞开了诠释学的开端性维度，即无尽的存在与有限的存在相互区分的开端，而这表现在他最后以"自由存在论"为题的著作中。此开端性的自由正是"现实的心脏与生存的开端"。③"自由"始终校正着帕莱松的诠释学思想。他思考个人生存的诠释的现实，在诠释中，现实以自由为根据，而这在于，个人生存作为有限的存在依据自由的规定让无尽的存在呈现。然而，自由作为根据却"始终自行隐匿"，④ 也就是说，自由是现实的本源，个人生存的现实因为自由而成其自身的存在，但自由并非现实的基础或前提。如果自由可被称作"根据"，那么只能是"无根据"。自由作为无根据的根据并不给定什么，而只是让个人在其生存中经受并且揭示存在的发生。简言之，自由让存在发生。个人生存的现实最终依据并且呈现的正是存在的自由，或者说，"存在"即自由。由此"自由"，无尽的存在与有限的存在在个人生存的真理诠释中同一。无尽的存在显示出自由本身的意义，有限的存在作为个人生存的现实源于自由而得以可能。但现实是自由的吗？人们探讨自由问题，往往出于现实的不自由，人们处处谈及存在，却往往并未真正存在。可如果现实会有不自由、不存在的可能性，不也是因为存在的自由吗？自由必定允诺了不自由的可能性，否则便不是真正的自由，而是限定；相应

---

① Pareyson. *Esistenza e persona*, Genova：il melangolo，1985，p. 215.

② Pareyson. *Esistenza e persona*, Genova：il melangolo，1985，p. 237.

③ Pareyson. *Ontologia della libertà*, Torino：Einaudi，1995，p. 32.

④ Pareyson. *Ontologia della libertà*, Torino：Einaudi，1995，p. 465.

地，存在也已允诺了不存在的可能性，否则便不是真正的存在，而是预设。正因如此，个人生存的真理"诠释"最终所追问的正是存在的自由，其根本问题乃是存在与虚无的"决断"。唯有在此决断中，个人得以存在，诠释得以成为真理的诠释。

帕莱松以其对自由的思考完成了他的诠释学，这样的诠释学既可以表现为自由存在论，也可以表现为生存哲学，或者说，自由存在论是生存哲学的根本形态，而他的美学或艺术理论正是这种诠释学的具体实施。当他开启这条诠释学新路，便也同时把美学带向全新的生存论维度。对此，有待追问的仍是艺术的真理以及生存作为诠释的自由。

（庞昕　山东大学中国诠释学研究中心）

论海德格尔"大地"与"语言"①

周祝红

在海德格尔的思想中，什么是大地？什么是语言？大地和语言能否建立关系？若能，又如何相关？依据彭富春的说明，海德格尔的大地自身区分：在早期思想中，大地是手前存在者——自然；到中期，大地和世界抗争，大地是本源意义上的自然，是自然性；而至晚期，大地属于天、地、人、神共在的世界，而这世界由语言所聚集、所规定。而语言也有其自身的生成：早期是对此在的理解说明；中期是存在的家园；晚期是存在和思想的规定，这时的语言不相关陈述，而是纯粹语言、诗意语言。可见，在海德格尔的晚期思想中，大地是语言的、语言性的。对其经典文本"语言的本性"的解读，可引导我们经验语言的大地、大地的语言。

什么是语言的本性？不是追问，而是去经验。如何经验？倾听，倾听本性语言本已的言说，并遵从其指引，指引的是天地人神共在的世界。"我们倾听了一种对语言的诗意经验，并在思想中追索它，这样做的时候，我们就已往返运行于诗与思及近邻关系中了"。②

一、诗意经验

对语言的诗意经验："语词破碎处，要让无物存在"，③ 不是虚拟，而是命令，是诗人必需听从的命令。语言，作为道说让万物存在，而无道处——道失去规定的地方，要让万物不存在。

什么是经验？如何经验？在海德格尔的思想中，经验就是行走，"是去走

---

① 本文对海德格尔思想的解读方法得自彭富春先生在武汉大学开设的海德格尔课程。

② M. Heidegger. *Unterwegs zur Sprache* (*UzS*). Stuttgart Neske, 1993, p. 197.

③ M. Heidegger. *Unterwegs zur Sprache* (*UzS*). Stuttgart Neske, 1993, p. 163.

过一条道路，道路牵引着领略一路风景，诗人的领地属于那风景，那也是远古命运女神居住的地方，（语言命运般的源泉）她住在边界处。"①道路自身运行，运行于大地，展现着大地的风貌。大地的规定性和道路的规定性一样，是大地般的涌动和生成，也是大地般的呵护和保藏，守护着奥秘中的奥秘。这规定性来自自由给予其规定性的自由王国——林中空地。诗人的领地和语言命运般的源泉（最深的根据）在边界处同属此规定性。

语言的源泉——一个最深的根据，诗人最初并未如此看待。诗人原以为"诗意的事情——奇迹和梦想，无疑已属存在。……语言如同一和把握，抓住了已经存在的事情，疑炼并表达之，让他们美丽"。② 这里，存在先在于给予，语言只是对已存在者的把握说明。"奇迹和梦想，来自远方/带到我的领地边缘/等待远古女神降临/在她的源泉深处发现名字/我紧紧抓住它/穿越四方、万物繁荣辉煌。"③一边是万物，一边是理解万物的语言，混合在一起，诗便产生了。可是女神却说"在这深处，一无所有"。奇迹和梦想，或说万物消失了，因为没有找到自身的名字，没有达到珍宝和万物的存在，没有达到作为存在的存在，只能自身消失。没有找到名字的事情，没有得到命名就什么也不是。"消失"瞬间中断了已确认的语言和万物的关系，却赠予了诗人一种遭遇，一种语言经验：放弃把握、设立的语言和万物的关系，倾听语言自身的允诺：语言是根据，是最深的源泉，语言让万物成其自身而存在。

二、思想经验

在思想中追索的是诗意经验，因为在海德格尔看来"所有伟大的诗意作品高贵诗作总是震颤于思想王国……思想的道路邻近诗意，诗和思在边界处彼此需要"，④ 这是在经历一种对语言本性的思想经验。这里，只是可能，因为思想自身存在差异。传统形而上学的思想"是理性也即广义计算的事情"，却是不可通达此经验的，"不要迫使诗的颤音变成陈述的硬沟，"⑤因为形而上学思想是追问和设立的思想，它追问现象背后的本质，本质的本质，根据的根

---

① M. Heidegger. *Unterwegs zur Sprache* (*UzS*). Stuttgart Neske, 1993, p. 170.

② M. Heidegger. *Unterwegs zur Sprache* (*UzS*). Stuttgart Neske, 1993, p. 170.

③ M. Heidegger. *Unterwegs zur Sprache* (*UzS*). Stuttgart Neske, 1993, p. 170.

④ M. Heidegger. *Unterwegs zur Sprache* (*UzS*). Stuttgart Neske, 1993, p. 173.

⑤ M. Heidegger. *Unterwegs zur Sprache* (*UzS*). Stuttgart Neske, 1993, p. 167.

据……最终根据，而自身却无根据，自身设立根据，说明根据。在形而上学，语言规定为陈述、计算，为思想所规定。

另有一种思想的可能——倾听。因为"凡追问都要求所追问的在先的给予和允诺"，① 那被追问者的赠予和允诺总是在先给予的。思想真正的态度不是追问，而是倾听，倾听所追问事情的允诺，"思，不是获得知识的方式，思开垦存在的土壤，如尼采所写'我们的思想应有浓郁的芬芳，如夏夜的麦田一样'"。② 思，不仅是理性认识的工具，思想的本性如同大地的本性，让田野成为田野而存在，让生命生成，让生成生成。

因此，思想自身自我放弃和允诺。放弃设立和追问而让思想倾听，倾听语言的道说，让语言的本性生成自身允诺给我们，借本性的语言——道说。"让语言的本性成为其已存在的赠予"，③ 倾听本性语言的道说正是经验语言的过程，经验道说和万物关系的过程。思想(有诗意经验的陪伴)倾听到——道说本身就是关系，聚集万物并使其存在。

三、道路自身运行

经历诗意经验同时也是经历思想经验。经验意味着在道路上行走，通过"在途中"。道路自身运行，给行走在路上的人以规定、召唤、指引；道路自身允诺，让我们进入，让我们在路上行走，让我们"在途中"。

海德格尔的思想中，这"运行的道路"不属科学方法，而是属于"地带"或"地方"。地带是"给出自由王国的林中空地，那儿所有自我遮蔽和显现者都进入敞开的自由，其本性是开辟道路的运行，开辟出的道路属于地带"。④

道路是"在伸向我们的本性之时要求并让我们进入所归属的事情"。⑤ 地带给予道路，召唤并让人行走其间，牵引人到达其本性并给予呵护和保藏。

我们是否已成其本性而在道路上行走，是否已然"在途中"？不一定。首先，现代思想几乎都是在科学方法的强力下冲击成型。科学对方法的规定是：获得知识的途径。此途径不同于在途中，方法自身已成为工具，甚至成为强制

---

① M. Heidegger. *Unterwegs zur Sprache* (*UzS*). Stuttgart Neske, 1993, p. 175.
② M. Heidegger. *Unterwegs zur Sprache* (*UzS*). Stuttgart Neske, 1993, p. 173.
③ M. Heidegger. *Unterwegs zur Sprache* (*UzS*). Stuttgart Neske, 1993, p. 175.
④ M. Heidegger. *Unterwegs zur Sprache* (*UzS*). Stuttgart Neske, 1993, p. 102.
⑤ M. Heidegger. *Unterwegs zur Sprache* (*UzS*). Stuttgart Neske, 1993, p. 197.

力量。现代的我们已难于经验，因为现代思想专注于纯粹计算，专注于理性，设立和征服。"这种思想抛弃了作为大地的大地，着魔般地趋向征服宇宙。"①

再者，虽然"思想已深入思考过语言，诗也已表达了语言中激动人心的事情。"②但诗与思都还没有真正的语言经验，语言的本性拒绝在陈述性，工具性的语言中显现自己。对象性语言、信息语言，其工具性不可能让语言作为语言存在，诗意和思想都还没有找到其本已的言说方式，即在近邻关系中的方式。

如何才能经验？如何才能在途中？回归，回到人的本性，回到人能成其本性而居住的地方，那已在的地方。已在，为何还要回归？因为那地方的地方性被遮蔽和遗忘了。地方也就是本源之地或说林中空地——语言的林中空地。

四、语言作为道说

语言作为道说是怎样的存在？海德格尔认为语言不是存在者。诗人倾听到的不是语言和万物的关系，而是"语言把那被给予的，作为'那是'的存在者带进了这个是"，③语言让万物作为存在者而存在，语言就是关系自身，语言自身是有"Es gibt"，是"给"本身，道说自身给予，给予存在。

诗意和思想是道说的不同方式，在其本性有着细腻而明晰的差异。在诗意中，道说显现为"语言遥远力量的神秘切近"，本性语言持于自身而沉默，但其沉默的言说却"渗透心灵"；在思想中，思想倾听语言本性自身允诺，让本性语言自身道说，而最值得思考的是存在，思想和道说的关系。道说使之可能，道说使存在和思想成为可能。

诗意和思想在差异中相互面对，相互遭遇，走向"近处"，走向"亲近"。亲近，在本已的地方——林中空地，本性的亲近模样刻进了生成诗和思的地方，诗意和思想的本性同属一个地方——语言的林中空地。在此，语言自身作为道路已敞开，允诺自身给思想的事情一个自由王国，思想运行期间达其本性，语言作为道说在其显现和遮蔽的道说中始终保持着最幽深的奥秘，呼唤人倾听其允诺，人倾听，才成为人。语言聚集了人，人居于语言，居于林中空地。

---

① M. Heidegger. *Unterwegs zur Sprache* (*UzS*). Stuttgart Neske, 1993, p. 189.

② M. Heidegger. *Unterwegs zur Sprache* (*UzS*). Stuttgart Neske, 1993, p. 185.

③ M. Heidegger. *Unterwegs zur Sprache* (*UzS*). Stuttgart Neske, 1993, p. 187.

也许"道路"是语言最古老的名字。作为道说的语言是给出所有道路的道路，是我们思想理性、精神、意义、罗格斯本已本性的力量之源。

为一切开辟道路，为所有开路者开辟道路，这是语言最本己的本性，因为"它能说话"，那么，说话意味着什么？又如何说?

通常，语言被看作是人说话的活动，是人的发音器官口唇舌的活动，只不过是人的一种能力。语言的结构已由亚里士多德做了经典表达："字母是声音的符号，声音是心灵体验的符号，心灵体验是事情的符号"，① 从事情—→心灵体验—→声音—→文字，可更换为存在—→思想—→语言，这里语言被存在和思想所规定。

可是，发音器官却不能仅理解为生理意义上的一个器官，"我们的身体和口都是生息在大地的涌动和生成中的我们要死者的一部分，从大地上我们接受了我们的根基，如果失掉大地，我们也就失去了根"。② 所以是各个不同的大地在说话。

让我们倾听神最宁静的女儿所承受的祝福"我留下一个祝福，唇的花朵，任你悄然吐露芬芳，而你，承受祝福的人啊，沿着河流，赠予金子般的话语，不息地流入大地所有地方"。③

神留给人的祝福是语言，口唇的花朵，在语言中"大地的花朵向天空绽放"。④ 语言像花朵是让语言返回其本源的存在，这儿"能倾听的纯一而温柔的力量"把语言从其开端处带出了，那开端处是这样的地方，"那是决定了天空和大地成为世界的地带，它使大地和天空，深处的涌流和高远的意愿相互遭遇"，⑤ 而这地方，地带又是由作为道说的语言所显现。道说，这开端性的话语，将天、地、人、神聚集成为世界，让世界成其自身。

语言如花朵。是花朵就要开放，就如同大地要涌动、生成一样。语言的本性即是大地的本性。道说作为开端性的话语"它的大地性保藏了和谐，它为大地诸地带定调，调音，使它们游戏于大地之声的合唱中达到和谐"，⑥ 或说它为天、地、人、神的大游戏调音，使其聚集，相互遭遇，并达到和谐共在，这

① M. Heidegger. *Unterwegs zur Sprache* (*UzS*). Stuttgart Neske, 1993, p. 204.
② M. Heidegger. *Unterwegs zur Sprache* (*UzS*). Stuttgart Neske, 1993, p. 204
③ M. Heidegger. *Unterwegs zur Sprache* (*UzS*). Stuttgart Neske, 1993, p. 205.
④ M. Heidegger. *Unterwegs zur Sprache* (*UzS*). Stuttgart Neske, 1993, p. 206.
⑤ M. Heidegger. *Unterwegs zur Sprache* (*UzS*). Stuttgart Neske, 1993, p. 207.
⑥ M. Heidegger. *Unterwegs zur Sprache* (*UzS*). Stuttgart Neske, 1993, p. 208.

意味着"一切都在自身的遮蔽中彼此敞开,彼此伸向对方但又彼此保藏,彼此守候照佛着"。①

为世界四元(天、地、人、神)诸地带相互面对开辟道路的道说,作为开辟道路的道路自身给予,自身运行,此运行生成切近,切近、亲近,不可以科学意义上的时空来测度,道说让显现,让亲近生成。"亲近"自身又显现为世界四元开辟道路本身,所以"道说"和"切近"作为语言的本性是同一的。

"我们作为要死者属于天,地,人,神的世界,我们可以说只在我们回应语言的时候"。② 人属于世界四元,人倾听本性语言的道说,遵从其指引,然后才能言说,因此,语言不只是人的一种能力,而是人的本源,正如死亡是生之本源。语言是聚集,聚集世界,是终结同时又是保藏。这是一个让人能成其本性而居住的世界,是家园,语言是家园。

"道说,作为世界四元的开路者将一切聚集于相互遭遇的近处,无声地聚集","无声的聚集召唤,借此道说以它的方式运行世界关系,称做寂静的鸣响,它是语言的本性"。③ 语言的本性作为道说聚集天、地、人、神于使其成其世界而存在的近处——林中空地,在此开端性的地方,语言返回到了被赠予的时候,进入"寂静的鸣响"或说"宁静的排钟",语言的本性立于此宁静性并得其规定。

五、大地和语言

跟随海德格尔经验语言的本性,伴随着也经验了大地和语言,在此,语言作为道说,或说纯粹语言,诗意语言是大地般的。大地涌动、生成,让生成生成;大地呵护,保藏,守护神秘中的神秘。而语言自身如同大地一样,是"有",是给予,是聚集。语言让万物持其本性而生成,语言为天、地、人、神开辟道路,使其聚集成为世界——一个人能成其本性而居住的世界:家园。语言守护着家园的奥秘,是奥秘中的奥秘,那是人的来处和归处。同样,大地也是"语言的""语言性的"。语言性是自由给予其规定的自由王国——林中空地,语言立于此而理解为"宁静的排钟"。宁静本源地道说,无声地召唤,聚

① M. Heidegger. *Unterwegs zur Sprache* (*UzS*). Stuttgart Neske, 1993, p. 210.

② M. Heidegger. *Unterwegs zur Sprache* (*UzS*). Stuttgart Neske, 1993, p. 215.

③ M. Heidegger. *Unterwegs zur Sprache* (*UzS*). Stuttgart Neske, 1993, p. 215.

集天、地、人神成为和谐共在自由游戏的世界。聚集于开端性的地方——语言的林中空地，大地属于这个世界，属于此地方——语言的林中空地。

海德格尔的大地自身生成，自身区分，从自然，自然性到语言性。大地或说自然的本性是不能被科学技术对象化、计算式的研究所揭示的。大地自行退隐，守护着自身的奥秘，拒绝被纯粹计算式的科学技术所穿透；大地的退隐也即是大地自行涌现的敞开，正是在退隐中大地不断展现着质朴又无限丰富的本性。

语言也自身生成，自身区分，从此在的理解，存在的家园到存在和思想的规定，纯粹诗意语言开辟出"林中空地"让天、地、人、神共在，自由游戏。纯粹诗意语言把作为退隐即涌现的大地带入世界的自由领域并成其自身的自由本性，让大地成为大地而存在(Das werk lasst die Erde eine Erde sein)，人倾听纯粹语言、诗意语言的指引，诗意地居住于此，并在大地之中展开世界，这是天地人神共在的世界。

海德格尔时代的西方，"上帝死了"，理性也已完成自身的完满而失去了对人的规定力量，代替理性的是"技术的暴政"，"科学技术席卷一切的疯狂脚步不知去向何方"，① 大地与人都已成为技术征服的对象。海德格尔向传统形而上学理性的追问、设立思想告别，同时又拒绝"技术的暴政"，认为技术无限发展指引给人的是"败坏和退化"的绝境，那么，何处是人可以行走的道路，何处是家园？"无家可归"的刻骨经验和"寻找家园"的渴求推动思想步入迷途，思想自身行走在迷途中，那也是伟大的迷途，思想总是"在途中"。

（周祝红　武汉大学哲学学院）

---

① M. Heidegger. *Unterwegs zur Sprache* (*UzS*). Stuttgart Neske, 1993, p. 178.

中国美学

论中国书法美学中的"自然"

余仲廉

在中国书法美学思想史上，"自然"自汉魏以来便被视为一种最高的审美理想或审美价值标准。这种以"自然"为美的思想，源于先秦道家和儒家(特别是《周易》)对"自然"的推崇，同时又被后来的玄学和禅宗所强化，并最终成为中国古代对"艺道"或"书道"的基本规定。

所谓"自然"，从汉语语义上看，是指人或事物本身固有的状态，即人或事物自己("自")如此("然")的意思。其隐含的意思是指非人为，即与人的意志和行为无关的人或事物本身固有的状态。

在中国古代思想中，"自然"的概念最初出自《老子》，《老子》之后便逐渐成为一个通用概念。其含义主要有三个方面，即：其一，指自然生成的事物或自然界，包括天地和天地所生的万物及"云行雨施"之类非人为的自然现象。在古代汉语中，这种意义上的"自然"有时被笼统地称之为"天""天地""宇宙"或"造化"等。其二，指事物的自然本性。这又具体表现为三个方面，即：①自然的属性，如阴、阳、刚、柔、动、静、色、香、味等。②自然的结构或结构关系，如阴阳、刚柔、动静、四时、五行、八方之间的结构关系等。③自然的变化或变化规律，如《老子》第二十三章中说的："希言，自然。故飘风不终朝，骤雨不终日。孰为此者？天地。天地尚不能久，而况于人乎?"老子的"道"可以理解为变化的规律或法则，这种规律或法则在老子看来是"自然"的、非人为的。其三，指自由的心灵状态和境界。这也包括两层意思，即：①自由的心灵状态。在中国哲学中，"自然"常与"人为"相对，在道家的思想中，它被称为"无为""无事""无言"等。因此，"自然"作为对人的意志的否定或作为对人为限制的否定，通常又具有"自由"的含义。从这个意义上说，"自然"不仅指自然之物和自然之物的自然本性，同时也指人的本性或人的生活理想。换句话说，它不仅是一种事实，而且也是一种价值。②自由的境界，也称为

"化境"。自由的境界或"化境"作为心灵自由的表现或自由心灵的表现，可以在道德、宗教、学术和艺术等各个方面见出，如清人唐岱《绘事微言》中所说的："盖自然者，学问之化境，而力学者，又自然之根基。学者专心笃志，手画心摹，无时无化，不用其学，火候到则呼吸灵，任意所至，而笔在法中；任笔所至，而法随意转。至此则诚如风行水面，自然成纹，信手拈来，头头是道矣。所谓自然者非乎！"①唐岱在这里所说的"化境"就是自由的境界，也是"自然的"境界。

在书法美学中，"自然"通常也有三种含义，即：书法的自然起源和构成；书法的自然书写状态；书法的自然境界或自然美。

一、自然的起源和构成

中国书法一开始便与自然建立了不可分割的联系，自然被认为是书法和书法艺术法则的最终来源。古人认为，从文字的创制到书法的形成，实际上是不断观察自然、感受自然并从自然中获得启发的过程。

在中国书法美学思想史上，自然对书法的规定是一种被历代书家奉为圭臬的经典之论。宋代以前，最具代表性的观点是托名蔡邕提出的"书肇于自然"的看法。他说："夫书肇于自然，自然既立，阴阳生焉；阴阳既生，形势出矣"。② 这段文字包括两层意思，第一，自然是书法所从出的根源，它先于书法并规定书法的产生。第二，书法的形态、结构和变化必须以自然法则即阴阳对立统一的法则为依据。蔡邕之后，"书肇于自然"的观点一直被历代书法家和理论家所尊崇。相似的说法不胜枚举，如晋王羲之《记白云先生书诀》中所说的"书之气，必达乎道，同混元之理。……阳气明则华壁立，阴气太则风神生"之类。③

"书肇于自然"的观点涉及书法的起源和构成，具体来说可以从以下三个方面去理解，即：

第一，文字和书体构形源于自然。汉字字形或书体构成形态来源于自然，

---

① （清）唐岱：《绘事发微》，济南：山东画报出版社2012年版，第105页。
② （汉）蔡邕：《九势》，见《历代书法论文选》，上海：上海书画出版社1979年版，第6页。
③ （晋）王羲之：《记白云先生书诀》，见《历代书法论文选》，上海：上海书画出版社1979年版，第37页。

并始终保持着同自然的亲缘关系，这也是中国古代有关文字起源的经典看法，如许慎《说文解字·序》中所谓："古者庖牺氏之王天下也，仰则观象于天，俯则观法于地，观鸟兽之文与地之宜，近取诸身，远取诸物；于是始作《易》八卦，以垂宪象。及神农氏，结绳为治，而统其事。庶业其繁，饰伪萌生。黄帝史官仓颉，见鸟兽蹄迒之迹，知分理可相别异也，初造书契。"①这说明最初的汉字是象形文字，这种象形文字是通过模拟自然事物和人自身的形象而创造出来的。象形文字是汉字构造的基础。在中国历史上，早期的文字如甲骨文、金文、小篆及部分隶书的字形均保留了象形文字描摹自然的特征。小篆之后，虽然书体的构成形态日趋抽象，而且文字的数量也日渐增多，但文字和书体构形与自然的关系却并未因此被否定，而恰恰是被不断地强调。自然形象仍然被认为是书法创造的基本依据，如传为蔡邕所撰的《笔论》中说："为书之体，须入其形，若坐若行，若往若来，若卧若起，若愁若喜，若虫食木叶，若利剑长戈，若强弓硬矢，若水火，若云雾，若日月，纵横有可象者，方得谓之书也。"②又如东汉崔瑗《草书势》中说："观其法象，俯仰有仪；方不中矩，圆不中规。抑左扬右，兀若竦崎，兽跂鸟跱，志在飞移，狡兔暴骇，将奔未驰。或黝黪，状似连珠，绝而不离，畜怒怫郁，放逸后奇。或凌邃惴栗，若据高临危，旁点邪附，似蜩蟧捈枝。③ 绝笔收势，馀綖纠结，若杜伯揵毒，④ 看隙缘巇，腾蛇赴穴，头没尾垂。是故远而望之，灌焉若阻岑崩崖，就而察之，一画不可移。"⑤在蔡邕看来，书法中必须能见得出自然的形象，而在崔瑗看来，则草书的形态虽然不中规中矩，却恰恰具有自然的特征，并且能够唤起对自然形态的丰富想象。

第二，笔法源于自然。在历代书论包括各种用笔口诀中，有一个基本观点就是认为笔法源于自然。其含义主要包括两个方面，即一方面，笔法与自然有着密切的关联。如传为卫夫人所作的《笔阵图》中说："一'横'如千里阵云，隐隐然其实有形、'点'如高峰坠石，磕磕然实如崩也。丿'撇'如陆断犀象。乙

---

① （汉）许慎：《说文解字 附检字》，北京：中华书局1963年版，第314页。

② （汉）蔡邕：《笔论》，见《历代书法论文选》，上海：上海书画出版社1979年版，第6页。

③ 一本作"似螳螂而抱枝"。

④ 一本作"若山蜂施毒"。

⑤ （汉）卫恒：《四体书势》，见《历代书法论文选》，上海：上海书画出版社1979年版，第17页。

'折'如百钧弩发。'竖'如万岁枯藤。乀'捺'如崩浪雷奔。勹'横折钩'如劲弩筋节。"①在这个有名的用笔口诀中，揭示了一个基本的道理，即书法的运笔技法源于自然，是对自然形势的传达。另一方面，由于笔法源于自然，因此，书法家必须从自然中寻求笔法、领悟笔法。在中国历史上，从自然物象中领悟笔法、创造笔法的事例可谓俯拾即是，如宋代雷简夫《江声帖》中所说："近刺雅州，昼卧郡阁，因闻平羌江瀑涨声，想其波涛，番番讯，掀高下，蹶逐奔走之状，无物可寄其情，遽起作书，则心中之想尽出笔下矣！噫，鸟迹之始，乃书法之宗，皆有状也。唐张颠观飞蓬惊沙、公孙大娘舞剑器，怀素观云随风变化，颜公谓竖牵法折钗股不如屋漏痕，斯师法之外，皆其自得者也。予听江声亦有所得，乃知斯说不专为草圣，但通论笔法已。钦伏前贤之言果不相欺耳。"②

第三，结构源于自然。上引蔡邕所谓"夫书肇于自然，自然既立，阴阳生焉；阴阳既生，形势出矣"这句话，即已包含书法结构源于自然的意思。这里的"形"，系指书法的外形或外在结构，而"势"则指书法的内在结构。书法的外形结构来源于自然已如上述，而书法的内在结构即"势"也来源于自然，则是一个更为根本的看法。因为从美学上说，书法的感性形式即包括形和势两个方面，而势比形更为根本。唐李阳冰说："于天地山川，得方圆流峙之常。于日月星辰，得经纬昭回之度；于云霞草木，得沾布滋蔓之容；于衣冠文物，得揖让周旋之体；于须眉口鼻，得喜怒惨舒之分；于虫鱼禽兽，得屈伸飞动之理；于骨角齿牙，得摆抵咀嚼之势。"③在李阳冰看来，书法的势源于天地万物本身所蕴含的动静、开合、顺逆、进退、屈伸、往还之类"势"，这个"势"是自然变化之"理"或自然变化之"道"的体现。又，唐张怀瓘说："草书伯英创立规范，得物象之形，均造化之理……是以无为而用，同自然之功；物类其形，得造化之理。皆不知其然也。可以心契，不可以言宣。"④在古人的观念中，"形"不过是"理"的表现。而在书法中，要表现这个看不见的"理"或"道"，一

---

① (汉)卫铄：《笔阵图》，见《历代书法论文选》，上海：上海书画出版社1979年版，第14页。

② (宋)朱长文纂辑：《中国艺术文献丛刊 墨池编 上》，何立民点校，杭州：浙江人民美术出版社2012年版，第97页。

③ 朱立元：《美学大辞典》，上海：上海辞书出版社2010年版，第306页。

④ (唐)张怀瓘：《书议》，见《历代书法论文选》，上海：上海书画出版社1979年版，第144页。

个主要的方法就是表现与"形"关联在一起的"势",从而赋予书法以一种富有张力的内在结构。在传统书论中,书法常常被理解为是一个与自然结构相对应的人为系统,它把自然的法则即阴阳之道容纳在艺术性的文字书写之中,因而具有与自然事物异质同构的特征。

二、自然的书写状态

托名蔡邕提出的"书肇于自然"的观点,主要强调的是书法与外在自然的关系。但"自然"一词并不单指外在的自然,而且也指"内在的自然",即内心自由的状态。特别是自唐、宋以后,受庄禅思想的影响,书法美学中更为重视书法与内在自然的关系。

书法与内在自然或内心自由的关系,可以追溯到早期中国人认为书法可以"通神"的看法。这种"通神"的看法与早期书法发展的历史事实有着直接的关系。因为中国最早的书写者是巫师、贞人之类神职人员,他们是最初掌握文化和社会话语权的极少数人。最早的书写往往具有神秘的宗教意味,也即具有"通神"的特点。比如被尊为文字创始人的仓颉,在历代文献记载中就被渲染为一个能够通天的神人,具有沟通人神的、巫师的特点。同时,在中国早期社会,文字通常也被赋予了一种神秘的力量,即如张光直所说:"古代中国的文字,至少其中的一部分,可能从族徽(赋予亲族政治和宗教权利的符号)演变而来。我们由此可以推想:古代中国文字的形式本身便具有内在的力量。"①最初的文字书写是巫师沟通人神的一种方式,这应该是早期书法史的一个基本事实。但在后来的发展过程中,由于书写不断世俗化,这种把书法视为人神沟通方式的看法就逐渐消失了(通过书写来通神,只是部分地保留在道教的一些仪式当中)。但书法艺术仍然在一定程度上残存着"通神"的意味,只不过这时的"神"已不再是外在的鬼神而是人的精神或感受。书法的书写状态被认为可以与人的内在精神相通,是一种使个人精神超越世俗生活以达到自由的状态,或是一种通过书写超越感官表象以寻"道"的过程。

由此,书法与"神"的关系转化为书法与内在自然或内心自由的关系。这种关系表现在两个彼此关联的方面,即一方面,书法的创作源于自然或自由的

---

① [美]张光直:《美术、神话与祭祀:通往古代中国政治权威的途径》,长春:辽宁教育出版社 1988 年版,第 72 页。

心灵;另一方面,书写本身就是一个或应该是一个自然或自由的状态。

首先,在中国古代书论中有一个一以贯之的经典看法,即认为书法家在创作之前,必须先具有宁静、淡泊、超然即自由的心境,如汉代蔡邕《笔论》中说:"夫书,先默坐静思,随意所适,言不出口,气不盈息,沉密神彩,如对至尊,则无不善矣。"①又如唐李世民《笔法诀》中说:"夫欲书之时,当收视反听,绝虑凝神。心正气和,则契于玄妙;心神不正,字则欹斜;志气不和,书必颠覆。其道同鲁庙之器,虚则欹,满则覆,中则正。正者,冲和之谓也。"②蔡邕和李世民的看法本质上是一脉相承的,即都认为书法必须建立在平和的心境基础上,心境的好坏高低可以影响书法质量的好坏高低。

心灵的自由不仅表现为平和,而且表现为投入,即一方面是对当下现实的否超离和否定,另一方面是对书法艺术本身的全神贯注。这可以从中国书法史上的一种常见现象即以酒助书、以酒"通神"的现象看出来。"以酒通神"是古代巫师进入神灵世界的手段,同时也成为后来书法家们领悟书法真谛的"秘法"。③ 如唐代书法家怀素就经常在醉酒的状态下创作,"每酒酣兴发,遇寺壁、里墙、衣裳、器皿,靡不书之。尝自叙云:醉来得意两三行,醒后却书书不得"。另外,宋代的黄庭坚也说过,他素来不喜欢饮酒,但五十年后,突然悟出酒醉有利于草书书写的道理,说:"余寓居开元寺之怡思堂,坐见江山,每于此中作草,似得江山之助。然颠长史狂僧,皆倚酒而通神入妙。余不饮酒,忽五十年,虽欲善其事,而器不利,行笔处,时时蹇蹶,计遂不得复如醉时书也。"④酒能"通神",在书法创作中实际上是指酒能让书法家进入到一种自由的状态,即人在醉酒的状态下可以无所顾忌地打破成见、理性、规矩、法度等"人为"因素的限制,从而不自觉地达到一种自然或自由的状态。而这种状态,是有利于书法创造的。

其次,书法书写的自然状态不仅表现在书法家的内心上,而且也具体地表现在书法家的书写上,即书写本身就是一个或应该是一个自然或自由的状态。

---

① (汉)蔡邕:《笔论》,见《历代书法论文选》,上海:上海书画出版社 1979 年版,第 5 页。

② (唐)李世民:《笔法诀》,见《历代书法论文选》,上海:上海书画出版社 1979 年版,第 117 页。

③ 酒往往是古代巫术中通神的工具。

④ (宋)黄庭坚:《论书》,见《历代书法论文选》,上海:上海书画出版社 1979 年版,第 356 页。

这种状态，即是古代书论中所说的"心手相忘"的书写状态。南齐王僧虔说："必使心忘于笔，手忘于书，心忘于想，是谓求之不得，考之即彰。"①在书法创作中，忘掉技法与手段的状态既是一种自然状态，同时也是使书法臻于自然之境的必要条件。我们可以看到，中国书法史上的许多名作，往往都是此种状态下的产物。古人的稿书常常是信手而书，没有矫饰做作，字里行间流露出自己的真情实感，故能天机呈露。清代书家王澍说："古人稿书最佳，以其意不在书，天机自动，往往多入神解，如右军《兰亭》，鲁公三稿(《祭侄文稿》《争座位帖》《告伯父文稿》)天真灿然，莫可名貌，有意为之，多不能至。正如李将军射石没羽，次日试之，便不能及，未可以智力取已。"②

因此，书法书写的自然状态也可以说是一种"无法而法"或真情、真性自然流露的状态。如汉代蔡邕《笔论》中说："书者，散也。欲书先散怀抱，任情恣性，然后书之；若迫于事，虽中山兔毫不能佳也。""散"，是逍遥、洒脱、不拘检的意思，在蔡邕看来，书法书写是一种建立在精神绝对自由基础上的艺术。书法家的创作必须合乎自然，进入自然的状态，使心性不为外物所奴役，才能让心性在书法中得到恣意的即自然的流露。关于这一点，历代书论中有大量类似论述，如晋王羲之《记白云先生书诀》中说的"把笔抵锋，造乎本性"，唐孙过庭《书谱》中说的"缘思考通审，志气平和，不激不厉，而风规自远"，唐窦冀《咏怀素草书》中说的"粉壁长廊数十间，兴来小豁胸中气。忽然绝叫三五声，满壁纵横千万字"，等等。

从中国历代书论中可以看出，其中占主流的思想是强调自然，而不是强调法则，是主张随性自然的书写，而不是主张墨守成规，如宋董逌所说："书法要得自然，其于规矩、拥衡各有成法，不可遁也。至于骏发陵万，自取气决，则纵释法度，随机制宜，不守一定，若一切束于法者，非书也。"③

三、自然的境界或美

书法的自然起源与构成，以及书法的自然书写过程，从美学或价值论的层

---

① （南朝）王僧虔：《笔意赞》，见《历代书法论文选》，上海：上海书画出版社 1979 年版，第 62 页。

② 吴胜注评：《王澍书论》，南京：江苏美术出版社 2008 年版，第 539 页。

③ （宋）董逌：《广川书跋·唐经生字》，见《历代书法论文选续编》，上海：上海书画出版社 1993 年版，第 137 页。

面上说，最终即落实为一种自然的境界或自然的美。

在中国书法美学中，最早提到书法以"自然"为美的观点主要出现在汉末魏晋以后。这个时候，推崇自然或天地之道的道家和《周易》思想在玄学中再度复兴。受当时玄学的影响，文学和艺术理、包括书法理论著述中开始大量出现"自然"的概念。此时的"自然"，也称为"天然"，而且被当成是艺术评价的一个最高标准或艺术创作的最高理想。在当时的书法品评中，自然之美即所谓的"天然"，被认为是一种与"功夫"相对、同时比功夫更胜一筹的审美价值。如南朝王僧虔《论书》谓："宋文帝书，自谓不减王子敬。天然胜羊欣，功夫不及欣。"①在此，"天然"与"功夫"成为书法品评中两个彼此相对的概念和标准。王僧虔之后，南朝庾肩吾的《书品》也使用过这一对概念，他在论述"上之上品"时用"天然"和"功夫"这对概念来品评张芝、钟繇、王羲之三家的书法，认为："张功夫第一，天然次之，衣帛先书，称为'草圣'。钟天然第一，工夫次之，妙尽许昌之碑，穷极邺下之牍。王工夫不及张，天然过之；天然不及钟，功夫过之。"这里的"功夫"主要指书写的技术，而"天然"则是一种凌驾于技术之上的、出神入化的境界。

从本质上说，书法的自然之境或自然之美主要表现在两个方面，即：一方面，是具有活泼自然的生命形态。古人将生命理解为由精、神、气、骨、筋、血、肉等组成的有机整体，并从生命的立场来描述、言说书法的美。这也是中国古代书法美学的一个显著特征，如宋代苏轼说："书必有神、气、骨、血、肉，五者阙一，不为成书。"②按照苏轼的理解，书法是一个由神、气、骨、血、肉组成的生命体，若缺少生命体中的任何一项，则书法的美都会有所欠缺。在中国书法美学史上，这样论述可谓俯拾皆是。直到晚清的康有为，仍然是从自然生命的角度来评价书法，说："书若人然，须备筋骨血肉，血浓骨老，筋藏肉结，加之姿态奇逸，可谓美矣。"③另一方面，是具有不露痕迹的、非人为的或人书合一的自然境界。在中国古代书法理论中，"自然"常被理解为是一种自然本性。而这种本性，又具体表现为书法作品中的一种不露人工雕

---

① （南朝）王僧虔：《论书》，见《历代书法论文选》，上海：上海书画出版社 1979 年版，第 57 页。

② （宋）苏轼：《论书》，见《历代书法论文选》，上海：上海书画出版社 1979 年版，第 313 页。

③ （清）康有为：《广艺舟双楫》，见《艺林名著丛刊》，北京：中国书店 1983 年版，第 46 页。

琢痕迹的自然境界，如元代郝经所说："必精穷天下之理，锻炼天下之事，纷拂天下之变，客气妄虑，扑灭消驰，淡然无欲，翛然无为，心手相忘，纵意所如，不知书之为我，我之为书，神妙不测，尽为自然造化，不复有笔墨，神在意存而已。"①

从具体的表现特征上说，书法的自然之境或自然之美可以从以下五个方面去理解，或者说，这种境界或美主要具有以下五个特征，即：

第一，"朴"。在古汉语中，"朴"字为形声字，从木菐声，本意为没有加工的木材，引申为事物的初始状态，在审美上则成为朴实无华、内涵充实之美的语言表达。中国传统美学中，自古以来就有一种相当普遍的看法，即将质朴或没有经过加工和修饰过的本质之美看成是最高的美。这种看法非常古老，如先秦时期的老子和庄子就推崇"朴"。在老子和庄子的思想中，"朴"被认为是自然之道即天道的基本特征，同时也被认为是一种美，如《庄子》中说："素朴而天下莫能与之争美"；"既雕既琢，复归于朴！"比老子和庄子晚出的韩非子也持同样的看法。《韩非子·解老》中曾列举天下至美之物，认为"和氏之璧，不饰以五彩；隋侯之珠，不饰以银黄。其质至美，物不足以饰之"；反之，若需要修饰者，则虽"红黛饰容，欲以为艳，而动目者稀；挥弦繁弄，欲以为悲，而惊耳者寡"。② 韩非子的看法承袭老子而来。在他看来，质朴的美是修饰的美所无法比拟的。这种质朴之美是本质的，它朴实无华，没有任何人工雕琢的痕迹，是"自然"之美最直接的表现。

第二，"拙"。"拙"作为一个审美范畴，在历代书论中往往是与"巧"相对的。如唐代窦蒙《述书赋》中说："拙：不依致巧曰拙。"③又宋代黄庭坚《论书》中说："凡字要拙多于巧。近世少年作字，如新妇子妆梳，百般点缀，终无烈妇态也。"④在窦蒙和黄庭坚的论述中，"拙"都是与"巧"相对的，而且"拙"被认为是一种积极的、肯定的或正面的价值，而"巧"则被认为是一种消极的、否定的或负面的价值。换句话说，即"拙"为美，"巧"为不美。

---

① （元）郝经：《移诸生论书法书》，见《历代书法论文选续编》，上海：上海书画出版社 1993 年版，第 174 页。

② （清）王先慎：《韩非子集解》，北京：中华书局 1998 年版，第 133 页。

③ （唐）窦蒙：《述书赋》，见《历代书法论文选》，上海：上海书画出版社 1979 年版，第 236 页。

④ （宋）黄庭坚：《论书》，见《历代书法论文选》，上海：上海书画出版社 1979 年版，第 355 页。

　　"拙"与"巧"的概念均源自《老子》第四十五章："大直若屈，大巧若拙，大辨若讷。"《老子》中所说的"大巧若拙"包涵了古人对"道"的理解与体悟。宋代苏辙《老子解》中说："巧而不拙，其巧必劳，付物自然，虽拙而巧。"在客观上，中国书法的发展经历了由"拙"到"巧"的过程，从这个意义上说，书法的初始状态是"拙"的书写。同时，对于个人的书法创作来说，也经历了由"拙"到"巧"的学习过程。但在中国古代书法家看来，"巧"却不是书法的终极目的。书法创作的最高境界不是"巧"而是"拙"。在中国古代书法家看来，书法创作是一个由"拙"到"巧"，再由"巧"回到"拙"的过程，正如清代陈奕禧在评价欧阳询的书法时所说的："率更用笔，似拙而实巧；拙者近古，而巧进取法多也。"①

　　第三，"生"。"生"也是中国古代书论中常见的审美范畴，与之对应的是"熟"。如明代董其昌说："画与字各有门庭，字可生，画不可熟，字需熟后生，画需熟外熟。"他曾用生与熟的审美标准来对比赵孟𫖯和自己的书法，认为"赵书因熟得俗态，吾书因生得秀色"，认为赵孟𫖯的书法因为"熟"，所以有俗态；自己的书法因为"生"，所以有秀色。书法之"熟"，易导致因熟而产生的油滑轻浮，这往往为书法审美所避忌。"生"之可贵，在于"生"具有书写之初的原始痕迹，正如清代刘熙载所说："书家同一尚熟，而熟有精粗、深浅之别，惟能用生为熟，熟乃可贵。自世以轻俗滑易当之，而真熟亡矣。"②

　　与由"拙"到"巧"类似，书法的学习也经历了由"生"到"熟"的过程，书写的最初效果就是"生"。但在中国书法家看来，书法的最高境界是由"熟"再回到"生"。这个"生"，是在"熟"的基础上的"生"，这实际上也是强调书法审美复归自然的一种体现。

　　第四，"不工"。在历代书论中，与"拙""生"类似的还有"不工"，与之相对的是"工"。如清代赵之谦所说："书家有最高境，古今二人耳。三岁稚子，能见天质；绩学大儒，必具神秀。故书以不学书、不能工者为最工。夏商鼎彝，秦汉碑碣、齐魏造像、瓦当碑记，未必皆高密、比干、李斯、蔡邕手笔，而古穆浑朴，不可磨灭，非能以临摹规仿为之，斯真为一乘妙义。"③

---

　　①　崔尔平：《明清书法论文选》，上海：上海书店出版社 1994 年版，第 494 页。

　　②　(清)刘熙载：《艺概》，见崔尔平：《历代书法论文选续编》，上海：上海书画出版社 1993 年版，第 714 页。

　　③　(清)赵之谦撰：《章安杂说》，赵而昌整理标点，上海：上海人民美术出版社 1989年版，第 314 页。

在书法创作中，由"不工"到"工"是一个必须经历的过程，而由"工"再到"不工"，则是一种自觉的审美追求，它所代表是一种自然、神妙的境界，如清代王澍所说："'工'妙之至，至于如不能'工'，方入神。"或如清代刘熙载所说："学书者始由'不工'求'工'，继由'工'求'不工'。'不工'者，'工'之极也。"①此时的"不工"，其实是在书写中尽量祛除技巧痕迹的一种审美效果。它给人的感觉，就仿佛是一种天生的、原始的、浑朴的状态，从而与当下的热闹、精致、绮靡、浮华、艳俗形成鲜明的对照。

第五，"变通"。书法虽出自人工，但若笔势流畅，则可以达到自然的境界，这种境界，古人称之为"化境"。"化境"的特点，是变通或通变，有时也称为"无法之法"。所谓"无法之法"，指的不是毫无法则，而是"不拘成法"或"不执着于法"。提倡"无法之法"的宗旨，实际上是强调变通，强调以自然为师，以通达宇宙之道为准的，而"道"正是确定与不确定的统一体。

清代姚孟起所说："书无定法，莫非自然之谓法。隶法推汉，楷法推晋，以其自然也。"又刘熙载说："有为法之所以不贵者，人也，非天也。天真而人伪，夫文章书画亦欲其真而已矣。"这种看法，与中国自古以来以"天"为优先存在并强调"以人合天"的哲学思想是相通的。在书法理论上，就是主张自然对书法法度的规定，强调自然才是书法法度的最高本体和境界，才是书法美的最高体现。

（余仲廉　湖北大学）

---

① 　（清）刘熙载：《艺概》，见崔尔平：《历代书法论文选续编》，上海：上海书画出版社 1993 年版，第 713 页。

老子"道法自然"美学思想解读

庞肖狄

中国传统美学是特属于中国人的文化内涵与审美意识，与世界上任何具有独一无二价值的艺术、美学一样，有其民族性、文化性的一面，有赖于中华民族悠久的文化历史及在时间长河中形成的特殊的文化根系。与此同时，美学研究的对象并不是单纯的理论或现象，还涉及人类审美活动的本质，美学体现的是人类审美活动的特点与规律，从这个角度来看，中国传统美学又有超出民族性、文化性的一面，而迈入哲学研究的范畴。

要研究中国传统美学，老子和他的《道德经》是必不可缺的一环。《道德经》既是中国古典美学体系的重要开端，中华文化和中国哲学思想的宝贵结晶；同时老子思想中超越的、哲学思辨的一面，也是世界共同的珍贵文化遗产。老子思想体大思精、赜微隐奥，要想充分理解他的美学思想，必须对其"道法自然"思想研精阐微。

一、"道法自然"是老子美学思想的中心

老子体大思精的美学思想，在古代就得到相当的发展，如今更应引起我们的重视。然而，由于时代久远、语言晦涩等原因，理解老子的美学思想并不容易。如果试图直接全盘把握，而不从其关键环节展开突破，将很难真正地、深入地理解老子的美学思想。

从老子美学的地位来看，它是中国古典美学思想一个重要的开端。"在先秦，儒家美学成古典美学之大宗……跟儒家美学抗衡的，则为道家美学（或曰老庄美学）。儒道互攻，却又互补。……儒道互补是一种泛文化色彩的思想结构现象，勾画出了中国古代文化史的基本图形，在美学上亦如是。道家美学补

充了儒家美学的不足之处,把艺术导向纯美学。"①吴功正先生所谓"把艺术导向纯美学",与老子思想中一个重要的命题——"道"——密不可分。之所以强调老子"道"思想的重要性,是因为中国古典美学体系中,审美意象的重要性远远超过单纯的对"美"的范畴的研究,而"道"正是道家审美意象的核心之一。德国哲学家、美学家康德认为,任何一个客体本身都不是也无法成为审美对象,审美意象是指"想象力所形成的一种形象显现,它能引人想到很多的东西,却不可能由任何明确的思想或概念把它充分表达出来,因此也没有语言能完全适合它,把它变成可以理解的"②。老子的"道"正是这样一种思维、逻辑与想象力的结晶,《道德经》第一章云:"道可道,非常道";第四章云:"道冲,而用之或不盈";第二十一章云:"道之为物,惟恍惟惚,惚兮恍兮,其中有象;恍兮惚兮,其中有物。"③全书中此类阐述不胜枚举,都表明了"道"的审美意象属性。

从老子美学的特点来看,老子展示出丰富的美学思想命题与范畴,初步勾勒出美学研究的重点所在,并富瞻于深刻的哲学思辨,清晰地展示了美学思想本质上是一种复杂而精深的思辨活动这一特征。老子美学的一大重点在于诸多美学范畴之间的区别、联系与转化,包括"道""自然""气""象""有""无""虚""实""味""妙""涤除玄鉴"等。叶朗先生认为,"道"—"气"—"象"三个相互联结的范畴是研究老子美学的开端,而"道"是老子哲学的中心和最高范畴;④ 朱良志先生认为,道家美学要在"齐同万物,冥化自然";⑤ 李泽厚、刘纲纪先生则指出,老子认为纯任自然的状态是人类最理想的状态,"道"是他给自然以科学的知识和哲学的论证而得出的,"'道'的自然无为的原则支配着宇宙万物,同时也支配着美和艺术的现象"。⑥ 任何人研究老子或道家美学的时候,"道"是无法绕过的重要概念已无须赘述。而无论是否明确说明,"自

---

① 吴功正:《中国文学美学》(下卷),南京:江苏教育出版社 2001 年版,第 860~861 页。

② [德]康德:《判断力批判》,转引自朱光潜:《西方美学史》(下卷),北京:商务印书馆 2011 年版,第 395 页。

③ 陈鼓应:《老子今注今译》,北京:商务印书馆 2006 年版。本文中凡《道德经》原文皆出于此书,下文不再附注,仅标明章节。

④ 叶朗:《中国美学史大纲》,上海:上海人民出版社 1985 年版,第 24 页。

⑤ 朱良志:《中国美学十五讲》,北京:北京大学出版社 2006 年版,第 3 页。

⑥ 李泽厚、刘纲纪:《中国美学史 先秦两汉编》,合肥:安徽文艺出版社 1999 年版,第 195 页。

然"都是"道"极为关键的特征，或者说在老子的思想中，"道"本身无法说明，但却能在一定程度上通过"自然"的特征与运动规律而体现。

总而言之，老子的美学思想重视感性自由，崇尚自然、超然思想的发露，与其哲学思想一以贯之。不论其审美观念、审美判断、审美方式或审美目的，都具有"自然"的特点，即"道"的本质特点。故若要更好地了解老子的美学观念，理解其美学思想的深层内涵，必须牢牢把握住"道法自然"的思想内涵。"道法自然"是老子美学思想的中心。

二、老子"道法自然"的哲学思想解读

围绕"道法自然"这个中心，可以得到对老子美学思想进一步的认识。然而，在此之前，我们必须要弄明白两个问题：第一，"道"究竟是什么？第二，"自然"和"道"有什么联系？不将这两个关键范畴爬罗剔抉、辩章考镜，就无法真正理解老子的美学思想。前文已然提及，老子的美学思想源自他的哲学思想，他的美学是包含在哲学思想中的。因此，对老子"道法自然"思想进行哲学的解读至关重要。

"道"是老子思想的起点，也是其核心所在；是宇宙万物何以生的最高价值所在，具有最高限度的崇高与玄秘性。在《道德经》中，"道"字前后出现73次，老子在《道德经》第一章就说道："道可道，非常道。名可名，非常名。无名，天地之始；有名；万物之母。故常无，欲以观其妙；常有，欲以观其徼。此两者同出而异名，同谓之玄。玄之又玄，众妙之门。"中国传统思想中常有以同样的词语表明不同含义的情况，需要放在具体语境中加以考察。同样地，在老子的思想中，"道"的意义不尽相同，有形而上层面实存之"道"，如"非常道"中的"道"；也有落到人生的层面、具体可法的道，如第八章"水善利万物而不争，处众人之所恶，故几于道"，其内涵与"德"更为近似。更富哲学思辨意味和在美学范畴中具有更重要地位的"道"，应属于前者，即形而上层面之道；与此同时，后一种具体可法的道则体现在万物的生育长成、凋零毁灭的过程之中，表现为万物形式的存在与运动形态。

《道德经》第二十五章云："有物混成，先天地生。……吾不知其名，强字之曰道，强为之名曰大。……故道大，天大，地大，人亦大。域中有四大，而人居其一焉。人法地，地法天，天法道，道法自然。""道法自然"之"道"作为一种艺术精神的重要内涵，显然应从形而上实存层面去理解；而所谓"自然"，

不能简单地把它当作自然界去理解,"自然"与"道"具有绝对的一惯性。冯友兰先生认为"道法自然"并不是说"道"之上还有一个"自然","'自然'只是形容'道'生万物无目的、无意识的程序";① 张岱年先生以为,"道法自然"即"道以自己为法"。② 那么,哪种说法更符合"道法自然"的本意呢?"自然"并非指自然界,应无疑义。但是,"自然"并不应该是一个形容词,"以自己为法"的说法也并不准确。更确切地说,"自然"应该是指"本来如此""自我造就"。"道法自然"真正的含义是,"道"顺应和遵循万物的本来应该如此。"自然"并不是对"道"的形容或注脚,而是指"道"遵循万物的"自然"。③ 只有这样解释,"道"的本源属性,其不可胜道、变化莫测的特性才显得更加合理,"道"也才能成为美学的关键范畴。

徐复观先生认为,道家虽然没有从一开始就谈论艺术,但"道"具有思辨性、哲理性和体验性,艺术精神是现实人生与"道"相结合的成果,道家的艺术精神奠定了中国的艺术。④ 道家的艺术精神源自现实人生与"道"的结合——这种说法正与"道法自然"含义相合。"道"是万物化生最原始的推动力,而随后万物的生长、发展则依照它们本身的属性,具有合乎自己本性的存在方式,老子的美学思想就是发源于此。

三、老子"道法自然"美学思想解析

在说明老子"道法自然"中"道"和"自然"这两个核心概念后,新的问题自然而生:老子"道法自然"的哲学思想究竟如何影响和塑造了老子的美学思想?

可以说,老子是以哲学思辨为原点来阐明他的美学思想的。《道德经》第二章云:"天下皆知美之为美,斯恶已;皆知善之为善,斯不善。故有无相生,难易相成,长短相形,高下相倾,音声相和,前后相随。是以圣人处无为之事,行不言之教,万物作焉而不为始,生而不有,为而不恃,功成而弗

---

① 冯友兰:《中国哲学史新编试稿》,见《三松堂全集》第7卷,郑州:河南人民出版社 2000 年版,第 254 页。

② 张岱年:《中国古典哲学概念范畴要论》,北京:中国社会科学出版社 1989 年版,第 79 页。

③ 王中江:《道与事物的自然:老子"道法自然"实义考论》,载《哲学研究》2010 年第 8 期。

④ 徐复观:《中国艺术精神》,沈阳:春风文艺出版社 1987 年版,第 43 页。

居。"圣人以无为处事、以不言施教，衡量美恶、善与不善的标准不在外部，而在于其自身产生的对比，因此也可以说并不存在绝对的标准。可知老子并不是从具体的现实中在谈论美，美没有具体的标准，只有无为、不言而又至高的存在"道"才是至善至美的极境、才能成为审美的尺度；另一方面，这一审美的尺度并不仅仅依赖"道"，我们无法脱离万物自身的属性，即"自然"，去谈论美。

因此，讨论老子"道法自然"的美学思想要从"道"与"自然"的根本属性出发。本文将从三个方面进行阐明，分别是老子的根本审美法则、老子的审美价值取向，以及老子心目中审美的至高境界。

1. "自然无为"——老子的根本审美法则

前文提到，"自然"与"道"具有根本属性上的一致性。这种一致性，通过"无为"这一关键法则体现出来。这是"道法自然"的哲学概念所导向的结论。《庄子》借老子之口说："夫水之于汋也，无为而才自然矣。"郭庆藩注云："不修不为而自得也。"[①]"自然"是一种顺性而生的自由状态，无须借助外力而有所作为，是一种"无为"。尽管无为，却又达到了万物化生、侍养的最高目的，故"无为"是道的重要法则，也是美的重要法则，与康德美学中提到的"无目的性而合目的性"的重要原理相合。

老子"无为"的审美法则显然符合古代人民对自然朴素的体察。《易传·系辞传》曰："天地之大德曰生，生生之谓易。"先民们以为万物有灵，自然的生命有其自然的本性，其中最根本的目的就在于生命的运动与维系。可以说，"道"通过"无为"达成了其最终极的目的："万物恃之以生而不辞，功成而不有，衣养万物而不为主。"（《道德经》第三十四章）万物之生养、功成都是由于道自在的本性，而老子着重强调了"不辞""不有"以及"不为主"，指明了其顺物之情、循物之性而不具有自身目的性的本质。需要指明的是，"无为"并不是毫无作为，什么也不做、什么也得不到，最终只会得到绝对的空虚，也就不存在审美对象和审美活动可言了。老子的意思是说，尽管法自然之"道"并没有有意识地去做什么事，却达到了"无为而无不为"的效果，"以其终不为大，故能成其大"（《道德经》第三十四章）；以其"无为"，反而成就了生成美的土

---

① （清）郭庆藩撰：《庄子集释》，王孝鱼点校，北京：中华书局2013年版，第632页。

壤。陈鼓应先生在注释《道德经》三十四章时将老子的思想与基督教作了对比，以为耶和华创造万物之后，长而宰之，视若囊中之物；而老子则消解了领导者的占有欲与支配欲，从中我们还"可以呼吸到爱与温暖的空气"。① 正是在这样的哲学视域下，"大美"才有可能发生。唯有当万物各顺其性、各应其情，万物方能展现其自然的本质，才能在宇宙间达到真正的和谐，世界也因此成为美的世界。

从审美的角度来看，大自然本身是朴素简单的，它并非有意识去塑造"美"，而是人们从自然的经验中、从顺应自身本性以及尊重万物本性的过程中体会到了美。《淮南子·泰族训》云："阴阳四时，非生万物也；雨露时降，非养草木也。神明接，阴阳和，而万物生焉"，自然中一切构成一幅阴阳和谐的图画，孕育了先民们独特的审美意识。"无为"与"自由"是一对相联结的概念，不要把自然万物当作外在的依赖或限制而被动地接受，而是真正认识到万物"自然无为"的本性，才能得到真正的自由，才能体会到纯粹的美。老子没有提及自由，是庄子继承了老子的思想，进一步提出"无为"的"自由"。《逍遥游》中说："夫列子御风而泠然善也。……此虽免乎行，犹有所待者也。若夫乘天地之正，而御六气之辩，以游无穷者，彼且恶乎待哉？故曰：至人无己，神人无功，圣人无名。"②可见，"自然"既是"无为"，也是"自由"。不自由的美绝不是纯粹的美，正是"无为"的"自由"造就了自由的、真正的美。

在老子的美学思想中，美是普遍的、是与万物融合一体的，不应该具有尖锐、过分的特性。如《道德经》第十二章道："五色令人目盲，五音令人耳聋，五味令人口爽，驰骋畋猎令人心发狂，难得之货令人行妨。"五色、五音、五味于常人而言无疑是美的，然而老子却以为它们是有害的东西。这并不是因为老子反对艺术审美，相反地，它正是老子审美意境超然的有力证明。"无为"法则下的审美是真正的、有深层次的美，它绝不是寻求感官上的刺激、纵情欲望——事实上，人类的多欲正是老子所抨击的不符合"道"的明显表现。

2. "见素抱朴"——回归自然的审美价值取向

老子的根本审美法则是"无为"，具体化于审美经验中则表现为主张"去

---

① 陈鼓应：《老子今注今译》，北京：商务印书馆 2006 年版，第 204 页。

② (清)郭庆藩撰：《庄子集释》，王孝鱼点校，北京：中华书局 2013 年版，第 18 页。

奢""去泰"的朴素价值取向。在老子的理想社会构想中，人们"甘其食、美其服、安其居、乐其俗"（《道德经》第八十章），只满足最基本的生存欲望，呈现了一种自然纯朴与恬静安乐的简单生活。这种审美价值取向体现在社会生活的方方面面，如《道德经》第八十一章："信言不美，美言不信；善者不辩，辩者不善"，这是对于言辞质朴的崇尚。《道德经》第三十五章："乐与饵，过客止。道之出口，淡乎其无味，视之不足见，听之不足闻，用之不足既"，这是对"道"淡然本色的描绘。《道德经》第二十八章："常德不离，复归于婴儿"，这是德行修养层面对纯真质朴的极高要求。用一句话足以形容老子的审美价值取向，即"见素抱朴，少私寡欲"。

老子形成朴素的审美价值取向有其现实的基础，诞生于老子对传统审美道德的批判。在中国传统的审美观念里，审美与伦理道德有密不可分的关系，"美"的东西常常必然符合"善"的标准，这在儒家传统美学中有极丰富的体现。汤一介先生曾提出："孔子的人生境界（或圣人的境界）是由'知真'、'得美'而进于'安而行之，不勉而中'的圆满至善的境界。即由'真'而达于'美'再达于'善'。"①然而老子是反对这种以善为美的审美观念的，在老子的审美体系中，"美"是一个相对的概念。《道德经》第二十章云："美之与恶，相去若何？"美与恶是一对相生而不能独立存在的概念，这也体现了老子一向辩证看待事物的方法论。既然美的标准是相对的，那么社会上现存的审美标准即是人为的；根据老子自然主义的审美观念，这种人为设立标准的"美"无疑缺乏真实性，缺乏实际的价值。因此，老子倾向于循"道"的审美观念，老子以为真正的美是那种："不把人牺牲于声色货利、仁义礼教等外物，不使人为那些外物所奴役的美，即自然真朴的美。"②

老子最高的审美理想、价值取向是回归自然的，符合自然的真朴之性，具有返璞归真的特点。"素"与"朴"并不是单纯的简单或对审美对象和审美活动一味做减法，与之相反，老子的审美价值取向始终遵循着"无为"的审美法则。只有"见素"与"抱朴"，方能摆脱外在对审美对象和自身审美活动的束缚，从而感受到万物自然的本性，才能体会到老子美学更深层次的意味。也就是说，"见素抱朴"正是对"美"的一种有力扬弃，抛弃那些虚伪的、不真实的审美标

---

① 汤一介：《再论中国传统哲学的真善美问题》，载《中国社会科学》1990年第3期。

② 朱晓鹏：《道法自然——论老子自然主义的审美理想》，载《商丘师专学报》2000年第1期。

准，从而回归于自然的“真”。“见素抱朴”是老子以及道家的审美价值取向，同时是一种关键的审美机制，从根本上影响着人们的审美取向，乃至决定对“美”的定义。《庄子》云：“朴素而天下莫能与之争美。”①疏云：“夫淳朴素质，无为虚静者，实万物之根本也。”②这些话语更加清晰地表明，“见素抱朴”不但不简单，反而因其无为虚静，而成就根本的美。在这一点上，老子的审美价值取向与孔子“绘事后素”思想有异曲同工之妙。

“见素抱朴”是一种回归自然的审美价值取向，与老子关于美的具体阐释，或者说老子的审美境界，有本质上的区别。后者属于老子美学的具体范畴，反映了老子审美的至高标准，如“大音希声”“大象无形”等，这些范畴规范了道家审美的基础。而“见素抱朴”是直接与“道”“自然”“无为”这些关键概念联结的，“朴”反映的是万物回归自然的本性。《道德经》第二十八章：“复归于朴”、第三十二章“道恒无名，朴虽小，而天下弗敢臣”都说明这一点。

3. “大音希声，大象无形”——审美的至高境界

前文已述，“自然无为”是老子的根本审美法则，“见素抱朴”是老子的审美价值取向。此外，在具体审美范畴的领域，老子还提出了至高的审美境界，即“大音希声，大象无形”。

在老子和道家的美学思想中，真正的美的标准需符合“道”的本性，除自然无为外，“道”的另一重要特点在于“大”：即“道”是最高、最超越、最难以名状的存在。“大”的特性在审美中则表现为一种极致的艺术。极致的美是看不见、无法用言语表达的，因而在审美时重要的是一种心灵上的体验、一种至高的审美境界，如同黑格尔指出的那样：“艺术的显现却有这样一个优点：艺术的显现通过它本身而指引到它本身以外，指引到它要表现的某种心灵性的东西。”③老子用一种近乎诗的优美语言阐明了审美的这种特质：大音希声，大象无形。

《道德经》第四十一章说：“大方无隅，大器晚成，大音希声，大象无形。道隐无名，夫唯道善贷且成。”相比于“大方”（真正的方正）和“大器”（最大的器具），老子口中的“大音”和“大象”是更为抽象的概念，因为对声音的认识和

---

① （清）郭庆藩：《庄子集释》，王孝鱼点校，北京：中华书局2013年版，第412页。
② （清）郭庆藩：《庄子集释》，王孝鱼点校，北京：中华书局2013年版，第415页。
③ ［德］黑格尔：《美学》，朱光潜译，北京：商务印书馆1979年版，第6页。

对形象的构想本就是人类思维的产物。"大音"和"大象"如同道一般不可捉摸，是道本身在声音和形象上的体现，有着至为存粹的境界，因此老子说"道隐无名"，"道"是隐含在抽象的概念背后的至高存在，顺应它们的本性，同时还影响着它们的表现形式，故其"善贷且成"。有学者指出，《道德经》第四十一章中的"大"并非指大小的大，"大"本身就是"道"的代名词，① 所以"大音""大象"实际上是"道音""道象。"而据河上公注和王弼注，"希声"其实就是"无声"，"无声曰希""听之不闻名曰希"。因此，"大音希声"与"大象无形"虽然被放在声与形的范畴内进行讨论，实际上它们不是具体可察的，而是抽象的、超然的。这样一种超越的审美境界，与老子的哲学思想相合：至高的境界不应是有形的，就像"道"那样。至高的审美境界也应如是。

在老子看来，美或艺术存在内容与形式的矛盾，有形的、具象化的表现形式难以完全表达"美"的内容，"言不尽意"是普遍存在的现象。用哲学的语言来说，作为形而上超越存在的"道"总是受到个别具象的限制，只能"强为之名"，而其全部内涵是不可能完整传达的。这点在审美的境界上亦然，至高的审美境界是只能存在于抽象思辨层面的产物，在现实中不太可能实现。"大音""大象"都体现了老子对本真的人生境界的追求，就像陶渊明曾经抚动"无弦琴"反而弹奏出真正的音乐一样，至高的审美境界是"道"的美学、是一种摆脱了形式桎梏的、高度自由的审美体验。

四、结　语

综上所述，老子"道法自然"的美学思想是一种以"道"的哲学观念为核心、以自然无为为审美法则、以"见素抱朴"为审美价值取向、以"大音希声，大象无形"为至高审美境界的审美理论，开创了中国古典美学恬淡素雅、求真重质的审美追求，对研究中国传统美学具有至关重要的作用。

"道法自然"是老子美学思想中最基本的命题，具有独特的东方古典审美特色，深刻阐释了宇宙万物生成化育的根源与过程，同时也内化为对人类审美认识的独特论述：老子"有意识地在自己的理论中将作为存在论的道家学说与作为知识体系的认识论划清了界限"，大美之道无法用声、形、名、言加以表

---

① 邹元江、李昊：《论老子音乐美思想的本质——对"大音希声"辨析》，载《武汉大学学报(哲学社会科学版)》2006 年第 1 期。

达，因而属于存在论而非认识论的范畴，故只有"借助审美的想象获得精神的自由，从而体悟道"，由此开创了中国古典美学中产生了深远影响的"意象"之说。① 而这一切都是源于"道"自然的本性。

正如同叶朗先生在《中国美学史大纲》中所阐释的那样，美学史应该研究的内容是"每个时代表现为理论形态的审美意识"，而审美意识的理论结晶包括美学范畴和美学命题。② 在老子的思想中，之所以"道法自然"是其美学思想的中心，正是由于"道"是统筹老子所有理论范畴和命题的最高准则，其他一切美学范畴和美学命题，包括"气""象"，以及"有""无""大""小"，都不可脱离于道独自存在。道以及由道所生发出来的种种范畴与命题，不仅是借以表现"美"的形式与方法，更是"美"之所以为美的内在逻辑与规律，也就是叶朗先生所总结的："美学研究的对象是人类审美活动的本质、特点和规律。"③美的含义有两种：一是狭义上的美，是具体的美的现象，即美的表现形式。人们的审美标准可能随着社会背景与时代的不同而发生变化，甚至可能转瞬即改，今日以赤为尊美，一旦王朝倾覆，紫便立即成为尊贵与美丽的代名词；二是广义上的美，或称为本质上的美，这也是美学研究的重点所在。这种美因为建立在人类思维活动的本质、特点和规律之上，因此脱离了简单的形象思维，而进入哲学思辨、逻辑思维的领域。

"美"毕竟是人类的审美活动，纯粹的形而上学美学难免会存在孤立、片面、甚至静止的特点。《周易·系辞》云："易不可见，则乾坤或几乎息矣。故形而上者谓之道，形而下者谓之器。"④"道"作为一个纯粹的逻辑思维和哲学概念，若不做到阴阳相济，"显诸仁，藏诸用",⑤ 美的至高准则不仅不能为人所认识，甚至是否真实也存在着疑问。因此，老子以"自然"揭示道的根本特性以及它运动的规律，并合理且自然地引出他美学思想中其他重要的命题与范畴。

总之，"道法自然"是老子美学思想的核心，纲举目张，我们通过解读老子的"道法自然"思想，能够更好地了解老子美学思想的全貌。

（庞肖狄　武汉大学哲学学院）

---

① 曾繁仁：《老庄道家古典生态存在论审美观新说》，载《文史哲》2003 年第 6 期。
② 叶朗：《中国美学史大纲》，上海：上海人民出版社 1985 年版，第 4 页。
③ 叶朗：《中国美学史大纲》，上海：上海人民出版社 1985 年版，第 3 页。
④ （唐）孔颖达：《周易正义》，北京：中国致公出版社 2009 年版，第 277 页。
⑤ （唐）孔颖达：《周易正义》，北京：中国致公出版社 2009 年版，第 261 页。

"无乐"的智慧与庄子的生命境界

朱松苗

在比较哲学的视域下，安乐哲、郝大维曾指出儒家哲学重视"礼"，所以"礼"成为社群敬意的焦点，而道家哲学则重视"无"，所以"无"成为道家思想的敬意典范。① 这个判断不无道理，因为如果说儒家哲学重"有"的话，那么道家哲学则重"无"——儒家重"礼"，道家则强调"礼"之"无"；儒家重"用"，道家则强调"无用"；② 儒家重"知"，道家则强调"无知"；③ 如果儒家重视"言"，道家则强调"无言"。④

而如果儒家重视的是"乐"的话，道家所重视的则是"无乐"。"果有乐无有哉？吾以无为诚乐矣，又俗之所大苦也。故曰：'至乐无乐，至誉无誉'。"（《庄子·至乐》）那么"至乐无乐"在《庄子》中究竟意味着什么？它又何以可能呢？本文认为其关键在于对"无乐"的理解。

胡文英认为"无乐"即"无俗之所谓乐也"，⑤ 如果是这样的话，"无"在此意味着否定之义，因为世俗之乐往往呈现为人为之乐，它们越过了事情自身的边界，而成为人的贪欲和意愿的对象物，所以"无乐"即否定世俗之乐。无独有偶，陆树芝也认为"至乐无乐"意为"至乐则无世俗之乐"。⑥

---

① [美]安乐哲、郝大维：《道不远人：比较哲学视域中的〈老子〉》，何金俐译，北京：学苑出版社2004年版，第46页。

② 朱松苗：《"无用之用"何以可能？——〈庄子〉中"无用"的五重意蕴》，载《理论月刊》2019年第6期。

③ 朱松苗：《论〈庄子〉中"无知"的三重意蕴及其逻辑进路》，载《学术交流》2018年第8期。

④ 朱松苗：《论〈庄子〉中"无言"的三重意蕴及其内在理路》，载《南昌大学学报》2018年第4期。

⑤ 胡文英：《庄子独见》，上海：华东师范大学出版社2011年版，第128页。

⑥ 陆树芝：《庄子雪》，上海：华东师范大学出版社2011年版，第204页。

不同于胡文英、陆树芝将"无"理解为否定之义,方勇、陆永品将"无"解释为"忘",认为"至乐无乐"应翻译为"最大的快乐是忘掉快乐",① "忘"在这里就不是否定之义,而是超越,因为如果快乐不是源自人为,而是源自人的本能和天性,那我们就无法否定它,当然也不能为之所缚,所以最高的快乐需要超越所乐,即忘乐。

成玄英则提出了第三种解释,他认为"至乐无乐"意味着以"虚澹无为为至实之乐",② "无乐"在此被理解为"虚澹无为"之乐,即所"乐"为"虚澹无为",也就是以"无"为"乐",如果说前两种解释中的"无"都与"有"(人为之"乐"或自然之"乐")相关的话,那么成玄英则将"无"从"有"中超拔出来,让"无"自身成为快乐之源,也正是这种本源性的"无",让前两种解释中的"否定"和"忘"得以可能。因此"无乐"在此成为本源性的"无乐",同时也成为最高的快乐——"至乐"。这种"乐"不是源于"有",而是源于"无";不是源于"实",而是源于"虚";不是源于"人为",而是源于"无为"。之所以如此,又在于"夫虚静恬淡寂漠无为者,天地之本,而道德之至"(《庄子·天道》),"夫虚静恬淡寂漠无为者,万物之本也"(《庄子·天道》),即"道"和"万物"的本性不是"有",而是"无"。所以所谓"至实之乐"就是得"道"的快乐——其所乐的不是"物",而是"道";不是"有",而是"无"。

除此之外,曹楚基还将"至乐无乐"解释为"最大的快乐就是无所谓快乐"。③ 这意味着"至乐"既不强调"乐",也不强调"无乐",因为它不仅超越了"乐",而且超越了"无乐",这时才产生了最高的快乐。它表明我们既不可追求"乐",也不可追求"无乐",因为当我们将"无乐"作为一个对象去追求时,它就成为一种新的"有",而失去了其"无"的本性。所以它看似是对"无乐"的否定,实则是对"无乐"的守护、实现和完成。

那么,这四种解释究竟孰是孰非呢?实际上它们在《庄子》中都有文本的依据。所谓"至,极也",④ "至乐,至极的欢乐",⑤ 一般认为"至"在此应为

---

① 方勇、陆永品:《庄子诠评》,成都:巴蜀书社1998年版,第466页。
② 郭象注,成玄英疏:《庄子注疏》,曹础基、黄兰发点校,北京:中华书局2011年版,第333页。
③ 曹楚基:《庄子浅注》(修订本),北京:中华书局2000年版,第256页。
④ 郭象注,成玄英疏:《庄子注疏》,曹础基、黄兰发点校,北京:中华书局2011年版,第331页。
⑤ 陈鼓应:《庄子今注今译》,北京:中华书局1983年版,第449页。

最高、最大、至极之意，如果是这样，这就意味着世上还存在着较低、较小的快乐，所以第一方面，"至乐"本身表明，"乐"具有不同的层次或境界，即有高低、大小之分；第二方面，"无乐"则表明，"乐"不仅有高低、大小之分，而且有"有""无"之分——而《庄子》中的"无"又可以理解为否定、超越、本性之"无"和"无无"等含义，① 所以"乐"在此就有了否定性之"乐"和肯定性之"乐"、世俗性之"乐"与超越性之"乐"、存在性之"乐"与虚无性之"乐"、无乐与无无乐之分；第三方面，"至乐无乐"又表明最高、最大的乐与"无"（无乐）相关联，其潜台词则是低层次的乐、小乐与"有"（有乐）相关联。

《庄子·天道》将前者称为"天乐"，将后者称为"人乐"——"与人和者，谓之人乐；与天和者，谓之天乐。"陈鼓应解释为"与人冥合的，称为人乐；与天冥合的，称为天乐"，② 成玄英则解释为"俯同尘俗，且适人世之欢；仰合自然，方欣天道之乐也。"③他们虽然解释了"天乐"和"人乐"的字面意，却没有标明两者之间的关系——即它们之间究竟是一种平行、对等的关系，还是一种其他的关系。基于以上论述，所谓"天乐"和"人乐"并不是一种平行、对等的关系，而是有高低、大小、有无之别的关系——"天乐"是最高的、最大的乐，而"人乐"则是低级的、较小的乐。之所以如此，是因为前者之乐被"无"所规定，后者之乐则被"有"所规定。这里的"有"和"无"集中地体现在"有为"和"无为"中，"牛马四足，是谓天；落马首，穿牛鼻，是谓人"（《庄子·秋水》），"牛马四足"之所以被称为"天"，就是因为它们是"无为"的结果；而"落马首，穿牛鼻"之所以被称为"人"，是因为它们是"有为"的结果。

因此，在这种语境中，所谓"至乐无乐"，首先就意味着最高的"天乐"是无"人乐"的。而"人乐"又分为两种：一种是人为之乐，另一种是人的自然本能之乐。对于前者，"无"意味着否定，而对于后者，"无"则意味着忘记。

一、否定人为之乐

所谓人为之乐，就是源于人的贪欲和主观意愿及其满足的快乐。这种乐在《庄子》中又被称为"淫乐"（"孰居无事淫乐而劝是"《天运》）和"奇乐"（"且以

---

① 朱松苗：《论〈庄子〉之"无"的三重意蕴》，载《海南大学学报》2016 年第 5 期。

② 陈鼓应：《庄子今注今译》，北京：中华书局 1983 年版，第 344 页。

③ 郭象注，成玄英疏：《庄子注疏》，曹础基、黄兰发点校，北京：中华书局 2011 年版，第 250 页。

巧斗力者，始乎阳，常卒乎阴，泰至则多奇巧；以礼饮酒者，始乎治，常卒乎乱，泰至则多奇乐"《人间世》），"淫"一般为过度之义，陈鼓应将"淫乐"解释为"过求欢乐"，① 又将"奇乐"解释为"放荡狂乐"，② 这意味着它们都越过了"乐"自身的边界，这样一来"乐"就不再是其自身，而是转向其反面——由"阳"转"阴"，由"治"转"乱"，"乐"极生"悲"。

"夫天下之……所乐者，身安厚味美服好色音声也。"（《至乐》）对于世人而言，他们的快乐主要来自感官、官能的享受，只有当这种享受得到满足时，快乐才能产生，但是由于这种享受是无止境的，因此它容易越过感官自身的边界而成为贪欲，这具体表现为它所欲的对象不再是"身""味""服""色""声"本身，而是"身"之"安"、"厚"之"味"、"服"之"美"、"色"之"好"、"声"之"音"等，所以这种"乐"不是自然之乐，而是人为之乐。人们过度追求感官的快乐不仅不是对于官能的实现，相反是对它们的伤害，因为这会使它们失去其自身的本性——"恶欲喜怒哀乐六者，累德也"（《庚桑楚》），故而《庄子》否定了这种快乐。

不仅感官之乐是如此，人的富贵寿誉、功名利禄、荣华高位之乐也是如此。《庄子》认为："夫富者，苦身疾作，多积财而不得尽用，其为形也亦外矣！夫贵者，夜以继日，思虑善否，其为形也亦疏矣！人之生也，与忧俱生。寿者惛惛，久忧不死，何之苦也！其为形也亦远矣！烈士为天下见善矣，未足以活身。"（《至乐》）过分沉溺于富贵寿誉之乐，会导致人的"苦身疾作""夜以继日""久忧不死"，但是其结果不是成全了人的身体，反而是身体与自身的"外""疏""远"，而道德完善者，也往往以牺牲生命为代价，却不能保全性命，所以《庄子》感慨"古之所谓得志者，非轩冕之谓也，谓其无以益其乐而已矣。今之所谓得志者，轩冕之谓也。"（《缮性》）在它看来，古之者（得道者）之所以"乐"并不是因为外在的"轩冕"（即荣华高位③），而是内在的统一和完整，即"全其内而足"，④ 所以"足于内者，无求于外，故曰无以益其乐；⑤今之者

① 陈鼓应：《庄子今注今译》，北京：中华书局1983年版，第361页。
② 陈鼓应：《庄子今注今译》，北京：中华书局1983年版，第127页。
③ 陈鼓应：《庄子今注今译》，北京：中华书局1983年版，第409页。
④ （晋）郭象注，（唐）成玄英疏：《庄子注疏》，曹础基、黄兰发点校，北京：中华书局2011年版，第303页。
⑤ （宋）林希逸：《庄子鬳斋口议校注》，周启成校注，北京：中华书局2009年版，第257页。

(无道者)则恰恰相反,其"乐"就来自外在的"轩冕",但是"轩冕在身,非性命也……虽乐,未尝不荒也"(《缮性》),"轩冕"为外在的人为之物,而非人的自然本性,人将自己的"乐"寄托于外物,一方面它是不可靠的,"物之傥来,寄者也。寄之,其来不可圉,其去不可止"(《缮性》);另一方面,它是本末倒置的,"丧己于物,失性于俗者,谓之倒置之民"(《缮性》)。

当然人的贪欲不仅来自人的内在感官和外在"轩冕",而且也可能源于人的某种意愿和意志。"知士无思虑之变则不乐;辩士无谈说之序则不乐;察士无凌谇之事则不乐:皆囿于物者也。"(《徐无鬼》)当"知士"为了思虑而思虑,"辩士"为了辩而辩,"察士"为了察而察时,这种知、辩、察实际上已经远离了事情本身,而完全成为人的一种对于欲望的欲望——贪欲,只不过此时人所贪的不再是某种外物,而是内心的执念,所以人由此得到的快乐不是自然的,而是人为的;不是源自物自身的,而是囿于外物的。他们将乐建立在物的基础上,并且执着于这种乐,这样一来,人就被贪欲及其贪欲物所规定,而不是被自己所规定,从而失去了自身。

概言之,"无乐"在此意味着"无"人为之乐,或者说反对人为之乐,"无"表示否定之义。人为之乐之所以被否定,首先是因为这种"乐"以人为中心,它是人的欲望、意愿的结果,而与事情本身无关,从而导致天和人不能合一,人与对象不能共生,故而这种"乐"不是真正的乐,也不能持久。其次,这种"乐"实际上是人的贪欲的扩大化,它会导致人被贪欲或所欲之物所缚,使人囿于欲或囿于物;而且贪欲自身是无止境的,一个欲望的表面满足又会导致更多、更大欲望的产生,所以这种乐是有限的,不仅有限,而且会无限制地激发其对立面——痛苦的产生,"山林与,皋壤与,使我欣欣然而乐与! 乐未毕也,哀又继之。哀乐之来,吾不能御,其去弗能止"(《知北游》)。再次,这种乐不仅束缚人,而且损害物,因为它以消耗、消费物为基础。最后,这种乐不仅损害物,而且伤害人,宣颖认为"俗之所乐,名曰爱生,实大伤之。故言至乐活身,无为几存。盖对俗乐之伤生说耳",① 这在于"人大喜邪,毗于阳;大怒邪,毗于阴。阴阳并毗,四时不至,寒暑之和不成,其反伤人之形乎!"(《在宥》)其结果是:人不人化、物不物化,在这种"乐"中人和物都丧失

---

① (清)宣颖:《南华经解》,曹础基校点,广州:广东人民出版社2008年版,第124页。

自己。

在此意义上，正是"无乐"让人和物都保持在各自的边界之内：一方面它守护着人，使人成为人自己，另一方面它保护着物，让物成为物自身。唯有如此，"无乐"才能通向"至乐"、成为"至乐"。这是"至乐无乐"的第一层含义。

二、忘自然本能之乐

如果说对于人为之乐，我们要进行否定的话，那么对于自然本能之乐，我们则不能否定，而只能忘，也就是超越。"且夫擅一壑之水，而跨跱埳井之乐，此亦至矣……夫不为顷久推移，不以多少进退者，此亦东海之大乐也。"（《秋水》）对于浅井之蛙而言，它能够在浅井边尽情地跳跃，自由地呼吸，"赴水则接腋持颐，蹶泥则没足灭跗"，这也未尝不是一种快乐，而且这种快乐是属于它的快乐，因此我们不能否定它。

然而一方面，这种快乐是有限的，"井蛙不可以语于海者，拘于虚也；夏虫不可以语于冰者，笃于时也；曲士不可以语于道者，束于教也"（《秋水》）。如果说夏虫的局限来自时间的话，那么浅井之蛙的局限则来自地域和空间，因为空间限制了它的视域和心胸，从而既限制了其快乐的广度，也限制了其快乐的深度。因此当浅井之蛙听闻了大海的浩瀚时，"适适然惊，规规然自失也。"（《秋水》）郭象对此解释道"以小羡大，故自失"，[1] 如果浅井之蛙以本性为乐，那么它是不会产生羡慕的。现在其羡慕表明，它的快乐并不源于其自性的满足，而是源于它的狭隘及其贪欲（羡的本义就是"贪欲"[2]），所以当它得知还有一个更为广阔的天地时，它"适适然惊"。因此，对它而言，所谓"自失"就不是遗失了自己的本性，而是先前的那个以自我为中心并对此洋洋自得的我的失去，由于这种失去，先前的快乐便戛然而止。所以"跨跱埳井"之乐虽然也是井蛙的本性之乐，但是这并非其本性的全部，更非其本性的最高处，为此它需要超越，即忘"跨跱埳井"之乐，超向"东海之大乐"。

对于浅井之蛙而言是这样，对于人而言也是这样，"一个人若拘于'我'的

---

① （晋）郭象注，（唐）成玄英疏：《庄子注疏》，曹础基、黄兰发点校，北京：中华书局 2011 年版，第 326 页。

② （汉）许慎撰，（清）段玉裁注：《说文解字注》，上海：上海古籍出版社 1981 年版，第 414 页。

观点，他个人的祸福成败，能使他有哀乐。超越自我底人，站在一较高底观点，以看'我'，则个人的祸福成败，不能使他有哀乐。但人生的及事物的无常，使他有更深切底哀。但若从一更高底观点，从天或道的观点，以看人生事物，则对于人生事物的无常，也就没有哀乐。没有哀乐，谓之忘情。……忘情则无哀乐。无哀乐则另有一种乐。此乐不是与哀相对底，而是超乎哀乐底乐"。①

另一方面，当浅井之蛙将这种有限之乐当作最高、唯一的快乐而"以天下之美为尽在己"而沾沾自喜时，这种乐就变成了浅薄之乐。特别是对于人而言，因为每个人所得于道的本性有所不同，所以每个人的快乐也因此而不一样。当我们以自我为中心，以己之所乐为最高和唯一的快乐时，这种乐就从自然之乐转化为狭隘之乐。正是因为此，《庄子》对于世俗之"乐"所持的是怀疑的态度："今俗之所为与其所乐，吾又未知乐之果乐邪？果不乐邪？吾观夫俗之所乐，举群趣者，誙誙然如将不得已，而皆曰乐者，吾未之乐也，亦未之不乐也。果有乐无有哉？"（《至乐》）

因此"至乐无乐"又可以理解为"至乐忘乐"，即最高的快乐是忘记那些虽是自然产生但又带有局限性的快乐，这意味着自然本能之乐虽不能被否定，但需要被超越，这种超越就是"忘"。

三、以"无"为乐

那么"否定"和"忘"何以可能呢？对于人而言，他之所以要否定其人为之乐、忘其自然之乐，其根本原因在于"道"——人应以"道"为乐、因"道"而乐，而"道"又是被"无"所规定的，如冯友兰认为"在道家的系统中，道可称为无"，② 牟宗三也认为"道家是通过无来了解道，来规定道，所以无是重要的关键"③……基于此，《庄子》之乐实际上被"无"所规定，在它看来，真正的乐不是以"乐"（"有"）的形式，而是以"无乐"（"无"）的形式呈现——即真正的

---

① 冯友兰：《三松堂全集》（第 5 卷），郑州：河南人民出版社 2001 年版，第 315～316 页。

② 冯友兰：《新原道·中国哲学之精神》，北京：生活·读书·新知三联书店 2007 年版，第 46 页。

③ 牟宗三：《中国哲学十九讲》，上海：上海古籍出版社 2005 年版，第 74 页。

乐不是以存在性形态，而是以虚无性形态显现，因此它也不是以"有"为乐，而是以"无"为乐。

在《庄子》中，这种以"无"为乐突出地表现在《至乐》对于骷髅及其快乐的肯定上。对于世人而言，骷髅意味着人之"无"，所以它常常成为人们所否定的对象，但是在《至乐》中，"无"则让骷髅成为被肯定的对象，并成为骷髅的快乐之源，"髑髅曰：'死，无君于上，无臣于下，亦无四时之事，从然以天地为春秋，虽南面王乐，不能过也。'庄子不信，曰：'吾使司命复生子形，为子骨肉肌肤，反子父母、妻子、闾里、知识，子欲之乎?'髑髅深矉蹙额曰：'吾安能弃南面王乐而复为人间之劳乎!'"（《至乐》）关于骷髅的快乐原因，吴光明认为有三：一是因为骷髅的"无"，"虽然也许弃在路旁"，但"我的頭骨永远是我的"，不会失去自己；二是因为骷髅的"无"，魔鬼、财狼"都不理它"，所以它不会受到伤害；三是因为骷髅的"无"，所以"它是最空洞不过的……这是最空虚、最低层的我，我（它）没人可再压制了。我（它）是无敌可畏了"。[1]正是在"无"中，骷髅不受君臣、四时、父母、妻子、闾里、知识的束缚，解放、守护、持存了自己，从而获得了"至乐"。

具体而言，这种以"无"为乐首先表现为以"无为"为乐。"果有乐无有哉？吾以无为诚乐矣"（《至乐》），那么"无为"何以为乐呢？"天无为以之清，地无为以之宁。故两无为相合，万物皆化生。芒乎芴乎，而无从出乎! 芴乎芒乎，而无有象乎! 万物职职，皆从无为殖。故曰：'天地无为也而无不为也。'"在《庄子》看来，正是在"无为"中，天地万物得以生成，反之，"若有为，则有不济也"。[2]"庄子曰：'吾师乎，吾师乎! 赍万物而不为戾；泽及万世而不为仁；长于上古而不为寿；覆载天地、刻雕众形而不为巧。'此之谓天乐。"（《天道》）"无为"并非指毫无作为，而是指没有主观、人为的作为，因为它顺势而为，让天地万物按其自身之道成为自身，所以能够"泽及万世""覆载天地""刻雕众形"，给予万物以生命，正是在此基础上，天地获得了至极的快乐——"此之谓天乐"。因此人要获得最高的快乐也需要无为，以法天地，正是在无为中人才能"无不为"。在此状态下，人所获得的快乐就不是自私的、个人性的快乐，而是与天地共生的快乐；不是消费性的快乐，而是创造

---

① 吴光明：《庄子》，台北：东大图书公司1992年版，第22页。
② （晋）郭象注，（唐）成玄英疏：《庄子注疏》，曹础基、黄兰发点校，北京：中华书局2011年版，第334页。

性的快乐；不是来自外的快乐，而是来自内的快乐；不是自我分离的快乐，而是内心充满的快乐；不是人为、刻意追求所获得的快乐，而是无为、顺让所自然天成的快乐。所以这种"乐"不是有限的，而是无限的；它不仅"乐"无限，而且是无限之"乐"。因此这种"乐"也不可能被"有"所规定，而是被"无"所规定。

其次，以"无"为乐还表现为以"无言"为乐。"无言而心说，此之谓天乐。"（《天运》）郭象解释"心说在适不在言也"，① 认为真正的快乐在于心灵的愉悦，而不在于语言的表达；且真正的快乐因为是无限之乐，所以它也不可能被普通的语言——有限的语言所表达和传达，因此《庄子》强调了"天乐"的无言性，而这种"无言"恰恰符合《庄子》之道的沉默本性，"至道之精，窃窃冥冥；至道之极，昏昏默默"（《在宥》），因此"天乐"和"心说"实际上与得道有关。而"无言"之所以通向"天乐"，不仅在于它自身对道的沉默本性的回归，并由此通达道之境界而产生心灵的愉悦，而且在于它对"言"之有限性的克服正好符合了"道"的无限性，并由此通达心灵之"乐"的无限性。

如果说"无为""无言"是从否定方面讨论"无"之乐的话，那么从肯定方面而言，这种"无"之乐还表现为以"虚静"为乐。"言以虚静推于天地，通于万物，此之谓天乐"（《天道》），对此陆树芝认为《庄子》实际上是将"天乐"之实"归本于一心之虚静"，因为"虚静，故有为实无为也"，② 正是虚静符合了道的无为之本性，所以"天乐"的获得是"以虚静之理而行于天地万物之间，故曰推于天地而通于万物"。③ 而人要获得这种"天乐"，不是依靠心灵的实和动，而是心灵的虚和静，让心灵中的"有"都清空，这样人才可能畜养天下，成为圣人，获得"天乐"。因此真正的乐不是以"有"，而是以"无"的形式显现；其最高的境界不是"实"，而是"虚"，不是"动"，而是"静"。

"无乐"之"无"不仅呈现为"虚静"，而且表现为"恬淡"和纯"粹"。"虚无恬淡，乃合天德。故曰，悲乐者，德之邪；喜怒者，道之过；好恶者，心之失。故心不忧乐，德之至也；一而不变，静之至也；无所于忤，虚之至也；不

---

① （晋）郭象注，（唐）成玄英疏：《庄子注疏》，曹础基、黄兰发点校，北京：中华书局 2011 年版，第 276 页。

② 陆树芝：《庄子雪》，上海：华东师范大学出版社 2011 年版，第 152 页。

③ （清）林希逸：《庄子鬳斋口义校注》，周启成校注，北京：中华书局 2009 年版，第 213 页。

与物交，淡之至也；无所于逆，粹之至也。"（《刻意》）对于世俗之乐，《庄子》认为它们是"德之邪""道之过""心之失"，因为正是这种乐让人心产生了"变""忤""交""逆"，进而失去了"一"的本性，所以陆树芝认为"心本无物，七情之发，皆天德之贼也"。① 正是基于此，世俗之乐需要被否定和超越，通过否定和超越，它不仅要到达"虚"和"静"的境界，而且要通达"淡"和"粹"的境界，这在于道的本性"虚静恬淡寂漠无为"。因此人的心灵不仅需要虚静，而且需要恬淡和纯粹，前者是因为"物自来耳，至淡者无交物之情"，后者则是因为"若杂乎浊欲，则有所不顺"②——因为恬淡，所以不含有人为的欲望和意愿；因为纯粹，所以不含有功利目的。

正是基于心灵的"无"之本性——"虚静""恬淡"和"粹"，圣人获得了"天乐"，"天乐者，圣人之心以畜天下也"（《天道》）。一方面，正是在"虚静""恬淡"和"粹"之中，人持守了自己的本性，所以才可能成为圣人；另一方面，也正是在"虚静""恬淡"和"粹"的基础上，人才能超越自我"以蓄天下"，进而才能敞开人的全部潜能，实现人的最高价值，从而获得了自我实现的快乐。所以圣人之乐不仅是个人之乐，而且是与天地同乐；这种乐不仅是因为人的自我生成，更是因为人与万物为春；它不仅来自人的自我统一，而且来自圣人与天地同和。

总之，真正的、最高的快乐是"无为""无言""虚静""恬淡""粹"的快乐，也即被"无"所规定的快乐，这种乐就是道之乐或天乐。所以我们要获得道之乐，就需要"无"。这意味着"无乐"在此既是方法，又是人的存在状态；既是"乐"的存在方式，又是通达"乐"的途径。

因此，"至乐无乐"在此意味着"至乐"的本性就是"无乐"，所以"至乐"以"无乐"的形态显现。"无乐"不仅是对世俗之乐的否定和超越，更是对乐的本性或道的复返，正是在"虚静""恬淡""粹"中，人归于人的本性，物归于物的本性，世界归于世界自身——即道的世界，在此人感受到"天地与我并生，而万物与我为一"的伟大，并由此获得了"无为""无言"的快乐。这是"至乐无乐"的第三种含义。

---

① 陆树芝：《庄子雪》，上海：华东师范大学出版社2011年版，第179页。

② （晋）郭象注，（唐）成玄英疏：《庄子注疏》，曹础基、黄兰发点校，北京：中华书局2011年版，第294页。

四、绝对之"无乐"

综上所述，如果说世人强调的是"乐"的话，那么《庄子》所强调的则是"无乐"，但"无乐"不能被机械地理解为没有快乐；事实上，《庄子》虽然推崇"至乐""天乐"，但是并没有否定"鱼之乐"等。相反地，它一方面否定了"培井之乐"和"人间之乐"，另一方面又提出了其对立面"东海之大乐""南面王乐"。这意味着《庄子》并没有否定"乐"自身，"无乐"只是否定人为之乐，以及那些突出了自身之"有"而遗忘了自身之"无"的乐。唯有如此，真正的"乐"才能生成和实现。

因此，我们既不能像世人一样去追求"乐"，也不能走向其对立面，将"无乐"作为一个新的对象去追求；因为尽管追求的"对象"不一样，但"追求"这个行为是一样的，它们都是人为的结果。这意味着"无乐"之"无"不仅否定其对象"乐"，而且将"无乐"自身也作为其对象不断地加以否定，所以此"无"是绝对之"无"——"无无"，而"无乐"是绝对之"无乐"——"无无乐"。正是在不断地自我否定中，"无乐"才能成为真正的"乐"（"天乐""至乐""诚乐"），故而与其说绝对之"无"是否定"无乐"，毋宁说它是"无乐"的实现和完成。

所以《庄子》不仅否定人为之"乐"，而且否定人为之"无乐"，也即它所强调的并不是"乐"与"不乐"，而是自然与人为。在此意义上，"无"之乐也就是顺其自然之乐，在其中"乐"之"有"消失了，"乐"回归于"无"的本性。所以"无"之乐的具体表现就是自然之乐，它们是"乐"的一体两面："无"之乐是从否定意义上讲，自然之乐则是从肯定意义上讲。所以对于《庄子》而言，最大的快乐就是顺其自然之乐，而知道这种乐的人，也是依循自然之道的人，"知天乐者，其生也天行，其死也物化。静而与阴同德，动而与阳同波"（《天道》）。人顺应天地、通于阴阳，即"行乎天理之自然""随万物而化"，[①] 然后获得"天乐"，这个过程实际上也是否定人为、超越自我，达到"无为""无言""虚静""恬淡""粹"即"无"之"乐"的过程。

基于此，我们就不难理解在《至乐》篇中，作者为什么会置入一个看似与

---

① （清）林希逸：《庄子鬳斋口议校注》，周启成校注，北京：中华书局2009年版，第212页。

快乐无关的故事，"昔者海鸟止于鲁郊，鲁侯御而觞之于庙，奏九韶以为乐，具太牢以为膳。鸟乃眩视忧悲，不敢食一脔，不敢饮一杯，三日而死。此以己养养鸟也，非以鸟养养鸟也。夫以鸟养养鸟者，宜栖之深林，游之坛陆，浮之江湖，食之鳅鲦，随行列而止，委蛇而处"（《至乐》）。对于世人而言，他们以"九韶""太牢"为乐；而对于海鸟而言，它们则以"深林""江湖"为乐。当前者"以己养养鸟"，这是人为，所以海鸟"三日而死"，故而《庄子》强调正确的养鸟方式是"以鸟养养鸟"，即"栖之深林，游之坛陆，浮之江湖，食之鳅鲦，随行列而止，委蛇而处"，这种"养"与其说是养，不如说是"无养"，"无养"就是否定人为之养，强调自然之养。唯有否定人为之养，海鸟才能避免"眩视忧悲"；唯有顺应自然之养，海鸟才能获得"至乐"。

因此，"至乐无乐"又意味着"至乐"既无人为之"乐"，也无人为之"无乐"——即"无无乐"，这是"至乐无乐"的第四种含义。这在于"无乐"和"乐"一样，其自身的存在形态不是实体性的，而是虚体性的，唯有通过不断的自我否定，它才能保持其虚体性形态。Sam Hamill 和 J. P. Seaton 曾将"至乐无乐"翻译为 "When you get to joy, there's no joy"①，他们准确地领悟了"乐"的虚体性特征，却错误理解了"至"的含义，以至于错失了这个命题更为深刻的内涵，"When you get to no-joy, there's no no-joy"《庄子》通过"无无乐"，就是要不断地去除遮蔽，从而让"至乐"的本性显现出来。

五、余论

由此看来，《庄子》中不仅有不同含义的"无"，而且有不同种类和境界的"乐"——既有天乐（自然之乐）、人乐（人为之乐）之分，也大乐、小乐之别——其中前者是无限的，后者是有限的；前者是厚重的，后者是肤浅的；前者是永恒的，后者是短暂的；前者对物而发，后者缘物而发；前者是得道的，后者是尚未得道的。也正是因为在不同的语境中，"乐"有不同甚至相反的含义，所以我们也不难理解《庄子》中常常会出现看似自相矛盾的表达：从道（天）的视域出发，被道认为是快乐的事情，却恰恰是世俗（人）所认为是苦的，

---

① Sam Hamill and J. P. Seaton. *The Essential ChuangTzu*. Boston and London: Shambhala Publications, 1999, p. 96.

"吾以无为诚乐矣，又俗之所大苦也"（《至乐》）；而从世俗（人）的视域出发，被世人认为是快乐的事情，却恰恰是道（天）所要否定和超越的，"今俗之所为与其所乐，吾又未知乐之果乐邪？果不乐邪？吾观夫俗之所乐……而皆曰乐者，吾未之乐也，亦未之不乐也"（《至乐》），故而宣颖认为，"乐之一字，学道人与世俗所同尚也……名曰同，而实大悖焉"。①

综上所述，"至乐无乐"表面上所强调的是"乐"与"无乐"，实际上所揭示的却是自然与人为、有道与无道，它强调的是我们要去人为而顺自然、去无道而就有道，而这正好显现了庄子的智慧与生命境界。

（朱松苗　运城学院人文学院）

---

① （清）宣颖：《南华经解》，曹础基校点，广州：广东人民出版社2008年版，第124页。

论庄子的审美经验

罗　双

庄子美学不是认识论的产物，而是道的思想结晶。对于庄子而言，审美与体道是同一的经验。因为道超越了感性的范畴，所以作为体道的审美不止于感性认识。如果说道的存在即虚无的话，那么审美就源于无的经验。但是从逻辑上来说，无的经验如何可能？这在于道是有无之间的循环往复，它将自身化为生命的精神。只要人知觉到生命的精神，他就能获得无的审美经验。作为精神的知觉，审美不是分化的经验，而是统一的经验。这是因为审美经验凭借精神的共鸣将天地万物联通为一体。在精神世界中，天地万物不是在身体之外，而是在身体之内，甚至与身体同呼吸。这就决定了审美经验从体外返回体内。

一、审美经验的意向：反视内听

源于体道的经验，审美既不属于感官的领域，也不属于思维的领域，而是属于精神的领域。感官止于感性的形象，思维止于抽象的符号。道既没有感性的形象，也不是抽象的符号，而化身生命的精神。然而，人如何经验生命的精神？精神虽然看似虚无缥缈，但是贯彻到了生命体内。由于生命体内精气神的一体性，所以精神的经验落实到了气上。即使气本身无定形，也在呼吸之间被人经验。由此可见，美感经验从气出发，到达精神。庄子在说明"心斋"时对此有所提及：

> 若一志，无听之以耳而听之以心，无听之以心而听之以气。听止于耳，心止于符。气也者，虚而待物者也。唯道集虚。虚者，心斋也。①

---

① （晋）郭象注，（唐）成玄英疏：《庄子注疏》，曹础基、黄兰发点校，北京：中华书局2011年版。本文所引《庄子》文本均出自此书，以下只标注篇名。

（《人间世》）

　　为了说明"心斋"之法，庄子教人如何去"听"。在此，"听"不仅特指听觉的部分，而且泛指知觉的整体。其中，"听之以耳"代表感官的知觉，"听之以心"代表思维的知觉，"听之以气"代表精神的知觉。作为精神的代名词，"气"区别于一般的心态或心境。在生命的意义上，"气"甚至不止心灵的活动，而还包括身体的活动。这是因为生命之气具有物质和精神的双重意义。气一旦被心灵化，就失去了身体性。相比于心灵而言，身体才是气的活动场所。正是通过身体的经验，人才能知觉气的活动。因为气本身无定形，所以它看起来虚无，而流行于天地之间。只有在虚无之中，才会有道的聚集。"唯道集虚"不仅意味着"唯有道才聚集虚无"，而且表达了"道唯有聚集于虚无"。正是在这个意义上，虚无成为"心斋"的目的。"斋"本来指祭祀前的斋戒，包括不饮酒、不茹荤等。只有排除了不洁之物，人才能与神明沟通。同理，只有排除了心的污秽，人才能让精神去知觉。这就是"心斋"对于审美的意义。

　　作为生命的精神，道不是对象性的存在。这是因为道内于生命，不与人相对立。审美经验不是一般的对象性认识，而是一种特殊的生命实践。作为实践，审美经验的特殊性在于"生命的归一"。① 只有归于生命的统一体，人才能把道付诸实践。道不仅不与人相对立，而且无法被人表象。道一旦被人表象，就不是存在自身。因此，表象绝非得道的方法，不管它来自感官、思维还是语言。"黄帝游乎赤水之北，登乎昆仑之丘而南望。还归，遗其玄珠。使知索之而不得，使离朱索之而不得，使喫诟索之而不得也，乃使罔象，罔象得之。黄帝曰：'异哉！罔象乃可以得之乎？'"（《天地》）在此，庄子用"玄珠"比喻道。因为黄帝遗失了道，所以他试图找回道。其中，"知"象征思维，"离朱"象征感官，"喫诟"象征语言。它们都是表象的不同方式，因而不可能替黄帝找回道。只有放弃表象的方式，黄帝才有可能找回道。从这个意义上来说，黄帝惊异"罔象"得道。

　　正是通过表象的否定，审美经验从外向内转。"夫徇耳目内通而外于心知，鬼神将来舍，而况人乎！"（《人间世》）耳目作为感官，本来朝向外物。但是，庄子使耳目通向内心，与此同时又外在于心知。这样的话，庄子就既否定

---

　　① 夏瑞春：《德国思想家论中国》，陈爱政等译，南京：江苏人民出版社1989年版，第202页。

了感官的表象，又否定了思维的表象。既然这样，那么耳目究竟通向内心何处？当然是精神。因为耳目通向精神，所以一方面耳目扬弃了外向作用，另一方面精神渗入了感性要素。如果说精神有耳目的话，它就称得上一种内感官。作为内感官，精神是关于生命的先天直觉。这就与英国经验论者夏夫兹博里的内感官说相区分。虽然夏氏的内感官也是先天直觉，但它的目的却是判断美丑善恶。因此，这种内感官属于认识的范畴，甚至具有理性的色彩。庄子的精神则不是，它既超越了感性，也超越了理性。只要立足于庄子的精神，审美就不是外在的认识，而是内在的经验。当审美从外转向内时，它就实践了生命之道。

作为一种内在经验，审美的特征是"反视内听"或"内视反听"。① 一般而言，视听正对着外物。但是，庄子反过来把视听面向内心。既然这样，那么视听是否源于心眼？庄子的答案是否定的："贼莫大乎德有心而心有眼，及其有眼也而内视，内视而败矣！"（《列御寇》）当心有眼的时候，内视就已失败了。这是因为心眼形成了表象。一旦形成了表象，心眼就扰乱了内视。只有不诉诸眼的视，才真正是一种内视。反听亦然。如果不诉诸眼的话，人又凭什么去内视？唯有凭精神。精神不是来自心眼，而是源于生命。与心眼相比，生命囊括整个身体的活动。由此可见，精神上的视听是整体性的知觉，不是某一种感官占据主导地位，而是全部的感官协调一致运作。正是在这个意义上，精神才会产生美感。

作为整体性的知觉，美感近似于"通感"。顾名思义，所谓的"通感"即感官的打通。也就是说，感官之间不分界限，从而能够相互挪移。例如，耳能视和目能听。这样的话，视听就融为一体。但因为视听不诉诸耳目，所以它们是内在的融通。内视即反听，反听即内视。正是因为耳目的内通，人才有"通感"的经验。由此，"通感"不是关于对象的外在经验，而是关于生命的内在经验。在"通感"的状态下，虽然人不用感官，但是内视了生命。这在于精神替代了感官的作用。一旦人关闭了感官的外在通道，精神的内在通道也就被打开了。换句话说，人出离了感官的窍穴，而沉入精神的天地。由此可见，"出窍"和"入神"是同步的活动。"出窍"之时，人仿佛感到自身的骨肉都消融了；"入神"之时，人仿佛感到自身与天地融为一体。于是，人不仅打通了感官的

---

① 关于道家和道教对"内视反听"的说法参见郑开：《道家形而上学研究》，北京：中国人民大学出版社 2018 年版，第 187~189 页。

壁垒，而且贯穿了精神的隔膜。这样的话，"通感"就不仅是感官的挪移，而且是精神的共鸣。

当审美经验从外向内转的时候，它的意向也就从对象转回自身。照此来看，庄子所谓的聪明不是关于对象的见闻，而是关于自身的见闻。"吾所谓聪者，非谓其闻彼也，自闻而已矣；吾所谓明者，非谓其见彼也，自见而已矣。"(《骈拇》)彼与此相对。如果说人把自身看作此，那么彼就是自身的对象。在对象性的关系中，人被对象所异化，从而迷失了自身。这样的话，审美就有待于对象。只有抽离了对象性的关系，审美才能回归自身的经验。也就是说，审美从"闻彼"和"见彼"变成了"自闻"和"自见"。庄子就此强调："以目视目，以耳听耳。"(《徐无鬼》)无论能视(听)还是所视(听)，都归结到自身之内。因此，耳目止于自身，而不向外奔驰。

一旦耳目反身内向，人就感到自得其乐。这样的快乐只为精神所有，不为感官所有。如果说感官的快乐来自外物，那么精神的快乐就源于自身。作为精神的快乐，审美不为外物所动，始终保持虚静状态。这样的话，审美就收敛于体内，没有溢出自身之外。于是从外在的表现来看，审美似乎未曾流露快乐。由此可见，审美有着特殊的情态。

二、审美经验的情态：无乐之乐

审美的情态虽然表现为快乐，但是又不同于一般的快乐。这是因为一般的快乐有着功利性，而审美具备超功利的快乐。在西方美学史上，无利害的美感说起源于康德。为了辨析美感的本质，康德区分了三种快乐：一是感官的快乐，二是道德的快乐，三是审美的快乐。[1] 前两种快乐都与利害相关联，或者说为人所欲求，只不过一个在感性上就实存而言，一个在理性上就概念而言。只有审美的快乐完全无利害，而且只涉及对象的形式。这是从认识论的角度来分析审美的情态。如果从存在论的角度来分析，审美就不只涉及对象的形式，而还关乎生命的实质。归根结底，审美不在于形式的判断，而在于生命的经验。正是在生命的经验中，庄子区分了两种快乐，即"俗乐"与"至乐"。对于庄子而言，美感不是"俗乐"，而是"至乐"。因此，我们要从"至乐"出发去分

---

① ［德］康德：《判断力批判》，邓晓芒译，北京：人民出版社 2002 年版，第 40~45 页。

析审美的情态。

通过"至乐"，庄子否定了"俗乐"，这是因为"俗乐"有所乐。"夫天下之所尊者，富贵寿善也；所乐者，身安厚味美服好色音声也；所下者，贫贱夭恶也；所苦者，身不得安逸，口不得厚味，形不得美服，目不得好色，耳不得音声。若不得者，则大忧以惧，其为形也亦愚哉！"（《至乐》）无论"所尊者"还是"所乐者"，显然都为人所欲求。不过，世俗的美感倾向于后者。这是因为后者满足了感官欲求。当感官欲求得到满足时，人就感到了快乐。一旦感官欲求得不到满足，人就又感到了痛苦。由此可见，感官的快乐蕴含着悖论，即快乐本身将变成痛苦。正是在这个意义上，庄子怀疑乐的存在："果有乐无有哉？"（《至乐》）只要乐有所乐，乐就难以长久，甚至继之以哀。只有乐无所乐，乐才历久弥存。

不像"俗乐"有所乐，"至乐"无所乐。从"至乐"的角度来看，"俗乐"就是庸俗肤浅的快乐。从"俗乐"的角度来看，"至乐"又是无法忍受的痛苦。"吾以无为诚乐矣，又俗之所大苦也。"（《至乐》）对于庄子而言，无为真正使人快乐，这是因为无为否定了人为的欲求。如果说"俗乐"源于人为的欲求，那么无为就否定了这种快乐。因此透过世俗的眼睛，无为反而是一种痛苦。正是在这个意义上，庄子强调："至乐无乐。"（《至乐》）"至乐"既没有快乐，也没有痛苦，从而抵御了情感的变化。这是因为"至乐"摆脱了对象的困扰。如果说"至乐"没有对象的话，那么它又何以快乐呢？从生命的经验中体会精神的快乐。只有保存生命的精神，人才能维持自身的存在。正是基于这一点，庄子宣称："至乐活身，唯无为几存。"（《至乐》）作为生命的快乐，"至乐"足以养活身心。这就是"至乐"相比于"俗乐"的优越性之所在。

如果说"至乐"是一种美感的话，那么这种美感就别具一格。它不是"有乐之乐"，而是"无乐之乐"。这样的话，"至乐"自身就否定了快乐。也就是说，最高的快乐没有快乐。这看起来是一种悖论。然而正是通过这种悖论，庄子揭示了美感的情态。按照李泽厚对美感形态的划分，庄子的美感既不属于"悦耳悦目"，也不属于"悦心悦意"，而是属于"悦志悦神"。① 无论生理还是心理的快乐，都是被自身的对象所激动。由此可见，这种快乐不由自主。如果没有对象的激动，这种快乐就不复存在。与之不同，精神的快乐源于自身的生命。只要让生命作为自身去存在，人就能始终拥有精神的快乐。因为生命不为对象所

---

① 李泽厚：《美学三书》，合肥：安徽文艺出版社1999年版，第536~546页。

激动,所以精神保持虚静的状态。在虚静的状态下,快乐表现不出来。从这个意义上来说,人看起来似乎无情。关于人是否无情的问题,庄子与惠子就辩论过:

> 惠子谓庄子曰:"人故无情乎?"
>
> 庄子曰:"然。"
>
> 惠子曰:"人而无情,何以谓之人?"
>
> 庄子曰:"道与之貌,天与之形,恶得不谓之人?"
>
> 惠子曰:"既谓之人,恶得无情?"
>
> 庄子曰:"是非吾所谓情也。吾所谓无情者,言人之不以好恶内伤其身,常因自然而不益生也。"(《德充符》)

在惠子看来,情是人的天性。如果没有情的话,人就不成其为人。与此相对,庄子认为天所赋予的不是情,而是形。只要有形,人就是人。在此,形不但表示身体,而且代指生命。与先天的生命相比,情感是后天的产物。由此可见,庄子与惠子所谓的情不一样。作为"好恶",情源于欲。庄子之所以否定情欲,是因为情欲伤害生命。既然这样,那么有没有守护生命的情感?有,那就是"至乐"。"至乐"既不伤身,也不益生,而是安命。也就是说,不管命运如何,人都泰然处之。"古之得道者,穷亦乐,通亦乐,所乐非穷通也。道德于此,则穷通为寒暑风雨之序矣。"(《让王》)如同气候的变化,穷通是人的命运。不过,命运影响不了快乐。这是因为快乐的源泉在于道。源于道的经验,"至乐"没有情感的变化,因而是"无情之情"。正是由于自身的无情,"至乐"才能守护生命。

三、审美经验的生成:心的虚静

审美虽然是身心合一的经验,但是最终落实到心灵上。相比于身体而言,心灵具有能动性。凭借着能动的心灵,人觉醒了自我意识。这样的话,人就不仅与自身相分离,而且与万物相分离。无论自身还是万物,都作为对象而存在。在对象性的关系中,一方面物被心所歪曲,另一方面心被物所扰乱。从这个意义上来说,心物之间互相伤害,从此流失生命精神。这就是日常的经验。

为了否定日常的经验,庄子主张心灵的虚静。"虚静"一说始于老子:"致虚极，守静笃。"(《道德经》第十六章)当心灵达致虚无的极端时，就挣脱了自我意识的控制；当心灵笃实地恪守宁静时，就发生不了对象性的关系。正是在虚静的心灵中，生命的精神复归万物。相对于老子而言，庄子使虚静变得可行。为此，他提出了"心斋"和"坐忘"等环节。其实，这些环节倾向于虚而非静。只有经过了虚的环节，心灵才能够静得下来。如果说虚和静在老子那里只是并列的关系，那么在庄子这里就还有因果的关系。相对于静而言，虚更具本源性。

虚一方面与实相对，另一方面与空相近。实作为存在的充盈，处于已实现的状态。虚作为存在的贫乏，处于未实现的状态。从物的角度来看，实比虚更有价值。从道的角度来看，虚比实更为本源。正是在未实现之中，道聚集了已实现的可能。从这个意义上来说，虚实之间相互转化。"休则虚，虚则实，实者伦矣。"(《天道》)只要止息于道，心就保持虚空。但是与此同时，虚空保存万物。如果换句话来说就是："以空虚不毁万物为实。"(《天下》)这样理解的话，虚空也是完备。在完备的虚空中，不仅聚集了万物的存在，而且敞开了人类的心扉，由此万物向人类呈现自身。正是在这个意义上，审美验得以生成。

在日常的经验中，心却大多是实的。这是因为自我的存在。自我不仅存在于身体之中，而且存在于心灵之中。[1] 身体的自我表现为感官的欲望，心灵的自我表现为思维的认知。无论感官还是思维，都使自我朝向外物。与此同时，外物也被摄入内心。这样的话，内心就充满外物，从而由虚变成实。与"以空虚不毁万物为实"相反，此时"以万物毁坏虚空为实"。一旦虚空被毁坏，心就无法静下来，而被万物所动摇。从这个意义上来说，万物越是聚集于心，心就越被万物分散。由此可见，心物之间有了隔阂，丧失了本源的统一。当万物毁坏虚空的时候，虚空反过来也毁坏万物。于是，万物不再作为自身去存在，而沦为外在于自我的对象。作为自我的对象，万物要么被身体所占有，要么被心灵所扭曲。这就导致心和物的同时遮蔽，由此阻碍了审美经验的生成。

只有否定了自我，心才能重归于虚。否定在此不是抹杀，而是意味着去

---

① 劳思光将自我分为"形躯我"和"认知我"。通过二者的否定，自我被情意化了。"情意我"具有观赏的作用，故劳思光称之为"Aesthetic Self"。参见劳思光：《新编中国哲学史》(一卷)，桂林：广西师范大学出版社 2005 年版，第 190 页。但是事实上，庄子所谓的审美不是自我的经验，而是无我的经验。

蔽。虽然人在心上否定了自我，但是抹杀不掉自身的存在。就自身而言，人是独一无二的存在。作为自我，人却相对于非我而存在。庄子所否定的不是绝对的自身，而是相对的自我。正是通过自我的否定，人去除了心灵的遮蔽。这个去蔽的过程被庄子概括为：“吾丧我。”(《齐物论》)“吾”即绝对的自身，“我”即相对的自我①。一旦人丧失了自我，就同时丧失了非我。“南郭子綦隐几而坐，仰天而嘘，嗒焉似丧其耦。”(《齐物论》)“耦”通“偶”，有匹对的意思。至于哪两者在匹对，历史上有两种解释：一是肉体与精神，二是物与我。② 就《齐物论》的主题来看，后者显然更为切中。物不是非我，我不是非物。如果丧失了其匹对，物就与自身相同一。同理，人亦然。正因为丧失了其匹对，南郭子綦表现出“形如槁木”和“心如死灰”的状态。“形如槁木”不同于“行尸走肉”，“心如死灰”也不是“心灰意冷”。它们既是自我的丧失，同时又是自身的回归。从这个意义上来说，它们不是消极的状态，而是积极的状态。

归根结底，“丧”在于“忘”。这是因为“丧”发生在心中。“忘”即心有所亡。对于道家而言，亡是得的条件。老子说过：“为学日益，为道日损。损之又损，以至于无为。”(《道德经》第四十八章)如果为道的话，人就要有所损，甚至损而又损。这是因为自我导致有为。只有不断减损自我，人才能趋向于无为。当自我减损到无的时候，人就恢复了心灵的虚空。由此可见，损也是益。不过，损的是心，益的是道。在这个意义上，“坐忘”最益于道：

> 颜回曰：“回益矣。”仲尼曰：“何谓也?”曰：“回忘仁义矣。”曰：“可矣，犹未也。”他日复见，曰：“回益矣。”曰：“何谓也?”曰：“回忘礼乐矣。”曰：“可矣，犹未也。”它日复见，曰：“回益矣。”曰：“何谓也?”曰：“回坐忘矣。”仲尼蹴然曰：“何谓坐忘?”颜回曰：“堕肢体，黜聪明，离形去知，同于大通，此谓坐忘。”仲尼曰：“同则无好也，化则无常也。而果其贤乎! 丘也请从而后也。”(《大宗师》)

借助颜回得道的经验，庄子说明了忘的意义。忘的意义在于否定自我的存

---

① 关于“吾”与“我”的分辨参见陈少明：《“吾丧我”：一种古典的自我观念》，载《哲学研究》2014 年第 8 期。

② 郭勇健：《庄子哲学新解》，北京：社会科学文献出版社 2018 年版，第 105~106 页。

在，从而实现心灵的虚无。心灵不是瞬间从有到无，而是有个虚无化的过程。其中，仁义礼乐首当其冲。这是因为它们被颜回念念不忘。只要作为儒家的代表，颜回就牢记仁义礼乐。但是，当庄子借颜回之口来说道的时候，忘记仁义礼乐就成为当务之急。如果说仁义是内在的道德，那么礼乐就是外在的伦理。从这个意义上来说，颜回由内而外地忘。忘虽然始于仁义礼乐，但是止于"坐忘"。"坐忘"非端坐而忘，是无故而忘。① 这样理解的话，忘就没有固定的方式，而只是顺其自然。由于顺其自然，颜回达到了忘的极致，即无所不忘。他不仅忘记了外在的形体，而且忘记了内在的心知。无论形体还是心知，都构成自我的存在。只有否定了自我意识，人才能回归存在自身，从而与天地万物相通。这就是孔子反过来追随颜回学习的原因。

在否定的意义上，"忘"同时也是"外"。当心有所亡的时候，就把物置之度外。"外"之所以可能，是因为心中有物。虽然物被摄入内心，但是始终与我相对。只有否定了物我的对立，人才能从相对走向绝对。因而像"忘"一样，"外"也是得道的经验。"吾犹守而告之，参日而后能外天下；已外天下矣，吾又守之，七日而后能外物；已外物矣，吾又守之，九日而后能外生；已外生矣，而后能朝彻；朝彻，而后能见独；见独，而后能无古今；无古今，而后能入于不死不生。"（《大宗师》）成玄英疏曰："外，遗忘也。"②作为遗忘，"外"的对象有个次第：首先是自身所在的天下，其次是自身周边的事物，最后是自身本有的生命。由此可见，这个次第表现为由远及近和从外到内。越是遥远的外在对象，就越容易被人遗忘。越是亲近的内在对象，就越难以被人遗忘。正是从这个意义上来说，"外"所需的时间呈递增趋势。一旦人连生命都置之度外，他就达到物我两忘的境界。随着内心的去蔽，人变得豁然开朗。如同朝阳初升，心照亮了黑暗。于是在此光明的心中，不仅物自身得以显现，而且人自身得以显现。这样的话，心就洞见了独一无二的存在。正因为存在显得独一无二，所以人消除了古今的差异，继而超越了生死的对立，进入不死不生的状态。简而言之，通过心灵的虚无化，人经验了道的存在。

在虚无化的过程中，心灵不仅由实到虚，而且同时由动到静。只要外物占满了心灵，心灵就不停追逐外物。反之，只有外物被驱除心灵，心灵才停止追

---

① 关于"坐忘"非端坐而忘解参见吴根友：《道家思想及其现代诠释》，上海：上海交通大学出版社 2018 年版，第 407~427 页。

② （晋）郭象注，（唐）成玄英疏：《庄子注疏》，曹础基、黄兰发点校，北京：中华书局 2009 年版，第 139 页。

逐外物。"圣人之静也，非曰静也善，故静也。万物无足以铙心者，故静也。"（《天道》）静不是为了别的什么，它自身就是心的目的。当不为外物所动的时候，心灵就获得自身的宁静。换句话说，宁静的心灵固守着自身。即使外物进入心中，也无法长时间逗留。这样的话，宁静的心灵同时也虚无。对于庄子而言，心静是照物的前提。正是在这个意义上，庄子不仅以水喻心，而且以镜喻心。如同止水和镜子，心灵映照了万物。"水静则明烛须眉，平中准，大匠取法焉。水静犹明，而况精神。圣人之心静乎，天地之鉴也，万物之镜也！"（《天道》）一方面，水静之所以照物，是因为自身澄清。另一方面，工匠之所以取法于水，是因为水静形成平面。如果水被搅动的话，它就会浑浊和荡漾。只有水平静下来，它才能显现光明。同理，精神的光明离不开虚静。当心平静下来的时候，它就如同一面镜子，映照了天地万物。

作为日常经验的中断，心的虚静为审美经验的生成准备了条件。在日常经验中，自我一方面在身体上有着感官的欲望，另一方面在心灵上有着思维的认知。前者导致日常经验的功利性，后者导致日常经验的相对性。这样的话，日常经验就非审美。只有通过心斋和坐忘，心才能中断自我意识，从而复归于生命精神。与庄子的心斋和坐忘相似，胡塞尔将自我意识的中断形成了主题。正是在这个意义上，徐复观将心斋之心与现象学的纯粹意识相提并论。[1] 一旦中断了自我意识，心就显现了存在自身。不像胡塞尔的显现发生在纯粹意识之中，庄子的显现则落脚到生命精神之上。纯粹意识虽然中断了自我的经验，但是还原了先验的自我。这样的话，它就仍建基于物我二分，与之相反，生命精神则建基于物我一体。作为生命精神，心一方面否定了功利性的态度，另一方面摆脱了认知性的态度。正是在此基础之上，审美经验成为可能。

四、审美经验的形态：观游一体

观作为眼睛的视觉，属于五官感觉之一。在五官感觉中，视听总是相提并论，与其他感觉相区分。这是因为视听属于理论的感觉，而嗅味属于实践的感觉。在视听的时候，人站在对象之外。在嗅味的时候，人置身存在之中。只有站在对象之外，人才能表象其存在。如果置身存在之中，人就得不到其表象。

---

① 徐复观：《中国艺术精神》，北京：商务印书馆 2010 年版，第 80~84 页。

因此从认识论的角度来看，视听比嗅味更接近于美感。如果说嗅味离不开身体的范围，那么视听就超出了身体的范围。相比于听觉而言，视觉的范围更大，甚至能放眼天地。一般而言，天地万物首先通过视觉向人敞开。与此同时，人也主要通过视觉显现天地万物。因此在五官感觉中，视觉有着无可比拟的优越性。

对于庄子而言，观不只是眼观，而还是心观。眼睛所观的对象局限于可见的物，心灵所观的存在包括不可见的道。因为道不可见，所以它无法表象。道不可能作为对象被人认识，而只能作为存在被人经验。作为存在的经验，观不是对象性的认识。只有置身存在之中，人才可能经验存在。从这个意义上来说，观属于实践的范畴。但在心灵的层面上，观不是身体的实践，而是精神的实践。在心观的时候，精神与道往来。一方面，道走向精神；另一方面，精神走向道。只有精神首先进入道之中，然后道才会向人显现出来。正是通过精神，人直观道自身。

如果说能观是心，那么所观就是道。对于庄子而言，心要如何观道？观的目的决定了观的方式。为了道的目的，心要"以道观之"。因为"之"指代物，所以心要以道观物。但是与此同时，心也因物见道。心之所以透过物观道，是因为道自身不可见。只有以道观物，道才显现出来。否则的话，道就隐而不显。除了以道观物之外，庄子还列举了其他五种观物方式：

> 以道观之，物无贵贱；以物观之，自贵而相贱：以俗观之，贵贱不在己。以差观之，因其所大而大之，则万物莫不大；因其所小而小之，则万物莫不小。知天地之为稊米也，知豪末之为丘山也，则差数等矣。以功观之，因其所有而有之，则万物莫不有；因其所无而无之，则万物莫不无。知东西之相反，而不可以相无，则功分定矣。以趣观之，因其所然而然之，则万物莫不然；因其所非而非之，则万物莫不非。(《秋水》)

当观的方式不一样，所观的结果就不同。在其他五种观物方式的对照下，庄子凸显了以道观物的绝对性。在道的视域中，物纯粹是自身，无贵贱之分。因为道让物作为自身存在，所以以道观物即以物观物。但是，如果物非此即彼的话，它就产生了贵贱之分。在彼此之间，物自以为贵而相互轻贱。这样的话，贵贱就以自我为中心。从这个意义上来说，以道观物不是以物观物。一旦物不再自以为是，而是随俗浮沉，贵贱就不取决于自我，而是取决于他人。相对于"以道观之"而言，其他五种观物方式都是"自我观之"。一旦心意识到了自我，自我就从世界中分离。这不仅造成物我对立，而且造成人我对立。正是在此基础上，心才产生相对的观念，从而遮蔽了物的存在。从"自我观之"到"以道观之"，存在的意义发生了根本的变化。一方面，人不再作为自我存在；另一方面，物不再作为对象存在。无论人还是物，都回复到自身，即生命的精神。在日常经验中，观从自我出发朝向对象，因而物我之间存在隔阂。正是通过生命的精神，人与物才能相互交流，从而没有任何的隔阂。如果说"自我观之"是单向型的经验，那么"以道观之"就是交互性的经验。

对于庄子而言，这种交互性的经验即心游或游心。例如"乘物以游心"（《人间世》）、"游心于物之初"（《田子方》）。一方面，能游是心。只不过，此心作为生命的精神，不是与身体一分为二，而是与身体合而为一。这样的话，所谓的"游心"就意味着精神的自由活动。与此同时，所谓的"乘物"也意味着与物共同生成。另一方面，所游是物。只不过，此物作为生命的精神，不是存在的表象，而是存在的生成。在这个意义上，它返回了自身的开端即"物之初"，从而复归于道。这样一来，当心游于物的时候，它同时也就游于道。"彼方且与造物者为人，而游乎天地之一气。"（《大宗师》）正是通过天地之间气的运动，道从虚无之中造化出万物。因为精气神是一体化的存在，所以天地之气通达天地精神。归根结底，物我的游戏来自人的精神与天地精神相往来。只要天地人在精神上统属一体，人就能自由地行走在天地之间。

作为审美经验，"观"与"游"一体不二。观是静态的游，游是动态的观。一方面，观不离游。只有在精神上与物同游，人才能直观到生命的美。如果人冷眼旁观的话，生命的美就被遮蔽了。由此可见，美感经验是生命的共鸣。正是在此基础上，人才能与物同游。另一方面，游不离观。人只有直观到生命的美，才能在精神上与物同游。如果人视而不见的话，生命的美就被疏远了。由此可见，审美经验是精神的注意。正是在此基础上，人才能委身于美。如果说观是审美经验的表现形态，那么游就是审美经验的活动方式。这样理解的话，美感经验就是以游的方式去观，或者以观的形态去游。以"濠梁之辩"为例：

> 庄子与惠子游于濠梁之上。庄子曰："鲦鱼出游从容，是鱼之乐也。"惠子曰："子非鱼，安知鱼之乐?"庄子曰："子非我，安知我不知鱼之乐?"惠子曰："我非子，固不知子矣；子固非鱼也，子之不知鱼之乐全

矣。"庄子曰:"请循其本。子曰'汝安知鱼乐'云者,既已知吾知之而问我。我知之濠上也。"(《秋水》)

"濠梁之辩"涉及两种观物方式:庄子的"以道观之"和惠子的"自我观之"。当庄子"以道观之"的时候,他的精神就与鱼游戏,从而引起生命的共鸣。正是在这个意义上,他知觉到鱼的快乐。当惠子"自我观之"的时候,他就与鱼相对而立,从而拘泥概念的差异。正是在这个意义上,他质疑庄子的知觉。一旦庄子按照惠子的逻辑进行辩论,他就从"以道观之"转向"自我观之",由此必然面临失败。好在庄子及时返回原初的经验,终于赢得了美学的胜利。面对"汝安知鱼乐"的问题,庄子没有回答观物的方式,而是回答观物的地方。从逻辑的角度来看,他似乎偷换了概念。但是事实上,他回答无误。正是在濠梁之上,他在精神上与鱼同游,直观了从容自在的鱼,从而获得了审美经验。与"知之濠上"相似,"庄周梦蝶"也是一种审美经验:

> 昔者庄周梦为蝴蝶,栩栩然蝴蝶也,自喻适志与!不知周也。俄然觉,则蘧蘧然周也。不知周之梦为蝴蝶与,蝴蝶之梦为周与?周与蝴蝶则必有分矣,此之谓物化。(《齐物论》)

当庄周梦蝶的时候,他的精神化为蝴蝶,从而感到栩栩如生。此时,庄周浑然不知自我。作为蝴蝶游戏梦中,他的精神自得其乐。一旦庄周从梦中惊醒,他就突然意识到自我,从而怀疑孰梦孰醒。既然庄周梦蝶必然会导致蝴蝶觉醒,那么庄周觉醒就可能源于蝴蝶梦周。不管孰梦孰醒,庄周和蝴蝶总有所分别。但是在梦醒之间,庄周和蝴蝶也相互转化。蝴蝶不是在庄周之外,而是庄周精神的变化。反过来说,庄周是蝴蝶精神的变化。正是在物化的意义上,庄周和蝴蝶浑然一体。只不过,它们之间的物化发生在梦中,而不像破蛹成蝶的生成过程。事实上,庄周梦蝶是精神的物化,而不是身体的物化。在庄周梦蝶的过程中,庄周在精神上与蝴蝶同游,直观了翩翩起舞的蝴蝶,从而获得了审美经验。

总之,审美经验的生成以心的虚静为前提。正是虚静让心为道所居。当人心中有道的时候,他就不仅能以道观物,而且还能与物同游。正因为以道观物,人与物统属一体。反过来说,正是在与物同游的过程中,人直观到了物的性命之情。出于"观游一体",审美经验不是心理学意义上的情感判断,而是存在论意义上的生命共鸣。通过生命的共鸣，不仅人把自身给予物，而且物把自身给予人。在相互给予的同时，人与物也接受彼此，不仅人接受了物自身，而且物也接受了人自身。这样的话，审美经验就超越了存在的界限，从而回归本源的统一。

（罗双　湖北美术学院时尚艺术学院）

风流雅器，诗意人生

——魏晋时期麈尾的审美研究

张天逸

麈(zhǔ)尾是魏晋时期清谈的重要器具，在现代的一些研究中，也将麈尾称为"麈(chèn)尾"，这是一种词义上的误读，麈尾简称麈，属于拂尘的一种，用以纳凉解暑与驱赶蚊虫，但魏晋时期的麈尾所具有的文化性与思想性使其成为名士形象的象征。由于士人在清谈之中，言语的玄远成为评判才能的高低，也成为现代学者研究魏晋玄学的重点与核心，因此未能引起足够的注意，清代的赵翼曾经在《廿二史札记》中指出："盖初以谈玄用之，相习成俗，遂为名流雅器，虽不谈亦常执持耳。"①麈尾因此成为名士风度的象征而具有了"高雅"与"逸趣"的审美内涵，除此以外，贺昌群在《世说新语札记》中将麈尾的形制特点与日常功用进行了梳理，而范子烨的《中古文人生活研究》中延续了其观点，从麈尾的种类、形制以及与清谈的关系作了进一步阐释，而现代学者的研究基本上是在这些学者研究的基础上，从麈尾所具有的象征意义与审美意义进行更深层次的分析，例如李修建在《中国审美意识通史》(魏晋南北朝卷)中分析了麈尾具有四点文化和功能的意义：拂秽清暑、清谈助器、风流雅器与隐逸象征。笔者将结合以上学者的研究，从服饰审美的角度分析麈尾在士人形象中所具有的美学内涵。

一、麈尾的定义

"麈"是一种动物，《说文解字》中有："麈，麋属，从鹿。"②《埤雅》中曰：

---

① (清)赵翼：《廿二史札记》，北京：世界书局1936年版，第104页。
② (汉)许慎：《说文解字》，北京：中华书局2001年版，第562页。

"麠似鹿而大，其尾辟麈。"①"麈"在此通"尘"，司马光在《名苑》中曰："鹿大者曰麈，群鹿随之，视麈尾所转而往，古之谈者挥焉。"由此可知，"麈"是一种体型较大的麋鹿，其尾巴挥动能拂去尘土，且往往作为鹿群中的头领，而"故之谈者挥焉"则是说明"麈尾"作为善谈之人的常备器具，而善谈之人往往指的是魏晋时期善谈玄理的士人群体，挥动麈尾则代表他们争辩激烈的情形。关于"麈"的起源，在先秦时期便有记载：

> 兽则庸獏犛牦，沈牛麈麋，赤首圜题，穷奇象犀。（《史记·司马相如列传》）
>
> 武王狩……麈十有六，麝五十，麋三十，鹿三千五百有八。（《逸周书》）
>
> 亡马与虎，民有五畜，山多麈麢。（《汉书·地理志下》）

"麈"作为一种常见的野兽，常常出现在山林中而被作为狩猎的对象，因此数量较多且分布广泛，而关于"麈"究竟是属于驼鹿或是麋鹿，学界已有不少争论，清代徐珂在《清稗类钞》中曰："麈，亦称驼鹿，满洲语谓之堪达罕，一作堪达汉，产于宁古塔、乌苏里江等处沮洳地。其头类鹿，脚类牛，尾类驴，颈背类骆驼。而观全体，皆不完全相似，故俗称四不像。"②这是将"麈"认为是驼鹿的看法，而范子烨从考证的角度说明驼鹿是属于生活在寒带的一种短尾动物，因此出现在南方并作为"麈尾"的概率很低。《纬略》中有"麋之大者曰麈"，这是将"麈"认作是"麋鹿"的观点，而从动物学的角度出发，③ "麋鹿"是有着长尾、喜欢逐水而居的温带动物，它们以各种水生植物和青草、树叶为食物，徐陵在《麈尾铭》中称"（麈尾）入贡宜吴，先出陪楚"，表明吴地是"麈"的产地。吴地指的是大致以今天的江苏长江以南地区为中心，南至钱塘江以北，北至苏北废黄河以南的地区，而结合魏晋时期的疆域位置，可以充分

---

① （宋）陆佃：《埤雅》，王敏红校注，杭州：浙江大学出版社 2008 年版，第 20 页。

② （清）徐珂：《清稗类钞》，北京：商务印书馆 1928 年版，第 99 页。

③ 在《中古文人生活研究》一书中，范子烨举例说明了大量"麈"是"麋鹿"的例子，例如《中国动物图谱》："麋鹿为我国特产……是一种珍贵的兽类……麋鹿被称为四不像，是由于它的头似马，身似驴，蹄似牛，角似鹿。体长约 2 米，尾长 60~75 厘米，肩高 1 米余……尾生有长束毛，尾端超过后肢的踝关节……毛色灰棕……尾末端束毛黑褐色，夏毛稀疏，呈红棕色。目前已无野生的麋鹿……"

地证明"麈"是麋鹿而非驼鹿，同时由于麋鹿比驼鹿的尾巴更长更大，因此常常把"麈尾"剪下而作他用，如：左思《蜀都赋》："屠麖麋，翦旄麈。"《吴都赋注》曰"旄麈有尾，故翦之"，但此并未交代"剪麈尾"的目的与作用。而从史料的记载中可以发现猎麈的风气盛行于汉晋之时，且"麈"肉常作为食用。如南朝宋刘澄之《鄱阳记》中说："李婴弟绍，二人善于用弩。尝得大麈，解其四脚，悬着树间，以脏为炙，烈于火上。方欲共食，山下一人长三丈许，鼓步而来，手持大囊。既至，取麈头骼皮并火上新肉，悉内囊中，遥还山。"①"麈"的皮毛常常用以制作鞋子，汉代史游《急就篇》卷四："麋麈麖麖皮给履，"颜师古注曰："麈似鹿，尾大而一角。谈说者饰其尾，而执之以为仪。"②颜师古的解释为"剪麈尾"提供了更为可靠的缘由，即是作为"谈说者"手执的一种器物，"谈说者"即是以魏晋时期以喜好清谈为代表的士人群体，《北堂书钞》中曰，"君子运之(麈尾)，探玄理微。因通无远，废兴可师，"指的便是士人手执麈尾而谈玄的情形，在《世说新语·文学》以及魏晋时期的史料记载中，"麈尾"常常伴随着士人清谈或是作为日常装扮而出现。余嘉锡注《世说新语·言语》中五十二条云："今人某氏(忘其名氏)《日本正仓院考古记》曰：'麈尾有四柄，此即魏、晋人清谈所挥之麈。其形如羽扇，柄之左右傅以麈尾之毫，绝不似今之马尾拂麈。此种麈尾，恒于魏、齐维摩说法造像中见之。'"③

图1　(唐)麈尾 日本正仓院藏

---

①　(宋)李昉：《太平御览》，北京：中华书局1960年版，第4020页。

②　(汉)史游著：《急就篇》，曾仲珊校点，长沙：岳麓书社1989年版，第264页。

③　余嘉锡此言中的"今人某氏"是指傅芸子于1941年作《日本正仓院考古记》，并在文中提及正仓院收藏之麈尾有柿柄、漆柄、金铜柄和玳瑁柄四种，而学者王勇在1992年第Z1期的《东南文化》中发表《日本正仓院麈尾考》一文，认为正仓院所藏麈尾只有金柄和柿柄两柄，另外的金桐柄与玳瑁柄器物实为拂尘而非麈尾。

　　"麈尾"究竟是什么样子?《中国古代服饰辞典》中解释:"士人闲谈时执以驱虫、掸尘的一种工具。在细长的木条两边及上端插设兽毛,或直接让兽毛垂露外面,类似马尾松。"①"麈尾"最初的功用与扇子一样,用于纳凉驱赶蚊虫,拂去尘秽,如梁简文帝在《麈尾扇赋》中曰:"(麈尾扇)既可清暑,兼可拂尘。""麈尾"基本功用在此得到解释,其与扇子的功能相近,但不免令人疑虑的是,既然作为扇子,为何要在边缘插上长长的兽毛呢? 笔者认为有两点原因:

　　一方面是从麈尾的演变出发,魏晋时期虽然已有各种扇子,如白羽扇、毛扇、团扇等,而羽扇是晋一统吴国之后出现的,"吴人截鸟翼而摇风,既胜于方圆二扇,而中国莫有生意。灭吴之后,翕然贵之"。② 羽扇在吴国灭亡后传入京洛,在上层社会中引起了广泛的流行,从当时文人所作的相关《羽扇赋》③可以看出,羽扇受到贵族与文人名士的喜爱,而在西晋士人清谈活动的兴起,王导、张悦、徐陵等人作《麈尾铭》则说明麈尾的兴起替代了羽扇在士人心目中的地位,而"麈尾"采用了麋鹿的尾毛,相比于汉代用细竹篾制成的扇子,显得更加珍贵,孙机曾指出"麈尾"就是"毛扇",④ 且由于"麈"作为领队的麋鹿,群鹿跟随其尾巴的摆动而行,因此"麈尾"用麋鹿的尾毛也有领导之意,"麈尾蝇拂是王、谢家物,汝不须捉此"则充分表明了执"麈尾"者需要有一定的身份与地位。另一方面是从麈尾的功用角度出发,扇子从中国古代诞生之时并不是作为纳凉拂尘之用,古籍中载有"舜作五明扇","五明扇"是古代帝王出行仪仗中的一种掌扇,柄长而扇面大,是为帝王障风蔽日之用,其更多的是具有礼仪的功用,凸显帝王的权威等。到了周代,更有记载"天子八扇,诸侯六扇,大夫四扇,士二扇"来显示扇子作为凸显等级的礼仪用品,可见扇子自诞生起便具有彰显身份的意义,而后扇子在演变的过程中逐渐细化,"战国晚期到两汉,一种半规形'便面'成为扇子的主流,上至帝王神仙,下及奴仆烤肉、灶户熬盐,无例外地都使用它"。⑤ 逐渐成为从贵族到平民都会使

---

　　① 孙晨阳,张珂:《中国古代服饰辞典》,北京:中华书局 2015 年版,第 477 页。

　　② 严可均:《全上古三代秦汉三国六朝文·全晋文》(卷五十一),北京:中华书局 1999 年版,第 1752 页。

　　③ 傅玄、嵇含、陆机、潘尼等西晋文人都作有《羽扇赋》。

　　④ 孙机在《羽扇纶巾》一文中指出,在宋刊《艺文类聚》卷六七引《语林》时称诸葛亮"乘素舆,葛巾,毛扇,指麾三军",而毛扇则是麈尾的别名,又称为"麈尾扇",又因为麈尾氂氂披毛,所以也简称为毛扇。

　　⑤ 沈从文:《扇子史话》,沈阳:万卷出版公司 2004 年版,第 5 页。

用的器物，而"麈尾扇"传说由梁简文帝萧纲创始，在形态上接近麈尾的简化，可以认为，"麈尾"是将纳凉拂尘以及礼仪功能相结合的产物，此时的礼仪是不是等级规定下的礼仪，而是具有个体审美化的礼仪，清谈时"领袖群伦""发号施令"，显示出士人们超凡的气度，因此结合以上材质与功用的特点，"麈尾"在扇子的基本功能上形成了审美化、礼仪化的特点。

二、麈尾与玄学清谈

从汉代起，便有了关于"麈尾"的记载，如载于唐初虞世南所辑《北堂书钞》中载有李尤的《麈尾铭》："拔成德柄，言为训辞。鉴彼逸傲，念兹在兹。"①意为麈尾的柄是道德的象征，而持之以言论遣词，是具有教化之用，因而可以烛照、警示骄逸、傲居之人。现代学者孙机认为："麈尾约起于汉末。魏正始以降，名士执麈清谈，渐成风气。"②这里为麈尾的兴起确定了时间，即是从汉末开始，至晋以后成为名士清谈所执之物，在《世说新语》③的记载中得到印证：

> 庾法畅造庾太尉，握麈尾至佳，公曰："此至佳，那得在?"法畅曰："廉者不求，贪者不与，故得在耳。"(《世说新语·言语》)
> 客问乐令"旨不至"者，乐亦不复剖析文句，直以麈尾柄确几曰；"至不?"客曰："至!"乐因又举麈尾曰；"若至者，那得去?"于是客乃悟服。乐辞约而旨达，皆此类。(《世说新语·文学》)
> 殷中军为庾公长史，下都，王丞相为之集，桓公、王长史、王蓝田、谢镇西并在。丞相自起解帐带麈尾，语殷曰："身今日当与君共谈析理。"既共清言，遂达三更。(《世说新语·文学》)

以上记载表明，"麈尾"不仅是清谈活动中的重要器具，也是士人所喜好与把玩的物件。例如庾亮夸赞法畅的麈尾品相极好，理应被别人所艳羡，而法畅的回答则是充满玄理，廉洁者不会向他索要，而贪婪的人他也不会给予，因

---

① 参见唐代虞世南所辑《北堂书钞(卷六十一)》。
② 孙机：《诸葛亮拿的是"羽扇"吗?》，载《文物天地》1987年第4期。
③ (南朝·宋)刘义庆：《世说新语笺疏》，(南朝·梁)刘孝标注，余嘉锡笺疏，中华书局2010年版。后文中引用此书仅标明章节。

此才会保留在自己手里。这说明"麈尾"除了在清谈中的使用外，在名士中已经形成了广泛流行，成为个人品德与风度的一种标榜。

图 2   手执麈尾的西魏贵族（魏晋）敦煌壁画

从玄学的角度而言，对理想人格以及其本体的建构是其核心。在玄学兴起初期，以何晏、王弼、夏侯玄为代表的正始玄学人物成为清谈的典范，其清谈的内容也始终围绕着有无之辨、圣人有情无情以及才性四本等内容，被称为"正始之音"。其追求赞美的是永恒无限的人格本体存在，且此时的清谈也拥有着强烈的政治背景，而随着魏末至东晋，门阀士族的日益腐朽与西晋末年的动乱，"正始清谈"在以何晏等人的被害下画上了句号；而北方士族过江南渡后将正始玄风下的相关论题带到了江左，但此时正始玄学已经难以解决东晋士人所面临的人生虚幻不实之感，而佛教中的中观派理论本身就有某种可以和玄学相比附之处，而佛教可以为人的生死问题提供精神上的慰藉，亦即彼岸世界等内容。如《世说新语》中记载中军将军殷浩看了佛经以后，说"理亦应阿堵上"，认为玄理亦即在这佛经之中。这即是充分表明玄学与佛学义理相符而趋于合流，因而玄学自然而然地倾向了佛学，而清谈的主题也不再具有政治性与义理性，而是转向语言性与游戏性，其语言性表现在清谈本身是言语对谈的表型形式，且常用"深""通""拔"等来形容清谈能力；而游戏性则表现为清谈过程中围坐饮酒、抚琴等作为助兴，同时以王衍为代表的名士"义理有所不安，随即改更"，(《晋书·王衍传》)因而有了"口中雌黄"的外号。这也体现了清谈的游戏性，从而成为士人热衷的一种休闲与娱乐的活动。

图 3　手拿塵尾的阮籍(唐)孙位 高逸图(藏于上海博物馆)

　　中朝时，有怀道之流，有诣王夷甫咨疑者。值王昨已语多，小极，不复相酬答，乃谓客曰："身今少恶，裴逸民亦近在此，君可往问。"(《世说新语·文学》)

　　卫玠始度江，见王大将军。因夜坐，大将军命谢幼舆。玠见谢，甚说之，都不复顾王，遂达旦微言。王永夕不得豫。玠体素羸，恒为母所禁。尔夕忽极，于此病笃，遂不起。(《世说新语·文学》)

　　以上两则记载表明晋代清谈之风之盛，王衍作为西晋谈座上的主帅，慕名赶来与其清谈的人数甚多，以至于身体劳累而乏于应对，向上门请教道家学说的人推荐住在附近的裴逸民。同样的有名士卫玠，由于和谢幼舆清谈整夜，而导致向来虚弱的体质更不能负此重荷，因此病情加重而去世。由此可充分表明清谈已经成为士人生活中的常态，甚至到了痴迷的程度。从内容上看，清谈谈论的也是《庄子》或是玄佛相结合的内容，同时在《世说新语》的记载中，清谈的主题有关于《老子》《庄子》、名家公孙龙子的《白马篇》、鬼神之有无和梦的来源等内容；从清谈的人员来看其参与人员主要是贵族名士，如"何晏为吏部尚书，有位望，时谈客盈坐"；"裴散骑娶王太尉女。婚后三日，诸婿大会，当时名士，王、裴子弟皆集。郭子玄在座，挑与裴谈"（《世说新语·文学》）。可见清谈群体是以贵族名士为核心的，同时由于东晋时期玄佛合流，名僧如支遁、高座（即帛尸梨密多罗）也加入清谈的队伍之中；从清谈的地点来看，往往是贵族家中，或是在玄佛合流的背景下的寺庙场所，如"支道林在白马寺中，将冯太常共语，因及《逍遥》"（《世说新语·文学》）。同时在游山玩水之时也可以进行清谈，如"诸名士共至洛水戏"（《世说新语·言语》）。从清谈的模式上来看，一般是由分为主客两方，由主方先阐述自己的观点，称作"唱理"，再由客方提出疑问，称作"作难""攻难""设难"，随后再由主方作辩答，客方再提出新的疑问，一来一往，直至一方理屈词穷而认输，另一方则获胜，这种往反辩答的形式与现代的辩论较为相似，其观众在旁观看主客辩论陷入僵局之时，也可加以评析论述自己的观点。这样一来，清谈的形式就变得比较自由且灵活，也为士人提供了展现自身才识的机会。如张凭在拜访丹阳刘真长时，起初被安排至下座，并未引起宾客们的注意，但在王濛等名流来清谈时，主客间又不能沟通的地方，"张乃遥于未坐判之；言约旨远，足畅彼我之怀，一坐皆惊"（《世说新语·文学》）。其观点震惊满座宾客，而后便打开了仕途被任用为太常博士。综上所述，清谈的内容、人物、地点与方式得到了确定，清谈成为士人们之间娱乐消遣方式的同时，也成为展现自身才性义理、从而晋升仕途的一种方式。

虽然"麈尾"与"清谈"之定义在上文中已经述及，且二者的关系已经表明，但是其究竟是如何在"清谈"中表现的呢？史籍当中有记载：

> 客问乐令"旨不至"者，乐亦不复剖析文句，直以麈尾柄确几曰："至不？"客曰："至！"乐因又举麈尾曰："若至者，那得去？"于是客乃悟服。乐辞约而旨达，皆此类。（《世说新语·言语》）
>
> 孙安国往殷中军许共论，往反精苦，客主无闲。左右进食，冷而复暖者数四。彼我奋掷麈尾，悉脱落，满餐饭中。宾主遂至莫忘食。殷乃语孙曰："卿莫作强口马，我当穿卿鼻。"孙曰："卿不见决鼻牛，人当穿卿颊。"（《世说新语·言语》）

客人拜访尚书乐广，向他请教《庄子》中的"旨不至，至不觉"之意，郭象注"旨不至"曰，"有所指则有所遗，故曰指不至"。① "旨"在此通"指"，指的是名、概念等，抽象概念不涉及具体之物是"不至"，所反映之对象无穷无尽是"不绝"。乐广以麈尾柄触碰小桌子，问客人"指到达了吗"？客人在确定"到达"之后则又举起麈尾问："到达之后，又去哪里呢?"来客则明白了乐广用麈尾作为演示，言辞虽简明扼要，但却将道理表明得很透彻。而孙盛与中军将军殷浩清谈时，因为来回辩驳之激烈，双方都到了废寝忘食的地步，麈尾则在双方辩难之中奋力甩动，以至于麈尾上的毛全都脱落，飘至饭菜之上了。在这两则故事的记载中可以看出，麈尾作为清谈助器而使得清谈士人更好地展现自身的义理言辞，无论是主客哪方，都能更好地表达自身的义理，同时亦能帮助更好地去理解对方的观点；而作为观赏者而言，麈尾则是强化了主客双方的肢体动作，因而具有了观赏与表演的性质。这表现在由王导"自起解帐带麈尾"，主动发起清谈，并说道，"身今日当与君共谈析理"(《世说新语·文学》)。南朝梁陈大臣周弘正递与袁宪麈尾，"授之麈尾，令宪树义",② 让袁宪首先立论而开启清谈。综合上述两例，可见以手拿"麈尾"也意味着清谈活动的开启，而在清谈活动结束之后，常常因为士人的义理言辞之精彩，展现出宏远的义理而被赠与麈尾。例如晋陵郡太守谢举在参与国子博士卢广的讲学后，卢广被其辞理所折服，"仍以所执麈尾、斑竹杖、滑石书格荐之，以况重席焉"。③ 除却赠予"麈尾"以外，也有将"麈尾"放置于桌上代表认输，如道恒在与慧远的驳难中，"恒自觉义途差异，神色微动，麈尾扣案，未即有答"。④

从以上谈及"麈尾"的清谈活动的记载中，可以发现，清谈活动可以由士人拿着麈尾寓意开始，也可以在清谈途中作为主客二方表达自身义理或者是感情的工具，同时在清谈结束后作为赏识与肯定而赠予有才之士，因此也可以看出"麈尾"代表着士人的清谈能力，是具有高水平清谈能力的象征。总而言之，"麈尾"在清谈活动从开始到结束时一直发挥着不同的功能。李修建在《国审美意识通史·魏晋南北朝卷》中《麈尾与士人审美意识》一文中由魏晋南北朝僧人、唐代僧人的讲经活动推演出清谈活动中"麈尾"的使用："讲经时，不断将

---

① (清)郭庆藩撰：《庄子集释》，王孝鱼点校，北京：中华书局 2013 年版，第 972 页。

② (唐)姚思廉：《陈书》，北京：中华书局 2000 年版，第 566 页。

③ (唐)李延寿：《南史》，北京：中华书局 1995 年版，第 324 页。

④ (梁)释慧皎：《高僧传》，汤用彤校注，北京：中华书局 1992 年版，第 192~193 页。

麈尾举起、放下、再举起，往返问答"，① "发言时必举麈尾，亦为僧侣讲说之程式，尚未拿起麈尾，则表示还在思考，不能作答"。② 虽然"麈尾"在佛教讲经中也发挥着其助讲的功效，但佛教意义上的讲学与魏晋士人的清谈活动的本质是不同的，前者是将佛教经学传授给众僧或俗家弟子，是带有目的性与宗教性的言谈活动，而清谈发展到东晋时期，已经从"正始清音"所具有的政治性与义理性转变为休闲性与娱乐性的戏谈。因此"麈尾"在佛教讲经与士人清谈中在发挥同样的助讲的意义外，并无其他相同的意义存在。

三、麈尾的审美内涵

总体而言，在魏晋士人的清谈活动中，"麈尾"具有了多样化、立体化的功能，同时也在弱化了其作为扇子的原意的基础上展现了其美学内涵。

首先，从身体美学的角度而言，"麈尾"作为手执之物，在清谈过程中往往随着人物主体的行动而有"举""挥""掷"等动作；而清谈虽然是以语言的游戏性为主，但是在过程中却因身体的动态而使得清谈更加具有感染力，麈尾在此基础上更是对身体形态的强化，倘若在清谈之时，没有麈尾在其中作为助谈之物，那么只能用手势来表达个体的思想及义理，其无论是从清谈者本身或是观赏者而言，都不能达到运用麈尾所达到的助讲与观赏效果。在此基础上可以认为，麈尾作为身体肢体的延伸，却又超越身体而上升到人的才能品德，并由此生成了一种贯穿于身体与思想之间的整体运动状态，而这种状态是向士人所要表达的道义、义理的无限靠拢。因此，在此基础上的麈尾，已经超越了普通服饰所具有的修饰身体的功能，是特定活动下的特定产物，麈尾在清谈中的挥动、指、举等行为中，不仅仅是其个体的思想与感情的外在体现，也是一种具有表演性质的身体美学内涵。

其次，从服饰审美的角度来看，玄学思想下的身体与儒家伦理化的身体相比，呈现出的是自由化的个体性的身体，表现在服饰上即是儒家礼乐化的服饰

---

① 李修建引张雪松《唐前中国佛教史论稿》一书中记载，日本僧人圆融所著《入唐求法巡礼札记》中记载唐代僧人讲经的仪式，其中用到了麈尾："在论议阶段，都讲发问时，主讲有手举麈尾，都讲发问完毕，主讲将麈尾放下，随后又立即举起麈尾，对发问致谢并回答问题。讲经时，不断将麈尾举起、放下、再举起，往返问答。"

② 李修建：《中国审美意识通史·魏晋南北朝卷》，北京：人民出版社 2018 年版，第 107 页。

对人的个体性的遮蔽与群体性的凸显，而麈尾的产生和在清谈中的种种功用特点和象征意义，则是摆脱了儒家思想下的服饰审美观念，瓦解了服饰中伦理与政治的属性，例如麈尾作为主客双方的助谈之物，或是作为赠予之物，都体现了清谈中的重视人才本身，参与者地位的平等与开放等，这也是魏晋时期对人的个体美重视的体现，也是对个体化的服饰审美的探索与形成，因此，麈尾在清谈活动之后，逐渐走进魏晋士人的日常生活，继而扩大了其在服饰审美上的内涵，从而真正影响到士人群体的服饰审美观念与精神内涵，如：

> 王夷甫容貌整丽，妙于谈玄，下捉白玉柄麈尾，与手都无分别。（《世说新语·容止》）
>
> （苟仲举）与粲剧饮，啮粲指至骨。显祖知之，杖仲举一百。或问其故，答云："我那知许，当是正疑是麈尾耳。"（《北齐书·苟仲举传》）
>
> （何充）尝诣导，导以麈尾反指床呼充共坐，曰："此是君坐也。"（《晋书·何充传》）
>
> 初，曹氏性妒，导甚惮之，乃密营别馆，以处众妾。曹氏知，将往焉。导恐妾被辱，遽令命驾，犹恐迟之，以所执麈尾柄驱牛而进。司徒蔡谟闻之，戏导曰："朝廷欲加公九锡。"导弗之觉，但谦退而已。谟曰："不闻余物，惟有短辕犊车，长柄麈尾。"导大怒，谓人曰："吾往与群贤共游洛中，何曾闻有蔡克儿也。"（《晋书·王导传》）

西晋玄学清谈领袖王衍，拥有俊美的容貌。他手执白玉柄的麈尾，其手的肤色之白，与麈尾柄都无所区别；白玉作为珍贵的材质，拥有着温润与华美兼备的特点。这段描绘是魏晋时期人物品藻的典型实例，是将人物的容貌美作为人才品评的重要内容。由此可看出对王衍先天的美姿容与后天的执麈尾构成的整体人物风貌的赞许，虽然麈尾在此时并未发挥清谈助力之功效，但却构成了王衍整体人物美的组成部分。士人苟仲举与长乐王尉粲一起豪饮，却将对方的手咬得露出骨头，缘由是他将尉粲的手当作了麈尾。这里有两种解释，一种是将麈尾当作可以食用的麋鹿的尾巴，因此苟仲举才会酒醉后啃咬麈尾；另外一种解释是苟仲举酒醉后咬的是麈尾，而这麈尾是苟仲举或者是尉粲随身携带之物。本文无意对两种解释进行考证，但是无论是哪一种解释，都表明麈尾受到名士的喜爱而成为日常携带之物。如何充来王导家拜访时，王导以麈尾反指着自己所坐的床邀其共坐，更有王导在惧怕其妻伤害自己的妾室儿女，情急之下，以本代表自身身份与学识的麈尾帮助御者挥赶牛车，样子十分狼狈不堪，因而受到司徒蔡谟的嘲笑。这一方面表现出麈尾作为名士雅器，是其个人品德高雅与玄谈妙理的象征，将麈尾当作牛鞭，则是将麈尾所营造出来的名流雅士的形象消解于粗鄙低劣的动作之中；另一方面则是麈尾成为士人日常出行与家居室内皆不离身的器具，麈尾的功能已经不限于特定活动中的特定产物，而是演变成为常见的一种配饰，并且同君子配"玉"一样具有了比德的审美内涵。

再次，麈尾的材质伴随着日常使用范围的扩大，从珍贵的玉柄、白玉柄、犀柄演变发展出了不同的材质：

> 孝秀性通率，不好浮华，常冠谷皮巾，蹑蒲履，手执并桐皮麈尾。服寒食散，盛冬能卧于石。（《梁书·张孝秀传》）
>
> （吴苞）冠黄葛巾，竹麈尾，蔬食二十余年。（《南齐书·吴苞传》）

张孝秀与吴苞是南朝时期著名的隐士，其性格旷达袒率，不追求虚浮华靡的生活，因此常常穿着朴素，手拿桐树皮制成的麈尾。此时的麈尾已经不是用珍贵的麋鹿尾毛来制作，由于棕榈树皮有着粗长的纤维，从颜色、形状上来看都与麋鹿尾毛相近，因此成为旷达之士的喜爱，同时也更加符合他们"不好浮华"、舍弃私欲杂念而追求玄远之境的精神境界。此时清谈风气已逐渐淡化，而麈尾作为士人品格的象征则延续了其形制，而其材质由名贵材质扩展成为自然植物，一方面说明手执麈尾已经形成了一种固定的服饰审美观念。麈尾已经成为代表士人品格的抽象概念，因而也有了陈后主折松枝予张讥的典故："可代麈尾。"虽然松枝是代替麈尾在清谈中的功能，但实质上麈尾本身的意义已经超越了物体的具体形象，并且上升到具有代表清谈的抽象概念。另一方面，自然植物与名贵玉石的材质相比，前者更加具有亲和性与普遍性，更易被普通人接受或获取。故因此隐士拿着竹、桐树皮制成的麈尾，亦是一种玄学思想下的自然服饰审美观念。

最后，魏晋士人将对麈尾的喜爱进一步延伸，将其作为死后的陪葬品或是招魂的工具，如：

> （张融）建武四年，病卒。年五十四。遗令建白旐无旒，不设祭，令人捉麈尾登屋复魂，曰："吾生平所善，自当凌云一笑。"三千买棺，无制新衾。左手执《孝经》、《老子》，右手执小品《法华经》。妾二人，哀事

毕，各遣还家。(《南齐书·张融传》)

王长史病笃，寝卧镫下，转麈尾视之，叹曰："如此人，曾不得四十!"及亡，刘尹临殡，以犀柄麈尾箸柩中，因恸绝。(《世说新语·伤逝》)

人生作为一个从生到死的生命过程，历来便是中国古代哲学所侧重研究的对象，而在不同的哲学思想中，关于死后丧葬操持又有不同的主张。例如汉代儒家和道家分别是厚葬与薄葬，而在魏晋时期，更有将薄葬发展为极致的"裸葬"出现，而南齐名士张融则是薄葬的典型代表。张融自小就发挥出其过人之资，而被道教宗师陆修静赠予白鹭羽麈尾扇，并说"此既异物，以奉异人"。① 而在张融死后，他留下遗言交代柩前白色旗幡不写其名，且旗幡下也不作悬垂的装饰品，同时不设祭台祭奠，不制作新的被褥，命人拿着麈尾到屋顶上招魂。以历来的丧葬礼仪而言，麈尾从未有过类似此作为招魂的器具而使用过，在《仪礼·士丧礼》的记载中，士人死后的招魂仪式，是由招魂之人拿着死者的衣物，反复呼叫死者的名字，希望能把死者的灵魂呼唤回家，从而达到死而复生。② 因此这种招魂仪式被称为"复"，而招魂者一般被称为"复者"。张融作为清谈名士，又擅长佛学与道家的研究，而麈尾作为招魂之物可以表明其是张融平日最常拿之物与最喜爱之物，因而具有与其他普通服饰所不能比拟的情感。同样涉及丧葬的还有东晋名士王长史(王濛)，在久病之时不由拿着自己的麈尾，一边转且一边叹息："像我这样的人，竟然连四十岁都活不到!"而在其死后，丹阳尹刘惔去参加大殓礼，将犀角柄的麈尾放入棺材之中，而后痛哭地昏死过去。而由以上两则故事中可以看出，麈尾在士人中受到喜爱的程度已经超越了其所具有的人格与品德象征的功用，并从唯心的角度影响人死后的精神世界。

总体而言，麈尾作为魏晋士人的重要服饰之物，在魏晋士人的生前与死后都拥有着不同的感性认识，从最初的清谈助力之器物，到成为象征士人人格品德的风流雅器，从对有才之士的肯定，到作为死后招魂之器物，麈尾所具有的

---

① (梁)萧子显：《南齐书》，北京：中华书局 1972 年版，第 721 页。

② 参见《仪礼·士丧礼第十二》："士丧礼。死于适室，幠用敛衾。复者一人以爵弁服，簪裳于衣，左何之，扱领于带；升自前东荣、中屋，北面招以衣，曰：皋某复！三，降衣于前。受用箧，升自阼阶，以衣尸。复者降自后西荣。"(汉)郑玄注，(清)黄丕烈解：《仪礼》，北京：商务印书馆 1936 年版，第 179 页。

审美内涵已经超越了其自身所具有的清谈功能，而成为士人人格精神的象征。魏晋士人追求文雅逸趣，不少士族文人都不吝对麈尾所拥有的魅力进行赞美。如许询《黑麈尾铭》中曰："体随手运，散飙清起。通彼玄咏，申我先子。"《白麈尾铭》曰："蔚蔚秀气，伟我奇姿。荏苒软润，云散雪飞。君子运之，探玄理微。"这些体现了在这荒诞不经的时代背景下，他们挥摇麈尾、任情而为、充满诗意的人生境界。

（张天逸　湖北美术学院时尚艺术学院）

论中国意象艺术中的情感

董 军

一、中国意象艺术的基本特征

对于中国艺术而言，什么样的艺术特征是它的基本特征？就中国艺术与西方艺术特征的比较来看，西方艺术注重对外在事物的模仿与再现，而中国艺术注重个人内心情感的"表现性"因素的传达。通常，这种情感的"表现性"因素被视为中国艺术的本质性特征的重要组成部分。但是片面地将这种"表现性"等同于"意象"本身，并认为中国艺术重"意"而轻"象"，西方艺术重"象"而轻"意"。这种观点无疑是肤浅和片面的。显而易见的是，无论是中国还是西方艺术，离开"象"是不可能探讨"意"的。意象就其本身而言就是精神性因素与艺术形象的有机融合，孤立的区分"象"与"意"都是无意义的。对于什么是中国意象艺术的基本特征的追问，必须回到中国意象艺术存在的基础之中去探寻。

在中国历史上，最早《易传》中就提出："圣人立象以尽意，设卦以尽情伪，系辞焉以尽其言，变而通之以尽利，鼓之舞之以尽神。仰则观象于天，俯则观法于地，观鸟兽之文与地之宜，近取诸身，远取诸物，于是始作八卦，以通神明之德，以类万物之情。"这里所指的意象有两重含义：一方面，意象并不是对外在物象的简单再现，而是融进了主体意识之后的意象，也就是主体化的客体。所谓的"近取诸身"，也就是自身主体的思想情感；另一方面，意象也不是指自然之中一个具体形象的单个再现，而是一种无数个单独形象的复合，即以多次性统感感觉加以概括与提炼所形成的"类相"。也可以理解为"仰观俯察、近取远求"所获得的综合性形象。就意象的这两重含义而言，它不仅可以表现为图像与符号，也可以是对自然客体的模写及主体精神传移的独特形

165

式。这种哲学观念作为一种隐含的主线一直贯穿在作为美学形态的中国历代艺术作品和作为美学观念的许多著作与论述之中。因此,探讨中国艺术的本质特征虽然涉及艺术作品中具象与抽象的形态,但是不能仅仅局限于具象与抽象的表现形式问题。就更深层的中国意象艺术的主导意识而言,实质上是在"意"与"象"的关系中彼此展现自身、相互生成,这也成为中国文化艺术总体中的一个主要构成部分。杨成寅在《美学范畴概论》中对"意象"的含义作出了较为全面与清晰的阐释。他认为"意象"主要指:"审美意象作为现实物象与艺术形象的中介环节,本身具有感性和理性多种心理因素审美融合的不同等级和层次……审美意象的内含是极为丰富而复杂的,其中隐藏着艺术形象诞生的全部秘密。"①他所谈到的感性、理性、心理因素都与人的情感心绪相关。

总体上而言,无论是中国或者西方的艺术,艺术的情感表达是一种客观存在的本质性现象,这并不是说在艺术中先有意象而后才有情感表达的需要。准确地说,正是因为情感表达的迫切需要才形成了中国艺术特有的意象性特征。例如南朝谢赫所说的"六法"中的"应物"所指的就是人是感于物而动、动则生情、以情运法,让物我共化。从而将一种复杂的天、地、人、时空与物的关系汇聚在艺术作品中。当然在将人的感情移诸到作品的过程中,也同时包含天、地、人及时空与物的贯通。由此可见,在中国古典美学当中始终视意象为艺术的本体。因此探讨中国艺术的这一本质性特征,不能脱离情感的范畴及其与意象之间的关系。

二、中国艺术中的情感

无论是在中国或者西方,在它们早期的艺术特征里,比如彩陶、岩画中都包含着一种近似的、强烈的群体性情感。例如,中国原始时期的马家窑彩陶上描绘的抽象人形舞蹈纹饰所表现出的对生命的赞美之情、商周时期的青铜器上的各种兽纹与鸟纹,反映出对自然和天地的敬畏之情。西方史前时期的拉斯科洞窟壁画与中国原始时期的艺术有着异曲同工之妙。西方中世纪的雕塑与建筑则反映出对上帝的热爱及灵魂救赎的渴望。在人类历史长河中的这些艺术作品都贯注了一种强烈的生命情感。就整个人类艺术的层面来说,自然生发的、本能性的情感特征是其所创造的艺术的本质性因素。

---

① 杨成寅:《美学范畴概论》,杭州:浙江美术学院出版社 1991 年版,第 303 页。

中国早期古代典籍《尚书》里提出："诗言志，歌永言，声依永，律和声，八音克谐，无相夺伦，神人以和。"①其中"志"就是指人的内在心绪与情感。战国的《乐记》中对情感与音乐的关系也有所阐释："凡音者，生人心者也。情动于中，故形于声；声成文，谓之音。"②由此可见，在一些早期中国美学的论述里，已经注意到艺术形式有情感表现的性质，并且把这种情感的表现欲望作为艺术形式产生的源头。但是在早期的"诗言志"里的"志"（情感）更多地被当作中国人的精神世界里思想与道德的意识成分来看待。《毛诗序》曰，"诗者，志之所之也。在心为志，发言为诗，情动于中而形于言"，③对情与志关系的阐释，逐渐体现出"情"与"志"走向合一的趋势。唐代孔颖达在《左传·昭公二十五年正义》里说："在己为情，情动为志，情志一也。"④进一步地阐明了两者之间的相互作用。可以说"缘情言志"作为表达情感的传统延续，是中国艺术不断发展的主轴线。在中国艺术发展的不同历史时期，都有对情感的不同角度的阐释。例如西汉扬雄认为"书，心画也"。⑤南北朝刘勰认为"情者，文之经"。⑥清代袁枚认为"诗者，人之性情也"。⑦甚至在中国文学、戏剧、小说等这些具有再现性、叙事性的艺术样式之中，比如明代戏剧家汤显祖的《牡丹亭》就把中国传统文学情感论提到了"唯情论"的高度。"世总为情，情生诗歌""因情成梦，因梦成戏"的思想观、艺术观影响了清代的曹雪芹。在他所创作的《红楼梦》这部具有代表性的中国诗性叙事特征的小说里，其主题就是以"情"为核心展开的主题的情感化历程，进而表现个体生命的存在性质与意义。在第二十七回《葬花吟》："闺中女儿惜春暮，愁绪满怀无释处，手把花锄出绣帘，忍踏落花来复去。""侬家葬花人笑痴，他年葬侬知是谁？试看春残花渐落，便是红颜老死时；一朝春尽红颜老，花落人亡两不知。"⑧的诗句中深刻地表达了林黛玉在生与死、爱与恨的复杂斗争过程中，以及个人内心所产生的焦虑体验与迷茫的情感波动。

① 《尚书·尧典》（尧典第一下·俞夏书一），见（清）孙星衍撰：《十三经清人注疏 尚书今古文注释》，陈抗、盛冬玲点校，北京：中华书局1986年版，第71页。
② 吉联抗译注：《乐记》，阴法鲁校订，北京：音乐出版社1958年版，第3页。
③ 《十三经注疏》，国学整理社1935年版，第269页。
④ 安敏：《春秋左传正义研究》，长沙：岳麓书社2009年版，第21页。
⑤ 杨家骆著：《扬子法言》，北京：世界书局1955年版，第14页。
⑥ （南朝）刘勰著：《文心雕龙》，北京：中华书局1985年版，第45页。
⑦ （清）袁枚著：《随园诗话》，南京：凤凰出版社2009年版，第309页。
⑧ （清）曹雪芹著：《红楼梦》，西安：三秦出版社2002年版，第201页。

在不同历史时期的中国诗歌、文学、书法与绘画的理论与艺术实践中，都将情感视为艺术创造的本源与核心。由此可见，情感不仅是中国艺术继承、演变的动力与关键所在，也是中国艺术及哲学思想的核心范畴之一。

三、中国艺术中的意象

仅仅就人在日常生活中所表露的喜、怒、哀、乐等这些情感来说，还不能称其为艺术，只能说是一种自然表露的情绪。因为艺术需要与其相应的表现形式与符号。比如最早《左传》的"诗以言志"的"志"指个人的思想、抱负与志向。但是在战国之后诗言志当中的"志"的含义比《左传》更为宽泛，不仅仅是抒发出人的思想情感还包含对理想世界的向往及个人的政治抱负的多重含义。但是这个"志"并不等同于诗本身。一种情感的表现转化为艺术必须借助于一种表现性的形式符号。明代王廷相说："诗贵意象透莹，不喜事实粘著。古谓水中之月，镜中之影，难以实求是也……《三百篇》比兴杂出，意在言表；《离骚》引喻借论，不露本情……言征实则寡余味也。情直致而难动物也，故示以意象。使人思而嚼之，感而吃之，邈哉深矣，此诗之大致也。"[1]在这段话中，他把意象规定为情感的艺术表现，视意象为诗歌的本体。正是这种中国艺术特有的情感表现特质和艺术家表现个人情感的强烈欲求，推动了中国艺术意象理论的发展。由此可以确定的是，意象的形成是中国艺术中情感表现的一种必然结果。

与西方艺术以理性科学的方法再现外在的现实自然作为艺术创造的驱动力不同，中国艺术中形象创造的目的更多的是传达个人的情绪与感受或者说"以形写神"。比如东晋画家顾恺之提出了"传神写照"的观点，他的人物作品注重人物的神灵、气质与活力，以超越形似将艺术表现的对象引向幽深而宽阔的意象世界。这种重神轻形的艺术思想势必推动艺术家在艺术创造的过程中对外在的客观物象进行个人主观化的处理。比如通过抽象、组合、夸张与变形来表现个人的主观情感，其结果是艺术作品中的形象与客观现实的物象有较大的差异，带有艺术家主观的情感色彩。这种以"情"来造"景"的艺术形象就称为"意象"。郑板桥说："江馆清秋，晨起看竹，烟光、日影、露

---

① （明）王廷相：《与郭价夫学士论诗书》，见《王廷相哲学选集》，北京：科学出版社 1959 年版，第 39 页。

气，皆浮动于疏枝密叶之间。胸中勃勃，遂有画意。其实胸中之竹，并不是眼中之竹也。因而磨墨展纸，落笔搜作变相，手中之竹又不是胸中之竹也。总之，意在笔先者，定则也；趣在法外者，化机也。独画云乎哉！"①这段话阐明了从"眼中之竹"到"胸中之竹"再到""手中之竹""的飞跃，这其中包含着审美意象的生成。在这个过程中，虽然关涉到作画技巧与工具及物质媒介的作用，还包括其他方面如经济和科学、技术的因素，但是艺术创造的核心主要是意象的生成。叶朗认为："意象生成统摄着一切，首先是统摄着作为动机的心理意绪与情感，还统摄着作为题材的经验世界，统摄着作为媒介的物质载体，也统摄着艺术家和欣赏者的美感。"②由此可见，在中国艺术意象说的发展与形成过程中始终贯穿着情感的轨迹。《易传》的"立象以尽意"及庄子的"得意忘言说"，体现了"意象"最初的一种萌芽状态。魏晋时期的王弼认为："言者所以明象，得象而忘言；象者所以存意，得意而忘象。"③进一步地阐明了意象的含义及两者的关系。在南梁刘勰的著作《文心雕龙》里有对"意象"的哲学性阐释。例如，其在《神思篇》中说，"神用象通，情变所孕"，④ 也就是"神思"，意在阐明情感的孕育是意象产生的前提与基础。在中国古典绘画艺术中的传移模写的"传"字包含传神、传意与传情的多重含义，既有对历史的继承也包含对现实的再现与对主体情感观念的表现。"移"字包含移情与变移的含义，比如古语说"移风易俗"有改造和变化的意思。这种"情"与"象"的关系在转向艺术哲学范畴初级阶段的同时，也在向中国文艺精神的情感表现因素靠近。由此不难发现，"意象"从其开始在中国艺术中的出现就具有明显、突出的情感性质。

就本质而言，情感即是艺术创造的动力与源泉也是统辖材料并形成意象的核心所在。这也意味着中国艺术意象理论的形成从开始就和"源情言志"的传统一脉相承。情感表现不仅成为意象创造的动力和源泉，也是意象审美的最终归宿，这也是由情感表现的本质特征所决定的。

---

① （清）郑板桥：《题画》，见《郑板桥集》，上海：上海古籍出版社1970年版，第154页。

② 叶朗：《美学原理》，北京：北京大学出版社2009年版，第248页。

③ （魏）王弼：《王弼集校释》，北京：中华书局1980年版，第609页。

④ （南朝）刘勰：《文心雕龙》，北京：中华书局1985年版，第39页。

四、意象与情感的辩证关系

情感表现的驱动推动了中国艺术意象的生成。与此同时，意象的审美也是向情感之源的回归。就如同刘勰《文心雕龙·知音》所说："夫缀文者情动而辞发，观文者披文以入情，沿波讨源，虽幽必显。"①他认为情感在意象中与艺术形象融合为有机的统一体。在《文心雕龙·神思篇》中他说："古人云：形在江海之上，心存魏阙之下。神思之谓也。文之思也，其神远矣。故寂然凝虑，思接千载，悄焉动容，视通万里；吟咏之间，吐纳珠玉之声，眉睫之前，舒卷风云之色；其思理之致乎？故思理为妙，神与物游，神居胸臆，而志气统其关键；物沿耳目，而辞令管其枢机。枢机方通，则物无隐貌；关键将塞，则神有遁心。是以陶钧文思，贵在虚静，疏瀹五藏，澡雪精神；积学以储宝，酌理以富才，研阅以穷照，驯致以怿辞；然后使玄解之宰，寻声律而定墨；独照之匠，窥意象而运斤：此盖驭文之首术，谋篇之大端。神用象通，情变所孕。物以貌求，心以理应。"②这一段话主要阐述的就是情感思绪的驰骋与想象，正是情感的驱动引发了象与情、意与境和形与神的生成。清代画家恽格说："笔墨本无情，不可使运墨者无情；作画在摄情，不可使鉴画者不生情。"③这些都是旨在说明意象创造的情感归旨。

可以说，情感的传达即是意象创造的动力也是归宿；意象与情感是一种彼此依托、互为生成的关系。但是这并不意味着情感是意象的一切和主宰或者说情感是意象产生的绝对前提和条件。就中国意象艺术所包含的内容和功能而言，不仅仅是情感的反映，其中还包括对宇宙自然的认识与历史的哲学思考。在不同历史时期的艺术作品中，通过书法、绘画、诗歌与音乐等不同的艺术形式和载体，充分体现并弘扬了儒家思想中伦理道德的仁义观、道家思想中的天人合一的自然观，佛教思想中的去恶向善的心灵观。因此不能片面地将情感表现在意象生成过程中的作用绝对化、权威化、概念化，而是清楚地认识到艺术的情感内核并不是对艺术哲理意味的排除。在这两者之间不是对立而是相互依托、彼此彰显的关系。情感作为主体对客体的心理反映其本身就是一种价值评

---

① （南朝）刘勰：《文心雕龙》，上海：上海古籍出版社 2016 年版，第 495~496 页。
② （南朝）刘勰：《文心雕龙》，上海：中华书局 1985 年版，第 38 页。
③ （清）恽格：《南田画跋》，上海：上海人民美术出版社 1987 年版，第 45 页。

判的结果，带有艺术家个人源自哲学、伦理、生活经验、审美喜好等多种因素
所造成的心理定势，在此基础上形成了自己的价值取向及个人情感的趋向。就
比如初唐诗人陈子昂的诗句："前不见古人，后不见来者。念天地之悠悠，独
怆然而泪下。"①不仅突显出一种感慨人生的情感体验，也有对有限生命感悟的
哲理思考。心理学将情感表述定义为：人对客观现实的一种特殊反映形式，是
人对于客观事物是否符合人的需要而产生的态度的体验，其中包括感觉、思想
与行为的综合心理与生理状态。因此情感当中既包括有感性成分也有理性成
分。就艺术中的情感表现来说，往往是感性中有理性，理性中有感性。但是由
理性所引起的情感并不是"理性"本身，而是转化为具有某种理性色彩的情感。
因此不能把情感视为"情"和"理"的简单相加。就本质而言，它就是作为有机
存在的情感自身。在李泽厚看来，这关乎于中国人独特的宇宙观，因为中国的
宇宙意识是渗透情感的。这种"渗透"包含两重含义：一方面是将宇宙生命化、
情感化；另一方面是将人的生命宇宙化、自然化。他认为自然宇宙与人文在中
国的艺术与美学中具有互渗性。在李泽厚看来，中国美学的核心追求是通过现
实具体的情感或者符号去体会把握那超越有限的无限本体，并且是在具体的人
世情感中而不是在抽象的玄思与思辨中去把握和领会的。那么这种情感就不是
单纯的、日常生活意义上的情绪的外化和表露而是渗透了理智而升华的情感。

　　价值评判是情感生成的特征，其中价值标准的差异又造就了情感品质的差
别，进而影响到意象的生成。中国艺术自秦汉以来，经历了儒教、道教、佛教
与禅宗、宋明理学与明代经世致用的人文思想的影响，使得不同历史时期的中
国意象艺术呈现出不同哲学思想与不同宗教观点的情感色彩。但是就本质而
言，在意象的世界之中观照宇宙人生的特质与情感不是对立关系而是彼此有机
契合的共存关系，也就是说情感与意象的内涵具有一致性。

　　此外，不能忽视的一个重要因素是情感品质的培养与方式。中国古典艺术
的传统非常注重情感品质与培养的方式。情感品质也是哲理思想与情感的关系
所决定的，这也是意象创造过程中的关键所在。宋代书画家郭若虚在《图画见
闻志》说："人品既已高矣，气韵不得不高；气韵既已高矣，生动不得不至，
所谓神之又神而能精焉。"②在郭若虚看来，受到伦理、道德与哲学思想影响与
浸染而成的人的品格对艺术具有绝对的制约力。清代的王昱在《东庄论画》中

---

① （清）蘅塘退士等：《唐诗三百首》，杭州：浙江古籍出版社 1988 年版，第 28 页。
② （宋）郭若虚：《图画见闻志》，北京：人民美术出版社 2003 年版，第 15 页。

说:"学画者先贵立品。立品之人,笔墨外自有一种正大光明之概;否则,画虽可观,却又一种不正之气,隐跃毫端。文如其人,画亦有然。"①由此可见,历代中国艺术理论极为重视情感品质的独特价值;艺术家也注重对情感品质的培养。比如元代画家黄公望、明代画家董其昌提倡读万卷书、行万里路的陶冶性情的方式。还有一些独特的在作画吟诗之前、有意识地培养情感生发的方式,比如"养兴"方法的运用,以及前面所提及的孔颖达的情志合一说及中国传统画论、诗论中谈到的胸襟、心量、机神、心斋等修心养神的观点无一不是对情感品质及其在意象创造中的重要性的肯定。

在意象的精神内核之中,哲理思想与情感并不是彼此对立的。那么思想、哲理同情感之间是什么样的关系?这当中必然涉及人的意识范畴。因为在情感中那些基于客体价值评价的一部分是属于意识的范畴,在现代西方尤其是精神分析心理学领域中还有对人的"无意识"的深入研究。例如,在西方现代艺术的发展过程中诞生的"超现实主义"就深受这种精神分析思潮的影响。人的无意识有两种类型:一方面是人的所思所想,包括冲动、意向、欲望等多种情感演化进入意识的深处成为无意识;另一方面是保存在人的遗传基因中心灵的"原始意象",也可以理解为人类精神构成的潜在的心理基础。就理性层面上的意识来说,其建立在逻辑思维和科学对象上的分析与判断的理性能力会削弱情感的传达。但是,由人的生命本身所生发的无意识所带来的是一种非理性的、原发性的情感喷发。这当中包括意识中断时的某种情绪的突变、梦的恐惧与奇异回忆,还有受原型支配的不自觉的情感撞击。这些源于人的根本的生命力充满着一种强烈的情绪色彩与原始心理。西方精神分析学家弗洛伊德认为,一种意识状态下的人的情感不及无意识状态下的人的状态真实。因此,情感的意义只能置于能代表毫无掩饰的"绝对真实"的自我的无意识当中。另一位精神分析学家荣格认为"诸原型在实际经历中表现方式:它们同时即是意象,又是情感。只能当这两种特征同时表现出来时,人才能够说表现者是原型。当只有意象出现时,那么它不过只是几乎没有意义的言语图画。但是当负载着情感,意象获得神秘力量(或曰心灵能量)时,它就相当于某种重要意义必将从中流溢而出的原型"。② 他认为原型不仅是简单的名字也不是一个哲学概念,

① 俞剑华:《中国古代画论类编 上》,北京:人民美术出版社 2004 年版,第 188 页。

② [瑞士]荣格:《潜意识与心灵成长》,见《荣格作品集》,上海:上海三联书店 2009 年版,第 74 页。

而是生命本身的组成部分，但是以情感为中介将自身与生命个体连为一体的不同意象。当然，这种观点是从关注情感因素的价值问题来考虑的，也离不开西方不同时代人的生存境遇与哲学思潮的影响。

无论西方还是东方的艺术，意象始终是关涉到情感问题。但是仅仅是把无意识的情感引入作为符号的艺术本身来只是具有悖论和反理性、反哲理思想的性质。但是不能否认的是，这当中也体现出情感的独特价值即它作为桥梁连接了无意识与艺术的创造意识。作为一种调节机制在两者之间形成有机和互补。因为没有情感只有哲理思想的艺术形象，其审美必定是苍白的，只有情感而没有哲理思想的艺术形象，其审美必定是浅薄的。它们在构筑意象的精神内核中，两者不能缺其一。

五、结　语

正是中国有别于西方国家的民族特色的价值评判形成了中国意象艺术中独特的情感意味。而正是这种情感倾向推动了中国意象艺术特征的形成、发展与完善。例如在中国绘画里，南朝谢赫所提出的"气韵生动"。① 也称为"六法之首"。其意象的至高境界不是对物象的具体摹写，而是一种带有深刻哲理性质的情感。因此，意象自身就表明其带有主观的情感特质，具有一种非现实的、虚幻的特征。艺术家不以追求再现外在物象的具体细节为目标，一种对物象"不似之似"的表现反倒成为艺术家的自觉追求目标。就如同唐代张彦远说，"运墨而五色俱，谓之得意"。②

综合中国绘画历来的基本原则，比如二维的平面性、俯察仰观、"三远"（高远、深远和平远）等表现方法、绘制技法的程式性来看，都是深受情感表现的制约，并且情感自身伴随着情感内涵的演变而随之发生变化。"凭情以会通，负气以适变。"③不仅中国绘画，包括诗歌中的情感也都是通过景抒发出来的，它有着非常鲜明的意象性。也就是说，文字所引起的意象与绘画所展现的形象没有太多区别。它们都是浸染着情感的"凭借物"。可以说情感与中国艺术形式的这种既矛盾又统一的相互运动，从根本上构成了中国意象艺术历史发

---

① （南齐）谢赫：《古画品录》，王伯敏标点注译，北京：人民美术出版社1959年版，第1页。

② （唐）张彦远：《历代名画记》，沈阳：辽宁教育出版社2001年版，第19页。

③ （南朝）刘勰：《文心雕龙》，北京：中华书局1985年版，第42页。

展的主轴线，也造就了中国艺术中的意象的两重世界。一是"可见"的世界、即在艺术作品中的画面、语言与线条。二是"不可见"的世界、即看不见、摸不着的艺术形象所隐含的世界。前者是"象"，而后者是"象外之象"。

自中国远古时代开始，这个贯注着不同历史时期不同时代内涵的情感，始终是中国艺术表现的核心。正是围绕着这个内核才构筑了中国艺术丰富的艺术体系与表达方式。情感的表现又必须在艺术作品中转化为情感的符号性特征，中国意象艺术正是中国艺术哲学中情感表现本质的具体的符号性体现，由此创造了一个与人始终相关的生命世界而不是一种西方艺术那种象征型和隐喻型的艺术。

中国艺术中的"意"与"象"所追求并构筑的是一个完整的生命世界，而不是纯粹抽象道德的象征符号。对于中国艺术中的情感表现与意象本身的关系而言，它们始终是紧密联系的范畴，彼此生发、相映生辉。

（董军　武汉纺织大学艺术与设计学院/武汉大学哲学学院）

"独抒性灵"

——审美境界的超越

唐哲嘉

袁宏道字中郎，又字无学，号石公，又号六休，生于隆庆年间，湖广公安人。他是我国晚明时期最具特色、富有个性的作家之一，其美学思想在晚明广为流传，备受文坛推崇。他在文学方面的巨大成就也与他的哲学思想息息相关，但国内关于袁宏道哲学思想的研究才刚起步，关于其美学思想的研究就更少了，袁宏道作为一名文学家固然人人皆知，但其作为思想家的地位还未受到很大的重视，其美学思想的可挖掘空间更是很大。

我国古代美学思想演进至明清时期已是封建社会的黄昏，这一时期落后的封建社会意识形态开始向进步的资产阶级思想转变。整个社会思潮汇成一股强有力的浪漫洪流，晚明时期的中国美学和文艺，深受儒释道精神影响，尤其是阳明后学"泰州学派"和李贽以及禅宗思想和《庄子》思想的影响。中国哲学出现了以"求真""贵我"为主要价值取向的新哲学精神。受这一新哲学精神的影响，中国文艺领域、学术领域出现了提倡"性灵"的美学主张。其中袁宏道在《叙小修诗》中率先高举"独抒性灵"的大旗，反对前后七子后学的复古美学主张，他从具体的文学现象上升到美学的主体问题，以特有的深刻性发展了审美意识、审美心理研究的环节，对主体内心作了深入的开掘。从晚明的思潮来看，袁宏道的美学思想集中体现了儒、释、道三教思想的融汇，也贯彻了晚明李贽以来的"求真"思想，是对人自然性情的复归，具有冲破传统束缚、发展个性的启蒙意义。"性灵说"不仅是袁宏道审美理想的体现，更是明代美学理论研究中的一个重要领域，它对晚明、清代的文艺创作和审美追求有着重要的影响。

在众多关于袁宏道的研究中，"性灵"说一直都是学者关注的重点，自20世纪80年代中期美学热的到来，陆续有学者转而发掘到"性灵"的美学内涵，从而拓展了关于袁宏道的美学思想研究。但目前学术界对其美学思想的研究并不多，从现有的资料来看，对其美学思想的研究主要还是集中在美学史中，如叶朗的《中国美学史大纲》、肖鹰的《中国美学史明代卷》、陈望横的《中国美学史》等，这些著作中均有讨论袁宏道的美学思想，还有部分论文也有涉及他的美学思想。目前来看，对于"性灵"说的美学研究比较零散并且没有深入分析。虽说随着美学的兴起，研究已经在逐步推进，往近学者大多能注意到袁宏道美学思想的流变问题，对其美学范畴有一定的研究与分析。但在目前阶段我们依旧发现研究中存在着许多不足之处或仍有存疑之处。本文主要围绕袁宏道美学思想的核心命题"独抒性灵"进行分析，从审美主体——"真人"和审美的客体——"境"两个维度来具体展开，从而更加深入的阐释袁宏道的"性灵"美学思想。

一、审美主体——真人

袁宏道认为美源于"性灵"，而"性灵"的显现和流露则需要具体的载体，因而袁宏道提出"独抒性灵"的美学命题实际上就是"心灵与物境的结合，即审美主体与审美客体的结合"。① 袁氏明确地指出"性灵窍放心，寓放境"，② 也就是说实现"性灵"的观照要由"心"出发，"心"所代表的就是审美的主体。审美主体是审美意象的创造者，在审美过程中有着不可替代的作用。但并非所有人都能实现对"性灵"的观照，因而他进一步提出"真人"的概念作为审美的主体。关于真，中国美学往往有三种理解：一者，理真；二者，事真；三者，情真。袁宏道讲"真人"的概念并不是传统意义上德性义理之"真"，更多的是突出主体性的性情之"真"，因而袁宏道乃是以性情之"真"作为审美旨趣来反对封建伦理的德性束缚。此种重视情真的思想离不开李贽的影响，李贽在《童心说》中云："夫童心者，真心也……若失却童心，便失却真心；失却真心，便失却真人。人而非真，全不复有初矣。"③李贽在这里强调有"真心"与做"真

---

① 景延安：《论袁宏道"性灵说"的美学特质》，载《中国人民警官大学学报（哲社版）》1995 年第 3 期。

② 袁宏道著，钱伯城笺校：《袁宏道集笺校》附录三江盈科《敝箧集叙》，上海：上海古籍出版社 2008 年版，第 1685 页。

③ 《王阳明全集》，《焚书》（《焚书·续焚书》），上海：上海古籍出版社 1992 年版，第 98 页。

人"彼此关联，"真心"指童心未泯，"真人"即"童心"未被闻见和道理所损害之人。除了求本心之真外，人之性情的自然流露也是李贽"童心说"所强调的，有以自然为美的自然人性论倾向。袁宏道所强调的"真人"同样也体现在真性情上，它是一个人真实的情感和本性，宏道没有强调本性和情感的先验至善，一个自然的人，其本性和情感也应该是既包括善的也含有恶的和情欲的成分，"真人"只是将自己真实的情感和本性倾注到了具体的"境"中，也就是达到了美的境地。从袁宏道对"真人"的论述可见，大致强调了三点：其一，"真人"是能够率性而行的人；其二，"真人"是具有极高的才情的人；其三，"真人"具备虚静的审美心胸。

首先，袁宏道认为"真人"作为审美和创作的主体，要能够做到"率性而行"，这是"性灵"美学的人性论基础。袁氏所强调的人之本性并不是传统儒家的性，《中庸》有言："天命之谓性，率性之谓道，修道之谓教……喜怒哀乐之未发，谓之中；发而皆中节，谓之和。中也者，天下之大本也；和也者，天下之达道也。致中和，天地位焉，万物育焉。"①这里所提之"性"乃指天命之性，即强调先验的道德至善，儒家将人的本性定义为天赋的"善"，因而要提倡通过"教"的方式达到天赋本性的回归。君子即便是心里有"喜怒哀乐"也不要表现出来，这一原则被称作中；表现出来却能够有所节制，被称作和。中是稳定天下之本；和是为人处世之道。显然传统儒家将"中和"的原则作为审美的根本原则，因而要求作为审美主体的人其"性"也应该是至善的。如前所说，就袁宏道所接受的心学影响来看，主要还是来自提倡性无善无恶的王畿和李贽等人。他指出孟子所谓的"性善"实际上是"以情为性"，它是已发状态下的人伦之用，而非"性"的本然状态，否则美色、金银俱可为"性"，从这个意义上来说袁宏道是否定儒家所说的"性善"。虽然宏道没有明确提出过"本性"是恶还是善，或是无善无恶，但从他的表述来看其"真性"更加接近无善无恶之性，"若夫真神真性，天地之所不能载也……岂区区形骸所能对待着哉？"②他从佛学的角度认为天赋之性即"真神真性"是没有生灭的，它没有所谓善恶的区分。然而在审美层面虽然没有所谓善恶之分，但袁氏也同时强调每个人的"性"是不一样的，这里的"性"实际上是指的超越道德伦理的天然性情。他在《识张幼

---

① 王文锦：《礼记译解》第三十一《中庸》，北京：中华书局 2016 年版，第 692 页。

② （清）袁宏道著，钱伯城笺校：《袁宏道集笺校》（上），上海：上海古籍出版社 2008 年版，第 489 页。

于箴铭后》写道："袁子曰：两者不相肖也，亦不相笑也，各任其性耳。性之所安，殆不可强，率性而行，是谓真人。"①袁宏道认为"性"是不可以强求的，不能人为地通过后天的教育来改变，而"真人"是能够顺从自然本性，自由的展现自己的"性"，所以"真人"能够自由的表达自身的情。正如他在《叙小修诗》中所说"其万一传者，或今间阎妇人孺子所唱《擘破玉》《打草竿》之类……尚能通于人之喜怒哀乐嗜好情欲，是可喜也"，②不同于儒家节制人的"喜怒哀乐"等情欲，审美主体的"真人"能够自由地宣泄自身的"喜怒哀乐嗜好情欲"，这就是宏道所说的"率性而行"。

其次，"真人"必然是具备较高才情之人，主体的才情直接涉及文艺创造能力。个体之间在文艺想象和对外感受的能力上是有差异的，而"真人"在才情上必然是要符合文艺创造的要求，这和袁宏道一贯强调的重"神"的思想是离不开的。江盈科在《潇碧堂集序》中说："真者，精诚之至，不精不诚，不能动人。强效者不欢，强合者不亲。夫唯有真人，而后有真言。真者，识地绝高，才情既富，言人之所欲言，言人之所不能言，言人之所不敢言。"③"真人"是"识地绝高，才情既富"之人，唯有独具才情才能"从胸臆流出"自身的性情，能自由的表达自身的情欲，能畅快的抒发一般人达不到体验，能不受束缚的表现一般人所不敢表现的。而"真人"是"无识无闻"的，他的才情并不是指后天学习的各种"理"，而更多的指向审美主体的自然气质。此种气质我们可以从钱谦益的评论中略知一二："中郎之论出，王、李之云雾一扫，天下之文人才士始知疏瀹心灵，搜剔慧性，以荡涤模拟涂泽之病，其功伟矣。"④钱谦益认为袁氏的美学思想是对古典美学的巨大冲击，他将"性灵"归结于心灵，将"性灵"论者的才气称为"慧性"，这种气质也就是袁氏兄弟常说的"慧"或"慧黠之气"。审美主体具备"慧气"方能通向文艺形象的显现，"慧气"可以看作是另一种意义上的"元气"。中国古典美学受"元气"论影响强调"气"的范畴，认为"气"能够表现具体的形象之外的生命元气，如此文艺形象才具备生命力。

① （清）袁宏道著，钱伯城笺校：《袁宏道集笺校》（上），上海：上海古籍出版社2008年版，第193页。

② （清）袁宏道著，钱伯城笺校：《袁宏道集笺校》（上），上海：上海古籍出版社2008年版，187~189页。

③ （清）袁宏道著，钱伯城笺校：《袁宏道集笺校》（下），上海：上海古籍出版社2008年版，第1695页。

④ （清）钱谦益著：《列朝诗集小传》《丁集中. 袁稽勋宏道》，上海：上海古籍出版社1983年版，第567页。

袁宏道显然也是主张将主体的"慧气"融入具体的文艺创作中，通过"慧气"来展现主体精神。同时"慧"与宏道所提倡的审美范畴"趣"有极大的关联。关于这一点其弟小修说得更加明确："凡慧则流，流极而趣生焉。天下之趣，未有不自慧生也。"①在这里我们将审美范畴的"趣"放在后面讨论，此处谈到"慧"放之客体则产生"趣"美，同样"慧"放之主体则是审美能力和创造力的精神源泉。从根本上来讲"慧"是人天然性情的表现，它是人天生所具备的才气，正是这种"慧"才使得"真人"具备审美和文艺创造的才情。

最后，"真人"除了具有较高才情之外，还需要有虚静的审美心胸。审美的过程乃是主体对于客体的摄取，客体符合主体的主观情感而达到美的体验，而审美心胸则是关乎这一过程中主体对客体摄取的能力。袁宏道认为要想真正达到审美的心境，就不能被外在的见闻所束缚，后天的认知会妨碍自身真性情的舒展。因而他极其强调"无闻无识真人"，这样的"真人"必然是"真性灵"的自然流露。所谓的"闻识"主要是针对儒家的名教、礼法、功名、义理等伦理与经验，这些"闻识"的形成得益于后天的学习和教育，因而使得心胸充满了功利色彩，以至妨碍审美的过程。他尤其提到了"官"（即权）和"名"这两种功利之最对人的束缚，宏道曾在万历二十三年出任吴县县令，此时正是他提倡"性灵"的高峰期，有感于"官"对审美心境的影响，他曾说："无官一身轻，斯语诚然。甥自领吴令来，如披千重铁甲，不知县官之束缚人，何以如此。不离烦恼而证解脱……割断藕丝，作世间大自在人，无论知县不作，即教官亦不愿作矣。"②做官带来的功利影响远远不止身体上的劳累，更多的在于精神上的束缚和不自由，此种不自由使得他"味真觉无十分之一"。③ 除"官"之外就是"名"，"名"和"官"一样是束缚人表现自性的最大阻碍之一，"大约世人去官易，去名难。夫使官去而名不去，恋名犹恋官也。为名所桎，犹之桎于官也，又安得彻底快活哉！"④想要获得真正的快活就必须去"名"去"官"，抛弃世间的功名利禄，这样的人才能自由地抒发"性灵"。"真人"就要避免这一类"闻

① （清）袁中道著，钱伯诚笺校：《坷雪斋集》（上），上海：上海古籍出版社 2007 年版。
② （清）袁宏道著，钱伯城笺校：《袁宏道集笺校》（上），上海：上海古籍出版社 2008 年版，第 222 页。
③ （清）袁宏道著，钱伯城笺校：《袁宏道集笺校》（上），上海：上海古籍出版社 2008 年版，第 222 页。
④ （清）袁宏道著，钱伯城笺校：《袁宏道集笺校》（上），上海：上海古籍出版社 2008 年版，第 509 页。

识"对自身心境的染污，保持虚静的审美心胸。他进一步提出"适世"的道路来达到虚静的审美心胸，所谓"适世"，就是要做到摆脱世俗的功名、评价、见闻等功利性的追求，自由自在地做真我。宏道曾将学道之人分为四种："弟观世间学道有四种人：有玩世，有出世，有谐世，有适世。……独有适世一种，其人甚奇，然亦甚可恨。……弟最喜此一种人，以为自适之极，心窃慕之。"① 在他看来，"玩世者"即庄子所代表的道家，袁宏道认为在万历那个年代已经不可再有了；"出世者"即禅宗祖师达摩所代表的佛禅宗师，他们"以狼毒之心，而行慈悲之事"，袁宏道认为他们执着于此，因而难以认同；"谐世者"即孔子所代表的儒家，袁宏道认为"用世有余，超乘不足"，儒家过分地计较功利"用"，难以达到正直的超脱；而"适世者"，无德无能，无为无志，"甚奇，然亦甚可恨"，"最天下不紧要人"，袁宏道却最赞赏这种人，"以为自适之极，心窃慕之"。在他看来，"适世"之人不同于道家的"出世"，道家否定人为的东西，致力于返归自然。而适世者不同，他们依旧活在社会之内，没有完全脱离社会，但他们却没有儒家入世的目的心。儒家拘泥于治国平天下，佛家拘泥于超度众生，因而唯有"适世"之人兼具出世与入世的双重属性，他们能自在地活在世间，正如江盈科对宏道的评价："石公胸中无尘土气，慷慨大略，以玩世涉世，以出世经世，骛节高标，超然物外"，② 超越功利性正是"适世"之人虚静的心胸所在，因而能专注于审美。

二、审美客体——境

袁宏道在《叙小修诗》中提出"独抒性灵"的美学命题的同时关注到了审美主客体之间的关系，"真人"所代表的审美主体在一定程度上是离不开具体的审美客体的。因而他说："有时情与境会，顷刻千言，如水东注"③"曾不知情随境变，字逐情生"。④ 具体来说，"情与境会"这一命题代表了审美主客体之

① （清）袁宏道著，钱伯城笺校：《袁宏道集笺校》（上），《徐汉明》，上海：上海古籍出版社 2008 年版，第 217~218 页。

② （清）袁宏道著，钱伯城笺校：《袁宏道集笺校》（下），上海：上海古籍出版社 2008 年版，第 1696 页。

③ （清）袁宏道著，钱伯城笺校：《袁宏道集笺校》（上），上海：上海古籍出版社 2008 年版，第 187~189 页。

④ （清）袁宏道著，钱伯城笺校：《袁宏道集笺校》（上），上海：上海古籍出版社 2008 年版，第 187~189 页。

间达到审美统一的关键，即审美意象是通过主体的"情"与客体的"境"双方的"会"来达到的。这一过程中袁宏道没有突出文艺想象的作用，而是用主观的"情"来代替具体的逻辑思维过程。因而他的命题和王昌龄所说的"思与境协偕"是两种不同的审美意象发生论，王昌龄更加强调文艺想象的作用，提倡用"思"来创造审美意象，而袁宏道却提倡用"情"来表现。而"情"与"境"的"会"在具体的审美过程中又表现为"偶触"的形式。他提出"性灵窍放心，寓放境。境所偶触，心能摄之，心所欲吐，腕能运之。以心摄境，以腕运心，则性灵无不毕达"。① 这就是说审美感受来自主体的"心"与客体的"境"的契合，是主体与客体的统一。这种统一的形式表现为"偶触"，"偶触"实际上就是"触兴"，源于外在的客体对主体的触动和感发。在这一由"物"及"心"的发生论过程中，"物"对"心"的感触只是一种偶然的行为，但依旧不可忽视"物"的感发作用。因而袁宏道认为只有善放"以心摄境"并且真正"心能摄境"，才能获得独特的审美感受。所以尽管袁氏强调和突出了审美过程中主体的绝对地位，但他也没有完全忽视审美客体的存在。

如上所说，"性灵"的观照除却审美主体的能动性，还需要对"境"的触发。具体来说，"境"的美学含义是什么呢？所谓的"境"实际上就是指的审美客体，"境"是"象外之象"，但它还是属于"象"的范畴。"境"突破了"象"的有限性而进入到对无限的观照，它是"虚""实"的统一。袁宏道以"境"为审美的客体，乃是主张审美观照要突破有限的"象"而进入到对无限的"性灵"的观照。叶朗先生在《中国美学史大纲》中提出"'境'作为审美范畴，最早出现于王昌龄的《诗格》"。②《诗格》将具体的"境"分为"物境""情境"和"意境"三种不同的形态。在这三种"境"中，"物境"指的是自然山水等所形成的境象，此种"境"是外在于人的审美客体；而"情境"指的是人生经历的境界；"意境"则是指人的意识世界，这种"意境"有别于现代意义上的"意境说"，前者依旧是一种审美客体，而后者是文艺家的知情意与具体的客体结合产生的审美意象。虽然"性灵"美学更加侧重主观的创造作用，但它也没有完全否定美的客观性，从袁宏道对"境"的表述我们大致可以分为"物境"与"意境"两种不同的"境"。

---

① （清）袁宏道著，钱伯城笺校：《袁宏道集笺校》（下），上海：上海古籍出版社2008年版，第1685页。

② 叶朗著：《中国美学史大纲》，上海：上海人民出版社2002年版，第267页。

　　首先是"物境"，《诗格》有言："一曰物境。欲为山水诗，则张泉石云峰之境，极丽绝秀者，神之于心，处身于境，视境于心，莹然掌中，然后用思，了然境象，故得形似"，① "物境"指向自然山水，也就是具体的现实存在，它具有客观实在性。袁宏道同样承认美的客观性，他在《经华山》中说："天地如文人，精华不可刊，而其秀杰气，常在水与山"，② 他认为自然界的青山绿水是天地之美的彰显，这种美的精华常存于山和水之间。这种客体所蕴含的精华，同样是"慧黠之气"。而其弟袁中道则明确说："山之玲珑而多姿，水之涟漪而多姿，花之生动而多致，此皆天地间一种慧黠之气所成"。③ 袁氏兄弟认为，自然万物的美都是源自一种流动的"气"，正是这种"气"的流动使得万物具备生气，而自然万物的美也正是由于此种"慧黠之气"充斥于天地之间所形成的。袁宏道更在《秦中杂吟和曹远生》叹曰："清风发虚窍，其中有性灵"，④ 又说"湖水可以当药，青山可以健脾，逍遥林莽，欲枕岩壑，便不知省却多少参苓丸子矣"。⑤ 他在对自然山水的观照中，实现了主体的"我"与"物境"的合一。肖鹰先生认为袁宏道此种即物即我的审美方式不是简单的审美的静观，也非由我及物的移情，而是一种"我"与"物"偶遇的当下本然生命的舒张，在这一审美过程中主客体超越了彼此的对立状态而达到了合一的境界。就文艺创作而言，就是要使自我与山水自然等"物境"融为一体，在无所牵绊畅意洒脱的游乐与创作过程中，"我"与"境"达到天人合一的境界，"我"的"性灵"自然能肆意挥洒于山水之间。江盈科说："中郎所叙山水，并其喜怒动静之性，无不描画如生。譬之写照，他人貌皮肤，君貌神情。"⑥正是因为袁宏道将自我喜怒动静的性情毫不保留地挥洒于山水之间，他的诗文创作才能深入人心，这就是审

---

　　① 　张伯伟撰：《全唐五代诗格汇考》上卷《文镜秘府论》，南京：江苏古籍出版社2002年版。

　　② 　（清）袁宏道著，钱伯城笺校：《袁宏道集笺校》（下），上海：上海古籍出版社2008年版，第1447页。

　　③ 　（清）袁中道著，钱伯诚笺校：《坷雪斋集》（下），上海：上海古籍出版社2007年版。

　　④ 　（清）袁宏道著，钱伯城笺校：《袁宏道集笺校》（下），上海：上海古籍出版社2008年版，第1408页。

　　⑤ 　（清）袁宏道著，钱伯城笺校：《袁宏道集笺校》（上），上海：上海古籍出版社2008年版，第286页。

　　⑥ 　（清）袁宏道著，钱伯城笺校：《袁宏道集笺校》（上），上海：上海古籍出版社2008年版，第217页。

美的自由。而就"物境"的范围来说也不仅仅局限于"山水"之中,袁宏道在《叙竹林集》中明确提出"善画者,师物不师人。善学者,师心不师道。善为诗者,师森罗万象,不师先辈",① 在他看来能够激发审美与文艺创作的"物境"是森罗万象的,自然界的各种事物都能够转化为审美视域下的"物境"。

然而虽然"物境"自身的范围是森罗万象没有止境的,但若是这一审美过程中总是伴随着"物境",审美的自由不免受到"物"的限制。而"性灵"所追求的乃是真正的自由,因而自然山水所构成的"物境"并不是袁宏道审美意识的核心。袁宏道所追求的是审美自由,是一种"自适"的心态,它超越了"物境"的局限。正如雷思霈在《潇碧堂集序》中评价袁宏道说道:"如山之有云,水之有波,草木之有花华,种种色色,千变万态,未始有极,而莫知其所以然,但任吾真率而已。"②自然山水等所构成的"物境"是无穷无尽、千变万化的,在如此繁杂的"物境"中,主体只要能做到"情"的率真即能实现审美观照,达到审美的自由,因而袁宏道的美学思想更加注重内在的审美心理和审美意识的探索。

向广阔无垠的内心世界探索,从而获得审美体验,最终达到审美的自由,真正意义上超脱了"物境"的限制,对内心世界的开发在某种程度上构成了审美的自适。外在的"物境"虽然在客观上的确构成了美的因素,然而脱离了主体的欣赏终究无法产生审美意义。只有"物"与主体"偶遇"才能真正进入主体的世界,进而化为审美意义,而"心"的发明则将美内化于人心,此种对"心"的探索所构成的境称之为"意境"。《诗格》有言:"三曰意境。亦张之于意而思之于心,则得其真矣"。③ 这里所说的"意境"乃是内心意识的境界,王昌龄认为在三种"境"中"意境"才是审美的精髓。袁宏道曾在《题陈山人山水卷》中提出类似的观点,他说:"孔子曰:'知者乐水。'必溪涧而后知,是鱼鳖皆哲士也。又曰:'仁者乐山。'必峦壑而后仁,是猿揉皆至德也。唯于胸中之浩浩,与其至气之突兀,足与山水敌,故相遇则深相得。纵终身不遇,而精神未尝不

---

① (清)袁宏道著,钱伯城笺校:《袁宏道集笺校》(中),上海:上海古籍出版社2008年版,第694页。

② (清)袁宏道著,钱伯城笺校:《袁宏道集笺校》(下),上海:上海古籍出版社2008年版,第1696页。

③ 张伯伟撰:《全唐五代诗格汇考》上卷《文镜秘府论》,南京:江苏古籍出版社2002年版。

往来也，是之谓真嗜也"。① 他说鱼鳖等动物一定要通过具体的溪涧才能知道
"乐水"，而人却不一样，只要他们拥有浩浩之心胸，就能与客体达到共鸣。
溪涧所代表的可以认为是具体的"物境"，袁宏道却标榜脱离具体的"物境"，
从而达到纯粹精神上的享受。他认为虽然与具体的"物境"相遇能够获得更加
深刻的审美体验，但却是有所依托，依托了具体的"物境"就没有办法达到自
由。而离开"物境"，获得精神上的享受才是审美自由的终极目标。他论述的
审美过程中并不是缺失了审美客体，而是这种客体不像"物境"一样具有实在
性，这种精神所构成的审美客体可以称之为"意境"。由于"意境"是内化于人
的内心世界，它具有无限性和非实在性，因而袁宏道特别强调审美心胸的重要
性。如前所说审美主体——"真人"必须具备清净的审美心胸才能达到对"性
灵"的观照，这是因为审美心胸能够实现对"意境"的摄取，从而创造美的体
验。雷思霈评价袁宏道说："石公胸中无尘土气，慷慨大略，以玩世涉世，以
出世经世，姱节高标，超然物外"，② 正是这种超然物外的审美心胸才造就了
袁宏道的审美创作。审美主体只要具备此种审美心胸就能将任何的"境"转化
为审美的意象。即便终身不遇山水，也可以达到精神上的审美自由，这正是袁
宏道审美自由的终极追求。

三、结　　语

综上所述，由"性灵"的美学思想出发，袁宏道提出了审美的主体—"真
人"的概念，从而进一步对主体进行了限定，从袁氏对审美主体的规定来看，
其思想充分显示了"性灵"美学重视人的主体性和真性情的特点。同时，袁宏
道承认客观物质对美的影响，因而他注意到审美客体"境"的重要作用。但"性
灵"美学毕竟是更加注重审美主体，客观的自然山水所构成的"物镜"依旧不是
他审美的核心，他所追求的审美自由是无所依托的，向内心探索的"意境"。
但无论如何，他都承认了美的客观性和客体在审美中的重要作用，就这点来说
他的美学思想是主观与客观的统一。他的"性灵"为晚明诗歌的创作打开了新

---

① （清）袁宏道著，钱伯城笺校：《袁宏道集笺校》（下），上海：上海古籍出版社
2008 年版，第 1581 页。
② （清）袁宏道著，钱伯城笺校：《袁宏道集笺校》（下），上海：上海古籍出版社
2008 年版，第 1696 页。

的方向，是对传统诗文教的巨大反叛。在传统儒家的言志载道，温柔敦厚之外创造了另一种境界。这一美学理念背后体现着人性的启蒙，其思想对于晚明美学乃至后世的美学具有重要的意义。

（唐哲嘉　苏州大学政治与公共管理学院）

论李泽厚美学的初创过程

陈英铨

李泽厚美学初创过程是很有意思的学术问题，对这一问题的研讨有助于人们通过思想发展过程来理解把握李泽厚美学。迄今为止，人们对李泽厚美学初创过程的关注并不多，而不多的关注又主要集中于美学大讨论，因此，很有必要用新的眼光继续研讨这一问题。本文认为，自 1955 年至 1964 年，李泽厚美学经历了将近十年的初创过程，这一过程可以划分为关键性的三步，其中，第一步是李泽厚美学的萌芽，第二步是李泽厚美学的奠基，第三步是李泽厚美学的成型。下面试分而论之。

一、李泽厚美学的萌芽

李泽厚美学萌芽的机缘是参加古典文学中的人民性问题讨论。解放初，随着阶级斗争观念的流行，人们在文化领域内也大讲阶级性，以阶级性来衡量古典文学。因为屈原、李白、杜甫等众多著名诗人都属于地主阶级，于是便产生一个他们的作品能否被承认的问题。这也就是当时争论得比较激烈的屈原、李白、杜甫等人的作品是否具有人民性的问题。作为衡量标准，人们提出了各种各样的意见。例如，有的论者提出的办法是从古典文学作品里面找出一些"民"字来证明其具有人民性，有的论者则通过划定作者的阶级成分来衡量其作品的价值。总之，尽管讨论很多，但是真正有说服力的意见却很少，问题并没有真正得到解决，古典文学中的人民性问题成为一道深刻地困扰人们的时代难题。

时代难题历史地摆在了热爱并且熟悉古典文学的李泽厚面前。李泽厚很自然地加入了古典文学中的人民性问题讨论。1955 年 4 月，李泽厚发表《评古典文学研究中的一些错误观点》一文。该文旨在评析古典文学研究中由于误解误用人民性评价准则而造成的错误。李泽厚认为，古典文学中的人民性问题是当下最重要复杂的中心课题，但是，很多文艺理论家因为对人民性的内容和意义以及如何运用人民性准则来衡量古典作家和作品等问题了解得不够，从而产生了一些突出的错误。这些错误可以分为两类。第一类错误是对古典文学作品中的人民性内容和成因认识不足。这是主要错误。这种错误的具体表现是用对作家个人生活和主观思想情况的研究来替代或引申出对作品形象世界中客观的人民性内容的研究，把两者错误地混为一谈。第二类错误是把作品的人民性研究简单化、庸俗化，例如，有人通过寻找和排列屈原作品中的"民"字来证明屈原作品的人民性，有人通过强调李白终身只是一个布衣来证明李白作品的人民性。李泽厚认为，第一类错误的发生是因为没有摆脱旧的资产阶级唯心论方法的影响，运用了资产阶级唯心论的主观主义研究方法，第二类错误则是因为对马克思主义研究方法掌握得不够准确。

《评古典文学研究中的一些错误观点》一文并非纯粹为批判而作，在批判错误观点的同时，李泽厚提出了自己的正面意见。一方面，在批判错误研究方法的同时，李泽厚明确了自己的方法。"与资产阶级唯心论的主观主义研究方法完全相反，具体问题的唯物主义的客观具体分析是马克思主义的根本原则之一。"① 那么，李泽厚的这个"马克思主义的根本原则"具体又是什么？李泽厚指责"林先生对李白诗歌的人民性并没有任何认真的马克思主义的美学分析和社会历史分析"，② 并且要求了解"怎样深入到作品的形象世界和作品产生的社会历史环境中去掌握和研究它的人民性"，③ 由此可以看出，李泽厚这种所谓的"唯物主义的客观具体分析"，实质上就是要求对古典文学作品进行美学分析。事实上，李泽厚也正是这样做的。例如，在反驳陶渊明研究中的错误时，李泽厚对陶渊明作品进行了美学分析。"张先生的这种研究方法的特点，就在于它不惜生硬地歪曲和破坏作品中活生生的优美的艺术形象，主观主义地断章取义来牵强附会。"④ "'荒草何茫茫'一诗通过送葬形象的真实塑造深切地表达了人对死亡的沉重的悲哀。……'咏荆轲'一诗的价值……在于诗人通过那种慷慨激昂不顾生命向不义的统治者作英勇的一击的壮美艺术形象的成功的创造，表达和歌颂了与人民思想情感相通的勇敢的抗争精神。……陶诗之所以

---

① 李泽厚：《门外集》，武汉：长江文艺出版社 1957 年版，第 175 页。
② 李泽厚：《门外集》，武汉：长江文艺出版社 1957 年版，第 173 页。
③ 李泽厚：《门外集》，武汉：长江文艺出版社 1957 年版，第 160 页。
④ 李泽厚：《门外集》，武汉：长江文艺出版社 1957 年版，第 161 页。

能为人民所喜爱，首先就在于它是通过优美的艺术形象反映了生活的真实和先进的理想。"①在反驳屈原研究中的错误时，李泽厚对屈原作品作了美学分析。"（屈原作品）有着更深刻的人民性内容：在屈原创造的形象世界里集中地反映了当时楚国广大人民群众的爱国主义的深沉的悲愤和强烈地要求振奋和复仇的思想情绪，反映了那典型环境中典型的时代悲剧气氛。"②显然，在这里，李泽厚所理解的人民性实质上就是审美性。因此，可以说，为了与讲究阶级性的流行错误相对抗，李泽厚注重审美性，由此走向了美学。

如果说《评古典文学研究中的一些错误观点》一文的重心是"破"，是批判反驳用阶级性规定人民性的流行错误，那么，1955年6月发表的《关于中国古代抒情诗中的人民性问题》一文的重心已经自觉地放在"立"，放在对古典文学的审美批评上了。在该文开头，李泽厚说，"如何从文学的人民性这一角度来阐述我国古典抒情诗的内容、特点和价值，却还没人作过真正认真的研究。一方面，这固然是由于这一问题本身的异常复杂的性质所影响，另一方面，也反映了只知道大讲阶级性的庸俗社会学的严重影响和阻碍"。③ 李泽厚不满时人只知道大讲阶级性，代之以大讲审美性，此亦即用审美性来规定所谓的人民性。可以说，李泽厚在这里已经比较明白地提出了以审美判断代替政治判断这一继承民族文学遗产的美学思路。基于这样一种思路，李泽厚对有代表性的中国古代抒情诗及著名作家进行了审美批评。对于《诗经》《乐府》，李泽厚认为它们是具有美学深度的人民自己的创作，是以后千百代优秀诗人、歌手们宝贵的楷模和典范。即使是带着悲观情绪的抒情诗也具有人民性，因为人们读这种诗甚至是关于年华易逝人生短促的悲叹时，引起的是深厚的同情、澄澈的沉思、不可抑制的愤怒和要求奋发的激励情感。对于"建安风骨"，李泽厚认为，典型社会环境中典型的人们情绪、社会氛围的反映和抒发，是"建安风骨"人民性之所在。对于"盛唐之音"，李泽厚认为，"盛唐之音"具有高度的人民性，它表现了处于上升阶段的地主统治阶级中的许多知识分子们，在这个时候具有奋发有为、生气勃勃、敢于突破旧有束缚的青春的创造力。他们所创造出的作品具有一种与人民思想情感相通的健康向上的乐观主义精神。对于李白、屈原、杜甫、白居易、辛弃疾、陶渊明、阮籍、李煜等著名古典作家，李泽厚认

---

① 李泽厚：《门外集》，武汉：长江文艺出版社1957年版，第162~163页。
② 李泽厚：《门外集》，武汉：长江文艺出版社1957年版，第163页。
③ 李泽厚：《门外集》，武汉：长江文艺出版社1957年版，第109页。

为，他们是出现在统治阶级士大夫中的杰出文学巨匠，他们的创作中包含着很深刻的人民性的内容。盛唐时期那种许多开朗乐观的著名诗篇，像李白那种对封建社会庸俗生活的厌弃和争斗，对更高的人生价值和生活理想的强烈渴望、热情梦想和追求，那种蔑视世俗、笑傲王侯、充满着排山倒海似的巨大力量的浪漫诗歌，就恰恰是这一典型的社会环境中最高的典型产物。屈原和杜甫那些个人感愤抒发的是忧国忧民的精神，是对社会现实和人民生活的关注。白居易"江州司马青衫湿"的身世凄怆，辛弃疾"更能消几番风雨"的壮士悲愤，正是当时时代或民族的普遍的忧伤和义愤。陶诗基本特点之一正是那种对污浊倾轧的上层社会生活、对腐烂短促的荣华富贵的大的怀疑、厌弃和蔑视，对自己忍受穷困的正直生活和节操的大的满足和骄傲。阮籍深沉地抒发了在黑暗专制制度的胁迫下，对本阶级生活的极大的苦闷、烦厌、不满足。李煜词通过人生的慨叹和往事的追怀，深切地表述了对自己被处在被侮辱被损害的地位的真挚的悲痛。总而言之，李泽厚从审美价值的视角全面肯定了古典文学中的优秀作品和杰出作家。

由于《关于中国古代抒情诗中的人民性问题》完全不同于时人只知道大讲阶级性的陈腔滥调，并且李泽厚在人民性的名义下对古典文学作品和作家作出了比较有说服力的美学分析，因此，在当时深深地为古典文学中的人民性问题所困扰的文化界看来，李泽厚已经成功地找到了颇为有效地解决时代难题的思路。正因为此，《关于中国古代抒情诗中的人民性问题》一义发表之后影响极大，李泽厚由此一举成名，也由此在美学道路的开拓上有了新的进展。

1956 年，李泽厚作了《谈李煜词讨论中的几个问题》一文。该文继续贯彻以审美性规定人民性的思路，反对李煜词讨论中盛行的以政治判断来衡量李煜词的价值的研究方法，主张以审美价值来衡量李煜词。首先，李泽厚认为，李煜私生活的荒淫佚乐以及政治上的昏聩无能与他的爱情诗、抒情诗的文学创作的好坏没有直接的逻辑关系，李煜词（包括其前期词和后期词）在其先后和同时代诗人中，已经具有脱尽脂粉气的高朗、抑郁和伤感的风貌特点，创造了一些超越前人的优美的艺术意境。其次，李泽厚认为，李煜后期词的价值不在于表达了什么爱国主义思想情感，而在于它表达了一种被王国维解说为"担负人类罪恶"的较为博大深沉的思想情感。"作者从自身遭受迫害屈辱的不幸境地出发，对整个人生的无常、世事的多变、年华的易逝、命运的残酷……感到不可捉摸和无可奈何，作者怀着一种悔罪的心情企望着出世的'彻悟'和'解脱'，但同时却又恋恋不舍，不能忘情于世间的欢乐和幸福，作者痛苦、烦恼、悔恨，而完全没有出路……。这种相当复杂的感触和情绪远远超出了狭小的个人'身世之戚'的范围，而使许多读者能从其作品形象中联想和触及到一些带有广泛性质而永远动人心弦的一般的人生问题，在情感上引起深切的感受。"①再次，李泽厚反对历史与文学的牵强联系，反对简单地以南唐的生产力和经济情况来作为李煜词的历史环境，来直接解说李煜词的内容，主张深入研究"词"的出现和其内容的真正的社会时代原因和特点，研究李煜词的真正的历史背景。

总的来看，在中华人民共和国成立之初大讲阶级性的时代，为了解决古典文学中的人民性时代难题，李泽厚摸索出以审美批评代替政治判断的美学道路。《评古典文学研究中的一些错误观点》《关于中国古代抒情诗中的人民性问题》《谈李煜词讨论中的几个问题》三文共同构成了李泽厚美学的萌芽。需要指出的是，由于时过境迁，当下学人对解放初影响极大的古典文学中的人民性问题讨论缺乏必要的了解，人们通常认为李泽厚美学的起点(萌芽)是美学大讨论。其实，这种流行的看法是错误的，李泽厚美学的起点应该是古典文学中的人民性问题讨论而非美学大讨论。

二、李泽厚美学的奠基

如果说李泽厚美学萌芽的机缘是参加古典文学中的人民性问题讨论，那么，李泽厚美学奠基的机缘便是参加美学大讨论。参加古典文学中的人民性问题讨论时，李泽厚的《评古典文学研究中的一些错误观点》《关于中国古代抒情诗中的人民性问题》《谈李煜词讨论中的几个问题》等论文已经很富有论争气息。在古典文学中的人民性问题讨论中，李泽厚通过参加学术论争开辟出了自己的美学道路。在美学大讨论中，李泽厚继续通过参与学术论争来开拓自己的美学道路。

美学大讨论后来被高度赞美，然而，就其缘起来说，它本质上只是一种政治批判。1956年6月30日，朱光潜在《文艺报》上发表《我的文艺思想的反动性》一文。朱光潜发表该文的本意显然是被迫做自我批判，表明自己愿意接受马克思主义。随后，黄药眠在《文艺报》1956年第14、15号发表《论食利者的美学》一文，批判朱光潜是剥削阶级的美学。蔡仪在《人民日报》1956年12月

---

① 李泽厚：《门外集》，武汉：长江文艺出版社1957年版，第191页。

1 日发表《评"食利者的美学"》一文，批判黄药眠，认为黄药眠也是主观唯心主义。朱光潜在《人民日报》1956 年 12 月 25 日发表《美学怎样既是唯物的，又是辩证的》一文，批判蔡仪，主张美学既是唯物的又是辩证的。当时批判朱光潜的文章不少，大多是批朱光潜的唯心主义的。显然，这些互相扣帽子的论战基本上是政治性的批判而不是什么学术性的争论。

正是在这样一种十分浓烈的政治批判氛围中，1956 年 12 月，李泽厚在《哲学研究》1956 年第 5 期发表《论美感、美和艺术——兼论朱光潜的唯心主义美学思想(研究提纲)》一文，参加美学大讨论。作为研究提纲，该文的重点不在于批判朱光潜，而在于借批判朱光潜之机系统地发表李泽厚美学的基本观点。在该文开头，李泽厚首先明确了他对美学的研究对象的基本看法。"美学基本上应该包括研究客观现实的美、人类的审美感和艺术美的一般规律。"①李泽厚将美学研究对象三分为美、美感和艺术美。据此，在正文中，李泽厚分别从"美感""美""艺术的一般美学原理"三个方面来提出自己的观点。在"美感"部分，李泽厚提出美感的矛盾二重性重要观点并阐明了美感与美的关系。美感的矛盾二重性是美感的个人心理的主观直觉性质和社会生活的客观功利性质，即主观直觉性和客观功利性。美感的这两种特性是互相对立矛盾着的，但它们又相互依存、不可分割地形成美感的统一体，主观直觉性是这个统一体的表现形式、外貌、现象，客观功利性是这个统一体的存在实质、基础、内容。关于美感与美的关系，李泽厚认为现代唯心主义美学将美感与美混为一谈，将美感作为美的存在根据，并且用对美感经验的分析来替代对美的分析。李泽厚反对这种观点，他主张区分美感与美并且认为美是美感的存在根据。"美是不依赖于人类主观美感的存在而存在的，而美感却必须依赖美的存在才能存在。"②在"美"部分，李泽厚认为，美不是物的自然属性，而是物的社会属性；美是社会生活中不依存于人的主观意识的客观现实的存在；自然美只是这种存在的特殊形式。李泽厚进而提出了美的两个基本特性：客观社会性和具体形象性。美的客观社会性一方面是指美不能脱离人类社会而存在，另一方面是指美包含着日益开展着的丰富具体的无限存在(社会发展的本质、规律和理想)。美的具体形象性是指美必须是一个具体的、有限的生活形象(包括社会形象与自然形象)的存在。在"艺术的一般美学原理"部分，李泽厚谈及了有关艺术的最重要

---

① 李泽厚：《门外集》，武汉：长江文艺出版社 1957 年版，第 1 页。

② 李泽厚：《门外集》，武汉：长江文艺出版社 1957 年版，第 19 页。

的各种美学问题。对于艺术与现实的关系，李泽厚认为，美客观地存在于人类社会生活之中，但是需要通过艺术才能感知和欣赏美。这是因为个人的生命、经历、知识都是极为有限的，不可能直接反映、把握现实美。对于艺术形象与典型的关系，李泽厚认为，艺术美是现实美的集中的反映，艺术美的形象的集中、强烈而更真实也就是艺术典型。关于形象思维，李泽厚认为，作为一个整体的形象思维有着它不同于逻辑概念的自己的理性认识的方法和阶段，它的这个阶段，正如同逻辑思维的这个阶段一样，是把感性认识中的材料抽象概括的结果。形象思维这种抽象和概括，不是通过逻辑的概念，而是通过形象的典型化。关于艺术批评的美学准则，李泽厚认为，艺术分析必须从形象出发，从形象所引起的美感出发。首先必须分析作品中的形象，看它是否真实、是否典型。其次，必须分析作品的阶级性、时代性等，分析它如何和在何种程度反映了当时社会现实生活。再次，必须揭示艺术作品的客观内容、意义和价值，指出好的艺术品的教育意义和坏的艺术品对人类精神的毒害，使艺术作品以更明确更自觉的方式深入人心。总之，从美感到美到艺术的一般美学原理，李泽厚在整个美学领域系统地提出了自己的观点。因此，这已经不是一篇普通的论战文章，而是李泽厚美学的总提纲了。李泽厚的美学观点是运用马克思主义基本原则系统地批判各派美学理论的成果，因此，它是一种马克思主义美学。与充斥着批判意味的其他文章相比，李泽厚这篇论文的思想性十分突出，难怪连被批评者朱光潜也赞赏地认为"这是批评他文章中的最好的一篇"。①

1957 年 1 月 9 日，李泽厚发表了《美的客观性和社会性——评朱光潜、蔡仪的美学观》一文。该文是《论美感、美和艺术——兼论朱光潜的唯心主义美学思想》一文的缩写，但是实际上，该文只集中谈论了美学中的美论问题，是李泽厚对其美论观点的进一步阐明。在该文中，李泽厚在反驳朱光潜和蔡仪美学观的基础上来阐明自己的观点。对于朱光潜认为美作为美感对象必须依存于人的主观条件的观点，李泽厚认为，朱光潜虽然提出了"美"和"美感"的两个概念，但却处处混淆了二者，处处把依存于人类意识的美感的主观性看作是美的所谓的主观性，把美感和作为美感对象的美混为一谈。对于蔡仪强调美的客观性的存在而否认美的依存于人类社会的根本性质的观点，李泽厚认为，这是一种"形而上学唯物主义的美学观"，这种美学观无法真正解决美的复杂问题。反驳朱光潜和蔡仪美学观之后，李泽厚阐明了自己的美学观。美是人类的社会

---

① 李泽厚：《走我自己的路：杂著集》，北京：中国盲文出版社 2002 年版，第 45 页。

生活，美是现实生活中那些包含着社会发展的本质、规律和理想而用感官可以直接感知的具体的社会形象和自然形象。美的社会性是指美依存于人类社会生活，是这生活本身，而不是指美依存于人的主观条件的意识形态、情趣。不能把美的社会性和美感的社会性混为一谈。美的社会性与客观性是不可分割地统一的。为了增强说服力，对于自然美这一美的社会性与客观性相统一的难点问题，李泽厚专门进行了深入论证。在李泽厚看来，自然美不在于自然本身，不在于人类主观意识自然美与社会现象的美一样，它是一种客观社会性的存在，它本身已包含了人的本质的对象化，是一种"人化的自然"。

1957 年 5 月，李泽厚发表讲演稿《关于当前美学问题之争论——试再论美的客观性和社会性》一文。李泽厚在评述高尔太、蔡仪、朱光潜的观点之后，对自己关于美的观点作出了新的阐明。这时的李泽厚认为，"美是包含着现实生活发展的本质、规律和理想而用感官可以直接感知的具体形象（包括社会形象、自然形象和艺术形象）"。①

1957 年 6 月，李泽厚发表《"意境"杂谈》一文。该文中所谈的"意境"相当于王国维的"境界"。在李泽厚看来，"意境"是经过艺术家的主观把握而创造出来的艺术存在，而"境界"则近于生活中的原型，偏于单纯客观意味，因此，"意境"比"境界"二字更为准确。该文认为，"意境"是比"形象"和"情感"更高一级的美学范畴，是在生活形象的客观反映方面和艺术家情感理想的主观创造方面的有机统一中所反映出来的客观生活的本质真实。

1957 年 12 月，李泽厚将既有的美学文章结集出版为《门外集》。《门外集》收录《论美感、美和艺术》《美的客观性和社会性》《关于当前美学问题的争论》《关于中国古代抒情诗中的人民性问题》《"意境"杂谈》《评古典文学研究中的一些错误观点》《谈李煜词谈论中的几个问题》等七篇文章。此时，美学大讨论尚未结束，李泽厚美学也尚未初创完成，但是，对李泽厚来说，《门外集》的出版依然是一个标志性的事件，它意味着李泽厚已经踏入了美学思想殿堂的大门，标志着李泽厚美学已经奠基。在《门外集》的序言中，李泽厚总结道："写了点札记或提纲式的文章……文字也写得不够通俗，有些句子还很欧化冗长。所以，我估计在这方面，自己现在最多也还不过是处于'才窥见室家之好'的门墙之外的阶段。要真正升堂入室，还得下苦功夫。不过这种可怜情况

---

① 李泽厚：《门外集》，武汉：长江文艺出版社 1957 年版，第 107 页。

倒又逼使我下决心好好努力，我希望今后能够真正踏踏实实做些工作。"①《门外集》这个书名用得很有意思，李泽厚自称尚在门外，实际上也就意味着他已经摸进了门里，因为只有入门之后，才会真正有对于门以及门里门外之分的自觉意识。对于为学来说，入门不是一件简单的事。据《坛经》记载，五祖弘忍的高徒神秀刻苦修行多年，却也是"只到门外，未入门内"。② 而当下现实中，不少学人更是终其一生都只是无意识地在门外奔忙，根本不"认得"这一个门字。

三、李泽厚美学的成型

《门外集》之后，李泽厚并未就此止步，而是在既有基础上，继续抓住一些带根本性的美学问题进行研究，有意识地完成其美学的体系性建构。对于完成美学体系性建构的意图，李泽厚后来出版《美学论集》时有过明确交代。"本文(《论美感、美和艺术》)结尾原曾提到撰写《美学引论》一书……此书写成了大部分初稿……其中有些部分曾以文章形式改写发表，如收集在本书(《美学论集》)中的谈艺术种类、典型、形象思维、创作方法、虚实隐显之间等篇。"③

1958 年 5 月，李泽厚发表《论美是生活及其它——兼答蔡仪先生》一文。在该文中，李泽厚对流行的车尔尼雪夫斯基的"美是生活"命题进行了评析。李泽厚认为，车尔尼雪夫斯基美学理论的哲学基础是费尔巴哈的抽象的人本主义而非历史唯物主义。李泽厚进而指出，他"所企图的是把'美是生活'的唯物主义贯彻下去，把车尔尼雪夫斯基的'应当如此生活'从主观概念的世界中搬到客观现实生活中去"。④

1959 年 2 月，李泽厚发表《试论形象思维》一文。该文研究的是形象思维这一艺术的一般美学原理中的关键问题。李泽厚通过四个问题的回答对形象思维问题进行了系统阐述："第一个问题，有没有形象思维？有。""第二个问题，形象思维的实质和特点是什么？形象思维的过程，在实质上与逻辑思维相同，

---

① 李泽厚：《门外集》，武汉：长江文艺出版社 1957 年版，序。

② 《坛经·行由品》。

③ 李泽厚：《美学论集》，上海：上海文艺出版社 1980 年版，第 51 页。

④ 李泽厚：《美学论集》，上海：上海文艺出版社 1980 年版，第 108 页。

也是从现象到本质、从感性到理性的一种认识过程。不同的是，形象思维在整个过程中思维永远不离开感性形象的活动和想象，相反，在这过程中，形象的想象是愈来愈具体、愈生动、愈个性化。""第三个问题，形象思维与逻辑思维有什么关系？逻辑思维是形象思维的基础。""第四个问题是形象思维的不同特色。形象思维因艺术种类、创作方法、民族特色、作家个人才情不同而不同。"①关于形象思维，这是一个开创性的专论，此后还有四个续论，到最后一个专论《形象思维再续谈》时，李泽厚对形象思维的看法已经与此大为不同。其时，李泽厚认为，形象思维不是独立的思维形式，而是艺术想象，是包含想象、情感、理解、感知等多种心理因素、心理功能的有机综合体。1959 年 5 月，李泽厚发表《以"形"写"神"——艺术形象的有限与无限、偶然与必然》一文。该文认为，成功的艺术作品是那些能够在一些偶然的有限的具体形象里传达出必然的、无限广阔的内容来打动人和感动人的作品。1959 年 7 月，李泽厚写作《〈新美学〉的根本问题在哪里？》一文。该文牢牢地把握住了马克思的生活、实践的观点，以之来批评蔡仪美学"缺乏生活—实践这一马克思主义认识论的基本观点"的根本缺陷。1959 年 7 月，李泽厚发表《山水花鸟的美——关于自然美问题的商讨》一文。该文探讨的是美论中的自然美问题。李泽厚指出，自然美的根源在于自然的客观社会生活特性，这种特性也就是自然与社会生活的某种良好有益的联系、关系、作用等。1959 年，李泽厚写作《关于崇高与滑稽》一文。该文探讨的是崇高和滑稽两个重要美学范畴。李泽厚分析了美的两种用法，第一种，作为本质，美的本质在人们改造现实的能动的生活、实践之中，是真与善的统一、合规律性与合目的性的统一；第二种，作为范畴，美只是美学范畴的一种，与崇高、滑稽平行并列，实即"优美"。关于崇高，李泽厚认为，崇高的根源在于人类社会生活的客观实践和斗争，崇高的实质是实实在在的人对现实的不屈不挠的生产斗争、阶级斗争和科学实验的革命实践。关于滑稽，李泽厚认为，滑稽具有的审美实质就在于引起人们看到恶的渺小和空虚，意识到善的优越和胜利，也就是看到自己的斗争的优越和胜利，而引起美感愉快。

1962 年 2 月，李泽厚发表《美学三题议——与朱光潜同志继续论辩》一文。该文是李泽厚参加美学大讨论的最后一篇文章。在该文中，李泽厚形成了两大重要美学观点。一是"美是自由的形式"观点。"如果说，现实对实践的肯定是

---

① 李泽厚：《美学论集》，上海：上海文艺出版社 1980 年版，第 226~255 页。

美的内容，那末，自由的形式就是美的形式。就内容言，美是现实以自由形式对实践的肯定；就形式言，美是现实肯定实践的自由形式。"①二是"自然的人化"观点。"自然的人化是指经过社会实践使自然从与人无干的、敌对的或自在的变为与人相关的、有益的、为人的对象"②"人化的自然，是指人类社会历史发展的整个成果。"③"美是自由的形式""自然的人化"两大美学观点的形成标志着李泽厚美学关于美的本质观点的充分成熟。1962 年 7 月，李泽厚发表《虚实隐显之间》一文。该文探讨的是艺术形象的直接性与间接性问题。李泽厚指出，成功的艺术形象总是直接性（实、显的方面）与间接性（虚、隐的方面）矛盾双方的一种特殊的和谐统一：其直接性总是超出自己，引导和指向一定的间接性；其间接性总是限制自己，附着和从属于一定的直接性。两者相互依存、相互制约，使人们的抒情的想象趋向于一定的理解，获得自由而又必然的联系与和谐，从而发生审美愉快。1962 年 11 月，李泽厚发表《略论艺术种类》一文。该文探讨的是艺术分类问题。李泽厚将艺术划分为实用艺术（主要是工艺与建筑）、表情艺术（主要是音乐与舞蹈）、造型艺术（主要是雕塑与绘画）、语言艺术（文学）、综合艺术（主要是戏剧与电影），分别讨论了各类艺术的审美本性和规律。

1963 年 6 月，李泽厚发表《审美意识与创作方法》一文。通过从审美意识（审美感受和审美理想）的角度对中西文艺进行审美批评，该文简要地勾勒了"创作方法的粗糙的历史轮廓"。1963 年 10 月，李泽厚发表《典型初探》一文。该文从三个方面提出了关于艺术典型问题的意见。其一，艺术典型作为共性与个性、普遍性与个别性的统一，不能从共性个性的一般关系上来看它的数量上的普遍性或代表性，而只有从其充分反映或体现客观现实生活的本质规律，具有必然性的阶级内容这一角度去阐释，才能获得真正深刻的把握。其二，艺术典型作为客观现实的集中反映，是经由艺术家主观能动的创造结果，其中鲜明地表现着艺术家主观的审美意识和审美理想。其三，艺术典型是历史的产物，作为艺术家审美理想对客观现实的反映，典型形式是被决定于一定历史时期的社会生活，被制约于一定时代阶级的人们对于审美理想的要求。

---

① 李泽厚：《美学论集》，上海：上海文艺出版社 1980 年版，第 164 页。
② 李泽厚：《美学论集》，上海：上海文艺出版社 1980 年版，第 172 页。
③ 李泽厚：《美学论集》，上海：上海文艺出版社 1980 年版，第 173 页。

1964 年，李泽厚写成《美英现代美学述略》《帕克美学思想批判》二文。《美英现代美学述略》一文首先简要概述了 19 世纪末以来美英资产阶级美学的总体发展情况，在此基础上，专门对分析哲学的"美学观"、苏珊·朗格的符号论、托马士·门罗的新自然主义、心理学的美学作了较为概括的批判性介绍。《帕克美学思想批判》一文则对在美英现代美学中比较具有代表性的帕克美学作了较为具体的分析。二文共同构成了李泽厚对美英现代美学的系统批判。由于李泽厚在其他论文中已经对欧洲资产阶级美学以及苏联美学进行过批判，因此，到这里，李泽厚已经总体上完成了对国内外各派美学的批判。

综上，到 1964 年为止，李泽厚已经研究了美学领域所有关键性问题并积累形成了自己的相应观点，成功地崛起为可以与朱光潜、蔡仪相提并论而毫不逊色的美学家。至此，可以说，李泽厚美学思想已经成型。不过，由于"文化大革命"的耽搁，直到 1980 年，李泽厚才得以将初创阶段的美学论文结集出版为《美学论集》。《美学论集》成为李泽厚美学成型的迟来的标志。

《美学论集》收录美学文章 25 篇。李泽厚将之划分为六大部分。除《论美感、美和艺术》这一美学总提纲之外，第一部分主要是美论，包括《美的客观性和社会性》《关于当前美学问题的争论》《论美是生活及其他》《〈新美学〉的根本问题在哪里？》《美学三题议》《山水画鸟的美》《关于崇高和滑稽》等文。第二部分是美感论，包括《试论形象思维》《形象思维的解放》《关于形象思维》《形象思维续谈》《形象思维再续谈》等文。第三部分是艺术的一般美学原理，包括《典型初探》《"意境"杂谈》《以"形"写"神"》《虚实隐显之间》等文。第四部分是审美批评，包括《审美意识与创作方法》《略论艺术种类》《关于中国古代抒情诗中的人民性问题》《谈李煜词谈论中的几个问题》等文。第五部分是对美英现代美学的述评，包括《美英现代美学述略》《帕克美学思想批判》。第六部分是对姚文元"美学"的批判，包括《实用主义的破烂货》《美学的丑剧》。

《美学论集》隐含着李泽厚美学的体系，我们可以从中一窥第一阶段李泽厚美学的基本架构。李泽厚美学可以分为两大部分，一是美学原理，二是审美批评。美学原理部分包括三个领域，一是美论，二是美感论，三是艺术的一般美学原理。

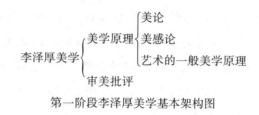

第一阶段李泽厚美学基本架构图

值得注意的是，李泽厚美学的美学原理与审美批评两大部分并非互不相干截然分开的，恰恰相反，两者是紧密联系不可分割的。美学原理是"体"（基本理论），审美批评是"用"（理论应用）。就李泽厚美学的初创过程来说，它首先是从审美批评开始萌芽，然后才进入到理论原创层面的，理论原创又反过来促进审美批评的提高。总之，李泽厚美学的美学原理与审美批评两大部分是相互促进携手前行的。

四、结　　语

综上所述，自 1955 年参加古典文学中的人民性问题讨论开始，到 1964 年完成对美英现代美学的批判为止，李泽厚美学的初创经历了由萌芽而奠基而成型的历史性生成过程。李泽厚美学不是凭空立论，它的创立是一个全面批判中外（主要是外）各派美学理论，逐步积累观点，最终得以完成的发生发展过程。因此，牢牢地抓住"过程"二字，有助于正确地理解、把握李泽厚美学。本文的写作正是基于这一考虑。

（陈英铨　桂林电子科技大学法学院）

李泽厚实践美学超越"二元对立"思想之探析

王彩虹

以李泽厚为代表的实践美学在中国现当代美学思想发展史上具有标志性意义。以马克思辩证历史唯物主义为哲学基础,以"自然人化"过程中"工具本体"和"心理本体"的构建为逻辑支点,李泽厚建构了"人类学历史本体论"的实践美学体系,成为 20 世纪 80 年代中国美学的主流思想。此外,在某种意义上,实践美学还开启了自 20 世纪 90 年代起的中国美学新局面,甚至有学者将中国现当代美学思想的发展历程以实践美学为节点进行划分:"中国当代美学的发展经历了'文革'前的'前实践美学'阶段,新时期的'实践美学'阶段,现在又进入了'后实践美学'时期……"①实践美学的重要性由此亦可见一斑。

实践美学从马克思历史唯物主义的社会物质生产实践出发,将美的"本质问题"导向对"美的来源"问题的探讨:"美"不再是现成的有待认识的机械对象,它只能产生于人类社会的物质生产实践过程中,是人化了的自然,呈现为"客观性和社会性的统一"。实践美学不再从认识论角度谈"美是什么",转而从"发生学"的视角,用"美如何发生""美如何可能"来对"美的本质"进行解答,从而使美学脱离"认识论""对象化"的框架而具有了"发生学"的历史视角。

当深入人类具体的生产实践过程来对"美"进行解释,"工具本体"成为实践美学的第一个逻辑入口。在李泽厚看来,"美"实际上就产生于人类制造和使用工具的过程,这一过程中发生的"自然人化"和"本质力量的对象化"成为理解"美"的关键所在。但说到底,人类的审美活动虽然是以社会性的生产实践为基础,但实际上又要落实到个体的感性存在上,总要具体表现为特定历史

---

① 杨春时:《走向'后实践美学'》,载《学术月刊》1994 年第 5 期。

条件下个体人制造和使用工具的感性过程。面对这种"个体"和"社会"、"感性"和"理性"的矛盾，经过 20 世纪 80 年代的思想启蒙和新一次的美学论争，在现代心理学、西方后现代思潮的影响下，实践美学从审美心理切入，从历史"积淀"的角度出发，对具有人类普遍性的"历史理性""客观社会性"如何落实为审美个体丰富多样的感性状态这一问题展开阐释，以让实践美学对审美现实具有更透彻的解释力，这构成了实践美学的另一逻辑入口，即"积淀说"以及"心理本体"理论，通过它，实践美学让空洞抽象的"人类"向感性具体的"个人"靠拢，也最终构成了实践美学的理论概貌。

更进一步，通过历史的"积淀"，"感性"与"理性""社会"和"自然"交织为一种"自由的形式"，这即是"美"。"美"的产生是一个动态的历史过程："自由（人的本质）与自由的形式（美的本质）并不是天赐的，也不是自然存在的……它是人类和个体通过长期实践所自己建立起来的客观力量和活动。"①在李泽厚看来，"美"并非一成不变的"本质"，而是一种随着社会历史实践的进步不断被拓展和丰富的存在状态。社会生产实践作为人类主体和客体世界相互建构的双向生成域，是审美主体和审美客体具体产生的境域，在这个境域中，因为"自然人化""本质力量对象化""积淀"的作用，"客观性"和"社会性"、个人感性与集体理性、个体和社会、主观和客观之间相互渗透，审美主体和审美客体不是相对待的，而是相互契合、融合而不可分割的关系。

包含了整体与个体、宏观到微观的理论格局让实践美学尤其重视"审美活动"中的统一和融合，具有"客观性和社会性统一"的特点，这在某种程度上也给予了实践美学超越"二元对立"的品质和视野。下面将结合前言所述概貌，具体对实践美学中具有超越"二元对立"内涵的思想进行更为详细的剖析。

一、互为前提的个体与社会

"个体"与"社会"是李泽厚在构建其实践美学体系时要面对的第一对范畴。人类的审美活动以社会实践为基础，社会实践具有全人类的性质，但说到底，它又要以个体的感性存在为前提，总要具体表现为特定历史条件下个体人制造和使用工具的感性过程，它们之间是一种相互内在、互为表里的关系。在审美

---

① 李泽厚：《华夏美学 美学四讲》，北京：生活·读书·新知三联出版社 2008 年版，第 283 页。

活动中，这种"社会性"与"个体性"的相互作用表现得尤为明显，李泽厚将之描述为"感性之中渗透了理性，个体之中具有了历史，自然之中充满了社会；在感性而不只是感性，在形式(自然)而不只是形式……即总体、社会、理性最终落实在个体、自然和感性之上"。① 这被称之为"美感的矛盾二重性"。面对理性与感性，社会与个体，历史与现实的矛盾二重性，实践美学以人类发展的"历时性"和社会物质实践的"创造性"为基础，引入即包含了"时间"也包含了"空间"维度的"积淀说"："所谓'积淀'，正是指人类经过漫长的历史进程，才产生了人性——即人类独有的文化心理结构，亦即哲学讲的'心理本体'，即'人类的积淀为个体的，理性的积淀为感性的，社会的积淀为自然的。'"②通过"积淀"，理性融在了感性中、社会融在了个体中、历史融在了心理中，"个体"与"社会"在相互的建构中成为一体两面的关系。李泽厚举例："语言是社会的，却与人的生存方式相关；它是公共的交流手段，却与个体经验相纠缠。生、性、死是属于个体的，却又仍然从属于社会。"③不存在超越和外在的"社会文化本体"，感性个体的生命现象汇聚而成人类的文明态势，社会历史进程又将个体的生死际遇裹挟进历史的整体中，"个体"与"社会"展现为一种同生共长的统一关系。

在《批判哲学的批判》中，李泽厚将"个体"与"社会"的紧密联系更具体表述为"大我"与"小我"的关系："具有血肉之躯的个体的'我'，历史具体地制约于特定的社会条件和环境，包括这个个体的物质需要和自然欲求都有特定的社会的历史的内容。看来是个体的具体的人的需要、情欲、存在，恰好是抽象的、不存在的；而看来似乎是抽象的社会生产方式、生产关系，却恰好是具体的、历史现实的、真实的存在。"④个体存在和社会历史如此奇妙地生长在一起，不分彼此，个体的同时是社会的，社会的却也是个体的。在李泽厚看来，是社会历史实践赋予个体生命以意义，而个体又同时以自己的感性存在实现着人类社会的历史实践。他将这种一体两面的交织称为现代的"人生之诗"，由

① 李泽厚：《华夏美学 美学四讲》，北京：生活·读书·新知三联出版社 2008 年版，第 320 页。

② 李泽厚：《华夏美学 美学四讲》，北京：生活·读书·新知三联出版社 2008 年版，第 314 页。

③ 李泽厚：《华夏美学 美学四讲》，北京：生活·读书·新知三联出版社 2008 年版，第 264 页。

④ 李泽厚：《批判哲学的批判》，北京：生活·读书·新知三联书店 2007 年版，第 432~433 页。

此将自己的实践美学定位为"人的现代存在的哲学",力求在追本溯源即追问"人类如何可能"的基础上,揭示个体存在的巨大意义,让"美"从理念的、逻辑的分析回归到其生长而成的历史时空中,回归到真切的体验和饱满的情感。只是这样的回归在他的实践美学中有没有最终实现,却又是另一个需要探讨的问题。

二、实践的本体性和超越性

个体存在与社会历史之间一体两面的紧密联系产生于社会物质实践过程中,"社会物质生产实践"是一切得以产生和存在的基础,在李泽厚的实践美学中具有根本的地位。

"实践"有广义和狭义之分:广义的"实践"概念涵盖着人的整个社会生活,是人类自我创建并变革世界的现实活动,是人向人生成和自然界向人生成的历史过程,包括物质生产活动、政治活动、道德活动、审美活动和其他人类社会活动;狭义的"实践"则仅指物质生产实践,即人们制造和使用工具,改造世界以满足人自身需求的客观社会性的物质活动。

实践美学以狭义的"实践",即物质生产实践为基础,紧扣住马克思实践观中的"社会性""物质生产"等要素,将其看成是人和世界的根基,是人类最基本的存在方式。在实践中人使用和制造工具的活动使得自然、人和其他生物群类由此得以区分,人向人生成的同时,自然也向人生成。"物质生产实践"在李泽厚的美学思想中具有"存在"的本体意义:"总之,不是象征、符号、语言,而是实实在在的物质生产活动,才使人(人类和个体)能自由地活在世上。这才是真正的'在'(being),才是一切'意义'的本根和家园。"[1]正是在物质生产实践活动中,自然向人生成,这包括两个方面的内容:外在自然的人化和内在自然的人化。"自然人化"过程发生在人类社会生产实践中,是一个仍在不断推进的过程,也是一个不断克服对立、不断重新结构和融合并因此不断超越的过程,这也就是人类文明的建构过程,在这个过程中,主体与客体、自然与社会、精神与物质等对立因素由二分而统一,由对立而融合,具有超越"二元对立"的内涵。

---

① 李泽厚:《华夏美学 美学四讲》,北京:生活·读书·新知三联出版社 2008 年版,第 283 页。

(一)"自然"与"社会"的统一：自然的人化

李泽厚指出，"通过漫长历史的社会实践，自然人化了，人的目的对象化了。自然为人类所控制改造、征服和利用，成为顺从人的自然，成为人的'非有机的躯体'，人成为掌握控制自然的主人"。① 在这个过程中，原本对立的人与自然、感性与理性因为人类历史文化的发展而实现了"矛盾统一"，这体现为主体在掌握了自然必然性与规律性的基础上对自身"目的"的自觉实现，以及由此获得的自由，这是人类文明的标志，它意味着"人"与"自然""主体"与"客体"有了深刻的关联并相互渗透交融，它们之间不是原始的混然同一，而是真正的矛盾统一："真与善、合规律性与合目的性在这里才有了真正的渗透、交融与一致。理性才能积淀在感性中，内容才能积淀在形式中，自然的形式才能成为自由的形式，这也就是美。"②

由此可以看出，在实践美学理论体系中，"实践"的存在论意义首先被解读为"自然的人化"过程，在这个过程中，人类以一种不可抵挡的主体性力量，将原本外在的自然不断融入人的世界，自然向人生成，人向人生成，并同时赋予它们以一种全新的面貌，它们在实践中相互推动、相互生成，共同构建人类文明，也因此，李泽厚认为，"自然的人化是物质文明与精神文明双向进展的历史成果"。③ 人类文明在这个双向进展的过程中得以不断超越和克服"人—自然""主体—客体"之间的分裂和对立，在这个过程中，物质实践让人与自然双向渗透，自然的形式与人不断发生关系并不断被经验，最后被提纯为"自由的形式"，"人与自然""精神与物质""个体与社会"统一在这自由的形式中，"美"由此诞生。

(二)"合规律性"与"合目的性"的统一：自由的形式

"自由是什么？从主体性实践哲学看，自由是由于对必然的支配，使人具

---

① 李泽厚：《批判哲学的批判》，北京：生活·读书·新知三联书店 2007 年版，第 415 页。

② 李泽厚：《批判哲学的批判》，北京：生活·读书·新知三联书店 2007 年版，第 415 页。

③ 李泽厚：《华夏美学 美学四讲》，北京：生活·读书·新知三联出版社 2008 年版，第 258 页。

有普遍形式(规律)的力量。"①在李泽厚看来,"自由"源自对必然性的掌握,并在此基础上获得的能实现自身"目的"的行动力量。"自由"的行动力量源自人类的主体性实践,在这个过程中,主体理性认识、改造、利用自然"……具有内在目的尺度的人类主体实践能够依照自然客观规律来生产"。② 于是"人的主观目的性和对象的客观规律性完全交融在一起",③ 并表现为"合规律性"与"合目的性"的统一。

"规律"首先就是一种本质的"形式",被从具体的客观事物中抽象概括而来,是事物成其自身的本质规定性,呈现为可被领会的"意味",并进而被发现、被阐明为可被学习和传播的知识体系。"客观规律、形式从各个有限的具体事物中解放出来,表现为对主体的意味。"④这种使物成其自身的"主动造型的力量"⑤隐藏在或表现在具体对象的外观形式和性能中,成为人们可感可知的对象。人类因为掌握了规律和形式而具有了自由行动的力量,表现为实践过程中人类"从心所欲而不逾矩"(《论语·为政》)的"造型能力",在这个造型的过程中,"人与自然""感性与理性""目的与规律"相互协调统一,共同成为人类文明的构建模块,外在隔阂的"自然的形式"转化为相互内在的"自由的形式","美"由此产生。

在这里,"自由"不是精神的自由,而是因为对客观必然性的掌握,从而具有客观有效性的伟大行动力量。形式不是个别事物的感性形式,而是从个别事物中被解放出来的普遍规定性,是对人敞开的可被领会的"意味",它表现为在人类社会的生产实践中"合规律性"与"合目的性"的统一,"美"就产生在这个过程中,表现为一种"自由的形式"。

---

① 李泽厚:《华夏美学 美学四讲》,北京:生活·读书·新知三联出版社 2008 年版,第 282 页。

② 李泽厚:《美学论集》,上海:上海文艺出版社 1980 年版,第 162~163 页。

③ 李泽厚:《华夏美学 美学四讲》,北京:生活·读书·新知三联出版社 2008 年版,第 282 页。

④ 李泽厚:《华夏美学 美学四讲》,北京:生活·读书·新知三联出版社 2008 年版,第 283 页。

⑤ 李泽厚:《华夏美学 美学四讲》,北京:生活·读书·新知三联出版社 2008 年版,第 282 页。

三、新感性

"自然的人化"在实践美学中具体从"外在自然的人化"和"内在自然的人化"这两个方面得到落实。"外在自然的人化"主要相关于美的"形式","内在自然的人化"则相关于"美感",更准确地说是"新感性"得以建立的基础。人的美感是"内在自然"人化的成果,已经被"人化了"的"美感"具有立体的时空结构,既有历史的纵深也有丰富的文化内蕴,是将"社会性与个体性""理性与非理性""自然和历史"等包含在内的"新感性"。李泽厚说:"我所说的'新感性'就是指的这种由人类自己历史地建构起来的心理本体。……它是人类将自己的血肉自然即生理的感性存在加以'人化'的结果。这也就是我所谓的'内在自然的人化'。"①具体地说,"新感性"仍然是感性,有生物性的生理基础,这是其个体性和独特性的保证,但同时,除了独特性,它还包孕着极大的丰富性,这丰富性由漫长的人类社会生产实践积累而来,所以新感性中充满了丰富的社会、历史、文化的内容,不复是单纯的生物性的感觉、知觉,它是人类的"心理本体"和"情感本体"。在"新感性"中,社会性与个体性交织在一起,形成了丰富复杂的内涵,它既是对个体存在的确认和感性肯定,同时也充分展现着社会实践在人的精神和心理上的建构力量:"感性之中渗透了理性,个体之中具有了历史,自然之中充满了社会;在感性而不只是感性,在形式(自然)而不只是形式……即总体、社会、理性最终落实在个体、自然和感性之上。"②"社会性"与"个体性"这对看似矛盾的范畴在"新感性"中融合和统一,这构成了李泽厚所说的"美感的矛盾二重性"。

李泽厚认为,"美感的矛盾二重性,简单说来,就是美感的个人心理的主观直觉性质和社会生活的客观功利性质,即主观直觉性和客观功利性"。③在他看来,这种"矛盾二重性"表现为感性的、直觉的、超功利的美感,同时又具有超感性的、理性的、功利性的特征。为了解释这种矛盾统一是如何发生的,李泽厚建构了"积淀"一词:"……我造了'积淀'这个词,就是指社会的、

---

① 李泽厚:《华夏美学 美学四讲》,北京:生活·读书·新知三联出版社 2008 年版,第 313 页。

② 李泽厚:《华夏美学 美学四讲》,北京:生活·读书·新知三联出版社 2008 年版,第 320 页。

③ 李泽厚:《美学论集》,上海:上海文艺出版社 1980 年版,第 4 页。

理性的、历史的东西积累沉淀成了一种个体的、感性的、直观的东西，它是通过'自然的人化'的过程来实现的。"①"积淀"是在人类社会实践中发生的，因此是一个动态的过程，在这个过程中，理性向感性积淀，社会性、历史性向心理结构积淀，李泽厚将之表述为："历史建理性，经验变先验，心理成本体。"②"积淀"同时又是一种建构，"新感性"就是由积淀建构而成的。

以历史辩证唯物主义为基础，李泽厚致力于从美的根源上来建构他的哲学美学体系，但他还是留出足够篇幅来谈"新感性"，为何？这是因为哲学美学更多是一种范畴的建立、逻辑的假设和推演，而美的真实发生必须和个体、感性连接在一起，美在本质上不是凭理性认知把握的客观对象，类的普遍性要向个体的独特性落实，并在个体的审美经验中得以展开，这样的美学才不是空中楼阁，所以，李泽厚从"新感性""心理本体"切入，力求建立一个既有本体探究，又能通达审美现实的完备体系："由美的本质，即共同的美的根源、始基到各种具体的审美对象，即各种现实事物、自然风景、艺术作品作为审美对象的存在，应该承认，确乎需经由审美态度即人们主观的审美心理这个中介。"③在李泽厚的实践美学中，无论是哲学美学部分还是审美心理学部分，都强调"融合"和"统一"，前者以"社会实践"为基本视野来达成这种融合，后者则以各种审美心理因素的协同作用来具体演绎。

(一)相互内涵的理性与非理性

集体理性与现实审美活动中的个体超越性之间的矛盾是实践美学一直想要克服和超越的理论困境，不仅在李泽厚时期，就是在后实践美学时期，也是学者们质疑实践美学的焦点所在。比如杨春时就认为实践美学属于认识论模式下的古典美学，强调"理性"和"客观性"，而忽视"非理性"和"超理性"，因为"古典哲学不承认非理性和超理性，只承认感性与理性。"④在杨春时看来，实践美学中的"感性"并不是"非理性"和"超理性"，因为这个"感性"仍然受"理

---

① 李泽厚：《华夏美学 美学四讲》，北京：生活·读书·新知三联出版社 2008 年版，第 314 页。

② 李泽厚：《华夏美学 美学四讲》，北京：生活·读书·新知三联出版社 2008 年版，第 320 页。

③ 李泽厚：《华夏美学 美学四讲》，北京：生活·读书·新知三联出版社 2008 年版，第 306 页。

④ 杨春时：《审美的超实践性与超理性——与刘刚纪先生商榷》，载《学海》2001 年第 2 期。

性"的支配，在实践美学中，"理性是感性的概括、规范。"①杨春时认为，"审美应属于超理性活动。"②所以，由此来看，实践美学"只在感性——理性二元结构中徘徊"，③ 没有触及"美的问题"的"超越"和"自由"内核，"否认了人类的自由本性和超越能力，也否认了审美的超越性、自由性。"④因而，在杨春时看来，实践美学根深蒂固的集体理性不能对美的根源作出令人信服的阐释，而且它"以发生学代替逻辑证明，以审美起源代替审美"，⑤ 将"美"牢牢限定在物质现实层面，"未能克服主客对立二元论"，⑥ 因而实践美学不能克服现实存在的障碍，悖离了审美的超越本质。

潘知常从生命美学的立场出发，认为实践美学"夸大了实践活动作为审美活动根源的唯一性"，⑦ 而对实践活动的片面强调必然导致主体理性的统摄地位，这种对主体理性的迷信正是现代技术文明的根源，在发达的物质文明下，隐藏着人的异化危机，而解救之途在潘知常看来就在一种"非理性"和"超理性"对各种本质和必然性的超越中，"超越必然的自由即自由的主观性、超越性问题，是一个真正前沿的美学问题"。⑧ 其中"自由的主观性"就是被实践美学所忽视的"非理性"和"超理性"。

从以上的质疑可以看出，实践美学对社会性、客观性和集体理性的强调形成了自身理论的困境。正是审美活动和审美感受中"超越"和"自由"的维度生发出了审美活动不同于其他社会实践活动的独特性，用物质实践简单化地归纳复杂精微的"美的问题"确实不具有理论及现实的圆融性。但如果仔细分析会发现，实践美学并非没有"非理性"和"超越"的维度，只是它不以"主观超越"

---

① 杨春时：《审美的超实践性与超理性——与刘刚纪先生商榷》，载《学海》2001 年第 2 期。

② 杨春时：《审美的超实践性与超理性——与刘刚纪先生商榷》，载《学海》2001 年第 2 期。

③ 杨春时：《审美的超实践性与超理性——与刘刚纪先生商榷》，载《学海》2001 年第 2 期。

④ 杨春时：《审美的超实践性与超理性——与刘刚纪先生商榷》，载《学海》2001 年第 2 期。

⑤ 杨春时：《新实践美学不能走出实践美学的困境——答易中天先生》，载《学术月刊》2002 年第 1 期。

⑥ 杨春时：《审美的超实践性与超理性——与刘刚纪先生商榷》，载《学海》2001 年第 2 期。

⑦ 潘知常：《再谈生命美学与实践美学的论争》，载《学术月刊》2000 年第 5 期。

⑧ 潘知常：《生命美学与超越必然的自由问题》，载《河南社会科学》2001 年第 2 期。

的方式，而是以与"理性"相互内涵的方式达成。

实际上，李泽厚在 20 世纪 80 年代实践美学的体系化时期便注意到了"生命""审美"对"理性""集体"的超越性问题，这也是他的"人类学本体论美学"想要有所变革的地方。"人"及"人的命运"是"人类学本体论美学"的基本命题，物质实践创造了辉煌的物质文明，相应地，以人的心灵塑造和人性培育为基础的精神文明建设也应被重视，现代社会的精神危机更提示了这种建设的紧迫性。在这样的背景下，"心理本体"成了李泽厚"人类学本体论美学"的本体之一："应该看到个体存在的巨大意义和价值将随着时代的发展而愈益突出和重要。"①美学应该更加关注人的存在，个体不再只是物质实践的符号，而是具有独立价值的社会精神文明的推动力量，审美活动滋养着个体心灵的丰富、细致、充实和复杂，这样才会有一个"发达的精神文明"。②

在李泽厚看来，"新感性"便具有这种丰富性、细致性、复杂性，它不由外在的集体理性规定，它是对生命本身丰富性的揭示和呈现，藏着生命本身的智慧和品质，当表现为不受限于理性规范，就呈现为"非理性"和"超理性"的状态。但李泽厚强调，它并非任意的"主观性"和"随意性"，它是个体的同时又是人类的，既内涵理性又具有非理性的特征，它是"人类学本体论美学"的心理本体。

事实上，李泽厚的"心理本体"中确实包含不同维度的多种成分，用他自己的话说，即"在马克思和佛洛依德所提供的人类生存的基础上，融汇维特根斯坦和海德格尔……"③这些思想是对人类存在的探讨，包含着各种边缘性的、非理性的维度，但却是个体最真实的存在状态，人们在不可见的死亡勾勒的境域中现实地活着，生本能与死本能共同构成了个体具体生存的感性根本动力，"它们从不同角度在不同种类和层次上都紧紧抓住了人的感性生存和生命存在。这生存和存在是非理性的。"④与此同时，李泽厚认为，这种非理性的生命冲动又是以理性去把握、理解并达成的，这构成了"心理本体"中理性与非理

---

①　李泽厚：《批判哲学的批判》，北京：生活·读书·新知三联书店 2007 年版，第 433 页。

②　李泽厚：《华夏美学 美学四讲》，北京：生活·读书·新知三联出版社 2008 年版，第 259 页。

③　李泽厚：《华夏美学 美学四讲》，北京：生活·读书·新知三联出版社 2008 年版，第 265 页。

④　李泽厚：《华夏美学 美学四讲》，北京：生活·读书·新知三联出版社 2008 年版，第 264 页。

性交织统一的局面，审美活动就是充满了这种对立与统一的生命活动："所以，审美既是个体的(非社会的)、感性的(非理性的)、没有欲望功利的，但它又是社会的、理性的、具有欲望功利的。"①在这个基础上，关于实践美学只有"理性"而没有"非理性"，只有"实践"而没有"美"的质疑，有学者为实践美学辩护道："实践不是理性，因为它是人的感性活动；实践不是主客体分离，因为它比主客体的对立更为原本；实践不是非审美，如果实践的本性理解为人的自由创造。"②这样的辩护不无道理。

(二)构成的审美心理结构

经过了内在自然的人化，人的审美感受已经不再是单纯的、被动的感知。而是一种"审美判断"，是一种积极主动的心理活动过程，包括了感知、想象、理解、情感等多种因素，它们交错融合在一起，共同构成了丰富的审美感受，："任何事物或艺术作品要使人获得美感愉快，就必须能够调动起人们多种心理功能的主动活动。"③在李泽厚看来，审美活动就是这样一个复杂的、既对立又统一的过程，各种心理因素相互影响、牵制又相辅相成，呈现为一个完整的审美现象，他甚至将各种心理因素间这种"相对相生"的关系描述为审美的数学方程式："这种活动是异常复杂的、交错的，正是这种异常复杂的交错融合，形成了我称之为审美心理结构的数学方程式。"④

"数"作为一种形式，从古希腊的毕达哥拉斯时代起，就是被证实了普遍有效性的尺度和规律，李泽厚将"数"的原则作为审美心理结构的尺度，意味着他不仅将审美心理看成是多种因素的融合，而且相信有某种比列和结构能开启出这些因素各自最饱满的状态，这是一种在中国古典美学中被称为"和"的状态。在这种"和"的状态中，各构成因素之间不是简单的拼凑和并列，而是相互激发、相互成就而成为一个融会贯通的整体，相互间因为对方而敞开新的空间和可能性，处于一种格式塔心理学所描述的"整体大于部分之和"的状态，

① 李泽厚：《华夏美学 美学四讲》，北京：生活·读书·新知三联出版社2008年版，第318页。

② 彭富春：《"后实践美学"质疑》，载《哲学动态》2000年第7期，第19页。

③ 李泽厚：《华夏美学 美学四讲》，北京：生活·读书·新知三联出版社2008年版，第336页。

④ 李泽厚：《华夏美学 美学四讲》，北京：生活·读书·新知三联出版社2008年版，第336页。

各心理因素在一定的"数"的比例关系中相互激发而成为新的自身，所以，这种"审美方程式"的结构还有着现象学的"构成"意味，它充分展现出审美感受精微、多样和不可重复的个体性，不存在共同的审美感受，一切都在当下的结构中生成，心理结构中各要素成为一个你中有我、我中有你的整体的同时，在相互的激发中将审美感受推向极致。

四、结　　语

因为以"实践"为自己理论展开的哲学基础，个人和社会、主观和客观、个体感性与集体理性、精神与物质等便不可避免地成为实践美学理论中固有的"二元"构架。它们之间首先是一种对立的关系："社会""客观""理性"对"个人""主观""感性"来说是规定和统摄，后者以前者为宗旨，"社会性"和"客观性"才是"美"的来源。但同时，由于审美现实"感心动性"的个体经验属性，美学理论又要向审美活动中这种内在的融合与超越落实。实践美学在体系化过程中也特别重视"融合"和"超越"这两个维度，期望能将集体理性的滞重融化在个体感性的生动活泼中，因此，李泽厚建构了"新感性"，将之作为搭建在个体与社会、主体与客体、理性与感性之间的桥梁，并以"积淀说"解释"新感性"的形成机制，由此来弥补"美"的来源问题上太过强烈的理性主义色彩，以及由此带来的生硬和不自由。"新感性"将实践美学寻求"美"的努力从"外在"转向了"内在"，让"集体主体性"变为了"个体主体性"，从而落实到审美现实中，作为"心里本体"的"新感性"如前文所述，不仅是"个人—社会""主体—客体""感性—理性"的统一，而且还具有了某种"非理性"和"超理性"的意味，着力揭示个体性的美感心理的精细和复杂，以及其中所包含的原始的感性生命动力。

但这种"融合"在多大程度上实现了对"二元对立"的"超越"，学者们评价不一。彭锋在《引进与变异》一书中指出，在李泽厚的思想中，"个体感性生命只能作为集体实践活动的补充形式"，[1] 因为作为李泽厚实践美学"全部哲学的秘密所在"[2]的马克思实践哲学本就是以"集体理性"和"客观社会性"为根本

---

① 彭锋：《引进与变异：西方美学在中国》，北京：首都师范大学出版社 2006 年版，第 256 页。

② 彭锋：《引进与变异：西方美学在中国》，北京：首都师范大学出版社 2006 年版，第 256 页。

性的，将个体感性生命从实践理性中解放出来并获得彻底的"独立性""自由性""超越性"，就意味着"必须放弃马克思的实践观，而这是李泽厚最不情愿做的事情"。① 所以，在彭锋看来，实践美学虽切实地解释了"美的起源"的"类普遍性"，却无法令人信服地对审美活动的"个体性""自由性"作出说明，"个人—社会""主体—客体"在实践美学中处于一种在"感性"和"理性"之间摇摆的状态，始终无法达到一种彻底的融合和统一，原因即在于此。有学者认为，虽然实践美学给了感性、个人以更重要的地位，承认艺术不只是认识，但在根本上它仍然重理性轻感性、重社会轻个人。究其原因，实践美学从根本上建立在"集体理性"的基础上，个人、感性只是实现社会和理性的手段，个人的发展和自由不是最终目的，社会理性的实现和伸张才是历史理性的体现，因此，感性要同化于理性，个人要归属于社会。

这些质疑是具有代表性的。我们看到，尽管李泽厚在 20 世纪 80 年代美学热中对"个体"和"感性"给予了极大重视，但其理论上的矛盾性和不彻底性仍使得实践美学在 80 年代中后期成为一批接受过西方现代哲学、美学思想影响的学者批判和超越的对象，如前所述，有学者甚至将中国现当代美学的发展史以实践美学为依据进行划分，这见出了实践美学的重要性之外，同时也这开启了实践美学作为中国当代美学"奠基石"的另一层意义空间。

批判和质疑不是排斥与否定，而是承启与开拓，正是这种思想与理论的交锋促成了中国美学的现貌，不以一家为宗，而是有所成就、有所激发，想来这也正是每个学者学术生命的最终意义所在吧。

（王彩虹　云南艺术学院公共教学部）

---

① 彭锋：《引进与变异：西方美学在中国》，北京：首都师范大学出版社 2006 年版，第 256 页。

艺术美学

新中国十七年戏曲艺人经济收入制度研究[①]

李 松 崔 莹

新中国十七年戏曲改革的主要内容包括"改戏、改人、改制"。1951 年 5 月 5 日，政务院根据"推陈出新"方针的精神和一年多来在全国各地开展戏曲改革工作的经验，颁布了《关于戏曲改革工作的指示》，明确提出了"三改"的具体内容："改戏"是指清除戏曲剧本和戏曲舞台上的旧的有害因素；"改人"是指帮助艺人改造思想，提高政治觉悟和文化艺术水平；"改制"是指改革旧戏班社中的不合理制度。在戏曲改革过程中，国家主管部门推动"三改"的三个方面的工作相互配合补充，不同程度推进戏曲改革的进行。本文立足戏曲改革的制度研究，即"改制"问题，在理解戏曲改革整体内容的基础上，结合这一问题与艺人、戏曲之间的密切联系，聚焦艺人经济收入制度进行相关研究。从研究现状、研究思路及方法三个方面进行概述。通过文献综述，从戏曲制度研究、工资收入研究等分析学界目前的研究成果。通过研究思路和研究方法的解析，探讨戏曲制度改革研究的可能性路径。

一、戏曲制度研究的现状

本文的研究现状主要从戏曲制度、工资收入等方面对文献进行梳理，找出其中研究的共性与独特性，分析十七年戏曲制度改革与艺人经济收入情况。第一部分是戏曲政策研究，第二部分是戏曲制度改革研究，梳理十七年戏曲制度改革的背景资料，分析文学制度研究中可供戏曲制度研究借鉴的思路，重点分

[①] 　本文系国家社会科学基金项目"中国传统戏曲的整理与改编研究（1949—1966）"（18BZW174）的阶段性成果。

析戏曲制度改革中具有重要价值的文献。第三部分是艺人改造与身份转型研究。第四部分是艺人工资收入研究，涉及收入制度研究的具体史料。虽然研究角度多从具体的收入金额数目来体现，但史料是最为具体真实的，可在其中开展更为细致的分析。

(一) 戏曲政策研究

新中国的戏曲改革经历了"百花齐放、推陈出新"，"两条腿走路"，"三并举"到革命样板戏一枝独秀的过程，相应的戏曲政策也为不同发展时期的改革运动提供了思想指导和制度规范。不同的研究者对于政策的梳理有着不同的侧重点，但总体可以看出改革内容是一致的，例如王莹的《中国共产党 1949—1976 年戏曲政策的探索》、① 张建和李金正的《新形势下戏曲政策再认识——兼谈当代戏曲的困境与出路》、② 傅谨的《百花齐放与推陈出新——20 世纪 50 年代戏剧政策的重新评估》③等。张莉《红色神话演绎之路——十七年(1949-1966)戏曲改革研究》，④ 论述了政治意识形态对不同题材的关注并进行阶段性划分，将戏曲政策视为国家意识形态权衡和选择的结果。戏曲政策是改革的风向标，在戏曲制度改革过程中带有明显的政治性，研究者多从政策层面展开戏曲制度相关研究。

(二) 戏曲制度改革研究

戏曲制度涉及内容广泛，具有一定的独特性。同时，戏曲制度与文学制度之间又有一定的交集，因此，可部分参照文学制度研究范式进行系统研究。洪子诚的《当代文学制度问题》论述文学制度涉及"作家组织和文学团体、文学批评和文学运动、读者反映和书报检查、作家收入和社会地位这四方面"。⑤ 王

---

① 王莹:《中国共产党 1949—1976 年戏曲政策的探索》, 载《哈尔滨师范大学社会科学学报》2014 年第 5 期。

② 张建、李金正:《新形势下戏曲政策再认识——兼谈当代戏曲的困境与出路》, 载《云南行政学院学报》2016 年第 4 期。

③ 傅谨:《"百花齐放"与"推陈出新"——20 世纪 50 年代戏剧政策的重新评估》, 载《中国戏剧》2002 年第 2 期。

④ 张莉:《红色神话演绎之路——十七年(1949—1966)戏曲改革研究》, 浙江大学 2009 年博士论文。

⑤ 洪子诚:《当代文学制度问题》, 载《中国现代文学研究丛刊》2015 年第 2 期。

本朝的《文学制度——现代文学的一种阐释方式》①和张均的《1950—70年代的文学制度与文学生态》②将薪酬收入纳入制度范畴。根据类比分析，戏曲制度既是戏曲内部多元共生的协作关系（艺人选拔制度、导演制度、演出制度、剧本创作、流派发展等），又是戏曲与经济、政治、社会等制度力量的互动与独立关系（组织制度、剧团管理制度、方针政策、市场制度及工资薪酬制度等）。学界对戏曲制度不同范畴的研究侧重点各不相同，而且研究成果数量差距很大。

蒯大申、饶先来的《新中国文化管理体制研究》系统介绍了戏曲制度改革的相关情况。从第一次文代会提出戏曲改革的任务，到发布《关于戏曲改革工作的指示》《关于整顿和加强全国剧团工作的指示》，戏曲演出剧目、剧团性质、艺人收入等都发生了重大变化。具体表现为，国营剧团可以获得政府财政补贴，一般民营剧团基本享受不到这种待遇，剧团在演出市场上的机会存在不均等，在创作新剧目时，各地政府对国营剧团的经济投入更加剧了这种不平等。而戏曲艺人从拥有一定程度个体活动者变成了由国家人事部门统一管理的组织体制中的一员，也逐渐丧失了独立生存和竞争的能力。新中国成立初期对艺术表演团体体制的改革，奠定了此后二三十年我国艺术表演团体的基本模式，剧团和艺人的演出必须有计划地进行，即所有艺术表演团体都是公有的，分别拥有"全民"或"集体"的公有制性质，产权形态高度单一；艺术团体都有上级主管部门，艺术生产要由上级主管部门决定，人事权掌握在上级主管部门手中，财务收支由政府统一负责。此外，为了使艺术生产的内容符合党的意识形态要求和政府工作的需要，建立了严格的艺术作品生产报批和内容审查的机制。③ 倪钟之的《中国相声史》介绍了体制内艺人的组织化过程。新中国成立前夕，在各新解放区都先后组织了包括曲艺艺人在内的学习班。如北平1月和平解放，8月便举办戏曲艺人讲习班；上海1949年5月下旬解放，第一届地方戏曲研究班于同年7月下旬开办；武汉1949年5月中旬解放，7月中旬便由中南军政委员会文化部接管武汉市曲艺活动中心——民众乐园，并提出"维

① 王本朝：《文学制度——现代文学的一种阐释方式》，载《文艺研究》2003年第4期。

② 张均：《1950—70年代的文学制度与文学生态》，载《中国现代文学研究丛刊》2015年第2期。

③ 蒯大申、饶先来：《新中国文化管理体制研究》，上海：上海人民出版社2015年版。

持现状,逐步改造"的方针。在此前后全国各地组织的曲艺改进会、曲艺协会等,也都先后举办各种不同类型的学习班,对提高曲艺艺人的思想觉悟,促进演员作风的改变起到重要的作用,戏曲艺人逐渐纳入组织统一管理。①

国营剧团成为剧团改革的主要方向。剧团作为微型戏曲空间包含艺人、导演、编剧等戏曲角色,涉及演出章程、工资规定、审查体系等经营制度。戏曲制度改革涉及剧团管理的方方面面,研究者的研究视角也极为多样。任桂林的《也谈戏曲剧团体制改革》涉及剧团改革与经济改革的关系,工资问题也有涉及。② 傅谨的《戏曲院团体制改革的隐忧与解困》论述 1950 年前后中央和各地方政府为推进"戏改"成立了一些示范性的国营剧团。③

(三)艺人改造与身份转型研究

剧团中的艺人是改革的核心,剧团改革必然与剧团艺人息息相关,探讨剧团艺人的学习与思想改造是研究者不可回避的问题。张炼红的《新中国戏曲改革运动初期的艺人集训班——以上海、北京、安徽为例》④论述艺人参加大量理论与政治学习,各地以研究班、讲习班、集训班等形式开展的艺人集中管理。思想改革后,艺人的表演形式、演出剧目、剧团管理方式都会有彻底改变,戏曲体制改革也由此展开。接下来,将落脚点放在十七年戏曲制度改革中的工资薪酬制度,探讨工资薪酬制改革及相关研究成果。李松、崔莹在《新中国十七年戏曲艺人的经济收入与身份转型》中指出:经济收入的分配关系到每个艺人的切实利益,备受关注。新中国成立前,"艺员们的报酬,大多采用演出拆账制,每上演一台的收入,在扣除佣金捐税费用之外,以净余所剩视艺员演技的好歹,角色地位的重要与次要,而取酬金的多少"。⑤ 戏曲艺人的报酬主要由角色重要性、演技高低、票价等来决定,名角较普通艺人的收入要高出很多,戏班内部收入差距悬殊。在旧有的收入分配体系之中,戏班占据主导地位,它决定旧艺人的地位和收入,而艺人往往是受剥削群体,劳动与收入很难

① 倪钟之:《中国相声史》,武汉:武汉大学出版社 2015 年版,第 1~10 页。

② 任桂林:《也谈戏曲剧团体制改革》,载《戏剧报》1983 年第 3 期。

③ 傅谨:《戏曲院团体制改革的隐忧与解困》,载《南阳师范学院学报》2012 年第 1 期。

④ 张炼红:《新中国戏曲改革运动初期的艺人集训班——以上海、北京、安徽为例》,载《中文自学指导》2004 年第 2 期。

⑤ 文浩:《闽南戏及其改革》,载《戏剧报》1950 年第 4 期。

相匹配。新中国成立初期，受传统戏班经济习俗的影响，很长一段时间，大部分剧团依然坚持旧习俗，按照分账制、包银制等方式分配薪酬。但随着戏曲改革运动的发展，剧团的分配观念也相应发生了变化，艺人身份地位的提高更促进分配制度向更合理的方向发展。剧团开始实行工资制和供给制，并随着国家供给政策的推行，有些剧团和艺人的收入呈现出稳定的发展态势。后来，剧团企业化的发展更促进了收入分配向相对公正合理的方向发展，工资、绩效、奖金等待遇切实改变了原来的分配面貌。[1] 艺人经济收入在新中国成立前后的变化，直接影响了从业者对国家和社会以及艺术的认同，同时也相应地实现了迈入新社会之后自我认同的转型，这种变化最终影响了戏曲艺术的发展。

(四) 艺人工资收入研究

工资薪酬制度在戏曲制度研究当中占有重要的地位，论述制度改革各方面内容都会涉及工资薪酬及相关经济收入问题。工资薪酬制度既关系到艺人的生存状况和创作内容，也属于社会经济因素对制度改革影响的一部分。工资薪酬制度作为戏曲内部制度与戏曲外部制度两个层面的衔接。学界目前关于戏曲工资薪酬制度的系统研究成果相对较少，因而可开拓的研究空间很大。回到十七年这段历史当中，寻找有价值的资料，发现问题并还原历史的真实情境，以探究十七年戏曲工资薪酬制度改革全貌。

陈明远的《文化人的经济生活》探究收入问题带给文化人的影响以及影响收入的体制机制。其中谈到中共根据地的供给制问题，从 1927 年秋，"中共部队和机关就实行军事共产主义的'供给制'，根据地的企业有的实行完全供给，有的实行供给制—工资混合制"。[2] 可见新中国成立以后戏曲剧团所实行的供给制和半供给制是新中国成立前这段特殊历史时期所沿袭下来的，在物资紧缺的状态下确实能从根本上保障人们的生活。而工资制在 20 世纪 40 年代也有相应的体现，"关于工薪阶层的收入状况，产生了两个反映时代特点的概念，即所谓'底薪'和'实际薪津(金)'，意思就是基本薪水加上物价津贴"。(实际薪津＝底薪×薪金加成倍数＋生活补助费基本数)。[3] 宋希芝的专著《戏曲行业民

---

① 李松、崔莹：《新中国十七年戏曲艺人的经济收入与身份转型》，见傅谨主编：《京剧文献的发掘、整理与研究：第八届京剧学国际学术研讨会论文集》(上)，北京：中国戏剧出版社 2021 年版。

② 陈明远：《文化人的经济生活》，上海：文汇出版社 2005 年版，第 255 页。

③ 陈明远：《文化人的经济生活》，上海：文汇出版社 2005 年版，第 269 页。

俗研究》介绍了新中国成立之前艺人的收入状况，从收入制度来看，主要有包银制和戏份制。"包银的工资发放是以一段时间为单位，或一月或一季，或半年，或一年等。这要根据具体情况双方商定认可。名角演员多用包银的办法。"①这种制度的特点是，结算过程很方便，人财两清，而且戏班的收入不会影响艺人收入。"戏份制是根据戏班人员的艺术水平高低评出相当的'股份'并按股份多少进行经济分配的规章制度。戏份制一般把演员应得的收入分为身钱和份钱两大类。"②不同的戏班采用不同的工资发放方式，各地区的工资发放形式也有很大的不同。除此之外，艺人也通过赏钱获得经济收入，如点戏和祝福的赏钱。李洁非的《文学史微观察》从经济收入等特定的视角剖析 20 世纪文学史的发展，结合各个历史阶段的环境，以小见大，见微知著。他认为："实际上，与收入无关的文学根本绝迹。任何作家，无论伟岸与微渺提笔而操此业，意识辄同，心里都有'收入'二字。而在国家、社会或时代，文学收入制度亦为调控文学之有力手段，虽然形式不非得是稿费、版税，也可以是别的。比如，新中国成立后体制下'专业作家'岗位以及由此取得的工资和住房、医疗等福利，就是变换了形式或广义的收入。"③这与戏曲艺人对于演出报酬的意识机制是有相通之处的，收入起到的调控作用更是不容忽视。同时李洁非还以莫言为例，指出："在他(莫言)对记者的表白中，有几个字不容错过，亦即'写书有稿费'，这状若无奇的一语，却道出了现代中国文学一大要点。它约略可以表作：现代中国，文学成为谋生手段，作家则职业化；作品能够换取收入，收入环节也左右着文学所有方面。"④传统的价值观来判断，这样的说法也许有点极端，但他的确道出了真实的情境，戏曲艺人的生存状态想必大部分也于此无异。

以上关于工资收入的研究有着多重视角，制度因素、人文因素等都将收入问题纳入整个制度体系中，而且关于收入有诸多论述，戏曲方面的研究仍有待挖掘的空间，可参照文学收入研究，探寻作家等文化人的经济生活以及收入分配方式，以此为范例，摸索艺人经济生活以及关系到他们切身利益的经济收入

---

① 宋希芝：《戏曲行业民俗研究》，济南：山东人民出版社 2015 年版，第 218 页。

② 宋希芝：《戏曲行业民俗研究》，济南：山东人民出版社 2015 年版，第 219 页。

③ 李洁非：《文学史微观察》，北京：生活·读书·新知三联书店 2014 年版，第 2 页。

④ 李洁非：《文学史微观察》，北京：生活·读书·新知三联书店 2014 年版，第 1 页。

问题。在工资收入研究中以具体实例分析工资薪酬的变化对个人的影响，并且以时间为轴线，窥见不同历史时期他们的经济生活状态，以人为本的终极关怀是工资收入研究的指向，所以本文也将收入问题与艺人相连接，从个案分析中寻找新的理论空间。

二、戏曲艺人经济收入制度研究的思路

戏曲制度研究是指，从制度建设的角度研究当代戏曲行业内部运行的理念、逻辑、规范与实践，探讨国家、社会、制度、艺人、戏曲五者之间的连锁互动关系。关于戏曲制度研究，具体来说可以从戏曲内部与外部两个层面切入。戏曲内部制度主要指艺人的培养、训练、选拔，剧本的创作或改编，戏曲编、导、演等艺术设计，流派的创建与发展等问题。而从外部视角来看，戏曲制度包括艺人身份、经济收入、剧团管理、观众市场、消费反馈等链条中的各个组成部分，涉及内部组织、剧团生存、行业规范、市场体制及经济收入等制度。新中国十七年时期的戏曲改革史是探讨戏曲制度变迁非常重要的对象，这一时期中国传统戏曲经历了新旧社会革故鼎新的思想与艺术转型，相应的艺术制度也面临清除旧地基、重建新房子的任务。通常而言，体制外剧团的经济收入是剧团生存的衣食之源，也是剧团创建的现实目的，剧团的收入状况既给戏曲自身的盛衰带来直接的影响，又会影响艺人的生活条件、社会地位、个人心态、演出目的等方面。以艺人的经济收入作为观察平台，探讨国家意识形态机器在不同时期对戏曲的重视程度，从而了解戏曲发展的生存状况，以及戏曲社会功能与艺人收入之间的变化关系。新中国成立后，在国家体制大包大揽的一体化规范中，政府的政策导向与相关制度建设对体制内外的剧团和艺人的经济状况，具有十分直接的影响。如果将经济收入相关问题做深做细，深入剖析与经济收入相关的制度、政策、艺人、艺术等因素，就能揭示社会主义文化制度的内在机制、管理方式以及效果。本论文主张从具体的档案文献、口述历史、报纸杂志的论文、研究专著等资料出发，研究戏曲改革的历史发展脉络；立足戏曲本体，从国家、社会、艺人和市场等多维度阐释戏曲的发展路径，从制度层面探究十七年戏曲改革的政治与经济因素。

十七年戏曲制度改革与艺人经济收入研究，应该以经济制度改革为主要探究方向，研究其中剧团和艺人的经济收入，并对深层的政治与文化政

策原因，社会管理原因等进行深入剖析。通过上述研究以实现对十七年戏曲制度改革的深入了解，把握艺人收入、剧团收入等客观的经济现象，使面向社会、历史、文化因素的外部研究具有重返现场、重构意义的价值。经济收入关系到剧团每个人的经济状况和生活水平，多方面内容的论述将帮助了解戏曲艺术发展的社会机制，从而对当代戏曲发展起到知古鉴今的建设作用。

在整体把握十七年戏曲制度改革的基础上，有必要分析艺人收入变迁状况。艺人的收入是分配政策、艺人创作、市场制度等合力产生的结果，具体涉及国家制定的工资标准，院团的经营状况，社会行情，报社与出版社的稿酬规定，艺人的创作内容等，这些都密切地影响着艺人的工资与报酬。反之，工资与报酬制度也直接或间接地影响到个人的社会地位、艺术创作与社会评价。总之，经济收入问题是每个艺人和院团都要面对的现实生存问题，决定着个人、团体和行业的生存空间、生活状况、创作状况、演出状况。从社会阶层结构与社会分工来看，这一时期的艺人群体可以分为两种情况：第一种是体制内和体制外两个群体，这一状况占主导地位；第二种是介于体制内和体制外之间，或者说两者兼存。体制内的艺人作为"单位人"，获得国家发放的工资，以及相关的普遍福利与行业福利等，体制内部根据等级制定的工资制度，又会形成差异性的收入情况；体制外的艺人，主要依托广大的社会市场，得到的是商业性回报。对于介于体制与市场之间的情形，结合历史事实具体情况具体分析。首先，对于体制内艺人来说，工资薪酬制度决定了个人的主要收入来源。新中国成立之前的剧团属于私营性质，多演多得，且名角收入颇丰，与其他艺人的收入差距极大；而新中国成立以后，大部分剧团逐渐国有化、组织化，工资制将艺人逐渐纳入分配体系当中，艺人收入差距相对缩小。十七年戏曲改革的过程中，国家制定的工资薪酬制确定艺人的收入来源，使艺人的收入公开化、透明化，鼓励奉献，减少个人回报，工资相对固定，这使艺人获得了基本的物质保障，减少了个人生活的后顾之忧。作为国家供养的文艺工作者，创作和演出的目的、任务也受国家主流意识形态的规定和限制。当国家的工资薪酬制度发生变革之后，艺人和院团的发展方向必然随之改变，戏曲创作内容也由此转变。而国家制定的政策与市场制度也要相应作出调整，这是一个整体性的制度发展过程。其次，对于体制外的艺人，其商业性回报，受市场需求、票价制定、上座率研究、艺人声望、营销行情等制约。在戏曲制度改革的大背景之下，他们的收入受限因素以及具体的变化情况，体制内与体制外艺人的收入的比较等，这些都是值得开拓的领域。

工资薪酬制作为经济制度的一部分，从根本上改变戏曲发展面貌，因而值得深入探讨。可以以艺术社会学为学科方法，以十七年戏曲工资薪酬制度改革为中心，探讨艺人的经济收入状况并作深层次的分析。首先探讨十七年戏曲制度改革，论述戏曲改革状况及戏曲制度建设。接下来重点论述工资薪酬制度，从改革前后戏曲艺人收入比较、院团的集体收入情况、艺人之间的收入差距及其生活状况等方面探究工资薪酬制度，分析艺人收入背后潜藏的深层次原因及一系列社会问题，以经济视角切入戏曲制度研究，阐释工资薪酬制度与其他制度之间的互动关系。以十七年戏曲改革为研究背景，重点研究戏曲相关的政治设计与经济制度，落脚点为艺人收入问题，探究多种因素影响下的收入情况，尽可能还原当时的历史面貌。探讨国家体制与艺人身份研究、戏曲制度改革与艺人经济收入的调整、体制内剧团的经济收入、体制外剧团的经济收入。从微观到宏观的论述视角，整体论述艺人收入，即从艺人身份地位、剧团收入和制度视角等展开论述。新中国成立前后艺人经济收入制度变化极大，可以通过比较分析，揭示政治、经济、文化制度发生变化的根源，探究与经济制度相关的收入问题的发展脉络。

三、戏曲艺人经济收入制度研究的方法

采用从微观到宏观的论述视角，从资料细节的追溯到体制制度的探寻，力求深入研究经济收入问题。采用艺术社会学的方法，将国家政治体制、经济体制和剧团、戏曲、艺人等互动关系阐述清楚。从经济的角度研究艺术与文学，通过资料整理与研究，发现并梳理经济收入相关的问题。从国家政策和剧团之间的互动关系入手，分析剧团的体制改变，从中寻找剧团经济制度发生的变化，发现决定剧团和艺人收入的内在机制。以上是整体的研究脉络。从微观层面来看，本文的议题既包含工资收入和收入分配等经济层面，又包含艺人干部身份、艺人国家化等政治层面；既包含艺人收入研究等个案分析，又包含剧团收入研究等整体探索；既包含剧团企业化等政策因素，又包含国家政策引导下的深层制度建设问题。

在现有研究成果的基础上，收集整理大量第一手的文献资料，用数据和事实说话，探究影响十七年戏曲发展的经济因素。戏曲是文学或艺术的一个分支，也是国家、社会、市场及其自身等多维度共同构建的文化生活。通过大量

的史料分析，把握工资薪酬制度与其他制度因素的互动关系，从经济的角度研究收入制度如何影响艺人的身份认同、思想改造、演艺目的，进而探讨如何塑造了十七年整体的戏曲生态。戏曲研究是集文学、艺术与文化为一身的跨界问题，需要查阅大量的文献资料，阅读量很大，需要具有深度反思与整合大量资料的能力，发现真正有价值的问题需要大量的知识储备与多学科的分析方法。对于十七年戏曲改革已多有模式化、定论式的说法，从文本材料出发提炼、归纳理论问题，然后回到文本事实对理论进行验证，总之以事实与理论之间的结合点作为立论的依据。

目前国内外艺人收入的相关研究资料呈现出零散的状态，还需要系统化的整理，对于其中出现的种种问题，仍须查找较多的资料理清其中的线索。值得注意的是，收入金额的多与少是比较而言的，不同人对收入高低的评价与理解是与自身立场相关的，涉及利益方面的相关资料需要与一般口述资料相区别。同时，全国各省份、各地区所发布的公文，相较于艺人的口述更具有公正性，但它也不能保证完全代表当时艺人与剧团经济收入的实际情况，需要考虑各个地区和单位的特殊的政策因素。只有在大量资料中细细研读其中的收入关系与差别，才能较为客观公正地得出结论。在资料的细节整理方面，不同材料显示不同的侧重点，将这些资料涉及的定量与定性研究结合起来，方能大致描画出特定历史时期有关经济收入的整体面貌。

四、结　语

十七年时期经济收入给艺人带来的影响包括生活条件与社会地位的变化，由此直接影响个人心态与演出目的。通过经济收入的研究，探讨国家不同时期对戏曲的重视程度，以此了解戏曲发展的曲折过程及其发挥社会功能的具体方式。广大戏曲艺人通过经济收入实现自身的劳动价值，得到合理公正的工资待遇，是一个基本常识。然而收入的标准、高低、差异、变化等，体现了国家意识形态对戏曲功利价值的认定尺度，因而所谓"合理公正"的诉求是一个争讼不休的问题。从通常的经营理念而言，剧团固然需要切合实际的经济发展目标，妥善处理剧团收入、利润和发展之间的关系，为艺人的戏曲演出、剧目创作和剧团经营等提供制度和经济上的保障，但是无论在国家单位体制之内，还是身处田野民间，都无法脱离一张全能国家主义的大网。政策及相关制度建设对体制内外的剧团和艺人的经济发展状况的影响巨大，并且导致的结果也有很大的差异性。只有将经济收入相关问题理顺，才能深入挖掘内在的制度建设因素，并将经济收入相关的制度、政策、人文、艺术因素等内容逐步深入细化。总之，笔者试图揭示新中国十七年戏曲改革的多重面相，以艺人的经济收入制度作为了解政治、经济、艺术三者互动的观察平台，开拓当代中国戏曲研究的社会史、经济史、制度史、文化史研究的新维度。

（李松、崔莹　武汉大学文学院）

论新媒体艺术下城市公共空间的"公共性"①

李　珊

人类社会最初是以共同体的形式组织起来的，如部落、氏族等。此后，从社会共同体中逐渐分离出公共领域和私人领域，在两者的对比中，获得各自最原初的规定性。"公共"一词在不同历史阶段也具有不同的含义，在现代语境中"公共性"与"私人性"并不对立。

一、"前公共艺术时代"的"公共"概念

"公共"的古典含义有两个来源：一个来自希腊语"pubes"或"maturity"，即一个成年人能理解自我和他人之间的关系；另一个来自希腊语"koinon"（来源于 kom-ois），意为"关心"。那么，"公共"就意味着一个人不仅能与他人合作共事，还能为他人着想。② 公共领域作为人们的共同世界，人们在此聚集，形成一个共同体。中西方历史上的城市公共空间就利用某些设计维持这一共同体的凝聚力。

古希腊人把政治共同体（城邦）视为公共，认为所有的公民都可以参与到这种政治共同体。公民"polites"是从城邦（polis）衍生出来，意为"属于城邦的人"。"公民"是征服其他城邦并以此建立自己统治的自然人及其后代，他们享有公民权，可以平等地参与公共生活，即参与政治生活。城邦成为社会共同体公共意志的集合，从而在古希腊公民社会中，形成一种超越自我的公共精神。这种公共精神"不是自我意识成熟之后理性选择的结果，个人与共同体的统一

---

①　本论文为湖北省教育厅科学研究项目"新媒体艺术在城市公共空间中的应用研究——以武汉为例"（编号：D20172301）阶段性成果之一。

② 　[美]乔治·弗雷德里克森：《公共行政的精神》，张成福等译，北京：中国人民大学出版社 2003 年版，第 18~19 页。

是以共同体的绝对有限性为前提的，个人所信奉的价值准则必然是共同体极力维护和推行的带有普遍强制性的价值准则"。① 城邦创造的城市公共空间以广场和公共建筑（如神庙、剧院）为中心，具有政治、宗教、经济、娱乐、教育和社交等功能。法国学者 Vidal-Naquet 认为："在这里，人们就公众利益的问题展开辩论，如此权力不再位于王宫而在这些公共中心。站在中心的演说家代表所有人的利益。"②公共空间成为展现公共精神的最佳场所，是一种物化了的意识形态。如在雅典的市政广场建有"十英雄纪念墙"，③ 在该建筑的顶端树立了 10 个雅典哥部落的雕像。这是一种历史观念的教育。同时，在公共空间举行公共活动，强化公民的民主意识和公共意识。这种"公共空间"均是相对于个人、私密的空间而言的，具有开放性并被公众广泛认可，但这种"广泛"性是具有一定限度的。如古希腊城邦的人口被划分为具有不同政治和法律地位的三个主要社会集团：奴隶、自由民和公民。在这三类人中，奴隶不属于城邦成员，不能进入公共生活领域。自由人虽拥有独立人格和自由身份，但因不享有政治权利，从而也不能参加城邦的公共生活。只有公民才享有政治权利，才可参加城邦政治生活。由此可见，希腊时期公共空间的艺术体现了公民的诉求。

罗马时期广场的核心功能与希腊相似，但还有特殊的纪念和法律功能。中世纪时期，教会是公共艺术赞助的主体，与宗教混杂，这种现象一直持续到文艺复兴时期。到 18 世纪和 19 世纪，西方公共艺术主要局限于纪念主教、国王和世俗英雄，以及城市建筑的新作品。

中国传统文化中的"公"除了表示道德的公正、公平外，还表示共有的劳动、场域或场所。"共"指的是多人采用同一种姿势，"共"的背后预设了一个群体，这个群体是一个统摄了所有组成部分的整体，是千万个体共性的统一表达。因此，在中国传统文化中"公共"背后有个共同的群体，具有同样的价值取向，具有普遍性和原理性。中国传统的公共空间主要包括三个层面：家族、国家和宗教场所。在中国传统的公共空间中的雕塑具有纪念和宗教功能。

总之，在现代社会之前，中西方城市公共空间的开放性是相对的，公共艺

---

① 陈飞：《重思公共性——马克思对古希腊公共性思想的扬弃》，载《浙江大学学报（人文社科版）》2020 年第 6 期。

② Pierre Vidal-Naquet. *The Black Hunter*: *Forms of Thought and Forms of Society in the Greek World*. Baltimore：The Johns Hopkins University Press，1988，p. 257.

③ 黄洋：《希腊城邦的公共空间与政治空间》，载《历史研究》2001 年第 5 期。

术反映和膜拜的对象及题材，主要是凌驾于普通人之上的救世主、圣人、英雄、征服者、政治家，以及表现神话史绩、军事征服者的历史叙事等内容，它们是神话、神权、宗教势力、贵族势力和权力政治的产物。这些公共艺术以典雅、神圣的姿态去接近大众，承担着神学文化的宣扬者和权力政治的卫道士和赞美者的责任。因此，这一时期只能称为"前公共艺术时代"，与现代社会文化语境下的"公共艺术"不能相提并论。

二、现代城市公共艺术的"公共性"

"公共"在现代条件下产生新的语义，这就是公共的现代赋值。"公共领域"是促成民众围绕公共事务展开对话形成公共舆论的场域，"公共"有了新的赋值。现代意义上的"公共空间"是超越神权、皇权和封建专制之后的市民社会倡导下的产物。"所谓公共，就是在国家与社会之间，既规范国家公共权力，又保证公民权利不受侵害，更使国家与社会之间的张力关联性地得以呈现的特殊领域。这就注定了公共问题是现代社会产生之后的特殊问题，而不是传统社会遗留下来的经典问题。"①公共领域意味着最大限度的共同性和开放性，具有公共参与、公共舆论和社会公众授权的深刻寓意。哈贝马斯认为"公共性"具有公众性与批判性、公共舆论、沟通性和公开性。② 它一方面彰显的是作为一个整体的社会对单个个人的否定，要求社会的公共利益凌驾于个人私利之上，个人必须追求社会整体的公共价值和公共观念；另一方面又要求个人参与到公共领域中。

现代城市公共空间是所有人共同的聚集的场所，要兼顾各方立场和视角，具有开放性、多样性、相互性、人的复数性等多重属性。阿伦特认为："公共领域的实在性依赖于无数视角和方面的同时在场，在其中，一个公共世界自行呈现，对此是无法用任何共同尺度或标尺预先设计的。"③在公共空间中公共利益凌驾于个人之上，彰显了作为整体的社会对单个个体的否定。因此，我们可

---

① 任剑涛：《公共与公共性：一个概念辨析》，载《马克思主义与现实》2011年第6期。

② ［德］尤尔根·哈贝马斯：《公共领域的结构转型》，曹卫东、王晓珏、刘北城、宋伟杰译，上海：上海学林出版社1999年版，第32、125-133、446页。

③ ［美］汉娜·阿伦特：《人的境况》，王寅丽译，上海：上海人民出版社2017年版，第38页。

以说:"'公共性'是人与人之间共在共处、共建、共享的特性。它既是一种扬弃个体利益而考虑他人利益的公共理念,也是人们实践交往中互相照顾和关心的一种生活状态,体现了人的'类特征'或'能群'的社会特质。"①公共性是人类在共同生活中体现出来的社会属性,是衡量公共的形式化判断标准和底线指标。

现代城市公共空间具有沟通城市整体经脉的作用,影响城市的形态和走势,置于其中的艺术作品不是简单的物理空间建设,而应该对城市公共空间的风貌、形态、特征进行编码、译读,并采用相应的方式和手段,使这一公共空间的内在意义被理解和彰显。如罗丹的《加莱义民》,这件作品打破了传统,不是制作一个超越时间的纪念碑,将早已为人熟知的英雄以最理想的单一影像烙印人心;相反,选择呈现历史中正在受苦,要将自己献身给敌人以拯救城市的人民。现代城市公共艺术作品以平等之姿与城市的公民对话,或以一种前所未有的方式来叙述历史,或将回忆具体化,强调情感的凝聚而非它的社会性功能,将大型叙事史诗取代个人叙事,单一说教转为故事叙事。

此外,城市公共艺术还要具有更高层次的精神追求,如对人类命运的关怀、对人性及生命价值的敬重以及对某种真理的无畏探索、对人类美好情感和道德的追求等,并通过艺术家的个性精神和独到的表现形式与公众沟通与互动。总之,"公共"的现代赋值给予现代城市公共空间艺术的"公共性"以独特的规定性,由此与"前公共艺术时代"的"公共"概念相区分。

三、论新媒体艺术对城市公共空间"公共性"的拓展

现代文化属性的"公共艺术"概念直到 20 世纪 60 年代才出现。这是随着美国国家艺术基金会和公共服务管理局倡导的"艺术在公共领域""艺术在建筑领域""艺术百分比"计划等活动而产生的,并与大社会时代的政府形象紧密结合。20 世纪中叶,随着新技术的快速发展新媒体艺术得以快速发展。但直到90 年代,计算机图形学和互联网的出现进一步拓展了新媒体艺术的可能性。在此,我们探讨的是 2000 年后,社交媒体技术普及后催生的艺术家与观众互动的新的新媒体艺术。

---

① 周志山、冯波:《马克思社会关系理论的公共性意蕴》,载《马克思主义与现实》2011 年第 4 期。

(一)虚拟中城市公共空间"公共性"的拓展

在新媒体艺术介入城市公共空间之前,公共艺术以雕塑、壁画、建筑、装置等艺术形式为主体,它们均是实体性的物质存在,具有可触摸性、实体感,其创作的完成即作品得以完成,是一次性的创作,其既有的表达形式难以承载当代公共空间的复杂对话,换句话说,就是这种一元性的符号逻辑不再适应符号性表达的多元化需求。新媒体艺术具有虚拟性、时效性及交互性的特点,其对话方式呈现出复杂多变的态势。城市公共空间成为新媒体艺术新技术、新材料、新媒介、新语言的试验台。新媒体艺术介入城市公共空间,明确了观者以什么方式或观念进行观看和人们借以审视世界的其他视觉手段或方式。

一是新媒体艺术弥补城市公共物理空间的不足,塑造新的空间,还可以将成为作品展现的主体。这极大地拓展了公共艺术创作领域,为艺术家提供了更广阔的表达空间和手段。Miguel Chevalier 是法国数字艺术家,是数字和虚拟艺术的先驱之一。他擅长从艺术、自然、网络、城市历史中汲取灵感,以计算机技术为艺术表达的手段创作实时交互式虚拟现实的新媒体公共艺术。2018 年,他在曼谷 ICONSIAM 河公园前的地面上"铺"上魔毯。60 种不同图形场景以随机方式相互跟随,并根据人们的动作图案做出不同的反应,步伐下生成奇妙的视觉效果,使装置艺术的互动性和趣味性大增,为曼谷带来了新的城市景观。

二是凭借数学影像技术、全息技术、增强现实、仿生机械等多种新媒体技术手段,将虚拟空间与实体空间结合,使观者的多重感官沉浸到混合空间艺术中,从获得多层次、多维度的视知觉体验,生成了新的艺术空间和意象。在此过程中,艺术作品与观者的空间间隔也被打破。如悉尼永久性沉浸式体验空间"The Star",通过中央 25 米长、8K 分辨率的数字画布,播放来自本地和全世界艺术家的数字艺术作品,以展现悉尼的光线律动。在画布之外全场变化的光线图像作为数字画布的延伸,使整个数字艺术作品扩展至两层大厅空间。13米高的圆柱形装置利用编程呈现不同造型的瀑布。这件作品将光、水以及交互式画廊融为一体,让观者在与场景互动的过程中获得前所未有的沉浸式体验。新媒体技术下的城市公共艺术在很大程度上补充了公共艺术的表现形式,成为公共艺术领域富有生命力和创造力的新形式。城市公共空间公众性与批判性、公共舆论、沟通性和公开性得到最大限度的发挥,与此同时还伴有及时性、平等性和构建性,这无疑赋予城市公共空间的"公共性"以新的文化内涵。

(二)交互中城市公共空间"公共性"的拓展

城市公共艺术作为人与人、人与环境互动的媒介，其中渗透着自由、休闲、互动和游戏的特质。城市公共艺术"公共性"的根本属性决定了公众的参与性是实现其价值的重要依据，就公众而言，它不同于传统博物馆式的单向的、静态的展示，而是创造了广泛的对话、沟通的空间，以促进观众群体产生不同方式的交流和对话。城市新媒体公共艺术更是将重点放在促进每个人与他人、与世界的相遇，形成某种直接介入和对话的互动。这种互动强调的是一种对话，包括人与空间、艺术家与计算机专家和项目实施者、艺术家与机器、观众与观众、观众预计其、观众与作品的对话。

城市新媒体公共艺术利用新媒体技术进行一对多、点对面的传播和沟通，在这一过程中，公众克服了物理空间的限制，将某一固定物理空间的交流转变为超越具体时空的多维空间的交流互动。城市新媒体公共艺术的"公共性"变成了不分场域的跨界互动参与，不同于在此之前的城市公共艺术依赖于物理公共场所产生的公共空间与民主集会的"公共性"概念，它使作品向参与者转化，并衍生出全新的影像、思维和视觉经验。如 2017 年由加拿大新媒体工作室Moment Factory 制作的"Kontinuum"多媒体互动项目，设置在渥太华轻轨里昂站内。体验者被 12 台 3D 扫描仪扫描，获得由粒子形成的数码影像，随后进入并穿梭在"时空隧道"中。在此过程中，现实和虚拟碰撞，再融合灯光、投影和音乐，体验者从中创造自己的未来世界。

城市新媒体公共艺术借用新的媒介与公众产生共鸣，继而有给予观者构建自己世界的自由。卡特琳·格鲁认为一件公共艺术作品"要结合两种功能：一为艺术，它是作品的上游精神，可以跨越任何界限；另一个，则是作为不相识的个体们集会与交流的公共空间"①。城市新媒体公共艺术最终要促成人与人、人与世界的相遇和沟通，为公众创造对话空间。新媒体技术下的城市公共艺术践行了艺术的生活化和生活的艺术化，更好地处理了精英文化与通俗文化的关系。这种民主、开放的公共参与过程，成为新媒体技术下城市公共艺术传播的重要方式，也将进一步拓展城市公共艺术的"公共性"。

与此同时，艺术家为使公众更积极地参与到作品的生成中，势必会更多地

---

① [法]卡特琳·格鲁著：《艺术介入空间》，姚孟吟译，桂林：广西师范大学出版社2005 年版，第 18 页。

将公众关注的社会问题融入作品。如此，新媒体艺术创作就从个人创作的艺术行为转化公众与艺术家共同参与的创造性活动。城市新媒体公共艺术培养公众对社会事务的参与度，也逐步渗透、感染和改造着公众的思维方式、价值取向在内的思维方式和精神世界，继而影响公众民主、开放、自由和理性的交往和互动，进而大大拓展了城市公共空间的"公共性"。

结　　语

从古希腊的城市公共空间到当下，城市公共空间利用艺术维持某一共同体的凝聚力，在不同时期"共同体"的变化也给"公共性"注入了不同的解读。城市新媒体公共艺术借助新媒体的虚拟性、互动性和开放性，使城市公共空间超越物理空间的局限性，重构了城市公共空间的视觉文化，赋予城市公共空间以新的活力。更为重要的是，它将其价值构建放在为公众创造对话空间，重视建设性的社会协作，这无疑对城市公共空间的"公共性"进行了极大的拓展。

（李珊　湖北美术学院艺术人文学院）

"风骨凝重，精光内涵"
——从《明征君碑》再识初唐书风

孙　杰　熊若楠

栖霞古寺两侧的《江总碑》(按原碑早佚，今人撰立)和《明征君碑》在御碑亭下显得庄严肃穆，此碑由唐代高宗皇帝李治亲自撰文，并由当时著名书家高正臣书丹，王知敬篆额，是为纪念南齐隐士明僧绍而立，它是南京地区唯一一块唐碑，且颇具初唐风格，就是放眼全国现存唐碑也可以堪称上上品。书家高正臣出生年月不详，但大约可以推断在太宗睿宗朝做官，《明征君碑》是高正臣于润州(即现在南京)任官时期的书法作品。此碑清净萧散、悠然自得，又有一股庙堂之气，既掺入南朝书家温雅优美书风，又融合北碑雄健方硬，为研究初唐书风提供很好的实物资料。

一、承前启后的初唐书法

唐初，太宗雄才大略、励精图治，政治开明，出现了"贞观之治盛况"，且甚重文艺，大力提倡书法，制定了推动书法发展的各项政策，如以书取仕、注重书法教育、设置与书法相关的专门机构等，贞观元年有二十四人入门下省弘文馆，专门招收在京五品以上文武官员及爱书者为学生，并敕虞世南，欧阳询教示楷法，且要求"楷书字体，皆得相正"。唐代科举无论贡举还是铨选都同样把书法作为录取的先决条件。

《新唐书 选举志下》明确规定：

> 凡择人之法有四：一曰身，体貌丰岸；二曰言，言辞辨证；三曰书，楷法遒美；四曰判，文理优长。①

---

① 《通典》卷十五，转引自朱关田：《中国书法书隋唐五代卷》，南京：江苏教育出版社 2009 年版，第 51 页。

这种选举制度的模式下，所有考官们是无法判断其人是否体貌丰岸，言辞辨证，而仅从书，判，这种以书入仕的政策，无不激励着书风的形成。皇室的教育同样不能绕开书法，书法与文学都是当时皇子公主的每日必修课，《新唐书百官四上》"太子宾客"条下有注：

太宗时，晋王府有侍读，及为太子，亦置焉。其后，或置或否。开元初，十王宅引辞学工书者入教，亦为侍读。①

可见，侍书者位卑职重，在当时应由善书的外官担任，据记载这些以侍书而著名者有褚遂良，李玄植，高正臣，韩择木等人。太宗自己于听朝之闲，也未尝对书法有所懈怠，且亲自为《晋书》撰写右军传赞，称赞其"详察古今，精研篆素，尽善尽美，其惟逸少乎"，《叙书录》称当时搜访羲之真迹，凡得真、行二百九十纸，装为七十卷。草书二千纸，装为八十卷。②

太宗备集王书，以至于这一时期掀起研习王字的风气。虞世南褚遂良无不仔细临摹王字，因此这一时期我们所能见到的初唐墨迹或石刻，带有右军褚遂良风格的书法数不胜数。

朱以撒在《书法百讲》里提及：唐初书法家总是带着特有的时代烙印出现在我们面前，即使书家力图突破并怀有强烈的个人见解，并想最终自成一家，令人耳目一新，也很难突破这层束缚，因为学书直追二王的观点实已深入每位初唐书家心中，从而就形成了不可逾越的规范，一旦在思想上形成心理定势，就很难有所创新。③

初唐书家受"二王"书风影响，基本沿袭杨隋风规，积习难改，难有创新但我们知道，初唐之后，晋人手笔大都进入宫中收藏，除了名门望族朝廷重臣或与皇家十分亲近人，其余众人几乎就只能参见临摹本，流传的双钩或摹本比较精良者仍只为少数有权有势人所见，且有的摹本一摹再摹，质量参差不齐，琳琅混杂，有些版本或已然失之毫厘差之千里了，不能体会原书者的本来意图，而经隋入唐的书家们势必欣赏甚至玩赏过魏晋书家的真迹，可以清楚领悟到其用笔用墨、神采形质。且他们的书迹与六朝魏晋书法一脉相承，以包罗万

---

① 《新唐书》卷四十九上，志第三十九上，百官四上。
② 朱关田《中国书法书隋唐五代卷》，南京：江苏教育出版社 2009 年版，第 40 页。
③ 朱以撒《书法行草名帖一百讲》，天津：百花文艺出版社 2014 年版，第 81 页。

象的晋人书法作为垂范，而到了盛唐，对法度的要求到达顶峰，所以唐后期书家作品都过于整饬与程式化，规矩越来越严，自然就失去了天真之趣也难以再写出自己的天地。初学者要选择比较科学的方法学习书法，法度过于森严容易形成僵化模式，如果选之就很不利于出贴，正如后人评价柳公权书法："虽极劲健，终是颜字笔势，吏胥格局，不善，学者极易落硬直之病。"（赵崡《石墨镌华》）

黄庭坚说，"学晋人书，要从初唐入"，说的也就是初唐书法既有唐人的规矩法度、又有晋人的风范遗韵，由此探寻他们的书学经历，对我们深入书法之堂奥定会有所裨益。

从文化史分期来看，初唐处在特殊的枢纽时期，这一时期，政治上南北方趋于稳定统一，统治者们同样希望在文化上熔铸出新的内涵，打破长时间南北分歧的状况。在《北史 文苑传序》记："江左宫商发约，贵乎清绮；河朔词义贞刚，重乎气质。气质则理胜其词，清绮则文过其意。理胜者便于实用，文华者宜于歌咏……若能掇彼轻音，简兹累句，各去所短，合其两长，则文质彬彬，尽善尽美矣。"

这种"文质彬彬，尽善尽美"审美追求不仅体现在文学作品中，经学、佛学、字体、字音方面都呈现出这样一种倾向，书法也不例外，因此我们看到，初唐书家大多很少像南北朝书法那样，只着重一个方面去表现，而是取其精华，去其糟粕，既容南北朝时刻碑版的方硬刚瘦，又承接南朝尺牍墨迹的婉丽清媚、流美秀雅，所以这一时期书法呈现南北书风融合的面貌，欧阳中石先生对初唐书风有评述："上承魏晋，直融北碑，因而点画之间，笔姿涵蕴丰富，意态多方，特别纵容有度，动辄合宜，粗细向背，掩映得致，至于结体布白，尤为变化自如，长短期间，毫发生趣，重笔娟秀，轻笔力沉，主笔可挽狂澜，碎笔可点龙睛，险绝为取势，整体归平正，险正相依，合力同心。"[1]

初唐恰好处在由尚韵书风向尚法书风转化、由北碑向唐碑过渡的历史进程中，总结并继承了魏晋及隋代书学思想，同时为中后唐一切文化发展奠定基础，成为唐代楷书法度化的重要环节。

---

[1] 欧阳中石：《唐代书家欧阳询谭概》，见中国书法家协会：《当代中国书法文论选：书史卷》，北京：荣宝斋出版社 2010 年版，第 504 页。

二、书家高正臣与书迹简介

唐代是书法史上百花齐放的朝代，统治者的重视掀起了全民习书之风，朝廷中名书者甚多，但为人们所熟知且书迹完整清晰，流传至今却不算太多，史书中对高正臣的记载非常有限，但作为当时宫廷侍书者，太宗昭陵书家，可想而知在当时他应是一位立于潮头的显要人物，且其书丹的《杜君绰碑》《燕氏碑》至今仍立于西安碑林中。

高正臣，广平人，从《新唐书宰相世系表》中，知其父志廉曾任过"都官员外郎"等职位，正臣自己自睿宗李旦龙朔二年出生封为殷王后，即以弘文馆学士充任阁臣，至上元三年，官至左金吾长史兼充相王侍书（按：相王李旦即为后之睿宗），新旧唐书称："睿宗工草隶"，《述书赋》有言睿宗书"尚古质，书法正体，不乐浮华"，《书断》有言睿宗甚爱正臣书，或许睿宗古质清雅书风来自高氏，后高氏官至卫尉卿，润、湖、申、邵、襄诸州刺史。

张怀瓘《书断》：

> 先君与高有旧，朝士就高乞书，冯先君书之。高会与人书十五纸，先君戏换五纸以示高，不辨。客曰："有人换公书。"高笑曰："必张公也。"终不能辩。宋令文曰："力则张胜，态则高强。"有人求高书一屏障，曰："正臣故人在申州，书与仆类，可往求之。"先君乃与书之。

高正臣与张怀瓘的父亲交往甚是密切，从这里我们也可以推测出高正臣的书法在当时朝野中应该也是很受人称赞的，他对自己的书法应该也是比较自信的，而对同代书家陆柬之甚是轻视："陆柬之为高书告身，高常嫌，不将入帙，后为鼠所伤，持示先君曰："此鼠甚解正臣意耳。风调不合，一至于此。"（《书断》）

李嗣真《书后品》的确也提到柬之"正隶楷工夫恨少，不至高绝"，且将虞世南、房玄龄、褚遂良、陆柬之、王知敬、高正臣并列，以为近代莘野之器，箕山之英。

高氏不仅善书，而且善咏好客，与一时名士多所交接，曾在林亭三次置酒邀陈子昂、周彦晖等唱和赋诗，全唐诗收录了高氏《晦日置酒林亭》《晦日重宴》诗二首，文渊阁传写本高氏三宴诗集三卷。

晦日置酒林亭①

正月符嘉节，三春玩物华。忘怀寄尊酒，陶性狎山家。

柳翠含烟叶，梅芳带雪花。光阴不相借，迟迟落景斜。

古之文人相聚，皆以吟诗饮酒为乐事，他们寄情于山水，陶冶性灵，赏林亭外柳与梅，观斜阳，只恨时光流逝太快，可见高氏与朋友相聚之尽兴，不知是否因为他醉心于山水，无心于官场，所以他的名声并不为后人所知，流传至今的文献资料也非常有限，幸而有正臣许多书迹见著录者。②

高正臣书迹碑刻表

名称	刻碑时间 （埋葬时间）	撰书人	著录书目
《左戎卫大将军襄公杜君绰碑》	麟德元年	李俨撰高正臣书	毕浣《关中金石记》卷二，现存。
《夏州都督姜协碑》	乾封二年	李安期撰高正臣书	首见欧阳裴《集古录目》卷五引《宝刻丛编》
《庄严寺行虔法师碑》	上元元年九月	许彦伯撰高正臣书	首见陈思《宝刻丛编》卷八引《复斋碑录》
《明征君碑》	上元三年四月	高宗撰王知敬篆额高正臣书	首见赵明诚《金石录》目第七一四。现存。
《越国太妃燕氏碑》	咸亨三年	高正臣书	现存。

《杜君绰碑》是唐麟德元年为左戎卫大将军刻，我们可以看到其字型有扁有长，用笔硬朗矫健，似有隋代如《董美人》一系墓志的感觉，变化不是非常强烈，楷中略带行意。《燕氏碑》全称《越国太妃燕氏碑》，咸亨二年立于昭陵，碑工整挺拔，一丝不苟，似有褚氏用笔，却较之更加周正方整，横平竖直，字

---

① 《全唐诗》卷七十二《高氏三宴诗集》。

② 朱关田：《初果集》，北京：荣宝斋出版社 2008 年版，第 291 页。

型方正，且已渐脱离隋意，向唐碑过渡，通篇"遥而望之，清秀端伟，飘摇若神仙，近而察之，气体充和，容止雍穆"，①唐代楷书法则"小促令大，大蹙令小，疏肥令密，密瘦令疏"②在此碑中得到完美诠释。高正臣的平生事迹无载，仅能根据留存书迹，我们还是可以大概推测高氏学书经历，由隋碑入，字字上扬，硬朗率真，方笔居多，后趋向字体平正，改斜画紧接为平画宽结，空间布置更加均匀，但似乎有些拘束，到了《明征君碑》，收放自如，疏密得当，用笔显得更加得心应手，游刃有余。

三、《明征君碑》简介与艺术风格评析

《明征君碑》碑高 2.74 米，宽 1.21 米，厚 0.36 米，通篇为四六韵文，后用十首铭词结束，碑阴为高宗李治所书"栖霞"两大字，神采奕奕，笔势雄健。碑阳文字 33 行，行 74 字，共 2376 字，洋洋洒洒，今仅缺 13 字，碑基为龟，顶部镂刻螭龙，装饰繁缛花纹，王知敬篆额(图 1)，高正臣书丹，整体气象浑厚静穆又不乏精致和巧思，颇具初唐风格。

《明征君碑》现今仍立在南京东北郊的栖霞寺弥勒殿前广场西侧，是为唐

---

① 张同印：《隋唐墓志书迹研究》，北京：文物出版社 2003 年版，第 103 页。

② (唐)徐浩：《论书》，见上海书画出版社、华东师范大学古籍整理研究室：《历代书法论文选》，上海：上海书画出版社 2015 年版，第 275 页。

代"方技之士"明崇俨五世祖、南朝宋齐之间一位隐士明僧绍树立的。明崇俨因善于神仙方术而得到高宗喜爱，因为他常于谒见高宗时"以神道颇陈时政得失，帝深加允纳。"以致后来帝特为润州栖霞其五世祖明僧绍故宅亲自碑文。至于为什么称明僧绍为"征君"，清朝赵翼《陔馀丛考·征君征士》有记载："学行之士，经诏书征而不仕者，曰征士，尊称之则曰征君。"

据说他曾六次被皇帝招去任官却每次都谢绝了。征君最初隐居崂山一带，后随其弟明庆符到郁州任上，住弇榆山，栖云精舍，欣玩水石，竟不一入州城，后庆符罢任，僧绍随归，住江乘摄山。可能是因摄山"丹穴红泉，共星河而竞写(泻)；珠林镜澈，与月桂而交辉"①的仙境之景将他深深吸引，最终终老此山，碑中记："征君早植净因、宿苞种智，悟真空于绮岁，体法性于青襟。"②可见，僧绍应是位有慧根，对佛道教研究颇深，无心于官场钩心斗角，淡泊名利的得道高僧。由此，我们可以看出当时对佛教事业的重视程度。

历史上对明征君碑的著录记载不在少数，最早可以追溯到宋赵明诚的《金石录》，其后明盛时泰《栖霞小志》，清朱彝尊《金石文字跋尾》以及《金石文字记》《潜研堂金石文跋尾》《金石萃编》，叶炽昌《语石》都对其进行了详细的考证。

---

① 《摄山栖霞寺明征君之碑》，见吕佐兵：《圣碑：南京栖霞山明征君碑瞻礼》，北京：中国文史出版社 2015 年版，第 45~46 页。

② 《摄山栖霞寺明征君之碑》，见吕佐兵：《圣碑：南京栖霞山明征君碑瞻礼》，北京：中国文史出版社 2015 年版，第 17 页。

直到清代阮元、包世臣倡导金石学，引起崇碑抑帖风气之前，师法晋唐总是历代书家的不二之选，初唐书家更是有着得天独厚的机会宗法晋唐名品，加之太宗对羲之书法又格外推崇，上行下效，当时研习王书，蔚然成风。欧阳询、虞世南、褚遂良、颜真卿无不是从逸少书中吸取精华，最终自称一家，且《怀仁集右军圣教序》这一书法史上的巨大工程于高宗咸亨三年已刻成，《明征君碑》仅晚其四年，书家高正臣一定在此期间对王字进行了仔细的描摹与研究，张怀瓘在其所著的《书断》称正臣"习右军之法，脂肉颇多，骨气微少"，张氏在这里直言正臣习右军法，"脂肉颇多，骨气微少"似乎认为高氏书法肉多骨少，但大概是指高氏早年书作，又说："修容整服，尚有风流，可谓堂堂乎张也，自任润州、湖州，筋骨渐备，比见蓄者，多谓为褚后。"

这似乎为我们描述一位堂堂正气正人君子的模样，润州在唐时即为现在的南京，《明征君碑》即为高氏赴任润州时期的作品，这一时期正臣书筋骨渐备，笔力有所积累，师法褚遂良，我们确可以看到《明征君碑》中笔锋藏匿，对点画的精心布置，大概就是来源于褚字。据张怀瓘的记载在润州之后其书又变："任申、邵等州，体法又变，几合于古矣。"

很可惜高氏几合于古的作品我们已经无从见到，但可以看出的是，张怀瓘对高氏书法评价还是非常中肯的。且称正臣隶、行、草入能（《书断》）。朱长文《续书断》："离俗不谬，可谓之能。"能品者，合乎规矩，精于技法，正臣当是本朝善书者。《苍润轩帖跋》里有言高氏："书自圣教序中出，极有风骨可爱。"

清人刘熙载《艺概书概》也对高书尤为推崇："道祖（薛绍彭）书得二王法，而其传也，不如唐人高正臣。"

叶昌炽所著《语石》对正臣评价最为之高："高正臣风骨凝重，精光内含，是善学褚者。其书品在《张琮》《樊兴》两碑之上。"

《张琮碑》于唐贞观十三年刻，《樊兴碑》于唐永徽元年立，两碑均处初唐时期，将两者与《征君碑》作简单对比，对理解《明征君碑》书风应会有很大帮助。谭延闿对《樊兴碑》有这样的评价：

此碑书法有烟霏雾结、龙翔凤舞之观，后世效褚书者莫能尚也。

康有为跋云："字画完好，毫芒皆见，虚和娟妙。如莲花出水，明月开天，当是褚陆佳作。"（《广艺舟双楫·干禄第二十六》）

可以看到《樊兴碑》与褚书非常接近，结体宽博，法度严谨，但我认为相比《征君碑》却少了一些从容不迫、闲适自然，且整体不甚协调，多有僵硬刻意之感。

《张琮碑》书风俊朗，笔画刚劲。

康有为有言："古意未漓，步趋隋碑，工绝，不失六朝矩矱。"(《广艺舟双楫·卑唐第十二》)

此碑结体紧密严谨，端正大方，骨气很足，或许是收放太过明显，似是没有内含精练的含蓄之美。

叶昌炽所言"风骨凝重，精光内含"却是可以在《明征君碑》中得到很好的印证。"风骨"一词最早在刘勰《文心雕龙·风骨》出现："招怅述情，必始乎风；沉吟铺辞，莫先于骨。"

刘勰是从做文章层面分析了对于"风骨"的理解，骨对于文章来说就是辞藻的运用，而一篇文章要能抒发出作者情感即为"风"。对于书法作品来说，"骨"就是落纸有力，从书者内心迸发出的一种力量，正如卫夫人所言"点如坠石"，似乎能感觉到笔画的体积感与立体感，唐太宗也主张："今吾临古人之书，殊不学其形势，惟在求其骨力，及得骨力，而形势自生耳。"(《论书》)

张彦远《历代名画记》："骨气形似，皆本于立意而归于用笔。"说明骨的表现主要归于用笔，细观明征君碑，字字呈向内紧趋的态势，大部分用笔中锋，转折处力求锥画沙的效果，尽管有些笔画细入纤丝，却依然劲挺有力。初唐书家大约都有这样控笔的能力，将全身力量倾注于笔尖，万毫齐立，以至于笔笔力透纸背，写出来笔画圆滚滚的，却无不透出张力。而"风"则来自书者的自身修养与思想感情，纵观此碑，我们可以看出，可能高氏此时正处"集古字"的创作阶段，所以看起来与《集王圣教序》《褚遂良雁塔圣教序》非常相近，但相比褚字的摇曳多姿，此碑风格因要与内容相合，显出一种庄重与正式，爽快与坚决，与早年的《燕氏碑》一脉相承，虽没有强烈的个性，但还是有高氏自己的味道。

民国时期著名收藏家章钰先生曾按照旧本临摹了《明征君碑》全文，在文末表达了他对明征君碑的喜爱之情，他说："学书以唐贤为正宗，欧虞诸名刻旧拓难得，近所流播者，神气筋肉皆尽，仅见骨架而已。高正臣书得右军法，今存世三石，杜君绰碑残泐已甚，燕太妃碑新出土中，尚梢精拓，惟明僧绍碑，在江宁栖霞山，真行融为一体，直接山阴气脉，校杜燕两刻，尤为韵胜。全碑锋颖如新，极便临写……"

我们可以看到征君碑笔锋运动过程还是清晰可见的，且变化十分丰富，起笔收笔都不是简单的朝一个方向机械的运动，且露峰藏峰也处理的十分含蓄，如绵里裹针，字字精气神是通过凝聚在笔力中而委婉表现出，这大概就是叶氏所言"精光内含"了吧。

　　此碑最成功之处在于对开与合、收与放的处理，字字如"上苑之春花，无处不发"，"舍"字上部撇捺开朗舒展，下部则比较收敛，"合""居"等带有长撇长捺的笔画高氏都处理得十分潇洒，尤其是捺画十分舒展又向前延伸之势。"霞""云"字的雨字头也都取横势，左右放，而下部有紧缩趋势。从整体布局看，有些字中宫收紧，有些字开张疏朗，便如那漫天星斗，忽明忽暗、忽闪忽现。

　　但《明征君碑》也存在着一些问题，此碑虽然主体是行书，但我们却从中看出许多楷书的影子，这种诸体杂糅的书风在同代书家陆柬之的《文赋》中也表现得很明显，且其前半部分表现得最为明显，排列有序的小楷中一会掺入几个草书，一会杂进几个行书，我们知道隋代墓志中也存在似隶似楷的书法作品，而且不在少数，有些看起来十分和谐，有些确有略显突兀牵强，杂乱无章之感，似是努力于平淡中求变化，与之相比，初唐书家褚遂良就处理得比较好，它能以行书笔意，八分篆意融进楷中浑然一体，加之自己艺术创造，最终形成"渣滓尽而清虚来，看似疏瘦，实则腴润，看似古淡，实则风华"[1]的艺术风格，所以他被称为"唐之广大教化主"，唐楷也是到了褚遂良这里才真正脱离隋代书风而自立门户，纵观其原因，大概是褚氏是真正精而杂、杂而糅，而不是一味将行书拼贴到楷书中，不是用楷书章法写行书或是单纯的字型杂糅，这样的故作变化只会让人觉得不伦不类。初唐书家大多有这样的问题，很可能与他们所处特殊时代有很大关系，到了盛唐颜真卿才有大的改观。

　　因此严格说来《明征君碑》大概不能算上是创新之作，因为我们明显可以从其中看出许多初唐书家的影子，"出新意于法度之中，寄妙理于豪放之外"

---

　　① （清）王澍：《虚舟题跋》，见上海书画出版社、华东师范大学古籍整理研究室：《历代书法论文选》，上海：上海书画出版社 2015 年版，第 645 页。

（苏轼《书吴道子画后》），将规矩谙于胸襟，又要无间心手，忘怀规则，从而达到"平淡而绮丽，简者不失丰容，繁者愈见灵透，雅不伤于纤，放不流于犷，法度井然而挥运自如，出入传统而新意盎然"书法创作的最高境界，大概，出新必须建立在入古的基础上，很显然高氏已经做到了这点，并且模仿得惟妙惟肖，但最终如何破除前人模式、融入自己思想见解并创作出属于自己风格的、新活的书法作品，从而脱颖而出，确实是值得深思的问题。

四、从征君碑再识初唐书风

具体来分析，我们会发现此碑长笔画多以直笔居多，比如"萧"字的长横，"为""君"字的长撇。"侧""叶"字的竖钩多为直画，无忸怩之态，从结字角度来说，更偏向于欧阳询的笔意，将褚字与高字截单字对比分析，褚字"神"字"丿"似微微的 S 形，而高字一撇下来毫无多泥带水，褚字"月"字竖撇，线条内部动作非常丰富，最后似有上挑之态，而高字酣畅淋漓，一笔到位，我们可以看出褚字上下左右的起伏摆动，是引起她给人柔秀之感的主要原因，而相比而言，明征君碑则如英雄猛士，贯气而下。

着重看征君碑里的以竖钩作为字主笔画的单字，会发现，"茸""丹""月""行"等竖钩都成外扩向背的趋势，刚硬中透出韧劲。极力追摹过王字的人一定会对其处理使承转合、顿挫深有体会，高氏对字转折处的处理可谓非常自如了，纵观全碑，多以方折为主与圣教序类似，这大概也是它给人以骨感的原因之一了。

"书有筋、骨、血、肉。筋生于腕，腕能悬则筋脉相连而有势，指能实则骨体坚定而不弱。"①

书家似将腕力都聚与笔下，而用指发力于笔尖，其转折处如折钗股者，方中代圆，圆而有力。

---

① （明）丰坊：《书诀》，见上海书画出版社、华东师范大学古籍整理研究室：《历代书法论文选》，上海：上海书画出版社2015年版，第506页。

　　此外，此碑起笔处也多用方笔，斜切顺势侧峰而入，爽朗、率真而直接，斩钉截铁，且许多字式直接来源于魏碑，如"国""独""虚"等字，字型偏扁，用笔硬朗，转折处顿笔后直接下折，没有慢慢顿挫地做作修饰之感，可以明显看出有如北朝《龙藏寺碑》一脉的方正刚硬，我们知道初唐书家由于所处大融合时代，北碑对其书风影响不言而喻，其中最典型代表可谓是欧阳询了，其用笔凝练质朴，刚健而清俊，宋《宣和书谱》评价欧书："询喜字，学王羲之书，后险劲瘦硬，自成一家。"朱长文《续书断》言褚氏书："其书多法，或敬钟公之体，而古雅绝俗，或师逸少法，而瘦硬有余。"

　　在唐代之前，主要以篆隶楷书作为碑刻上石的主要书体，以显严肃庄重，以行书入碑者首推太宗《晋祠铭》《温泉铭》，至盛唐李邕将行书入碑推向高峰，征君碑当然也是李唐行书入碑的代表之作，以行书作为碑刻书体是唐代对碑刻书法的一种突破与创新，但也有其极大的局限性，因碑刻内容主要用于歌颂功德或是刻录经籍，所以统治者要求渲染严整肃穆的气氛，而行书要求流而畅，挥洒自如，因此对于书者创作来说，以行书上碑仿佛是设置一道心理障碍，明征君碑字字间打有界格，有庙堂之气，大概就是希望人们一看就心生敬畏，我们可以看到高氏为突破这一障碍，连贯行气所做出的努力，于庄严中追求性灵超脱，排宕潇洒，且将字与字疏密，轻重，大小，开合的呼应关系处理得恰到好处，但还是略有僵硬，给人以不忍挥洒，手脚束缚之感，可能是因要将每一字安排在界格之中，而致伸缩局促，这一点在圣教序中也时有发生，单看字字精致，整体看之，就有拼凑之嫌，这也可能是征君碑趋向楷书之意的原因之一，全碑共 2376 字，其中有大约 1/3 是完完全全的楷书，比如"影""里""河""花""竞""丹"等都是非常精美的楷书。

　　从结构来看：字型趋于端正，大小适中，字字间距平均分配，单个字里空间也基本平均分配，孙过庭《书谱》："真以点画为形质。"《明征君碑》中高氏对点画的处理十分精致，且形态各异。

　　从用笔上看，起笔与收笔没有丝毫懈怠，方笔居多，且承接转折处多为方折。

　　从章法上来说，虽然可以看出书者在书写节奏上所做出的变化，但行轴线几乎没有俯仰、欹侧变化，几乎是围绕一条主轴线成左右对称的布局，整体来看，轻重变化不甚明显，笔画间牵丝映带的感觉减弱了很多，处处透出一种平和的静态美，很多地方已经非常接近楷书的章法了。智果《心成颂》以具体字为例论述楷书的结体、笔画在结字中当有的空间位置，初唐欧阳询对楷书发展作了全方面的总结，《三十六法》《用笔论》等都对楷书法度化进行进一步的完善，这一时期书论不再仅仅是虚无缥缈讨论虚静，借意象来意会书法创作，而是对笔法结字章法等进行具体而可切身体会的论述，其实就是让书法从感性逐渐进入到理性的发展状态，逐渐变得有规律可循。我们确可从笔法章法、笔画间游丝牵引处看出楷书化的倾向。

再者，书道多与政道相合，"颜真卿书，气体质厚，如端人正士，不可亵视"（杨守敬：《学书迩言》）。柳公权"用笔在心，心正则笔正"（苏轼《论书》），都在强调做人要一身正气，体现在书法上也讲究端正，这与儒家伦理道德有密不可分的关系，似有些字如其人的意思，在这样的思想影响下，固然引起了以端正为美的风气，这也大概是为什么《明征君碑》中字趋楷书化的原因，也是初唐之后楷书趋向规整化秩序化法度化，逐渐走向"尚法"书风的原因之一吧。

众所周知，汉武帝罢黜百家，在思想上独尊儒术，所以这一时期艺术思想非常质朴，魏晋时期是精神上极其活跃自由，又最浓于热情的时代，"无为而治"思想深入人心，文人追求一种虚静清谈，但对统治者来说，最终招致亡国之命。唐代有此吸取教训，思想上由儒释道三教支配，我们知道儒家崇尚中庸之道，中庸即做任何事不偏不倚，求对立统一中和之意，反对恣意张扬、过犹不及。这一点在初唐书论中反映众多，如欧阳询在《三十六法》《八诀》中说道：

"字欲其排叠疏密停匀，不可或阔或狭。"（《三十六法》）
"四面停匀，八边具备，短长合度，粗细折中。"（《八诀》）

欧阳询认为字的疏密、胖瘦、长短、粗细对比都不能过分夸张，而提倡停匀与折中。孙过庭《书谱》里也提道："留不常迟，遣不恒疾，带燥方润，将浓遂枯，泯规矩于方圆，遁钩绳云曲直，乍显乍晦，若行若藏。"从而达到"违而不犯，和而不同"（《书谱》），于变化中求统一，兼容通达的效果。

唐太宗《指意》云："及其悟也，心动而受均，圆者中规，方者中矩，粗而能锐，细而能壮，长者不为有余，短者不为不足。"

《王羲之传论》里太宗贬钟繇古而不今，小王新妍有余而古朴不足，唯有右军势和体均，尽善尽美。倡导"节之于中和，不系于浮放"，所有的这些变化对立都表现得非常平和微妙。比如上下结构的字如"岁"字，上部"山"字微微向右上方倾斜，下部戈钩向右下方呈斜势，俨然像西方雕塑里舒适惬意歇站式的形象，"晋"字也是整体呈稍稍倾斜姿态，但下方"日"字最后一笔呈向下方下压状态，处理得非常和谐，左右结构的字也都处理得错落有致，"隔"字右耳朵收笔时向右下方轻轻一顿，左边则作向右上方微鼓的圆弧。

这种微妙的欹侧变化，初唐书家大多运用自如，初看欧字认为过于平正，略见呆板僵直，再看复觉险绝中见平正，正应了《书谱》："至如初学分布，但求平正；既知平正，务追险绝；既能险绝，复归平正。初谓未及，中则过之，后乃通会。"

徐浩《论书》中记："用笔之势，特须藏锋，锋若不藏，字则有病。"

我们可以看到《明征君碑》在用笔上，忌讳锋芒毕露张扬跋扈，若行若藏，尽管是行书，但字的粗细大小对比也刻意弱化，且字内空间分布均匀。《明征君碑》中弥漫的一种不骄不躁，不急不励，冲和优美，萧散清逸的气息，大概就是得益于初唐冲和书风所影响。

虞世南《笔髓论》："欲书之时，当收视反听，绝虑凝神，心正气和，则契于妙……中则正，正者，冲和之谓也。"

唐太宗《指意》："神气冲和为妙"，冲和即一种虚灵和合的艺术境界，书者须"思与神会，同乎自然，不知所以然而然也"心正气和，绝虑凝神，不急不躁，进入一种忘我境界，这似乎是对魏晋尚韵书风的继承与发展，对魏晋书家空灵虚和清静心境有所保留。

而清静心态，平淡恬然风格取向，决定在创作精神上必将取法于自然，蔡邕《九势》："夫书肇于自然。"这是一种不堆砌、不雕饰、去浮华、浑然天成的美。

我们看到《明征君碑》行笔行如流水，转折处顿之山安，书者的整个创作心境应该是非常放松和自由的，书写过程就如自然运行过程一样，是静的又是动的，是肃穆的又是鲜活的，正是这种"志气和平，不激不励，而风规自远"的艺术追求使得初唐书法形成遒丽却不轻佻，和谐中蕴藏变化的风格的原因。

结　　语

初唐，是书法史上承上启下的时期，具有特殊地位与特征。上承魏晋萧散隐逸书风，后又奠定盛唐百花齐放书法盛况，吸收王羲之尺牍、江左一系温婉风流，却又没有被其消极懈怠时风所感染，兼容并蓄的容北朝碑刻方正硬瘦，"变古制今，开草、隶之规模，变张王之今古"，与初唐时代要求与艺术追求相融合，追寻一种冲和萧散，从心所欲而不逾矩的初唐书风，且为盛唐楷书逐渐走向法度化起到重要推动作用。至此再次体味《明征君碑》，妙在方正险峻，妙在中和温润，金石气铮铮作响尽显堂堂正气，却又潇洒流畅从容飘逸，"风骨凝重，精光内涵"盖是对《明征君碑》及初唐书风最凝练的概括，而初唐书家严谨的治学态度和凝神屏气的书写状态，精纯的笔法和精巧结构也从中有所体现。

（孙杰　山西大学美术学院；熊若楠　西北大学文化遗产学院）

如何恰当地欣赏绘画？

——论绘画的三种观看方式

曹元甲

如何欣赏一幅绘画？这是一个旧得不能再旧的话题。之所以旧话重提，是因为随着当代绘画界对绘画方法的花样翻新使得绘画的边界不断得以拓展，从而模糊了从前我们对绘画的清晰界定，结果不仅给试图解释绘画现象的绘画理论带来了前所未有的挑战，同时也给普通绘画爱好者在观赏作品时带来了无所适从的困惑。正是这些新问题的出现，带着我们又一次回到了这个老问题面前，让我们不得不重新检视什么是绘画，如何去欣赏绘画以及绘画何以打动人等问题。

一

要搞清楚绘画之所以为绘画的本质特征，媒介可能是最好的入手之处。绘画所运用的符号不外是线条色彩与笔墨。凭借线条、色彩或笔墨，绘画在二维平面上呈现一个意象世界。平面性是绘画最独特的媒介。正是这一特征使得它与其他艺术形态区别开来。美国艺术批评家柏林伯格就将平面性看作绘画最根本的特征。他说："在现代主义的自我批判和自我界定进程中，绘画艺术表明不可避免的平面性最为它的根本特征，被强调出来。对于绘画艺术来说，平面性是独一无二的。图像的围合形状，是一种与戏剧艺术共享的限定条件和规范；而色彩则是一种不仅与戏剧共享而且与雕塑共享的规范和手段。鉴于平面性是绘画艺术唯一不与其他艺术共享的条件，因此现代主义绘画专注于朝平面性方向发展。"①

---

① 转引自彭锋：《艺术学通论》，北京：北京大学出版社2016年版，第441页。

一幅画，既囊括了绘画的题材和内容，当然也包括绘画的形式，即线条、色块、水墨、构图、笔触等。因此，当我们看一幅画的时候，就会看到两种东西：一种是绘画的内容，另一种是绘画的形式。现在的问题是，当我们观看一幅画的时候，是同时看见了绘画内容和绘画形式呢，还是要么只看到绘画内容，要么只看到绘画形式？

艺术史家贡布里希就主张两种观看具有不相容性。在他看来，在一次观看当中，要么只看到绘画内容，要么只看到绘画形式，不可能同时看到二者。他以著名的鸭兔图为例来阐明这个观点。当实验者将鸭兔图放到受试者面前，让受试者报告所看到的结果。报告结果显示，受试者要么只看见了鸭子，要么只看见了兔子，不可能同时既看见鸭子也看见兔子。这说明，人的知觉并不是被动地接受外界的刺激，而是包含着主动地理解和建构。"看"本身是受理解支配的。也就是说，"看"是"看作"支配的结果。而且，根据格式塔心理学整体决定部分的原理，人的知觉总是习惯于将一个事物的部分当作整体来把握。根据这个实验，贡布里希认为，在绘画中，当我们看到了内容便遮蔽了形式，看到了形式便遮蔽了内容，内容和形式不可能同时出现在人的意识当中。

贡布里希还以克拉克的一个实验为例来继续说明两种观看的不兼容性。在观看维拉斯贵兹的绘画《侍女》时，随着他的不断后退，克拉克试图看到画布上的色块和线条是如何逐渐变成图像的，或者随着他的不断前移，图像是如何逐渐消减为色块和线条的。但是他想要的结果都没有发生。无论他怎么前移后退，他总是要么只看图像，要么只看到形式，而不能同时看到二者，也不能看到二者之间转变的过程。① 这一实验再一次坚固了贡布里希的观点。

如果上述这种不兼容理论成立的话，以该种理论为指导，在绘画的观看上可以分裂为两种不同的方式，即内容观看和形式观看。我们对于绘画的内容和绘画的形式的观看很不一样：前者需要远看才能看清楚，而后者需要近看才能看明白。也就是说，如果这一观点是正确的，艺术界会分裂为专家和外行两个不同的圈子，专家关注绘画形式，外行只观看绘画内容。对于绘画内容的观看，我们天生就会，而对于绘画形式的观看，则需要后天专门的训练。也就是说，绘画的内容，所有人都能看见，但绘画的形式美则非经过严格的训练是很难看得到的。

---

① [英]贡布里希：《艺术与错觉》，林夕、李本正、范景中译，长沙：湖南科学技术出版社 2004 年版，第 6~7 页。

正所谓"内行看门道，外行看热闹"，主张第一种观看的人大多是看热闹的外行，他们更关注的是绘画究竟画了什么以及画得像不像，至于是怎么画的则不太注意。这类观看方式实际上是将绘画与绘画的内容等同起来了，以为看懂了绘画的内容也就看懂了绘画。持这种观点的人实际上混淆了绘画本身与绘画内容的关系。从本体论上来看，绘画与绘画的内容是两种全然无关的存在。用绘画内容或绘画对象作为标准来衡量绘画的价值，这是犯了本体置换的错误。而且这样的标准并不是绘画自身的标准，而是绘画之外的标准，用绘画之外的标准来衡量绘画，并不能正确评价绘画。其实，看见了绘画的内容并不见得就看见了绘画。这是第一种观点的不足。

秉持第二种观看方式的人多是专业画家和艺术批评家，他们一般认为绘画本身就内具一种评价标准，因此不再以绘画之外的东西作为标准来评价绘画，而是将视线拉回到了绘画本身，而且他们常常是一些不同程度的绘画形式主义者，认为绘画不是别的，就是绘画形式，就是色彩、笔墨以及线条的不同排列组合而已。绘画呈现出来的就是这样一个形式化的、抽象的世界。绘画更关注的是观念、视角以及技法的创新，即是否突破了传统的手法、是否转换了原有的视角、是否打破了固有的参照系等，至于画的是什么，以及画得像不像、逼真不逼真这类问题反倒是次要的，甚至是不那么重要的。

这种观点看起来是坚守住了绘画之所以为绘画本质特征，但是这种坚守实际上却导致了对自身的否定。也就是说，形式主义最终走向了它的反面。因为绘画就是线条、色彩、笔墨在二维平面上的形式组合，至于画的是什么并不重要，重要的是如何画的，因而可以说绘画的本质特征就是绘画形式。用现象学的术语说，将绘画进行还原，最后得到的"现象学剩余"，或者说"事物本身"就是绘画形式。如果按照形式主义的逻辑，对于"事物本身"的最好坚守就是直接让事物出场，那么当颜色只是表现颜色本身，线条只是表现线条本身，笔墨只是表现笔墨本身，画布只是表现平面性本身的时候，形式主义便走到了它的反面，其结果就是内容的直接出场。这种内容直接出场的艺术就是所谓的现成品艺术。这样的艺术，社会大众有理由怀疑它究竟还是不是艺术。尽管在艺术界有很多大名鼎鼎的艺术评论家为其辩护，但我们依据直觉和常识依然可以理直气壮地认为它不是艺术，就好像在英美法系的法院判决中，尽管法学精英们为一个案子各执己见、争论不休，但最终的判决权仍然属于没有多少专业法律知识的陪审团。

二

如果说内容观看和形式观看两种观看方式都不能算是恰当的绘画观看方式的话，那么是否存在第三种观看方式呢？我们知道，前面两种观看方式尽管看起来针锋相对，实质上都建立在同一个认知理论之上，即观看的不兼容理论。因此想要找到第三种观看方式，就需要在观看的不兼容理论上寻找突破口。英国哲学家理查德·沃尔海姆就是这么做的。对于绘画的形式与内容在人的意识当中是如何呈现这一问题，沃尔海姆不同意贡布里希的观点，为此他提出了不同的观点。他发现有一种特别的观看方式，既能看到绘画内容，也能同时看到绘画形式。沃尔海姆将其命名为"看见"或"看出"（seeing-in），也就是说，在绘画形式中看出绘画内容。这样，对于绘画的两种主要因素的观看，就无须分开在不同的时间进行，而是在同一时间就可以看见二者。在日常生活中，我们也有许多类似"看见"或"看出"的经验。比如，从云彩中看出了诸如马、人、龙之类的形象，这时候我们既看见了形象也同时看见了云彩，而不是一会儿看见云，一会儿看见形象。这里不会发生看见云彩以牺牲形象为代价，或看见形象以牺牲云彩为代价的情形。相反，二者相互融合，相得益彰。① 可见，上述鸭兔图的情形在这里并没有发生。

沃尔海姆提出的这第三种观看方式是对前两种观看方式的突破和超越。在前两种观看中，绘画形式和内容"井水不犯河水"，而在第三种观看当中，二者是互相影响的。绘画形式和媒介会影响绘画内容和形象。因为绘画内容和形象就是从绘画的形式和媒介中看出来的，绘画的形式和媒介就是绘画的"物性"因素。根据海德格尔，任何艺术作品都离不开它的物性。"即便人们经常印证的审美体验也摆脱不了艺术作品的物性因素。在建筑作品中有石质的东西。在木刻作品中有木质的东西。在绘画中有色彩的东西，在语言作品中有话语，在音乐作品中有声响。在艺术作品中，物因素是如此稳固，以致我们毋宁必须反过来说：建筑作品存在于石头里。木刻作品存在于木头里。油画在色彩里存在。语言作品在话语里存在。音乐作品在声响里存在。"②由此可见，绘画

---

① ［英］理查德·沃尔海姆：《艺术及其对象》，刘悦笛译，北京：北京大学出版社2012年版，第205~226页。

② ［德］海德格尔：《林中路》，孙周兴译，上海：上海译文出版社2008年版，第3页。

形式和媒介会影响绘画内容和形象，从绘画里看到的形象并不能等同于在现实中看到的形象。

不仅绘画媒介和形式影响绘画内容和形象，反过来也一样。也就是说，当我们观看绘画内容的时候，也不会对绘画形式视而不见。甚至可以说，通过观看内容我们可以更好地观看到形式。我们还是以海德格尔的话来说明这一点。根据海德格尔，物性因素在器具中被消耗和遮蔽，但在艺术品当中却会得到保存和敞开。"石头被用来制作器具，比如制作一把石斧。石头于是消失在有用性中。质料越是优良越是适宜，它也就越无抵抗地消失在器具存在中。而与此相反，神庙作品由于建立一个世界，它并没有使质料消失，倒是才使质料出现，而且使它出现在作品的世界的敞开领域之中：岩石能够承受和持守，并因而才成其为岩石；金属闪烁，颜料发光，声音朗朗可听，词语得以言说。所以这一切得以出现，都是由于把作品自身置回到石头的硕大和沉重、木头的坚硬和韧性、金属的刚硬和光泽、颜料的明暗、声音的音调和词语的命名力量之中。"①如果说绘画的形式因素和内容因素是你中有我、我中有你，彼此互相纠缠在一起的话，那呈现在我们意识当中的就不会只是其中纯粹的一种因素，而是两种因素交融化合后的新因素。问题是，这两种因素是如何融合在一起的呢？

无论是海德格尔还是沃尔海姆都没有给出清楚的解释。对绘画中的形式因素和内容因素之间的关系，从认知心理学角度做出清楚说明的是波兰尼。在波兰尼的身心理论看来，人具有两种意识：源于心灵的集中意识和源于身体的附带意识。集中意识是"对"（to）对象的意识，而附带意识则是"从"（from）身体的意识；人类活动都是靠两种意识的共同合作来完成的。具体到绘画欣赏活动中，呈现在集中意识当中的是绘画内容，而呈现在附带意识当中的则是绘画形式。这两种意识之间存在着默契协调的合作关系，它们会创造出新的艺术图像。如果在观看绘画过程中，只有集中意识在工作，而没有附带意识进行合作，那么我们看到的就只有绘画内容，就好像在现实中观看事物一样，这就是我们前面所说的内容观看；如果只有附带意识在场，而集中意识缺席的话，那我们看到的就只有绘画形式而看不到绘画内容，这就是所谓的形式观看。无论是内容观看，还是形式观看都是一种类似于鸭兔图似的非此即彼的观看方式，

---

① ［德］海德格尔：《林中路》，孙周兴译，上海：上海译文出版社 2008 年版，第 27~28 页。

这两种类型的观看都不是身心合作所产生的艺术图像，因此它们所创作出来的绘画都不能称为完美的艺术。也就是说，艺术的观看既不是一种自然的观看（内容观看），也不是一种认识行为（形式观看），而是一种身心合作的意象观看。因而，无论是只让人看见内容的逼真的幻觉画，还是只让人看见形式的极简的抽象画，尽管也是绘画，但算不上好的绘画。好的绘画是既让人看到内容又让人看到形式，而这种融内容与形式于一体的就是所谓的"意象"；恰当的绘画观看方式既不能是只让人看到"画了什么"的内容观看，也不能是只让人看到线条、构图、笔触、色彩的形式观看，而是融内容和形式于意象的意象观看。也就是说，绘画呈现给我们的是一个意象世界，而这个世界只有在两种意识的共同参与并相互配合下才能完美呈现出来。

三

通过上述分析，我们可以发现，绘画呈现出来的既不是一个纯形式的世界，也不是一个纯内容的世界，而是一个融合了形式和内容的意象世界。说绘画呈现的不是一个纯内容的世界，意思是绘画并不等同于绘画的对象，作为艺术的绘画自然有不同于真实世界的虚幻标准，这样就将绘画与现实区别开来了；说绘画呈现的不是一个纯形式的世界，意思是绘画并不像音乐那样仅仅利用"无意义"的音符作为媒介来直接表情达意，而是运用线条、色彩、笔墨等媒介"建构"一个具有空间性的意象世界间接地表情达意。也就是说，音乐是直接作用于人的时间意识从而使人兴发的，而绘画则必须假道人的空间意识进而作用于人的时间意识使人兴发，这是由绘画的本质特征决定的。不像以抽象的、无意义的节奏和韵律为媒介的音乐那样，绘画的媒介是线条、色彩、笔墨等，尽管绘画的媒介也具有很大的抽象性，而且单纯看起来也没有什么意义，但毕竟它是通过创造形象来与他人进行交流的，哪怕是一些看起来很抽象的没有对应物的绘画形象，依然是有所指向的，这就使得它不能像音乐那样完全抛开内容而只专注于节奏和韵律中，从而直接使人兴发。这就是为什么我们说形式观看并不是欣赏绘画的恰当方式的重要原因。

绘画之所以为绘画，而不是音乐，就在于它已经有了内容和空间性因素的加入，因此它不能不考虑这些空间性因素。对绘画来说，这些空间性因素既是一种遮蔽，但同时又是一种敞开。之所以说是遮蔽，是因为它们的加入使得绘画不能再像音乐那样走纯粹的形式主义路线，这就是为什么我们不能以纯形式主义的标准来衡量绘画的原因，用形式主义的标准来衡量绘画就等于用音乐的标准来衡量绘画。不仅如此，这些因素的掺入很可能会歪曲绘画的真实意蕴，甚至还会将观者的注意力从对绘画的欣赏当中转移开来。以意大利文艺复兴时期的达·芬奇、拉斐尔和米开朗琪罗为例，他们的大部分画作都取材于宗教，但是如果我们沉溺于这些题材当中，为这些画作中的故事所拖住，便很难欣赏和注意到这些画作的真正独到伟大之处。他们对这些题材的描绘在很大程度上是为了烘托出一个世界，也就是说，这些题材只是一个引子，一个引向月亮的手指，并不是目标本身，如果一味沉溺于题材所讲述的故事而忽略了艺术家对其巧妙的处理，很难说这不是对绘画本身的遮蔽。

之所以说是敞开，是因为线条、色彩、笔墨等都是一种符号，尽管绘画中的这些符号不像诗歌、文学中的语言符号那样有明确的意义，但和音乐符号相比，仍然是有一定的附着意义，这些附着意义在很大程度上对绘画呈现一个意象世界具有一定的引导作用，引导着我们即便在欣赏形式化很强的画作时也可以感受和把握画家的情感方向。也就是说，绘画媒介的附着意义实际上在其中起到了奠定整幅画的情感基调的功能，从而使得我们在面对一幅抽象画作的时候，即便一时无法看出其中的具体意蕴也不至于头绪全无。空间性因素的加入使得绘画在表情达意时不得不借助于意象来达成目的，而意象恰恰就是我们走进画家内心世界的一扇大门。这正是绘画不同于音乐的地方。

在欣赏绘画时，既要用到源于心灵的集中意识，也要用到源于身体的附带意识。也就是说，审美活动需要人的两种意识的共同合作才能完成的。在某种意义上，我们不妨将集中意识看作空间意识，而将附带意识看作时间意识。绘画就是通过融空间于时间之中，间接作用于人的时间意识，从而达到使人兴发的目的。比如，在传统的中国画当中，画家一般将人画得很小，而故意将山画得很高、水画得很阔、树画得很老。通过人与自然的鲜明对比，让人体会到一种孤独的个人在苍茫的历史长河当中的感受。这种融空间于时间之中的手法，在中国古代的建筑中表现得最为突出。比如在兰亭之上，王羲之兴发出这样一种感受："固知一死生为虚诞，齐彭殇为妄作。后之视今，亦由今之视昔。悲夫！"在滕王阁上，王勃兴发出这样一种感受："天高地迥，觉宇宙之无穷；兴尽悲来，识盈虚之有数。"(《兰亭集序》)建筑中的这种融空间于时间之中，从空间的无际进而感受到时间的无限，从而使人兴发的方法同样适用于绘画。

（曹元甲　湖北大学哲学学院）

五彩彰施：中国古典绘画色彩理论的
基本语素

赖俊威

　　"五彩彰施"一般被认为是中国绘画最早的设色理论，恰如黄宾虹所言："古先画用五采，号为丹青。虞廷作绘，以五采章施于五色，是为丹青之始。"①根据《尚书》所载："古人之象，日、月、星辰、山、龙、华、虫，作会宗彝。藻、火、粉、米、黼、黻絺绣，以五采彰施于五色，作服，汝明"，孔安国云："会五采也，以五采成此画焉"，② 显而易见，"五彩彰施"概念起初是源于绘画造型功能之需的一种施色手段，具体根据日、月、星辰、山、龙等形象并通过"五彩"与"五色"相匹配的设色意识在衣服上染出（或织出）上述各类形象的图案，这种作为视觉层面用以表现具体颜色的"五彩"，《后汉书》对此亦有所记载："上古穴居而野处，衣毛而冒皮，未有制度。后世圣人易之，以丝麻观翚翟之文、荣华之色，乃染帛，以效之，始作五采，成以为服"。③ 可见，中国传统绘画色彩的早期运用的确与服饰上绘画形象的塑造有着莫大的关联。此外，《庄子·天地篇》也有"垂衣裳，设采色"之类的记录。当然，"五彩彰施"的理念不只局囿于服饰的设色，同样适用于绘画创作领域。清人连朗曾就绘画"合色"问题有所论述："取众色而调合之，变化无穷，古人所谓'以五彩彰施于五色'也，元王绎《采绘法》有专

---

　　① 黄宾虹：《琴书都在翠微中：黄宾虹自述》，北京：文化艺术出版社 2014 年版，第 142 页。

　　② （汉）孔安国传，（唐）孔颖达正义：《尚书正义》，上海：上海古籍出版社 2007 年版，第 166 页。

　　③ （南朝）范晔：《后汉书》卷一百二十舆服志第三十，百衲本景宋绍熙刻本（以下电子古籍本皆参照《中国基本古籍库》）。

为服饰器用设者，亦可通于山水花鸟。"①因此，从本土文化体系的根蒂出发，中国古典(绘画)色彩理论对"五色"的选择充分表现出特定的哲学思想，并对应着与古人生存密切相关的体现时空意味的宇宙天地与自然物质属性等问题。尤其伴随"五行说"理论的成熟，原本趋于具象的"五彩彰施"概念更是进一步发展为相对抽象的"五行色"谱系。从具体的画史来看，古人通常是将系统化的"五行色"制度作为绘画色彩语言的一种重要表达形式，不仅涵盖了以往的彩色主导观念，亦涉及后来占据主色调地位的水墨观念，这在诸多画论中有着详细的记载。②当然，从绘画色彩的直观性视觉表现来讲，"五行色"的运用主要是体现在一般意义上的"丹青""青绿"等"重彩"画之上，典型如邹一桂直言绘画"造物赋形本五行为五采本，无边墨"，③但不可否认，其也被运用到水墨画中"以墨当色"的绘画色彩认知模式之中，典型如"运墨而五色具"——即是指用墨之法应如五色之用。概言之，"五行色"体系的生成与完善，本质上根源于"五行"思想。按此，"五色"可以说是"五行"的外衣。因此，"五行色"是将色彩作为中国古代宇宙观的一种结构模式展开。这种明显体现出"结构化"特征的色彩观对中国传统绘画色彩理论影响可谓深刻，直至清代的沈宗骞在谈绘画设色时开篇仍还言"五色原于五行"。暂且不论表面上被披上制度外衣的"五行色"体系对中国绘画色彩审美表现到底具有多大程度的影响，"五彩彰施"这样一种用色理念的确是率先以一种结构化的语言形式作用于中国传统绘画色彩观念的表达。那么，"五彩彰施"作为中国传统绘画色彩语素究竟是如何展开建构的？这主要得从"五行色"体系的生成与构建背景以及基本内涵谈起。

---

①　(清)迮朗：《绘事琐言》卷五，清嘉庆刻本。

②　(唐)张彦远《历代名画记》："山不待空青而翠，凤不待五色而缚。是故运墨而五色具，谓之得意。意在五色，则物象乖矣。"可见，施彩和用墨皆与"五色"有关。以"五色"论绘画色彩的例子远不止于此，如(宋)黄休复《益州名画录》提及："工丹青状花竹者，虽一蕊一叶必须五色具焉而后见画之为用也。"(宋)郭若虚《图画见闻志》记载韩干"三花马"时援引白居易诗歌："凤笺书五色，马鬣剪三花"。(宋)李廌《德隅堂画品》指出赵令穰"用五色作山水竹树凫雁之类有唐朝名画风调"。(明)李开先《中麓画品》评"吕纪如五色琉璃"。此外，(元)盛熙明《图画考》、(明)朱谋垔《画史会要》、(明)唐志契《绘事微言》、(清)戴熙《习苦斋画絮》、(清)方薰《山静居画论》、(清)郑绩《梦幻居画学简明》、(清)邹一桂《小山画谱》等均有以五色之论。以"五色"论绘画色彩者可谓不胜枚举。

③　(清)邹一桂：《小山画谱》，见中国书画全书编纂委员会：《中国书画全书》(第20册)，上海：上海书画出版社1996年版，第611页。

一、"五行色"的思维构念

中国古典哲学视野下的"五色"直观地是一种以数术的方式展开结构的色彩观念。一般而言，"五色"的哲学内涵在于"五行"是不争的事实。故而，"五色"实际又可称为"五行色"。五行色系统往往被视为中国传统文化的一个整体框架，诚如庞朴将"五行"视为"中国文化的骨架"，① 显然是立足社会文化系统层面而言的。五行色并非如西方色彩学建基于色彩认知结构的色彩体系模型，这从大量遗存的文献和文物资料不难看出，反之，五行色也成为印证历史文献和文物真实性的一项十分重要的指标。关于五行色的功能，一般表现在四个方面：系统性、指事性、象征性、控制性。系统性功能指的是对人的通感和统觉的注重；指事性功能指的是能够标示天文、地理、人事等内容；象征性功能指的是以色彩比附特定的思想观念；控制性功能主要表现为规定事物或元素之间相生相克的关系，涉及等级、自然、行为等范围。

从思想本源上讲，五行色是通过"以象天地"的色彩表现强调事物之间的阴阳五行关系以进一步达到阐释宇宙秩序和维持社会规范的目的。从始源意义上讲，五行与五色可谓中国先民生命意识的某种发端。所谓"土以黄，其象方，天时变。火以圜，山以章，水以龙，鸟兽蛇"，② 论及的正是万物基于绘画"形"与"色"如何"象"的问题。这首先是一种企图获取自然规律支持的历史哲学阐释模式，核心在于以象天地万物。《考工记》通过"车"的生动描述对于我们理解"以象天地"概念的内涵有着比较具象的启发："轸之方也，以象地也。盖之圆也，以象天也。轮辐三十，以象日月也。盖弓二十有八，以象星也。"③

很显然，在古人的造物观念中，车的各个部件(轸、伞盖、车轮、盖弓等)皆被视为天地万物的象征，换言之，造物者是以天地为法则而展开造物活动。事实上，《考工记》还明确提出了"百工之事皆圣人之作"④的观点，从圣人的角色与身份特征而言，其在造物时必以天地为本，造物"以象天地"故由

---

① 庞朴：《稂莠集——中国文化与哲学论集》，上海：上海人民出版社 1988 年版，第 356 页。

② (汉)郑玄：《周礼》卷十一，四部丛刊明翻宋岳氏本。

③ (汉)郑玄：《周礼》卷十一，四部丛刊明翻宋岳氏本。

④ (汉)郑玄：《周礼》卷十一，四部丛刊明翻宋岳氏本。

此而来，诚如《礼记·礼运》所言：圣人作则，必以天地为本，以阴阳为端，以四时为柄，以日星为纪，月以为量，鬼神以为徒，五行以为质，礼义以为器，人情以为田，四灵以为畜。①

从微观的现实之物到宏观的宇宙天地，造物者及其所造之物在极大程度上超越了简单的功利层面而上升至一种大美的境界，那与天地相仿佛的"车"等所造之物皆成为宇宙之象。在此观念的基础上，五色亦是用以象征天地之用，所谓"杂四时五色之位以章之，谓之巧"，② 具体指以春青、夏赤、秋白、冬黑、季夏黄以"章""四时"，其中"章"明显体现出构图布局之意。"四时五色"以象天地的观念，尤其表现在作为"质"的"五行"理论之中。到了春秋时期的五行观念，人们已经开始重视五行之物的形式美问题。

五行色在历史上与功利性较明显的"五德终始说"有着很大的关联，但也通常是以具体的色彩形式加以表现，其中的一个典型即是被作为历代"尚色"之风的表征。色彩被明显地赋予了具有命运更替意味的性质，即如《明史·舆服三》记载，"(洪武)三年，礼部言：历代异尚。夏黑，商白，周赤，秦黑，汉赤，唐服饰黄，旗帜赤。今国家承元之后，取法周、汉、唐、宋，服色所尚，于赤为宜。从之"。③ 崇尚周朝制度的孔子也曾明确提出"君子不党"之论，"党"的古文字是为"党"，从字形结构分析来看，具有明显的"尚黑"之意，而周朝实际"尚赤"，五行色体系下的黑又有克赤之意。直观地讲，"君子不党"指的正是君子不尚黑色，在根本上指的是不能与周朝的礼制相对抗。需注意的是，"五色"的原初义未必始于成熟的"五行"概念或体系，更不消说是战国时期邹衍所谓的"五德终始说"。《尚书·益稷》将"五彩彰施于五色"视为"作服，汝明"之显现，仅就视觉表现而言，此时的"五色"似多半是"以色名物"的一种指示性泛称，并非只是单纯表示与"五行"相配的五种特定颜色，亦非五种内蕴抽象观念的颜色词。这种"名物"的色彩实际源于时人对外界的认知欲，人的认知意图首先在于把握人与世界的关系以谋得生存。在这样一种基于实物认知的基础上，"五色"与"五行"原本或是各自平行发展的范畴，它们的形成皆与"名物"行为具有较大关联。那么，"五色"具有怎样的"名物"表现呢？作为主导"五色"的"五行"观念，"其起源不过人生必需之地上五件事

---

① (汉)郑玄：《礼记》卷七，四部丛刊景宋本。
② 闻人军：《考工记译注》，上海：上海古籍出版社 2008 年版，第 68 页。
③ (清)张廷玉：《明史》卷六十七志第四十三，清乾隆武英殿刻本。

物"，① 恰如《左传·昭公三十二年》传所言："故天有三辰，地有五行"，②《国语·鲁语》又言，"及地之五行，所以生殖也"。③ 可见，"五行"的原初之意大概也是以实物形态为媒介展开建构的，并旨在服务人的生存与生命活动。同样是在这种具有明显价值性的生存背景下，"五色"的起源应与"五行"相当，皆来自"近取诸身，远取诸物"的对实物展开直观经验的生存原则。由此，五色与五行在名物基础上完成了哲学本质上的统一。随着五行的突出并被普遍抽象化，五色发展为五行色则变得理所当然。五行色体系本应源于直觉，随着其自身的系统化，反过来又充分影响着人们的视觉，尤其以一系列关乎利害、吉凶的价值理念促成色彩视觉价值体系的形成。五行色无疑是古代中国色彩价值观念化的典型概念，不仅简化了世界（社会）的结构，而且让世界的构成元素能够得到更好的控制，这似乎也是不少人眼中古代中国色彩制度化的真正根源所在：色彩并非天生为制度而生，而是在特定制度观念下被用以解释世界的构成。故而，中国古人并非只是单纯对色彩进行所谓"不平等"的制度化或色相限定，也不只是以色彩区分人的阶级等第身份，而是通过这般限定更加便于维持社会与人生的稳定。不可否认，这也确实造成人的独立意识遭遇一定程度的抑制，从色彩感而言，即人对色彩的选择也作出有意的限制。

从概念的发展过程而言，"五色"充分浸染于中国哲学理论之中，一般与"五方""五候""五行"等概念并置，分明表示中国古人视觉下的色彩与方位、时间、价值等关联密切。客观地讲，五色体系是中国古人通过类比与象征的方式比附自然万物的一种结果，古人在此基础上常将各种感官功能相互联系，即如《诗经·国风》记载："声成文，谓之音"，疏："使五声为曲，似五色成文"。④ 可见，五声的组织好比五色构成文饰。迨至"五行"认识论的进一步系统化，"五色""五音""五味""五脏"及"五情"等真正地被纳入彼此呼应的"五行"认知体系中。这是从相对清晰的结构层面对上述现象的观念统摄。从概念生成逻辑出发，"尚五"的思维是"五行色"观念生成的重要起源。那么，问题的关键在于"五"何以被选择，即人们如何以"五"展开思维构念。从认知过程而言，"五行"滥觞于先民直观对宇宙自然和社会人事的经验把握，起初是与

---

① 齐思和：《中国史探研》，北京：中华书局 1981 年版，第 194 页。

② （春秋）左丘明撰，（晋）杜预集解：《春秋左传集解》，南京：凤凰出版社 2020 年版，第 769 页。

③ 陈桐生译注：《国语》，北京：中华书局 2013 年版，第 176 页。

④ （汉）毛亨：《毛诗注疏》卷第一，清嘉庆二十年南昌府学重刊宋本十三经注疏本。

人生密切相关的五种实物，这从《左传》与《国语》中关于"五行"的记载不难看出：

> 故有五行之官，是谓五官……木正曰句芒，火正曰祝融，金正曰蓐收，水正曰玄冥，土正曰后土。（左传·昭公二十九年）
> 故先王以土与金木水火杂，以成百物。（国语·郑语）

以上正契合远古先民"仰则观象于天，俯则观法于地"的认知思维。对"天、地、人"关系的考虑在相当程度上促成了人们以"五"为计的事物认知方式，色彩亦概莫能外。

"五行色"是色彩以"五"数字化的象征符号，其中蕴涵古人以"数"把握色彩的思维特征。事实上，看似抽象的"数"与用来指代事物的"类"互为匹配，正如葛兆光所言："古代西方如古希腊也曾经出现过毕达哥拉斯之类的唯数派，但是'数'与'类'很快就分开了，可是中国的数字却一直与具体事物相关，从不是抽象的数字。"①那么，古代中国的色彩因何以"五"配之？广言之，古人对"五"具有怎样一种理解？有学者认为上古没有"五"这种语言或文字，古人是将自身的"五指"作为"以五计数"的现实性缘由，即如刘师培所言："古者以指计数，指止于五，故数亦止于五，味曰五味，声曰五声，色曰五色，音曰五音，行曰五行……五位相得而合各有合，是太古之初，只知五加五为二五，而不知五加五之为十也，六七八九十诸字皆由他字假借"②；还有一些学者认为"五"最初是源于殷商时期的"五方"观念，这从当时的卜辞中可略见一二。③"以五配物"的思维意识实际炽盛于春秋战国，《国语·周语》有言："天六地五，数之常也"，关于"地五"，"地"具有"金、木、水、火、土"五种给人恒定感觉的构成要素，正如《周易·系辞上》所载："天数五，地数五，五位相配，而各有合"，西晋韩康伯注："天地之数各五，五数相配，以合成金、木、水、火、土"。"地五"观念的形成，首先从基础构成上讲是源于人们对自然物性的素朴认识，其次从本质内涵上讲是人们围绕生存之目的在具体实践活动中对自然现象展开生命感知的结果，即如《尚书·洪范》所言，"水火者，百姓之

---

① 葛兆光：《中国思想史》（第一卷），上海：复旦大学出版社2001年版，第61页。
② 刘师培：《论小学与社会学之间的关系三十三则》，载《左盦外集》卷六，宁武南氏校印1934年版，第14页。
③ 庞朴：《阴阳五行探源》，载《中国社会科学》1984年第3期。

所饮食也；金木者，百姓之所兴生也；土者，万物之所资生也，是为任用"。①从审美意义层面来看，"地五"可谓中国人生命意识发端的一个极其重要的显现标志。无论是"天六"还是"地五"，反过来皆表明，先民是将对自然的认识与观察作为自身生存意识的前提，如《白虎通德论》所载："神农因天之时，分地之利，制耒耜，教民农作，神而化之，使民宜之"，② 可见，顺应自然物性成为人的生命得以延续的重要前提，易言之，人的生存过程在有限的认知经验下几乎仰仗于自然的恩惠。从生存空间而言，中国的地理生态普遍具有幅员辽阔、农耕为主、偏于一隅、相对封闭等特点，这在感知环境、生产结构等方面基本固定了中国以土地为核心要素的基因传承，同时也让中国传统文化气质不断地朝内向型发展，这与趋向和谐型、伦理型的"中心"式文化性格形成彼此互证。③ 早期"华夷杂处"的民族格局促成以中原为主的方位认知经验，故而形成"五方"观念，具体指以自我为中心视点结合东、南、西、北四方，恰如庞朴所言的"'中'与'东南西北'并列为五方，那便意味着达到了自我意识"。④这种意识具有较强的审美性质，即由类于法国学者列维-布留尔提出的"心象—概念"⑤的心理图示构筑出来的方位感，让古人能够以类比、联想的方式对抽象的时空概念进行概括。因此，人们对时空的神秘性不再完全地无能为力，至少铸就了一种以自我意识为中心的内部时空，能够从心理上对人加以庇护。基于这种心理时空的建构，除五方之外，还衍生出五帝、五候、五典、五礼、五刑、五章、五服、五声及五色等概念。由此可知，"五"在根本上成为中国古人认识宇宙的一种特殊的符号，"五"的时空建构在很大意义上是"以五配色"的思维基础。

---

① 诸如此类的"五行"记载在先秦典籍中可谓俯拾即是。《国语·郑语》："以土与金木水火杂，以成百物。"（参阅陈桐生译注：《国语》，中华书局 2013 年版，第 573 页。）《左传》："因地之性，生其六气，用其五行。"（参阅杨伯峻：《春秋左传注·昭公二十五年》，北京：中华书局 2018 年版，第 1271 页。）

② （汉）班固：《白虎通德论》卷第一，四部丛刊景元大德覆宋监本。

③ 王会昌：《中国文化地理》，武汉：华中师范大学出版社 2010 年版，第 137~159 页。

④ 庞朴：《阴阳五行探源》，载《中国社会科学》1984 年第 3 期。

⑤ 这种"心象—概念"的形式是以一种画出了最细微特点的画面呈现，让人们能够在没有抽象概念词的基础上把握事物。列维—布留尔认为社会集体的思维愈接近原逻辑的形式，"心象—概念"的意义就愈明显。这意在说明，外在事物并不会因为语言的丰富性而导致难以把握，而是一旦提及它们就能够准确地在人们的意识中呈现出相关的心象（[法]列维—布留尔著，丁由译：《原始思维》，北京：商务印书馆 2009 年版，第 187~189 页）。

从该意义出发，"以五配色"的根源也在于此，即色彩是作为世界的一种构成或表现元素存在，必然要顺应与匹配决定人之生存的自然物性。早期的"顺物"行为基本是素朴而稚拙的，主要意图显然是在于获取人得以生存的条件，其中当然也会牵涉一定的审美意识，因为即使是原始人类在实际的劳动生存过程之中，也会对事物产生一定的感受，感受本身会伴随一定审美观念的萌芽，这有点接近普列汉诺夫将艺术视为一种社会现象的观点，即"人的本性使他天生具有审美的趣味和概念"，① 其还将人的这种审美本性的特质明确概括为模仿的倾向。故而，"天六地五"宇宙观除了实用目的之外，还包含形、色、声、味等与审美有关的形式要素，这在后来(春秋时期已出现)主要表现为人们对被纳入"天六地五"范畴之物的形式要素之美的提倡，这也正是"五色""五味"与"五声"等概念的思想萌芽。②

总的来讲，早期的"五行"架构，无论是出于实用还是审美目的，皆是以人的基本生存或生命意识为导向。"五"作为一种常数既源于自然物性，又表达出身处神秘氛围的人们对生命恒常的某种追求，恒常的生命首先体现在人与自然的和谐关系之中，即通俗意义上的人道与天道相合。这种追求十分明显地表现在后人对"五行"观念的进一步建构与拓展过程之中。

实际上，中国古人对自然的把握并非盲目而被动的，而是随着人们认知经验的丰富而不断拓展。一系列与人的生存与生命休戚相关的"顺物"观念也应运而生，其中主要涉及人的自然观与价值观问题，具体表现为人如何看待世界运转、人与自然、人与社会等关系方面。这就促进了"五行"体系在"天六地五"思维基础上的完善。倘说"天六地五"主要还是人们对生存时空的一种结构性认识，那么"五行"运转机制则较为明显地表现出古人对生命宇宙的一种生成性认知。冯友兰曾指出"五行说解释了宇宙的结构，但是没有揭示宇宙的起源"，③ 这可与古希腊先哲追问世界起源的思想进路展开比较说明：中国先哲

---

① ［俄］普列汉诺夫：《论艺术(没有地址的信)》，曹葆华译，北京：生活·读书·新知三联书店1973年版，第16页。

② 《左传·昭公元年》记载："天有六气，降生五味，发为五色，征为五声。"《左传·昭公二十五年》进一步援引子产之言："天地之经，而民实则之。则天之明，因地之性。生其六气，用其五行。气为五味，发为五色，章为五声。……为九文、六采、五章，以奉五色；为九歌、八风、七音、六律，以奉五声。"由此可见，"五色"与"五声"在此语境中已属审美艺术的范畴。(参阅杨伯峻编著：《春秋左传注》，北京：中华书局2018年版，第1059、1060、1271、1272页。)

③ 冯友兰：《中国哲学简史》，北京：北京大学出版社1996年版，第120页。

并未将"五行"作为构成事物的根本，只是作为人们认识和把握世界的一种结构性的恒常之数，宇宙的起源问题从未真正明晰；古希腊哲学家则是将类似于"五行"的水、火等元素视为形而下的科学研究，并认为它们皆出自形而上的上帝之手。所以，中国的"五行"体系始终徘徊于形而上与形而下之间，是作为一种宇宙结构而存在，但"五行"于人的真正意义在于其关乎生命的运转。"五行"促使人们对自然的恩泽逐渐形成了更为明确的规律性认识，因为起初的自然规律对于早期先民而言是抽象而不明确的，但人们立足生存角度又希冀对其展开深入地了解与运用，故而往往从根本诉求上落于"和谐"看待人与自然的关系，最终诞生了最根本的"天人合一"观念，即将自然之天道明确视为人类活动的总依据，所谓"天地之气，不过其序，若过其序，民乱之也"。①人的生存之道要与天道相合，首先表现为人们对天道（自然规律）的依循，天道于人的核心在于"和谐"法则，这也间接说明"天人合一"具有明显的价值色彩。由此可见，"五行"乃至"五色""五声"等皆具有和谐的价值属性。这也是"天人合一"观念几乎能够为后世普遍认同的直接原因：个体的价值被充分置入整体的"天、地、人、物"相合的范围之内。这种整体的和谐价值意识正是"五行"体系形成的动力源所在，"五行"也让其范畴下的万事万物具有和谐的价值。那么，五行范畴统摄下的五色究竟具有怎样的内涵？

二、"五行色"的美学内涵

顾颉刚曾于《五德终始说下的政治与历史》指出，"五行，是中国人的思想律，是中国人对于宇宙系统的信仰。"②如其所言，"五行"是体现中国古人思维和宇宙观的一个核心概念。唐代文人苏源明在《元包五行传》中曾对"五行"这一根本性的作用展开过如下描述：

> 五德皆本于五行，然则色不以五行，虽有离娄之明，不能定其文采；声不以五行，虽有旷之聪，不能定其音律；味不以五行，虽有俞跗之术，不能定其性命；气不以五行，虽有老聃之道，不能定其嘘吸；言不以五行，虽有尼父之德，不能定其词理；历数不以五行，虽有重黎之算，不能

---

① （汉）班固：《汉书》卷二十七下之上，清乾隆武英殿刻本。
② 顾颉刚：《古史辨自序》（下册），北京：商务印书馆 2011 年版，第 451 页。

守其叙；阴阳不以五行，虽有牺、炎之圣，不能定其吉凶。万物无不由五行以定。①

足见"五行"观念作用之广深，不仅对形而下的色彩、声音、味道、言词、历法等作出本质性规定，而且对形而上的气、阴阳等概念亦有影响，其甚至还援引孔子、重黎、庖牺氏、炎帝一众圣人为例强调"五行"这一不可磨灭的地位。有关"五行"的文字记载，较早地见于距今年代最远的《夏书·甘誓》："有扈氏威侮五行，怠弃三正"，孔颖达疏："五行，水、火、金、木、土。"②《墨子·明鬼下》对此有着更为翔实的记述："然则姑尝上观乎《夏书》，《禹誓》曰：大战于甘，王乃命左右六人，下听誓于中军，曰：有扈氏威侮五行，怠弃三正，天用剿绝其命。"③显然，"五行"被关联于国家的前途命运，如不顾"五行"规范的有扈氏必然要被"天"断送国运。出于目的或功能而论，这是从政治指导思想的层面对五行内涵的把握，但这种功能化的五行说本质上依然倚仗的是传统宇宙观。从历史上看，即使是百家争鸣的时代，人们几乎还是奉五行为圭臬，鲜有从根本上对其进行否定。按历史故实的时间轴来看，五行又被后人追溯至年代更为久远的黄帝或伏羲时期：

　　管子曰：黄帝作五声，以政五钟……五声既调，然后作五行。④
　　黄帝考定星历，建立五行。⑤
　　伏羲因夫妇，正五行，始定人道。⑥

以上记载多为后人所撰，其内容亦轻描淡写而难溯其实貌。立足"五行"概念的内涵，其核心在于具体内容的架构，其中被学界普遍视为"五行说"之正典的《尚书·洪范》有言：

---

① （清）董诰：《全唐文》卷三百七十三，清嘉庆内府刻本。
② （汉）孔安国传，（唐）孔颖达正义：《尚书正义》，上海：上海古籍出版社 2007 年版，第 258~259 页。
③ 吴毓江撰，孙启治点校：《墨子校注·明鬼下》，北京：中华书局 2006 年版，第 335 页。
④ （宋）李昉：《太平御览》卷第五百七十五乐部十三，四部丛刊三编景宋本。
⑤ （汉）司马迁：《史记》卷二十六，清乾隆武英殿刻本。
⑥ （宋）李昉：《文苑英华》卷五百五十五，明刻本。

五行：一曰水，二曰火，三曰木，四曰金，五曰土。水曰润下，火曰
炎上，木曰曲直，金曰从革，土爰稼穑。润下作咸，炎上作苦，曲直作
酸，从革作辛，稼穑作甘。①

其首先从物质材料的认识过程较为清晰地交代了"五行"的构成，同时还
指出了诸构成要素的各类性质表征，但似乎并未明确地将"五行"同色彩建立
起直接的关联。《尚书大传》将"五行"同人的饮食、兴作与资生等方面联系起
来，提出"五行"的重要意义在于为人所用：

《书传》云："水、火者，百姓之所饮食也；金、木者，百姓之所兴作也；
土者，万物之所资生也。是为人用五行，即五材也。"②

"五行"被视为"洪范九畴"③之首，非"九畴"摄于"五行"，而是对"五行"
作出的一种具有功能特征的始源性考察。所谓"初一曰五行"，宋人胡瑗《洪范
口义》对此所作的阐释可谓系统："夫有天地，然后有阴阳；有阴阳，然后有
五行；有五行，然后有万物。是则五行者，天地之子，万物之母也……故五行
者，圣人为国之大端，万类之所祖出而冠于九畴，故曰初一曰五行。"④

此外，象征"五行"之物通常与时人的心理需求互为匹配，"五行"得当与
否充分关涉人的貌、言、视、听、思、心各方面，诚如《左传·文公七年》所
载："六府、三事，谓之九功。水、火、金、木、土、谷，谓之六府。正德、
利用、厚生，谓之三事。义而行之，谓之德、礼。"⑤

显而易见，"五行"基础上的"五行色"在本质上是以人的生存与生命为根
本导向的，杜预对此作出解释："礼以制财用之节，又以厚生民之命"⑥。"五

---

① （汉）孔安国传，（唐）孔颖达正义：《尚书正义》，上海：上海古籍出版社 2007 年
版，第 452 页。

② （汉）孔安国传，（唐）孔颖达正义：《尚书正义》，上海：上海古籍出版社 2007 年
版，第 452 页。

③ "初一曰五行，次二曰敬用事，次三曰农用八政，次四曰协用五纪，次五曰建用
皇极，次六曰乂用三德，次七曰明用稽疑，次八曰念用庶征，次九曰向用五福，威用六
极。"所谓"九畴"，即为常伦，具言之，常事之次序。[（汉）孔安国传，（唐）孔颖达正义：
《尚书正义》，上海：上海古籍出版社 2007 年版，第 449~450 页]

④ （宋）胡瑗：《洪范口义》卷上《初一曰五行》，清文渊阁四库全书本。

⑤ （春秋）左丘明撰，（晋）杜预集解：《春秋左传集解》，南京：凤凰出版社 2020 年
版，第 239 页。

⑥ （春秋）左丘明撰，（晋）杜预集解：《春秋左传集解》，南京：凤凰出版社 2020 年
版，第 239 页。

色"与"五行"关系的明确提出，可见于《逸周书·小开武》："五行：一黑，位水；二赤，位火；三苍，位木；四白，位金；五黄，位土。"①黑、赤、苍、白、黄明显是按照五行原理确立，体现出浓郁的象征意味。事实上，色彩的符号化在一定程度上可谓是为色彩象征化的萌芽，"五行色"体系现世以前，色彩已经在一定程度上存在被符号化的情况，具体从遗存的原始岩壁画及原始器物加以推测可知，当时的原始先民能够使用某些具有特定意义的颜色。

毋庸置疑，五行色不仅是一种象征色，同时还明确提出了中国古典绘画色彩理论的基本语素问题，即让色彩在绘画中体现出一种具有和谐性质的结构化规范，还让色彩的语义表达有了较为明晰的概念支撑，其中主要涉及一组对偶范畴——"正色"与"间色"。"正色"与"间色"的文字记录早在《礼记·玉藻》已有记载："士不衣织，无君者不贰采。衣正色，裳间色。非列采不入公门。"②显而易见，色彩被运用到古人的服饰表现上，而且具有明显的制度性特征，再次印证了色彩的价值观化特性。历史上，古代中国的统治阶层通常将所尚之色视为"正色"，《白虎通德伦·三正》有一段关于夏商周根据"三统"（黑统、白统、赤统）原理对色彩所尚的记载，这在很大程度上可谓正色理论的一个思想源头：

> 《礼三正记》曰："正朔三而改，文质再而复也。"三微者，何谓也？阳气始施黄泉万物，动微而未着也，十一月之时，阳气始养根株，黄泉之下，万物皆赤。赤者盛阳之气也，故周为天正，色尚赤也。十二月之时，万物始牙而白，白者，阴气，故殷为地正，色尚白也。十三月之时，万物始达孚由而出，皆黑，人得加功，故夏为人正，色尚黑。③

这种"改正朔，易服色"的观点充分表现出后一代以"尚质"救"尚文"之弊的认知行为。如此一来，"正色"观念又回到了色彩与"文质"范畴的关系之中，其中构成"三统"的赤、白、黑皆隶属于"正色"的范围，只不过是在文质交替过程中各自占据主导地位。相对于"正色"的"间色"，一般指的是两种"正色"混合而成之色。"正色"一般有五，南朝的皇侃指出"正，谓青、赤、黄、白、

---

① 黄怀信、张懋镕等：《逸周书汇校集注（修订本）》，上海：上海古籍出版社 2007 年版，第 275 页。

② （汉）郑玄：《礼记》卷九，四部丛刊景宋本。

③ （汉）班固：《白虎通德论》卷第七，四部丛刊景元大德覆宋监本。

黑，五方正色"；①"间色"亦有五，明人杨慎《升庵集》明确记载："碧、紫、红、绿、流黄，五方之间色。"②关于五正色在古籍中的记载，一般比较稳定，但五间色的界定则大多不太统一。需要注意的是，中国古典文化视域下五色体系中的这些色彩指称，不能简单等同于现代色彩学下的颜色，因为无论五正色还是五间色，不仅有不同的色相表现，而且色彩的这种正、间之分具有本质意义的观念价值性，意味着具有不同色相的颜色之间在价值意义层面存在所谓"不平等"的用色现象，如《毛诗·邶风·绿衣》记载："绿兮衣兮，绿衣黄裳"，疏："毛以为间色之绿今为衣而在上，正色之黄反为裳而处下，以兴不正之妾今蒙宠而尊，正嫡夫人反见疏而卑"，③再如《论语·阳货》记载："恶紫之夺朱也，恶郑声之乱雅乐也"，疏："此章记孔子恶邪夺正也，恶紫之夺朱也者。朱正色，紫间色之好者，恶其邪好而夺正色也"，④还如《论语·乡党》所云："君子不以绀緅饰，红紫不以亵服"。⑤然而，从绘画自身的审美性质来讲，"正色"与"间色"虽然在画面中具体的人物着装、房屋栋宇等设色规制上或多或少还存在一定官方制度要求，但总体上已去除了上述所谓的制度化价值观念的影响，更多的是服务于一种绘画自身的审美意趣。从色彩的这种绘画审美视角出发，古代中国画家也如西方画家一般形成了属于绘画创作领域的颜色体认机制，但二者之间最大的不同在于中国传统绘画视域下的"正色""间色"之分，并非严格地按照科学的客观规律，而是基于特定的审美文化观念。这对于我们进一步理解中国绘画色彩语素问题可谓十分重要。

中国绘画色彩理论滋生的土壤主要是文人画领域，色彩运用亦主要是服务于文人特定的绘画审美理念，而不再纯是"五色"体系的要求。更有甚者，"五色"体系在一定程度上反而成为文人绘画用色的宿敌，从画史来看，元代以后的画家对色彩几乎持有的是一种抑制态度。然而，这并没有导致"五色"体系完全脱离了中国古典绘画的发展轨迹，即使是墨色也常被视为一种"正色"来

---

① （汉）郑玄：《礼记疏》卷第二十九，清嘉庆二十年南昌府学重刊宋本十三经注疏本。

② （明）杨慎：《升庵集》卷六十六，清文渊阁四库全书补配清文津阁四库全书本。

③ （汉）毛亨：《毛诗注疏》卷第二，清嘉庆二十年南昌府学重刊宋本十三经注疏本。

④ （三国）何晏：《论语注疏》解经卷第十七，清嘉庆二十年南昌府学重刊宋本十三经注疏本。

⑤ （三国）何晏：《论语注疏》解经卷第十，清嘉庆二十年南昌府学重刊宋本十三经注疏本。

看待，如蒋玄佁在其文章《墨》中就明确指出，"中国绘画最大的特征，是以用墨为主。墨是黑色，墨即玄，古代以玄色为正色"。① 实际上，中国古代画论中仍然存在"五色""正色""间色"之论，其中尤其值得注意的一点是，中国绘画色彩理论存在明显的"主色"与"辅色"之别。易言之，中国绘画色彩实践在"中和"色彩审美原则下一般要遵循"主辅必明"的设色理念，其实也是中国绘画创作每一环节都要考虑的问题。从相关的绘画理论来看，当中涉及"色为墨之辅""墨为笔之辅""正墨""副墨"等观点，传统设色本身也分主色与辅色，譬如青绿山水绘画以青绿为主，期间以黄、红等色点缀期间。关于绘画色彩的主、辅关系，清人迮朗在论绘画用色辅助法时就曾道出："凡著色之法，有正必有辅"，② 他还基于主、辅关系列举了具体而详细的色彩搭配技巧："用丹砂宜带燕脂，用石绿宜带汁绿，用赭石宜带藤黄，用墨水宜带花青。如衣之有表里，食之有盐梅，药之有君臣佐使，单用则浅薄，兼用则厚润。"③

邹一桂《小山画谱》对绘画设色的这层主、辅关系可谓具有提纲挈领的概括："五采彰施，必有主色。以一色为主，而他色附之。青紫不宜并列，黄白未可肩随。大红大青，偶然一二。"

按其所言，"五彩彰施"设色背景下的"主色"大抵是指"正色"，"青"作为"正色"的类型之一，显然不宜与"紫"这一类"间色"并列，"黄"与"白"虽同为"正色"，然又要遵循"一色为主"的绘画设色要求，一般也不混用。布颜图在论用墨时也明确认为"墨有正副"之别，并将其类比为"药之有君臣，君以定之，臣以成之"，同时还指出"干、淡、白三彩为正墨，湿、浓、黑三彩为副墨"。④ 这反映出中国传统绘画色彩多少具有正、间之别。

三、结　语

"五行色"彼此错杂能够生成天地间的万般色相，充分说明中国传统绘画色彩在"五行色"体系上获得了较为清晰的色彩语义内涵，具体而言，绘画色

---

① 蒋玄佁：《墨》，载《朵云》（第6集），上海：上海书画出版社1984年版，第226页。

② （清）迮朗：《绘事琐言》卷五，清嘉庆刻本。

③ （清）迮朗：《绘事琐言》卷五，清嘉庆刻本。

④ （清）布颜图：《画学心法问答》，见俞剑华：《中国古代画论类编》（上），北京：人民美术出版社1998年版，第196页。

彩的基本类属、色相性质及色彩应用等均在一定程度上得到了特定的结构化处理，即恰如相生相克的五行元素演化万物一般。对于今人而言，"五行色"在文明发展进程中难免有其历史局限性，但这并不妨碍其呈现应有的智慧之光，尤其是色彩被赋予了深刻的文化意义层面的精神需求。另外，其还是以往零散的色彩经验的首次理论化总结，在相对原始的色彩感知觉基础上无疑形成有序而系统的色彩谱系，并蕴含着普遍的象征性价值。事实上，中国传统绘画色彩理论下的"五行色"，也逐渐褪去了其原本的制度属性，主要是受中国绘画自身美学性质发展的影响。总之，"五彩彰施"充分关联早期中国古代先民的生存与生命意识，"五行相杂之和"的哲学理念进一步延续与强化了中国传统绘画色彩的"中和"审美原则，尤其是"五行色"体系的建构，为中国绘画用色问题提供了基本的、较为严谨的结构化语素，还在画史发展过程中为晚唐以后绘画色彩意识逐步转向水墨之色埋下了重要伏笔，因为无论早前设色之丹青，还是后来墨章淋漓之水墨画，皆在色彩实践层面受到这一方法论的影响与指导。

（赖俊威　湖北美术学院环境艺术学院）

国家历史题材中国人物画形象塑造与时代精神表达(1949—)

彭震中

丹纳认为,艺术"作品的产生取决于时代精神和周围的风俗"。① 在他看来,艺术是时代精神的集中反映;时代精神体现在艺术形式当中,并影响着艺术创作的主题并形成与之相对应的风格。作为艺术实践的创作者——艺术家无法摆脱自身对生活所处时代的个人体验,因此,他们将这些个人体验作为自己的艺术创作素材,将时代精神浓缩到自己的艺术创作中去,也成就出一批批历久弥坚的艺术作品。因为优秀的艺术作品必定是流芳百世的,而时代精神也会随之在艺术品中传承下去。

中国画以其独特的艺术手法和人文关照反映着中国这个新兴国家的精神面貌,呈现出了国家的民族心态和人文性格,因此有助于国家形象的塑造。在爱国主义教育不断强化以及公众对新中国国家核心价值观的普遍认同下,国家历史题材的中国画创作也是塑造良好的国家形象不可或缺的重要环节和创作基础。

从新中国成立到当下,在现实主义题材的美术创作中,新中国的国画家们通过塑造优秀的人物形象,及时反映重大历史事件,表达出艺术的时代精神,这些都是国家重大历史题材中的中国人物画创作的重要目的。往往那些极具吸引力、感染力和生命力的中国人物画艺术作品,所塑造的人物形象都具有鲜明的时代精神典型特征。

一、"十七年时期":国家历史题材的中国人物画形象塑造(1949—1966)

在新中国成立后的第一次文代大会(1949 年 7 月)上,《在延安文艺座谈会

---

① [法]丹纳:《艺术哲学》,天津:天津社会科学院出版社 2005 年版,第 29 页。

上的讲话》(1942,毛泽东)被确定为国家文艺工作的总方针,确定了以人民为中心的文艺发展方向。该讲话号召新中国的广大文艺工作者要关注民族的、阶级的斗争劳动,创作出人民心目中的各种英雄模范人物形象。随之而来的是这一时期国家组织的几次大规模革命历史题材的美术创作与研讨,形成了一种新的创作机制,并直接推进了这一题材在美术创作领域的发展。

1950年,中央美术学院完成了文化部下达的革命历史画创作任务;20世纪50年代至70年代,中国革命博物馆和中国历史博物馆组织了四次大规模的革命历史题材的美术创作,再加上当时国家鼓励倡导的一系列主题美术创作活动,由此产生和保存了一大批经典的国家历史题材中国人物画作品,如方增先的《粒粒皆辛苦》(1955)、姜燕的《各尽所能》(1955)等。

(一)特定历史场景中的革命英雄人物形象

新中国的国画家抓住了在特定历史场景中塑造英雄人物形象的艺术创作思路,通过对革命英雄人物在瞬间定格的外貌特征,刻画和突出了个人魅力和英雄气度,使得大多数的英雄人物形象构图位于画面的视觉中心,加之极具视觉冲击力的笔墨,塑造出了英雄人物的伟岸。

在这期间,英雄人物形象的刻画上主要以写实手法为主,开始摆脱传统中旧文人画中的程式与概念样式,注重对现实生活的真实反映。如王盛烈的《八女投江》(1957)、杨之光的《雷锋》(1960)、杨胜荣的《欧阳海舍身救列车》(1964)、陆俨少的《焦裕禄》(1965)等一大批中国画作品,表现了革命英雄人物形象在特定历史场景中的瞬间定格。

(二)纪念碑式的国家领袖形象

这一时期以国家领袖为主题的历史题材中国人物画作品中,领袖们基本处在喜庆祥和的气氛当中,面部神情坚毅、微笑、喜气洋洋。画面中的领袖人物要么是被人群簇拥,要么就是独立于画面中央,在身型与体量上跟周围的人相比,总会显得要高大一些。

这一时期的领袖形象表现还是以写实为主,主要运用了"单线平涂"的表现方式,配以略微仰视的透视手法,呈现出了纪念碑式的庄重感,凸显出伟大领袖们的精神面貌与气质。如石鲁的《转战陕北》(1959)、李琦的《主席走遍全国》(1960)、李斛的《祖国万岁》(1965)等一批中国画作品,表现了革命领袖们的伟大形象。

(三)新中国的妇女形象

新中国成立后,此时从事劳作的劳动妇女形象成为备受推崇的新中国妇女形象。当时的中国人物画作品中,有很多是表现劳动妇女的形象,在男性劳作的众多场合,总少不了她们一起劳动的身影,有的甚至同男性展开激烈的劳动竞赛。

这个时期的画面中,她们健硕、阳光、欢快而又充满热情的红彤彤面容使整个人都洋溢着丰收的喜悦,展示出了劳动妇女们对劳动的赞美以及对未来美好生活的向往之情。艺术家通过对社会主义劳动妇女形象的表现,展示了新中国全新的社会面貌,如杨之光的《一辈子第一回》(1954)、王玉珏的《农场新兵》(1964)等。

(四)符号化的儿童形象

这一时期有关儿童形象的中国画作品,主要涉及儿童与领袖在一起、军事化的儿童、有觉悟的儿童等画面内容。以成人为读者的中国人物画作品中,儿童形象的塑造并不以刻画儿童独特的个性为主要任务,而是要塑造有教育意义的大众符号。因此,他们往往被塑造成为宣传社会主义革命、无产阶级专政和共产主义理想的美好新时代的代言人。如蒋兆和的《毛主席与少年儿童在一起》(1950)、姜燕的《考考妈妈》(1953)等。这些作品中的儿童形象大多是浓眉大眼、衣冠整洁、笑容满面,服饰上会有红领巾、书包等身份象征的物件。

从以上四类分析不难看出,"十七年时期"国家重大历史题材中的中国人物画的人物形象有两个主要特点:一是画家笔下的人物,不论是普通群众还是国家领导人,都充满了昂扬的斗志与理想主义的激情,从人物的动态特征,都具有强烈的夸张意识;二是焦虑和苦难的主题消失了,取而代之的是国家英雄主义叙事与民族文化意识,这也成为该时期人物形象的基本价值定位。

这一时期的人物形象,是新中国成立初期对社会生活的生动和朴实的真实写照。国画家感受到了中华民族"站起来"的时代变化,主动找寻历史事件、英雄人物与现实生活的契合点,赋予国家重大历史题材中的中国人物画欣欣向荣的气象、蓬勃向上的时代精神,唤起观众的自我认同和集体认同,从而达到对革命历史的认同、对历史主体的认同,以及对国家意识形态的认同。

二、新时期：国家历史题材的中国人物画
形象塑造(1978—1999)

党的十一届三中全会以后，确立了改革开放的发展主题，使得新中国的各个方面都在发生巨大的变化。因此，表达人们的内心情感、反映人民的真实生活、反思历史和教训，成为这一时期中国人物画的基本创作趋势。由于题材与情感的丰富性，有助于现实主义中国人物画创作语言风格的多样化。因此从1979—1999年期间先后举办的5次全国美展来看，中国画获奖作品中的大多数属于国家历史题材的中国人物画。如周思聪的《人民与总理》，范扬的《支前》，刑庆仁的《玫瑰色的回忆》、胡伟的《李大钊·瞿秋白·萧红》，赵奇的《京张铁路》等。所以说，这一时期创作的作品除了延续"十七年时期"中国人物画造型特色与表现技法外，也体现出了本时期新的面貌与气息。

(一)伤痕型的人物形象

受"文革"的反思及"伤痕"美学风格的影响，历史题材中的中国人物画创作多取材于悲剧性事件内容，将过去对英雄人物的歌颂转向于对遭遇不公，以及不幸者的描写和刻画，呈现出了普通者的受难形象。中国人物画家基于对历史的尊重，从反思的角度，利用视觉语言，直面现实，积极面对生活中的一切，传达了晦暗苦涩的人物形象。这些充满悲天悯人情绪的伤感画风，不断出现在当时中国画的人物作品中。这一时期的中国画的人物形象大多孤独茫然，表情多呈现淡淡的忧伤，这也成为当时中国人物画的时代表情。艺术家以"平视"的视角和对话的态度，采用更加平易近人的创作方式来展现那些拥有优秀品格的人物形象以及波澜壮阔、曲折迂回的中国革命历史进程。如郭全忠《万语千言》(1979)、伍启中和刘仁毅的《低头》(1979)等。

(二)象征性的人物形象

受新潮美术运动的影响，此时的中国人物画的创作形式与思维观念开始发生一些与众不同的变化。在人物形象的表现与组合上，象征性的特色开始出现。这一时期，很多中国画作品都呈现出类似的表现方式，反映出了艺术家对于一些重大历史题材，不满足于写实的再现，而追求象征性的表现，力图赋予作品以更大的艺术和思想内涵。

在主题内容的呈现上，他们以充沛的情感和细致的笔墨来描绘革命先烈、世纪伟人等形象，以象征性手法表现革命历史人物与事件，获得了题材与形式感的统一，呈现出了画家对革命历史的深沉思考；在艺术表现手法上，国画家采用严谨写实的造型方式，各种肌理的大胆运用取代了传统的抒情性线条，构图样式也具有很强的形式感。如王迎春、杨力舟的《太行铁壁》(1984)，田黎明的《碑林》(1984)等作品具有此造型特点。

(三) 多元化的人物形象

20 世纪 90 年代，国家历史题材的中国人物画创作发生了巨大的变化。较强的时代感、多变的风格样式、新的表现力，造型格局呈现出了多元化发展趋势，充分展示了现代中国人物画的新特点。此时的中国人物画家善于发现现实生活中的新事物，注重描写真实生活，强调对民族民间传统文化进行深层次和多角度的探究，同时对不同艺术形式进行交叉融合表现。同时，相较于此前的 80 年代，国画家的创作心态趋于平衡，使得艺术观念不断推陈出新，作品的思想内涵与艺术形式也得到高度统一。受此影响，随之而来人物形象的表现样式也呈现出了多元化的面貌。例如施大畏的《岁月》(1994)、周京新的《战洪图》(1998)、袁武的《九八记事》(1998)等作品都是基于重大历史事件来进行创作的，各自的画面内容可以看出此时人物形象塑造的多元化态势。

(四) 特殊社会群体人物形象

随着计划经济向市场经济的不断发展，社会、道德、信仰等问题也随之发展，问题日渐突出。随之而来关注底层人物生活及命运的人文意识也在不断增长，这些都是时代所不能忽视的重要组成部分。中国人物画家们在面对饱受生存挑战的农民、都市中被人冷落的民工、游离在求生边缘地带的少数人群等特殊社会群体，成为当时中国人物画的表现主体。国画家们开始意识到，表现普遍性社会精神状态、逼近社会问题，才是当下现实主义艺术创作的关键所在，也是现实主义艺术作品存在的主要原因。从李世南的《开采光明的人》(1984)、赵建成的《铺路石》(1984)、梁岩的《地下星》(1984)、毕建勋的《开饭》(1996)等作品中可以明显看出社会对这些特殊人群的关注态度。

从以上分析中可以看出，新时期国家重大历史题材中的中国人物画形象已完全挣脱了"文革"时期呆板说教的表现模式。真情实感的倾注、批判锋芒的显现、个人风格的张扬、史诗性与崇高感的强化、笔情墨趣的追求，以及对气韵与风骨的渲染，使得新时期的中国人物画形象生动多姿、丰富多彩。经过社会各方面的巨大转变，新时期国家国历史题材的中国人物画创作在人物形象的塑造上与以往相比，采用了更加人性化的艺术手段来表现，使得人物形象更加丰富立体、真实可信，体现出了中国人的坚韧、向善、热血的爱国主义时代精神。

三、新世纪：国家历史题材的中国人物画形象塑造（2000—）

进入新世纪以来，在国家各个方面的关心重视下，我国历史题材的中国画艺术创作又迎来了新的发展机遇期，呈现出了蔚为壮观的创作热潮。

从 2005 年文化部、财政部组织实施的"国家重大历史题材美术创作工程"、2012 年的"中华文明历史题材美术创作工程"、2016 年"纪念长征胜利 80 周年大型美术创作工程"、2018 年"纪念马克思诞辰 200 周年主题美术创作工程"，到"庆祝中国共产党成立 100 周年大型美术创作工程"等重大项目的组织与实施，可以看出以国家工程为主导推动的美术创作正在成为当下重要的美术创作生产方式。用艺术的方式来塑造国家和民族的形象的国家美术创作工程，已然成为新世纪尤其是新时代推进中国当代美术创作繁荣发展的重要举措。

（一）先进人物形象

当下，社会各行各业涌现出来的先进模范典型人物，悄然成为新世纪中国人物画家们争相表现的对象。国画家们截取先进人物在各自专业领域中的非凡贡献，热情讴歌他们对中国精神的践行，对先进典型的实干担当与敬业贡献进行了浓墨重彩的描绘。其中，既有以群像式构图来表现典型人物在各自工作岗位上动人瞬间的作品，也有以宏伟场景描绘他们在各自专业领域中作出贡献的作品，体现出了艺术家用视觉艺术的方式讲好中国故事的价值追求。国画家们以不同的中国人物画语言、造型风格和画面布局，旗帜鲜明地刻画典型人物。作品中充满了艺术家的真情实感，反映了当代美术创作的新面貌和新水平。如2017 年由中国文学艺术界联合会、中国美术家协会、中国国家博物馆共同主办的"最美中国人——庆祝中国共产党第十九次全国代表大会胜利召开大型美术作品展"中所展示的新世纪社会各行各业涌现出来的先进人物形象，就充分地呈现了这些最美中国人的先进性、代表性、时代性和典型性。

(二)革命中的英雄伉俪形象

进入新世纪以来，革命英雄的伉俪形象逐渐进入国画家们的艺术视野。英雄伉俪生死相依，相互鼓励和帮扶，依靠坚强的理想、信念和意志，战胜重重困难并付出巨大牺牲，才赢得了革命的伟大胜利。国画家们根据革命夫妻的传奇故事，用艺术的手法展现出那历经生死考验和战火洗礼的革命爱情与精神。如王明明、蔡玉水的《刑场上的婚礼》（2009）、杨声的《红色爱情——我的父亲母亲》（2007）、魏恕的《南下伉俪》（2001）、钱来忠的《并蒂惊雷》（2001）、吴高岚的《骄阳颂》（2001）等作品，无不展示出了革命英雄伉俪的高大形象。

(三)集成化处理的普通人物形象

中国传统国画的绘画构图讲究空灵、留白，有助于意境的营造，而西方绘画则普遍强调满构图，尤其是在大场面的处理上，大尺幅加上满构图足以给人带来强烈的视觉冲击感。受此影响，当代很多中国人物画家在处理史诗类历史题材的时候，也开始学习这种处理手法。如贺荣敏的《地道战》（2005）、徐贤佩的《向前，向前，向前》（2007）、陈孟昕的《唐蕃古道风情录》（2014）等作品。在这些鸿篇巨制的国画中，根据内容和构图的需要，大量普通人物形象（不同身份、职业、性别、年龄）以集成化的方式被安排在画面的不同位置，使得密集的人物群体充斥在整个画面中，吸引着观赏者的眼球注意力。

新世纪20年来，国家历史题材中的中国人物画在表现手法上继承以往优秀经验并加以拓展，现代构成装饰意识不断在作品中得以体现。国画家们以浪漫、自然的表达方式代替了以往单一的革命悲情色彩，开始回归自我。国家历史题材中的中国人物画创作除了继续关注重要历史人物和事件外，为国家的繁荣富强付出青春热血的基层劳动者也成为此时被描绘的焦点对象。无论是先进典型、英雄伉俪，还是普通人物、基层劳动者，他们都是中国人踏实奋斗的缩影，也是大国崛起的佐证。砥砺沉潜、忘我奉献，已然成为当之无愧的民族骄傲与自豪。

四、异同：三个时期的分野与交联

"十七年时期"，国家历史题材中的理想化、典型化的英雄人物形象是一种具有超凡脱俗、神圣品质的形象塑造。这种人物形象对广大人民群众而言，在一定程度上具有权威性和指导性的作用。遵循"文艺服务于工农兵"的创作原则以及革命现实主义和革命浪漫主义的创作手法，此时革命历史题材的中国人物画创作更多的是呈现出了一种理想化的形象与精神表达。

与"十七年时期"相比，新时期的国家历史题材中的中国人物画创作在题材内容、人物塑造、思想内涵和表现语言的选择上都开始了更加深入的创新和探索。新时期的国家历史题材中的中国人物画开始摒弃宏大、概念化、理想化的人物塑造手段，转而在表现英雄人物的精神世界、性格特征等方面施以浓墨重彩，更加注重个体在历史革命中的重要价值和意义的阐扬，展现出了人文性的时代精神。

新世纪以来，国家历史题材中的中国人物画创作继续阐扬其宣传国家意识形态的功能，积极正面展现国家形象。随着社会的不断变革，新世纪国家历史题材中的中国人物画在形象塑造上，相比较前两个时期有所变化，艺术家以更具人性化的艺术创作手法对人物形象进行塑造，使得所描绘的人物形象真实可信且更加富有立体感，体现出新世纪应有的国家形象。

三个不同时间阶段的国家历史题材中的中国人物画创作，在人物形象的塑造方面有着不同的表现形式和侧重点，反映出了不同历史时期和社会语境下的人物形象变化的历史原因和艺术特点。但是，这三个时期的国家历史题材中的中国人物画的形象特点以及表现手法不是彼此割裂的，而是相互延伸、相互影响的，并且形成了合力，共同推动了国家历史题材中的中国人物画创作的发展。三个时期也为我们提供了难得的共性思考，国家历史题材中的中国人物画的形象塑造与时代精神的完美呈现，需要国画家们观察凝练具有鲜明时代精神的典型人物形象，要感受时代精神，引领时代潮流，同时在创作技法的运用上也要符合时代审美需求，才能创作出优秀的中国人物画来。

五、结　语

我们知道，一个时代的艺术创作总是能够呈现出来这个时代所特有的精神气质。时代精神不仅为艺术创作提供了充分的养分，影响着艺术创作的主题内容，同时还能造就出来与之对应的艺术品格。国家历史题材中的中国人物画创作，不仅需要肩负着历史的使命感和民族的责任感，还需要紧扣时代的脉搏，通过塑造不同时期的典型人物和历史事件，来不断创新着艺术表现手法，从而才能发挥出积极的意识形态召唤功能、在国家历史题材中的中国人物画创作中传达出时代精神。

（彭震中　澳门城市大学/湖北美术学院）

从契丹殡葬面具看跨文化的传播与交流

王美艳　冉宇迪

面具是一种世界性的、古老的、普遍的文化现象，是一种具有特殊表意性质的文化符号，它通常被视为神祇的化身和载体，具有沟通天地和鬼神的法力。[1] 契丹面具的出现不是偶然的，是源于其游猎民族习俗而产生的原始宗教——萨满教信仰的产物。"萨满"一词最早出现在南宋历史文献《三朝北盟会编》中，它是女真语，意指巫师一类的人。按照传说，巫师是人与鬼神之间沟通的媒介和桥梁，是可以与鬼神交流和传达信息的人，是一个在凡人与神灵之间互通信息的一个职业，其负责的是上传下达，把神的旨意带给凡人，然后把凡人的要求传达给天神。巫师作法时需要穿戴萨满特有的衣服、帽子，最重要的是必须佩戴面具。

在当时，有这样一则民谚流传："戴上面具为神，摘下面具为人。"原来，包括面具在内的一系列服饰和法器是萨满的世代传袭之物，这些神衣和法具是萨满法力和巫力的象征，没有它们就无法获得神祇或鬼灵的意志，也就无法传达重要的信息，因而面具是由人到半神，又由半神到人的转化依据。

一、契丹族殡葬面具和其他民族殡葬面具之比较

（一）契丹与其他民族丧葬面具之异同

契丹殡葬面具是契丹族特有的丧葬习俗的文化符号，契丹作为北方游牧民族之一，一定是与其他民族共同发展、并驾齐驱的。在契丹面具的形成与发展过程中，中国古代北方游牧民族的文化在很大程度上影响了契丹一族，其他游

---

[1]　顾朴光：《面具》，北京：中国文联出版社 2009 年版，第 2 页。

牧民族的丧葬面具或多或少与契丹丧葬面具有着异曲同工之处。

契丹丧葬面具具有遮蔽功能的特点，追溯这一功能来源要从东胡族覆面的习俗说起。东胡族的覆面葬俗从一定程度上来说是对鬼混崇拜的思想体现。由于当时社会生产力水平低下，人们对自然规律没有丰富的思想体系和认知结构，把诸如生老病死等正常的自然现象归结于某种"超自然力量"，将其看作是一种神性力量的体现。因而为死者覆面一方面能留住他们的灵魂，另一方面方便其灵魂继续在异世界生活，达到"形散魂不散"的目的。契丹族是东胡鲜卑宇文部落的分支，故而东胡的面具发展成为入葬时死者佩戴的葬具，契丹族也沿袭了这个做法。

近年，在新疆也出土了多件用于丧葬的面具。其中以新疆伊犁昭苏县出土的一具镶嵌红宝石的金面具(图1)最有代表性。面具轮廓偏方，面目有些许狰狞，造型庄重威严且粗犷，嘴巴略微张开，具有典型的西域人物特征。眉毛用金和红宝石镶嵌后铆合在眉部，胡须也是用同样的方法进行处理，眼睛中间镶有两颗巨大的红宝石来充当眼珠。该面具富有光泽，当属7世纪西突厥王公贵族的陪葬品。"象雄"游牧民族也存在覆面葬俗，在西藏阿里"故如甲木"墓地出土的一件黄金面具(图2)就有明显体现。此面具是我国目前出土的最小的金面具，它虽薄如蝉翼却极有研究价值。面具由金片压制而成，五官通过三种颜色来表现，先用红色来勾勒出五官轮廓；双目圆睁，用黑颜料涂黑表现眼珠；嘴巴部分先用白色打底，再用黑色刻画出牙齿；胡须也作了简单刻画，虽然对人物面部描绘较为简单，但还是依据墓主人的形象特征进行还原复刻，凸显出西藏人物的风格特征，展现了一种草原民族大汉一贯的粗犷形象，带有浓厚的野性生命力，这与新疆伊犁出土的金面具形象如出一辙。

西藏阿里因受地理环境因素的限制，地势偏远、人烟稀少，人们下意识会认为此地很难与其他民族、文化产生联系。但阿里"故如甲木"墓地中大量古物的出现，填补了西藏新石器时代到吐蕃时期之间的空白。中亚地区的丝绸覆面与象雄的丧葬习俗，都在这个小小的黄金面具上得以体现，丝绸之路上两个系统的面具文化在西藏阿里完美交汇。将黄金面罩缀在丝绸上用其覆在死者面部，由此可以看出作为古象雄人也有接受外来文化的迹象。阿里地区黄金面具的出土表明当时西藏西部地区可能已与南亚次大陆、新疆联系密切，并通过新疆与中原、中亚和欧亚草原产生互动和交流。

图 1　南北朝至隋唐金面具

图 2　西藏黄金面具

图 3　陈国公主金面罩

　　而陈国公主金面具(图 3)与之相比人物形象就缺少明显的地域特征，契丹人力求还原逝者的真实容貌，其圆润的轮廓，樱桃般的嘴，弯曲细长的双眉，安详平静的表情，充分表现出年轻女子柔美稚嫩的特点。这可谓与上述黄金面具截然不同。从丧葬思想来看，契丹建国之后，随着契丹逐步迈进中原大地，中原文化受到契丹人的广泛关注，他们开始将本民族的文化与中原文化融合，丧葬习俗也逐渐融合了中原的元素。除了单纯的树葬之外，还产生了停尸、墓室尸床等丧葬程序。由于受汉、唐时期厚葬观念的影响，辽代的丧葬面具出土时一般还会伴随其他物品一同出土，如铜丝、银丝网络、金银器等。也正因如此，今天的我们才得以目睹契丹公主奢华陪葬的景象。

　　当然，这三副面具在功能作用上是存在一定共性的。这几件面具都作为皇室贵族的陪葬品，既彰显了墓主人尊贵身份和神圣的地位，增加死者威严，又保护了尸体使其不受腐烂，留住死者的灵魂让其还能继续享受这些荣华富贵，同时还起到一定装饰性作用，维护他们的美好形象。

　　此外，在丧葬方式上各民族间也存在这样或那样的共性和差异性。根据蒙古族学者波·少布先生的调查，野葬是蒙古族最古老的葬俗，早些时期是在人死后，用清水先将尸体洗干净，再用白布缠身或将尸体装入白布口袋中，后来直接用白布裹住尸身。北方其他民族也有给死者覆面的风俗，只是覆面所用的材料和颜色有所不同。这既展现了文化传统的多样性，又有宗教信仰的包容性。如鄂伦春族早期用桦皮或兽皮覆盖死者之面，后来改用纸或黑、白布；满族用纸或布来覆面；达斡尔族用白绸哈达盖面；赫哲族则用黄布、黄纸或黑、白布盖尸；鄂温克族用布遮盖或用呈文纸蒙上脸和手。①

　　无论从风俗文化、丧葬方式还是思想观念上看，契丹族和其他民族都有着千丝万缕的联系，都反映出契丹在文化交流上与其他民族始终是保持联系的。

(二)契丹与其他洲丧葬面具之比较

　　为死者佩戴面具的风俗在欧洲、非洲、美洲的古代墓葬里也均有出现。有趣的是，各地出土的面具有一共性，即大多数面具是按照死者的肖像来制作的，多呈闭目状，且质地、制作方法等也有某些相同或相似之处。② 这种较普

---

　　① 郭淑云：《北方丧葬面具与萨满教灵魂观念》，载《北方文物》2005 年第 1 期。

　　② ［德］格罗塞：《艺术的起源》，蔡慕晖译，北京：商务印书馆 1984 年版，第 141～144 页。

遍的现象，反映了人类社会早期在信仰上共同的一面。

早在公元 1000 多年前的埃及就有在死者面部覆上面具的案例，最著名的就是埃及第十八王朝法老图坦卡蒙墓发现的黄金面具（见图4）。该面具用22K黄金面板制成，上面镶嵌着青金石、红宝石、玻璃等装饰物，显得极为华贵富丽。因为黄金恒久不变的属性，使得黄金面具不仅具有保护和装饰尸骨的功能，同时也使这一功能永恒不变，从而使尸骨得到永生，成为死者灵魂的凭依之物。① 结合埃及人视神如王的观念来说，为法老制作如此贵重的面具在表现对其敬重的同时，更重要的是希望法老的形象永存，寄托灵魂不灭的信仰。

图4　法老图坦卡蒙黄金面具

公元前16世纪，一座皇陵中出土的阿伽门农黄金面具（见图5）映入人们眼帘，是古希腊黄金丧葬面具数一数二的瑰宝。它通体由黄金锤揲而成，其制作工艺精湛，人物栩栩如生，对于人物脸部细节特征的刻画，更是形象真实地反映了当时工匠对于黄金的处理十分成熟，人物神情面貌特征的表现与工艺技术达到完美的统一。该金面具正是用在丧葬礼俗中的，人们依据死者的面容对其进行了完美复刻。将金面罩覆盖在死者的脸上，仿佛他的音容笑貌永远留在世间一样。② 由黄金打造呈现的肌理效果不仅折射出人物尊贵的地位和丰厚的

① 仝涛、李林辉：《欧亚视野内的喜马拉雅黄金面具》，载《考古》2015年第2期。
② ［英］列昂纳德·科特勒尔：《爱琴文明探源》，卢剑波译，成都：四川人民出版社1985年版，第71~74页。

财富，而且完美展现了古希腊悠久的文化和高超的黄金加工技艺。古希腊人受宗教观念影响，他们视伟大的领袖为神的后裔，用黄金面罩覆面，使他们的容颜相貌永存于世，成为神与人合二为一的永恒象征。

图 5　阿伽门农黄金面具

为死者覆面的丧葬习俗同样也能在玛雅文化中找到其一席之地，其中以墨西哥帕伦克遗址的皇族墓穴中发掘的绿玉面具（见图 6）最有说服力。面具由绿玉打造，依据名叫"帕卡尔"的国王的真容而制，其眼睛呈对眼状，额头明显被压扁，颅骨畸形，尽管这不符合我们如今的审美，但对当时的玛雅人来说这些特征是极具美感的，他们追求这样一种病态美、畸形美。在玛雅人去世后，人们会先用衣物将其遗体包裹起来，涂上红漆后再给死者戴上面具，随后陪葬一些陶偶、陶器等器物。面具分陶质、灰泥质、玉质等不同材质，会根据死者身份选择相应的材质。为死者覆面一来可以保护其灵魂免受侵扰；二来绿玉作为一种高级石头，坚硬且有观赏价值，可以永葆死者容颜，不易腐烂，以求重生。

图 6　玛雅绿玉面具

由于各个地区受地理环境、宗教信仰、思想文化的影响，故从面具的造型设计、寓意传达、风格特点等方面来看，还是存在一定差异的。笔者对这些面具进行了对比和研究，探讨了各地区丧葬面具之间的风格特征，如表1所示：

表 1　契丹面具与其他国家丧葬面具的比较

国家	名称	图片	风格特点
亚洲中国	图 3. 辽代陈国公主金面具		面具写实，根据墓主人的容貌而制；轮廓圆润，眉毛弯曲，鼻子细长，嘴巴微抿，表情安详平静； 面具造型具有典型的东亚民族特征，强劲有力的线条构成了东方特有的审美情趣和意蕴。
非洲埃及	图 4. 法老图坦卡蒙黄金面具		面具写实，依据法老容貌特征而制； 额顶是用黄金打造的鹰和眼镜蛇，分别代表着上埃及和下埃及的保护神； 该面具倾向采用大胆夸张的图案，色彩搭配丰富而艳丽，下巴垂有胡须，代表冥神奥西里斯，象征了图坦卡蒙至高无上的权威。
欧洲古希腊	图 5. 阿伽门农黄金面具		面具由金板打制而成； 面具写实，轮廓清晰，采用细腻的线条来表现对细节部分的处理，胡须、眉毛也都作了极为细致的刻画，完美再现了逝者的面容，体现其精湛的制作工艺技术。
美洲玛雅	图 6. 玛雅绿玉面具		面具较写实，眼睛呈对眼状，额头被压扁，嘴巴完全张开，颅骨畸形，依据玛雅人的形象特征而制，造型看似夸张却符合玛雅人的审美特征； 面具由绿玉打造，五官及整个面部好似用玉石拼接而成。

可见，无论是在中国还是在西方国家，为过世的人覆面已经成为一种司空见惯的现象了。这些殡葬面具除了有相同的丧葬习俗，在其他方面也是存有共性的。

从造型方面来看，都具有写实性。契丹面具的制作追求写实，原因在于灵魂回归容易找到肉体的居所。这种观念也普遍存在于埃及、古希腊和中美洲等地区，可见越来越成为一种普遍的文化现象。

从思想文化来看，面具与其起源一样，最初是与神性相连的，随着人类神性意识的日渐淡漠，面具也渐渐褪去了其神圣的面纱，进而变得世俗化，被世人所接受。

从材质选择来看，自古以来人们就以金为美，黄金在人们心中具有崇高且神圣的地位。因黄金特殊而稀有，因其抗氧化也抗腐蚀的性质，不仅能保护死者延缓其腐烂，更能彰显其高贵的身份和地位，因此是各皇室贵族或富豪之家的首选之物。

从面具功能来看，给逝者佩戴面具不仅可以保护死者遗体，延缓尸体腐烂；还起到一定的装饰作用，维护其美好形象；还能保护死者面部，使其在奔赴黄泉路上免受其他恶灵的侵害，保佑平安；更重要的是要留住其灵魂，使他们在异世界能继续享受如生前一般的生活，达到"神散魂不离"的目的。

二、造型与审美的跨文化传播与借鉴

追溯契丹金属面具初型，有学者将同属于东胡系统的夏家店上层文化的覆面和戴有人面的青铜牌饰与契丹面具进行了对比研究，认为金属面具是覆面和人面青铜牌饰二者结合的结果。[1] 随着覆面习俗的盛行，覆面要求也随之提高，并朝着一定形状和硬度方向变化，覆面最终的材料和外观固定在金属和人面形象上；最初用作装饰的人面铜牌因非常适合覆面，最终发展为金属面具。这种人面铜牌，一般个体较小，但五官兼备，简单凿刻几个孔代表眼睛、嘴巴，鼻子高挺，双耳向外伸，与后来的契丹族金属面具极其相似。

在朝阳前窗户村辽墓中出土的一鎏金银质腰带，在其正面铸印了好几幅戏童图案，其中一部分呈现了一舞蹈人头戴面具，一边嬉戏儿童，一边与之共舞

---

① 刘冰：《试论辽代葬俗中的金属面具及相关问题》，载《内蒙古文物考古》1994 年第 1 期。

的画面(见图7),这是目前能瞥见契丹族现实生活中使用面具的唯一实例。[①]
根据考察,那名童子所戴的假面具与内蒙古上烧锅辽墓群出土的幼童面具(见图8)形制非常相似,这为我们研究早期契丹面具样式提供了有力的参考。可以看到,面具尺寸较小,脸部作了简单刻画,双目微眯,嘴部突起,表情呆滞,面具没有太大起伏,较为平坦,可以推测受环境和经济条件的影响,打造面具的工具比较单一和简陋,因而只能对其进行简单的模仿。

图7　鎏金银质戏童纹带(局部),辽宁朝阳前窗户村辽墓

图8　儿童铜面具,出土于内蒙古上烧锅辽墓

到了辽代中晚期,大约11世纪后半期,面具工艺逐渐成熟,面具形态变

---

① 靳枫毅:《辽宁朝阳前窗户村辽墓》,载《文物》1980年第12期。

得极为写实，依据逝者脸部特征打造面具的同时，也开始着重刻画人物细节，像耳朵、脸颊、额头这些容易忽视的地方也都表现得极为真实。诸如陈国公主及驸马合葬墓出土的黄金面具，内蒙古喀喇沁旗上烧锅 5 号墓出土的银面具，还有阿鲁科尔沁旗温多尔敖瑞山辽墓出土的鎏金铜面具等都是最好的实例(见图 9)。

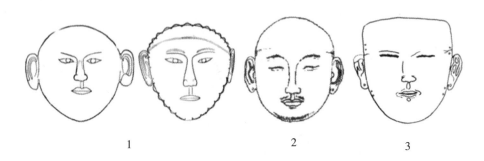

图 9　面具(1. 陈国公主及驸马合葬墓 2. 温多尔敖瑞山辽墓 3. 上烧锅 5 号墓)

关于面具造型上的变化，不难发现初期的面具各部位表现比较单纯，仅仅是打造出"人的面"，没有太明显的表情，而且面具尺寸偏小，质地多为银、铜质，制作较为粗糙；而到了后期，面部五官的刻画逐渐成熟清晰，包括脸上的皱纹及耳朵的形状等都表现得很真实，双目微闭，嘴角略微上扬，似乎在沉睡也可能在思考，更为惊叹的是对于死者容貌和性别上的差别都表现得一目了然，而且会根据逝者容貌为其制作面具。总的来说，女性多表现出长眉细眼、鼻子瘦长、颧骨突出，嘴巴微抿，呈现一副祥和宁静的模样；男性则錾刻出胡须，耳朵、鼻子、嘴巴都偏大，轮廓粗糙，面部表情庄重而严肃。

根据契丹族人宗教信仰的变化，这种写实的艺术手法，通过对逝者传递美好祝愿的心情，转移到制作相同容貌的面具上来纪念死者，让后人永远铭记死者生前的威仪；更为重要的是使死者游荡的灵魂易于辨认它的肉体，以免迷失方向无所归依，方便灵魂回归。这种观念在其他民族、地区甚至其他国家也得以体现，因为他们都倾向于写实的风格，其思想内核达到明显的一致性，在相互交流与传播过程中，大家兼容并蓄，取其精华、去其糟粕，慢慢形成具有自己民族、国家的风格特征。这也表明随着时代的发展，由对动物的模仿和崇拜慢慢转变到对人的简单描绘，再到极为写实的錾刻，不仅反映出契丹人的认知水平、生产能力以及物质条件都在不断提升，还反映出契丹族的宗教信仰、思维方式以及生活习惯都发生了巨大的改变。

三、契丹丧葬面具功能的跨文化交流与融合

契丹是鲜卑宇文部的别支，这一点为大多数学者所认同。因而东胡族系的随葬面具的习俗为辽代契丹人所继承，并发展成一种覆面的葬具，与此前简单的随葬法器有所不同。① 契丹面具流行于不同阶层中，针对契丹族在丧葬仪式中频繁使用面具的现象，这些面具除了具有简单的遮蔽功能之外，还有以下功能：

(一) 肉身为灵魂居所，为死者覆面以便灵魂回归

契丹人信奉萨满教，他们认为人死只不过是灵魂去到另一个地方，且肉体是灵魂的寄居地，灵魂会不时回来探望，因此肉体保存得好，灵魂就可以时常回到生地并保佑后代的子子孙孙。萨满教相信万物有灵，在其看来，生命的终结仅仅意味着原有生命的正常抛弃，从另一方面来说却是新生命的诞生，而这新生命与人间原有生命并无二致，人的死就是一种再生。因此所谓"死"，只不过是灵魂的一种特殊存在方式，是另外一种"生"。

萨满教是我国北方少数民族尤其是东胡族所信仰的一种宗教，而契丹族作为东胡族的分支，自然而然也深受其影响。此外，西伯利亚也是萨满教的主要分布地区，甚至从非洲经北欧到亚洲再到南北美洲这一广阔的领域都拥有这一相同的宗教信仰。由于这共同的宗教体系，导致各国各地一系列丧葬面具的产生，他们都认为面具可以起到保护死者不受恶灵侵扰的同时还能留住其灵魂，以便灵魂回归的作用。可见，各民族之间虽然语言、地域、思想文化等方面都大相径庭，面具的质地、造型设计都各不相同，但就面具的使用方法和所传达的文化寓意和宗教观念来说都是一样的。

(二) 祖灵崇拜，便于存亡者之魂

契丹人"好鬼而贵日"，当时人们对祖灵崇拜的宗教意识极其浓厚，多表现为"祀木叶山""谒祖陵""告祖庙"等祭祀活动。契丹人尊重和崇拜祖先的意

---

① 张力、张艳秋：《辽代契丹族金属面具与网络试析》，载《内蒙古文物考古》2005年第2期。

识直接体现在对尸体的各种处理方式上。自契丹建国以来，随着其铁蹄踏入中原大地，与中原文化交流密切，契丹受中原佛教文化的影响，开始相信灵魂的存在，始终坚信形不散则神不离，为达到这一目的，契丹人所使用的方法即是对尸体进行防腐处理，直接将其做成干尸。同时，他们尽量用面具和网络来保护逝者，以恢复其生时的形态来达到死者神灵不散的意图。

此外，世界上许多民族都有强烈的头颅崇拜观念，他们认为人的头颅是留住灵魂最佳之处。比如，西非的达荷美人举行丧葬仪式时，也要求助于精灵授予某种灵物，所谓"苟"。① 德国学者利普斯对此观念进行过这样的描述："死人的头骨或骨骼作为含有'灵魂力量'之物而受到崇拜"，"死者灵魂的主要座位时常是在头部……成为巫术力量的中心"。② 因人体面部从属于头颅，是人类运动和意识的中心，故覆以面具来保存人的灵魂。死者的头骨不仅放在家中保存，还会用于祭祀仪式上，戴在头上扮作各种动物或神灵，不仅能驱赶、镇压鬼神，为其增加一丝威严和神秘感，还能留存逝者灵魂，使之能继续安享异世界的生活。

可见，从原始社会起，先民们就重视对死者遗体面部的处理，正是在多种文化共同的孕育下，使得为死者覆面具这一葬俗行为和观念得以长久的发展和流传。

(三) 保护死者生前美好形象，延缓尸体腐烂

还有研究表明，一般契丹贵族们死后，尸体并非马上入葬，在外停葬的时间可能很长，长达半年或更多，而且没有棺椁盛殓。所以待正式下葬时，尸体已经面目全非，有损贵族体面。这样一来，为死者佩戴面具不仅能护罩面部以遮掩死相，保护死者生前的美好形象，让死者面部看起来更加美观，还能在一定程度上延缓尸体腐烂，使其能存放得久一点，至此这种习俗也就流传了下来。

契丹族汉化的过程中不可避免地受到了汉文化的影响，汉文化中比较重要的观念就是虽死犹生，因此保护尸体使其不腐烂便是很重要的丧葬习俗，金面具和银丝网络葬衣便是保护尸体的最佳方式。将墓葬中的陈设与生前布置的一

---

① 盖山林：《契丹面具功能的新认识》，载《北方文物》1995 年第 1 期。
② [德] 利普斯：《事物的起源》，汪宁生译，成都：四川民族出版社 1982 年版，第 346~347 页。

样，也是为了让墓主人死后仍然可以过着像生前那样奢华富贵的生活。随着契丹一族逐渐踏入中原大地，中原文化受到契丹人的关注，他们开始将本民族的文化与中原文化融合，丧葬习俗也逐渐融合了中原的元素。厚葬之风在汉代尤为盛行，为了保证尸体的美观和完整程度以及方便挪动尸体进行合葬，才会使用到"玉衣"。汉代的这种葬俗注重后期对尸体的长久保存，而契丹使用金属面具可能更注重维护死者生前的美好形象。不管他们最终的意图如何，对死者覆面的行为达成了空前一致的默契。

对于契丹族来说，面对亲人朋友或王权贵族的逝世还存有一种复杂的心态，一方面死者因对子孙的眷恋不舍，其魂不愿离去；另一方面，他们的亲人希望与死者保持某种联系，以得到庇佑，却又怕其灵魂惊扰子孙。因而，给死者覆面或戴上面具，既能让死者和生者有效隔离，不让死者凶相毕露，以免其亲人恐惧伤痛；又能断绝死者与亲人的联系，使其找不到回转的路，安心踏上"旅途"。这种做法和思想完美地体现了弗雷泽所说的"相似律"，即接触巫术，也就是指事物一旦接触，它们之间就会建立某种联系，并将一直保留着，即使相互远离，联系也存在。[1]

综上所述，契丹面具在其发展道路上不是故步自封的，也不是独来独往的，而是积极接纳并吸取各民族、地区的文化精髓，逐渐形成带有自己本民族特色的核心文化和功能作用。正是在萨满教、佛教以及与中原文化相互碰撞、与世界各族、各地区相互交流的多重因素的作用下，才得以让契丹丧葬面具发光发彩，产生契丹族用金属面具和网络葬衣这种特殊的丧葬方式，也是契丹族特有的丧葬文化。

四、结　论

契丹族的殡葬面具可谓是游牧文化中的一颗璀璨的明珠，它既可以帮助我们更深刻地了解契丹一族的生活习惯、丧葬习俗和思想文化，更有利于总结出契丹与其他民族文化发展的共性和联系，通过探索契丹殡葬面具与其他民族、国家的殡葬面具文化的相同点与差异，使人重新认识了契丹这个伟大而不平凡的民族，丰富对契丹人民生活的认知结构，也更加了解了契丹族历史的发展

---

① ［英］詹姆斯·乔治·弗雷泽：《金枝》，徐育新、汪培基、张泽石译，北京：大众文艺出版社1998年版，第21页。

脉络。

　　契丹虽作为一个生活在马背上的民族，不是唯一驰骋在草原的民族，也不是游牧文化唯一的拥有者。在其发展的历史长河中，其他游牧民族、中原文化甚至西方国家等都同契丹一起见证和参与了这场面具文化的"博弈"。契丹族逐渐强盛了之后，通过在文化上融汇众长，立足本民族文化的同时也广纳中原及西域各族文化的优秀成果，得以创造了许多辉煌灿烂的物质文明，也形成了带有自身民族特色的文化风格，其中金属丧葬面具的诞生就是展现他们实力最好的标志。

（王美艳、冉宇迪　武汉理工大学艺术与设计学院）

从发端看现代陶艺的本源

周　璇

一、现代陶艺的发端

　　现代陶艺主要是指 20 世纪 50 年代以来，在现代艺术的影响之下，以创作个体表达为诉求、尊重并发挥陶瓷材料的物性，从而追求个人理念表达的陶瓷艺术。霍尔曼在《现代艺术的激变》一书中，将 1890—1917 年界定为中世纪向现代艺术的转折点，并指出："艺术家从与经验事实的竞赛中解脱出来……并不将自己限于一种材料中，而是包含着所有材料的潜在可能性……它不再以区划分割的种类来思维，而是任由形式的原始冲动来进行最为多样的材料变形。这样的一种冲动在石头或玻璃中，在架上绘画或彩釉中可以感受得到……简而言之，整个"材料储藏室"（康定斯基语）任其所用。"①在此处所陈述的"彩釉中"，实际上正是指此一时期毕加索、马蒂斯、米罗、德加·雷诺阿、高更等艺术家在陶瓷材料上的现代艺术范畴的探索。这些艺术家的实验和探索，将现代艺术的思维代入陶瓷艺术领域的过程中，逐渐显现出陶瓷艺术本身对技和欲的追求的局限性，以及现代艺术对自身思想表达的要求之间日益增长的矛盾，从而导致了 19 世纪 50 年代美国的"奥蒂斯革命"和日本的"走泥社"的产生，二者正式将陶瓷艺术自传统器用导向现代艺术对心灵与思想的表达，因而被视为现代陶艺的开端。

二、欲望的转向——对功能化的消解

　　在现代陶艺产生之前，世界范围内的陶瓷基本作为器用之物（即使作为明

---

　　①　［德］沃纳·霍夫曼：《现代艺术的激变》，薛华译，桂林：广西师范大学出版社 2002年版，第 207 页。

器或作为装饰的建筑陶瓷也是以实用性、功能性作为生产导向），生产的目的性被功能与消费所主导，制作的过程多是生产而非创造。也即追求被喜爱的外观、使用的便利与制造技术的极致。而现代陶艺作为现代艺术的组成部分，虽然也有其作为陶瓷艺术本身的特质，但更为凸显的是其作为现代艺术的特质，即便它无法脱离对技术的依赖，但是功能性不再作为创作的目的和结果。作品被当作纯粹的物自身，并被更多地当作审美的对象来创作和欣赏。

与传统"器用"的功能性欲求反向走得最为决绝的日本陶艺组织"走泥社"，其宗旨即是"深化作品的艺术性和精神性，强调作品应该完全脱离实用性"。①当时受走泥社感召的许多前卫陶艺家，纷纷使用了一个很有意味的创作形式来表达这一思考的艺术形态：想方设法将各种器的口封住。他们认为"器用"的功能性的敞开在于空间的敞开，一旦空间被封闭，"器用"的功能性将被消失。因而这种方式虽然简单，但是也彻底使陶艺作品隔绝于"器用"的日常语义之外。

现代陶艺创作中，艺术家作为一个独立思考和欲望自由的人，区别于传统陶瓷工匠将制造和生产作为谋生的手段，不再以使用者的需要作为创造的目的，而是以自己的思考和欲望作为创作的动力。因此，陶艺家的心理情感和对世界的认知从自己的感受出发，表现为对人与自身、人与外物、人与社会、人与世界的相互关系作用下的情感和欲求的表达。作为现代陶艺创作，对于感觉和感情的感受和表达在早期"奥蒂斯革命"的彼得·范克思那里，被阐释为即兴、偶发，和对瞬时感觉的保存。而在瑟基·伊苏帕夫（Sergei Isupov）的作品中，则被阐释为对情感的再现和隐喻。每个人作为独立和自由的个体，以个性化的独特艺术语言表达自我的情感和欲求。

三、技术的剥离——反"技术为上"的完美形式的实验

传统陶瓷与现代陶艺相区分的另外一个特质在于，传统陶瓷对技术的极致追求和现代陶艺对传统技术准则的破坏。传统陶瓷对于成品的"工巧精美"有绝对的追求，对于烧造、釉色、形制和工艺步骤都有严格的规定和要求，这种在技术上的追求其目的虽然是为了适用于器用和生产的便利，但长期对技术的追求和坚持也使传统陶瓷被制约和束缚。而现代陶艺则强调创作过程中的创作

---

① 郑宁：《日本陶艺》，哈尔滨：黑龙江美术出版社 2001 年版，第 249 页。

冲动和直觉感受，让技术为个人创作理念服务，对材料和形式的可能性的探索成为创作目的的重要组成部分。

例如以彼得·范克思为核心成员的"奥蒂斯革命"团体，宣称其宗旨在于"试图达成一种对抽象形态和个人情感表达的共识，将陶瓷从一方面仅仅是实用工具，另一方面仅仅是形式主义的状态下解放出来"。① 因而彼得·范克思的作品不再具有预设的具体形式和目的，更多的是对即兴表现的呈现，并提出了"Unform"的主张，不再追求具体的对称、均衡、完美的形式感，而是以打破原有形式的方式，进行切割、堆叠、撕裂和重组，从而打破对技术所生成的完美形式的执念。

作为艺术的现代陶艺，其技术是为了实现现代社会中，作为艺术家而非工匠的人的自身欲望所采用的手段，它成为一种揭示人的自身欲望，并使它显明到具体的物像中的语言。这种语言及其所要表达的内容是与传统陶瓷的语言和内容截然不同的，因而它必然从传统陶瓷以器用为目的的技术和语言中脱离出来时，生成新的技术和语言。这种新的语言虽然还包含一部分的作为陶瓷材料本身的技术，更多的是自由的艺术活动的语言，因而它不再只是传统意义上的技术，而是技术与艺术的统一，这种统一的目的是通过形式和内容把艺术理念表达出来。

这种包含自由的艺术活动的技艺拓宽了现代陶艺在技术上的局限，并打破了传统技术的准则。因而现代陶艺不再要求技术上的完美把控，烧成品的无瑕疵，反而追求不同的泥料、釉料和装烧方式所能达成的新的结果，以及如何将创作过程中的思考、感受保留下来。在这样的语境之下，许多陶艺家探索了新的陶艺成型、装饰和烧成的技艺。如保罗·苏特纳打破了传统日本乐烧的技术，运用多种多样的还原材料，如报纸、锯末、干草等，从而使美国乐烧脱离了日本乐烧传统，变得更为个人化和自由化。

四、道的追问——对存在本身的思考

现代陶艺作为现代艺术发展过程中自然而然产生的新的艺术形式，其材料却是古已有之的。然而对于传统陶瓷而言，材料是达成目的的物质基础和载体，材料的存在是达成最后的器用目的的需要，也就是说材料并不是它自身，

---

① [美]Susan Peterson：《The Explosion of the 1950s》，LACMA，2000年，第88页。

而只是它自身之外的功能性需求下的一个物质载体，传统陶瓷的生产关注的是陶瓷材料将会成为什么，而不是它本身是什么。对于陶瓷作为现代艺术的组成部分，先天地更为关注对材料本身的物性和存在的思考和探索，也就是从材料自身出发，先思考陶瓷材料本身是什么，然后将其特性进行发挥。

其次，传统陶瓷生产中，工匠的个性和自我意识是被消失的，生产的目的是取悦使用者而非生产者，而现代陶艺则注重对创作者本人的自性的探索和表达，并通过创作的过程和结果去思考自身、表达自身。日本"走泥社"的核心人物八木一夫提出："陶瓷从产生之日起就背负着一个制约，我们要从中解放出来，要果敢地、干净利落地从中解脱出来，陶艺要像绘画与雕刻一样去创造，首先要忠于自己的内心。"①他所创作的《萨姆萨先生的散步》作为日本现代陶艺里程碑式的作品，很好地诠释了他的这一艺术理念。这件作品源于卡夫卡小说《变形记》，八木一夫以创作的形式，将自己对于人自身作为生命主体在社会生活中的荒诞、虚无的思考进行表达，完全摒弃了传统陶瓷的功用性，以完全的现代艺术的面貌呈现出自身的精神世界。

再次，传统陶瓷的生产目的是作为单纯的器物的存在，所强调的是产品对于承载物的"恰适"，因此它往往对应的是"适用"，也即它的存在需要一个承载物作为前提，如果这个承载物消失了，它本身存在的价值和意义也就被消解了。然而对于现代陶艺而言，对人与世界的真实存在的探索才是其目的。于1948年9月在大阪高岛屋举办的第一届走泥社展览的前言中，② 八木一夫写道：

> 跳跃在虚构森林上的鸟，
> 只有清晨，
> 才能在真实的泉边看到自己的相貌
> 我们组合在一起，
> 不是虚幻的梦，
> 它是阳光下真正生活的自身

这一届展览的前言可以看作"走泥社"对现代陶艺的艺术家宣言，他们强

① 郑宁：《日本陶艺》，哈尔滨：黑龙江美术出版社2001年版，第249页。
② 郑宁：《日本陶艺》，哈尔滨：黑龙江美术出版社2001年版，第249页。

调"跳跃在虚构森林上的鸟"（作品的隐喻），在清晨光的照耀之下，在真实的泉边将自我显现和敞开，也即作品是自我的真实显现。而作品不是被虚幻的梦所组合而成的，是阳光下真正生活的自身，则指出作品是真实存在的世界的本来面目的聚集。

五、现代陶艺存在的本源

从现代陶艺的发端和与传统陶瓷的区分我们可以看到，现代陶艺与传统陶瓷在存在的本源上有着本质的区别，而厘清现代陶艺存在的本源问题，再从本源问题出发去理解和分析现代陶艺，可以更为清晰地进行解读。

八木一夫在《我的自述传》中写道："如果要忠实地服从自己的心情创造，应该脱离传统陶瓷工艺过程。我想现代人的心理情感和这个世界，如果用古文来陈述，怎么也表达不了。根据这些想法，我走向了所谓超现实立体造型，从此我可以自由自在地自我展开。"在这段话中，八木一夫提出了关于现代陶艺三个方面的观点：第一，现代陶艺需要脱离传统陶瓷工艺，这种脱离是为了忠实于自己的心情来进行创作的，也就是说技术是忠实于自我表达的语言和手段，只有脱离传统工艺的过程，才能生成适用于现代陶艺的新的技术和手段。第二，现代人的心理情感和世界，只能用现代的语汇来进行表达，无法用古文来陈述，实际上他指出了现代陶艺的语言，与现代世界和现代世界中的艺术家的心理情感以及欲望的生成与敞开应该是对应的。第三，现代陶艺走向了超现实立体造型，不再以器用的形式和目的进行生产，而要"自由自在地自我展开"，意味着陶艺创作已经成为一个自由自在的活动，不再是预设为"有用"的活动；而且这个活动的目的是对于现代人的心理情感、存在的现世世界的自我展开。

现代艺术语境下的陶艺，其本源就在于从现代人的情感和心灵的欲望出发，以个性化的技艺作为语言，讲述现代人的心理情感和世界；从陶瓷材料本身出发，呈现陶瓷材料本身的特性；以单纯的审美为目的进行创作，将艺术家对存在本身的思考，以它自身的形态呈现出来。

（周璇　东北师范大学美术学院）

莫高窟唐代菩萨璎珞样式及装饰
要素来源探析

温 馨

璎珞随佛教传入我国，是用以供养神佛的神圣饰物，亦是敦煌莫高窟佛教艺术中最具代表性的首饰，是菩萨服饰形象的重要组成部分。莫高窟唐代菩萨璎珞既不同于发源地印度又不同于华夏民族的传统首饰，下文将对其独特的样式和装饰要素的来源进行粗浅地分析和探讨。

一、莫高窟唐代菩萨璎珞样式分类

(一)U 形璎珞

U 形璎珞属于短璎珞，形态呈半圆环形，亦被称为"盘状胸饰"，① 是莫高窟最早的璎珞样式，亦是北朝最主要的样式，到隋唐以后依然流行，但尺度、形态、装饰元素在不断变化。

U 形部分有些是硬质圆环形项圈，有些有挂坠，也有些主体部分以串珠组成，在间隔处装饰联珠纹圆形宝石镶嵌的缀饰。U 形璎珞在盛唐时期朝着更为宽大的趋势发展，挂坠和装饰体量大，形态饱满，粗大的项圈与挂坠装饰融为一体。U 形璎珞常以两条同时佩戴，且常以一条项圈式和一条串珠式 U 形璎珞结合佩戴，初唐时期两条 U 形璎珞长度相差不大，盛唐以后第二层长度增加，体现出璎珞装饰面扩大、装饰层次更丰富的趋势。

U 形璎珞装饰集中在颈胸部位，能够将观众视线集中到菩萨头胸部，装饰

---

① ［日］村松哲文:《中国南北朝时期菩萨像胸饰之研究》，载《敦煌学辑刊》2006 年第 4 期。

元素丰富且易于搭配，在日后发展为世俗流行首饰有一定必然性。

(二) 一体式璎珞

一体式璎珞是指将多条不同长度的璎珞组合成一体，使穿戴更为方便的样式，一般长及腿部。

1. U 形及 X 形组合的一体式璎珞

这种样式在莫高窟最早出现在隋朝，U 形部分是璎珞的承重部位，一般不太细，也有项圈式和串珠式之分，而且样式变化较多，有些沿用北朝或者隋朝时期 U 形璎珞样式，也有些借鉴了唐代女装衣领的造型。X 形是指璎珞从颈部两边垂下来以后，到腰腹部连接一个交叉结构，然后左右分开长垂至膝盖或者腿部，再从双腿外侧绕到身后，看上去璎珞在整个身体上形成了一个较大的 X 形交叉结构，交叉处多为莲花宝珠或法轮装饰，X 形部分结构复杂、股数多、细而飘逸，分叉出来下半部分不一定只有两条，有些是三条或者数条，但由于结构都是交叉状，所以统称为"X 形部分"。U 形与 X 形组合是指颈部 U 形结构两侧直接连接 X 形结构成为一个整体，这种样式虽受力点仍在颈部，但是装饰部位已扩大到全身，长线条凸显出菩萨形象的神圣、高贵，在隋朝表现得较为简单，发展到唐代表现得十分细腻、华美(见图 1)。

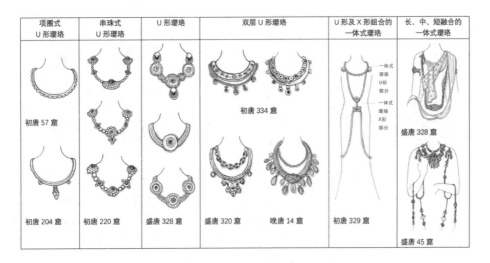

图 1 莫高窟唐代菩萨璎珞样式分类

2. 长、中、短融合的一体式璎珞

这是在前几种璎珞样式的基础上发展、融合形成的新样式。328窟半跏菩萨塑像佩戴的短、中融合的一体式璎珞，看似两条，实际上在肩部已结合为一体，穿戴更方便。还有些是短、长相融合的一体式璎珞，即直接从U形串珠部分延长到下半身，虽只是颈部佩戴，但却达到了珠翠串串、长垂满身的效果，有些长度至腹部以下甚至腿部，有些缠绕在手臂上，或用手提着，与菩萨身体动态之间的关系更紧密，生动地展现出"璎珞遍体"菩萨形象的魅力（表1）。

二、莫高窟唐代菩萨璎珞装饰要素成因分析

（一）组玉佩的影响

U形璎珞可以在犍陀罗、古印度雕塑中找到类似的样式，但是一体式璎珞则不然，通过将璎珞和始于西周的组玉佩进行比对发现，两者不论是装饰部位、结构形态，都有诸多共通之处（见图2）。一体式璎珞和组玉佩都是从胸腰部位结构"交叉点"开始分成多股，每股用大大小小的珠玉串组，而且璎珞中有与玉佩中相同的"玉环""玉珩""绶带"造型的部件，不同的是组玉佩束于腰间，装饰在腿部，而一体式璎珞上半部分保留了颈部项圈或串珠结构，到腰部

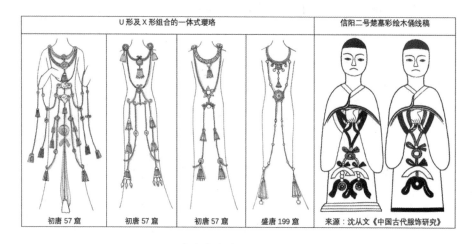

图2　莫高窟唐代菩萨璎珞与组玉佩

以下则结合了组玉佩的形态特点。

一体式璎珞为中国所特有，是中国工匠特有创作方式的产物。在印度，佛教中的璎珞和世俗的璎珞形态差不多，《大唐西域记》记载了玄奘在天竺亲眼看到当地民众的服饰品："首冠花鬘，身佩璎珞"，国王和大臣则"服玩良异。花鬘宝冠，以为首饰；环钏璎珞，而作身佩"。① 印度工匠是直接将他们惯常得见的璎珞转化为佛教艺术中的璎珞，以实物作为参考，而中国世俗社会中并没有佩戴璎珞的习俗，所以莫高窟的工匠们在创作菩萨时，很可能一边参照西域传来的图稿和文献，一边借鉴本民族所熟悉、珍视的组玉佩的样式来进行创造。

佛教要在本土扎根并赢得更广泛的信众，必定要从中国传统文化中吸取营养。相比项饰，中国人更崇尚玉配饰。自西周"礼制玉"确立后，玉所象征的品格、社会地位和在礼制中的作用，使玉佩在服饰上得到了广泛的运用，被视作最为贵重的配饰。② 唐代佩玉之风再度盛行，一些艺术作品所表现的道家仙人形象中常饰有华丽的玉组佩。文学作品也记录盛大的场面中舞女佩戴璎珞和玉佩翩翩起舞，表现道家仙意的情景，如白居易有"虹裳霞帔步摇冠，钿璎纍纍佩珊珊"，郑嵎《津阳门诗并序》载明皇生日时："令宫伎……佩七宝璎珞，为霓裳羽衣之类，曲终，珠翠可扫。"璎珞当中玉佩元素的融入并非简单的形式上的借鉴，而是佛教艺术与中原儒家礼法、道家思想的融合。

(二) 金银器的影响

莫高窟唐代绘塑趋于写实，是本文研究的基础，要了解绘塑中璎珞的创作构思，须从工匠们所参照的资料入手，佛经典籍的记载是重要依据。《妙法莲华经·授记品第六》称七宝璎珞由"金、银、琉璃、车璩(砗磲)、马瑙(玛瑙)、真珠(珍珠)、玫瑰七宝合成"。③《大智度论·卷第十》曰："更有七种宝：金、银、毗琉璃、颇梨(玻璃)、车璩(砗磲)、马瑙(玛瑙)、赤真珠。"④《佛本行集经》："七宝庄严。所谓金、银、颇梨(玻璃)、琉璃、赤真珠等、砗

① 董志敝译注：《大唐西域记》，北京：中华书局2012年版，第109页。

② 沈从文：《中国古代服饰研究》，北京：商务印书馆2012年版，第117页。

③ (后秦)鸠摩罗什译：《大正藏第09册·妙法莲华经》，台北：新文丰出版公司1980年版，0021b20-21。

④ (后秦)龙树菩萨：《大正藏第25·大智度论》，鸠摩罗什译，台北：新文丰出版公司1980年版，0134a01-02。

碟、马瑙(玛瑙)以挍饰。"①

金和银在璎珞中的使用是毋庸置疑的。外来金银器精湛的工艺，新奇的造型和纹样"极大地夺取了唐人的注目，首饰艺术汲取其中风格独特的形制、纹饰、工艺、材质为唐所用"。② 唐人对外来金银器进行仿造、吸纳的同时加入了本土装饰元素进行创新。在唐代璎珞出土实物欠缺的客观情况下，将莫高窟绘塑中的璎珞和唐代的金银器进行比对，发现存在诸多共通性：

其一，装饰纹样的共通性(见图3)。璎珞的表现中运用的外来装饰纹样，有不少出现在金银器当中。如联珠纹——金银器的杯底、杯把或棱上的立体圆珠串的形式，在璎珞中出现在项圈下一周，或围绕着中间的圆形宝石出现在 X 形交叉处的结构装饰中。典型的金银器装饰纹样"绳索纹"从波斯萨珊金银币中来，是"徽章式"纹样的辅助部分，以人字形表现，如独角兽宝相花纹银盘独角兽周围的圆形绳索，何家村飞狮纹圆形银盘有多条鎏金的人字形绳索装饰，这种"绳索"装饰出现在菩萨一体式璎珞的 X 形部分或 U 形部分，壁画中用金色和银色来表现，其形态与石榴花结珍禽异卉纹熏球上的金属绳索也极为相似。唐代菩萨璎珞中还运用了桃形花结、柿形花结、忍冬花结、宝相花、叶瓣纹、卷草纹和法轮纹，这些虽不是金银器专用，但也是唐代金银器中颇为流行的图案。十字团花纹银碗碗底和碗口的"叶瓣纹"，③ 被运用在 U 形璎珞的项圈部分；桃形花结，柿形、忍冬花结出现在 45 窟菩萨塑像的璎珞挂坠之中；法轮纹也多次出现在一体式璎珞的 X 形交叉部位。金银器中具有线条感和浮雕效果的忍冬纹、卷草纹到璎珞中转化成了起到结构支撑作用装饰部件的形态。金银器中的宝相花、缠枝纹、团花纹、卷云纹、云曲纹和小花纹"演变为一种纯粹的吉祥纹样"，④ 这些纹样在璎珞中的广泛运用从某种程度上反映出菩萨璎珞在唐代已完成本土化的发展。

其二，工艺特征的共通性。壁画中用流畅、刚劲、细致的线描和富于变化的色彩层次，甚至是厚厚堆起的金色颜料，表现出具有立体感的金属璎珞造

---

① (隋)天竺三藏阇那崛多译：《大正藏第 03 册·佛本行集经》，台北：新文丰出版公司 1980 年版，065602-04；0660a17-18；0660b13-15.

② 许牡丹：《丝绸之路商贸活动下的唐代首饰》，北京：中国地质大学出版社 2020 年版，第 7 页。

③ 齐东方：《唐代金银器研究》，北京：中国社会科学出版社 1999 年版，第 164 页。

④ 许牡丹：《丝绸之路商贸活动下的唐代首饰》，北京：中国地质大学出版社 2020 年版，第 15 页。

型，反映出唐代金银器"钑镂""錾刻""掐丝"的技艺；密密麻麻的小金珠质感表现出"金银珠"工艺；① 大大小小的宝石印证了高超的"金银镶嵌"和金框宝钿工艺；璎珞金银部分复杂的形态和结构则离不开捶揲、焊缀、镂空工艺。显然，莫高窟唐代菩萨璎珞的表现并没有脱离现实，绘塑工匠们应该对金银器工艺有些许了解，至少是亲眼见过并参考了金银器实物后在璎珞之中表现出来的。

同为金银材质，将璎珞的创作与金银器联系起来是情理之中的，处于河西走廊最西侧的敦煌本就是金银器传入中原的重要关口。"特殊的质地决定了金银器……独特的风格，而且影响着其他器物的制造，领导着时代变化的潮流。"②工匠们在表现璎珞时对金银器的装饰元素进行灵活改造，在佛经教义的基础上，创造出符合本地审美的创新样式和"明朗、自觉"的中国风格。③

图3 莫高窟唐代菩萨璎珞与金银器

① 齐东方：《唐代金银器研究》，北京：中国社会科学出版社1999年版，第179~186页。
② 齐东方：《唐代金银器研究》，北京：中国社会科学出版社1999年版，第9页。
③ 尚刚：《唐代工艺美术史》，杭州：浙江文艺出版社1998年版，第6页。

(三) 眼纹饰琉璃珠的影响

除了金和银，佛经中指明的璎珞材质有琉璃、玻璃、珍珠、砗磲、玛瑙，有些记载中还包括琥珀、珊瑚、玫瑰。从唐代莫高窟绘塑对璎珞的表现来看，除了金属部分外，对宝石的表现不少是带有花纹的，经过色彩排除，那些带有花纹的蓝、绿色珠饰或可推断为琉璃或玻璃（见图4）。

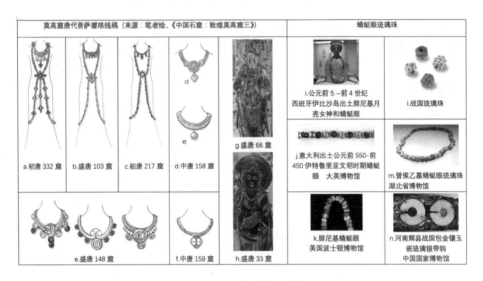

图 4 莫高窟唐代菩萨璎珞与眼纹饰琉璃珠

眼纹饰是琉璃珠型器中最流行的纹样，如同心圆纹、圆点纹、复眼纹等，在西方有着古老的渊源，被称作"蜻蜓眼"。蜻蜓眼琉璃珠最早原产于"地中海沿岸和伊朗高原"，[1] 眼纹饰在古代西方的持续流行是受"恶眼"意识的影响。[2] "不同文明乐于接纳并重构恶眼的礼俗性仪式，"[3] "有自然眼睛图案的石头，通常用来驱除恶魔的力量，尤其是恶魔的眼睛……特别流行，所以工匠们悉心加工有眼睛图案的独特纹饰。"[4]

---

① 赵德云：《中国出土的蜻蜓眼式玻璃珠研究》，载《考古学报》2012 年第 2 期。

② Maloney. *Clarence The Evil Eye*，New York：Columbia University Press，1976.

③ 刘滴川：《战国琉璃珠眼纹饰样式与观念的本土化》，载《美术》2016 年第 1 期。

④ ［美］乔纳森·马克·基诺耶：《走近古印度城》，张春旭译，杭州：浙江人民出版社 2000 年版，第 247~248 页。

我国多地有出土的眼纹饰琉璃珠年代最早可能至西周，有些是舶来品，有些是我国仿制品，"模仿的过程中发生了一些变异"，① 功能和内涵受到本地文化的影响，脱离其原有的文化情境和装饰意匠。战国时期"诸侯国变法图强……社会经济空前发展……社会大动荡使人靠近死亡……延长生命的长生理想"成为眼纹琉璃珠流行的文化背景。② 湖北随县曾侯乙墓曾出土 100 余颗蜻蜓眼琉璃珠，王充《论衡·率性篇》曰："随侯以药作珠，精耀如真"，"道人消炼五石，作五色之玉"。也就是说，"隋侯之珠"是楚地出产的琉璃珠，这种技术为古代术士所掌握，与炼丹术、长生不老观有一定的关联。河南辉县出土了鎏金琉璃银带钩，广东南越王墓出土了用琉璃珠、玉珠串联玉璜形成的组玉佩，这表明眼纹饰琉璃珠和组玉佩一样有着崇高价值，而且已成为古代中原礼制的一部分。"太武时，其国人商贩到京师，自云能铸石五色琉璃，于是采矿山中，于京师铸之。既成，光泽美于西来者。"③《隋书·何稠传》"时中国久绝琉璃之作……稠以绿瓷为之，与真不异。"④《西戎传·拂菻》载："其王冠形如鸟举翼，冠及璎珞，皆缀以珠"，"开元、天宝间数献红碧玻璃"⑤"劫国，大唐武德二年，遣使贡颇黎四百九十枚，大者如枣，小者如酸枣。"⑥可见，外来琉璃和玻璃被当作国礼敬献给君王，且烧制技术领先于中国，对唐代有着持续地影响。

琉璃以其尊贵、稀有、纯净、晶莹剔透的特点，寓意着佛教的智慧、佛法的广大和至纯至净的修行境界，在佛教中被普遍运用。《续高僧传》道："忽发光彩状如琉璃，映物对视分明悉见。"⑦《传法正宗记》载："身如琉璃者，汝所清净也。"⑧北魏永宁寺遗址曾出土 15 万余枚小玻璃珠，"经检测其成分是纳钙

① 赵德云：《中国出土的蜻蜓眼式玻璃珠研究》，载《考古学报》2012 年第 2 期。
② 刘滴川：《战国琉璃珠眼纹饰样式与观念的本土化》，载《美术》2016 年第 1 期。
③ （唐）杜佑：《通典》，北京：中华书局 2016 年版，第 5240～5241 页。
④ （唐）魏徵：《隋书》卷六十八，中华书局 1973 年版，第 332 页。
⑤ （宋）欧阳修、宋祁：《新唐书》，北京：中华书局 1975 年版，第 6252 页。
⑥ （唐）杜佑：《通典》，北京：中华书局 2016 年版，第 5278 页。
⑦ 道宣：《续高僧传》，《大正新修大藏经》（第 50 册），台北：财团法人佛陀教育基金会出版部 1990 年版，第 674 页。
⑧ 契嵩：《传法正宗记》，《大正新修大藏经》（第 51 册），台北：财团法人佛陀教育基金会出版部 1990 年版，第 730 页。

玻璃……是僧人们的佩物。"①法门寺地宫也曾出土 5 颗"环形绿琉璃珠"。②

笔者推测莫高窟壁画中表现的有花纹的宝石和出土的"环形绿琉璃珠"应同为眼纹饰琉璃珠。莫高窟唐代菩萨璎珞当中单个的眼纹居多，眼珠朝正面，都是同心圆或者圆点，有些被串连成珠串，也有些形似宝石镶嵌；双眼纹饰多出现在挂坠上，以两个对称圆点表示；也有些是三眼出现在璎珞主体装饰或挂坠中，看上去三眼凸出，有几分接近唐代流行的葡萄纹，葡萄和石榴具有"多子多福"的寓意。还有些"眼珠"被镶嵌在璎珞的圆盘形装饰结构当中，这显然受到战国时代在玉璧、琉璃璧或琉璃珏的"好"（中间的圆孔）之中镶嵌一颗蜻蜓眼琉璃珠的启发。莫高窟的唐代菩萨璎珞中的眼纹饰大多与其他装饰要素结合，既有对中原传统文化的继承，又有对域外新奇事物的吸纳和学习，在佛教中融入了道家思想、儒学礼制，以及浓郁世俗气息的吉祥寓意。

三、结　语

莫高窟唐代菩萨璎珞的样式主要分为 U 形璎珞和一体式璎珞：U 形璎珞与外来样式接近，在唐代由简单向华丽发展，体量、层次扩大，装饰丰富。一体式璎珞为中国所特有，是外来文化与本土文化结合的产物，是 U 形璎珞与中国古代组玉佩融合后的新样式，也是隋唐及以后最主流的璎珞样式，有以下特点：第一，将复杂的结构和较多的层次结合为一体，佩戴便捷；第二，从外来的中、短长度转变为长至腿部的长度；第三，装饰部位从原有的颈胸部扩大到全身上下。

莫高窟唐代菩萨璎珞的装饰要素主要来源于三方面的影响：第一，玉器的影响。组玉佩整体的结构、形态以及玉环、玉珩等部件的特点出现在一体式璎珞当中。第二，金银器的影响。金银器中常见的纹样，如联珠纹、绳索纹、桃形花结、柿形花结、忍冬花结、宝相花、叶瓣纹、卷草纹、法轮纹、缠枝纹、团花纹、卷云纹、云曲纹和小花纹等，转化为璎珞的结构和装饰；金银珠、钑镂、錾刻、掐丝、镶嵌、捶揲、焊缀、镂空等金银器工艺也在璎珞中得到体现。第三，眼纹饰琉璃珠的影响。眼纹饰琉璃珠从古代西方传入我国后与本土

---

① 商春芳：《从"大秦珠"到香水瓶》，载《中华文化画报》2017 年第 7 期。
② 陕西省考古研究院、法门寺博物馆、宝鸡市文物局、扶风县博物馆：《法门寺考古发掘报告上》，北京：文物出版社 2007 年版，第 253 页。

礼制、道家文化融合，对唐代有着持续影响，并在佛教中运用，尤其是在莫高窟唐代菩萨璎珞中得以体现。

莫高窟唐代菩萨璎珞的样式和装饰要素体现出了佛教的本土化发展，在原有的宗教属性中融入了祈求平安富贵的吉祥寓意、长生不老的修仙思想和以玉喻德、尊崇礼制的传统文化，成为佛、道、儒融合的文化载体，形成了具有创造性的独特艺术风格，体现出唐代畅通的丝路所带来的文化的高度繁荣和莫高窟艺术的辉煌成就。

（温馨　湖北美术学院时尚艺术学院）

电视文化影响下的美国波普艺术

黄　磊

一、引言

　　1947年，波普艺术的第一个样本，由英国人爱德华多·保罗齐制作的《我是一个有钱人的玩物》诞生，这本是一幅无足挂齿的拼贴画，但是在画面中由手枪射出的泡沫状白色对话框中出现了"POP!"的字样，使得这一幅拼贴画具有了历史性的因素。因为画面本身的主题是消费文化的本质，所以它被认定为波普艺术最早的样本。波普艺术最初诞生于英国，但是真正使波普艺术声名远扬且极大影响后世的，却是在美国。这场声势浩大的艺术运动会在美国这样一个当时艺术土壤并不丰沃的国家风靡，与电视在美国的发明与广泛应用有着密不可分的联系。

二、电视媒介出现前的美国文化场样态

　　从殖民地时代开始，美国的文化思想就一直受到欧洲文化的深刻影响。1775年独立战争之前，美国作为英格兰的殖民地，从英国继承了一种全方位的文化体制。得益于18世纪印刷机在殖民地各地区的广泛使用，虽然与英国和欧洲远隔重洋，但由于文化教育的普及和出版事业的蓬勃发展，殖民地人民有机会享受欧洲文化的丰硕成果。① 美国人民对于欧洲文艺思想也是极为推崇。以至于如狄更斯这样的英国作家第一次到美洲大陆时，受到人们明星般的追捧远超乎自己的想象。耶鲁大学校长笛摩西·德怀特曾精辟地描写过当时美

---

　　① 苏湘晋：《美国殖民时期的文教育》，载《山西大学学报》1987年第3期。

洲的情况：

> 几乎每一种类型、题材的书都已经有人为我们写就。这方面，我们是得天独厚的，因为我们和大英帝国的人说同一种语言，而且大多数时候能够与他们和平相处。和他们之间的贸易关系长期为我们带来大量的书籍，艺术类、科学类以及文学类的等，这些书大大地满足了我们的需求。①

如果说此时的美国在整体的文化与宗教生活上受到英国的殖民文化的影响，那么在艺术上则长期是法国艺术的殖民地。美国人若是想要当画家或是雕塑家，还是得漂洋过海来到巴黎学习艺术。② 当时，美国的本土画家无论在创作题材上还是画风上都不敢逾越欧洲传统一步。

随着 19 世纪后期欧洲现代主义艺术运动兴起，美国也出现了一批受现代主义艺术运动影响的画家。如温斯洛·霍姆、托马斯·伊肯斯就是美国现实主义绘画的代表性人物。而我们可以清晰地发现温斯洛·霍姆的作品《割麦的退伍军人》，无论从色调还是笔触上，都能寻觅出其对巴比松画派的学习与模仿。以罗伯特·亨利为首的"垃圾箱画派"虽然以描绘美国的城市生活为主，但其思想的内涵依旧与库尔贝、米勒等人的现实主义风格亦步亦趋。而以阿尔弗雷德·斯蒂格利茨、梅里特·切斯、伯奇·哈里森为代表德以描绘纽约城市形象为创作题材的所谓"画意纽约"派，其作品更是笼罩在印象主义的画意之中。③ 虽然这一时期美国本土绘画发展出一定的自我风格，但大抵上依旧未能摆脱对欧洲艺术思潮的效仿。

"一战"爆发以后，如杜尚、让·克罗蒂、毕卡比亚夫妇等欧洲知名艺术家前往美国避难，为美国的艺术界带来崭新的动力。但这样的人才流动与艺术交流却透露着巨大的不平等。凭借现代主义艺术家的身份与"军械库"展览的光环，流亡美国的欧洲艺术家在美国攒足了象征资本，在美国各个艺术沙龙里左右逢源，如鱼得水。反观驻留在巴黎的美国艺术家则大多举步维艰，生活艰辛。④

---

① 布尔斯廷：《美国人：殖民地历程》，纽约：文泰奇出版社 1985 年版，第 315 页。
② 河清：《艺术的阴谋》，广西：广西师范大学出版社 2008 年版，第 35 页。
③ 宋健：《19 世纪末 20 世纪初美国现代艺术运动中的"画意纽约"实践》，载《建筑与摄影》2018 年第 8 期。
④ 李云：《寻找现代美国身份——19 世纪末 20 世纪初纽约的图像与经验》，清华大学 2016 年博士论文。

这样的反差本质上是因为当时欧洲尤其是法国依旧牢牢掌握着世界文化的话语权。

不可否认，欧洲精英艺术家的移居让美国逐渐在世界艺术版图确立起自己的名望，而由杜尚发起的"纽约达达"更是世界闻名的现代主义艺术运动之一。但美国人为之欣喜的同时也发现，欧洲艺术家在美国这片自由的土地取得的成功并未帮助美国本土的艺术家与艺术运动在世界范围内取得更大的影响力。如以斯图尔特·戴维斯为代表的简洁立体主义、以查尔斯·德穆斯为代表的精确主义等，并未在国际上享有盛名。并且我们依旧能从他们的画作中窥见立体主义的影子。随着政治经济的不断强势，美国在文化上的弱势更加被凸显。在此背景下，政府尤为重视创立能真正代表美国的文化思潮。整个美国 20 年代到30 年代，美国艺术界一方面对欧洲的现代主义进行学习，另一方面更加关注本土艺术的发展。1935 年罗斯福新政后，美国政府推出的联邦艺术计划使得美国的青年艺术家拥有了更为宽松的创作环境，免去了生计的苦恼。此时，在政府政策的引导下具有美国文化风貌的艺术作品也逐渐增多。其中最具代表性的当属以格兰特·伍德为首的，描绘美国中西部人文风情的地方主义画派。

而到了"二战"期间，为了逃避战乱，更多的欧洲艺术家涌入美国，并为美国的艺术思想注入了更多的活力。如新客观主义的代表人物贝克曼、超现实主义画家达利等一批享誉全球的艺术家选择来到美国进行生活与艺术创作。这也使得世界艺术的中心从法国挪移至美国。但这却又一次打压了美国本土艺术家的生存空间。长期萦绕在美国文化艺术中的本土性问题并没有得到解决。作为经济与军事冠绝世界的超级大国，在文化艺术上的短板是美国政府和人民无法容忍的。故此时的美国急需在艺术世界建立以自身为标准，区别于欧洲传统的艺术形式与风潮，并且树立艺术上的领军人物。而想要建立自己的标准与体系就需要"革命"。需要打破欧洲在精英文化基础上建立起的艺术评价体系。美国文化虽然起源于盎格鲁——撒克逊文化体系，但又不是这种文化的简单延伸。虽然受基督教文化以及启蒙思想的影响，但并不是简单的移植。[1] 美国的印刷文化与欧洲相比，并未强化文化的精英意识。与欧洲宫廷、贵族所建立起的文化精英意识有所不同，作为殖民地的美国并没有出现文化贵族。阅读从未被视为一种具有阶级性的活动。这也为美国更为顺遂地步入以大众为目标的电

---

[1] 刘长敏：《论美国对外政策中的文化因素》，载《中美文化交流史学术讨论会论文》，南京：1998 年。

视文化创造了良好的氛围。

三、电视媒介为基础的新文化场的建立

美国学者加里·R. 埃杰顿在其专著《美国电视史》中，把美国电视发展的历史分为四个阶段："走向大众"阶段（1947 年以前）；"走向全国"阶段（1948—1963）；"走向世界"阶段（1964—1991）；"席卷全球"阶段。在这样的时间轴线中，我们不难发现，美国"反艺术"运动的滥觞、壮大与盛行，和电视的发展有着高度的契合。新媒介出现所产生的革命性力量，早已在麦克卢汉、伊尼斯等著名的媒介环境理论家那里得到了充分的认证。传播技术的变革深刻地影响了人们意识形态的塑造。

相较于印刷术对于人类文明缓慢而长久的影响，电视在其发明后的十年内迅速风靡了整个美国。在美国，电视机的数量由 1946 年的 2 万台，快速发展到 1955 年的 3050 万台。而拥有电视机的家庭所占比更是由 0.02%上升到 64%。电视机在这十年以前所未有的速度普及至美国的各个家庭之中。到了 20 世纪 50 年代后期，美国家庭拥有电视机的比例更是达到了 90%。据调查，观众通常每天要花费 3～3.5 个小时观看电视节目。① 由此可见，美国正无法避免地进入以电视为中心的文化建构之中。倘若在彼时，许多学者，对于"电视到底是塑造文化还是仅仅反映文化"这样的问题存有争论和疑义。如今，历史的车轮踏出的印迹已经明证了电视业已成为 20 世纪最主要的文化构成，成为社会和文化领域的镜像。电视毫无疑问是 20 世纪电子媒介最醒目的标杆。电视的诞生与发展使我们的文化从漫长的以文字为中心的结构中解放出来，快速地转向以图像为中心的全新结构中。

区别于欧洲几个世纪以来，由印刷术所建立起来的精英文化意识与书面文化的阻挠，对于历史短暂的美国而言，想要跨越和改变这一状况无疑要轻松得多。而美国在文化场域中，一直想摆脱欧洲的影响。以电视媒介为基础建构新文化场本质上就是对欧洲印刷文化的一种解构。是美国摆脱欧洲文化殖民的重要一步。"二战"后，美国亟待推广自己的国际性文化霸权。推广全球化战略的实质是全球美国化。在经济和军事之后，更需建立的是文化与艺术的霸权。

---

① ［美］加里·R. 埃杰顿：《美国电视史》，李银波译，北京：中国人民大学出版社 2012 年版，第 25 页。

文化的传播离不开媒介，而电视无疑是宣传与推广美国文化的最佳选择。相较于欧洲印刷文化固守的精英化、严肃化的文化基因，电视媒介所塑造的娱乐化、浅表化的文化氛围则更容易让人接受并广泛传播。电视媒介的发展进一步推动了"大众文化"。而这种"大众化"的文化价值取向，正是对抗欧洲传统文化价值评判体系的一把利器。

电视媒介的出现与在美国的蓬勃发展，让美国第一次成为世界文化输出的中心。尼尔·波兹曼在《娱乐至死》中曾说："在这个世界上，恐怕只有美国人已经明确地为缓慢发展的铅字时代画上了句号，并且赋予电视在各个领域的统治权力。"①虽然尼尔·波兹曼对电视文化持悲观态度，认为电视文化会催生大众的低智倾向与整个社会文化氛围的过度娱乐化。但这样的疑虑并不能阻止电视对大众意识形态的重新塑造。电视媒介创建了全新的话语符号。在电视媒介的统治下，由印刷机所建立的严肃而理性的话语系统变得无能且失效。而这正是美国所希望看到的景象。对印刷文化的否定与变革，本质上是为了打破欧洲长期以来的文化霸权，也是美国建立以自己为基准的文化评定体系的必经之路。

四、波普艺术对电视媒介的倚重

美国的波普艺术从一开始就表现出对前卫艺术与精英意识的反抗。波普艺术家们所推崇的艺术理念延续了杜尚在现成品艺术——《泉》中对艺术本质的追问与思考。利希滕斯坦在批评抽象表现主义艺术时曾说："艺术已然变得极端的浪漫且与现实脱节，沦为一种空想。它业已成为艺术家个人世界的产物，对于现实世界毫无疑义。"②他指出波普艺术就是向外看整个现实世界。波普艺术家们在其艺术作品中均表现出对现实世界的关照，借用大众最为熟悉的商品形象进行艺术创作。在表现手法上也向商业艺术靠拢。

诸如安迪·沃霍尔、利希滕斯坦、罗森奎斯特、奥登堡等著名的波普艺术家都曾从事商业美术创作。他们敏感地捕捉到电视文化中着重宣扬的流行文化的内容是大众最为熟知并且最能引起共鸣的形象内容。由于从事过商业广告创

---

① ［美］尼尔·波兹曼：《娱乐至死》，章艳译，北京：中信出版社2015年版，第186页。

② 王红媛：《波普之路》，中国艺术研究院2006年博士论文。

作，这些艺术家也十分擅长运用这些商业视觉形象创作他们的视觉艺术作品。也习惯于用制作广告的手法来制作艺术作品。

在波普艺术中，艺术作品所表现的正是在人们的日常生活中频繁，反复出现的商品形象。这些视觉图像被电视、广告、百货商店不断的"复制"，以至于它们早已失去了"光晕"①的焦点。而这样复制的过程，使其丢失掉了一切赋予艺术重要性的东西。在电视媒介的影响下，波普艺术家们不再赋予"艺术"以深奥的隐喻或是某种圣化的特殊性。艺术在波普艺术家的创作语境中变成一种可以被消费的文化产品。过往使艺术精英化的叙述方式，随着印刷文化的消退而失去了赖以生存的立场。

美国的波普艺术从其创作主题上表现出极强的流行性。而通俗化的创作题材也让波普艺术自觉地向电视媒介的传播偏向靠拢。这类题材毫无疑问拉近了大众与波普艺术之间的距离，消解了艺术的精英性，使其呈现出娱乐化、大众化的氛围。而这样的氛围恰是电视文化所推崇的。

艺术作为一种需要传播的文化作品，必须依照当下的媒介传播特性以及文化氛围作出相应的改变。在印刷时代，视觉艺术尚且能游刃有余地在其文化氛围内自娱自乐。毕竟印刷术在 20 世纪以前从来没有被专用于或大量用于复制图像。印刷术在 15 世纪诞生之初，就有明确的媒介偏向，即是要求被当成语言媒介来使用。而电视的发明则使得视觉艺术必须在其图像性上作出竞争性的改变。电视文化背景下，由人类创造的视觉图像飞速增长。人们大口吞食着由电视所展现出来的各种极具感官刺激的图像。相较于人类自主创造视觉图像极为有限的年代，电视媒介中苦苦生存的艺术家必须在文化传播的角力场中谋求自己艺术图像传播的必要性。

美国的波普艺术家显然感受到了电视媒介对艺术图像在传播上造成的巨大压力。他们决然地摒弃了传统现实主义绘画中试图改变时代风俗、观念和思想，创作有深度的艺术这一沉重的包袱。也不再归复探讨美国艺术的本土意识与外来文化的侵扰这类历史遗留问题。历史早已证明艺术无法担此重任。波普艺术家在创作语言和形式上都极尽可能地通俗化与浅表化。当人们观看奥登伯格的《奶酪馅饼》这一软雕塑时，断然不会联想到如温克尔曼形容古希腊艺术时所说的，"高贵的单纯，静穆的伟大"这样的崇高感。取而代之的是视觉的

---

① "光晕"的概念引自本雅明的《机械复制时代的艺术》一书。他认为机械复制使得艺术作品原真性与存在的特质被降低。艺术作品自身的"光晕"也随之衰退。

狂欢。色彩鲜艳的馅饼挑逗着人们的食欲，带给人们除思考以外的一切感官享受。

波普艺术家对艺术"复制"生活的拥趸，对"流水线"式艺术效果的偏爱，对高纯度色彩的喜好，极大地契合了电视作为传媒的"工业社会"特点。这让波普艺术在电视文化统摄下的传播场域拥有了其身份的合法性，凸显了波普艺术图像的竞争力。

安迪·沃霍尔敏锐地捕捉到了电视文化对"形象"的倚重。他采用照相制版技术，将摄影形象直接移植到画布之上，这样的方式比丝网印刷复制的程序要简单得多，也更符合"流水线"式的机械复制的要求。他用这样的方式大量复制了人们最为熟知的事物：坎贝尔罐头、美金、肯尼迪、玛莉莲·梦露等。对此美国批评家哈罗德·罗森伯格评论说："麻木重复的坎贝尔汤罐头，就像一个说了一遍又一遍的冷笑话。相同的形象一次次的重复，好像要消除它在孤立状态中单独被观察时会产生的特殊的意义。"[1]安迪·沃霍尔笔下的坎贝尔罐头，不再指向艺术中惯有的对物特殊意义的营造，而是使其蜕化成一个空洞的"形象"，抽空了它的具体意义。它不再受具体"内容"的约束。就如电视这一媒介摆脱了"内容"的控制一样。波普艺术家们负责在画面中建立"形象"，观者可以任意地建立自己与"形象"之间的关系并加以解读，而不会使人觉得荒诞离奇。因为再荒诞的想法也会被电视媒介所促成的娱乐化的文化气氛所稀释。并且观众早已被电视所培养而形成了对空洞且缺乏内涵的图像的审美能力。

五、电视文化与波普艺术的共谋

波普艺术图像在向电视传媒特性靠拢的过程中也得到了电视媒介的反哺。

在安迪·沃霍尔的众多作品中，知名度最高，观众最为喜欢的无疑是他的《玛莉莲·梦露》系列。梦露之所以成为20世纪最受欢迎与喜爱的女明星，显然不是因为沃霍尔的作品，而是因为电视媒介对其形象起到的无与伦比的推广作用。而安迪·沃霍尔用作品复制了梦露的经典形象，并利用架上绘画的形式使其更具偶像化的特质。他甚至利用了梦露自杀这一重大公众事件，为作品的

---

[1] [英]爱德华·卢西·史密斯：《1945年以后的现代视觉艺术》，陈麦译，上海：上海人民美术出版社1988年版，第245页。

推广起到了促进作用，使其作品迅速风靡并受到世界各地人民的熟知与喜爱。

一方面，波普艺术家们意识到电视对于其自身形象的推广作用，无论是安迪·沃霍尔还是后来的杰夫·昆斯都乐于在电视面前展现自己，使自己成为供大众消费的对象。安迪·沃霍尔甚至还在电视上做起了广告。对于大众而言，波普艺术家不再神秘与遥远，而是电视里的明星偶像。这显然是传统艺术家所不齿的行为。但安迪·沃霍尔所表现的对电视传媒的极度靠拢，使其作品和个人形象在全世界范围内得到了更为广泛的传播。借助电视的明星效应与传播强度，波普艺术家以及其代表的波普艺术风格在全世界范围内得到了有效传播。而波普艺术家所生产的图像又借由电视文化再次向大众生活倾倒。[1] 波普艺术家营造的一系列大众商品的形象与艺术形式重新被引用到新的商业设计之中。无论是手提袋、CD封面还是包装盒上我们都能看到波普艺术对其施加的影响。

另一方面，美国政府也利用波普艺术与电视文化在全世界范围内施展自己的影响力。波普艺术的特质与电视文化的内涵高度契合。这使其作为一种有效的文化宣传工具，风靡世界。可以说波普艺术的成功不仅仅是艺术形式上的成功，更是美国政府文化宣传上的必要。艺术界盛行一时的"政治波普"就是电视与波普艺术共谋的成功案例。美国政府通过对以苏联为代表的社会主义阵营国家进行文化上的贩卖，以电视为媒介进行文化输出，消解了其文化的严肃性。英国当红学者吉登斯就曾指出美国的电视宣传对苏联的崩溃起到了重大瓦解人心的作用。而与美国政府联系异常紧密的洛克菲勒基金会[2]又通过资本扶持苏联本土的"政治波普"艺术家，以艺术的名义扭曲了人们对领袖的崇拜。得到基金会赞助的诸如科索拉波夫（A. Kosolapov）、索科夫（L. Sokov）等一批苏联的波普画家，在其画作上都不同程度地丑化与扭曲了苏联领导人的形象。而电视文化使人们催生出的对"形象"的敏感与信任，进一步促进了美国政治目的的达成。而各个具有政府背景的财团通过对符合美国政治目的的波普画作的市场炒作，最终达到瓦解苏联政治信仰的目的。这样的伎俩在苏联1991年解体后，又被移植到了中国。

---

① 王红媛：《波普与大众传媒的关系》，载《美术观察》1999年第9期。

② 洛克菲勒基金会是由美国洛克菲勒家族创办的，创始人是约翰·洛克菲勒。该财团是美国纽约现代艺术博物馆的主要赞助方，同时该基金会设立了"亚洲文化委员会"（ACC），资助大批中国学者和艺术家去美国。该基金会非常鼓励"中国当代艺术"。

六、结　　论

美国电视文化的确立，本质上是对欧洲传统的精英文化的革命，是确立以自身为标准的文化评判体系的内在要求。波普艺术的形式契合了电视文化大众化、浅表化的特征，而电视毫无疑问地参与了这些波普图像的意义建构。因为有了电视，真实世界图像的再现本身就变成了一种艺术上的转化。这无疑是对欧洲传统古登堡文化的极端反叛与背离。另外，正因为波普艺术符合电视文化宣传与传播的内在特质，作为一种政治文化宣传工具，波普艺术在世界范围内取得了非凡的影响力。

波普艺术对于电视文化的同体同步，极大地消解并改变了传统的美学观念。大众对艺术的参与与体谅在波普艺术中得到实现。诚如麦克卢汉所言："电视媒介促成了艺术和娱乐中的深度结构，同时又造成了受众的深度卷入。"[1]波普艺术作为一场艺术运动，其盛行到衰败就如电视中的图像一样，在历史的长河中闪光即逝，但它却促进了艺术的通俗化与普遍化。而日益发展的电视文化也使得艺术家们认识到，在不停变幻的电子图像面前，人们再也没有时间去寻找像凡·高这样死后出名的伟大艺术家了。

（黄磊　湖北美术学院工业设计学院）

---

① ［加］马歇尔·麦克卢汉：《理解媒介——论人的延伸》，何河道宽译，北京：商务印书馆2000年版，第385页。

环境与生态美学

水、风水与中国传统村落的美学结构

喻仲文 卓 识

中国传统村落的营造历来注重择基选址，既要有天时地利之便，亦须得避灾免祸，迎祥纳福之利，以求天人相和，瓜瓞绵绵，风水上乘。所谓"风水"，即藏风得水之意。藏风须寻龙觅穴，前朝后案，左辅右弼。中国山脉、丘陵众多，临山毗冈的藏风环境易寻，但要藏风与得水兼备，寻水殊为关键。《诗经》云："笃公刘，逝彼百泉。瞻彼溥原，乃陟南冈。"其言先堪水，再寻山。既因水是生命所需，水路是交通之要道，无水易成闭塞之地，也有得山易，得水难的因素。中国堪舆家所谓"得水为上，藏风次之"大概也出于中国客观环境的制约。唐代杨筠松《〈玉尺经〉考·审向篇》谓："凡龙穴之善恶从水，犹女人的贵贱从夫。龙虽吉而水凶，从生百恶，穴虽凶而水吉，尚集诸祥。"

风水之说，"水"为关键。在中国传统村落中，水是基本的构成要素，它深刻影响着村落美学的结构和景观。更重要的是，水作为风水学中的一极，它超越了作为实体之水的物质功能，与中国传统中的五行思想结合，形成极具形而上学意义的中国水文化。在中国的村落的风水美学中，水如何具有如此大的魅力？本文将探讨水与风水在村落美学构成中的作用与意义。

一

水为生命之源，但"水"在中国村落中的意义则远非生命之源所能涵盖。在中国村落美学中，除了物质上的功能，"水"还蕴含着深邃的象征意味，它使得中国的传统村落独具一格。同中国的村落史一样，中国先民使用水井的历史同样古老，其最远可追溯至河姆渡文化晚期。水井在中国文化中一度是"家乡"的象征，所谓"背井离乡"，就表明了水井之重要。但水井在中国村落文化中的地位，远没有流淌在地面的水那么重要。原因何在呢？这同中国文化对地面水的文化观念有关。在中国村落文化中，水井只是饮水之来源，但绝非村落的生命、生气之源，而地面水除了承担物质功能之外，还蕴含着浓郁的文化色彩。中国的村落为何离不开水呢？我们必须首先梳理中国古代"水"文化发展的大体脉络。

从宏观的角度说，水在中国的历史长河中，其象征意义大概可分为几个层次：第一，从原始巫术的角度，水具生殖与祓禊之功能；第二，从哲学上说，水是智慧的象征；第三，从风水的角度，水是"元气之津液"，是生气(生命力)之象征；第四，水是财富的象征；第五，医学上的风水。

《国语·晋语》载："昔少典娶于有蟜氏，生黄帝、炎帝。黄帝以姬水成，炎帝以姜水成。成而异德，故黄帝为姬，炎帝为姜。二帝用师以相济也，异德之故也。"考古发掘表明，在远古时期，半坡时代的中国先民即居住在临水处，他们对水有较强的依赖，甚至产生了对水的崇拜。仰韶文化早期的彩陶图案中，出现大量波浪纹。在马家窑的一些彩陶图案中，波浪纹中夹杂着黑色的卵点，这些卵点是蛙神的生命之卵。笔者曾经认为这些"波浪纹"并非水的写实性描绘，而是表现生命诞生的欢欣。重新审视这些扑朔迷离的水纹和卵点，笔者发现这两者并不相悖。"波浪纹"可能同时兼表生命诞生的场所及生命诞生的喜悦。原始先民通过对自然界的直接观察，最开始可能认为生命的诞生非但离不开水，而且水具有繁殖生命的功能，这即是中国古老的水生神话和卵生神话的源头。如《吕氏春秋·古乐》载，"帝颛顼生自若水"《山海经·海外西经》载："女子国在巫咸北，两女子居，水周之。"郭璞注："扶桑东千余里有女国，容貌端正，色甚洁白，身体有毛，长发委地。至二三月，竞入水则妊娠，六七月产子。"《梁书·东夷传》亦载：扶桑东有女国，"至二、三月，竞入水则任(通妊字)娠，六七月产子"。女子国无据可靠，郭璞所谓的"入水则妊娠"也属无稽之谈，但自有史以来的，民间对浴水而孕一直长信不衰。《汉书·地理志》载："郑国，今河南至新郑……土狭而险，山居谷汲，男女亟聚会，故其俗淫。郑诗曰：'出其东门，有女如云。'"又曰："溱与洧方灌灌兮，士与女方秉蕑兮。""恂盱且乐，惟士与女，伊其相谑。此其风也。"颜师古注云："谓仲春之月，二水流盛，而士与女执芳草于其间，以相赠送，信大乐已，惟以戏谑也。"又云："卫地有桑间濮上之阻，男女亦亟聚会，声色生焉，故俗称郑卫之音。"《后汉书·乌桓鲜卑列传》记载鲜卑族有类似的习俗："鲜卑者，亦东胡之支也……其语言习俗与乌桓同。唯婚姻先髡头，以季春月大会于饶乐水上，饮宴毕，然后配合。"先秦时期的青年男女在水边约会洗浴，甚至野合。据考证，上述《诗经》中所载之事乃是先秦时期在郑国和卫国流行的上巳节祓禊风俗，这种风俗很有可能是原始社会水生信仰的遗存。行浴既是生殖崇拜的行为，也有祓除不孕的巫术意味。《后汉书·志·第四仪礼上》："是月上巳，官民皆絜于东流水上，曰洗濯祓除去宿垢疢为大絜。絜者，言阳气布畅，万物始出，始絜之始。"其注云："《韩诗》曰：'郑国之俗，三月上巳，之溱、洧两水之上，招魂续魄，秉兰草，祓除不详。《汉书》'八月祓灞水'亦斯义也。"所谓祓除不详之义，其中最隐晦的就是祓除不孕。三月阳气上升，阴气下降，"乃合累牛腾马游牝于牧"（《礼记》），即使发情的牛、马此时交配，《汉书·外戚传》载："武帝即位，数年无子。平阳主求良家女十余人，饰置家。帝祓霸上，还过平阳主。"《汉书·元后传》："（莽）率皇后列侯夫人桑，遵霸水而祓除。"从上述引文看，汉代帝王遵灞水而祓除不孕，似乎已不限于三月上巳节了，求子而"遵水祓除"已是一种普通的生殖信仰，只要遵循一定的仪式，在水边进行就可以了。这种巫术信仰在当今汉族的某些地方尚有遗存，中国壮族的泼水节以及对水生殖的信仰即是最著名的典范。

水是生命之源，在远古先民的思想中，它既是生命诞生的场所，也是死亡的归宿。仰韶文化的波浪纹中夹杂的黑色卵点，很可能表示此义，而水则是生命往来的通道。在马家窑文化中，出现了一种新的生命通道，它的媒介不是具象的水，而是蛙神的肚腹，后来又演化为"十"字交叉的通道，即东南西北四方皆为生命往返的通道。在后世的一些文献中，人们依然相信水是生命的通道：生命在水中出生和转生；灵魂是通过水往来于现世和神灵的世界。前者如《山海经·大荒西经》载："有鱼偏枯，名曰鱼妇，颛顼死即复苏。风道北来，天乃大水泉，蛇乃化为鱼，是为鱼妇，颛顼死即复苏"。《国语·晋语八》载"昔者鲧违帝命，殛之于羽山，化为黄能，以入于羽渊。"《尔雅十六·释鱼》及唐陆德明皆释"能"为"三足鳖"。此种类似的传说在汉代亦有出现。《后汉书志第十七·五行五》云："灵帝时，江夏黄氏之母，浴而化为鼋，入于深渊，其后时出现。初浴簪一银钗，及见，犹在其首。"这里的"浴而化为鼋"，比较奇怪，传说所载事例一般皆为死后化生为水族动物，这里可能讲的是黄氏在水中淹死而化为鼋的故事。

《拾遗记·卷二》载殷之乐师师延自轩辕以来，一直为司乐之官，至武王伐纣时，"越濮流而逝，或云死于水府。"所谓"越濮流而逝"当为随濮水而返回其所来之地。《拾遗记·卷二》又云："及乎王人风举之使，直指逾于日月之陲，穷昏明之际，占风星以望路，凭云波而远逝。"古代的名士往往都是投水而死，商汤的谋士卞随、务光，前者投湘水而死，后者抱石自沉，屈原也是投江自亡，这种做法可能也同水是生命之通道有关。以"水"为神或者灵魂往来之通道，在中国古代并不罕见。"河出图，洛出书"皆本于此。《华阳国志》记载西南民族相信逝者的灵魂会在春季依水返回，人们于水上祭之。"绳、温各葬所在，常以三月，二子之灵还乡里，水暴涨。郡县吏民，莫不于水上祭之。"①以流水祭祀，有灵魂借水而返之意，中国古代以流水寄托相思的习俗，大概也是此种思想的产物。《诗经·王风·扬之水》云："扬之水，不流束薪。彼其之子，不与我戍申。怀哉怀哉，曷日予还归哉?"《诗经·邶风·泉水》云："毖彼泉水，亦流于淇，有怀于卫，靡日不思"。曹植在《洛神赋》中则更是明确地表达为以水为媒，通于洛神。"余情悦兮淑美兮，心振荡而不怡，无良媒以接欢兮，托微波而通辞。"以鱼传信，寄托相思，大概是以水为媒的又一个衍生品。乐府诗《饮马长城窟行》云："客从远方来，遗我双鲤鱼，呼儿烹鲤鱼。中有尺素书。长跪读素书，书中竟何如? 上言加餐食，下言长相忆。"此诗以鱼代信，以鱼传情成为典故，后世诗人多有引用。如唐代诗人韦皋《忆玉箫》诗："长江不见鱼书至，为遣相思梦如秦。"刘禹锡《洛中送崔司业》中云："相思望淮水，双鲤不应稀"，皆是此种思想的体现。

李炳海认为，"巴蜀古族把水视为人得以死而复生的媒介，把水族动物说成人的转生对象，认为人死之后变成水中精灵继续在水下世界生活"。② 他认为颛顼氏人水中转化为鱼，水边葬，以鱼随葬以及船棺葬等都是巴蜀古族水中转生观念的表现。不独在古巴族，在汉族的一些民间习俗中，祭祀祖先，尤其是祭祀新亡的亲属，都是在水边进行，因为水是灵魂往返阴阳两界的通道。

"由于生殖与水有关，在中国原始先民的意识中，死亡与重生也与水密切相关，所谓'死'，其实是人生命之水持续消失的一个过程。"③远古时期生命源于水，又藏于水的观念，在先秦至汉代时期被五行思想科学化、伦理化，使水成为建筑中的重要组成部分。在战国五行观念中，水为五行之首，水主北方，为阴阳之界限。《汉书·卷二十七五行志七上》曰："水，北方，终藏万物

---

① （晋）常璩，任乃强校注：《华阳国志校补图注·卷一·〈巴志〉》，上海：上海古籍出版社1987年版，第49页。

② 李炳海：《巴蜀古族水中转生观念及伴生的宗教事象》，载《世界宗教研究》1995年第1期。

③ 李小光：《太一与中国古代水崇拜——以彩陶文化为中心的考察》，载《宗教学研究》2009年第2期。

者也。其于人道，命终而形藏，精神放越，圣人为之宗庙以收魂气，春秋祭祀，以终孝道。""传曰：简宗庙，不祷祠，废祭祀，逆天时，则水不润下。"人死形藏于水，因此才有水边葬，水边祭等风俗，中国古代明堂环于水，大概也同此种观念有关。在中国古代的风水观中，尤其是阴宅的风水之重视水，当与此有关。

中国传统社会对水的生殖信仰不仅同历史及神话传说有关，春秋战国时期，这种信仰同五行思想相结合，就使水的生殖功能"科学化"。《管子·水地》篇云："人，水也。男女精气合而水流形。三月如咀……五月而成，十月而生。"又云："是以水集于玉而九德出焉。凝蹇而为人，而九窍五虑出焉。此乃其精粗浊蹇能存而不能亡者也。""水者何也？万物之本原也，诸生之宗室也，美恶、贤不肖、愚俊之所产也。"管子言人即是水，这显然与神话传说的人生于水不同，它进一步指出人成于水，乃水之所养，人之精粗清浊、美恶贤愚皆系于水。《吕氏春秋第三·尽数》云："轻水所多秃与瘿人，重水所多尰与躄人，甘水所多好与美人，辛水所多疽与痤人，苦水所多尰与伛人。"这种思想与《管子》所言基本一致。《拾遗记·卷五》更是有"淫泉"之说："日南之南，有淫泉之浦。言其水浸淫从地而出成渊，故曰'淫泉'。或言此水甘软，男女饮之则淫。"

至此，我们大致可以看出，在先秦时期，水的生殖功能大约有两种形态。一是生命诞生于水，这种思想最早可追溯到仰韶文化时期，后世的"浴水而孕"或者浴水感物而孕即是其延续。因为水的生殖性，由此而衍生出水具有被除不孕之效。二是人乃水之流变，为水之精华所养。因此，水性对人性具有决定意义。这种观念是先秦时期新兴的观念，它可能与此时流行的"精气说"有关。此种观念对于中国村落的营造影响极大，下文将详细论述。

二

先秦时期，除了生殖功能，有关水的最为人知的认识便是先秦儒、道哲学对水的看法。《周易》和《老子》皆视水为谦卑的象征，水之处下，水满则流，水之柔弱胜刚强等都使水形而上学化为智慧的象征，这种观念在中国文化大传统中广泛流行，不过它与本文所讨论的问题几无关系，在此存而不论。除此以外，在先秦至汉代时期，还存在着广泛的有关水的生殖崇拜与水的生命元气的观念。

人的生命起源于水，又归于水。这种概念又与阴阳五行思想有相通之处，原始先民观察生命和自然，有生有死，日出日落，冬去春来，以及自然生物，如龟蛇鱼鳖的春起冬藏，都似乎意味着这个世界是生死循环，且与水息息相关的。这种仰观俯察的思维被包括《易经》在内的中国先秦思想吸收，水作为生命之源与作为五行之首的重要性不谋而合。因此，水生殖崇拜与阴阳五行思想便得以整合，形成了中国古代对水的"科学"认识：这就是在先秦至汉唐时期广为流行的"水为精气"之"元气"（或"精气"）说。这种观念对中国古代风水观念有深刻的影响。

《管子·水地篇》云："人，水也。男女精气合而水流形。"所谓男女精气，犹汉代人言阴阳之气。郑康成注《易维乾鑿度》云："阴阳气交，人生其中，故为三才"，"阴阳合而为雨"。故云"水流形"而成人，因而水为人之精髓，主宰人的美丑贤愚。在后世的观念中，人同水确有密不可分的关系，《春秋元命包》释水为"阴化淖濡，流施潜行也。故其立字两人交一，以中出者为水。一者数之始，两人譬男女，言阴阳交，物以一起也。"后世更有成语"一方水方水土养一方人"，"钟灵水秀，人杰地灵"，皆可看作《管子》思想的延续。当然，管子言人成于水，其本质仍是男女精气所化，所谓男女精气，即阴阳之精气，《礼记》亦云："故人者，其天地之德，阴阳之交，鬼神之会，五行之秀气也。"先秦时期，气被视为天地万物之始源，至汉代为元气自然论，即人亦由元气所主宰。从《管子》可以看出，先秦时期，气论对人性论的影响已然存在；不过，亦存在以"水"为人性本原或以水作为气、人之中介的说法。这种观念在汉代时期依然十分显著。《春秋繁露·如天之为》："有阴阳之气，常渐人者，若水常渐鱼也。所以异于水者，可见与不可见耳，其淡淡也。……水之比于气者，若泥之比于水也。"董仲舒认为气与水只在可见与不可见的差别。这一点在郭店楚简《太一生水》出土后被更进一步确证。其文云："太一生水。水反辅太一，是以成天。天反辅太一，是以成地。天地复相辅也，是以成神明。神明复相辅也，是以成阴阳。阴阳复相辅也，是以成四时。四时复相辅也，是以成沧热。沧热复相辅也，是以成湿燥。湿燥复相辅也，成岁而止。"关于"太一"为何物，学术界意见不一，主要有三种说法：太一为"太一星"即北辰星；太一为"道"；"太一"为"元气"。"太一"为北辰，似是汉代天文及谶纬说流行的说法，《史记》中屡有汉代皇帝祭祀太一星的记载。《易维乾鑿度》云："故太一取其数，以行九宫，四正四维，皆合于十五。"郑康成注："太一者，北辰之星，神明也，居其所曰太一，常行于八卦日辰之间，曰天一、或曰太一，出入所游，息于紫宫之内外，其星因以为名焉。故星经曰：天一、太一，主气之神。"《史记正义》注"太一"云："太一一星次天一南，亦天帝之神，主使十六神，知风雨，水旱、兵革、饥馑、疾疫。"在汉代，"太一"为星名，太一星又主气及风雨，即主气之神，当因"太一"与"气"相关，或者说"太一"意为"气"是更原始的说法。"太一"为元气，在战国时代应较为盛行。《礼记·礼运》："夫礼必本于太一，分而为天地。"唐孔颖达疏："必本于太一者，为天地未分，混沌之元气也。极大曰太，未分曰一。其气既极大而未分，故曰太一。"《鹖冠子》云："天地成于元气，万物乘于天地"，其所言与《太一生水》极为相似。"太一"亦称太极，大一或太初，乃元始之"气"。"天地未分之前，元气混而为一，即是太初、太一也。"《列子》云：太初者，气之始也。"一者，形变之始也。清轻者上为天，浊重者下为地，冲和气者为人。"《老子河上公注能为第十》云："一者，道始所生，太和之精气也。"《老子旨归·道生一篇》："潢然大同，无始无终，万物为庐，为太始首者，故为之一。"一为天地未分，本原之气充盈，万物之所出的混沌状态，一分为二，即天地阴阳，阴阳交合即为人。《易纬乾凿度》云："一者，形变之始，清轻者上为天，灼重者下为地。"《管子·内业》云："凡人之生也，天出其精，地出其形，和乃生，不和乃不生"。《庄子·知北游》："人之生，气之聚也。"庄子所说的气，应该就是"元气"，或者阴阳之气。《论衡·无形》云："人禀元气于天"，"人未生，在元气中，既死复归元气"。郑康成云："阴阳气交，人生其中，故为三才。"《云笈七签·空洞》云："气清成天，滓凝成地，化中气为和，以成于人，三气分判，万化禀生。"此"气"非人之气息，乃是天地阴阳之精气，即"元气"，故天地人被称为"三才"。《汉书·律历志》："太极元气，函三为一。"以上所见，太一生水之"一"即太初之元气，"太一"即汉代及汉以后道教思想中流行的"元气""太初""太和"，太一生水犹言"元初之气生水"。汉以后，太一主要专指太一星，

　　然而，"太一生水"篇中，为何"太一"生水，而后生天地万物呢？气和水又是什么关系呢？其实，在《庄子·列御寇》中亦有类似"太一生水"的说法："太一形虚……水流乎无形，发泄于太清。"太清即太一、太虚、太初。战国竹简《恒先》云："未有天地，未有作行，出生，虚清为一，若寂水，梦梦清同，而未或明，未或滋生。"《文子·九守》亦云："老子曰：天地未形，窈窈冥冥，浑而为一，寂然清澄。"虚清乃为天地未开，生命未始，"太一"混沌的境界。"若寂水"，"寂然清澄"乃是对这种状态的描述，或者说太一之境就是元气混

沌之境，亦是清同、虚一的水之境，这似乎是水为万物之始源的滥觞。因此，在战国时期，"太一""水""气"在宇宙论上含义极为相似。太一生水，即是说元气生寂水、清水，这种"生"主要不是时间先后之派生，而是相互包含的，或者说它们只是同一种状态的两种不同的描述而已，故太一生水篇又有"太一藏于水"之说，或可说"水亦藏于太一"及"水生太一"。所以太一与水的关系其实就是元初之气与水的关系。这种思想与五行相结合，便进一步将水与"一"、水与"气"统一起来，即《春秋元命包》所云："水者，天地之包幕，五行始焉，万物之所生，元气之津液。"郑康成注《易纬乾凿度》"易变而为一"云："一主北方，气所渐生之始，此则太初气之所生。""一"主北方，水亦主北方，经过五行思想的改造，元气与水的关系便从宇宙论的玄妙性中脱颖而出，太一生水，太一即太初、元气，气生水，水养气，天生甘露，地出醴泉，万物得气而生，得水而长。因此，气主人，水亦主宰人的品性、生命及生命的寿夭，得气即得水，得水即得气，二者所言不同，义则无别。西晋杨泉《物理论》云："夫水，地之本也。吐元气，发日月，经星辰，皆由水而兴。九州之外皆水也""所以立天地者，水也。"

唐司马承祯《修真精义杂论·符水论》云："夫水者，元气之津，潜阳之润也。有形之类，莫不资焉。故水为气母，水洁则气清；气为形本，气和则形泰。虽身之荣卫自有内液，而腹之脏腑亦假外滋。既可以通腹胃，益津气，又可以导符灵，助祝术。"宋人张君房《云笈七签》云："太始者，气之始也。谓黄气复变为白气，白气者，水之精也。名太阴，变为太和君，水出白气，故曰气之始也，此即为三气也。夫三始之相包也，气包神，神包精，故曰白包黄，黄包赤，赤包三，三包一，三一混合，名曰混沌。"这是道教对这三者较为通俗的解释。足见在中国古代文化中，气、水相生相应，早在战国时期便已奠其根基，管子所言水为万物之旨归，贤愚之主宰，又言气主生命，气之清浊有别，人亦有贤愚之分，二者并无本质差别。汉以后兴起的风水学说，如《葬经》言："夫土者气之体，有土斯有气；气者水之母，有气斯有母。"《头陀袄子论》云:"夫水，气之母，有水斯有气，气因水而生，水因气而化，水气升上得合乎天，而云是也，水气降下得合乎地，而雨是也。"《山洋指迷》又云："气者，水之母也；水者，气之子也。有气斯有水，有水斯有气。气无形而难见，水有迹而可求。水来则气来，水合则气止，水抱则气全，水汇则气蓄. 水有聚散，而气之聚散因之；水有浅深，而气之厚薄因之，故水可以验气也……"上述说法都是先秦气、水学说在实践上的延续。

值得思考的是，"太一生水"的观念在战国时代萌生，但在后世主流哲学思想中竟渐趋消失，汉以后，元气论思想占据了主流，《管子》及太一生水篇中的水论思想则只在道教养生术及堪舆术中上有所保留，其原因究竟何在？笔者认为，这大概与"气"的自然特征有关，气不可见，抽象而不可捉摸，而水则可见可闻，具体而微，因而若要建立一种抽象神秘的宇宙起源理论及人性论，"气"较水要有效得多。其次，在现实生活中，水虽必不可少，但它客观上也造成了许多灾难，人们对于水的观念，是慎之又慎的。因而，如何得水又免于其害，便成为中国传统水文化的核心，这种观念集中地体现于中国道教的养生理论(包括医术)及风水思想之中。

三

在中国古代，"风水"亦称"堪舆""青乌""地理"，等等。"风水"一词，和相地之术本无关联，它主要指风和水，或风和雨。"风"在中国古代又常和"气"混为一谈，如《春秋繁露·五行》云："地出云为雨，起气为风"，西晋杨泉《物理论》云："风者，阴阳乱气激发而起者也。"该词最早见于《淮南子卷五·时则训》，其文云："孟春之月……天子衣青衣，乘苍龙，服苍玉，建青旗，食麦与羊，服八风水，爨其燧火。""八风"即东北、东方、东南、南方、西南、西方、西北、北方等八方之风，每一风都有一个专称，《吕氏春秋·有始》及《淮南子·卷四墬形训》中皆有记载。汉代天子除了在孟春时节服"八风水"外，也遣人在正月占"八风"的习俗。《史记·天官书》记载："而汉魏鲜集腊明正月旦决八风。……八风各与其卫对，课多者为胜。"服"八风水"即服食八方而来的风及八方之水，有采纳八方风水之精华，调和八方风水之意。因此，秦汉时人谈"风水"，其实质乃是当时食气、服气思想的另一种表达，也是崇"水"思想的延伸。

除"风水"以外，在先秦至汉代时期，"六气"也是一个常用的概念。如屈原《楚辞·远游》云："餐六气而饮沆瀣兮，漱正阳而含朝霞。"王逸注："《凌阳子明经》言：春食朝霞……冬饮沆瀣。沆瀣者，北方夜半气也。"《文选·嵇康〈琴赋〉》云："餐沆瀣兮带朝霞。"沆瀣即凌晨的清露。"高吾冠之岌岌兮，长吾佩之洋洋；饮六体之清夜兮，食五芒之茂英。"很显然，这里的"六气"与《左传》中的"六气"概念相同，即阴阳风雨晦明等六种自然现象。餐六气、饮朝露所要表达的是一种食天地之精华，与天地相吞吐，与自然合一的神妙境界，此种境界尤为先秦道家学派所重。如《庄子·逍遥游》："藐姑射之山，有神人居焉。肌肤若冰雪，淖约若处子，不食五谷，吸风饮露，乘云气，御飞龙，而游乎四海之外。"屈原的餐六气，饮沉瀣也是想以此表达其高傲、高洁，不同流合污的"神仙"品性。值得注意的是，以上所引，"风"与"水"相连，气与朝露、清液并举，指示服朝露、饮清液与餐六气、服八方之风具有同等之功。究其实质，乃在于六气之中，阴阳、风雨、晦明皆可相互转化，因此，风与水可相互转化，气与水亦可相互生发。气与风，相对于水而言，较为抽象，因此，在中国古代文化中，餐风饮气常以饮甘泉、朝露替代。在堪舆学中，水的清浊是判断某地风水的重要依据。

餐气饮露与与天地同化，与自然同功，清明高洁。食气、饮气也被中国传统医学吸纳，成为延年益寿，养生葆命的医学理论。《黄帝内经生气通天论篇第三》："故圣人传精神，服天气，而通神明。"陶弘景《养性延命录》引《孔子家语》曰："食肉者勇敢而悍，食气者神明而寿，食谷者富贵而夭。"《洛书宝予命》曰："古人治病之方，和以醴泉，润以元气。"在传统医学看来，天地之气直接影响到疾病的滋生，《左传》云："阴淫寒疾，阳淫热疾，风淫末疾，雨淫腹疾，晦淫惑疾，明淫心疾。"从医学的角度看，六气不调则百病丛生，饮甘泉澧水可调和阴阳，广纳元气。从这个角度说，中国古代风水学之重视水，尤其是甘泉澧水，当与这种医学理论有关。

秦汉时期的"风水"与食元气，饮朝露及高超出世的品性修养有直接的关联。然而，"风淫末疾，雨淫腹疾"，中国中医理论既要餐风饮水，也要防止风侵水浸，风、水太过则成"风水"之疾。《黄帝内经·生气通天论第三》云："故风者，百病之始也"，风水之疾主要表现于两种，一是"风水候"，症状为面目浮肿，骨节疼痛。《金匮要略》"水气病脉证并治第十四"云："师曰：病有风水、有皮水、有正水、有石水、有黄汗。风水其脉自浮，外证骨节疼痛，恶风"，《黄帝内经》云："勇而劳甚则肾汗出，肾汗出逢于风，内不得入于脏府，外不得越于皮肤，客于玄府，行于皮里，传为胕肿，本之于肾，名曰风水。"《金匮要略》又云："寸口脉沉滑者，中有水气，面目肿大有热，名曰风水。视人之目窠上微拥，如蚕新卧起状，其颈脉动，时时咳，按其手足上，陷而不起者，风水。"察脉之沉滑而观风水，这与地理学中"察脉之沉浮"的观风水之法如出一辙。《金匮要略》中所描述的"风水"之症就是现代医学所谓的肾病。按其说法，"风水"的病因在于："气强则为水，难以俯仰，风气相击，身体洪肿，汗出乃愈，恶风则虚，此为风水。"（《金匮要略》）很明显，风入疲劳之体，肾汗与风相博，无可进退，乃成风水之疾。水因风生，风亦由水而起，风水相博，疾病丛生，因此，藏风避水是疾病防治之首，在居住建筑之营造上也要防止风侵雨洗。

"风水"的另一种表现是风痹、风湿等风候症，其共同特征是关节麻痹肿大，身体疼痛僵硬，而其原因则多因风、寒、湿三者入侵所致。《巢氏诸病源候·风湿痹候》云："风湿者，是风气与湿气共伤于人也。风者，八方之虚风；湿者，水湿之蒸气也，若地下湿，复少霜雪，其山水气蒸，兼值暖腲退，人腠理开便成风湿。""风寒湿三气合而为痹，风多者为风痹。"先秦至魏晋时期的人多言躄人，如《魏书二十九方技传第二十九》华佗传注云："《佗别传》曰：有人病两脚躄不能行，举诣佗，佗望见曰：'已饱针灸服药矣，不复须看脉。'"针灸有通血活气之用，此人足不能行，当为风湿所致。《黄帝内经·素问·通评虚实论篇第二十八》"跖（蹠）跛，寒风湿之病也。"《三国志》管辂传亦载："（管辂）父为利漕，利漕民郭恩兄弟三人，皆得躄疾，使辂筮其所由。"管辂精通卜筮，认为郭氏兄弟的病因在于其叔母冤魂的纠缠，其真正的原因恐怕同样与风水的侵扰有关。利漕渠是曹操于汉献帝建安十八年修筑，该渠连接漳水和白沟，以利漕运。利漕处于黄河下游，地势低洼，河道纵横，环境潮湿，当地可能多风湿患者。此种类似的地理环境亦见于《左传》。《左传·成公六年春》载，有人建议成公夺取郇、瑕氏所处之地，此地土地肥沃，又接近盐池，但献子认为："郇、瑕氏土薄水浅，其恶易觏。易觏则民愁，民愁则垫隘，于是乎有沉溺重腿之疾。不如新田，土厚水深，居之不疾，有汾、浍以流其恶。"①所谓重腿之疾，即足肿不能行走。沉溺之疾也是风湿病所致的腿脚残废。郇、瑕地处黄河由北南东下之汭位，西临浩淼黄河，东枕中条山；黄河缠绕，盐池为邻。② 其土地肥沃，然而地势低洼局促，或湿地较多，这种地理条件导致其排水不畅，湿气较重，许多人罹犯风湿疾病，即躄人、伛人等，故献子认为此地不如新田有汾、浍流其恶。又因该地富有盐池，可能其水质的盐碱度也较高，其味苦涩。《吕氏春秋》言"重水所多尰与躄人""苦水所多尪与伛人"。"苦水"本身并不直接引起风湿类疾病，但"苦水"之形成说明其地下水位高，且排水不畅，水中的盐分堆积，即所谓"土薄水浅"。居于此种环境下，易犯风湿。

---

① 《考工记·匠人为沟洫》载："方百里为同，同间广二寻、深二仞，谓之浍。专达于川，各载其名"。

② 谭其骧：《中国历史地图集》（第一册），北京：中国地图出版社1982年版，第22~23页。

"尵、蹩、尫、伛"就是跛足与腰背畸形的人，《庄子》中亦有关于这种人的许多描述，足见这种残疾之人在先秦时期并不少见，而其重要的原因，正与地理环境有关。徐中舒在讲到中国先秦时代的农业时指出，排水是南方低地农业开发的首要大事。古代水利不兴，黄河、长江流域常至泛滥，造成许多湖泽和湿地。《考工记》中专门记载有沟洫之事，① 可佐证当时黄河流域中下游人类生产生活环境之卑湿程度。《吕氏春秋》认为蹙人之病同"水"的本质有关，其实他们不过是居住环境的受害者。这就是中国古代风水为何如此注重相地选址的真实原因。《管氏地理指蒙》说得很明白："土薄则湿气胜，故有沉溺之疾，水浅则湿以下生，故有重腿之疾。"陶弘景《真诰》云："风病之所生，生于丘坟阴湿，三泉壅滞，是故地宫以水气相激，多作风痹。风痹之重者，举体不授，轻者半身成失手足也。"

潮湿的居住环境是造成身体手足残疾的元凶，中国古代的建筑也是帮凶之一。中国古代建筑多为木架结构，为防墙体受风雨洗刷，一般较为低矮，出檐则较深。《考工记》记载："葺屋三分，瓦屋四分。"即茅草屋屋架高度是进深的三分之一，瓦屋则四分之一，前者坡度 33.69，后者坡度，屋顶坡度较大，屋顶的坡度跟降水量有一定的关系，这样大的坡度说明其年降水较丰富。普通老百姓住茅草屋比较普遍，甚至还处于穴居、半穴居状态，既受风雨侵蚀，亦被寒湿所苦。杜少陵《茅屋为秋风所破歌》就描述了这种状态。先秦时期流行高台建筑，也应与当时的地理环境潮湿有关。

从气候上说，东汉以后，中国气候总体上趋于寒冷，竺可桢在《中国近5000年来气候变化》中称："有几次冬天严寒，晚春国都洛阳还降霜降雪，冻死不少穷苦人民。"东汉冷期虽不长，但到三国时代又很寒冷，"每年阴历四月（等于阳历五月份）霜降。直到第四纪前半期达到顶点"。魏晋南北朝时期基本是寒冷气候，直至其后期才逐渐转暖。② 另外，根据一些学者对中国历史上华北旱涝状况的研究，"公元280—400年为偏涝期，指数差的峰值达2.3连续单向的偏涝"。③ 这样看来，两晋大部分时期，华北地区基本偏涝。被奉为风水

---

① 《考工记·匠人为沟洫》："方百里为同，同间广二寻、深二仞，谓之浍。专达于川，各载其名"。

② 安志敏：《中国历史时期气候变化研究》，济南：山东教育出版社2009年版，第235页。

③ 安志敏：《中国历史时期气候变化研究》，济南：山东教育出版社2009年版，第227页。

学祖师的郭璞生于河东，其生活的年代则刚好处于这一中国历史上的大涝期，寒冷潮湿的气候与卑湿的地理环境客观上给两晋人民的健康带来了巨大困扰。这可以解释为何作为地理堪舆学的"风水"概念诞生于北方并活跃两晋时期，同样我们也能够从另一个角度解释，中国医学为何将"风"视为"百病之首"，也能理解为何中国古代大到都城，小到村落、居室之营造，都异常讲究相地卜居。天人合一、天人相和等形而上的思想是宏观的宇宙观要素，潮湿的居住环境以及建筑的低矮、气候的寒、湿等客观因素所导致的风病丛生是直接的原因。《史记·货殖列传》云："江南卑湿，丈夫早夭。"一些学者认为是因血吸虫所致，风湿病或许也是其中的重要原因。《庄子·齐物论》说"民湿寝则腰疾偏死"。《史记·屈原贾生列传》云："贾生既辞往行，闻长沙卑湿，自以寿不得长，又以适去，意不自得。"卑湿的环境使人得风湿、风水等风候疾病，更遑论"长生不老"，因此，择居、卜居就同吉凶有莫大的关系。嵇康《难〈宅无吉凶摄生论〉》说："夫危邦不入，所以避乱政之害；重门击柝，所以避狂暴之灾；居必爽垲（塏）（地势高而干燥），所以远风毒之患。"《说文解字》云："塏，高燥也。"卑湿与爽垲相对，将其同乱政之害、狂暴之灾并举，其凶猛可怕可见一斑，这也反映出嵇康的时代，风毒之患较为严重，是卜宅相地所须考虑的重要因素。这一点亦被古代医学家认同，如巢元方云："明居处爱欲风湿之所感，示针镵桥引烫熨之所宜，诚术艺之楷模而诊察之。"（《巢氏诸病源侯总论·序》）又云："若其居处失宜，饮食不节，致腑脏内损血气，外虚则为风邪所伤。"他所谓的居处失宜之地当为卑湿之地。在古代社会，风疾是人们健康的重要威胁，也是一个人能否长生，家庭能否富贵的重要保证，一旦生病，可能"家储无有"（《地理人子须知》）。从这个意义说，古代人之所以重视住宅的风水，其实质是避免医学上的"风水"等"风侯"之症。

医学上的"风水"与地理学上的风水在相土择地上殊途同归，因此，相地如相人，相人如相地。就医学而言，人要虚无清净，平淡中和。《黄帝内经》云："清净则肉腠闭拒，虽有大风疴毒，弗之能害，此因时之序也。"与天地同俯仰，与四时同序，与自然相得，清净无过，才能远病祸，得长生，这同餐风水，食朝露的思想一脉相承。因此，就地理而言，人要藏风避水，得风水之法。

在中医理论中，水主肾，肾生筋脉，筋脉系血气的通道；肾为血气之来源，亦承受身体的废水。《管子·水地篇》言水为地之血气，如人之经脉，后世风水学亦信之。如《葬经》云："以形势为身体，以泉水为血脉，以土地为皮肤，以草木为毛发，以舍屋为衣服，以门户为冠带"。堪舆之学，也常将相地同看病比附，"相地如相人"即为此意。中国传统文化以为天地人为三才，它们同处于一个系统之中，天地是大宇宙，人是小宇宙，二者相互感应、相互影响。巢元方云："地土不择，便利触犯禁害，土气与人血气相感，便致疾病。"以此推断，作为相地术的"风水"概念，可能借自中医理论。风为百疾之首，中医为人看"风水"，堪舆师为地看"风水"，二者殊途同归。因此，古代一些著名的风水学者，既能相地，亦兼通医道。如（宋）蔡元定《柳庄神相全编》卷《永乐百问》云："夫脉有阴阳，故有沉浮。阴脉常见乎表，所谓浮也；阳脉常收乎里，所谓沉也。大抵地理家察脉与医家察脉无异。善医者察脉之阴阳，善地理者察脉之浮沉而立穴，其理一也。"《地理人子须知·自序》亦云："予尝观宋儒牧堂蔡先生家训云：'人子者不可不知医药地理'。"《地理人子须知》又云："穴者，盖犹人身之穴，取义至精。杨公云：'譬如铜人针灸穴，穴穴宛然方始当。'"正因医药与地理相通，因此二者兼修才能相得益彰，一些医家亦通地理。《茅亭客话》记载山人冯怀古，善辨山水地理，卜居青城山，"居常所论，皆丹石之旨，以吐纳导引为事，博采方诀，歌颂，图记、丹经、道书，无不研考。"①吐纳导引无非是强身健体，修养身性，风水之术通过吸收天地之精华，达到身体无虞、福寿绵延的天人相和之境界。《三国志·魏书·方技传二十九》引华佗云："人体欲得劳动，但不当使极尔。动摇则谷气得消，血脉流通，病不得生，譬犹户枢不朽是也。"这种说法与《考工记》中"沟洫"修筑的理论和方法如出一辙。在中国村落设计中，村前池塘如肾脏，承接污水；村里巷道交错或水渠贯串，如人之血气流行，这种营造方式就是深受中医理论的影响。明白了这一点，我们才能深刻理解"风水"这一看来异常玄妙的中国文化，其实就植根于中国古代的地理环境及中国人对生命的理解方式，中国传统村落就不同于一般的建筑的营造，它不仅仅是避风遮雨的居住场所，而且是生命哲学的营构，它使得中国传统村落洋溢着质朴的美学意味。早期风水多讲地理与寿夭、生死的关系，几乎不谈贵贱、贫富。

四

人体的风水之疾，起于淫风恶水。地理的风水，自然也要避免风吹水劫。

---

① 刘永年：《堪舆集成·纪事》，合肥：黄山书社 1995 年版，第 45 页。

在风水学中，水作为地之经脉，尤被重视，水太过则因水得风，风疾四起，无水则又乏血脉之气，生机不足。因此，中国古代风水学追求风、水的平衡——藏风得水：水是元气之津液，是生命生气之源，因此，水既要清冽甘甜，不可污浊恶臭，才能养气含元，啜甘饮露，延年益寿；又要如血脉流行，曲折婉转，不可横冲直撞，才能藏风得气，生生不息。这些观念极深地影响着中国古代村落营造观念和美学结构。中国传统村落的营构实际以得水为核心，许多村落甚至以水作为村落结构的根本，倚水而建，依水成村，除了生活功能上的考虑，风水上的考量则是制约这种思维的深层次的思想结构。

从风水上讲，中国传统村落讲究前朝后案，左辅右弼，山环水抱，这其实是理想的风水学模型，实际上这种村落环境极为难得，因此，人们不得不尽力通过人为方式改造居住环境，以使其符合理想的风水环境；或者通过阐释学的方式获得心理上的补偿，即通过风水学的玄妙解释，或通过形势上的比附，或理气上的附会，"美化"村落的风水。这种语言上的"巫术"是风水师惯用的手段，因此，将村落风水与吉凶扯在一起，本身是一种迷信和谎言，但它反映了中国民间文化根深蒂固的巫术信仰。重要的是，风水信仰给予了中国普通老百姓对抗天灾人祸，转变命运结构的美好想象。客观上说，风水观凭借其对天地自然的敬畏精神，使中国传统村落形成了独特的营造观念和审美景观。从另一个角度说，它也体现了中国古代社会中暗藏的犬儒主义（消极无为）精神，凭借风水获得祖上的阴功或天地神灵的庇佑，达到对寿夭、生死、贫富、贵贱的超越。因此，这种美学思想的结构体现了中国文化中的中庸精神，它既想通过风水术超越天命的局囿，又不愿触犯天地自然及鬼神万物包括祖宗的神威，在二者之间维持着精巧的平衡，风水术就是这种平衡术。也是生命的结构模式，有迷信愚昧的因素，但也渗透着朴素的生命意识。

中国传统村落常或依山而建，溪流环匝；或临岗毗阜，面水而居。从空间结构上说，中国传统村落与水的关系，大致呈现三种结构形态："水为经络""水为腰带"及"水为肾脏"。当然，在少数地区，也存在三者的组合形式，如安徽宏村，既有腰带水，也有经络之水，及村前池塘。

"水为经络"，即流水穿村而过，如人的经脉流行。安徽的宏村、西递，浙江的诸葛村等皆属此类。《管子·水地篇》云："水者，地之血气，如经脉之流通也"，中国古代风水学家亦将经络之水视为村落之血脉流行，它在带来洁净之水的同时，也带走污秽之水，这既是气化流行的表达，又象征着生命的生生不息。"水为经络"尤其强调水的源头、流向及水的清澈程度，这种思想固然与生活用水直接相关，但同风水理论不无关系。

"水为腰带"即是风水学所称谓的"腰带水"，刘基《堪舆漫兴》云："上身绕背福悠长，腰带鸣珂皆吉祥。"南方丘陵及山区，这种山环水抱的腰带水较为常见。北方的河谷或丘陵地区，若自然条件允许，亦常采取这种居住方式，如关中地区著名的古村落韩城党家村，山西阳城县郭峪村、襄汾县丁村等，都以水为腰带，凭河流而居。这种结构形态固然与水为生命之本有关，在中国传统村落选址中，水源是首要考虑的因素，但除此以外，风水的否泰与否也会影响到村落的位置与结构。譬如，南方雨水较多，接近水源是一件不太困难的是，但南方的许多村落也多建立在山环水绕的环境之中，甚至挖掘人工河流绕村而过，如安徽黟县的屏山村与安徽泾县的查济村，这两个村相距遥远，但二者在村落布局上极为相似：一条人工河流由村落左后方起，环抱村落，由村前方顺势而去；河流上的两座桥梁，一为石板桥，位于河流的弯折处（村落的东北部），一为廊桥，于村落东南处，锁住去水。这说明中国古代村落的选址及布局还明显受到某种文化观念的影响，这种观念就是风水学说。《管氏地理指蒙》云："水之玄微，亦式三奇，曰横、朝、绕。"这种结构关系极为常见，许多传统村落都近水而居，利用水路从事商业经营活动，这两种结构的村落多倾向于经商。

"水为肾脏"是在村落前凿池建塘，其数量或一或二，其形状或圆或方，作为洗涤或承接雨水、污水之用。这种前塘后村的结构形式在长江以南的地区极为常见，也是最为简单、实用的村落结构。在福建围龙屋构成的村落中，这种结构形式更是定例。一些学者认为前池后村的村落结构，组成的是汉字"富"，表达了中国传统村落对富裕的向往。这种说法有其合理之处，但其真正的含义要复杂得多，它蕴含着阴阳调和的哲学智慧和丰富的风水学理论。或者说它与是前池后村其实也深受村落风水的影响。

村前的池塘，如人的肾脏，就村落而言，它就是村落的肾脏。唐代容川《血证论》："肾者水脏，水中含阳，生化'元气'，根结于丹田。"《巢氏诸病源候总论·皮水侯》："肺主于皮毛，肾主于水，肾虚则水妄行，流溢于皮肤，故令身体面目悉肿，按之没指而无汗也。"我们在前文讨论过，风水的诞生和中医有密切的关系，中国传统村落也将其视为一个医学系统，山相当于肺，主呼吸；水相当于肾，肾既生血气，也排泄废水，因此，在中国传统村落的用水系统，大约也是按照这种模式而来，首先，村落要有源头活水，其次，村落也要排泄废水，包括雨水。村前的池塘即有容纳排泄之污水的功能，这一点在福建的围楼、五凤楼中都可见一斑。在长江以南的广大农村，大多可以看到村前至少挖有一个池塘，有些甚至有两到三个串联的池塘，其中处于下游的池塘，一般用于厨纳污水和雨水。安徽著名的景点宏村，便是此种案例。

前池后村的村落则专注农业，沿河村落比较注重经商。笔者认为，中国传统村落的选址中的风水，从形而上的角度看，其精髓实则是风和水的调和，阴和阳的调和，根本上奉行的是"天人相和"的和谐理论，上不冒犯神灵，下不冲犯地土，中不失却人情，如此才能禳灾避祸，福寿绵延。至于择时日，讲禁忌，论生辰八字等，那些都不过是心理上的慰藉。

一般而言，沿河村落比较注重经商，前池后村的村落则专注农业。而沿池村落则较为保守，这种情况是否与地理环境有关？可能在相土择地时，倾向于经商的人更喜欢象征血脉之气化流行的河流，而倾向于农业生产的则更青睐有固定水源的池塘。因此，村落的美学结构不仅反映出村落对于财富的认知，也能够反映出不同村落在经济活动中的人生观和价值观。

（喻仲文、卓识　武汉理工大学艺术与设计学院）

宋元农书视野下的农业环境美学

丁利荣

宋朝是传统农业和农学发展的成熟期和高峰期，这是由宋代独特的历史背景和客观条件所决定的。一方面，宋朝对提高农业产量有着迫切的需要。宋代疆域只有汉唐的一半，人口却是汉唐的两倍；再加上北方游牧民族的威胁，需要不断改善和增强军事实力，以供养当时世界上最庞大的常备军队；尤其在南宋，江南地区人口猛增，造成了地狭人稠的情况，发展农业，解决粮食问题，成为重中之重。因此，开垦荒地、培育优良品种、改善农业结构、推进耕种方式、推广农业技术等是宋代农业发展面临的主要问题。另一方面，宋人的理论科学和应用科学为农业的发展提供了现实条件。对于科技史家来说，唐代不如宋代那样有意义，这两个朝代的气氛是不同的，唐代是诗的国度，宋代是哲理的。李约瑟在《中国科学技术史》说道："这时，博学的散文代替了抒情诗，哲学的探讨和科学的描述代替了宗教信仰。在技术上，宋代把唐代所设想的许多东西都变成为现实。"①"每当人们研究中国文献中科学史或技术史的特定问题时，总会发现宋代是主要关键所在。不管在应用科学方面或在纯粹科学方面都是如此。"②宋代格物观念和技术发展促进了农业思想和农业水利技术的发展，为中国农业和农学体系在宋代的成熟提供了重要的条件。

陈旉（1076—1156）的《农书》和元代王祯（1271—1368）《农书》集中体现了这一时期农学发展的主要成就。陈旉《农书》完成于南宋绍兴十九年（1149），作者在74岁时写成。陈旉生在南北宋交替、南宋偏安江南的战乱时期，曾在江南隐居务农。农书分上中下三卷，上卷十四篇主要谈耕种之宜，中卷三篇主

---

① ［英］李约瑟：《中国科学技术史》（第一卷），袁翰青译，北京：科学出版社2003年版，第138页。

② ［英］李约瑟：《中国科学技术史》（第一卷），袁翰青译，北京：科学出版社2003年版，第139页。

要讲水牛的牧养役使和防治之宜，下卷六篇主要关于蚕桑的相关饲养方法等。《农书》中涉及很多重要的农业生态智慧，如指出耕稼从本质上而言是要"盗天地之时利"，提出保护土地持续发展的"粪药说"及"地力常新壮"说，并对农村的宜居环境即"农居之宜"等问题提出意见。

王祯《农书》完成于 1313 年，被称为古代四大农书之一。虽然其书完成于元代，但其中的农业种植技术和农田水利技术在宋代已得到了普遍运用，因此，从某种意义上说，该书是在宋代农业生产基础上的一部理论总结之作。如果说陈旉农书更多的是关注江南水田的种植方面，王祯农书则是在前人基础上对南北农业技术的总观，农书分《农桑通诀》《百谷谱》和《农器图谱》三大部分，最后所附《杂录》包括了两篇与农业生产关系不大的"法制长生屋"和"造活字印书法"。《王祯农书》第一次对广义农业生产知识作了较全面系统的论述，提出中国农学的传统体系，明确表明广义农业包括粮食作物、蚕桑、畜牧、园艺、林业、渔业等，其书中直接引陈旉农书的地方也有很多，虽成书于元代，但也可以将其视为对宋代农业发展的总结。

一、重仁的农业哲学思想

中国五千年文明，强调以农立国，农为天下之本，由此积累了丰富的农耕智慧和经验，形成了自己的农业哲学和农业结构体系。对于农业的重要性，现代人首先想到的是衣食之本，但往往忽视了另一根本即王化之源。前者重在强调农业是身体的衣食保障，后者强调农业在精神养成上的重要性。这里我们主要分析宋人如何以农业为本建立了两者的内在连接，尤其是从根本上阐释为什么农业会成为王化之源、人文之本，从而进一步加深对农业文明的深层理解，这一特点，可以概括为"农达于天地之仁"。

陈旉在农书自序中提出农业是"生民之本""王化之源"，认为宋循汉唐之旧，孝弟力田并举，"列圣相继，惟在务农桑、足衣食。礼义之所以起，孝弟之所以生，教化之所以成，人情之所以固也"，[①] 指出务农桑与礼义、孝弟、教化和人情的重要关系。《王祯农书》总论《农桑通诀》中对此思想做了进一步的展开。总论介绍了农业之本，主要有农事起本、牛耕起本、蚕事起本及授

---

① （宋）陈旉撰，刘铭校释：《陈旉农书校释》，北京：中国农业出版社 2015 年版，第 5 页。

时、地力和孝弟力田共六篇，其中农事为食之本，桑蚕为衣之本，农桑之事贵在顺天之时和授地之宜。孝弟立田则讲农人在农桑之事中的重要位置。在结构安排上，首先要顺天之时，因地之宜，运用之妙，存乎其人，所以天地人三才，人在最后，但也最为重要。

孝弟与力田并举，即是强调养身与立身并举，力田是身体的安顿，所获食物是身体存在的根本保障，孝弟是精神的安顿，是人在社会中安身立命的根本法则，孝弟力田是人的身体与精神的双重根本。"孝弟为立身之本，力田为养生之本，二者可以相资，而不可以相离也"，① 身体与精神互成，相资而不相离。

那么，孝弟与力田的内在关联到底何在？力田是农桑之事，在种植饲养的过程中，需要顺天之时，因地之宜，要尊重自然的好生之德，感受天地的生养之道，此是天地之仁。农人必须体察天地自然之道，成就天地好生之德，体悟天地之仁，因此，农人成为体天地之本的最切近者。孝弟重在培养人的仁义层面，是社会之仁德的建构。"爱之理为仁，宜之理为义。自其仁而用之，亲亲为孝，自其义而用之，长长为悌，皆其得于良知良能之素，人人之所同也"，② 可见孝弟为人仁之本，此是人伦之仁。人伦之仁，即孝弟的本源和根据又从何而来，往前追溯则是从天地之仁中而来，是圣人在对天地物性物理的体悟中建构起对人性人伦之理的理想和秩序，此即是通达天人之际的学问。

古代四民为士农工商，士以明其仁义，农以赡其衣食，工以制其器用，商以通其货贿。士农在四民中最为重要，这实际上是耕读并重思想的体现。"教之者莫先于士，养之者莫先于农"，教养之道首在耕读。古人认为，人禀气而生，气有清浊，禀气清者为士，而浊者为农、为工、为商。虽然士排在第一，农排在第二，但农是基础，士排在第一是因为士是社会秩序的自觉建构者，是为自然和社会立法者，即张载所说的为天地立命，为生民立心者，是立道、传道之人，所以更具主体性和主导性。

四民中"士"排在首位，"耕读"中"耕"在首位，各有其道理。二者并不是分开的，而是有一种内在深层的关联。"耕"排在首位有两个方面，物质上而言，耕是食之本，是物质基础。力田者凭借大自然的力量，过符合大自然的生

---

① （元）王祯撰，缪启愉、缪桂龙译注：《农书译注》，济南：齐鲁书社 2009 年版，第 26 页。

② （元）王祯撰，缪启愉、缪桂龙译注：《农书译注》，济南：齐鲁书社 2009 年版，第 26 页。

活，力田者需要遵从自然规律，体贴物性物理，这是通达天道与人道的基本途径。另一个原因则是士的学问本质上是从农耕中生长出来的。耕读并重指出了最初的读书人并不是一味读书，不事农桑，而是忙时耕，闲时读，将体道与悟道相结合，其后才生出一种专门的传道者，此即士的主要任务，这里的士主要以儒为主体，而儒者的智慧是建立在农耕文化的基础之上的。所以士农工商中，士是传道者，农是体道最近者，这是古代重农思想的根本所在。中华民族并不是没有能力去发展工和商，而是在价值取向上，首先选择了农。这一思想非常清楚地阐明农业哲学的基础，以及建立在农业文明基础上的生态智慧，在自然生态与人文生态之间建立起来的农业文明和文化系统。

这一农业生态智慧主要体现在三个方面，一是体察天地的好生之德，二是感知万物的长养之性，三是在顺应自然之性的基础上，培育人的仁义之性，仁者爱也，义者宜也。这三个层面相应于天道、物性与人性三方面，同时，它们也构成了一种有机的自然生态和人文生态观。"在耕稼，盗天地之时利，可不知耶?"①农业一方面要顺应天时，另一方面要发现天时的规律，巧妙利用天时，这既体现出天地的好生之德，生生之意，同时也最需要人对自然规律的遵从和爱养，从而体现天地之仁，圣人之仁的思想。

这种天人之际的学问正是宋代理学要建构的理论问题，"四德之元，犹五常之仁"，② 元为元亨利贞四德之首，仁为仁义礼智信五德之首，元与仁相类。"元"和"仁"是分别是自然之道与社会之道开始的地方，追根溯源，我们可以从所来之处看到所归之处。如以元亨利贞来看春夏秋冬，一岁之首在于春，夏秋冬则都是由春气的生长和收藏，春气的生长是元气的是发端处。仁则是义礼智信的发端处。天道之元即是人道之仁，人道的仁就是人道的发端处与回归处。人道之仁从何可见，即从天道之元见出，天道与人道由此统一起来，农与士也由此点结合起来。仁者万物一体，自天至人，无不如此。所以古人推崇农业之根本而抑制工商之末作，是因为农业比工业和商业更接近原点，更接近自然，也更本真。

当今农业在欲望的裹挟下，越来越偏离根本，以致失去了根本，而完全变成了商业活动。重新认识古代的农本思想，可以帮助我们认识和体验自然之

---

① （宋）陈旉撰，刘铭校释：《陈旉农书校释》，北京：中国农业出版社 2015 年版，第 32 页。

② （宋）朱熹、吕祖谦编，叶采集解，严佐之导读：《近思录》，上海：上海古籍出版社 2010 年版，第 9 页。

道，觉悟一种更本真的生活。农民在劳动的时候，最重要的是侍奉自然，因此，从这一意义上而言，"农业"即"圣业"，① 是通向本真之路。农业不同于商业，而是面对自然、适应自然、生存在自然之中。正如日本一首俳句所云：今秋不问风和雨，只知除草为我职。它反映出了农民纯朴真实的情感，把按照自然的运作侍奉庄稼，与庄稼共同生活视为乐趣。品味这种乐趣就是农民自觉的生活方式，生态文明时代下的农业与农业文明下的农业相比，更应有这种理念上的自觉。这需要有一种更高层面上的对身份的认同感，劳作虽苦，但也有乐，从而实现"帝力与我何有哉"的理想生活，这样才能回归根本，体察天地好生之德，成为"乐农"。

农业是为侍奉神，接近神而存在的，它的本质也就在此。之所以这样讲，是因为神便是自然，而自然就是神。② 而工业文明下的农业则是建立在近代西方哲学的思想基础上。所以，直到今天，我们便会为了人类自身的目的而任意开发自然、破坏自然。农业，在人的欲望的支配下，已经堕落为产业、商业。我们今天重视农业，是重新重视和发现天地的好生之德，认识人只是一切生物中的一员，重归自己本应存在的位置，消损掉过度的欲望。通过恢复自然的生命来找回自己，随顺自然之道，通达天地之德。宋代农业哲学在深层理论上透彻阐释了孝弟与力田、农业与圣业的内在关联，这种农业文明的生态智慧在工业时代被遮蔽了，而这恰恰是当代生态文明时代下最应继承和发展的。

二、尊重生命美的土地生态观

农业最注重生态性，讲究因地之宜，顺天之时。近年，生态农业和农业美学等学科越来越受到关注，而农业环境的审美，不只是为了发现奇观或描绘农村自然田园风景，而是要深入到农业发展的可持续性、农业发展与生态环境的良性循环、农业生产者的生活环境等根本问题上。

以土地为例，农业发展的可持续性问题首先是重建人与土地的关系。正如富兰克林·H. 金在《四千年农夫》中指出，中国作为最古老的农耕民族，能够在同一块土地上，在长达 4000 年的时间里，依然能产出充足的食物，其中蕴

---

① ［日］福冈正信：《一根稻草的革命》，吴菲译，桂林：广西师大出版社 2017 年版，第 123 页。

② ［日］福冈正信：《一根稻草的革命》，吴菲译，桂林：广西师大出版社 2017 年版，第 123 页。

含的对自然资源的保护和利用是令人惊奇和感叹的。这除了得益于水土等自然条件外，人们的土地观也起到了重要的作用。

美国土地伦理之父利奥波德提出土地伦理的思想，认为伦理进化有三个阶段，第一个阶段是探讨人与人之间的关系，第二个阶段是探讨人与社会的关系，第三个阶段延伸前两个阶段的研究界限，探讨人与土地的关系。土地伦理成为当代前沿性的命题，但实际上人与土地的关系应该是最根本最基础的关系。利奥波德认为："在对待某种事物的关系上，只有在我们可以看见、感到、了解、热爱，或者对它表示信任时，我们才是道德的。"①土地伦理，包括人们对土地的科学认识和伦理意识及其在此基础上形成的价值关系。利奥波德所说的土地不仅仅指土壤，而是指土地共同体，是由土壤、水、植物、动物和人类组成的共同体。在当代视野的观照下，从宋代农书中，我们可以清楚地看到这种对自然的充分尊重、理解、养护与运用，这些观点在现在看来不是落后、陈旧，甚至是非常前沿性的认识，对重建人与自然的连接有重要的启示。

"农业景观不只是特殊的生命景观，而且是人与自然共生共荣的特殊的生态景观。景观的基础是大地，这是一片自然与人工共同开发着的土地。"②《农书》中的土地观正是这样一种生态伦理观和生态景观，其主要观点表现在三个方面：第一，从对土地的认识来看，提出土地是活的机体；第二，从对土地的养护来看，提出治地如用药；第三，从对土地的功能来看，提出务使地力常新壮。

首先，我国传统土壤学将土壤视为有血脉的活的机体，土有"土脉"，犹如人有血气脉息，土壤也有土气和脉息。土气和土脉是表示土壤性状的概念，包括土壤的温度、湿度和水、气的流通情况，从中显示出土壤的肥力状况和生养长育的能力。古人认为四时土气不同，对土气的观察，崔寔在《四民月令》提道："正月，土气上腾，土长冒橛。"土气上腾是指正月土壤经过冬天的反复冻融，使土块分裂成结构，空隙百分率增加，表层的容积增大而隆起，这叫地气上升。土长冒橛是指把一个小木桩预先打进地里，露出两寸在地面上，到初春土壤坟起，就把小木桩给掩没了，以此作为测候地气上升的表证，表明地气通透，土壤达到了适宜于耕作的湿润状态，有活气。耕之本，贵在趋时，要了

---

① ［美］利奥波德：《沙乡年鉴》，舒新译，北京：北京理工大学出版社 2015 年版，第 203 页。

② 陈望衡：《未来农业应使人类更幸福——生态文明与农业审美》，载《鄱阳湖学刊》2014 年第 4 期。

解土气的特点，"春冻解，地气始通，土一和解；夏至，天气始暑，阴气始盛，土复解；夏至后九十日期，昼夜分，天地气和；以此时耕，一而当五，名曰'膏泽'，皆得时功"。① 郭熙的《早春图》即是表现初春解冻时，地气上升，充满活性的土壤状态。

其次，养地如养人，治地如用药。陈旉认为，"土壤气脉，其类不一，肥沃硗埆，美恶不同，治之各有宜也"。② 田地好坏不一，只要治得其宜，同样可栽培作物。不同的土地有不同的疗治方法，"且黑壤之地信美矣，然肥沃之过，或苗茂而实不坚，当取生新之土以解利之，既疏爽得宜也"，③ 过肥的黑壤之地，要用新土掺入其中，使其中和。陈旉提出独特的"粪药说"，以粪来治地，提出用粪如用药，在"粪田之宜"篇里，陈旉继承了《周礼》中"草人掌土化之法以物地，相其宜而为之种"的土化之法和物地之法。土化之法即化之使土美，陈旉强调："别土之等差而用粪治。且土之骍刚者，粪宜用牛；赤缇者，粪宜用羊。……皆视其土之性类，以所宜粪而粪之，斯得其理矣。俚谚谓之粪药，以言用粪犹药也。"④物地指根据地的形色，决定耕种适宜的禾属之类。也有一种类似物地的方法，可以知晓哪一年适合种哪类谷子，"凡欲知岁所宜谷，以布囊盛粟等诸物种，平量之，以冬至日埋于阴地。冬至后五十日，发取量之，息最多者，岁所宜也。"⑤哪一种物种增长得最多，就是该年适宜种植的，这种方法现在已不多见，甚至被认为不可思议，而实际上是通过测量地气，物类相感来获得的。

粪田的种类很多，有踏粪、苗烘、草粪、火粪、泥粪，等等。以火粪为例，即焚烧田地里的草木，用草木灰做肥料的耕作方法，这种做法，是传统火耕文明的一部分，即火耕畲田。范成大《劳畲耕》诗序："畲田，峡中刀耕火种之地也。春初斫山，众木尽蹶。至当种时，伺有雨候，则前一夕火之，藉其灰

---

① （元）王祯撰，缪启愉、缪桂龙译注：《农书译注》，济南：齐鲁书社 2009 年版，第 41 页。

② （宋）陈旉撰，刘铭校释：《陈旉农书校释》，北京：中国农业出版社 2015 年版，第 54 页。

③ （宋）陈旉撰，刘铭校释：《陈旉农书校释》，北京：中国农业出版社 2015 年版，第 54 页。

④ （宋）陈旉撰，刘铭校释：《陈旉农书校释》，北京：中国农业出版社 2015 年版，第 55 页。

⑤ （元）王祯撰，缪启愉、缪桂龙译注：《农书译注》，济南：齐鲁书社 2009 年版，第 54 页。

以粪；明日雨作，乘热土下种，即苗盛倍收。无雨反是。山多硗确，地力薄，则一再斫烧始可艺。"①火田不仅可提高土壤肥力，对水田中的冷浸田和秧田还可以起到提高土壤温度的作用。"山穿原隰多寒，经冬深耕，放水干涸，雪霜冻冱，土壤苏碎。当始春，又遍布朽薤腐草败叶以烧治之，则土暖而苗易发作，寒泉虽冽，不能害也。"②可以达到使土暖且爽的效果。当然，烧荒也是有季节性的，古人对烧荒时间要进行严格限制。《周礼正义》中提及"春田主用火，因焚莱除陈草，皆杀而火止"，主张仲春以火田。《王制》云，"昆虫未蛰，不以火田"，十月末昆虫蛰伏后，才能火田。③ 在宋史中也有记载："火田之禁，著在礼经。山林之间，合顺时令。其或昆虫未蛰，草木犹蕃，辄纵燎原，则伤生类。诸州县人，畬田并如乡土旧例。自余焚烧野草，须十月后方得纵火。其行路野宿人所在检察，毋使延燔。"④由上可知，大体从十月末后至仲春可以火田，这一时期一方面既可除陈草，又可肥田，同时也没有伤害昆虫，顺应时令，符合生态农业的发展。

最后，务使地力常新壮。生生之德是为大德，有生意的土地才是美的。土地之美就在于"地力常新壮"，草木茂盛，生物畅遂，是其生命力的表现。《农书》："或谓土敝则草木不长，气衰则生物不遂，凡田土种三五年，其力已乏。斯语殆不然也，是未深思也。若能时加新沃之土壤，以粪治之，则益精熟肥美，其力当常新壮矣。抑何敝，何衰亡之有？"要保护土地的健康、保持土壤的肥力和生长能力主要靠生态措施，而不是使用化肥。"所有之田，岁岁种之，土敝气衰，生物不遂。为农者，必储粪朽以粪之，则地力常新壮而收获不减。"⑤美国农学家金富兰克林在考察了东亚传统的耕作方式后，谈到东方古国的城市没有发达的下水道系统，城市人口的排泄物和污水完全依靠来自周边的农民将之运往农村，制作成有机肥再施用到土壤里，最终完成城市废弃物的无害化处理，而不是经过下水道直接排入水体，造成环境污染和健康隐患。这正

① （宋）范成大撰，富寿荪标校：《范石湖集》，上海：上海古籍出版社2006年版，第217页。

② （宋）陈旉撰，刘铭校释：《陈旉农书校释》，北京：中国农业出版社2015年版，第24页。

③ （清）孙诒让撰，王文锦、陈玉霞点校：《周礼正义》，北京：中华书局1987年版，第2307、2309页。

④ （元）脱脱等撰：《宋史》，北京：中华书局1985年版，第4164页。

⑤ （元）王祯撰，缪启愉、缪桂龙译注：《农书译注》，济南：齐鲁书社2009年版，第71页。

是对土地的生态养护。"收集有机肥料运用于自己的土地被视为神圣的农业活动。"①除此之外，植物套种也是保持土壤肥力的有效办法。总之，《农书》中记载了大量的对土壤的生态治理和生态维护的办法，足以引起今人的反思。

除了养地之外，人力亦可提升地力。以锄地即"薅耘"②为例，薅即拔草，耘即除草。锄地有讲究，"凡五谷，唯小锄最良"，③苗小时锄，不但省功，长得也很好，苗大时锄，草根茂密，虽多花功夫，收益却少。锄地有深锄和浅锄，锄第一遍，不能过深，第二遍尽可能深，第三遍要浅，第四遍要比第三遍浅，因为植株长大根系上浮的缘故。锄地的季节也有讲究，如春锄是为了松土保墒，夏锄是为了除草壮苗，所以春锄不能地湿时去锄，因为春苗矮小，叶荫没有盖住地面，湿锄使土干后坚结，所以《管子》说，"为国者，使民寒耕而热芸"。锄地不嫌多，所谓"谷锄八遍饿杀狗"，锄地，不仅仅是在除草，还在于把地锄熟了谷实多，糠也薄，出米率高，锄得十遍，便可得到八折的米。

这种精耕细作的劳作其辛苦可见一斑，虽然是科学奉养作物，符合作物生长的规律，但也可见出这种精细的耕作法使农人辛苦异常，而在现代更是无法推广。日本农学家福冈正信（1913—2008）提出自然农法的理论，主张不耕地、不施肥、不除草、不用农药，顺应自然、理解自然、运用自然的农业哲学，在实践上也被证明是可行的。这一思想也为我们反思传统农业提供了一个方向和启示。在此思想的观照下，传统的农业是否依然存在问题，在看似完美的精耕细作的背后似乎也发生了偏离，偏离或许从除草开始，除草开始了对自然生态的破坏，有没有更加返璞归真的方向呢？不是向前的"进"道，而是向后的"损"道，损之又损，以至于无为？现在看来，对自然的认识是难以穷尽的，或许，宋人也并没有将格物进行到底，自然的妙用毕竟难以全悉。

目前来看，福冈正信的自然农法理论是东方智慧对自然规律的进一步认识，相信这一理念在 21 世纪将会在各个领域得到进一步的探索和实践，融合中西文化的东方思想将会开启一个新的时代，在农业、建筑、饮食等领域实现一场生活方式的革命。通过对自然生态的再认识，回归原点，追问终极，探寻

---

① ［美］富兰克林．H．金：《四千年农夫》，程存旺、石嫣译，北京：东方出版社 2011 年版，第 1 页。

② （宋）陈旉撰，刘铭校释：《陈旉农书校释》，北京：中国农业出版社 2015 年版，第 58 页。

③ （宋）陈旉撰，刘铭校释：《陈旉农书校释》，北京：中国农业出版社 2015 年版，第 64 页。

本来面目，从而实现道器合一，过一种更加真实合道的生活。

总的来看，将土地视为活的机体、粪药说等理论都极具生态智慧，养地如养人的观念等也值得现代人汲取，但这一切还需要继续不断地推进，利用现代科学技术更充分地研究自然，与自然共生。

三、多元的农村生态景观

乡村生态环境以人居为中心，其核心层是人的居住和生活之所，主要有庭院、村落、农田及人们所饲养的家禽、种植的作物等，这是人直接劳作的田园，其次是山水，指群山和河流，与人类的家园有一定的距离，更具自然性，是田园所赖以生存的自然场所，在这里，山水一方面为人类所利用，同时也可游可观可居，使人们能够忘却尘世的喧嚣而享受自然的宁静，与人交流对话，二者共同构成了我们常说的山水田园风光，形成人化与野化并存的多元化农村生态景观，并进一步从种地问题转向种园问题，实现了田园景观的审美化。

其一，在农居环境的规划上，居所的选择贵在得其所宜。

士农工商，有着不同的性质和目的，也就形成了不同的居住环境和生活方式。《国语》载管仲居四民，谓："昔圣王之处士也，使就闲燕；处工，就官府；处商，就市井；处农，就田野。"①使四民各有所处，各专其业，"不为异端纷更其志"②。农居则一定要靠近田野，古代井田时期的农居规划便是这样。《诗经·小雅·信南山》中有："中田有庐，疆场有瓜，是剥是菹，献之皇祖"③，即是说农民住的房子，建筑在公田中，田边要上种瓜与菜。

陈旉继承并发展了这一思想，指出农居以接近耕地为原则。陈旉谈到古之农居："制农居五亩，以二亩半在廛，以二亩半在田"，是指每家有二亩半宅地在井田中，春夏耕作时所住，即田中之庐，另有二亩半宅地在城中，秋冬收获后所住。"民居去田近，则色色利便，易以集事。俚谚有之曰：'近家无瘦地，遥田不富人。'"在农村居住环境的规划上，陈旉指出农舍位置的选择应以"居处之宜"为原则。农人居住地应靠近农田，便于农事，节省时间，提高效

① （宋）陈旉撰，刘铭校释：《陈旉农书校释》，北京：中国农业出版社 2015 年版，第 49 页。

② （元）王祯撰，缪启愉、缪桂龙译注：《农书译注》，济南：齐鲁书社 2009 年版，第 618 页。

③ 程俊英：《诗经译注》，上海：上海古籍出版社 2012 年版，第 234 页。

率，强调住处与田地融为一体，田埂边则种植瓜果蔬菜。"五亩之宅，树之以桑，五十者可以衣帛矣。"①在农舍规划的过程中充分考虑利用房前屋后、墙根墙角、场圃等零星土地，种菜种桑，合理利用土地，增加衣食供养。王祯《农书》中也谈到对田庐的规划，谓"自井田之变，农人散居，随业所在，其屋庐园圃，遂成久处；四时之内，农事俱便。……今农家多居田野，即其理也"。②农书中对仓廪、囷京及守舍（即看守庄稼的小舍）、牛室、粪屋等也都有合理的设计和规划。

如针对粪在耕种中的重要作用，陈旉特别提到要置粪屋。"农居之侧，必置粪屋，低为檐楹，以避风雨飘浸。且粪露星月，亦不肥矣。粪屋之中，凿为深池，甃以砖甓，勿使渗漏。"③粪屋屋檐要低，以防风雨，粪坑要以砖瓦砌成，以防渗漏。由此可见，当时农村的规划设计是相当完善合理的。

其二，多样化的园田景观。

以居住地为中心，最接近居所的就是圃田景观。圃田是种植蔬菜果树的田。"治场为圃，以种蔬茄，又墙下植桑，以便育蚕。"④不管是靠近城郭，还是远离城市，在居所的附近都可置为园圃地，"负郭之间，但得十亩，足赡数口。若稍远城市，可倍添田数，至半顷而止"。若远离城市，地方宽广，可结庐于上，外种桑树，内种蔬菜，蔬菜中先作长生韭，然后是时新蔬菜。陈旉指出："此园夫之业，以可代耕。至于素养之士，亦可托为隐所，日得供赡。又有宦游之家，若无别墅，就可栖身驻迹。……亦何害于助道哉？"⑤从乡村到城市，不拘大小，皆可种植菜蔬，既得日用供赡，亦可助于格物，这也是宋代田园诗能成为一代高峰的客观原因。

圃田之外的是稼田景观，王祯《农书》中记载有圩田、葑田、涂田、沙田、架田、湖田等多种田制形式。由于宋朝南方地区人口密集，地势低下，湖泊众多，土地不足，多样的边缘型土地被开发利用，用以解决水乡地少的问题。

---

① 杨伯峻：《孟子译注》，北京：中华书局 1960 年版，第 5 页。

② （元）王祯撰，缪启愉、缪桂龙译注：《农书译注》，济南：齐鲁书社 2009 年版，第 618 页。

③ （宋）陈旉撰，刘铭校释：《陈旉农书校释》，济南：中国农业出版社 2015 年版，第 56 页。

④ （宋）陈旉撰，刘铭校释：《陈旉农书校释》，济南：中国农业出版社 2015 年版，第 48 页。

⑤ （元）王祯撰，缪启愉、缪桂龙译注：《农书译注》，济南：齐鲁书社 2009 年版，第 404 页。

以葑田为例来看。"葑，菰根也"，即茭白。葑田有两种，一种是形成于湖边的浅水区，由于菰草群落的空间扩展能力强，杂草丛生根土盘结，在一定的水面上积累而形成的自然葑田。苏东坡《乞开杭州西湖状》谓："水涸草生，渐成葑田。"另一种是在深水区的葑田，也称架田，是用木头搭架缚成田丘，系着浮在水面，用草根盘结的葑泥堆叠在木架上种庄稼。架田随水高下浮动，不会有淹浸之灾，形成了独特的水乡风景。《陈旉农书》中记有"若深水薮泽，择有葑田，以木缚为田丘，浮系水面，以葑泥附木架上种艺之。其木架田丘，随水高下浮泛，自不淹溺。"

北宋末年学者蔡居厚对葑田作了较为具体的解释："吴中陂湖间茭蒲所积，岁久根为水所冲荡，不复与土相着，遂浮水面，动辄数十丈，厚亦数尺，遂可施种植耕凿，人据其上如木筏然，可撑以往来，所谓葑田是也。林和靖诗云：'阴沉画轴林间寺，零落棋枰葑上田。'正得其实。尝有北人宰苏州，属邑忽有投牒诉夜为人窃去田数亩者，怒以为侮己，即苟系之，已而徐询左右，乃葑田也，始释之。然此亦惟浙西最多，浙东诸郡已少矣。"[1]蔡居厚这里所说葑田其实是漂浮在水面上的架田。

葑田、架田也成了当时文人笔下一道独特的风景。梅尧臣《赴雪任君有诗相送仍怀旧赏因次其韵》中云："雁落葑田阔，船过菱渚秋。"北宋诗人林逋咏西湖风景，称其为"零落棋枰葑上田"，形象像棋盘格子一样整齐的葑田。范成大《晚春田园杂兴》中也有"小舟撑取葑田归"。陆游在湖北省境长江上所看到的："抛大江，遇一木伐，广十余丈，长五十余丈，上有三四十家，妻子鸡犬臼碓皆具，中为阡陌相往来，亦有神祠，素所未睹也，舟人云尚其小者耳，大者于伐上铺土作蔬圃或作酒肆皆不复能入峡，但行大江而已。"[2]宋代以后，江南的开发力度加强，大水面区的浅水地带被大量开发成圩田，葑田消失。明清时期，水体利用越加集约化，江南水面上很难形成葑田。

各种农田带来丰产的同时，也成为人们眼中一道靓丽的田园风光。其中最具特色的景观之一是南宋的"九宫八卦田"。高宗时期在玉皇山南麓开辟皇家籍田，于每年春耕开犁时，帝王率文武百官到此行籍礼，亲耕籍田，以祭先农，通过神圣的仪式活动昭示天下农业生产的重视性。籍田呈八卦状，中间为

---

① 郭绍虞：《宋诗话辑佚》（下册），见《蔡宽夫诗话》，北京：中华书局1980年版，第406页。

② （宋）陆游撰，黄立新、刘蕴之编注：《〈入蜀记〉约注》（第四卷），北京：中国文联出版社2004年版，第131页。

一圆形土墩，象阴阳两极，土墩周围平均划分为八块，象八种卦象，八块田地上分别栽培不同植物，四季色彩不同、形状不断变化，至今仍是一道独特的农田景观。

据《西湖游览志》记载："南山胜迹中有宋籍田，在天龙寺下，中阜规圆，环以沟塍，作八卦状，俗称九宫八卦田，至今不紊。明人高濂在其著作《春时幽赏》十二条中有一条即《八卦田看菜花》："宋之籍田，以八卦爻画沟塍，圈布成象，迄今犹然。春时，菜花丛开，自天真高岭遥望，黄金作埒，碧玉为畴，江波摇动，恍自《河洛图》中，分布阴阳爻象。海天空阔，极目了解，更多象外意念"。① 八卦田成为解古代农业文化和农业精神的一个重要的审美意象。

其三，塘浦圩田系统景观。

塘浦圩田系统是古代江南农业开发的典型成就，是古人生态智慧的完美结晶。圩田，也叫围田，是针对江南地区水乡泽国的地理特点而形成，筑土作围，使水行于圩外，田成于圩内。塘浦圩田系统是一种棋盘化的水网圩田系统，指将滩河、筑堤、建闸等水利工程措施统一于耕种过程中，旱时则开闸引江水灌溉，涝时则关闸以拒江水之害，防洪抗旱，实现治水和治田的结合。

这种田制早在三国时期已开端绪。曹魏和孙吴出于军事的需要，在江淮地区进行大规模屯田，在这些屯田中筑堤防水，开始出现了圩田的雏形。到了南朝，围湖造田有了新的发展，太湖地区呈现出"畦畎相望""阡陌如秀"（《陈书·宣帝纪》）的景象。五代时期的吴越在太湖流域治水治田，发明并完善"塘浦制"。

北宋郏亶（1038—1103）负责兴修两浙水利，对之前的闸与河道以及大圩的体制和智慧倍加称赞，在《奏苏州治水六失六得》中提出治水治田相结合的思想，主张了解地势的高下和古人治理的遗迹，"治低田，浚三江""治高田，蓄雨泽"以及高于深浦等方案，② 高田患旱，低田患水，所以治低田，要浚通三江，治高田，则要蓄雨泽。郏亶认为今人破坏了原有湖泊河流的水文环境，废湖为田，或随意改变河道，致使众多的圩田将水道系统全部被打乱，外河水流不畅，圩内排水和引水也增加难度，造成水不得停蓄、旱不得流注的严重局面。因此，要细心考察古人治理水田的遗迹，以求古人蓄洪的地方。如："今

---

① （明）高濂：《遵生八笺》，北京：人民卫生出版社 2017 年版，第 88 页。
② 郏肇经：《太湖水利技术史》，北京：农业出版社 1987 年版，第 265 页。

昆山诸浦之间,有半里或一里二里而为小泾,命之为某家泾、某家浜者,皆破古堤而为之也。浦日以坏,故水道湮而流迟;泾日以多,故田堤坏而不固。日隳月坏,遂荡然而为陂湖矣。"[1]"循古人遗迹,或五里、七里为一纵浦,又七里或十里为一横塘,因塘浦之土以为堤岸,使塘浦阔深则水通流,而不能为田之害也;堤岸高厚则自固,而水可拥而必趋于江也。"[2]横塘纵浦,河道顺直,水不乱行。可见,塘浦围田系统是古人利用自然生态改造水患,增加农业生产的智慧结晶。

由此形成了丰富多样的生态景观,旱地栽桑、水田种粮、湖荡养鱼,河道中有大量荷花、圩田有稻麦、稻田可养鱼,还有很多半野生的杂草并存,形成了立体丰富的田园景观。杨万里《过平望》诗云:"小麦田田种,垂杨岸岸栽。风从平望住,雨傍下塘来。乱港交穿市,高桥过得桅。"[3]描述了平望运河周边的河道、树木、农田、作物的有序状态,体现出自然美与人文美和谐统一的田园风光。

总结来说,农业文明、工业文明与生态文明下的农业观念是不同的,传统农业是古人生态智慧的完美体现。虽然宋元代时期的农村环境和社会环境已经不复存在,但在生态文明的新时代下,传统农业中的生态智慧却重新显示出它的价值和魅力。当今生态文明下的农业发展应是在更高层次上对农业文明的回归。对农业生态智慧的研究和进一步思考,有助于开启生态文明时代下的新智慧,形成新的生产、生活理念和生活方式。

(丁利荣　湖北大学文学院)

---

① 郑肇经:《太湖水利技术史》,北京:农业出版社1987年版,第268页。

② 郑肇经:《太湖水利技术史》,北京:农业出版社1987年版,第268页。

③ (宋)杨万里:《杨万里诗文集》(卷28),南昌:江西人民出版社2006年版,第499~500页。

山地城市建设美学范型研究

——兼议延安中心城区建设策略

陈李波　李建军

山地对于中国城市的重要性不言而喻："中国的后劲在于山"。① 山水交融的地理特征不仅赋予山地城市得天独厚的景观与审美特质，同时也造就了依山临水而居，这一人居环境建设的"原型"。当然，山地城市建设具有优势与劣势并存的二元性：优势在于经济资源、景观资源与人文资源；而劣势则体现在城市发展空间的匮乏——适宜建设的平坦用地较少，使得城市建设向山要地，向水开路，以及随之而来的生态问题。学者 Moser 认为：较之于平原城市而言，山地城市开发与建设，其价值优势更多基于景观层面与审美层面。② 如何通过美学途径，化劣势为优势，彰显山地城市的景观特质与美学潜力，便是现今山地城市建设亟待解决的问题。

一、山地城市建设美学要素

山地城市建设的美学要素是城市建设美学的前提，也是美学范型的核心，山地城市建设的美学要素包含精神性与物质性两个层面(图1)。

(一)精神性层面：家园与乡愁

山地城市是人居环境的"原型"(Archetype)："正是这些合宜尺度的山谷以及盆地成为人类首次踏向农业耕作并在村落社会定居下来……在符号意义上而

---

① 丁锡祉：《丁锡祉文集》，成都：四川科学技术出版社1988年版，第289页。

② 刘芸、樊晟：《成功的山地城市规划设计特征分析》，见中国科学技术协会、重庆市人民政府：《山地城镇可持续发展专家论坛论文集》，北京：中国建筑工业出版社2012年版，第348页。

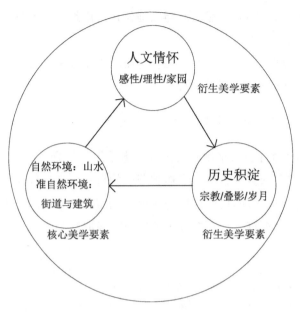

图 1　山地城市建设的美学要素

言，山谷［山地］等同子宫与庇护所。她的凹处（concavity）保护并滋养着生命……（是我们）物质层面及在心理层面上（寻求）的一处洞穴。"①在这层意义而言，作为人居环境原型的山地，孕育和庇护着人类的生命与文化，构建出人类的家园与乡愁。乡愁同时也是一种回归，如同哲学家黑格尔所言的无限逼近：在回归中带着全新视角返回，重新审视我们的环境与人类自身，这便是我们在观照山地城市中山水时，心底自然涌动乡愁与家园的根本缘由。

(二)物质性层面：山水·街道·建筑

"因山起势，借水赋形"的山水风貌作为山地城市最为核心的自然基质，它们不仅是城市发展的原初动力，也是城市的艺术魅力之源。在山地城市中，山水风貌的审美品性表现为"意趣与生机"，即：外在的形式审美与内在的生态内涵。而作为山地城市某种准自然环境的山地建筑，则具有与山地形态相似的审美品格——形与势：作为审美词汇的"形"更多的指向静态层面，强调山

---

① Yi-Fu Tuan. *Topophilia*：*Study of Environmental Perception*，*Attitude and Values*. New Jersey：Prentice—Hall Inc.，Englewood Cliffs，1974，pp. 117-118.

地建筑与山地、水体形态的顺应关系，而"势"则更多的指向动态的层面，着重内涵上的生命力，强调自然山水与山地建筑、山地形态的呼应关系，以及两者共同具有的动态之势。

然而在山地城市中最为核心、最有特质的物质性美学要素是街道布局，它也是山地城市美学建设的关键元素。

1. 自由式道路系统：依山而行，界水而止

"依山，界水而止"所呈现的自由式街道系统，契合山地城市的地形地貌，是城市山水限定下的自由，是地形地貌塑造的自然。在这层意义上而言，自由式道路系统与山地城市的自然环境与城市功能需求是合拍的，强行追求形式意味的轴线感，去弯求直，只会造成山地城市交通混乱与错位，徒增建设的复杂性与土地浪费。

2. 多样式步行系统：沿山顺势，滨水随行

凸凹起伏的地形局限着街道的布局，而沟谷、陡壁、涵洞则阻碍着常规的交通，但这反而为步行系统提供了更多选择的余地，可谓"山重水复疑无路，柳暗花明又一村"。

"山重水复"意味着在可见性上，山地城市街道因地形起伏蜿蜒、层次变化，使我们很难窥见街道的全部面貌，这反而造成街道错落有致与层次丰富的空间形态，造成视觉上的"无路可达"的"疑无路"；而"柳暗花明"呈现的是山地城市中开启/屏蔽、欲暗又明的空间变化场景，使得沿途的街景空间具有良好的诱导与启示、趣味与秩序的"又一村"，所有这些都与人的尺度相匹配，要通过身体性的体验来感悟审美的惊奇与诧异。

实际上，"疑无路"与"又一村"在空间距离上并不很远，或许就是差着一座小山包，隔着一处小水沟，这种凭借步行系统塑造的心理距离与审美张力，在山地城市中，无疑最具美学特质与潜力。

二、山地城市建设的美学范型

本文定义的山地城市建设美学范型是指：凭借山地城市独特的美学要素，采用一定框架进行组织、提炼，并凭借相应的建设方式，塑造出的山地城市的理想形态。在山地城市所有美学范型中，生态城市应置于首位，并作为元范型

而存在。生态城市这不仅符合城市和谐发展观，也是山地城市建设的最高追求，是其他美学范型必须满足的先决条件。

进而，依据生态与物质基础相对比重，山地城市建设美学范型可分为：一是立足于自然的"园林城市范型"；二是立足于人的"步行城市范型"；三是立足于历史的"博物馆"城市范型(图2)。

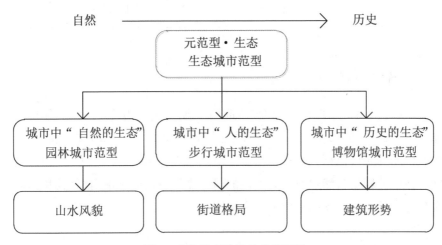

图 2　山地城市建设的美学范型

表 1　美学范型构成要素、原则与营造方式

美学范型	构成元素	构成原则	营造方式
园林城市	1. 自然山水 2. 广场与公园 3. 景观建筑	1. 生态性原则：斑块、廊道、基质 2. 艺术化原则：因借与体宜 3. 生活性原则：兼顾社会与自然性	1. 显山、露水、透绿 2. 尊重与谦让的原则
步行城市	1. 步行道路 2. 休憩空间 3. 渗透空间	1. 步行尺度 2. 身体性体验 3. 开敞/互动	1. 城市环形梯/步道 2. 以健身合宜体力消耗为依据确定范围 3. 景观边界

续表

美学范型	构成元素	构成原则	营造方式
博物馆城市	1. 历史建筑 2. 历史街区 3. 景观小品	1. 以博物馆区域为核心，有限空间内实现，以步行交通体系为主 2. 以生活区域为外延，以辅以机动交通体系	1. 城市步行系统将历史地段、历史建筑（群）串联成线 2. 凭借休憩与渗透空间并联成组

（一）园林城市范型

计成在《园冶·相地》中提到园林选址依据："或伴山林、欲通河沼、探奇近郭，远来往之通衢。"营造园林的理想用地如此，建设园林城市亦当如此。山地城市园林城市范型，就是指以城市山水风貌为基础，以维护自然的生态为目标，在保护城市自然生态的完整性的前提之下，挖掘城市山水风貌的历史与人文魅力，具体而言需把握以下 3 个原则：

1. 生态性原则

山地城市的自然山水是组成生态和谐的基质与前提，这要求在山地城市中，城市社会、城市经济和城市的一切活动，都必须以维护赖以生存的城市自然山水生态环境为前提，尊重自然山水在城市中的生态地位，显山、露水、透绿，切实处理好城市山水的斑块、廊道与基质，对城市自然环境所内含的生态性进行最大程度的保护。

2. 艺术化原则

艺术化原则要求我们按照传统园林的营造原理、鉴赏习惯与设计方式，对山水风貌园林化，实现城市自然山水与人工环境两者间自然性与人工性，生态性与艺术性的和谐共生，具体实践分为 2 步：①把握自然环境（山水）"因借"与人工环境（建筑）"体宜"，通过景观的借与对、分与隔，将山水美景浓缩于城市广场与绿地中；②多形式、多层面地推进观景场所建设，为市民全方位地欣赏园林城市提供平台。

3. 生活性原则

在园林城市的建设中，应更多关乎市民生活的层面，关乎市民人性中自然性与社会性的和谐发展。山水园林城市绝不是纯粹的自然城市，剔除了文化的纯粹自然就是荒野，人性的自然性或许更为充分地实现，但是社会性却被压抑了，这不利于人类全方位生存与发展。因此依据园林城市范型进行建设时，要兼顾人性的自然性与社会性，共同服务于市民生活。

(二) 步行城市范型

步行城市是山地城市建设中最为重要、最具潜质的美学范型，而其中街道布局则是步行城市范型的核心所在。

或许有人质疑，城市怎可能以步行为主？现今城市离开机动车的运作完全不可能，但这不妨碍我们将步行城市作为一种准理想的城市范型，在山地城市中区域性加以实现，特别是在老城区与部分中心城区中实现。借助于城市功能疏解这一发展契机，重寻市民在城市中的身体性体验，重塑与生态山水相伴相生的健康人生。

在步行城市中，街道是合乎人的步行尺度的，可套用健身尺度，即慢走4h 为限，计算往返，约 10km 的长度，将城市部分区域尤其是老城区打造为步行城市。这不仅化解了老城区中交通疏解这一功能性顽疾，而且对历史地段和老建筑的保护也有益处。步行城市包括 2 个关键因素：行走与休憩，步行城市的魅力就是源于行走→休憩(短暂休息)→再次行走的步行之旅中。

1. 行走·身体性的体验

山地城市的街道布局，多依山而行，坡度也顺势而设。同样一个目的地，既可缓行而上，也可拾级而下，这种多路径的行进方式，配合以步行过程中多种视觉(平视、仰视、俯视，还有鸟瞰)间的穿插与转换，营造出丰富的视觉体验，加之身体的其他感官的联觉，为我们提供出全方位、多角度的城市映像。

步行城市的精髓在于环形路径："先民相信自然界中的运动安排成圆形的路径。圆形意味着完美。"①具体到步行城市而言，便是打造城市环形步道，具

① Yi—Fu Tuan. *Topophilia*：*Study of Environmental Perception*，*Attitude and Values*［M］. New Jersey：Prentice-Hall Inc.，Englewood Cliffs，1974：148.

体包括：①通过缓行步道和山坡台阶的结合，通过不同坡度的变化来营造环形的山路；②通过桥梁(水桥或旱桥)将滨水步行道串联起来，形成环形水径。

2. 休憩·呼吸与渗透

步行城市范型中的休憩意指 2 种特定的空间，即：呼吸空间与邂逅空间。呼吸空间是街道局部放大，是"山地行走"的重要组成：市民在行走与慢跑的间隙，需要在沿途有着可以休息与歇脚的空间与场所，从而能够使得行走→休憩(短暂休息)→再次行走的步行之旅能够顺畅完成，实现步行城市所追求的健康养生理念。在街角处退红线后所建设的休闲小广场、沿街建筑的共享空间，这些都是呼吸空间的重要类型。

而渗透空间指在自然山水与城市环境两者边界处存在的空间形态，是邂逅与惊奇这两者审美体验的源泉所在。渗透空间渗透的要义在于边界效应："你中有我，我中有你"，意味山水与人文两种不同性质的景观在渗透空间中互动与开敞，进而为审美主体提供邂逅与惊奇的审美情境(图3)。

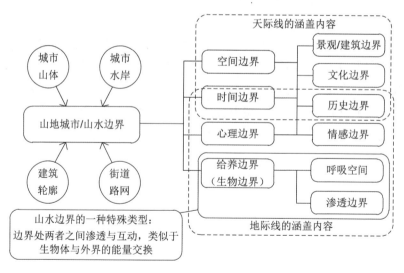

图 3　山地城市的景观边界

开敞性是渗透空间营造的关键所在：建筑、景观与街道朝向山体水体的开敞性，即城市天际线与地际线，打通视觉通廊，"望得见山、看得见水"，具体措施包括打造亲水空间与滨水步道景观；依山而建的建筑底层架空，增强自然环境的渗透感；以及城市街道与山体阶梯的无缝对接等。

(三)博物馆城市范型

博物馆城市，是指参照博物馆这一建筑类型，以城市历史为载体，围绕城市历史地段、历史建筑(群)来进行城市建设。博物馆城市范型中关键议题有二：其一，如何在城市建设中善待和保护历史遗存；其二，在现今城市发展背景下如何彰显城市的生命活力(图5)。

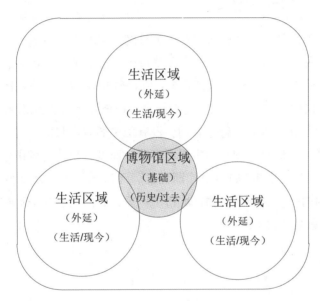

图 4　博物馆城市范型构成：博物馆区域+生活区域

1. 议题 1：博物馆区域建设

城市的历史建筑(群)与历史地段，是博物馆区域的基础与核心。博物馆区域就是要提供一处舞台展示城市历史的过去，进而允许参观者对城市历史进行反思。博物馆建筑与博物馆城市两者比较，前者呈现展品的是博物馆建筑的展厅，而后者的则是城市的广场与街道；前者的展品是有形的历代文物，而后者的则是历史地段与街区、历史建筑(群)。博物馆区域建设，需注意以下 2 个层面：

(1)博物馆城市的建设必须限定在合宜尺度之内，品读城市历史的主体是市民，而体验方式宜为步行，而非凭借机动车快餐式地浏览。只有步行才具有充裕时间，对城市历史进行全方位品读，这便要求博物馆区域只能在有限空间中实现，不能一味地扩展到整座城市。因此，博物馆城市必须与其他美学范型相结合。

（2）博物馆区域需要依据展品（城市文化）的品性制定相应流线，具体而言，可参照城市设计中"力线"的设计手法进行组织。例如通过街道广场，尤其是城市步行系统将历史地段、历史建筑（群）串联成线，凭借休憩与渗透空间并联成组，形成相对完整的展示区域。

2. 议题2：生活区域建设

历史是一种运动，凭借时间构建出关系网，将城市的过去、现在与未来联系起来，城市发展活力，这才是历史在城市中的意义所在。因此，城市现今生活与城市历史处于同等地位。这意味着：在博物馆城市中，我们既要处理好历史城市的保护议题（博物馆区域），也要解决好现今城市的发展议题（生活区域）。

历史永远是延续着的、行进着的，没有历史的城市只能被看作一座毫无底蕴的平淡之城。人们只为现在的生活而奔波，而没有现代的城市也只能当作一座"死气沉沉，毫无生机"的历史片断而已，无法满足人们对美好生活的追求和美好未来的向往。这便是博物馆城市中所蕴含着的"博物馆区域"与"生活区域"的二元诗意结构（图5）。

图5 博物馆区域与生活区域的并置：上海江滩

三、延安中心城区范型应用策略

事实上将整个市域作为研究对象，所面临的城市建设议题远非一个或几个美学范型能解决。因此在山地城市建设过程中，需要考虑不同区域现状与潜力，针对性选取美学范型或组合范型，来作为城市建设美的框架。借助新区建设和"2+1"三城联创的契机，依照山地城市建设的美学范型，笔者将延安的城市范型具化为：整个延安市域按照生态城市元范型建设，中心城区按照园林城市范型建设，老城区中则按照博物馆城市与步行城市范型建设(图6)。

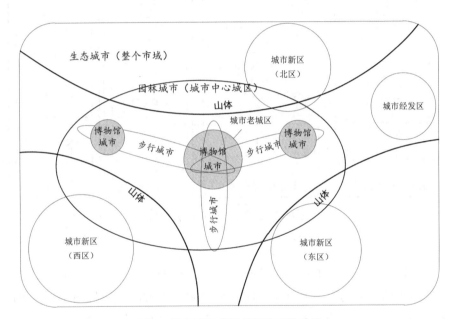

图6　延安城市建设美学范型的选取

(一)疏解：中梳外扩

凭借"中梳外扩，上山建城"的契机，按照城市职能分化为博物馆城市、步行城市、旅游城市与工作城市，机动交通与步行交通要在不同区域内各司其职，逐步形成功能互补、各具特色的城市交通系统。

现今延安老城区指的府城，陕甘宁边区初期还保留完好，呈现"王"字形格局，然老城区用地功能混杂，核心地带高层商业集中、功能雷同，与中国革命圣地，历史文化名城，优秀旅游城市的发展定位不相符合。应明确：中疏外扩，恢复旧城风貌，全力打造以步行交通为主的博物馆城市，还历史以本来面目，建设一个神圣的延安。"中疏外扩"的关键在城市交通系统的重新组织(图7)，具体而言需从以下方面入手：

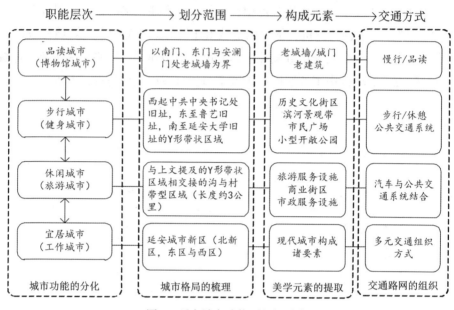

图7 延安城市功能再组织示意

(1)围绕旅游环境改善，疏解重要交通节点的建筑功能。例如缓解中心街、二道街的交通拥堵，下力气疏解延大一附院的功能，早日置换搬迁。围绕缓解北关街的交通拥堵，考虑北关街师范附小、希望小学和幼儿园的迁址问题。围绕缓解东关街的交通拥堵，尽快疏解延安运输集团公司东关车站的功能等。

(2)围绕革命旧址保护，疏解旧址周边建筑的功能。比如二道街抗大旧址的恢复。抗日军政大学最辉煌、办学规模最大是在延安时期，培养的元帅和将军总数比世界著名的美国西点军校还多，为夺取抗日战争和解放战争的胜利作出了巨大贡献，"团结、紧张、严肃、活泼"的校风成为几代学子的记忆。然而这一个举世著名的旧址，如今却尴尬地被一片商业包围蚕食。必须下决心疏解抗大旧址周边服务业，恢复旧址原貌，打造世界级水平的中国军事人才纪念馆。

（3）围绕城市景观的营造，疏解影响视觉通廊的建筑功能。重点围绕宝塔山、清凉山、凤凰山和延安水景观视觉通廊和城市天际线的重建恢复，疏解部分建筑功能。

（二）街道格局建设

以博物馆城市为中心，沿"三山"之间的川道、沿河流"Y"字形线状区域，依据步行城市进行规划布局，重点建设环形步行道与沿线休憩场所。在博物馆城市与步行城市范型中，步行道都占据着重要地位，也是现今延安城市建设亟待解决的重要议题。但在延安这样山地城市交通组织中，机动交通毕竟还是占主体，因此环形步行道系统建设，只能在城市条件较为合适的局部区域采用，本文划定延安老城区为界限的线性区域，以 4h 步行距离为边界进行设计，充分发挥城市环形梯/步道的社会与经济效益（图8）：

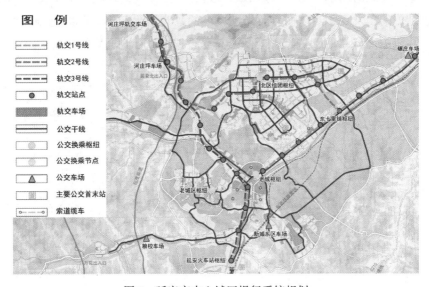

图 8　延安市中心城区慢行系统规划

资料来源：《延安市城市总体规划（2015—2030）》，延安市城乡建设与规划局，2015 年

（1）继续完善环形机动车道路建设，在老城区（现在南至南门坡、东至大东门、小东门、西至西沟口）最终建成完全步行的博物馆城市核心区。

（2）以"两河"交汇处为核心，以延河流域综合整治为契机，结合延河、南河滨河景观带打造，从宝塔山下经延安革命纪念馆、王家坪旧址、杨家岭旧址达枣园旧址，沿延河向西建设长约 7km 滨水步行道；从宝塔山下至桥沟鲁艺旧址景区，沿延河建设长约 4km 滨水步行道；从宝塔山下至南桥西北局旧址景区，沿南河建设长约 3km 滨水步行道。

（3）完善步行交通环形系统的同时，打造延安独具特色的桥梁景观，逐步改观延河、南河因水量不足造成河床裸露、景观不佳的尴尬。目前沿河滨建筑物逐步予以拆除，打通滨水视觉通道，布设绿地、广场和休憩场所。

（4）沿西北川、延河和南河两侧控制布设一定宽度的绿地，建立城市绿轴，在滨水绿地内布置步道、建筑小品等，在绿地外围规划商业、休闲服务设施，使西北川、延河和南河沿岸成为城市内部集休闲、绿化、商业服务等功能为一体的游憩带，打造呼吸与渗透空间。

（三）景观边界建设

错落有致的山水格局所营造的景观边界，是作为山地城市景观设计与城市特色维护的出发点，具体而言，山地城市的景观边界包括天际线与地际线（图9）。在延安天际线的营造过程中，尤其要重视市域视觉通廊问题（图10）。

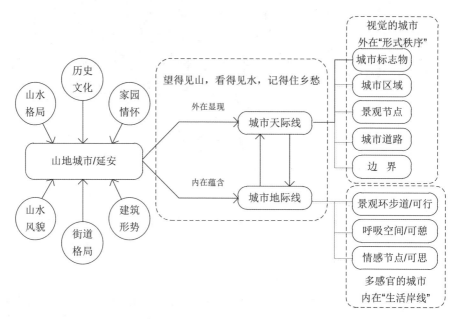

图 9　延安天际线与地际线结构示意

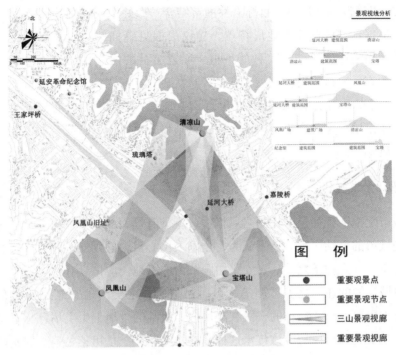

图 10 延安市域视觉通廊结构

资料来源：《延安市城市总体规划(2015—2030)》，延安市城乡建设与规划局，2015 年

延安是个山城，中心市区地形狭窄，视觉可达性强，三面环山既是延安城市建设的制约因素，也是延安城市特色之所在。清凉山、宝塔山与凤凰山"三山相对"所构成的山体天际线是延安作为山地城市最主要的特色与美学元素，必须高度重视。所以，中心市区单体建筑不必过分强调平地建设，应该依地就势，注意建筑与自然间的和谐，避免山地建筑(构筑物)对其山体天际线的破坏。现今突出问题是宝塔山后黄蒿湾居民下山安置房的体量与山体的关系失调，应在后续建设工作中予以重视。

而对于地际线的塑造上，笔者认为应该做好以下工作：

(1)以延河流域治理为契机，防洪、减灾、治污、水景观营造统筹考虑，下决心拆除延河大桥至石佛沟大桥(卷烟厂十字)沿河的一些建筑，增加沿河绿地和建筑小品，打通沿河视觉通廊，全力打造沿河休闲带和水景观，并根据南河、杜甫川河几近干涸的实际，治污与河道覆盖利用相结合。大力推行垃圾分类收集，不断提高中心市区垃圾无害化水平。

（2）以建设森林城市为目标，乔灌草结合，做好"三山"特别是裸露山体的绿化。根据延安的气候和地形特点，建议提倡见缝插绿、屋顶绿化、立体绿化。加大当地适生树（花草）种的种植，注意植被的层次性，力争做到常年见绿、四季有景。适当时候开展市花的评选、确定。

（3）对于沿山滨水处的建筑，出台相关政策，鼓励开发商底层架空，显山透水，建设城市文化广场与展示空间，营造城市呼吸空间，完善城市地际线的层次与质感。

（四）个性强化

城市之个性犹如艺术作品之风格，一座富有魅力的城市呈现在我们面前的应当是城市的个性之美。笔者认为，全国人民心目中的延安，应该具有四个方面的气质。一是神圣之美。延安是中国革命的圣地，应该具有像耶路撒冷、麦加、费城一样的庄严之美、神圣之美。二是质朴之美。延安地处黄土高原腹地，自古民风淳朴，质朴的人民在这块饱经战乱的土地上生生不息，不断书写传奇，延安的城市风貌应该传承这种质朴的文脉。三是粗犷之美。延安地处中原农耕文化、儒家文化与北方游牧文化、草原文化的结合部，以陕北信天游和安塞腰鼓为代表的民间文化粗犷豪迈、璀璨夺目，各种文化在这里兼容并蓄、共同成长传承，通过一些城市设计和建筑符号，要彰显这种粗犷与豪放。四是灵秀之美。延安依山傍水，经过不断治理，一定能够建成望得见山、看得见水，满目青山绿水、天蓝地绿的美丽延安。

延安城市的个性强化是个系统化工程（图10），而首要工程是街道的再命名。坦率而言，许多外地游客批评延安的街道、道路名称既缺乏文化内涵、又缺乏特色，最可笑的是当地人也不知许多道路名称，一直沿用习惯称呼。比如双拥大道，当地人就叫百米大道。甚至在交通路牌上两者竟皆而有之。另外还出现联通大道，让游客和当地市民都困惑不已。迎宾大道当地人就叫南二十里铺。现有街道、道路所谓中心街、二道街、大砭沟、小砭沟、尹家沟、向阳沟、南滨路、北滨路等名称，建议结合曾经发生的重大历史事件、与之有联系的历史名人等重新命名，彰显地域文化，体现城市特色。建议中心市区除保留南门坡、枣园路、杨家岭路、市场沟等具有一定历史渊源和文化内涵的街道、道路名称外，结合建设博物馆城市，对城市现有主要街道、道路进行重新命名。比如将通往桥沟的现尹家沟路更名为鲁艺大道，二道街更名为军政大街

(抗大旧址)，马家湾路更名为杜甫路(杜甫川)或木兰路(万花山)等。再比如，毛泽东主席创作洋溢着英雄主义、浪漫主义、具有极高文学成就的巅峰之作《沁园春·雪》的小炕桌，作为镇馆之宝就陈列在延安革命纪念馆，而延安却没有以"沁园春"命名的广场或公园，非常令人遗憾。

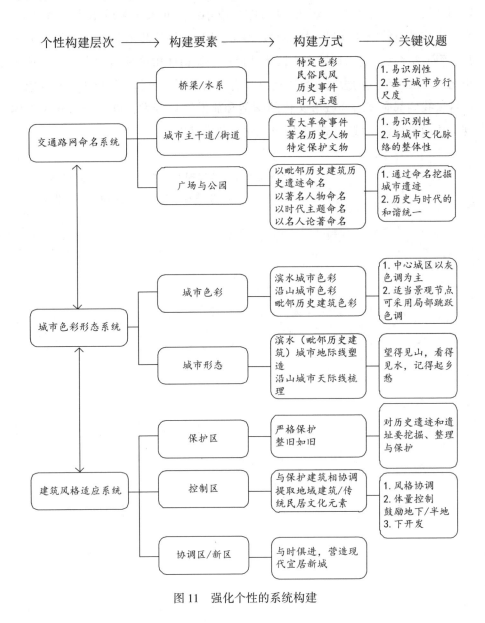

图 11 强化个性的系统构建

　　此外，个性强化需要对既有历史文化街区中的文化雕塑与建筑小品进行充实，丰富历史街区文化层次和内涵。唐代大诗人杜甫曾驻足延安，留下"羌村三首"等诗篇，我们整修了杜公祠。凤凰山麓是"三论"（《矛盾论》《实践论》《论持久战》）的诞生地，是毛泽东哲学思想和军事思想的集中体现，可惜延安城市中没有一座纪念"三论"的城市雕塑或小品。北宋著名政治家、军事家、文学家范仲淹曾镇守延州，抵御西夏侵略，留下了"嘉陵山""胸中自有百万甲兵"等石刻遗存，也未在城市中留下任何一个城市雕塑或地名纪念这样一位历史名人，展现延安的边塞文化。此外还有著名军事家吴起、韩世忠，科学家沈括等，我们都应该结合城市文化的塑造和旅游产业开发，以适当形式予以体现，从而彰显延安城市悠久的历史文化与艺术魅力。

（陈李波　武汉理工大学土木工程与建筑学院；

李建军　延安市住房和城乡建设局）

审美的文化属性与生态文明时代的美学研究

张　文

一、审美的文化属性与美学研究

审美作为一种本能决定了审美活动贯穿于人类社会的各个阶段。当然，我们谈审美的先天性、普遍性，并不意味着否定审美的文化属性。审美活动是具体的、历史的人类活动，是人之审美能力与具体文化语境的结合。审美的文化属性决定了一时代有一时代之审美特征，一民族有一民族之审美倾向。审美的文化属性最终就呈现为丰富多彩的审美文化现象。理解审美的文化属性有助于我们把握当代美学研究的趋势与未来美学的发展趋势。

(一) 审美的文化属性决定了当代美学研究的多样性

当代美学研究的一个基本特征就是美学的泛化，各种各样的美学研究著作与通俗书籍层出不穷，新的美学观点、美学门类不断显现。只要我们稍微去书店浏览一下，就可以看到各式各样的美学命名：饮食美学、服饰美学、发型美学、旅游美学、交际美学、城市美学、乡村美学、森林美学、山水美学、技术美学……更不要说传统美学研究中的书法美学、绘画美学、舞蹈美学、音乐美学、美学通史、美学断代史，美学思想史、器物史等。各种以"美学"打头的著作自然导致了学者的厌烦，这些著作的严肃性也有待评定，不过可以肯定的是，纷繁复杂的美学研究中固然有浪得虚名、沽名钓誉者，但这些"美学们"的存在却并非好事者为之，而是基于审美的文化属性。

我们可以责备美学研究者的鱼龙混杂，但这种混杂恰恰根源于审美与文化交织的现实状况。其实，这就和原始文明中审美意识在器具上的呈现一样，人们对于美的追求渗透到了文化的各个方面，于是文化的各个方面也就可以名正言顺地发掘出其"美学"价值。对此，陈望衡评价道："美学的泛化，一方面说明美学已经广泛进入人的生活，人更为注重提高生活质量特别是美学质量，同时也说明人们已注重审美对其他学科的渗透作用。"①美学的泛化基于审美对生活的渗透，我们可以责备个别美学研究者素养不足，但不能否定这种研究趋势的价值。

之所以肯定美学研究多元化的趋势，其一，这是审美活动文化属性的必然结果。前面我们说过，审美活动是具体的、历史的，这就决定了审美活动的多样性，而这种多样性自然就决定了美学研究的多样性。尤其是在现代社会，审美因素已经渗透到了生活的各个方面，围绕这些现实的审美现象展开学术研究自然是美学工作者的任务。

其二，多元化研究有助于促进美学研究的进步。学术研究的深度并非一蹴而就，而是要建立在大量的一般性探索的基础之上。美学研究的多样化可以发现问题甚至制造问题，即使一些理解上的误区也会激发新的思考。站在更高远的位置上来看，美学研究是一个永恒的话题，而这个过程中的任何一项研究都只是美学研究总体中的一部分。我们不必太在意美学应该研究什么，不应该研究什么，而是要在对各种研究的反思中重新思考美学的一般问题。正如黑格尔在评价哲学发展进程时所说的："花朵开放的时候花蕾消逝，人们会说花蕾是被花朵否定了的；同样地，当结果的时候花朵又被解释为植物的一种虚假的存在形式，而果实是作为植物的真实形式出而代替花朵的。这些形式不但彼此不同，并且互相排斥互不相容。但是，它们的流动性却使它们成为有机统一体的环节，它们在有机统一体中不但不互相抵触，而且彼此都同样是必要的；而正是这种同样的必要性才构成整体的生命。"②美学研究的进步也应该有这样一种开阔的心态，在更多更广泛的研究中探索未来美学发展的趋势。

（二）审美的文化属性决定了必须将具体审美现象置于其文化语境中研究

20 世纪 90 年代中国美学界兴起了一种审美文化研究的热潮。审美文化研究的兴起有其特殊原因。第一就是时代原因，社会文化转型的时代背景决定了学术研究普遍关注文化这一总体性背景。这个原因是外因，所以不是本文讨论

---

① 陈望衡：《当代美学原理》，武汉：武汉大学出版社 2007 年版，第 8 页。
② ［德］黑格尔：《精神现象学》，贺麟、王玖兴译，北京：商务印书馆 1979 年版，第 2 页。

的重点。

从内因来讲，有两重原因值得重视，第一就是审美活动的文化属性决定了我们必须在文化语境中思考具体的审美现象。90年代的审美文化研究涌现出了一批研究著作，包括对元理论的研究，对当代审美文化现象的研究，对古代审美文化的研究。其中对当代审美文化的研究最为兴盛。生活在我们这个时代的学者，更容易切身感受到审美与文化转型之间的关联。我们且不论这种研究是否导致了美学研究边界的模糊，仅就美学研究的文化自觉就可以看出，审美的文化属性在人类历史的发展过程中有着显著的表现。这就是为什么我们反复强调审美活动是具体的、历史的。

审美文化研究很快蔓延到了中国美学史研究的过程中去。当我们面对中国美学史的时候，很容易会发现，一方面，中国古代没有明显的学科意识，也几乎没有将审美活动作为研究对象的学术类著作。如果要以美学思想来研究中国美学史，就会导致中国美学无可研究的现状。而另一方面却是，中国古代有丰富的审美文化，涉及从生活到艺术的各个方面，中国的艺术也与生活有着密切的联系，书法、诗歌甚至就是文人日常生活的一部分，而非仅仅是为艺术而艺术的专门创作。于是，以审美文化作为研究中国美学史的切入点就成为一种普遍性选择。

张法旗帜鲜明地指出，"只有从文化的高度，何以这种形式而不是其他形式成为一种普遍的形式，成为新快感结构的对应物，才能真正得到说明"。①而陈炎则就审美文化与社会文化之关系作了清晰的说明，他讲道："'审美文化'作为一个民族'情感方式'的内容之一，必然受制于该民族特定时代的'生产方式'、'生活方式'、'信仰方式'、'思维方式'等多重因素的渗透和影响。"②随着这种研究方法的普及，相关的研究著作也应运而生。而近几年这种审美文化研究的趋势进一步扩大，不再局限于历时研究，而是开始重视对朝廷美学、士人美学、民间美学、市民美学、民族美学、边疆美学的研究。

内因的第二个方面就是中国美学研究的乏力与求变。我们将美学研究分为两大系统，一种是对美学基本原理的探讨，另一种是对具体审美现象的探索。两种研究都是有其合理之处的。不过，由于美学大讨论到20世纪90年代初期哲学美学的发展乏力，导致美学现象得不到有效解释，美学却在概念和方法的

---

① 张法：《美学导论》，北京：中国人民大学出版社2004年版，第23页。

② 陈炎：《中国审美文化史》，济南：山东画报出版社2000年版，第4页。

泥潭中打滚，以至于美学越来越晦涩，越来越缺乏对"美"的关注。这种倾向引发了学者对哲学理论本质主义倾向的反思，而这种反思是从文艺学研究开始蔓延的。陶东风在批评当代文艺理论研究时说："受本质主义思维方式的影响，学科体制化的文艺学知识生产与传授体系，特别是'文学理论'教科书，总是把文学视作一种具有'普遍规律'、'固定本质'的实体，它不是在特定的语境中提出并讨论文学理论的具体问题，而是先验地假定了'问题'及其'答案'，并相信只要掌握了正确、科学的方法，就可以把握这种'普遍规律'、'固有本质'，从而生产出普遍有效的文艺学'绝对真理'。在它看来，似乎文学是已经定型且不存在内部差异、矛盾与裂隙的实体，从中可以概括出所谓放之四海而皆准的'一般规律'或'本质特点'。"①陶东风的批评迅速得到广大文艺学、美学研究者的认同，在理论泥潭中打滚的学术研究终于找到了自我批评的切入点，文学理论研究从哲学思辨到文学文本的转移成为一种普遍的选择。这种倾向也带动着美学研究从理论思辨到审美文化的转向。美学的反本质主义倾向就是要求美学回归生活，回归审美文化。胡友峰批评了美学研究中的本质主义倾向，他说："当代美学研究在理论建设方面的困境源于对哲学方法的简单套用。对美学表面现象的三次争论其实与美学理论本身无关，大家都在讨论一个非美学问题，一个超出美学本体范围因而无法进行讨论的假问题。这就需要我们对美学的研究必须回到美学本身，即从哲学话语回到美学话语，从哲学问题回到美学问题，从人的实践活动、认识活动回到审美活动，从人的现实世界回到人的审美世界。"②这种反本质主义倾向是美学研究的内在逻辑导致的，是美学界对美学研究进行反思的结果。但这种批判并不意味着哲学美学研究的失效。我们或许可以换一种思路来理解这个问题，当美学基础理论难以通过哲学思辨取得进展的时候，对审美文化的研究未必不能促进我们用更多的审美现象的研究作为对基础理论的否证。否证的数量越多，强度越大，就越容易激发美学基础理论发现新的理论增长点。

也就是说，美学的哲学研究依旧重要。反本质主义并不意味着本质主义研究是毫无价值的，反本质主义只是对美学研究停滞状态的一种打破，是对美学研究思路的一种转变。美学要进行具体现象的研究，但同样也不能满足于停留

---

① 陶东风：《大学文艺学的学科反思》，载《文学评论》2001年第5期。

② 胡友峰：《困扰当前美学研究的三个问题》，载《内蒙古社会科学（汉文版）》2010年第1期。

在对经验的描述之上。范丹姆就曾谨慎地提醒道："经验性立场、跨文化视角以及对社会文化语境的强调，乃是典型的人类学方法。它与对审美的哲学化思维相差甚远，就后者而言，康德哲学所强调的对所谓自律性的审美对象的分离的或无功利的反应，依然影响深远。"①其实，看似复杂多样的审美文化背后依旧是人类对于"美"的永恒追求。所以，审美文化研究并非简单有利于我们把握某种历史、地域文化背景中的审美特征，而是有助于我们掌握更多关于审美活动的思想，进而帮助我们全面把握审美活动的特点。从学科关联上来讲，审美文化研究与美学基础理论研究是相辅相成的，审美文化研究最终会构成我们对于审美活动先天性的更加深刻的认识。

(三)审美的文化属性决定了我们要构建属于这个时代的美学

根据上述研究，我们可以将美学研究分成两种，第一种是纯粹理论研究，即审美活动永恒规律的研究。第二种是审美现象研究，即审美活动在具体文化历史语境中的特点和规律的研究。第二种研究又可以分成三种类型，即对过去审美现象的研究，对现代审美现象的研究，对未来审美活动的展望。未来研究建基于纯粹理论研究和审美现象研究的基础之上，在对审美活动基本规律的尊重基础之上，寻求属于时代的审美倾向，进而引导并构建一种全新的、积极的、自觉的审美文化。

从历史来看，一时代有一时代之美学，换一句话，每一种文化形态中都有对应的美学思想。那么，我们这个时代也应该有自己的美学思想。马克思曾经在谈论哲学与时代之关系的时候谈道："任何真正的哲学都是自己时代的精神上的精华，因此，必然会出现这样的时代：那时哲学不仅在内部通过自己的内容，而且在外部通过自己的表现，同自己时代的现实世界接触并相互作用。那时，哲学不再是同其他各特定体系相对的特定体系，而变成面对世界的一般哲学，变成当代世界的哲学。"②马克思的观点揭示了思想与时代发展之间的辩证关系，一个时代的社会存在决定了这个时代的意识形态，而这种意识形态又在批判现有世界的同时指引者时代朝着正确的方向前进。在孙正聿看来，哲学即是时代的产物，同样带动着时代的变化。他说："真正的哲学，它以自己提出新的问题、新的提问方式以及对新问题的新的求索，批判性地反思人类生活的

---

①　范丹姆：《审美人类学》，北京：中国文联出版社 2015 年版，第 39 期。

②　《马克思恩格斯全集》(第 2 卷)，北京：人民出版社 1995 年版，第 220 页。

时代意义，理论性地表征人类生活的矛盾与困惑、理想与选择，从而塑造和引导新的时代精神。这是哲学作为'意义'的社会自我意识和时代精神的'精华'的真义之所在，也是哲学在人类把握世界的全部方式中的不可或缺和不可替代的生活价值之所在。"①哲学关注人类精神的发展，而美学则关注人类审美观念的发展。哲学是一个时代精神的精华，美学同样是一个时代的感性的精华。审美是与时俱进的，是应该得到思想家引领的。

当然，强调美学的时代性，并不意味着美学思想只能对现时代的审美现象展开研究，更意味着美学有责任承担起把脉时代精神，创造属于这个时代的审美思想，打造属于这个时代的审美文化，引领属于这个时代的审美风尚。美学和哲学一样，同样是有批判性的。美学是对当下审美现象的批判，也是对人文精神的批判。现代社会最大的问题就是理性成为单一的评价标准，而这种单向度的价值体系在给现代社会创造了巨大文明的同时，也带来了无数问题。面对现代社会问题的不断涌现，人文学者开始对现代文明展开批判，这些批判思想一般被冠之以"后现代主义"的称号。其实后现代主义是一个广泛和复杂的思想体系，但其一致性就在于对现代文明的反思与批判。

后现代思想的崛起让人们开始意识到，现代社会从意识形态的建构，到技术理性的独裁，从大众文化的崛起，到心理机制的扭曲，从日常生活的缺失，到人与自然关系的恶化，都有着不可轻视的弊端。可以说，20世纪就是现代性批判的世纪。然而后现代的批判大多导向了虚无主义的窠臼，现代社会的问题不仅没有解决，后现代主义带来的新问题却层出不穷。在这种语境之下，美学要寻求自己的发展方向，就至少要做两方面的工作。其一就是站在哲学的层面上思考我们这个时代的精神应该是什么？当我们一方面在唾骂着现代性一方面又要享受现代性成果的时候，我们就应该意识到，仅有批判是不够的，新时代需要新精神的诞生———一种肯定现代文明又规避现代文明后果的新精神。其二就是反思现代社会审美文化的弊端。由于审美活动的无功利性，艺术一直被思想家认为是追求自由，释放人性的最佳途径。然而自从杜尚将一个小便池放在博物馆之后，人们开始意识到艺术早已经不那么纯粹了。杜尚之本意并非宣告艺术的终结，而是要以"腌臜""污秽"之物讽刺艺术界的不堪。这种不堪就在于艺术成为人们任意打扮的小姑娘，为各种功利性的目的服务。

把握时代脉搏，重塑审美文化，就是这个时代美学学者的使命。这个时代

---

① 孙正聿：《哲学通论》，上海：复旦大学出版社2005年版，第142页。

的美学尚在建构之中，它的基本特点就是：审美性、时代性、引导性、传承性。所谓审美性，就是说新时代的美学依旧是建立在人类的审美需求之上的，是对人类审美文化史的延续，没有对"美"的追求，自然也就不存在美学思想了；所谓时代性，就是说新时代的美学与时代精神应该是吻合的，当然，这并不意味着美学思想要消极地适应时代，而是强调美学思想要积极地参与时代文化的建构；所谓引导性，就是说新时代的美学是对现代社会审美文化的纠正，是维护审美而非压抑审美，是解放审美而非利用审美，是一种新的审美精神对人类现实审美状况的改善；所谓传承性，就是说新时代的美学并非对过去美学思想的简单否定，而是扎根于过去一切美学土壤之中成长起来的，就像花朵和果实的关系一样，新时代的美学是对人类审美天性的延续与现实审美弊端的纠正，有所继承就必然有所扬弃。

二、生态文明时代的到来与美学研究的新路向

审美是永恒的，也是时代的。我们这个时代究竟是什么时代？这个判定直接决定着我们去建构怎样一种属于这个时代的美学思想，以及如何去建构它，同时也决定着我们如何去对待人类的美学传统。

（一）生态文明是人类的第四种文明

人类已经经历了三个文明阶段：原始文明、农业文明、工业文明。工业文明晚期，也就是 20 世纪 60 年代左右，西方社会开始反思工业文明的弊端，"后工业社会""后现代主义"等对现代社会工业文明进行反思和批判的思想逐渐出现，并迅速成长起来。各种"后学"一时间蔚为大观。"后"代表着对现代社会的全方位反抗。由于反抗的立场、方法和对象各个不同，导致"后学"阵容庞大却难以形成合力。加之"后学"反感体系化、总体性，拒绝宏大叙事，最终导致"后"更多地显现为一种破坏性的力量，而无确定的建设性意义。正如高宣扬所说："作为一个历史范畴，它试图意指一个新的历史时代的到来。但这个新的历史时代的时间跨度及其历史含义，却很不确定。"[①]这种含义不清带来的最终结果就是，我们一方面拒斥和批判现代性，另一方面又继续循规蹈

---

① 高宣扬：《后现代：思想与艺术的悖论》，北京：北京大学出版社 2013 年版，第48 页。

矩地跟随着现代性打造的生存模式前行，享受着现代社会带来的文明成果。

于是，思想上的逞一时口舌之快，实践上却难有作为成为后现代的真实写照。正如赵周宽所说："'后主义'既是最嘹亮的革命号角，又是僵化思想的最具隐蔽性的伪装。"①当"什么都行"成为后现代主义最后的结论的时候，这场反抗现代性的战斗已经以后现代的失败宣告结束了。其实，这一切都是由于后现代过于激烈的反传统精神。现代社会虽然有诸多弊端，现代性后果虽然给人类带来了无数风险和灾难，但是我们同样不可否认的是，现代社会创造了人类有史以来最宏大的文明成果。因此，当现代社会弊端重重，人们开始思考进入下一个文明阶段的时候，我们的态度应该是将新的文明建立在前代文明的基础之上，而非打碎一切，凭空重建。后现代缺乏实践性的根源就在于此，思想上的狂欢并不能将人类带到一个完全放弃现代文明的时空中去，而只能给人类创造一个愤世嫉俗的乌托邦。

当然，后现代主义并非毫无贡献。后现代主义分析了现代社会的种种弊端，并认为这些弊端归根结底是由于人类将理性作为社会的唯一标准，将人类作为这个宇宙的中心。这种现代观念造成了理性压抑感性、人类控制自然的后果，由此导致社会问题、心理问题、生存问题、生态问题日益严重。正是在这种情形之下，生态学思想得到了人文学者的重视。根据美国生态学家 Ricklefs 的定义，"生态学是研究生物（动物、植物和微生物）与自然世界相互作用的科学。"②人文学者所重视的正是生态学对世界的看法和应对方法。生态学认为整个世界是一个整体的系统，其中又有大大小小的各种生态系统，生态系统是一个整体，其中的个体息息相关、休戚与共。生态学的发展带来了人们世界观的改变，Eugenep. Odum, Garyw. Barrett 认为人们关于世界的一些看法特别符合生态系统的基本理论，例如"当处理复杂系统问题的时候综合的方法是必需的；当接近资源和其他方面极限的时候，合作比竞争有更大的生存机会；人类社会有序、高质量的发展与生物群落一样，需要负面及正面的反馈机制。"③这些观念随着生态保护运动的推进与生态思想的普及，已经逐渐为世人认可。

美国生态后现代主义的代表人物查伦·斯普瑞特奈克（Charlene Spretnak）

---

① 赵周宽：《后形而上学美学》，桂林：广西师范大学出版社 2016 年版，第 546 页。

② Robert E. Ricklefs：《生态学》（第五版），孙儒泳、尚玉昌、李庆芬、党承林译，北京：高等教育出版社 2004 年版，第 2 页。

③ Eugenep. Odum, Garyw. Barrett：《生态学基础》，北京：高等教育出版社 2009 年版，第 413 页。

将现代性观念、后现代主义观念与生态观念做了详细对比，由此建构起生态后现代主义。① 斯普瑞特奈克的研究让我们很容易看到生态思想不同于后现代主义的建设性特征。这种观念表明，一种整体性的生态观念已经从自然界的研究转向了人类社会，预示着一种新的文明形态呼之欲出。而在生态文明这个概念的真正提出，实际上是中国学者叶谦吉1987年在安徽阜阳市召开的全国生态农业研讨会上提出来的，他认为："所谓生态文明，就是人类既获利于自然，又还利于自然，在改造自然的同时又保护自然，人与自然之间保持着和谐统一的关系……21世纪应该是生态文明建设的世纪。"②生态文明作为人类自觉认识到人与自然关系的文明形态得到初步的说明。2006年，余谋昌将生态文明与前文明时代，农业文明时代、工业文明时代并举，提出了"生态文明是人类的第四文明"③这一观点。随着全球生态危机的深化与生态观念的深入，中国共产党十七大首次将"生态文明"写入党代会报告，十八大则正式将"生态文明"纳入五位一体总体布局。这一重大决策带领着中国最先进入生态文明建设的新时代，标志着生态文明时代将在中国这个古老而伟大的国度开出灿烂的花朵。

(二)生态文明时代需要属于这个时代的美学

当代生态思想的影响是广泛而深远的。在生态文明被确认为第四种文明的同时，美学界也已经意识到了生态之与美学的关联。在西方，1990年美国学者理查德·切努维斯（RichardE. Chenoweth）与保罗·戈比斯特（PaulH. Gobster）合作撰写了《景观审美体验的本质与生态》，标志着生态学与美学联姻。在中国，最早使用"生态美学"的是台湾学者杨凤英的《从中国生态美学瞻望中国的未来》④。而生态美学得到深入阐释的当属李欣复的《论生态美学》一文，李欣复在本文提出了"生态平衡是最高价值的美""自然万物的和谐协调发展"和"建设新的生态文明视野"⑤等观点，为后期中国生态美学开辟了道路。

此后，中国美学研究者开始逐渐重视生态美学的发展。1999年海南作家协会主办了"生态与文学"国际研讨会，鲁枢元创办了《精神生态通讯》内刊；

---

① 王治河：《后现代哲学思潮研究》，北京：北京大学出版社2006年版，第310页。
② 张春燕：《百年一叶》，载《中国生态文明》2014年第1期。
③ 余谋昌：《生态文明是人类的第四文明》，载《绿叶》2006年第1期。
④ 杨英风：《从中国生态美学瞻望中国建筑的未来》，载《建筑学报》1991年第1期。
⑤ 李欣复：《论生态美学》，载《南京社会科学》1994年第12期。

2001年首届全国生态美学研讨会在西安举行。随后，以生态为视角的关于文学、美学的研究全面展开，曾繁仁、徐恒醇、曾永成、鲁枢元、袁鼎生、王诺、盖光、岳友熙、程相占、王茜等诸多学者围绕生态美学的著作与论文不断涌现，生态美学研究呈现出爆发式的增长。其中，曾繁仁的《生态美学导论》有总结新的学术价值。① 在生态美学之外，以自然环境审美为研究对象的环境美学其实也是在生态文明的背景下成长起来的，陈望衡、周鸿、彭锋、陈庆坤、霍维国、陈国雄等人在西方环境美学的基础上推进发展了中国环境美学，尤其是陈望衡的《环境美学》②一书提出了具有中国风格的环境美学思想，贡献尤大。

无论是"生态美学"还是"环境美学"，其实都是在生态文明背景下对人与自然审美关系的重思。从理论体系上来说，"生态美学"和"环境美学"的理论之间确有差异，要辨析清楚实际上是很困难的、很复杂的一件事情。其实，与其强行区分二者之间的区别，不如积极把握二者之间的统一，这样更有利于生态文明时代美学的发展。生态美学和环境美学都承认自己是生态文明时代的美学，都关心生态问题、重视生态知识。曾繁仁在谈及生态美学和时代关系时特别肯定地说道："马克思曾经说过，哲学是时代精神的精华，任何学术首先都是时代的，美学当然也是这样。今天人类已经进入生态文明时代，人与自然的关系由'对立'转向'共生'，这是非常重要的……从这个意义上说，生态美学应该是生态文明时代的美学。"③陈望衡在谈及生态美学与环境美学之关系的时候，特别强调："环境美学与生态美学在很大程度上是交叉的，二者有共同点。讲环境美学的时候不能不讲生态，因为生态是环境的重要因素；同样，讲生态不能不讲环境，生态问题主要体现在环境之中。另外，它们都要讲到文明，美在文明，不管你同意不同意，只要谈起审美，就立即落到文明中去了。"④陈望衡在此基础上提出了"生态文明美学""生态文明美"等概念，意在凸显审美的时代性。

其实，关于生态美学最大的争议就是"生态"和"美学"的兼容问题。生态学强调生态系统的纯自然、无人为的特征，生态系统并非为人之审美而存在

---

① 曾繁仁：《生态美学导论》，北京：商务印书馆2010年版。

② 陈望衡：《环境美学》，武汉：武汉大学出版社2007年版。

③ 曾繁仁、程相占：《中国生态美学的最新进展及其与生生美学的关系》，载《鄱阳湖学刊》2020年第5期。

④ 陈望衡、谢梦云：《环境美学与建设美丽中国——陈望衡访谈录》，载《鄱阳湖学刊》2015年第6期。

的；而审美自然是人的活动，人对于美的追求总是从自身出发的。于是，生态之美究竟是什么，从传统美学的体系出发就很难得到有效解释。对此，曾繁仁解释道："我个人赞成广义的生态美学，认为它是在后现代语境下，以崭新的生态世界观为指导，以探索人与自然的审美关系为出发点，涉及人与社会、人与宇宙以及人与自身等多重审美关系，最后落脚到改善人类当下的非美的存在状态，建立起一种符合生态规律的审美的存在状态。这是一种人与自然和社会达到动态平衡、和谐一致的处于生态审美状态的崭新的生态存在论美学观。"①曾繁仁认为，生态美学最终的落脚点是人的生存问题，也就是说，人依旧是生态审美活动的中心，只不过，人需要重思自己的生存方式问题，在生态平衡的前提下寻求一种审美的存在状态。

陈望衡则从人类文明发展的广阔背景出发来审视这一问题，在他看来，文明形态决定着人与自然的审美样态，农业文明中人与自然的关系本身就是温馨的、诗意的、审美的，这是由农业文明决定的。工业文明时期人与自然则呈现出冲突与对立的紧张关系。而生态文明时代人与自然将重新建构更高文明基础上的尊重与友好的关系，而只有在这种文明背景中自然之美才会以"生态文明美"的形式呈现。陈望衡特别强调生态文明时代人与自然审美关系的建构是文明的产物，是顺应时代发展的一种进步。他说："生态文明时代人与自然的关系，是不同于工业文明的，这种不同主要在于，在实践层面，人不能对自然取一味征服与改造的态度，而应该更多地尊重自然，友好自然，但是，这种尊重与友好，本就是为了与自然建构良好的关系，让人的生存与发展能够获得自然更多的认可与支持。生态文明时代的自然美当然不可能像农业时代的自然美那样具有许多的诗意，因为生态文明时代，科学技术是比较发达的，甚至超过工业文明。"②于是，新的文明将建构起新的人类精神，新的人类精神将重新面对自然，激发出属于这个时代的生态文明之美。

三、生态文明时代美学研究的基本定位

生态文明时代的美学研究是时代文明的产物。生态文明时代的美学和农业

---

① 曾繁仁：《生态美学：后现代语境下崭新的生态存在论美学观》，载《陕西师范大学学报(哲学社会科学版)》2002年第2期。

② 陈望衡：《"生态文明美学"初论》，载《南京林业大学学报(人文社会科版)》2017年第1期。

文明时代的美学、工业时代的美学一样，都是对一个时代美学的统称。这就意味着，生态文明将成为整个时代的美学研究不可忽略的背景，而在这种大背景下依旧并存共生着各种各样的美学研究形态。由于生态文明时代的美学仍旧在发展中，所以笔者学力所限，不拟限定其美学特征，仅就美学发展中的个别复杂关系问题做初步阐释，以厘清生态时代的美学与传统美学的关联，把握生态文明时代美学的新特征。

首先，生态文明时代的美学是一种进步而非倒退。

生态文明是在前代文明基础上发展起来的，而非退回到工业文明之前，因此，生态文明时代的美学也不倡导退回到农业文明中人与自然的和谐相处状态中去，而是要在过去美学基础上寻求新的发展。就当下美学研究而言，从中国传统文化挖掘生态审美智慧得到了学术界的普遍认可，中国传统儒、释、道思想中确实均存在着大量关于自然审美、人与自然和睦相处的理论资源。但是，我们要注意，中国传统文化是农业文明时期的思想结晶，可以引导教育古代人尊重自然、保护自然、顺应自然，但这种思想在经历了工业文明之后，已经不是当代人的世界观基础。顺应自然可以确保丰收，这是农业文明时期自然观的基本立足点，可这种思想归根结底仍旧是人类中心主义的体现，无法有效解决当前社会面临的人与自然的关系问题，更不可能建立积极的人与自然的审美关系。我们需要从传统中吸取营养，但是古为今用的前提应该是立足当下。因此，建构当代人的生态文明观是美学发展的根本依靠，古代资源只能作为一种反思批判、启发创新的来源。

其次，生态文明时代的美学是对前代美学的矫正而非否定。

"生态文明时代的美学"这个提法就已经表明：美学依旧是美学，生态作为人类对世界的全新认识进入了审美活动之中。这就意味着，生态文明时代的审美活动的展开是在生态意识引导之下的。对此，程相占认为："生态美学是就'审美方式'这个理论角度立论的，其核心问题是'如何在生态意识引领下进行审美活动'。"①这就决定了生态文明与美学的关系在很大程度上来说就是引导人们"生态地审美"。这就意味着，生态美学并不是对传统审美方式的否定，而毋宁说是一种矫正。其实生态文明时代的美学并不否定一朵花之美，并不否定形式美的存在，而是要在这种审美习惯中加入生态的维度。比如说，一朵美丽的花朵作为外来物种，将会对当地生态系统带来巨大危害，生态文明时代的

---

① 程相占：《论生态审美的四个要点》，载《天津社会科学》2013 年第 5 期。

美学就会自觉地拒绝将此花朵作为其审美对象。如前文所述，人类的审美天性是伴随人类历史始终的，我们不可能否定这种能力的存在，文明的发展只是在丰富人类的审美体验，调整人类的审美体验，规范人类的审美体验，提升人类的审美体验。从这个意义上来看，生态文明时代的美学不仅不是对前代美学思想的否定，相反是在其基础上的有机发展。

再次，生态文明时代的美学既具精神性、又具实践性。

随着生产力的不断进步和发展，人类对于美越来越重视，美不再是一种奢侈品，而是每个人都可以追求和享受的。生态文明时代的到来首先表明人类生产力又得到了更大的发展，人类有更多精力和时间追求美的事物了。我们可以享受过去一切时代文明所具有的审美潜能，也可以更加自由地创造属于这个时代的美的事物，审美作为一种精神享受，向每一个人开放。另外，生态文明时代的美学还将参与人类生活的各个方面，帮助我们认识自然，改造环境，打造人与自然和谐相处的社会文明形态。对此，陈望衡强调："人类仍然可以生活在城市，仍然可以享受着城市的先进文明，只是这城市不是工业文明时代的城市，它不仅具有不低于甚至高于工业文明的科技品位，而且还具有远胜于工业文明的生态品位。不管居住在地球上的什么地方，在人们心目中，他的家园既是人的家，也是自然的家，是人与自然共生共荣的家园。这是人类历史上从来没有过的最大的家园。"①生态文明时代的美学不仅致力于为人类带来精神上的提升，同时也注重美学对人类生活的改造。当生态成为一种审美的基本原则的时候，美学的实践性将进一步显露。

最后，生态文明时代的美学既关乎自然，也关乎艺术。

谈及生态，人们的注意力一直集中在自然之上，其实，生态文明时代的美学是时代文明背景下的美学，是关乎这个时代一切审美现象的美学思想。自从黑格尔明确将美学称为"艺术哲学"，美学就与艺术结下了不解之缘，而1966年罗纳德·赫伯恩发表《当代美学与自然美的忽视》一文之后，自然美则重新进入美学研究者的事业。近年来生态美学、环境美学研究者均以自然作为其主要研究对象。事实上，生态文明时代对于人类观念的转变是全方位的，生态一词虽然出自自然科学，但生态观念却早已成为一种普遍的社会观念。因此，生态文明时代的美学不仅关注自然审美的问题，同样关注艺术发展的问题。一直

---

① 陈望衡：《"生态文明美学"初论》，载《南京林业大学学报（人文社会科版）》2017年第1期。

以来，当代艺术发展受到后现代主义思潮的影响，流派迭出、创意频多，但正如前文所述，后现代主义"什么都行"的解构主义态度造成了艺术审美意蕴的缺失。艺术是有深沉的精神追求的，是有对形而上学的思考的，是有对人生终极意义的探索的，而这一切在后现代主义的引导下纷纷被解构。生态文明时代的艺术不再停留在批判与摧毁之上了，而是要去思考人类的未来、生存的价值、人生的意义。

总之，从长远的历史发展来看，生态文明时代的美学仍处于起步阶段。这个时代的文明还在探索之中，这个时代的美学也就不能给出定论。我们需要以开放的态度去接受过去人类创造出的一切文明成果，去探索人类文明未来的出路。对于美学研究来说，我们提倡理论之间的互相批判，即使这种批判有失偏颇；理论家充满个人风格的自主探索亦是有价值的，即使这种创造根基不牢。从长远来讲，思想的进步有赖于思想界的"百家争鸣、百花齐放"，我们不用担心新见迭出，亦不用担心学派纷杂，真问题与大思想的显露往往并非某个天才的一己之力，而是在无数平凡的论争过程中孕育、发展、诞生。美学研究需要有严肃和冷静的沉思，这是对思想的崇敬，但同样需要勇气和激情。

（张文　武汉大学哲学学院）

设 计 美 学

刍议当代审美价值形态的嬗变

赖守亮

对过去设计美学的研究，就需要将其还原到其所处的那个环境中去，而对美学的发展变化，我们要从新的社会共同情绪基础、意识流和设计者个体的经验等方面寻找审美现象的变化和原因本质。我们在回忆了原始社会的茹毛饮血、封建社会的残酷压榨和两次世界大战的腥风血雨，又来到了当前这个物质至上的时代，每个时代的美学共性正契合着那个时代的全民需求和民族情感。当前，固然我们在延长着每个生命个体的持续性方面有所建树，然而社会环境整体上还是恶化的、道德还是滑坡的、人际关系还是淡漠的，所有这些让许多人不得不去寻求新的表达方式和符号语言。① 很显然，之前的广阔而淡薄的存在空间被挤压了，精神也被扭曲了，所以美学意义上的广度和深度(并列关系)似乎变得不那么重要了。

一、设计美学的古典理论基础——优美形态的缺失

中国有一位行为艺术家，其作品在不少国家和地区都有展示，有一定的影响力，他叫刘勃麟，其行为艺术的主题多是"隐形人"——即在生活的各个角落和场域把自己隐形。2015 年 4 月 3 日，参观位于纽约的现代艺术馆(英文缩写 MoMA)时，也看见了一件类似主题的数字视频作品《如何让自己隐形》，视频中列举了一些隐形于这个社会的方式(当然，不一定是具有可操作性的或真正意义上的隐形)。

对于这个社会，无论是艺术家或者设计者甚至每一个平常人，都有很多思

---

① [法]马塞尔·莫斯，爱弥尔·涂尔干，亨利·于贝尔：《论技术、技艺与文明》，世界图书出版公司 2010 年版，第 12 页。

想要表达，然而通过什么方式以及如何表达，都是一个问题。行为艺术家和设计者同时选择了"隐形"这个主题关键词，或许对许多人来说他们表达的形式只是逗乐甚至被批评为无聊，但是这里边融入了他们的太多的思想，那就是隐形的反面——直面现实。

在康德、黑格尔等坚守的古典美学体系里，优美和壮美（崇高美）都是审美的范畴，也就是说无论何种形式的美，都要符合一切美的形式法则——均衡、对称、节奏、韵律、逻辑关系、层次、顺序、比例和一切产生美感的优雅、舒适、清新、精致等意境和符合审美主体心理特征的和谐感，以及合规律性。

然而一些研究者认为：人们辨别情感不只通过看、听或者感悟信号，他们也通过目标、标准和偏好来判别情感和感悟信号。如果他的或她的目标和相关事件的知觉被了解，那这个人的情感将会更好地被检测到。情感评价可通过使用中介、人工智能科技的方式被计算机呈现，推理其目标、标准和偏好。后现代开始，艺术与设计常常忽视优美形态，强调自我为一个"内在的存在"或者是"内在的家园"，使得社会及其表征意义粗浅化、表层化，这样造成的直接社会后果就是人与人的接触浅层化和逢迎特性。我们可以看见进入 21 世纪之后，很多设计表象刻意将自我提升到一个不可逾越的高度，并与 19 世纪以来所强调的独立的、客体的人相对立。优美形态的缺失在后现代之后的美学中，有时候没有被认为是否定传统美学，往往被认为是作为审美主体的客观存在的人的自主性、能动性和主观随意性的夸大。①

从现实主义开始，人们用科学的武器剖开现象背后隐藏的本质，启蒙主义开始反叛宗教一门独大的局面。设计也是如此，一些社会规范开始解体，尤其是到后现代主义，个体的生命体验和个体的价值被推崇到至高无上的地位，现存的、真实的和虚幻的、毁灭的，都被符号化、虚拟化和数字化，不再过问其深义、美学意味和设计原则。

二、数字虚拟设计作品中，常常出现深度被削平，广度被收窄

我们可以把数字虚拟设计整体置于社会和历史文化中进行考察（我们避开

① ［英］约翰·沃克，朱迪·阿特菲尔德：《设计史与设计的历史》，周丹丹、易菲译，南京：江苏美术出版社 2011 年版，第 20~23 页。

美的时代性不谈，这是众人皆知的，只谈当下和历史发展进程），从其发展的逻辑风格揭示其审美价值特征。

现代主义（现代主义艺术，其早于现代主义设计）开始，设计中的平面感、无深度感就开始蔓延，后现代主义之后尤其。这个时代，我们的感观（而非感官）发生了偏移，判断事物的标准变得宽泛、意识会漂浮不定、情感也会阴晴圆缺，随之而来的经验，很少人会形成定式。这样的主体和新的经验方式就催生了后现代主义及其之后的设计与美学。科学对宗教的挑战，分解让神秘感消失，信息化和网络化让集权性的权威消失了，数字虚拟设计正好因此延续至今，并有推波助澜之势。

当代社会往往以"形象"和"幻想"作为新的设计形式，这样就会造成无深度感和越来越趋向浅薄微弱的历史感，失却厚重感。于是很多体验者会直观地感受到不会再次体验和尝试、"不会再来看了"，从而让大众与"设计历史"之间的关联性越来越浅显、缥缈，体验的时效性和重复性会有所变化。这种弱化了"感情强度"的体验，有时候被戏谑地称呼为"精神分裂式"体验，让人们徘徊在实体空间与经验空间之间，如同以往政治性艺术设计形式一样，仅留下纪念性的惊鸿一瞥。

后现代主义之后的设计，"残片化"现象严重，主体被解构（却未能被很好地重构），而不仅仅是主体被异化这么简单。很多这方面的理论研究，在反对者看来也就是"异见的表达和文本的诡辩"，徒留下一副炫彩的躯壳，而失却了内在的深度和意义。① 后现代设计肇始，很多数字虚拟设计作品，不涉及深度、不涉及主体、不涉及内涵与意义，只在乎形式和混乱的表达形式，② 以及对所谓的符号和类像的"肢解"，用支离破碎的杂糅来解释背后的深意。

深度被削平，广度被收窄，诞生了一些全新的文化模式。以安迪·沃霍尔所作的丝网印作品《钻石灰尘鞋》为例，很多时候被认为是过于平面化而没有深度，给人单薄的"表面感"。而另一双鞋是凡·高笔下的《农民的鞋》（有译作"一双鞋"），这双鞋会给人更多的想象空间和深度感，这幅作品又可以被视为对经典现代主义审美表现的解构。

正如法国结构主义者拉康·雅克所言，正是由于从现代主义开始的设计未

① 赖守亮.:《人造物美学之后：虚拟美学的类型与范式》，长沙：湖南师范大学出版社 2017 年版，第 35 页。

② Josiah Ober. *Democracy and Knowledge*：*Innovation and Learning in Classical Athens*. Princeton：Princeton University Press，2020，p.43.

能掌握设计符号中能指与所指的关系才导致这种分裂和意义的缺失。

三、数字虚拟设计作品中，有一定进攻性的审美价值取向

就后现代主义开始的对于所有这一切的反叛而言，同样必须强调，其进攻性特征——从晦涩、赤裸裸的性题材到肮脏心理、变态与审丑特征和社会、政治挑衅的公开表达，这些都超过了人们在以往人造物设计阶段中所能想象的——不再令任何人感到可耻可怕或者无深度的悲凉。

之所以如此，乃是因为设计创作今天已被整合进普遍的商品生产中：经济的那种要以更快的转向速度掀起新而又新的商品浪潮（不断花样翻新的形式和逻辑表达）的疯狂般的迫切性，赋予设计创新实验一个日益基本的结构功能和位置。形形色色的机构对于新设计形式的支持，从基金和拨款到设立创意产业区以及其他形式的资助，还有个人出人头地的巨大期望，其实就是对这种经济和设计必要性的认可。在这个意义上，和在整个人类的阶级历史上一样，数字虚拟设计为代表的设计之下是部分的道德沦丧和一些人的受难与恐惧。

例如"秒拍"App是现在很多年轻人学习工作之余，或倚靠在床上或在乘车走路中十分喜闻乐见的一款消遣娱乐和自我实现的应用程序。人们追求轻松、消遣、娱乐、自我、不受约束，所以里边的作品（文字、图片、视频等）也是千奇百怪，其中不乏让很多人成为"网红"，一夜之间成名并获得投资基金的资助，这又反过来促进了该应用程序的大发展。

审慎地查验数字虚拟设计，我们会发现其在审美方式上，经历了从人造物初级设计阶段的"经验"到现代意义上产品设计的"体验"，再发展到电子传媒初级阶段的"静观"，直到今天的"沉浸与震惊"，这种变化似乎让审美主体觉得传统文脉的继承变得不那么重要了，个人忘我的沉浸感和个体的超验体验（哪怕具有对他人的毁誉性和进攻性）才是最重要的。

从社会文化的层面来看，有了金钱、名誉和自身散漫、自由追求的双重刺激，网络上的无深度、无广度的作品越来越多，相信大多数只是为了一时的愉悦心性，但是不乏追求名利的因素存在。想象力和别出心裁有时候是一件好事，比如很多网络游戏，利用了大家的好奇心、新鲜感等，创作出许多奇思妙想的作品来——要么是故事奇幻，要么是模式奇幻，或者就是推进方式十分吸引人，或者就是纯粹的形式和单纯的满足感。

后现代之后的设计，尤其是在数字虚拟设计作品中，表现出来的深度被削

平，广度被收窄，其实质是一种审美价值形态的错位，这与这个时代人们的情感有关。达尔文也许是第一位系统地识别和分类综合范围的情感的人，通过自然选择的发展，因此人们具有跨文化的普遍共识。在达尔文的经典著作《人类和动物的情感》中，他提出了一种进化的情感解释，进化论主要涉及情感的表达。他认为情感与代表个体的适应和生存机制（社会机制是其中之一）有关。在过去，根据他的理论，人类依靠情感来生存。例如，饥饿驱使人们去改善他们的食物，他们的行为在社会生活中产生爱和恨。后来，当人们学会说话和创造现代生活及用设计来改变现代生活时，他们开始依靠推理来实现自己的目标。人们开始相信，推理是一个比情感更重要的因素，而不是他们的成功。情感仍然发挥着很大的作用，在日常生活中，甚至不合理的适应和生存中起着重要的作用。这个时代的审美价值的部分缺失和错位，其实是人们情感的一种失落造成的。

数字虚拟设计作品反讽与恶搞风格的由来和本质，倘若说其是对传统设计表现性的颠覆、超越，倒不如说是设计者设计策略的"见风使舵"，以及个人表现欲望、炫技心理和"花样百出"手段的更新，这些新变化的副作用可能会对数字虚拟设计产品的生命周期、创新机制产生不利影响，会模糊其作为设计的某些品质内涵和价值传递。

这个世界造就了数字虚拟设计、对应的文化及基于此的设计批评的品格。就积极意义上讲，可以磨砺我们的意志、历练我们的秉性、大开我们的视野。然而，何时才能从历经磨难中看见曙光？没有肯定的回答，这就是我们当前设计的窘境。

四、数字虚拟时代崇高与幽默背后的意义失落

数字虚拟时代的虚拟设计作品很多就其本质而言是一种虚幻呈现类型，是对失落世界的集体梦的再创造，是对高度物质化、技术化和同质化导致的社会失衡和精神缺失的宣泄，自以为可以治愈这种落差感，却不知愈走愈远。而美国动画与数字大电影（特别是运用虚拟摄影技术制作的虚实结合的数字电影）的发展和广受欢迎，其实反映了不同文明下，尤其是工业文明下，人们对精神世界失落的反思、对高度集权的抗争、对个体表现于丑恶面前的无力感的担忧、对传统意义上的权威和话语权的再造。这背后的动因是艺术与设计本质力量的驱动，是审美价值决定的高度之一，智能机械复制、仿造和重塑本体，借

用了设计美学的阶梯作用，传递着社会各方面的声音。当然，在数字虚拟设计早期和一定时间内，同质化、低俗化在所难免，大浪淘沙需要时间的洗礼和证明。

崇高是一种审美感受，在古典美学里本意是用来特指审美客体带给审美主体心灵的震撼、醍醐灌顶和大彻大悟之感，然而现在的数字虚拟设计往往借着古典艺术与设计的外衣，杂糅着它们的形式和法则，却用了一种后现代主义之后的"炫技"和"戏谑"，以为是幽默的表达，实则为空虚意义的掩饰和徒有其表的紧张而已。幽默是一种表现手法，也是一种生活态度，数字虚拟设计中的幽默有时候是扩大化或微缩版的生活态度，表达了审美主体的一种生活观和对现实世界某种程度上的真实看法。

在表现乌托邦式幻想与生活憧憬的态度上，反讽与恶搞恰恰表现出了设计者对现实的无奈和对未来的迷茫。（乌托邦式的）狂欢表面上是全民性的、具有美学普遍意义的、蕴含普世价值的，实则是借用这种亲昵来掩盖逻辑的颠倒和表现形式上的粗鄙。这正是当前诸多数字虚拟设计作品的一个特征概括。在中国大陆地区，以淮秀帮和胥渡吧为代表的恶搞短片制作团队，算是比较有代表性的，它们的作品也为不少人茶余饭后和工作之余带来了诸多轻松。

后现代之后的科技革命，让人文社会科学的研究范式发生了转向，从外在的主张自由、人性和平等，登堂入室地速变为符号游戏和打破固有结构形式。专家和菁英阶层不再拥有"元话语"，转而让社会个体掌握着信息源和热点；以前面对面的教育方式也发生了逆转，网络庞杂的数据库丰富了学生们的脑容量，他们的手指点动超越了教师们口干舌燥的吆喝。这种将人文社会科学（特别是艺术与设计）从科学这个母体中撕裂出来的现象，势必导致一场来自科学、设计和人们审美方式的大革命。

五、反讽与恶搞不仅仅是设计表现手法，更是后现代之后的审美价值取向之一

一度有人担心计算机对设计原创力的束缚和压制，认为被计算机左右和奴役的设计可能丧失设计的独创性，磨灭设计的灵感，甚至会让设计师闭门造车，脱离现实。其在美学上的后现代主义特征、旨趣、质素、范式，印证着设计的一种转向，这也正是计算机的普及和网络高速发展的必然；前文一直都在强调计算机和网络是数字虚拟设计为代表的后现代主义及其之后设计的重要标

志和设计手段、设计载体,据此,设计走向一个新的鼎盛(比如虚拟摄影和仿真技术、物联网和基于云计算的大数据等的出现和应用)。

总之,我们可以说,数字虚拟设计的恶搞与反讽盛行,是与后现代及其之后的设计环境、社会集体意识和转向息息相关的,是全社会的主动出击,是自我救赎、自我超越、自我塑造的症状决定的,其中的审美主体的能动作用表现得很活跃,甚至一度有摒弃古典美学原则的架势,但是艺术和设计最终要回归美学的本源。

恶搞与反讽恰巧反映了设计者对现实的无奈和对未来世界的迷茫,通过乌托邦式的假设、自我迷醉和无根据的憧憬来营造一个虚幻的世界。这种无等级差别的臆想用拼凑的符号、颠覆的逻辑、自我满足的动作和语言来向权威挑战,否定意识形态领域的规则和条例,但是是一种粗鄙的自由而已。

反讽与恶搞,是一种后现代的设计手法,也是一种后现代的审美价值取向之一,并在一定时期内表现活跃。受计算机和网络支配的数字虚拟设计,在一定时期内也会导致艺术与设计的原创性、独创性和灵感的退化,这种转化过程或许比较漫长,可能是艺术与设计的一种衰败或者是一种新的更新的走向(比如虚拟摄影技术、物联网和基于云计算的大数据等的出现和应用),设计者及审美主体与审美客体之间的审美关系,将决定着审美主体的角色扮演和身份,并最终决定着其在未来设计中的地位。

许多研究者认为,在特定的认知环境(社会及个体)评价中,个体的思维是对其情绪过程的基本解释。虽然用进化理论和心理、生理的方法来阐明情感仍然被认为是目前有效的、对当代研究工作的强力支持,但在心理学上对情绪的研究多是明确认知的性质或需要在评估过程中考虑的。社会普遍的认知环境、集权式的灌输认知环境、压力式的组织认知环境、心因性的个体认知环境,都会造成审美主体对审美价值的偏向以及表现手法的奇异,数字虚拟设计中的反讽与恶搞正是社会总体和审美主体个体认知环境的变化形成的设计表现手法和审美价值取向之一。

六、多维度审美愉悦:动感之美

首先说明这里的动感不是景观设计中的喷泉或者手工艺中会飞的纸鸢,这是浅层次的动感。当代数字虚拟设计中的动感,除了借用一切物化的形式之外,还借用声、光、电等现代的手段和数据交换为辅助,来达到设计产品的全方位的运动性和体验感。当然，产品自身具有"动势"，也是动感的一个方面。

动感的标志设计

美感来自审美活动中主体的感受，人造实物设计、生产和体验与审美阶段，审美主体的视觉、触觉、听觉、嗅觉和意识形态都被调动了起来。然而在数字虚拟设计作品的审美中，审美主体的所有感觉和意识形态的调动、运行和最终美感的生成，是有差异性的。由之前的扁平化、单一化、线性化向立体式、多元化、多维度转变，变得丰满、多向和高强度、大力度。

(一)数字虚拟设计作品中，全系统全方位的多维度动感趋势

标志设计虽然有悠久的历史，但是计算机出现之后，由于计算机所具备的精准的造型能力、丰富的颜色表达能力和可反复修改而成本低廉的特性，加之网络的出现，使得标志设计日益流行和推广开来。为了设计出一款与现代企业文化和企业精神契合的标志，计算机造型和构图的诸多能力是人造物阶段所无法比拟的。比如颜色的有效过度和渐变、富有节奏和韵律的动势、明暗调子产生的层次感，等等，这些都推动着标志设计的迅猛发展。近年来，标志设计风格开始出现律动、动势和直接的运动感，这是数字虚拟设计时代的必然趋势。从小型活动的标志到政府机关、企事业单位再到运动会、跨国集团，等等，它们的标志设计开始慢慢走向这个趋势或者向这个趋势靠拢。

数字虚拟时代，广告满天飞、无止境、无底线，有些设计作品不能用传统意义上文化的概念去解释，文化也被赋予了新的不同的含义，审美早已不是古典时期康德所说的那样高尚与纯粹了，这里充满了功利色彩。但是如何让这些产品被大众所熟知所记住呢？我们可以很清晰地发现，我们的广告已经告别了纯文字对产品功能与效果描述的低层次时代了，早已跨入动感广告时代了。视频演绎故事、动画产生的眩晕或逗趣，现代企业已经真正走进了全媒体、全艺术手段、全素材(文字、声音、动画、视频、特效等)的广告时代。

如此说来，当前我们的时代是一个多种媒介与设计手段共存的时代，无论是业已成熟的手段还是尚处于实验探索阶段的手段，如何满足普罗大众的日常审美需求就是考验多种手段综合运用能力的时候了。因此，我们的设计呈现也就要糅合多种元素、手段及表现形式。微软的视窗操作系统的发展历史中，其系统启动画面的演变以及其操作系统自己的标志设计变化，都充分证明了我们的时代有平面化向立体化和多元化、纵深化及动感化发展的趋势。微软个人计算机的操作系统经历了系统启动可视化、立体化、趣味性和动感变化的发展转变。当前的微软视窗10(即 Microsoft Windows10)操作系统，完全演变成了跟手机、平板电脑同步的全动态启动方式和打开方式了。这也是时代发展的诉求。

综观平面设计、广告设计、影视设计和网页设计、动画设计，这种动感的发展历程与趋势都十分明显，尤其是多媒介的集体介入和多手法的综合运用，以及各种艺术手法的强力植入，让我们的视觉传达设计变得空前的震撼、摄人心魄和炫彩夺目、吸引眼球。

生活中一个很显然的例子就是电影院观影体验的发展——黑白无声电影、黑白配音电影、黑白同步录音电影、彩色有声电影、彩色宽幅电影、多制式彩色立体电影、四维电影——这样的一个发展历程，就是从单一媒介、平面化体验方式向多媒介融合、立体式多感官及多维度体验发展的结果。

(二)全媒介、全艺术形式的运用，是数字虚拟设计审美价值取向发展进程的必然

置身于世界的心脏——纽约的时报广场，四周都是动感的电子广告牌。毋庸置疑，动感已经是一切设计的总和了——视觉传达、动画制作、声音处理、电影的镜头转换、视频剪辑甚至还有烟雾水滴喷溅和味道的发散，人们试图要综合一切设计手段，成为设计最摄人心魄、夺人注意力、形成强大立体冲击力的表达形式。

设计发展至今，诸多设计门类已经发展成熟，那么借助于数字虚拟设计来呈现的作品，必定也应该吸取各种设计的优势和专长，在展示产品的时候，或者再造某种情境的时候，或者虚拟某一种现实或者幻象的时候，动感的虚拟设计作品无疑是最好、最合理、最完整、最具艺术性的选择。①

动感是审美主体的一种审美愉悦，这种审美愉悦是立体式的、全方位的、多维度的和全艺术形式的，甚至在不远的将来是全感官系统的。随着虚拟现实技术的发展，这种全感官系统的广告、游戏、设计体验等数字虚拟设计产品会逐步地投入市场，并且会取得很好的审美体验效果。

(三) 动感的艺术形式是基于网络的信息系统里，激发情感最常见最直接的表达信息的形式

一直以来，激发情感最常见的信息媒介和形式是语言，即文本信息。其认知语义的分析工具，如隐喻、转喻、多义、戏剧化等，都包含着情感表达。人们普遍认为，语言是最强的情感表达工具，人们也通常只借此进行情感交流。

如今，在互联网中可以获取大量信息，文本信息已经不能第一时间攫取信息寻求者的眼球了，新技术的信息处理方式比非结构化信息、传统信息更能激发人的情感。动感的视频信息传递更适合现代人慵懒的生活态度和审美取向，主动和被动获取信息者不约而同地选择了这样的艺术形式，以至于一大批销售网站出现了商品展示图片上欺骗性地加上视频播放按钮的图标，骗取好奇者或信息获取者点击播放。

动感带给后现代主义之后设计的是一种超现实性(Hyper-reality)，这种审美欲望不一定让审美主体追求意志与精神的愉悦，或许只是"悦耳与悦目"，审美客体以逼真的、再现的、假设的、绚丽的、幽美的、动听的景象和音乐，辅助以超强现实感的灯光和焰火特效，展示历史遗留，或者未来奇幻，或者丛林冒险，或者深海探险，数字虚拟设计赐予审美客体以神秘的力量。

七、结　　语

进入数字虚拟时代的虚拟产品设计，审美价值取向相较之前的人造物阶段

---

① 赖守亮:《数字化手段在非物质文化遗产保护中应用的多维度思辨》，载《设计艺术研究》2014 年第 4 期。

已经彻底改变了——之前或许囿于成本的考虑与呈现空间的局限，以及实现水平的障碍，背离传统伦理价值和审美规范的设计作品如果设计并推介出来，成本和代价是首要考虑的因素，而现在不一样了，门槛更低了，方法和手段更加多样化了，设计成本与成品代价也更加低廉。设计者与使用者的界限也模糊了，话语权掌握在大多数人的手里了，乱象的出现也在所难免。在这里，不再谈论沿袭人造物设计而来的、正面的、与人造物设计中相同的审美价值取向，而是谈论新的变化(那些人造物设计所没有的新变化、新的审美价值取向)。

(赖守亮　湖南工业大学包装设计艺术学院)

从"以人为本"到"以仁为本"

——现代包装设计异化的解构与消解

刘一峰

当今社会，随着科技的发展，人们对生活品质的要求也越来越高。包装行业与时俱进，新类型的包装设计层出不穷，随之包装设计也出现很多的问题，如包装材料不具有环保性、造型结构不合理、视觉语言应用不当、废弃回收处理不当等，[1] 甚至还出现了大量违背设计初衷的不良设计。现代包装的设计异化已成为一种越来越普遍的现象。过往学者的研究倾向于以消费者的切身利益为立足点，改进包装设计的异化。例如陈芳认为，"以消费者为本"的理念及人性化的设计原则应成为包装设计的标准。[2] 朱麒宇则认为，以用户体验为核心的包装设计的方法，才能真正做到设计以人为本。[3] 此外，有学者指出设计应将自然价值回归于现代人的消费取向。[4] 与此同时，也有学者提出重新定位设计与人和自然亲和的生态关系，摒弃"人类中心论"的狭隘观念，呼吁理性回归设计本真。[5] 他们认为，设计若一味地以人的基本需求为基点，会导致设计功能的原本规范被破坏，设计功能失度便不可避免。[6] 通过回顾文献发现，

---

[1] A Joseph. Get Smarts Packaging machine-builder thrives on delivering value-added packaging line Solutions boasting modular flexibility and top—of—the—line automation devices [J]. *Canadian packaging*, 2008(61)，pp. 26-56.

[2] 陈芳：《现代艺术品包装设计存在的问题及发展趋势》，载《包装工程》2014年第4期。

[3] 朱麒宇：《"一日三茶"情感需求：以用户体验为核心的包装设计》，载《装饰》2017年第10期。

[4] 胡艳珍：《论回归自然的原生态包装设计》，载《装饰》2009年第2期。

[5] 薛生辉：《设计的失控与"控制设计"》，载《南京艺术学院学报（美术与设计）》2017年第2期。

[6] 丛志强：《失度、异化与丧失：消费逻辑主导下的中国设计危机》，载《浙江艺术职业学院学报》2018年第3期。

设计究竟该以什么作为其立足点？设计与人之间的关系究竟该如何定位？目前学术界尚未达成共识。有研究表明，设计为了引起人的消费欲望而不遗余力，已变成满足人类无限欲望的工具，立足于人，服务于人的设计存在有助"设计和谐"的一面，但也有导致"设计异化"的隐忧。对设计师而言，没有正确合理的设计理念作为引导，"以人为本"可能变成"以利为本"，对于消费者也将变成"以欲为本"。因此，本文将从厘清设计与人之间的关系入手，探讨现代包装设计异化的现实表现，进而对其深层原因进行分析，以期为现代包装设计找到合理的立足点，帮助设计师树立正确的理念观提供有益指导。

一、设计异化的现实表现

从词源学的角度考察，"异化"源自希腊语 allotriwsiz，有转让、疏远、脱离之意。在汉语中指本来相似或统一的事物，由于某种原因逐渐变得不同甚至陌生的状态。"异化"的思想最早可追溯到庄子物役理论，他讲道："小人则以身殉利，士则以身殉名，大夫则以身殉家，圣人则以身殉天。"[①]不管是圣贤、大夫，还是盗贼、小人，他们都被各自利益所役使，从而迷失人的本性。庄子又说："终身役役而不见其成功，苶然疲役而不知其所归，可哀也耶！"[②]也就是说，人一生劳碌奔波，疲命于外物尚且不知。财富、权势、野心、贪欲……主宰、支配、控制着人们的身心，已成为巨大的异己力量。[③] 庄子提出回归到人的"本性"。"异化"作为一个哲学概念，由德国哲学家学黑格尔首先提出来。马克思在《1844 年经济学哲学手稿》中从四个维度规定了"异化"的表现，其中第一个表现即劳动产品与劳动者的异化，第三个表现即人的自我异化。国内的文献中（王欢，2004；杜竹贞，2012；宋娟，2015），对"异化"的表现基本上也是从这两个维度展开。设计异化作为异化的一种表现形式，借鉴规定"异化"的两个表现，将现代包装设计中所存在的异化现象进行归纳，从人与物的关系、设计与人的关系两个方面来分析设计异化的具体表现。

---

① 陈鼓应：《庄子今注今译》，北京：中华书局 2017 年版，第 262 页。
② 陈鼓应：《庄子今注今译》，北京：中华书局 2017 年版，第 53 页。
③ 李泽厚：《中国古代思想史》，北京：生活·读书·新知三联书店 2016 年版，第187 页。

(一) 设计在"人物"关系中的异化

"自三代以下者，天下莫不以物易其性矣。"①庄子认为性是人的生命存在的本质，生命作为人性的外在承担物，当人们在追求名利地位这些外在之物时，就意味着人性和外物的关系本末倒置了，人变得不再是人，只是追求物质享受的躯壳了。② 匈牙利著名思想家卢卡奇提出了"物化"的概念：人作为能动的主体创造了物，而物逐步脱离人的控制，走向与人相对立的位置。③ 设计作为一种造物活动，本应造福于人，满足人的正当合理需求，实现人与人、人与自然的和谐。④ 然而，随着人们生活方式和消费观念的改变，加之受无节制的享乐和消遣为目的的价值观影响，出现了为消费而设计、为利益而设计的观念错位。以食品行业为例，一些新兴的食品生产商为了追求商业利益，在包装设计手段上做文章，市场上出现了包装至上论。传统、原生态的包装变得渐行渐远，甚嚣尘上的是奢侈浪费、盲目攀比等不良现象。设计师通过精美材料以及现代技术将原本普通的食品"里三层外三层"包装成豪华"高档"的商品，蒙骗消费者。许多设计师受利益和欲望的驱使，忽略了包装材料的环保和回收等问题，废弃物处理引起不小的压力，无论是填埋还是焚烧，都会造成污染。这种不以人与自然万物以及设计产品的和谐为前提，单纯为满足人的不合理需求，不择手段地向自然索取资源，导致包装成本提升的设计，不仅增加了消费者的经济负担，也引发了自然资源的浪费、环境污染等一系列的问题。

从资源的有限性角度来看，过度包装导致包装材料的环保和回收等问题，废弃物处理引起不小的压力，无论是填埋还是焚烧，都会造成污染。在人与商品的关系上，商品的包装本是为了方便储藏、交换物品而出现。设计所带来的发展，使包装设计变成蒙骗、欺诈消费者的手段，甚至成为商家谋取利益的方式，设计师执着于权势地位、名誉财富、仁义道德的束缚，将简单的商品复杂化的过度包装而超出其应有的尺度，以致占用和浪费了大量的宝贵资源、违

---

① 陈鼓应：《庄子今注今译》，北京：中华书局 2017 年版，第 262 页。

② 蔡乐乐：《马克思与庄子的人性异化思想比较研究》，载《湖北经济学院学报（人文社会科学版）》2018 年第 5 期。

③ 平思嘉：《产品设计中设计异化现象的剖析与解决途径的思考》，上海：华东理工大学出版社 2013 年版，第 8 页。

④ 徐平华：《从"设计异化"到"设计和谐"》，载《美苑》2014 年第 4 期。

背商品信誉度、侵害消费者利益等问题层出不穷。正因为设计师观念的偏差，使包装设计违反了其本应有的原则，以致有限的资源被浪费，最终导致人性与外物的本末倒置。

(二) 设计在"人心"关系中的异化

自 20 世纪以来，中国的设计从生产型向消费型转变的过程中，充满了消费主义、享乐主义的消极因素。① 企业家大多将设计作为占领市场的工具，设计者则将其作为挣钱甚至谋取私利的工具。尤其是互联网技术的发展，兴起了网购的高潮，许多包装的安全问题也随之而来。商家对包装设计关注的重点是以何种方式降低成本，提高售价，吸引消费者，提升购买欲，设计忽视了人自身的健康、使用安全等问题。② 表现在包装材料没有进行安全检测，特别是来源不明的国外进口商品，包装简单，有的采用塑料包装。塑料原材料的单体大多有毒并且可以致癌，它们透过包装材料向商品迁移而造成商品安全问题。有些生产商为降低成本，在原材料加工制备时采用回收料和废弃塑料。在二次加工时，废弃材料中残留的添加剂会产生低分子聚合物和单体，造成商品污染。在物质的丰裕的今天，人所创造出来的产品变成对人自身的否定，继而成为独立于人的异己力量。设计师的理想和责任感逐渐被市场束缚，民族文化身份弱化甚至消失，设计追逐商业利益，追逐西方设计的文化表征，误认为商业上的成功是设计本身的成功。设计师的成就感转而依赖于无人格的市场，而非设计为人类社会的贡献。③ 这正是缺乏审美自尊、物欲膨胀导致"人心"冲突的表现。正如庄子所说，"贵富显严名利六者，勃志也。容动色理气意六者，谬心也。恶欲喜怒哀乐六者，累德也。去就取与知能六者，塞道也。"④明确指出富贵名利是扰乱意志的因素，美色言表是束缚心灵的因素，喜恶欲念是影响道德的因素，贪取技智是堵塞"道"的实行的因素。⑤ 这也许就是物质水平不断提升的今天，人们却总觉得幸福指数不高的原因。

---

① 朱明、奚传绩：《设计艺术教育大事典》，济南：山东教育出版社 2001 年版，第 162 页。

② 徐皎、孙湘明：《现代食品包装设计异化问题反思》，载《食品与机械》2018 年第 12 期。

③ 邱溆：《循环经济视角下的过度包装问题研究》，载《环境保护》2008 年第 20 期。

④ 陈鼓应：《庄子今注今译》，北京：中华书局 2017 年版，第 660 页。

⑤ 米晓娟：《庄子有关人性异化的批判》，载《文学教育》2012 年第 6 期。

从现代包装设计中存在的问题，我们了解到，设计本是造福人类，以满足人的合理需求。然而，人类在征服自然、满足私欲的过程中，将亲手创造的设计变成反对自身、异己的对象，完全背离了设计的初衷，对社会、自然和人类的日常生活都带来了负面的影响。由此可以看出，设计异化是随着现代工业的产生与发展，人类在改造世界的同时，为满足自身欲望而出现了设计观念走偏失控，在设计理想和责任感缺失中产生的。正是由于人类对设计的过度依附，在功利心的驱使下设计逐渐异化，从而导致了"人物""人心"冲突的加剧。人们在看到设计带来的负面影响的同时，须对导致设计异化的原因进行深入的剖析，从而探索出克服设计异化的途径。

二、"以人为本"——设计异化现象的解构

"境界"是中国艺术的核心问题。李砚祖根据宗白华先生的"境界说"提出了设计艺术的三种境界，即功利、审美、伦理。设计作为艺术的一种方式，自有自己的"境界"。① 如果设计不理解不遵循"境界"这一概念，必将导致"异化"。通过梳理文献发现，国内的文献（李砚祖，2005；田辉玉，2010；韩超，2017）中，对设计异化的原因分析大多是从功利和伦理两个维度展开。借鉴设计艺术的三种境界，将导致设计异化的多重原因进行归类，从功利、伦理两个维度来分析设计异化产生的具体原因。

（一）"以人为本"走向"以欲为本"：设计对欲望的屈服

先圣造物的初衷是造福于人，实现设计与人、设计与自然万物的和谐。现代包装设计为何会异化？它是如何引起消费者利益受损以及资源浪费从而影响社会经济的可持续发展？对设计异化现象的解构，有助于我们找到消解设计异化的有效途径。

庄子说："上诚好知而无道，则天下大乱矣！"又说："夫弓弩毕弋机变之知多，则鸟乱于上矣；钩饵罔罟罾笱之知多，则鱼乱于水矣；削格罗落罝罘之知多，则兽乱于泽矣。"②也就是说人类为满足自己的欲望，运用自己的智慧肆

① 李砚祖：《从功利到伦理——设计艺术的境界与哲学之道》，载《文艺研究》2005年第10期。

② 陈鼓应：《庄子今注今译》，北京：中华书局2017年版，第288页。

无忌惮地索取大自然，致使天下大乱、环境破坏，罪魁祸首便是人的喜好巧智。"设计是人类改变原有事物，使其变化、增益、更新、发展的创造性活动，也是构想和解决问题的过程，它涉及人类一切有目的的价值创造活动。"①而为了满足个体需求，不惜把自己凌驾他物之上的设计，形成以满足人类的需求为目标，最终走向人类中心主义，这都是致使设计从"以人为本"走向"以欲为本"的根源。在西方功利性和享乐性商业文化的影响下，设计师一味迎合消费者虚荣、浮夸的消费欲望，运用夸张的手段，有意识地设计各种新奇、时尚的奢华商品包装，有计划地造成商品式样的快速更新。中国的双十一、美国的黑色星期五堪称消费的狂欢，人们不断为创新高的销售数据惊呼，一次次拜倒在设计创造的新奇样式的石榴裙下。②

人类设计造物最本源的动机是维护人类生命延续的需要，为了生活，首先就需要衣、食、住以及其他东西，因此第一个历史活动就是生产满足这些需要的资料，即生产物质生活本身，即一切历史的一种基本条件。③然而，当代设计却走向了反面，设计变成了对人类欲望无限制的迎合，对物质的无节制的屈服，走向一条不可持续的异化之路。究其原因是人心的问题，彭富春教授在《论国学》一书中指出："任何一个个体都表现为个体的身心存在。天人共生和人我和谐都最终落实到个体的身心自在上。"④特别是被消费主义缠绕的当代包装设计，当物品作为商品的形式流通、消费时，物品的原有功能也出现了变化，以致设计不得不与其他商品一起沦为利益和欲望的工具。

(二)"以人为本"走向"以利为本"：设计对利益的迎合

老子说："故道大，天大，地大，人亦大。域中有四大，而人居其一焉。人法地，地法天，天法道，道法自然。"⑤认为人与天地同为一大，而道是天、地、人中的最高者。"天人合一"思想就是追求人与自然、人与万物、人自身之间的和谐关系，以实现人类社会持续发展的目标。设计单纯以人的利益为立

① 李砚祖：《造物之美：产品设计的艺术与文化》，北京：中国人民大学出版社 2000 年版，第 51 页。
② 李正柏：《消费社会视角下设计的异化》，载《创意设计源》2017 年第 12 期。
③ 罗会德：《新时代以人民为中心发展思想的形成逻辑》，载《东南学术》2019 年第 1 期。
④ 彭富春：《论国学》，北京：人民出版社 2015 年版，第 314 页。
⑤ 彭富春：《论老子》，北京：人民出版社 2014 年版，第 61 页。

足点，设计与人关系便会从和好走向了断裂，从依赖走向了对抗，从多极的
"天人合一"走向了单极的"以人为本"。过去和谐的万物与人之间的关系变为
占有与被占有的关系，人与天、与地、甚至与人的关系从依赖和睦转为对抗和
利用，一如父与子之间、夫妻之间、家庭大小之间关系的全部变质。① 进入
20 世纪中叶以后，设计在人类征服世界、改造世界的历程中变得越来越重要。
设计的运用不仅仅推动了社会的发展，同时也为人类创造了前所未有的成果。
然而，人类对设计的过度依附也随之而来，在功利心的驱使下，设计师往往置
道德伦理于不顾。究其原因主要有两个方面：一是设计伦理教育的缺乏，二是
设计伦理规范的缺失。这充分表明，设计伦理的教育的重要性，以及设计师队
伍需要接受设计伦理方面学习的必要性。

三、"以仁为本"——设计异化的消解路径

在虚荣性消费观和功利主义的驱使下，设计师置伦理于不顾，出现了设计
观念的偏差，成为设计异化的根源所在。那么如何消解设计异化最终实现设计
和谐是我们当今亟待解决的问题。在厘清设计与人、人与物关系的基础，设计
师应摆脱因狭隘的"以人为本"所导致的设计异化误区，树立正确的设计观念，
使设计走向"以仁为本"。究竟何谓仁？《中庸》说："仁者，人也。"孔子说：
"人而不仁，如礼何？人而不仁，如乐何？"仁是对人的本性的规定，是人区别
于动物的根本规定。先秦儒家讲："仁者爱人"，是一种有等差的爱，由血亲
之爱推而广之。正如杜维明所言："儒家的一个基本预设是把社会理解为一个
同心圆，从个人到家庭、家族、社会、国家、人类社群一直到生命共同体。这
样，仁就需要推己及人，从内向外，从私到公。这个观念有其现实性。"② 仁的
字形由人与二构成。这表明了仁在根本上是人与人之间相爱的关系。仁就是爱
人，而且是一种爱人的情感。仁的另一种古字形从心，这正表明仁是一种爱人
之心。但它不是只停留在情感里，而且也贯彻到人民的行动和言语中。

(一)走向和谐：重拾设计的本心

孔子注重联系人的感性生活谈"仁"，从而使得他的"仁"具有浓重的情感

① 周思中：《"他者"和"以人为本"的设计观念》，载《文艺争鸣》2011 年第 1 期。
② [美]杜维明：《儒家传统与文明对话》，彭国翔编译，石家庄：河北人民出版社
2006 年版，第 215 页。

意味。他说："仁者爱人"，"爱"就是情感。① 当下，包装设计应顺应时代的召唤，倡导设计和谐，重视失度设计、过度包装带来的一系列的问题，真正做到以消费者为中心，肯定人的主观能动性，挖掘设计的精神实质，注重其内涵的表达。关注人类的生存环境，重新定位设计与自然、人类和产品之间的关系，消解人本主义，强调保护环境、绿色设计，不过度而为，从根本上解决因人类过度消费而带来的生态失衡。

随着互联网技术的发展，人类对于科技的依赖导致了物欲的膨胀，甚至道德沦丧。庄子认为，人不要为种种"身外物"所役使，现代技术在飞速发展的过程中，人们设定了一种新的价值观，人能主导一切自然之物。为实现自身利益，凭借技术手段随心所欲地侵占自然资源，把自然界当作可以获取自身利益的对象。而庄子强调"无为而为"，顺应自然，人应该"安时而顺处"，懂得克制自己过分的欲望，才能与万物和谐共处。欲望的实现不仅依靠技术的中介，而且还必须服从智慧的规定。2015 年获国际包装设计大奖 Pentewards 铂金奖的农夫山泉矿泉水瓶，瓶身没有过度地考虑装饰、色彩、材质或外观的累叠与附加，或是沉迷于炫酷的附加功能，而采用全透明设计，并配有长白山典型的动植物的插图，每个图案都配有相应的文字说明，处处透露着自然生态文明和人文关怀。同时，我们也感受到了产品背后，企业和设计师们强调适度设计、节约资源，回归设计本心的思想。相比国内的一些设计师，受虚荣性消费观的束缚，往往急功近利地将浮夸、炫耀的材料、工艺堆砌于设计中，造成一种无形的浪费，逐渐走向了"适度"的对立面。

(二) 回归"本性"：重拾社会责任

儒家仁学注重推己及人。在包装设计时，设计师不仅要以用户为核心，处处为用户考虑，还要考虑非用户的利益。正如孔子所言"己欲立而立人，己欲达而达人"，"己所不欲，勿施于人"。在物欲不断膨胀的今天，大多数设计师认为他们的职责就是提升商品的销路。然而，设计师却没有意识到他们还有着更深广的社会职责。其实，对于设计造物的责任意识自古就有。《潜夫论·务本》载："百工者，所使备器也。器以便事为善，以胶固为上。今工好造雕琢之器，伪饰之巧，以欺民取贿，虽于奸工有利，而国计愈病矣。"②这显然是批

① 何晏集解、邢昺疏：《论语注疏》，北京：中华书局 1983 年版，第 2466 页。
② (唐)魏徵：《群书治要》，天津：天津人民出版社 2015 年版，第 422 页。

评"欺民取贿"的奸工，同时也感受到对责任感缺失的感叹。作为设计创造的主体，设计师必须履行符合道德价值的职责，倡导安全设计。首先，包装材料的安全性。设计师应选择既环保又对人体无害的材料，如使用纸质包装、可食用性材料，或选用可再生材料来替代塑料材质，还可选择可循环利用材料，包装的循环利用可以避免资源浪费，也保护了生态环境，有利于可持续发展理念的实施，做到为全人类的利益而设计。实际上就是将儒家的仁由血亲之爱推而广之，是"以仁为本"的体现。

中国人素来注重天人之间的和谐适应，追求"天人合一"的精神境界。《考工记》中指出："天有时，地有气，材有美，工有巧。合此四者，然后可以为良，材美工巧，然而不良，则不时，不得地气也。"[1]"天时、地气、材美、工巧"是一种极为深刻的工艺造物理论，明确阐释了顺应自然、天人合一的设计原则。其次，结构设计的合理性。很多商品的包装设计缺乏对于结构比例适中、尺寸的考虑，更是忽略了消费者携带的方便。在设计师依据人体工程学知识，关注结构经久耐用和方便携带，充分考虑具体商品类型、尺寸及其使用过程的结构设计。张道一先生十分强调设计行业的道德因素："艺术家的良心也就是对社会的责任，对民众的情感；对于设计家来说，就是对消费者负责。"[2]由此可知，安全设计就是设计师的良心设计，也就是设计的"责任"。与此同时，在包装设计中设计师体现自身个性的同时，应避免炫耀和浮夸，以弘扬优秀传统文化为宗旨；拒绝过度设计的虚华和违反良心的设计，加深对民族文化的理解，才能以规范的方式将传统经典成功地运用于包装设计当中。从设计与世界的关系来看，设计联系自然科学和社会科学，涉及创造新的产品、居住生活以及生态环境等方方面面，因此必须对社会生活的道德关怀有所体现。国外的一些知名企业在减少资源浪费、保护生态环境上率先做出了表率。如作为世界知名餐饮公司麦当劳就明确表示，要利用他们的规模在绿色环保设计中率先做出改变，希望对全球产生有意义的影响。此外，在绿色包装理念的推动下，星巴克咖啡推出到店自带杯子购买咖啡可减免 2 元的措施，以减少一次性包装的使用。

---

① 闻人军：《考工记译注》，上海：上海古籍出版社 2018 年版，第 7 页。
② 张道一：《设计道德——设计艺术思考之十八》，载《设计艺术》2003 年第 4 期。

四、结　语

今天设计异化现象愈演愈烈，究其原因在于学界没有厘清设计与人的关系、设计与物的关系，设计怎样才能真正做到以人为本这一观点没有得到经验证据的一致支持。我们通过分析，证实一味强调以人的利益为立足点，不仅扭曲了设计师的道德伦理观，造成了人与设计的冲突，导致追求过度包装、享乐化设计等现象层出不穷，最终设计偏离走向人类中心主义，而且增加了生态环境的负荷。要消解设计异化，实现设计和谐，须从单级的"以人为本"走向"以仁为本"，让设计回归本心。强调适度设计，理性回归设计本真，有助于遏制奢侈、浮夸的过度行为，同时也丰富了现代包装设计领域的研究，为包装设计师提供了新的设计方向。分析设计师的道德职责对包装设计的影响，有助于设计师树立正确的设计观，加强行为规范和职业道德。此外，还须有保护自然，关爱其他物种生存权的环保意识。

在宇宙中人亦一物，犹如沧海之一粟。然而人实有其特殊优异的性质，即荀子所谓的"有义"，能辨别应当与不应当。① 孟子说："矢人岂不仁于函人哉！矢人惟恐不伤人，函人惟恐伤人。"（《孟子·公孙丑上》）意思就是说，造箭的人难道不如造铠甲的人仁义吗？造箭的唯恐造的箭不能射伤人，造铠甲的唯恐铠甲不能射伤人，表明先圣造物活动是受明确的功能意识支配的，自己的产品将会产生什么后果并不是工匠们关心得事情，他们常常专注于某个具体器物的实际功用，至于它是否有助于增进每个人和社会的整体利益之类的问题显然超出了他们的视野范围。② 这也是一直以来中国设计界的问题。对于人类而言，设计既能造福人类，同时也存在着危害人类的可能性。设计的目标是在满足了人的合理需求的同时，最终实现天、人、物之间的和谐，做到真正造福于人类和社会。

（刘一峰　武汉大学哲学学院）

---

① 张岱年：《中国哲学大纲上》，北京：中华书局2017年版，第5页。
② 徐飚：《成器之道——先秦工艺造物思想研究》，南京：南京师范大学出版社1999年版，第182页。

基于公众体验感的城市线性景观
功能设计策略①

张　琴　邱嘉辉　何雨倩

一、引　　言

城市线性景观相比于其他形状的公共开敞空间，线性的几何特点使其能够通过蜿蜒连接的方式串联更多的社区，从而具有更高的空间可达性和利用率，能够保证景观的连通性。城市中有很多自然河流，山体界面等自然要素组成的线性空间，植被和水体是线性空间中非常重要的构成要素，越来越多的滨水景观带，自然生态廊道等线性空间成为自然生态型线性景观的代表。② 从公众体验角度进行景观功能分析，通过人们对日常生活经验的重新诠释和关注，帮助设计师更好地设计出符合人们内心想法的景观，可以更好地营造人们身心健康和友好交流的环境，增强社区参与度和提升社会凝聚力。因此，基于公众体验的城市线性景观设计研究对于未来城市景观系统建设以及提高公众户外景观体验具有重要意义。

二、城市线性景观面临的问题

目前城市线性景观大多数结合行道树和绿道展开，与公众参与功能相互独立，存在可达性差、使用率偏低，景观同质化现象严重等问题。由于公众的体

---

① 基金项目：教育部人文社会科学研究青年基金项目［编号：18YJC760128］——"低碳背景下城市街道景观设计测试模型与实证研究"。

② 李静、崔志刚、张慧、减亮、朱永明：基于生态功能的滨海区域线性景观设计研究以北戴河新区为例. 载《中国土地资源开发整治与新型城镇化建设研究》2011 年第 2 期。

验感严重缺乏，线性景观的功能无法完全展现的同时也缺乏社会认同感。

(一)线性景观空间可达性差

一方面线性景观出入口不合理，缺乏对公众行为习惯的调研与分析，不能充分满足使用者进入线性空间的可达性、引导性和方向性。另一方面路线的组织缺乏连贯性，存在很多断头路的现象，引导公众错误的行径路线，这很大程度上会影响使用者的行走体验。

(二)场地主题特色不清晰

城市线性景观体验活动缺乏整体统一性，功能节点主次不分明，减弱了体验者对场所的体验记忆，削弱了公众的体验效果。对于历史文化内涵挖掘深度和表达不够，地域文化的表达往往局限于表面的装饰，忽视了原场地的地域特色，削弱了城市风貌的体现，使得线性景观于整个场地特征脱离，缺少主题识别性。

(三)体验空间划分不够合理

景观功能分区界限不明显，缺乏空间序列，也没有根据公众不同层次的需要出发进行空间划分，没有营造一个从表层体验到深层体验过渡的空间感受，使整个空间节点分布较为散乱。同时因为缺乏对于使用者进行行为特征和需求的前期调研，城市线性景观中存在大量使用率极低的空间。

(四)体验场所营造缺乏特色

景观节点基本上都以视觉审美体验为主，缺少互动参与性场所和创新型景观。现有功能缺乏特色和吸引力，参与性差。因此需要从体验者的需求和爱好出发融入参与互动性的娱乐设施，给公众停留游玩的空间场所。需要设计具有创新性和特异性差异的景观体验，充分满足人们的猎奇心理。

(五)配套设施和后期管理系统不够完善

公众对于环境的体验是一个持续性的过程，园区内的配套服务设施与后期的管理维护也将对景区的综合体验感受产生极大的影响。系统而清晰的导视系统，合理的驿站，公共卫生间、公共座椅、垃圾收集箱等配套设施配置，完善的后期管理维护，都是增加场地良好体验的必要条件。

三、体验式线性景观特征与类型

"线性"空间一般是指城市开放空间中呈现线型连续分布的空间环境，将很多点状的空间布局通过某一条路线将其串联起来，形成线状的空间形态。① "体"即是体察，"验"即是验证，体验即是"以身体之，以心验之"，是身心两方面的结合。凯文·思韦茨从人与环境的关系这一角度出发，明确提出了体验式景观的概念，认为体验式景观是中心、方向、过渡和区域的综合。② 设计合理的体验式线性景观具有如下特征：

(1)互动参与是体验式景观中最为突出的特征。体验是对互动信息的反馈，不管是感知体验、娱乐体验、教育体验还是创新体验，只有在体验场所中设计相关的互动参与景观，才能给使用者带来更直接的互动体验参与感受。随着公众体验需求的提升，需要加入景观多元化的表现，意境的感知，文化活动的引导，科技装置的应用等多维度体验方式来提高体验者参与互动的积极性。

(2)线性景观根据场地条件和功能定位具有明确的主题性。通过抽象提炼场地特征，强化体验需求和功能特征，突出最能代表场地特征的主题，能给使用者带来明确的体验感受，增加空间的吸引力。景观主题一般可以分为自然主题和人文主题。以自然为主题的景观场所营造出的体验内容一般依托于当地地貌，让体验者感受自然生态的环境。以人文为主题的景观场所营造出的体验内容一般是以传统历史文化为依托，从而展现当地人文风俗、历史遗产、地域特色、时代精神等内容。

(3)体验过程其实就是一个对景观空间不断递进延续感受的过程。当人处于现场状态，获取场所的相关信息并在脑海里有了一个初步判断之后，进行信息筛选和比较，借助之前记忆中已有的经验去与所看景象进行验证，然后对体验结果进行反思和复盘，形成新的经验储存于记忆之中，为下一次的经历做好记忆储备。在19世纪末出现了"体验经济"，将体验作为一种吸引和刺激消费者购买欲望的目标需求，在这个领域中，体验已经不再是个人的单一内心行动

① 谢锦添：《线性景观在城镇建设中的应用》，南昌大学2013年硕士论文。
② [英]凯文·思韦茨、伊恩·西姆金斯：《体验式景观：人，场所，空间的关系》，陈玉洁译，北京：中国建筑工业出版社2016年版，第23页。

力的体现，而是一种有形的消费品。①

（4）场所精神性是线性景观体验活动的另一特征。一个优美的具有地方特色的环境，不仅仅是各个景观要素的基本排列组合，更是一种有形和无形要素的融合。当我们所处环境中融入当地特色景观，竖向关系、文化历史、城市脉络等要素的加入使得整个空间场所更加具有故事性，融入的体验式节点也会更加具备场所精神性根据场地功能和形态，将线性景观空间分为四种不同类型，通过分析比较能更有针对性地设计相关体验场所，满足游客的体验需求。

①休闲游憩型，为人的休闲活动提供场所的线性空间。具有完善的步行和骑行系统，通过游线组织动态的景观空间序列。娱乐体验和审美体验为主，适当融入创新体验和教育体验。承担游客的日常体验活动，例如散步、跑步、骑行、健身、交流、休憩，等等。

②自然生态型，以自然生态为主的线性空间，常常作为城市开放空间使用，具有优良的生态条件和自然环境。以审美体验和娱乐体验为主，为城市居民或者游客提供可以亲近大自然的游憩活动场所。

③交通型，为人们提供通行空间，以交通功能为主。为人们提供不受机动车干扰的相对安全、边界和舒适的绿化步行道。提供多视角的体验，例如高架桥或下沉式交通廊道给体验者不同的视觉感受。

④文化遗产型，具有一定文化价值并且可以展现城市风貌或者城市文化的城市线性空间。以历史遗产、文化价值、纪念故事作为空间场所的依托和空间序列组织。以教育体验为主。具有教育、休闲、社会等多方面的体验意义。通过叙事或者文化展示表现形式使体验者产生共鸣。

四、体验式线性景观设计策略

体验式线性景观设计遵循整体规划、因地制宜、动态优化、生态可持续发展原则。通过资料采集，信息整理，要素组织，规划设计和系统优化五大步骤来系统设计场地空间。

（一）策略一：强化线性景观体验主题

体验主题是由空间场所，景观要素，场景氛围等共同表现得出来的设计内

---

① 朱书敏：《体验经济下西安市商业街区体验式景观设计研究》，长安大学 2018 年硕士论文。

涵。体验主题的强化有助于整个景观空间体验式景观的串联和完整表述。景区体验主题可以分为主题选择、元素提取和深化融入三个阶段。对于体验式线性景观的主题定义，应该从场地本身所具有的一些特质去发掘，比如线状的地形地貌、自然资源、文学底蕴故事、民俗风情等，重点考虑如何将场地的特征提取出来相关景观要素原型，通过直译或者隐喻的方式予以表达。不仅能从自然生态的表层感官体验上升到深层次的地域文化和特色活动类的反思教育体验，也能促使体验者在游览过程中的思考与联想，从而产生共鸣。确定主题之后将其融入园区各个空间，例如道路，景观小品，建筑等节点中，这种将主题融入整个游览路径中的有效诠释可以引导体验者感受整个园区空间环境的变化，更好地融入整体的主题情景之中。而一个好的体验主题也是营造一段故事的起始与灵魂所在。强化体验主题是景观空间共性和多元化特性的整合处理，共性与个性互相协调发展才能突出主题辨识度。

(二) 策略二：完善线性体验空间序列

序列一般指线性景观区域空间结构，是整个景观功能分区和空间组织的整体框架，决定着景观功能区的规划和各个景观体验场所的分布。通过体验者的行为要素、空间分区要素、空间序列要素三个方面确定和完善场地空间序列组织。空间序列的组织需要从宏观到微观，从整体到细节各个角度进行综合考虑，合理的空间组织可以引导体验者的心理活动和行为活动，并且强化体验者的体验层次和体验感受。

线性空间可以给体验者以引导性和方向性，同时也具备空间的流通性、延伸性、功能性、连续性、秩序性、节奏性等特性。在空间原型的表现形式上一般可以将线性空间分为串联式、渐进式、组团式。公众可以根据景观活动节点的排列位置而产生体验感受；通过观景的视线与游赏路径的行为变化产生的方向体验感受；通过景观节点所营造出来的空间场所而产生的中心体验感受；通过点、线、面的相互转换而产生的过渡体验感受。

其一，串联式，线性的串联式空间形式以景观空间的游览路线为主串联各个景观节点，没有明确的序列组织，使游客没有选择障碍，跟随设计路线进行游览，并且使景观空间具备一定的连续性和秩序性。其二，渐进式，线性的渐进式空间形式是在串联式空间形式基础上的演变，区别在于渐进式的空间形式会有明显的组织序列，在游览过程中会有明显的起承转合，并且会充分凸显核心景点，景观空间特征明显，各个景观空间之间联系密切。其三，组团式，线形的组团式空间形式使整个区域具有明显的层次，各个小节点组团形成大的景观节点空间。以一个或者多个重要节点或者景观空间作为中心，各个节点通过道路、绿化、廊道等进行连接。

(三)策略三：优化线性景观体验路线

体验式线性景观是一种连续变化、动态连贯的感受过程，需要通过路径为体验者提供有序的引导和方向，形成起承转合的心理体验过程。设计如同讲故事，需要通过路径作为连线，将序章、开端、发展、高潮、结尾、落幕串联起来，形成完整篇章。体验路径与景观节点之间的连续，分散或者隔离的关系会影响景观体验的行为感知，层次递进和视角感受。合理的体验路线在一定程度上也可以增强体验者的节奏与韵律。体验路线是一条引领公众进行体验感受和层次递进的主题游览路线。体验路线通过整合景观空间资源，从体验者的角度出发进行规划设计。

(四)策略四：塑造多元化景观体验场所

多元化的景观体验形式可以提升和丰富整个空间的景观体验品质。通过差异化景观设计，独特的地域文化形式，互动参与场所融入，传统与现代科技联合设计等设计手法营造特色体验场所，实现景观的体验化、功能化、生态化、特色化。宏观上，城市景观格局应该将不同体验主题的景观空间进行交叉联系，串联景观空间与周边社区，学校和公共场所之间的关联性。中观层面上，确定和强化景观空间的体验主题，主次分明的空间序列，多元化的体验场所，皆是提升景观空间体验品质的有效手段。微观层面上，景观空间应该采用多样化的展示形式和表达方式，提升景观的品质和文化内涵。同时景观空间内的配套设施，娱乐项目，优化更新皆是增强景观空间生命周期的重要策略。

(五)策略五：配套设施及后期管理体验过程

这项过程是一个持续性的过程，景观空间内的配套服务设施与后期的管理维护也将对景区的综合体验感受产生极大的影响，完善的配套设施和管理制度为游客带来优质体验感受的同时也会为景观空间带来好的口碑和经济效益。景区中的配套设施可以从标识系统、灯光设计、铺装设计、植物设计、小品设计、植物设计多方面进行合理规划。其次驿站，停车场，租赁服务，卫生间等设施均应该根据景观空间节点的人流量和路线分布有序设立。当景观空间投入使用后应定期进行体验信息的反馈和优化升级，例如景观空间内各个设施的使用情况，针对安全隐患予以排查，设备损坏予以维护，主题特色活动的添加与删减等，皆对于提升景观空间的体验质量和延长景观空间可持续生命周期有很大益处。

五、结　语

本文旨在通过对体验式景观设计的研究，从体验式的创新视角提升线性景观空间的体验质量，完善体验式景观设计理论，最大化利用空间，实现城市景观生态保护和发展。尝试将体验式景观与线性景观相结合，跨界融合，实现集成优势。针对现存的线性景观的问题，合理利用"线形"这种空间形式，通过对线性景观和体验式景观的特点、要素的分析考虑，将互动参与，文化体验、环境保护、游憩休闲等各种内容和功能有机地联系起来。进一步完善体验式景观设计理论。从体验视角出发探讨线性景观和体验式景观相互融合的策略和方法。在理论研究和调查研究的基础上提出了体验式线性景观设计的流程和"强化线性景观体验主题；完善体验空间序列；优化线性景观体验路线；塑造多元化体验场所；提升配套设施及后期管理"五大设计策略。线性空间对于体验式景观的空间格局、序列组织、游客引导、场所氛围营造皆有帮助，并且能进一步地得出体验是人和线性景观之间参与互动的有效媒介。打破现有对于景观形式与空间的认知，拓宽体验式线性景观的研究和设计的理论视野。

（张琴、邱嘉辉、何雨倩　武汉理工大学艺术与设计学院）

新技术时代下设计的感性新特点及其量化

洪　玲

　　20 世纪后期在西方出现的"新卢德主义"①首先提出了新技术时代的概念，类似于第三次信息化浪潮，即"电子技术时代"或"后工业社会"，数字化、信息化、非物质化；大数据、超媒介、万物互联；多学科知识的融合等是其特点，较之工业时代的技术特征发生了巨大的乃至根本性的变化。3D 打印、人工智能、仿真技术、多媒体技术等新技术手段不断渗透设计，智能设计、非物质设计、情感化设计等 20 世纪以来形成的设计理念极其依赖于技术手段的实现。技术带来设计无限的可能性，但设计始终"以人为本"，"一些高科技公司已经开始顺应设计视点从'硬件时代'经'软件时代'，发展到'人的时代'的转变，将用户的感性需求当作产品设计的主要参考指标，通过新技术的智能化、弹性化，以适应不同文化背景的用户和社会整体的变化。"②设计的焦点向重视过程和人的方向转移，将设计的理性技术与人的感性情感充分融合并加以发展，是新技术时代的显著特征。

一、设计中的"感性"

(一)"感性"的内涵及特点

　　感性，Sensibility，源自拉丁文 sentises，意思是与感知相关的感觉力；识别力；敏感性；情感等，是一个心理学用语，指向美学或感情方面。在约翰·

---

　　①　李砚祖：《外国设计艺术经典论著选读》，北京：清华大学出版社 2006 年版，第21 页。

　　②　李砚祖：《外国设计艺术经典论著选读》，北京：清华大学出版社 2006 年版，第21 页。

洛克的《人类理解论》中最早提出了"感性"这一概念,他认为理性非先天存在,人们通过感性获得对外在事物的经验和知识。康德的思想受其影响,德文"Sinnlichkeit"来自康德的《纯粹理性批判》,也翻译为"感性",原意为官感,感性;实体,现实感;感性事物;情欲,性感。康德将人的认识能力分成了感性、知性和理性三种,"感性"是人先天对世界和事物的直观认识,是对象的纯粹表现,是思维运动的第一个形式,并且他将感性定义为"通过我们被对象刺激的方式来接受观念的能力(接受力)"。① 近年来,"感性"一词频繁出现在日常生活及审美领域,通过追溯"感性"的产生过程,可以得到"感性"至少包含三层含义:第一,感性是人所具有的对对象或环境的感觉和印象,是一种直观认识活动。人们会不自觉(或者无意识)运用所有的感官,包括视觉、听觉、触觉、嗅觉、味觉等,对事物、环境以及状态获得某种主观整体印象,是认识的初级阶段,如感性认识。第二,感性是人对未知事物的感受、分析和逐渐判断的能力,是动态的认知过程,是人们认知和认识事物后对其所产生的心理反应与表现。第三,感性是审美认识活动的基础,在感性认识活动中,感觉和知觉常常伴随着情感、想象以及联想,主导或者影响着人对事物的主观认识和评价。美学之父鲍姆嘉通认为美学就是研究感性认识的一门学问,当代美籍德国著名哲学家赫伯特·马尔库塞在《审美之维》中指出:"美的东西,首先是感性的,它诉诸感官,它是具有快感的东西,是尚未升华的冲动的对象。"②感性的力量不但可以使人获得直接的审美愉悦,还能够使审美摆脱理性的压制束缚,赋予理性灵感和热情,使生活充满乐趣和活力。

相对于理性,感性是人对外界及环境的本能反应,是人感受事物的能力,是人的自然属性。正因为感性产生的直接性、直观性、认知事物的整体性,以及伴随着种种心理活动,使得感性具有显著的不确定性和模糊性,有时甚至不被自己察觉。基于感性的内涵及特点,在现代社会,伴随着对个体意识的尊重和强调,近年来在设计学界提出了感性化设计的概念,研究感性,探究丰富的人类情感需求,增进人与设计对象的情感链接,感性研究在未来设计的发展中具有重要价值。

---

① [德]康德:《纯粹理性批判》,邓晓芒译,杨祖陶校,北京:人民出版社 2010 年版,第 25 页。

② 方心清:《全球化视野下的生活方式变迁——也谈消费文化中的人文色彩》,载《浙江学刊》2003 年第 5 期。

(二)"感性"在设计活动中的表现

在设计活动中，人不仅是创造主体也是消费主体，人与设计对象之间不仅是使用者与被使用者的关系，也是主客体之间的感官与符号的关系，在这样的链条中，任何环节都离不开感性的主导和影响。首先，感性是设计创造的原动力。感性认识与理性认识作为设计思维活动中的两个必不可少的方面，始终交替出现在设计师的设计创造活动中。感性思维促使设计形象的形成，使设计作品具有美的形式。在传统器物丰富的纹样和造型中，体现了早期工匠们以天地万物为师表现出的丰富的想象力和创造力，如各种加以变形和组合的动植物纹样，样式奇特或夸张巧妙的器物形态，无不传达了早期造物的感性魅力。感性思维赋予设计师独特的创作灵感，是"个性"化设计的自然表现，如安东尼奥·高迪建筑中近乎怪诞的独特风格、菲利普·斯塔克别致浪漫的设计作品，波普设计、孟菲斯设计等都充分体现了设计的感性灵感和个性魅力。当代设计需求的多样化与个性化，设计形式的不拘一格与新颖变化，那些让人脑洞大开的设计作品不仅体现了设计师的创作才能和聪明才智，更体现了感性思维的创造性价值与独创性表现。

其次，感性是现代设计与审美联系的重要纽带。一方面，设计应满足人们物质需求的功能性，为人们的衣食住行用所服务，设计技术体现了工艺或科技理性的成果；另一方面，设计也是视觉符号系统的设计，承载着各种感性要素，在一定的文化环境中给人们留下印象、感受和体验。随着物质生活的日益丰富和生活水平的提高，人们对产品的消费由功能性走向了审美性。第一个层面是令人悦目的感性形式，在我们的日常生活中，我们不断地追求美，人们进行消费，不仅仅是买东西，也希望带来一种美的视觉体验，"审美"渐渐成为一个使用频率很高的词语。第二个层面是建立在视觉感知基础上的情感的归属。在美的视觉体验之外获得情感体验，设计物成为特定人群身份地位和爱好的标签，这些感性形象所体现的符号内容就是产品的附加值，这些因素会让顾客产生意料之外的惊喜，产生"愉悦的感觉，从而成为消费者产生购买此产品的决定性因素"。

任何时代下的设计都具有感性，或隐或显，都是在感性与理性之间寻求平衡的过程，譬如传统手工艺品表现权力、地位的象征功能、西方现代设计的指示功能到今天定制的、个性化设计对个人情感的满足，主要通过使用者的感官感受来实现的。时代的发展，学科研究的创新，设计中感性的作用不断被认知和挖掘，逐渐形成了一股以感性为主导的设计审美化思潮，感性成为设计不可或缺的创造力和审美视角。那么，如何进一步满足消费者的感性需求，实现感性化的设计，在新技术时代，不同于之前，设计的感性更多的通过或结合技术手段来呈现。

二、新技术时代下设计的感性特点

(一) 以消费者体验为中心

正因为感性是直观的、审美的，进入 20 世纪后期，生活质量显著提高，表现精神需求及个性化的产品日益增长，消费者越来越从自己的感受出发来选择产品，产品的"颜值担当"以及"文化标签"成为与功能并驾齐驱，甚至超越功能的重要因素，西方的后现代设计思潮就是设计感性诉求的开端。随着后工业社会的到来，经济急速发展，科学技术日新月异，人们依赖于信息技术，并致力于发展服务业，这是一个产品过剩的时代，感性因素成为不断撬动购买的杠杆，产品背后的附加值——"消费者的体验"尤为重要。人们进行消费，不仅仅是"买东西"，更希望得到一种愉快的购物体验和舒适的使用体验，消费者不仅仅通过产品本身的功能、形态、大小、颜色这些基本要素去感受产品，也通过操作、价格以及服务过程等多元要素形成对产品及品牌的主观印象和综合评价，而所有这些感性体验最终决定了消费者是否购买该产品。

日本设计师平岛廉久于 20 世纪末提出物质时代结束，感觉时代来临，宣告了"人的时代"的到来。感性时代伴生着消费者个体感官的张扬而来临。美国现代营销学之父菲力普·科特勒将人的消费理念分为三个阶段：一是量的消费阶段，即消费买得起的商品；二是质的消费阶段，即追求质量高的商品；三是感性消费阶段，即注重购物时的情感体验和产品的"情绪价值"。从 20 世纪 60 年代起，设计以用户及满足用户心理需求为宗旨，这正是从工业社会到后工业社会，从技术时代到新技术时代，从生产型社会进入消费型社会的巨大转型，"消费理念中的人文因素增加，消费取向中的精神需求加强，消费结构中的非物质含量扩大"。① 2014 年埃森哲中国消费者洞察报告显示，中国主流消

---

① 方心清：《全球视野下的生活方式变迁——也谈消费文化的人文色彩》，载《浙江学刊》2003 年第 5 期。

费群体的消费观念更加感性。① 显然，我国也已经进入感性消费阶段。而在2018年埃森哲中国消费者洞察报告中，通过对代际消费者行为习惯的研究，发现"体验至上"是新消费浪潮下又一趋势：对于消费者而言，购物买的不仅是商品，更是一种体验，既包括产品本身带来的体验，更包括从购买动机到完成下单甚至再购买的全流程消费体验。比起优惠的价格，舒适而方便的购买场景更能触发消费冲动，其中，为消费者提供"智能购物体验"，如场景化体验和参与性购买体验，尤受青睐。宜家可以说是传统场景消费模式的先行者，当沙发、靠枕、茶几、杯盏被装饰成一间漂亮的客厅，身临其境的消费者便会不知不觉增加购买欲望。"参与设计"也是消费者寻找适合自己产品和品牌的一条特殊途径，是消费的又一种全新体验。即让消费者成为企业产品的内容提供者以及设计者，积极发动消费者参与产品的生成全过程。堪称句句经典、字字灼心的白酒界网红江小白，就是借力参与性消费红极一时，2016年江小白推出了"表达瓶产品"，消费者扫描江小白瓶身二维码，输入想要表达的文字，上传自己的照片，便能自动生成一个专属于自己的酒瓶。如今，随着各种数字和社交平台的火爆，场景体验不断升级换代，人们可以通过数字产品和数字市场来提前体验计划购买的产品，也可以更便捷得参与产品的个性化设计中。

打造消费者体验，贯穿企业产品全生命周期管理的全过程，从消费者认知、了解、购买、使用、售后，一直到再次购买。市场需求要求设计做出相应的变革，不再只是设计产品本身，而是产品服务的设计和体验的设计。在新技术时代，借助数据和技术，线上线下的一体化设计服务，"量体裁衣"式的在线体验满足消费者越来越个性化的设计需求，设计体验从基本的视觉感官体验到场景体验到参与性体验，继而线上线下多维度体验，体现了感性研究带来的设计的巨大进步。

(二)设计借助技术延展感官体验

21世纪，一切都在向"智能化"迈进。计算机数字技术、互联网技术以及智能技术三者的高速发展与融合，迅速推动了艺术设计行业不断向数字化、智能化方向发展，虚拟设计、人机交互设计带来了传统设计的大变革，智能产品

---

① 埃森哲：《2018 中国消费者洞察—新消费、新力量》，https://www.useit.com.cn/thread-19201-1-1.html。

给人们带来了不一样的真实感及前所未有的体验感，设计借助技术的力量创造了沉浸式的体验环境和全新的多感官交互功能。在盛行的电子游戏设计、影视动画设计、网页设计、数字空间设计到日常生活中使用的可穿戴的电子设备、智能电器等设计领域，技术发挥了举足轻重的作用。

近几年虚拟现实技术(VR)、增强现实技术(AR)、混合现实技术(MR)以及扩展现实技术(XR)的快速发展鲜明地体现了通过技术手段对感官体验的开发和延展。由计算机创造的虚拟世界，人们可以在其中像感受真实世界一样去体验和交互。虚拟现实技术通过对人的视觉、听觉、触觉等感官的模拟与重建以及与现实世界的区隔，为用户构建一个相对封闭的接受环境，进而形成生理上的沉浸状态，用户在三维互动沉浸式环境中可以非常自然地与虚拟环境中的物体进行接触与交互，同时在虚拟环境中也可以接触到现实环境元素的高仿真度还原，不仅能获得身临其境的体验，还能够拓宽自己的认识，增强自身认识世界的能力，通过沉浸式体验，一款《王者荣耀》就让上千万的游戏爱好者沉迷其中。增强现实技术不仅将虚拟的信息显示出来，同时展现了真实世界的信息，而且，将两种信息无缝集成、相互补充、叠加。在3D电影中，观影者戴上头盔显示器或者特制作眼镜，便可以感觉真实的画面围绕着他，4D电影在3D立体电影的基础上，增加了环境特效和座椅特效系统，通过环境特效可以使人有身临其境的感受，甚至到7D电影，将观影体验延伸至人的五大感官领域，不仅是视听感受，更有触觉、嗅觉、味觉的立体感受浸入。"沉浸传播技术延伸了人的视觉、听觉、触觉、嗅觉，正成为人们不可或缺的工具。……虚拟世界可以是人与媒介共同延伸后又合二为一的产物，即所谓超媒介，这应该很可能就是未来的媒介形态，是满足人对信息最大限度需求的最人性化形态。"①借助技术，虚拟设计可以把我们原先无法感知的事物呈现出来，把听不到的声音模拟出来，把看不清的事物清晰化，通过对物体多维特征的信息重构，创造出一个增强版的现实世界，它涵盖视觉、听觉、嗅觉、触觉等多维度的感知，帮助我们把世界看得更清晰、更透彻、更丰富。

人机交互技术将人体的感官与机器界面相联系，通过语音识别、手势输入、视线跟踪、感觉反馈等技术，实现多个交互通道来丰富感官体验，人机交互界面设计正是基于这一技术而产生的设计领域。此外，高速发展的图像处理

---

① 李沁：《沉浸传播的形态特征研究》，载《现代传播》2013年第2期。

技术、空间跟踪技术、力与触觉反馈技术以及计算机越来越强大的运算能力等，都为虚拟设计和交互设计提供了有力的技术保障。可以说，技术为设计插上了想象的翅膀。如今，智能设备广泛运用于日常家居、办公、交通、旅游、健身等多个领域，体验功能不断更新换代，并影响着人们工作、交流、信息共享的方式，实现着无处不智能，无处不交互。通过技术和设计不仅创造了一个新世界，极大地扩展人类的感官体验和多维度感知，并使人与机器之间的交互变得频繁起来，技术与设计变得更加密不可分。

三、新技术时代下设计感性的量化

（一）感性工学技术的兴起

从生产到消费，在整个设计活动中，感性因素无处不在。设计的感性与感官性在新技术与艺术的交融中被极大地激发，依赖现代技术手段不仅能打造沉浸式的感官体验和多感官交互，甚至能将朦胧不易察觉的感性转化为具体的设计要素，"感性"的量化是新技术时代下设计的显著特点之一。20世纪70年代，日本的研究人员将感性分析导入工学研究领域，于20世纪90年代形成了"感性工学"学科，用现代技术测定、量化和分析人的基本感知过程，掌握其规律，形成以感性研究为基础的感性工学设计，通过感性与工学相结合的技术，分析人的感性和喜好来制作设计产品。将模糊不清的感性需求进行量化来指导设计，在日本汽车设计、产品包装、家电、装饰品等领域全面展开，日本的感性研究热潮一直延续至今并掀起了全球对于感性设计的研究，虽然各国的命名多样化，如西方（欧美）国家的情感化设计、人性化设计，等等，但都强调以消费者为导向，依据人的喜欢和感性情感来进行设计这一主旨。

感性工学在艺术设计领域的广泛应用，依托了工程学、心理学、脑科学、美学理论等多门学科的发展，不仅是人类自身作为造物活动的主宰地位的情感表达需要，也显示出社会和学科发展中学科蓬勃和交融的重要性。作为一种产品研究方法，"感性工学"设计不再局限于探讨设计对象的功能和造型等物理层面的因素，而是通过关注人与物之间的相互关系，探究人的感知特点，探讨产品的属性与用户心理感受之间是否匹配，甚至将用户心里已存的或对产品的期望转化为具体的设计参数或设计方案。作为一种人因探讨技术，"感性工学"设计运用科学先进的现代工具和技术，帮助消费者表达他们对产品的真实感受或潜在需求，比如对产品工作造型和颜色的感受、声音的感受、操作时身体的感受等，这些对产品主观而细致的感受和评价使设计师更加直接和便捷得获取不同消费者和消费群体的感性需求从而指导设计。"感性工学"将技术、设计与感性三者联系起来，使感性的量化具备了理论的基础和技术的支持。

(二)感性的量化实验

在具体的设计活动中，产品的感性因素主要由感性设计实验阶段利用感性描述、对比分析、技术仪器等手段和工具进行收集。感性模糊又多变，对用户而言用语言和文字来确切地表达自己的感受并不是一件容易的事情，于是产生了语义实验这种提供选项的定量化测量方法。在语义实验中，由不同的形容词形成一个个态度量表，测试者只需要在特定的态度量表中将自己的感受标示出来，直观又简单。在感性工学设计实验中，会运用到一种以语义差异量表为基础的态度量表来进行评价对象，测试者将原本模糊不清的感觉转换成不同的词汇呈现在量表中，而这些感性词汇与设计要素之间有着紧密的对应关系，用户只需要通过量表来评价对象。比如在一组手机造型的感性研究中，被试者要运用语义量表对3种手机造型(A、B、C)进行评估，并且还要将他们心目中的理想的手机造型(X)在态度量表上表示出来，如下图所示。通过态度量表，设计师可以轻松地了解用户的感受，并对3款手机进行比较，还可以捕捉到用户的真正的需求。进行语义分析是产品感性量化的最基本方法之一。

对某品牌手机造型进行评价的语义差异量表

此外各种先进的技术和技术设备被广泛运用于对感性信息的获取中。如眼动仪实验，运用眼动追踪技术观察人的瞳孔的变化和测量人的视线轨迹，去了解人的许多心理活动。在感性设计实验中，通过眼动仪实验获取被测试者的眼球运动轨迹，有分析软件自动生成眼动的热点图和焦点图，从而推断出被试者感兴趣的区域或者引起注意的细节。通过眼动仪将使用感受留下痕迹，并通过分析软件记录下来，使感性变成可以看得见的东西。比如运用眼动追踪技术对网站邮箱进行可用性研究，对产品的形态进行关注度的研究，对平面设计作品进行评估研究，对城市导向系统进行识别研究等。此外还有对比实验，虽然感性不能明确得表达出来，但是当提供给用户不同的产品选项和属性，则可以对比得出哪些选项和属性满足他们的要求。在感性设计实验中，无论是语义实验、对比实验还是眼动仪实验，各种实验方法最终依赖于计算机进行数据的整理和比对，甄选有效数据，对有效收据进行定量分析，最终诠释数据并形成结论，这就是数据分析实验，在感性因素的获取阶段，不但能够通过数据分析实验掌握可用的感性信息，同时也能够作为感性信息结论的分析方法。

感性工学被运用在汽车的开发设计中，譬如马自达、三菱在通过研究消费者的感性需求后，由过去"高级""豪华"的设计定位，转为"方便""快乐"使用的设计定位，在保持产品物理性能不变的前提下，重视感性化的驾驶台设计，提升车内空间设计，将狭窄的空间设计得更宽敞和舒适，从而获得了消费者的青睐和市场的成功。将感性成果实用化，设计出感性商品，是始终围绕设计以人为本的宗旨，进一步符合了当代设计理念和人的情感需求。在感性工学设计中，针对人的感知层次，通过感性工学设计实验，采用具体的定性和定量分析方法，收集人的感性因素，进行整理对比，通过现代技术手段测定、量化、分析感性，转换成文本的或者数值的形式，将无法确定和把握的情感因素转变成具体的设计要素，建立起感性要素与设计要素的直接联系，使设计师的设计有理可依、有据可循。

四、结 论

新技术时代是数字化、智能化的信息时代，感性设计顺应了人的新需求及设计、技术的新发展。在新技术与艺术的交融中设计的感性特征极大地激发，一方面设计师重视使用者的体验和与使用者的对话，另一方面消费者也越来越期待从产品的感性特征上获得感官及情感的满足。在感性设计中技术具有特殊的地位和作用，新的技术条件使设计过程更为便捷，设计成为制作者和使用者、设计师和非设计师平等参与的创造性行为；使设计产品更加智能化，个性化的感性体验可以得到极大的满足；同时感性工学的诞生促使感性化设计成为设计发展的新方向和新手段，设计感性的可量化使设计师与消费者之间的共鸣可以有据可依，这是新技术条件下才可以实现的。这三者相辅相成、相互促进，也使得研究新技术时代下的设计感性显得更为重要。

　　感性孕育着丰富的内涵，它与人类情感紧密联系，感性又是一个动态的不断变化的过程，随着时代、潮流、时尚和个体、个性不断发生变化，柏拉图认为"美的研究就是情感的研究"，同样"感性的研究就是情感的研究，就是美的研究"，在新技术时代，技术美与设计美最终在感性美中实现美的高度统一。

（洪玲　湖北美术学院美术学系）

青年论坛

荆浩"图真论"的绘画美学思想

王　燕

前　言

荆浩是五代著名的水墨山水画家，他的画风雄峻繁密、苍老高古，显出与后世文人画意趣迥异的北派水墨山水画的风貌。荆浩的《笔法记》是水墨山水画发展到成熟时期的绘画理论，是继顾恺之、宗炳、王微的"传神论"，谢赫的"气韵说"之后的发展。在吸收前人绘画理论的基础之上，融汇了其绘画创作实践中的主观经验。其中提出了"图真论""六要""四势""二病"等绘画美学中的核心问题，在他的绘画理论体系中"图真"是最基础也是最重要的观点，其他的美学概念都以"图真"为出发点和归属。《笔法记》版本按照年代主要有以下几种：《直斋书录解题》，"《山水受笔法》一卷，唐沁水荆浩浩然撰。"；《崇文总目》："《荆浩笔法记》一卷，荆浩撰。"；《通志·艺文略·艺术类》："《荆浩笔法》一卷。唐荆浩洪谷子撰"；《通考·经籍考·杂艺》："《山水受笔法记》一卷。"；《宋史·艺文志·小学类》："《荆浩笔法记》。"《四库全书总目提要》："《画山水赋》一卷，附《笔法记》一卷，浙江鲍士恭家藏本。旧本题唐荆浩撰。"周中孚《郑堂读书记》："《笔法记》一卷（《王氏画苑》本）旧题唐荆浩撰。"余昭宋《书画书录解题》："豫章先生《论画山水赋》一卷（《詹氏画苑补益》本），旧题唐荆浩撰。"①诸多版本中，有所争论的在于名称有两个，一个《笔法记》，另一个《山水诀》《山水论》《山水赋》，学界普遍认为刘道醇、郭若虚等所记《山水诀》，实际上就是《笔法记》。后世画论对《笔法记》也多有记载与

---

① 　参照徐复观：《中国艺术精神》，桂林：广西师范大学出版社 2007 年版，第 206 页。

评论。《宣和画谱》记："博雅好古，以山水专门，颇得趣向。尝谓'吴道玄有笔而无墨，项容有墨而无笔'。浩兼二子所长而有之⋯后乃撰《山水诀》一卷，遂表进藏之秘阁。"汤垕《画鉴》亦曰，荆浩山水为唐末之冠，作《山水诀》，为范宽辈之祖。荆浩《笔法记》在中国画论史，尤其是山水画论中有着承前启后的独特地位，其提出的"图真论"在中国尚意不尚形的审美意趣下，有着极其特殊的意义。

"图真论"涉及绘画中"真"的问题，"较深入地回答了山水画与现实的关系，在山水画领域继承发展了中国画论的现实主义传统。"①"真"一直是现实主义艺术高举的大旗，但是对"真"的含糊不清与认知误区，会导致现实主义绘画创作偏离方向。因此，深入而明晰地剖析"图真"的含义，对绘画创作具有深刻的指导意义。荆浩"图真论"的价值不在强调形神的厚此薄彼，而在推崇形神兼备，表现山水万物形质之根本。此原则是现实主义绘画美学区别写实主义状物描摹、精雕细琢的主要特征，同时，也区别于文人画"逸笔草草，不求形似，聊以自娱"②的遗形取神。"图真"中的"图"在这里当作动词讲，是绘、画的意思。"图真"就是绘出"真"来。这里的"真"包含了两层含义：一种是形象的真，另一种是神质的真。"形具而神生"，③ 形象的真是外在的、可视的；神质的真是内在的、不可视但可感的。图真包括形似和神似，而荆浩的"图真论"重点在于阐释如何以形绘神之真。因此，对"图真论"的探讨涉及着阐释何以为真、如何观真以及如何创真，通过对此种问题的探察，得以整体把握荆浩"图真论"的理论内核，启发绘画创作中对"真"的理解、观察和创造。

一、何以为"真"

《说文解字》："真，仙人变形而登天也。"④"真"字的上部是"化"字的古写，去掉亻旁，匕是变化的意思。目表示仙人，下面的"一"，繁体写作"乚"，

① 薛永年：《荆浩〈笔法记〉的理论成就》，载《美术研究》1979 年第 2 期。
② （元）倪瓒：《清閟阁集》，江兴祐点校，杭州：西泠印社出版社 1968 年版，第 319 页。
③ （战国）荀况者，孙安邦、马银年译注：《荀子》，太原：山西古籍出版社 2003 年版，第 190 页。
④ （汉）许慎：《说文解字》，见汤可敬：《说文解字今释》，上海：上海古籍出版社 2019 年版，第 1170 页。

即隐的意思。最下面的八，是所乘载之物。合在一起，"真"表示仙人变化，乘云升天隐去之义。值得注意的是，"真"字所描绘的是一个事件，一个从有形到无形的变化过程。在中国的古代典籍中，"真"很少被提及。《黄帝内经·素问》的第一篇《上古天真论》论述了上古之人的本性之真之纯，天真即是天赋予人的真精真气。"食饮有节，起居有常，不妄作劳，故能形与神俱，而尽终其天年。"①《黄帝内经》认为人最理想的状态是通过饮食起居劳作，使形体与精神得以统一。人是由躯体和灵魂两部分构成的，缺一不可，两者相互影响，共生共存。"中国有人焉，非阴非阳，处于天地之间"。② 在古人的观念中，人是形与神的统一体，人的形体来源于地的阴气，而精神来源于天的阳气。二者的结合化生为人，二者的分离是人的形魂俱灭。仙人变形而登天，是人脱离了形体，而精神升天。由此，我们可以看到，"真"的本义是精神、灵魂，而且是流变不居的精神。

按照中国哲学天人合一的说法，人是万物之一，形神兼备才构成人的整体，"通天下一气耳。"③整个天下是一气贯通的，那么山川河流、花草树木、鱼虫鸟兽都是形和神的统一。形神是中国哲学以及美学的重要范畴。艺术家在表现物象的时候，要兼顾两者，缺一不可。唯有如此，才能还原其本性，表现其真实。没有形，神无所依托，没有神，形如同槁木。"神即形也，形即神也；是以形存则神存，形谢则神灭也。"④人与物本都是大自然的孕育，"天地人只一道也，才通其一，则余皆通。"⑤推人及物，万物禀受于自然，应效法自然，才能让物自洽而不拘泥。"守其神，专其一，是真画也。死画满壁，偈如污墁？真画一划，见其生气。"⑥真画是凝神聚气，守住事物的神，否则，画了满墙，也如同污泥，没有任何价值。而守住其神的画，哪怕寥寥数笔也能见到物象的生生之气。原因就在于世上的万事万物，本就是阴阳两气衍生而出的。只有形没有神，如同死物一般。

"真"在道家思想中是一个非常重要的哲学概念，老子《道德经》："其精甚

---

① 姚春鹏译注：《黄帝内经》，北京：中华书局2010年版，第20页。

② 陈鼓应注译：《庄子今注今译》，北京：中华书局2020年版，第575页。

③ 陈鼓应注译：《庄子今注今译》，北京：中华书局2020年版，第565页。

④ （南朝梁）范缜：《神灭论》，南京：江苏人民出版社1975年版，第18页。

⑤ （宋）程颢、（宋）程颐撰，潘富恩导读：《二程遗书》，上海：上海古籍出版社2020年版，第231页。

⑥ （唐）张彦远：《历代名画记》，津逮秘书本。

真，其中有信"。这里的"真"尚且意为"实"。① 庄子《天道》："极物之真，能守其本，故外天地，遗万物，而神未尝有所困也。"在庄子这里"物之真"，是物的真性。庄子《渔夫》："真者，精诚之至也...故圣人法天贵真。""真"即是自然，是事物自身运行的规律性。"真"字最早用于论画，见于《庄子·外篇·田子方》："宋元君将图画，众史皆至，受揖而立，舐笔和墨，在外者半。有一史后至者，儃儃然不趋，受揖不立，因之舍。公使人视之，则解衣般礴，裸。君曰：'可矣，是真画者矣'"。"真画者"是指真正的画家，庄子举此例意在阐释道家"任自然"的思想，也道出了"真正的画家必须心有主宰，胸储造化，不受世俗束缚，打破清规戒律，始能有不朽之创作"。② 唐张彦远《历代名画记》卷四述："曹不兴... 孙权使画屏风，误落笔点素，因就成蝇状，权疑其真，以手弹之。"此为转评西晋陈寿记"曹不兴善画，权使画屏风，误落笔点素，因就以作蝇。既进御，权以为生蝇，举手弹之。"这里的"真"即是"生"之意，生动、活物。但是把"真"作为画论中的美学范畴，一直到五代荆浩《笔法记》中才予以界定，傅抱石曾指出，荆浩"举一个'真'字做基础，... 以'真'为绘画的最大鹄的。"③"荆浩所论之'真'，直接涉及绘画之本质问题，'度物象而取其真'，'真者气质俱盛'。"④荆浩解析了绘画的"形似"与"质真"，指出"气质"的真甚于形的真。气质是绘画物象呈现出来的精神气质。

荆浩在《笔法记》中讨论了作为绘画的"真"的两层含义，形体的"真"和精神的"真"。形体的"真"很好理解，所绘之物的形象，与所画之物相类。如此之"似"，只能无限接近，而不可能相同，包括近现代出现的超写实绘画，也只能无限接近形的"似"。荆浩在《笔法记》中首先阐述了追求形似。"凡数万本，方如其真。"⑤同一景物，经过反反复复的画，才能达到形似。这是技法的磨炼，必不可少，所以要"终始所学，勿为进退"（《笔法记》）。但是，荆浩"图真论"的重点在图"神"的真，"图真的本质就是'传神'，就是得其气韵，

---

① 王弼注：《老子道德经注》，楼宇烈校释，北京：中华书局2001年版，第56页。

② 俞剑华：《中国画论类编》，北京：人民美术出版社1957年版，第4页。

③ 傅抱石：《傅抱石美术文集》，上海：上海古籍出版社2003年版，第26页。

④ 周积寅：《中国画学精读与析要》，上海：上海人民美术出版社2017年版，第146页。

⑤ （五代）荆浩：《笔法记》，见王伯敏、任道斌主编：《画学集成》，石家庄：河北美术出版社2002年版。本文中的引文凡未加注者，均引自《画学集成》所选荆浩《笔法记》。

而不同于一般的形似"。① 形似与神真的区别在于"似者得其形遗其气，真者气质俱盛。"(《笔法记》)对客观事物形体的描摹，只能画出其形象来，而达到"真"的境界，是形象与气质都能表达的完满。什么是达到了形象与气质的完满呢？即表现出事物的本性，是一事物的如其所是，是一事物区别于另一事物的根本。"物之华，取其华；物之实，取其实。不可执华为实。"物象如果是华丽漂亮就表现其华丽；物象如果是朴实质纯就表现其朴实。"一个事物凭借自身的本性而与其他事物相区分并成为自身。"②红花绚丽明媚，气质娇艳；古树参天雄伟，气势磅礴。不能把华丽的事物表现得朴实，反之亦然。否则，无法把握其物的本性，就失了其"神"的真。由此观之，荆浩的"真"是物之神，是物之本性。

二、如何观"真"

"图真"的前提首先要能观到"真"，形象的真实，可以通过眼睛观察。关于如何把握形的"真"，荆浩在《笔法记》中从整体和局部两个方面进行了阐释，整体方面就是画面整体的透视和比例。"有形病者，花木不时，屋小人大，或树高于山，桥不登于岸。"(《笔法记》)要想解决这一问题，需要从整体上把握一幅画的比例，要经过仔细的对比，归纳出每一类景物的外形特征。这是把握物体的形，眼睛需要做的训练。就局部而言，"写云林山水，须明物象之原。夫木之为生，为受其性。"(《笔法记》)创作云林、山水，必须要懂得物象的外貌特征和生长规律。树木的生长，受其先天特性和环境条件的制约。他们的生长势态可能是完全不同的，由物的外在形态观察到事物的内理，这样才能写出形的真，而不是流于表面化、概念化。为了更全面、更准确地把握物象，观察往往需要多次完成。在不同角度、不同时间中，物象往往会呈现出不同的样貌。这些不同的样貌，叠加在一起，最后得出了物象整体的形。对一个物象的认识不是一次完成的，因此，才有"凡数万本，方如其真"。

对于事物形象的"真"，我们可以直接用眼睛看，而对于物象"神"的真，则无法用眼睛看到，"山川之存于外者，形也；熟于心者，神也。"③因为"神"

---

① 陈传席：《中国绘画美学史》，北京：人民美术出版社 2012 年版，第 230 页。

② 彭富春：《论大道》，北京：人民出版社 2020 年版，第 17 页。

③ (清)布颜图：《画学心法问答》，见俞剑华编：《中国画论类编》，北京：人民美术出版社 1957 年版，第 192 页。

没有具体的形象，只能通过万物形象暗示出来，也就是一般说的观或心观。那么如何观呢？"度物象而取其真"，这是荆浩假老叟之口道出绘画最核心的内容。其中两个动词最重要："度"与"取"，"度"可理解为度量、思量、揣测。是一种心理活动，不只是眼睛的反映，而是对事物的观察。"在中国古代文献中的'观'和'察'并不只是一种形相的直觉，而且也包括对外界事物的本质的直觉和对宇宙、社会、人生的真理的自觉。"① 这种由心而观的活动，便是一种思想的过程，此种思非理性的逻辑思维，也非感性的感官反应，而是有着直观特性的沉思。"取"是择出、选出的意思，"度物象而取其真"即是用心观察物象，从物象的"形象"中择选出其"神质"。

老子的《道德经》说"故常无，欲以观其妙；常有，欲以观其缴"。世间万物有"有"与"无"两种形态，因此，人所观到的内容也有两种："有"、"无"。从无中可以洞见到奥秘，从有中可以分辨出事物的边界。老子的"妙徼"双观道出了万物的两种形态：有和无，同时也带出了观的两种方式：观有与观无的不同方式。庄子进一步提出了"以道观之"，庄子的"以道观之"，"是通过以道观物的方式来揭示物的意义，并通过因物见道的方式来体验道的存在"。② 庄子认为只有以道观之，才是获得真知的方法，是对事物的洞见，内在的心灵之观，洞见是由心灵而发的一种思想，这种思想不是推理和论证，也不是逻辑和思辨，而是一种能直接看到事物本性的能力。因此，以道观之便成了直观，直观"有""无"的生成和转化，直观物象的本性，即物象的"神"。

佛教经文中有关"观"的论述也非常值得我们探精求微，佛教唯识宗对人的心理活动提出了"八识"，眼识、耳识、鼻识、舌识、触识，此五识被认为是引起心理活动的感官因素；这五识只有与第六识"意识"也即心识相互作用，人才能认识世界之中的万事万物，我们才能在观物的时候，对眼前之物分析、对比、推测、辨别，使认识事物成为可能。第七识是末那识，又称为"我识"，使意识升为自我意识。③ 因此，才有了"以我观物，故物皆著我之色彩"。④ 而这种我执的具体表现，是"我"的具体生命在过去、现在、未来所思想所经验到的喜怒哀乐、宠辱灾祸，凡此林林总总，遗留微势，皆藏于第八识的阿赖耶

① 范明华：《艺术观察的心理机制和先验图式》，载《中州学刊》1995 年第 6 期。

② 范明华：《庄子的"以道观之"及其美学意义》，载《学习与实践》2014 年第 7 期。

③ 林国良：《成唯识论直解》，上海：复旦大学出版社 2007 年版，第 219 页。

④ 王国维：《人间词话汇编汇校汇评》，周锡山编校，上海：上海三联书店 2019 年版，第 19 页。

识之中。而末那识在潜意识中会执取这些经验，以为那就是"我"。其实，这些经验深藏于"我"之中，其博大而固守，凡有诱因，即时生发。故阿赖耶识又称为藏识。它藏于山河日月、人兽禽畜、屋船桥车、风雨谷物，成为人能感受、理解和沟通万物的根基。"天地万物贯穿一体之仁，就像人的灵魂渗透于人体各不同部分，使之成为一体一样。"①此以生命观世界，则看到的不再是一个物在时间、空间中的片段，可以观到以这个物为中心的在空间和时间维度上的自然整体。还原其本来面貌，亦是它的本真状态。

荆浩《笔法记》中多处写到其观察的山林溪石之奇景，随着其思想的不断深入，荆浩之眼观察到的景物也在不断变化、不断地接近物的实质。从单纯的物象描写。"苔径露水，怪石祥烟。皮老苍藓，翔鳞乘空。"（《笔法记》）到由物象的气质而联想到人之风貌，此时的观察已是由树的整体外在的形，到树干的生长规律，枝丫树叶之状的形成原因，再到树的这种厚重稳健气魄与君子的"比德"。"倒挂未坠，于地下分层，似叠于林间，如君子之德风也"（《笔法记》）。这已是物象与主体精神意趣的融合而产生的审美意识。荆浩之观由形的观转变为神的真之观，对于"真"之观，荆浩指出"取象不惑"，面对自然界复杂的景象，眼睛观察、选取其中的某部分的"真"，这是主观观察的结果，不同的主体观到的是不一样的景象，原因在于心象不同，所取物象的真不同。如此才不会被景物的外象所迷惑。荆浩之观，源于形，依于形，却通过主体之观、心之观，究物象之原，达到"度物象而取其真"。荆浩之观非单单强调物象，也非仅仅关注主体，而在于两者的结合，此结合是外观物象，内观本心的内外观结合，外观是透过物的形观物之"理"。物的理包括物的透视、结构，也包括生活中的一切常理。对生活越是了解，根扎得越深，对"理"的把握也越好。除此之外，外观还是观物之原，在对物的本性把握的基础上，对物之本源进行追思，物象的形是凝固的、静止的、不变的，但形此时此刻的面貌，是经由不断变化而来的，因此，对物之原的认识需要对物形成过程进行追思和想象，这样的想象才能完整地还原物之本真。内观则是主体对自己的认识，"度物象"，"搜妙创真"这里的"度"和"搜"都体现了主体在观物时的作用，对物象的审度取舍本身包含了主体的性情、学识、修养等因素。

---

① 张世英：《哲学导论》，北京：北京大学出版社 2008 年版，第 35 页。

三、如何创"真"

"创"即是创造，无中生有。绘画中的"无"来自两个方面，一方面是自然之中的景物；另一方面是创作者的心灵。而"有"则是艺术作品。自然之中的景物，即是上文中探讨的创作者眼中观到的真山水；创作者的心灵是纯粹的本真的心灵。是老子说的"涤除玄鉴"，庄子说的"真人""至人"，禅宗说的"明心见性""自性本自具足"。因此，"创真"的前提首先是"真我"，什么是真我？"嗜欲者，生之贼也。名贤纵乐琴书图画，代去杂欲。"(《笔法记》)对物质生活的贪欲无度，是人生的大害。高尚贤士以读书、琴瑟、书法、绘画为乐事，所以能够排除物质、肉体上过分的欲望。只有摆脱了生活中过分的欲望，才能保留"真我"，而进入创作者的自由状态，"用志不分，乃凝于神。"①在此种状态，才能观到"真山真水"。"气者，心随笔运，取象不惑"(《笔法记》)。所谓"气"，是以心意运笔，此时心已融合了物性的真实和创作者的本性，所表现的物象的形与神皆在胸中。而心境澄明，山中丘壑尽在胸中，随着手中的笔，流到了纸上。"韵者，隐迹立形，备遗不俗。"而这样画出的作品，笔迹隐匿、但见形现，自然韵味仿佛真景中的一样，造化天成。其原因在于创作者以山水之气融于本真之气，聚集出勃勃生命之气，流出纸上。这纸上、这画中乃是整个天地生命精华的聚集之所，因此，即是"创真"也是"聚真"。

荆浩在讨论以"真我"写"真景"的基础上又进一步阐述了绘画方法论。思景创真，"思者，删拨大要，凝想形物"(《笔法记》)。对物象进行提炼、删减强化。提炼出景物中美的因素，弱化简化其中庞乱繁杂的因素。"思接千载，视通万里。"②美的形象虽然在大自然之中，但是为了得到符合创作者理想的形象，需要"搜遍奇峰，打草稿"，③对物象进行主观化的处理。在构思之际，思想如脱缰野马，可穿越时空、横跨古今，根据所要创作的对象需要，思想达到纯然的自由之境，身在此，而神无限。"真"非"似"，因此，"图真"不是描摹自然，而是使古朴更加古朴，明艳更加明艳，使其物象更具其物性。"制度时因，搜妙创真"，应该根据对象不同的环境、条件、时间而进行有目的的取

---

① 陈鼓应：《庄子今注今译》，北京：中华书局2020年版，第483页。

② (南朝)刘勰：《文心雕龙译注》，王运熙、周峰译注，上海：上海古籍出版社2010年版，第132页。

③ (清)石涛：《苦瓜和尚画语录》，郑州：中州古籍出版社2013年版，第126页。

舍，而不是机械地观察对象，同时还要随时注意对象的变化与发展。搜是主观，妙是客观，而这个客观的妙并不是形，而是经由形传达出来的物的"真"，在不断地观察、对比、感受、沉思中，融"真"的形象在其胸中，在认识达到完善的时候，也即抓住了物的本性。此时，才可进行"创真"。

创真则要"心随笔运"，心到笔到，心笔合一，同步而动，"得心应手，意到便成，故造理入神，迥得天意。"①古人云：向纸三日。首先对所画景物多观察多构思，对景物在画面中的布局、前景后景的安排、深浅淡浓的构思、主景次景的层次，还未画，画却已在心中。这时再去运笔，画已喷薄欲出，便能心到笔到。接着，荆浩探讨了"笔墨"对"创真"的作用。"荆浩在这里对水墨的使用，特指出是'真思卓然'，是'俱得其元'，是'亦动真思'，是'独得玄门'。"②用笔，虽然须遵循一定法则，但要灵活变通，不能使笔意受到客观形象的束缚，既要客观的物象，更要物象的气质。用墨，要有深有浅，干湿晕化，根据物象不同的变化，墨的干湿深浅随之变化，笔墨搭配、笔墨淋漓的融合效果更能表现物象的形神，使作品呈自然之真味。

此外，还有两点值得我们注意，第一，"尔之手，我之心。"艺术创作须艺术修养与熟练技法的统一，也即是"技"和"心"的关系。在中国古代思想家看来，"技"的真实内涵不是手的活动，而是心手合一或心身合一的活动。其中，"心"具有主宰的地位和意义。③ 纯粹依靠技法可以表现出"形"的真，然而无法把握神质；只有艺术感受与修养，"神"无所依托。两者须兼备，才能创真景，而技法也是在心的统摄之下的。第二，"可忘笔墨，而有真景"。在此笔墨代表了绘画技法，当真景汇于心中，应把"真"字放到最重要的位置，只有不斤斤计较于笔墨技法，才能把注意力集中于"真境"的创造。不为笔墨而笔墨，是为"真"而用笔墨，把笔墨技法放到第二位上。但是这里绝非不讲笔墨，只有在笔墨十分纯熟时才能做到"忘"了笔墨。

四、结 语

荆浩的《笔法记》作为中国画论史中的重要一篇，总结了由魏晋南北朝时

① （北宋）沈括：《梦溪笔谈》，景菲编译，西安：三秦出版社 2018 年版，第 91 页。

② 徐复观：《中国艺术精神》，桂林：广西师范大学出版社 2007 年版，第 223 页。

③ 范明华：《中国传统美学的哲学基础问题》，见《美学与艺术研究》（第 3 辑），武汉：武汉大学出版社 2011 年版，第 74 页。

期到隋唐五代神形兼备的绘画思想，这一时期，随着道家哲学的发展，推崇"真""自然"的哲学观念，并且在佛教"心性论"的影响下，强调个体对宇宙万物的"妙悟"，因此，呈现出以个体感悟出发，形神并重的美学特点，山水画也显示出"真山真水"审美意味。"图真论"作为荆浩对这种思想的发展，可以见其对道家的"真"与佛家的"心"的认识与融合，由"心观"万物的"性真"。当然《笔法记》的篇幅较小，十分简括。在当下社会背景中，绘画艺术多元发展，绘画美学理论应更完备、细化、深入，也应更系统化，才能认识总结层出不穷的绘画现象，进而更具指导性。荆浩的"图真论"对当代的绘画风格的探讨是具有现实意义的。他对以"真"为主的真和美统一思想的强调，是对中国绘画美学史的独特贡献，对现代绘画依然具有指导意义。

（王燕　武汉大学哲学学院）

谁是艺术家？
——比较美学视阈下重思艺术定义问题

曾诗蕾

艺术定义问题是当代分析美学的重要议题，而在愈发多元的当代艺术现象面前，"什么是艺术"这一问题已经失语。美学家不再寻求本质主义的唯一答案，而是用不同的方式将这一问题转化为"艺术如何生成"。顺呈分析美学的这一话题，本文借助中国美学和实用主义美学的思想资源，从"谁是艺术家"切入，回答艺术定义问题。

一、当代美学定义艺术的几种路径

如果要从作品内部寻求艺术之为艺术的依据，找到作品的某一个本质性质就尤为重要。在古典美学和现代美学中，艺术即模仿、艺术即表现、艺术即审美等命题长期支配着主流艺术理论。如比厄斯利在其《一种审美式艺术定义》中表述道："一件艺术作品就是以赋予它满足审美兴趣的能力的那种意图生产出来的某种东西。"①但在当代艺术实践中，"美"与"艺术"愈发分野，"艺术即审美"的解释力也随之减弱。

纳尔逊·古德曼将聚焦点放在了艺术作品上，他将"什么是艺术"的问题置换为"何时某物是艺术"。只有某物发挥了它作为符号的功能（symbolic functioning）时，它才能被称之为艺术。艺术作品依靠自身的五个"征兆"（symptoms）区分于一般物品。②但古德曼本人也没有将这些征兆作为判定是否艺术的强制性规定，越发多元的艺术现象使得以艺术作品为中心的强定义愈发

---

① 关于门罗·比厄斯利的艺术定义理论，参阅黄应全：《艺术的审美功能论如何可能？——门罗·比尔斯利的审美式艺术定义及其相关启示》，载《文艺研究》2020 第 7 期。

② Nelson Goodman. *Languages of Art*. Indianapolis：Hackett Publishing，1976，p. 252.

不可行。

"艺术世界"备受当代美学的关注。艺术世界可以是机构性的、理论性的或是历史性的,分别以乔治·迪基的机构制度理论、阿瑟·丹托的艺术世界理论以及斯蒂文·列文森的历史主义理论为代表。迪基的艺术定义以"机构制度理论"著称,迪基认为:"一件艺术作品,从分类的意义上讲,是(1)一件人工制品,(2)(这件物品具)一些特征,这些特征赋予它享有一个地位,使它适合让某人或代表一个特定社会建制(艺术界)的一些人来对它进行欣赏。"①丹托并不同意迪基的说法,迪基的艺术世界是一个社会网络,它由策展人、收藏家、艺术批评家、(当然还有)艺术家以及其他生活跟艺术有某种联系的人组成。②而丹托的"艺术世界"不是由社会网络构成的,而是由人类的精神活动搭建出来的,他宣称:"为了把某物堪称艺术,需要某种肉眼所不能察觉的东西——一种艺术理论的氛围,一种艺术史的知识:一个艺术界。"③

为了应对丹托的理论冲击,迪基对自己的艺术定义做了一些修正。他提出了由以下五个命题构成的艺术定义理论:艺术家是有理解地参与制作艺术作品的人;艺术作品是创造出来展现给艺术界公众的人工制品;公众是这样一类人,其成员在某种程度上准备好去理解展现给他们的对象;艺术界是所有艺术界系统的整体;艺术界体系指的是一种将艺术家的作品提供给艺术界公众的框架结构。④

在这个新的界定里,艺术家、艺术作品、公众三者被一个框架组织起来,共同形成了艺术界。艺术家是整个链条的开端,但他更加强调艺术界的框架结构。他在第五点中提到框架结构"将艺术家的作品提供给艺术界公众",是这个结构使得平常物也可以被当作"艺术作品"来看待。

列文森的历史意图主义是对迪基和丹托的观点的综合。他既强调艺术作品

① George Dickie. *Art and Aesthetic*. Ithaca and London: Cornell University Press, 1974, p. 34."A work of art in the classificatory sense is (1) an artifact (2) a set of the aspects of which has had conferred upon it the status of candidate for appreciation by some person acting on behalf of a certain social institution (the artworld).

② [美]阿瑟·丹托:《何谓艺术》,夏开丰译,北京:商务印书馆 2018 年版,第 28 页。

③ Arthur C Danto. The Artworld. *The Journal of Philosophy*, Vol 61, No. 19, (Oct, 1964), pp. 571-584.

④ 参见[新西兰]斯蒂芬·戴维斯:《艺术诸定义》,韩振华译,南京:南京大学出版社 2014 年版。

所处的历史环境，也突出了艺术家的意图。他认为："当下的艺术概念至少在以下意义上是历史的：现在的某物是否是艺术取决于过去的艺术是如何的。"①从古至今的艺术品构成了一个时间性的艺术界，这个艺术界不必被限定在当下的某个空间之中。如果当下的某件作品要成为艺术品，就必须搭上历史的链条进入这个艺术界。正如彭锋所言："一方面，列文森用丹托的历史性来拓展迪基的社会性，认为规定艺术身份的社会因素本身又一个不断演变的历史过程。……另一方面，列文森用迪基的社会性来拓展丹托的艺术性。"②

由上可见，尽管在艺术定义问题中，艺术家往往不在核心位置，却总是不可或缺的。可就算艺术家对艺术品往往有决定性的影响，艺术品与艺术家之间也有质的区别。在当代西方美学中，不管是意图主义、制度主义、历史主义都仅仅将艺术家视作一个环节。相比而言，艺术史家和艺术批评家更加关注艺术家的个体性。贡布里希在其名作《艺术的故事》中大声疾呼："没有所谓的艺术，只有艺术家而已。"③他甚至在每一章里都挑选了一张表现艺术家生活的典型图画作为结尾。作为一个艺术史家，贡布里希更加关注"制象的历史"，他认为："艺术这个名称用于不同时期和不同地方，所指的事物会大不相同，只要我们明白没有大写的艺术其物，那么把上述工作统统叫做艺术倒也无妨。事实上，大写的艺术已经成为叫人害怕的怪物和为人膜拜的偶像了。"④

在梳理完西方当代分析美学对艺术定义问题的回答之后，中国古代艺术理论对这个问题的回答就凸显出它的位置来了。相比而言，中国古代传统艺术，尤其是文人艺术中，对于"艺术家"的强调到了无以复加的地步，甚至时常将其作为判定艺术品合法性的根本因素。在中国古代，"什么是艺术"的问题被置换为"谁是艺术家"。艺术家没有被剥离开，艺术家的人生潜在于其创造的艺术作品之中。

---

① Jerrold Levinson. The Irreducible Historically of The Concept of Art. *British Journal of Aesthetics*, Vol 42, No. 4, (Oct, 2002), pp. 367-379. "The gist of the intentional-historical conception of art that I advocate is this: something is art if and only if it is or was intended or projected for overall regard as some prior art is or was correctly regarded."

② 彭锋：《从艺术的新定义看艺术的多学科研究》，载《天津美术学院学报》2008年第3期。

③ [英]贡布里希，《艺术的故事》，范景中译，林夕校，北京：生活·读书·新知三年书店1999年版，第15页。

④ [英]贡布里希，《艺术的故事》，范景中译，林夕校，北京：生活·读书·新知三年书店1999年版，第15页。

二、谁是艺术家？——中国美学的艺术家本位

大量的中国美学范畴都脱胎于汉魏时期的人物品评，比如气、神、韵、逸、风、骨、体等。如果还原到人的身体上，气是呼吸，神是精神，韵是姿韵，逸是潇洒之态……比如魏晋时期的画论，不论是使用的言辞还是价值的倾向，都与《人物志》《世说新语》颇为相似。比起艺术品本身的可见属性，中国古代的批评家们更加关注艺术品不可见的超越性。这种超越性在作品之中，更在艺术家之身。

中国古代的文人们通常集艺术家、艺术评论、艺术史家于一身。他们是被评论者，同时也是评论者。以这些文人个体为坐标点，实际上也形成了"艺术界"。只不过不同于迪基的机构制度理论，以个体生命为中心的"艺术界"不需要面对"循环论证"的诘难。以文人个体为中心的艺术界，只要定位那个具有艺术光辉的文人，就可以随之将他有意使之成为艺术作品的东西称为艺术品，将围绕他形成的文人群体称为艺术界。

那么，关键问题就是，如何定位这样一个文人呢？因为在中国古代美学中，评判人和艺术的标准相通，且人是先于艺术的，故居于艺术世界中心的文人之人格品行、气质风度是首要的。人生是他们首要的作品，因而懂得生活、善于安顿生命就尤为重要。中国历史上，最典型的代表就是陶渊明、王维和苏轼。陶渊明一边写流芳百世的田园诗，一边"开荒南野际"；王维一方面创造了"诗画一体"的艺术风格，一方面在山中隐居，"偶然值林叟，谈笑无还期"；苏轼在诗书画对后世几乎是决定性的影响，他跌宕起伏的人生也别样精彩。他们以极强的韧性，游走于天人两极之间。在伟大的艺术和平庸的生活之间来回摆渡，最终使得二者互相成就。

这当然有文化的语境，中国古代的传统是读书人都应该"志于道，据于德，依于仁，游于艺"，艺术是本质上是一种生存的姿态，而不是外在于生命的对象。而对于西方来说，艺术家个体被真正地看到，几乎是浪漫主义运动以后的事情了。如凡·高、高更、拜伦等文艺明星的艺术作品，都因其人生之传奇而显得更为精彩。但抛开文化的差异，我们或许应该想的是，这之中更加深层的人性诉求是什么？从欣赏者的角度来看，每个人的人生都是有限的，这种有限不仅体现在肉身不可选择地被给予和被剥夺，也体现在生存环境的差别所带来的经验局限。而一种有温度的、有突破性的生命经验，能够拓展个体生命

的边界,观者由此更接近永恒和无限。而从艺术家的角度,他们的作品就是各自人生经验的结晶,是对一己生命的凝固和珍藏,是对自我价值的达成。

艺术家用自己的人格和人生,开拓了作品的意义。一块石头本并没有特殊的含义,由于苏轼将其收藏、为其作传,将其提取、强调出来,又由于他将石头视作"桃花源"的象征,从而开启了人类对石头新的知性认识和想象维度。安迪沃霍尔的"布里诺盒子"同样如此,普通的日常品由于被艺术家凸显出来,强迫观看者不得不直面它们,强迫艺术批评家不得不对自己的理论进行调整。原来这盒子只是保洁布的容纳器,现如今,却成了当代艺术的一个象征物。人们不会再理所当然地将盒子当作盒子,而会问自己,盒子还可以有什么样的想象空间和诠释空间?

以艺术家为中心的艺术定义,内在的诉求是"人人都可成为艺术家"。在这个定义之下,更多人能够投入到艺术的呈现和批评之中。人们不需要通过日复一日的训练掌握极高明的艺术技巧,也不需要通过社交和其他途径在机构制度中获得肯定。人们要做的仅仅是将自己的人生当作艺术品来经营,并将自己独有的人生体验和哲思注入各种媒介之中。

三、余论:从艺术人生化到人生艺术化

那么,在 21 世纪的当今社会,为什么要重提一个遥远的古代?除了补充西方当代分析美学的艺术理论以外,还有什么价值?如果不将其看作一种"复古主义",这样的理论应该被放置在当下的哪一个位置?

上文所述可被概括为"艺术人生化"。这里要陈述的是"艺术人生化"的另一面——"人生艺术化"。近 20 年来,由于分析美学自身的一些局限性,实用主义美学卷土重来,其中的代表人物就是舒斯特曼。在分析美学家们的艺术定义里,艺术似乎还是那个自律的、高雅的、拒人于千里之外的东西。在这个方面,分析美学似乎没能突破康德以来的艺术自律传统。现如今,艺术的神圣性已经将太多人关在门,艺术似乎仍旧是艺术家和艺术批评家的专属。因而必须要有一些途径来打破艺术的垄断,使得人们能够实现自己欣赏艺术的需求,更重要的是能在一己的生活中实现创造力和价值感。在《生活即审美》一书中,舒斯特曼就将"自我风格塑造"作为这样的途径提出:

"创造性的自我塑造要求个人自己风格的完善和表达,而不只是对一个群体的身份的肯定。那么,构成个体风格的东西又是什么呢?在构成真正的、审

美的自我表现上如何一定得需要一种特别的、彻底原创的东西呢？实现一种原创的风格通常被视为超凡的天才的专有特权。但是，天才可以在较少限制性的而又仍然令人赞赏的意义上来构想以便更多的个体可以有权将他们自己视为其生活的艺术家吗？……如果现代神圣化的、自律的艺术体制已经达到了某种终结的话，那么今天的审美活力似乎会强有力地重新关注生活艺术。在我们这个多元复合的新时代，市场交易的生活方式令人悲哀地似乎像滋养创造性一样养育了盲目因袭，个人风格的概念需要更多的关注。"①

舒斯特曼以为，"通过让一种通俗艺术美学和一种自我风格塑造的具体化的伦理学取得合法地位，我们可以造就一个更宽泛、更民主的艺术概念。"②那么，"通俗艺术美学"和"自我风格塑造"在伦理上的合法地位如何取得呢？笔者以为，"艺术家"是"人生"与"艺术"这两个概念的中转站。我们要重视艺术家在艺术界和艺术品中的地位，也要去掉天才的神圣光环和艺术家高高在上的姿态。一边是普通人的上行，另一边是艺术的下行。唯有如此，通俗艺术美学和人生艺术化才是可能的。创作艺术的意义不仅是向外界展示作品——成为社会意义上的艺术家，更是内在地探索幽微的体验和知识的可能性——成为自己的艺术家。

（曾诗蕾　武汉大学哲学学院）

---

① ［美］舒斯特曼：《生活即审美：审美经验和生活艺术》，彭锋等译，北京：北京大学出版社 2007 年版，第 14 页。
② ［美］舒斯特曼：《生活即审美：审美经验和生活艺术》，彭锋等译，北京：北京大学出版社 2007 年版，第 266 页。

郭象对庄子自然观的超越及其美学意蕴

吕玉纯

一、老庄哲学思想中的"自然观"

"自然"既是中国哲学也是中国美学和文学艺术理论中的重要范畴。在当代中国学界,"自然"一词也常被当成哲学与美学或文学艺术理论的共有范畴来加以解读,如章启群在《魏晋自然观——中国艺术自觉的哲学考察》中说:"自然观就是对自然的观念,它的核心问题涉及对于自然存在物的看法和观念……所以,从根本上说,自然观亦可称哲学自然观。"①在这里,"自然"被当成一个哲学范畴来看待。而宗白华在《论〈世说新语〉和晋人的美》中则说:"晋人向外发现了自然,向内发现了自己的深情。山水虚灵化了,也情致化了。"②在这里,他是将"自然"作为一个与人的情感既相区分又相关联的审美范畴来看待。此外,还有学者将"自然"同具体的艺术实践或者同当代生态哲学结合起来理解,把它看作是艺术实践中的一种表现手法,或者看作是一种生态哲学观念,如徐娟《老庄自然观在中国传统绘画当中的体现》和谭俐莎《自然之道与存在之思:生态视野中的道家自然观——以老庄自然哲学为例》等文章中所表达的看法。

从历史上看,"自然"范畴的最早提出者是老子,《老子》是中国哲学史上第一本集中阐释"自然"范畴的专著,其第十七章中首先提出:"太上,不知有

---

① 章启群:《论魏晋自然观——中国艺术自觉的哲学考察》,北京:北京大学出版社2000年版,第8页。

② 宗白华:《宗白华全集》(第2卷),合肥:安徽教育出版社2008年版,第273~274页。

之……功成事遂，百姓皆谓：'我自然。'"①又第二十五章指出："人法地，地法天，天法道，道法自然。"②第十七章提出的"自然"被老子视为最高的政治理想，他认为最好的统治者让百姓感觉不到其存在而社会则被治理得井井有条，社会的运转仿佛"自然就是如此"；最次的统治者则失信于百姓，与百姓的连结被割裂开来。如果说第十七章的"自然"还是一个与"社会"相关的概念的话，那么第二十五章的"自然"则是被老子提升到了形而上的"道"的层面来理解。"道"是老子思想的核心，"道生一，一生二，二生三，三生万物"。③它存在于天地产生之前，独立存在而永恒不变，循环运行而永不停息，而且就像器皿一样发挥着作用，可以盛装东西，但它永远不会装满。它是那么深邃难测，像是万物的始祖。"道"是无，"无"是"有"赖以存在的先决条件，没有"无"，也就无所谓"有"。"无"产生了"有"，即体现着"无"的"道"产生了万物。"无"的释义正好表明宇宙间的万事万物都是自然生成的，天地间没有造物主。"道可道，非常道；名可名，非常名。"④作为恒常之"道"的"道"虽不可言说，不可命名，但又是客观存在的。它没有目的、没有欲望、没有意志地发挥着作用。所以说："道法自然。"道就是自然而然地发挥着作用。由于老子辩证地将"道"的存在方式归结为"自然"，因此"自然"也就被提升到了一个形而上的哲学高度。此外，《老子》中提到"自然"的地方还有三处，分别是"希言自然"，⑤"道之尊，德之贵，夫莫之命而常自然"，⑥"是以圣人欲不欲，不贵难得之货；学不学，复众人之所过，以辅万物之自然而不敢为。"⑦这几处所表达的意思，主要是指国家的治理和个人的处世都应遵循"自然"，顺势而为。

老子之后，庄子继承并发展了老子的自然观。庄子的"自然观"虽未形成体系，但反映了庄子本人对理想人格和美好天下的向往，与老子的"自然观"一脉相承却又不尽相同。曹顺庆认为庄子的"自然"包含三层含义：其一是天然率真；其二是超然物外的自由境界；其三是"淡然无极"的素朴之美。⑧ 在

---

① 陈鼓应：《老子注译及评介》，北京：中华书局 1984 年版，第 130 页。
② 陈鼓应：《老子注译及评介》，北京：中华书局 1984 年版，第 163 页。
③ 陈鼓应：《老子注译及评介》，北京：中华书局 1984 年版，第 216 页。
④ 陈鼓应：《老子注译及评介》，北京：中华书局 1984 年版，第 52 页。
⑤ 陈鼓应：《老子注译及评介》，北京：中华书局 1984 年版，第 157 页。
⑥ 陈鼓应：《老子注译及评介》，北京：中华书局 1984 年版，第 261 页。
⑦ 陈鼓应：《老子注译及评介》，北京：中华书局 1984 年版，第 309 页。
⑧ 曹顺庆：《中外比较文论史·上古时期》，济南：山东教育出版社 1998 年版，第 707 页。

《庄子》中，"自然"一词一共出现了六次，即："常因自然而不益生也"；①
"顺物自然而无容私焉"；② "吾又奏之以无怠之声，调之以自然之命"；③ "莫
之为而常自然"；④ "夫水之于汋也，无为自然矣"；⑤ "真者，所以受于天也，
自然不可易也"。⑥ 在这些语句中，"自然"一词最重要最基础的含义是指万事
万物的内在本性，或万事万物的本性就在于自然而然。由这一含义又引申出合
乎万事万物本性的人生态度，例如彼时世人无为却合乎自然；圣人顺应天性不
必刻意人为也能做到养生；水流泉涌是自然规律，不必人为干涉；真性秉受于
自然，自然不可改变，所以圣人效法自然尊重本真，不拘于世俗。"天下"不
在于世俗的江山百姓，而是无边无际、淡漠自然的心境。《庄子》书中所说的
"自然"与《老子》书中所说的"自然"，本质上是一样的，即首先指的是天地万
物自然而然的本性。但不同的是，老子的"自然"更多涉及国家治理和政治层
面，而庄子则进一步将之落实到个人的心性修养。虽然老子也把"自然"作为
理想人格的一种规定，但这里的理想人格更多的是对于君王治理国家的需求。
而庄子则不然，他将"自然"当作每个个体的人格追求，认为人不仅应保持自
我的天性，更不可去改变自然他物的本性，只有达到"自然"，方可实现心灵
的自由和人格的独立。从《庄子》书中可以看出，庄子对"自由"也表现出了强
烈的向往，"自由"的描述在《庄子》中出现频率很高，如梓庆削木为鐻的技艺
之所以看起来非常高超，并不在于他有多么厉害的本领，而在于他具备开放自
由的心灵、达到了忘我的境界，并因此而能够心无旁骛地进行创作。在这里，
庄子赋予"自然"以"自由"的含义，他把"自然"与"自由"在一定程度上等同了
起来了。从另一方面看，也可以说，只有达到"自然"才能到达"自由"，如其
所说，与其泉涸让鱼儿相濡以沫，不如各自回到江海，只有回归自然，遵崇自
然，才能更好地是实现生命的自由。从美学上说，"自然"一旦加上了"自由"
的含义，也就由哲学和政治领域过渡到了人文关怀和审美领域，因为审美的心
境即无功利的自由心境。因此，庄子在继承老子"自然"观的基础上不仅延展
了"自然"的内涵，而且也把它转化成了一个美学概念。

---

① 陈鼓应：《庄子今注今译》，北京：商务印书馆 2007 年版，第 195 页。
② 陈鼓应：《庄子今注今译》，北京：商务印书馆 2007 年版，第 251 页。
③ 陈鼓应：《庄子今注今译》，北京：商务印书馆 2007 年版，第 427 页。
④ 陈鼓应：《庄子今注今译》，北京：商务印书馆 2007 年版，第 468 页。
⑤ 陈鼓应：《庄子今注今译》，北京：商务印书馆 2007 年版，第 624 页。
⑥ 陈鼓应：《庄子今注今译》，北京：商务印书馆 2007 年版，第 944 页。

二、郭象《庄子注》中的"自然观"

郭象的"自然"观主要体现在其哲学著作《庄子注》中。郭象《庄子注》是整个魏晋时代玄学思想发展的产物。郭象之前，魏晋玄学讨论了"才性问题""有无问题""一多问题"和"圣人问题"，而郭象通过审视魏晋禅代之际的经验和当下困境，进一步提出了对名教和自然关系问题的看法，从而将玄学精神以及庄子思想发扬到了更高的层次。郭象与庄子生活在两个不同的时代，社会身份和所处阶级也完全不同，这就意味着郭象在继承了庄子思想的同时也势必加以改造以适应自身所处环境的需要。

《庄子注》中出现"自然"的次数不下百次，可见"自然"范畴在郭象哲学思想中的地位。郭象自然观所表现出来的新思想，主要体现在以下几个方面：①明确肯定了"上知造物无物"，认为宇宙本体是自然而然形成的整体，没有造物主的存在，从而取消了老庄思想中"无"作为造物主的地位，阐明了"有"即"自有"的思想；②强调了物的"自性"属性，认为万物都有其天性，彼此之间没有相互作用、相互关联，因此也不能"人为"改变其"本性"；③主张宇宙万物的存在源于"自生"，认为"无"不能生"有"，"有"亦不能生"无"，

在天下万物的生成变化之中，不存在"生"与"被生"的矛盾关系，并且创造性地提出了"独化于玄冥者"①的命题，认为独化的万物存在普遍的契合，即"玄合"。

郭象在《庄子注》中说："故造物者无主，而物各自造，物各自造而无所待焉，此天地之正也。"②在这本书中，他首先提出了是否有"造物者"存在的问题：若"没有"则万物如何形成？若"有"则如何造出万物的形态？接着他否定了"无中生有"的观点，无即没有，"没有"便不可生出万物；其次他也否定了"有中生有"的观点，"有"也无法生出宇宙万物的所有形态。在否认了这两种观点后，他进一步提出了"自生"的"独化"思想。郭象认为，天地万物都是自然而生的，并没有什么造物主，所谓盘古开天或者女娲造人，都不过是民间神话的臆想。而且，既然没有造物主的存在，因此万物产生的来源就不是某个单

---

① （晋）郭象：《庄子注》，影印文渊阁四库全书，台北："台湾商务印书馆"，第1056页。

② （晋）郭象：《庄子注》，影印文渊阁四库全书，台北："台湾商务印书馆"，第1056页。

独的推动者，也不可能是老子哲学中的"无"。

由于"天下"是万物共同自然生成且不存在某个独立的创造者，因此每种事物的本性都是自身固有或自己规定的"自性"，不存在被他物改造的可能性。而事物的"本性"或"自性"，在郭象和庄子那里都是指某一事物本身所固有的内在素质，即天性，它从事物的生成开始便已存在。郭象列举了马的例子，饮水食草、奔驰跳跃都是马与生俱来的属性，若人不让其日行千里反而是违背了它的天性。因此万物之间看似具有某种关联，实际不过是顺应各自本身的需要和属性罢了。事物的生成和变化都是出于"自性"而为，而非出于他者的干预和推动。从历史上看，"性"的概念不是郭象的独创，早在先秦儒家那里就出现了，郭象只是结合了儒道两家的理论和观点，在吸收道家观点的同时并未完全排斥儒家的思想，同时又用儒家的思想对道家思想进行了重新诠释和定义，这样在融合了两家思想之后，提出了"自性""性分"的概念。"自性"的说法实则也是郭象对"自生"概念的补充和说明，万物没有通过外物而实现自生，正是借助内在"自性"的依据使其自然而然，这也是事物固有的属性和本质。而且，正是因为"自性"造就了万物各自不同的差异和功能，这种差异和功能也是先天的、不可更改的，即因天性使然，万物各有其属性，同时在自己的轨道里运作。

在得出"上知造物无物"的观点之后，郭象继而说："下知有物之自造。"①所谓"下知有物之自造"，即是描述个体事物的"自生"。汤一介认为"自生"即没有缘故、没有原因地生成，且"非我生"也"非他生"，② 事物变化没有原因，自然而然，没有自身以外的目的。世间万物，小到魍魉，皆"独化于玄冥"。"玄冥"一词并不是郭象的自创，它来源于老庄哲学，指的是一种深奥难测、意义深远的境界，这种境界是同时包含"有"与"无"两种哲学语义的精神境界。郭象继承了这一概念的内涵，而后在《庄子·大宗师》的注释中阐述了"独化"的哲学思想。独化，即每个个体事物的独立存在和发展变化，但若宇宙间只剩一个事物那相对于谁来说是独立的呢？独化必须要有对照物。一个事物的存在要依赖于它以外的事物，世上的事物也正是在相互依赖、相互联系中存在。"独化于玄冥"即天下万物都是"独化"于"玄冥者"而自生自为。这是一种贯穿

---

① （晋）郭象：《庄子注》，影印文渊阁四库全书，台北："台湾商务印书馆"，第1056 页。

② 汤一介：《郭象与魏晋玄学》，北京：北京大学出版社 2009 年版，第 279 页。

古今、物我齐一、天人相合、消解是非的"同"的状态。

如上所述，郭象的"自然观"否认了造物主的存在，将事物的演变看作是自然而然、不借助外力的结果，也不是某种理念的再生。因此，"独化"应该是郭象对其"自然观"的总结和升华，说明万事万物的产生和发展是都自生自化的过程。关于"独化"的问题，郭象不仅提到了"玄冥"，还有一个很重要的概念，即"相因"。"相因"既是"独化"的原因也是"独化"的结果，事物的"独"是有前提的，这个前提就在于万事万物间相互作用，互为因果，若失去关联，"独"便没有意义，而且这种万物的关联是自然形成的，而非有为的结果。郭象认为，现实世界是一种和谐理想的境界，理论上不会有"独"的出现，但现实中万事万物却又表现出了"独"的现象，事物在"独化"中趋向于自由。从事物之间的联系而言，每个事物都处在和他物的"相因"之中，自然万物构成了一个完整和谐的整体。而且，"独化"的状态始终贯穿于"玄冥"的这个境界之中，"独化于玄冥"意味着郭象的整个哲学体系最终的归宿是"玄冥"，即内在的统一。

三、郭象对庄子"自然观"的超越

通过比较老庄哲学原著和郭象《庄子注》中所阐述的观点可以看出，郭象作为一个对庄子哲学有独到见解和研究的哲学家，他对庄子的"自然"思想是既有批判又有继承的，即一方面，郭象继承了庄子思辨的思考方式以及"自然无为"的观念，另一方面，他对"自然"观的看法和对"有""无"关系问题的看法又明显与庄子不同。庄子崇尚无为，反对名教，郭象则在魏晋"名理之学"的发展环境下汇通儒道，将名教与自然结合起来，其在《庄子注》中虽未直接谈到"名教"，但他肯定了人为的自然性，同时糅合了儒家"天命心性"的思想，为礼法制度的合理性做出了辩护，使"自然"的含义不再仅仅限于无所为。

郭象对庄子自然观的超越主要体现在以下几个方面：①首先，在宇宙观和本体论上，庄子的思想还带有明显的神话或神秘主义色彩，在庄子那里，"道"是宇宙万物的本源，"道"即"无"，无形无为，无始无终，"无"即宇宙万物的初始者；郭象的本体论则是完全的"自然主义"，郭象不承认"无"能生"有"，天地不存在某个单独的创造者，万物自生自为。②在认识论上，由于庄子的世界观仍然建立在神秘莫测的"道"上，因此对世界的真知只可意会不可言传；而郭象所理解的对世界的认识，则完全建立在实实在在的个体事物之上，其所谓对世界的认识也是对具体事物的认识。③在如何看待事物的"自性"问题上，庄子和郭象对"自性"概念本身的含义并没有什么分歧，但二人对什么是事物的"自性"的看法却大相径庭。庄子认为伯乐对马的训练是强加在马身上的、超出其"本性"以外的东西，马因此而死亡是违反马的真性所致，人对事物的干预都与其本性相悖；但郭象认为牛套鼻环以及给马落鞍都是牛马本性的需求，虽然借助人而实现但本质上仍是事物"自性"的要求，换句话说，郭象把某些人为强加的因素也看成事物的"本性"。④最后一点不同是体现在对儒家仁义观念的态度上。在当时的社会环境下，庄子对儒家是持完全排斥、否认的态度，而郭象则不然，他将社会生活的需求看成是自然之"理"，由此沟通了客观世界的自然之理与人的自然之性。他的"自然"观中添进了尊崇礼义的儒家思想，认为社会的各种秩序和教义都是合理的存在。

　　上述第一点即本体论上的不同，是郭象在继承庄子的同时在思想上与庄子形成的最大区别。庄子的"道"是万物的本源，具有普适性和朴素唯物性，"道"超越了时间和空间，没有特定的形象但又真实客观地存在，万物因为"道"才有了发展变化。"道"即"无"，"无"即一般。同时，庄子认为"道"是可以把握的，通过"心斋""坐忘"等方式可以达到物我同一的境界。郭象肯定了宇宙是一个整体，但郭象的宇宙本体论是崇"有"的，即认为宇宙中只有个别存在的事物，而没有一个先于个别事物而存在的、作为本源的一般事物（"道"），并且针对当时王弼派的本体论，他还明确提出了"无不能生有"的看法。郭象的自然观属于所谓崇有论的一派，他认为万物是自然而然生成的，不依赖于某个"一般"的本源。这与庄子有明显的不同，庄子虽然也强调事物的自然而然，但他认为万物的生成来源于"道"。上述第二点区别来源于二者在本体论上的差异，庄子认为世界的本源既然是"道"，"道"不可名，不可言，那么由"道"发展而来的世间万物也不可言论其本质，同时对具体事物来讲，事物生成在时间和空间上都不可追溯，我们无法去究其原因。因此，庄子的世界观有一种神秘和消极的色彩；而郭象则不同，郭象认为事物的本质是实实在在的世界，这个世界的建立和生成都看得见摸得着，因此事物存在的理由和依据也说得清道得明，万事万物的根据就来源其本身，而非外物，也非一个并不存在的造物主，万物的生成变化，其根本原因不在于事物的外部，而是事物自身运动变化的结果，事物本身是明晰可辨的，因此事物背后蕴藏的"理"也是简单直接的。第三点涉及二人对事物"自性"看法的差异，主要指庄子和郭象二人对哪些特征属于事物的"自性"看法不一，且都带有很强的主观性，很难说谁的观点更加高明。但可以看出的是，庄子反对人为，主张无为，认为事物的属性不应该被人为干预；而郭象的看法则明显受到儒家思想的影响，他的思想实质上是主张积极"有为"的。这种看法，与他积极维护封建阶级统治制度的思想是一脉相承的。最后一点，庄子的思想在当时是与儒家思想格格不入且完全相悖的，而郭象的思想则明显有儒家的影子，他认为名教符合自然，包含于自然之中，并不需要废除。同样，社会等级和封建制度也涵盖于自然中，它的存在是合理的。万事万物都在"理"中运行，这个"理"即"自然"。在此，他将名教和自然统一在了一起，即服从封建的名教即是顺应了自然。

四、郭象"自然观"的美学意蕴

郭象的《庄子注》虽然没有直接谈论"美学"问题，但作为魏晋玄学的重要人物，其思想也像庄子哲学一样是通向美学的。李泽厚在《中国古代思想史论》中说"庄子的哲学是美学"，[1] 徐复观在《中国艺术精神》中也说："庄子所追求的道，与一个艺术家所呈现的最高的艺术精神，在本质上是完全相同。"[2] 既然这样，对《庄子》做了重新阐释的《庄子注》，也同样具有美学的意义。郭象的思想将人们的视角从"虚无"重新拉回到个体本身，以期最终抵达入世而又超越的境界，这本身就具有审美的意义。而且其"玄冥""独化""穷情极性""率性而动"等观点，也已涉及审美的心胸和境界问题，对于理解中国古代美学既入世又超越的精神追求具有重要的启发意义。

从美学上说，郭象自然观中所包含的最核心的美学思想可以概括为"物适其性即美，人适其性亦美"。"适"即适性，这是自然美和人格美的最高境界。所谓"性各有分""适性则一"，这正是郭象所理解的"美"。在郭象看来，万物的生死、穷富、贵贱各自有分，只要符合事物本性，死不用羡生，贱不必羡贵，穷不必羡富，存在即合理，生死、穷富、贵贱也只是人为的规定而已，万物都有着自己的独特性，不要相互羡慕，妄图改变，只要保持心态平衡就能和谐生成。郭象也并不排斥人性的情欲和仁义，明确提出"仁义自是人之性情"，同时他认为无情无智的"无心"同样是人的本性，而且更加深刻，更加贴近本

---

[1] 李泽厚：《中国古代思想史论》，北京：生活·读书·新知·三联书店 2008 年版，第 178 页。

[2] 徐复观：《中国艺术精神》，沈阳：春风文艺出版社 1987 年版，第 49 页。

质。"无心"是魏晋玄学中一个重要概念，"无心"即无意志而为，不故为之，任其自为，不相因，不外求。"无心"为郭象反复强调的人性，人适其性，更重要的是做到"无心"而为，"自然"而为，"无待"而为。只要顺应了自己的真实本性，充分外露了自己的人格，就可以称之为"美"。郭象对人个体内在的关注，带来了文艺和审美的自觉，他将玄学从政治斗争中摆脱出来，真正变成了个体生命的精神寄养。人格的"无心"也是"自然"的一种表现，如果说"自然"在老庄思想中主要还是一种本体论的观念的话，那么，在郭象的哲学中，则是一种能够让人"逍遥自得""自由而为"的审美境界。这种思想，可以说是对人的审美心胸和生活方式都做出了进一步的丰富和发挥。

众所周知，在庄子"逍遥游"的思想中，无论是大鹏还是蜩和学鸠，尽管各有神通，但在庄子那里都未能达到逍遥游的境界，因此庄子提倡的"逍遥游"实则为一种无待的精神境界。而在郭象则竭力消解这种大小相斥、以共同性泯灭个体性的思想，从而使精神追求从遥不可及的"无待"状态重新拉回到现实中，使得逍遥自适的理想不再是可望而不可即的乌托邦，而是各有所得的自得安乐。郭象认为，无论事物的形态属性有多么大的区别，只要放任自性就都可以达到逍遥自适的境界。而人类之所以很难以做到，原因并不在于人的个体差异，而在于人常常固执于一种单一的尺度，只能从差异中看待自己和其他事物，总是为自我的执念所困而得不到真正的解脱，因此必须学会放下，懂得尊重万物之个性，只有这样，才能获得真正的自由，也只有这样，才能达到真正的美的境界。这种思想，也可以说是郭象的整个人生美学观。这种美学观对当时和后来人们的审美理想和导向均起到了很重要的推动作用，也为在魏晋时期盛行的王弼"贵无论"影响之下的美学观念开辟了一种新思路或提供了一种新的思考方式。

五、结　　论

"自然"一词最初见于《老子》一书，从老庄哲学开始就成为一个受到关注的哲学、美学论题。老子和庄子都将"自然"看作是自然而然，无所作为，天地万物都依其本性而生。同时，庄子在老子自然观的基础上又赋予了"自然"以"自由"的含义，并将其引入人文和审美领域，延展了"自然"的内涵。魏晋时期郭象所著《庄子注》在庄子"自然"观的原意上加以变通改造，最终以"自然"主义的宇宙生成论为中心，建构了一套全新的理论体系。他的观点吸收借鉴了先秦道家"道法自然"的思想，同时又中和掺杂了儒家的"天命心性"思想，实现了两者的相互贯通。

"自然"既是一个哲学范畴，同时也是一个美学范畴。早期老子的"道法自然"主要是将"自然"作为一种最高的政治理想，且更多地用于宇宙本体论。而后，庄子将"自然"引申为一种超然物外而"无待"的人生境界，"自然"一词已开始具有了美学的意义。魏晋时期，社会动荡混乱，文人思想自由，由此兴起了促进人觉醒的玄学，它脱离了抽象的纯理论思考，而更多关注到了对人生境遇、人物品格的探寻上。郭象既反对王弼贵无论的观点，也并没有全盘吸收庄子的道家思想，他认为宇宙万物是以自身为依据和自我生成的，并在此基础上提出了"自性而为""物各自造"等主张，类比到人身上即为依据自身的本性在现实世界中自由地遨游，无须羡慕他物，为执念所困。郭象的思想对庄子既有所继承也有加以改造，郭象对世界的认识，是完全建立于真实可触的具体事物之上，其对世界的认识也是对单个事物的认识，同时他将社会生活的需求看成是自然之"理"，沟通了客观世界的自然之理和人的自然之性。他在"自然"观中添进了儒家的礼义思想，认为社会的各种秩序和教义凡存在即合理。郭象从其崇有论出发，不仅改造了庄子无待而逍遥的思想，而且对庄子的无为说从理论上作了新的解释，从而也扩展了庄子美学思想的内涵。

（吕玉纯　武汉大学哲学学院）

论孔子"艺以成人"的美育观

涂念祖

美育即审美教育，孔子《论语·泰伯》中"兴于诗，立于礼，成于乐"可以说是孔子美育观的集中体现，《诗》、"礼""乐"三者构成一个整体共同作用于人之"成人"。孔子的美育观基于其"仁学"，审美教育的最终目的又是要实践"仁道"，可谓"依于仁"；孔子的美育观离不开《诗》对情感的感发、"礼"对人格的塑造、"乐"对修养的完善，可谓"游于艺"。至于孔子的审美教育的最终结果，一是"化欲为情"，即将人的感性欲求提升到道德情感；二是"由技到艺"，即将生存活动提升为生命活动；三是"转识成智"，即美育的目的不是为了掌握关于艺术的知识，而是通晓关于人的存在的智慧，从而践行仁道。

一、何谓美育

美育作为审美教育亦即通过对审美鉴赏能力的锻炼抑或艺术欣赏能力的提升来达到教育的效果，分开来看，审美教育一方面是作为目的的"教育"，另一方面是作为手段的"审美"。教育的本性是作为人自身的教育，它具有如下的特性：启蒙、培养、完成。① 谈及"审美"，我们首先应当追问什么是"美"，然而，中国古代并不存在学科性质的"美学"，中国传统的审美教育也就更多的是一种"礼乐教育"，从而是一种广义的美育。孔子作为第一位教育家，同样认识到了审美教育对于塑造人、成就人的重要作用，并把审美教育当作其教育的方法之一，他教育人"始于美育，终于美育"。② 正如审美教育并不等同

---

① 彭富春：《技术时代的审美教育》，载《郑州大学学报（哲学社会科学版）》2008 年第 6 期。

② 王国维：《孔子之美育主义》，见《王国维文集》（第三卷），北京：中国文史出版社 1997 年版，第 157 页。

于狭义的艺术教育，孔子对于审美教育的理解也并不局限于艺术鉴赏能力的培养和声色感官的一般满足，他的审美教育直接指向"成人"并扩展到社会关系、自然关系，即所谓"一人如此，则优入圣域；社会如此，则成华胥之国"。① 孔子认为，一个"成人"应该"志于道，据于德，依于仁，游于艺"（《论语·述而》，下文引自《论语》只注篇名），粗略说来，孔子的成人之道是以仁爱之道为基础，通过礼乐乃至于六艺的教化实现君子人格的养成，即"依仁游艺"。

（一）"依于仁"

在孔子的思想中，仁爱之道是最根本的，美育既以仁为基础，又以仁为目的。"仁"起于以血缘关系为基础的亲亲之爱，是"爱人"，是人存在的本性，同时也是人存在的终极意义。"仁者，人也，亲亲为大"（《礼记·中庸》），为仁就是人的实现，如果说审美教育的目的是"成仁"，那么也就是"成人"。在孔子那里，作为天道的天命和作为人道的礼乐从外在奠定了人及其所生活的世界的基础，但仁则从内在奠定了人自身存在的基础。② 孔子以"仁"释"礼"的方法奠定了"仁"的源初性地位——"人而不仁，如礼何？人而不仁，如乐何？"（《八佾》）仁生于礼又促进礼，"礼""仁"都是通过确认人伦关系而与天相通与神共在，完全不是对神的抽象思辨或情感狂热。③ 没有内在的"仁"，外在的"礼乐"的存在就失去了其存在的根基；没有"仁"，审美教育就是无源之水无本之木。"志士仁人，无求生以害仁，有杀身以成仁"（《卫灵公》），人在任何情况下都不应该有违仁道，宝贵的生命只有被"仁"灌输生气才有价值，而当生命与"仁"相冲突时，孔子主张放弃生命而实现"仁"。当然，审美教育并不是教人去死，而是教人去生，只有明确死亡的意义、畏惧死亡，人才能够放弃沉沦态的生活，走向本真的生命。

孔子的成人之道，一方面是教育培养一个人的过程，另一方面是教育最终指向的已完成的人。所谓"已完成的人"，孔子认为是"圣人"，但"圣人"在孔子那里是理想化的人格，一般人无法达到。一般人可以通达的"仁者"孔子称之为"君子"，正如他所言："圣人，吾不得而见之矣；得见君子者，斯可矣。"

① 王国维：《孔子之美育主义》，载《王国维文集》（第三卷），北京：中国文史出版社 1997 年版，第 158 页。

② 彭富春：《论孔子》，北京：人民出版社 2016 年版，第 400 页。

③ 李泽厚：《李泽厚对话集：中国哲学登场》，北京：中华书局 2014 年版，第 10~11 页。

(《述而》)君子一般指称位高权重者，但孔子一般指代德高望重的人，"君子人格"是孔子培养学生的目标，他对子夏说的"女(汝)为君子儒！无为小人儒！"(《雍也》)可谓直接道出了孔子教育的目的。其实，《论语》首章就论述了孔门教育和人格培养之间的关系，"学是学为人，人是学成人"。① 学习和实践是快乐的事情，有志同道合的朋友相聚也是快乐的事情，同时强调人作为君子即使不被他人理解也不会怨恨，从而有快乐的情态和意向。当然，人的学习有多种途径，孔子教育学生也因材施教，从而有不同的方法，而"审美教育"就是方法之一，用孔子的话说，这种特殊的教育方式就是"游于艺"。

(二)"游于艺"

"艺"最开始指称的是人的种植活动，《说文解字·丮部》云："埶，种也"。甲骨文中的"艺"是一个面向左侧跪坐，双手捧着树苗的人的图案。经过一段时间的演变，小篆时期的"艺"写作"埶"，"埶"字右半边是丮(jí，握持)，左半边则是坴(lù，土块)，表达的仍是种植的意思。"艺"作为"种植"，一方面指示了"艺"意味着人与物之间的操劳活动，另一方面指示出"艺"有"让生长"的含义，因为在种植活动中，人的手上之物是有生命的物。随着历史的发展，"艺"逐渐脱离了"种植"的原意而泛指技艺，如"礼、乐、射、御、书、数"这"旧六艺"，这六艺之中孔子教学的重心在于"礼""乐"，"射、御、书、数"较为低级，是孔子所谓"吾少也贱，故多能鄙事"(《子罕》)的"艺"。区别于"旧六艺"，孔子以"新六艺"《诗》《书》《礼》《乐》《易》《春秋》六类文献典籍作为文本教育弟子，产生了许多精当的论述和具体的教学实例，这在《论语》中有多处记载。②

"游"的本字为"斿"，《说文》谓之曰"旌旗之流也"，本义是旗帜的垂饰，后加上"氵"成为"游"，引申为流动不定的意思。另有异体字"遊"，可与"游"字互训，指游玩、游览。无论是旗帜垂饰在空中飘动，水的流动还是人在陆地

---

① 彭富春：《论孔子》，北京：人民出版社 2016 年版，第 3 页。

② 学界一般认为，孔子"游于艺"中的"艺"指的是"旧六艺"，"新六艺"作为课本自然也不被排除在孔子的审美教育范围之外。与此同时，有一些学者认为孔子的"游于艺"中的"艺"应指"新六艺"。其实，所谓"新六艺"和"旧六艺"在孔子教育学生的过程中没有任何龃龉，它们的差别只体现为教育的媒介不同，"旧六艺"偏重实践，"新六艺"偏重文本。所以，无论"六艺"词义如何辨正，孔子"艺以成人"的基本路径应当是不存在争议的。

上的游玩，"游"都指代自由自在的活动，朱熹云"游者，玩物适情之谓"①可以说切中了"游"的本义。孔子之所以将"游"和"艺"联系到一起，认为人能够在技艺中感受到身心的愉悦和自由，是因为人不仅需要对六艺有具体的了解和掌握，而且还要不断地练习直至达到合目的性与合规律性的统一，进而产生对技艺熟练掌握之后产生的自由感。更为重要的是，"艺"自身就与"仁、道、德"有密切的关联，否则"艺"就只是"鄙事"，沦落为雕虫小技。元代史伯璇认为："'艺'是修治'道、德、仁'之器具，'道、德、仁'是顿放'艺'之处所，是故但就'志道、据德、依仁、游艺'四者言之，则非'道、德、仁'无以为'艺'之本，非'艺'无以为'道、德、仁'之末。非'志道、据德、依仁'则内无以养乎外，非'游艺'则外无以养乎内。"(《管窥外编·杂辨》)可谓是抓住了"道、德、仁、艺"四者关系之本质。

二、如何美育

孔子对于"艺"在成人过程中的作用的论述，主要在对《诗》、"礼""乐"三者的具体阐释。孔子"兴于诗，立于礼，成于乐"(《泰伯》)的论述是其对如何进行审美教育这一问题的集中回答。不在"旧六艺"之内的《诗》主要偏重于对文本的诵读和歌咏，对它的掌握一般不带有"技艺"的性质，而可以同时立身于"新六艺"和"旧六艺"之中的"礼""乐"二者可以超脱文本与人的现实生活相关联。所以，"兴于诗，立于礼，成于乐"中的《诗》就是《诗经》，而"礼""乐"则主要是广义的"礼""乐"而不局限于《礼》《乐》的文本。《诗》、"礼""乐"三者作为审美教育的三个部分，各有其用，不可偏废，构成了一个整体共同塑造受教育者。值得首先注意的是，我们切不可僵化地理解孔子的"兴于诗，立于礼，成于乐"，将其当作时间维度或逻辑向度的线性发展，抑或是教学顺序的直接展开，事实上，它们三者之间是密切相关且不分高下先后的："志之所至，诗亦至焉。诗之所至，礼亦至焉。礼之所至，乐亦至焉。"(《礼记·孔子闲居》)如果说，人的教育有启蒙、培养、完成三个环节的话，孔子对于审美教育的描述恰好与它们相对应。当然，将《诗》与启蒙对应、"礼"与培养对应、"乐"与完成对应仅仅是从它们的作用出发，将其归于所偏重之环节。

---

① 朱熹：《四书章句集注》，北京：中华书局 2011 年版，第 91 页。

(一)启蒙:"兴于诗"

诗同乐和舞,最初是三位一体的,以后才逐渐产生了分化。① 有关"诗"的言论出现得很早,《左传》就有"诗以言志"的说法,可以说,"诗言志"是中国古代美学的基本命题。所谓"诗言志",实际上即是"载道"和"记事",就是说,远古的所谓"诗"本来是一种氏族、部落、国家的历史性、政治性、宗教性的文献,并非个人的抒情作品。② "三家者以《雍》彻"(《八佾》),鲁国当政的三大家在祭祀的时候还要唱《雍》这首诗。后来,诗、乐、舞三者发生了分化,诗也逐渐演变为抒情诗,《大雅》和《颂》仍有祭神、庆功的性质和痕迹,而《小雅》和《国风》就已然是抒情的文学作品了。孔子所言"诗"即《诗经》,他认为《诗经》尽管类型和风格各异,但"一言以蔽之",那就是"思无邪"(《为政》),亦即"思想纯正无邪"。③ 所以孔子非常注重《诗》在教育中的作用,他说"不学诗,无以言"(《季氏》),也就是说,学《诗》是言说的基础。这一方面说明,《诗》作为传统文化的承载,在日常生活中占据着重要的地位,是一个人启蒙教育的基础;另一方面,诗歌作为一种在语言系统中美的呈现,拥有其他类型语言所没有的艺术功能,诗意语言具有不可替代的协调、范导人的生活以及日常交往的作用。孔子又称赞"《关雎》乐而不淫,哀而不伤",这是孔子哲学的基本原则"中庸"在诗上的应用。这两句话表明,人的情感居于自身之中,而没有越过自身的边界。④ 也就是说,《诗》所表现的情感是适度的,其欢快的情感并不过度,悲哀的情感也不伤痛。所以,《诗》所表现的情感并非放肆的、动物性的情感,而是在情感的表现中透露着人道的节制和社会情感的和谐,《诗》在此仍"言志",是"言君子人格之志"。所以,作为君子修身所必须从事的第一个项目的学诗,不但具有从古代文献中学取各种知识的意义,而且具有陶冶情感的意义。⑤

关于《诗》的启蒙教育作用,主要体现在"兴"这一概念上。子曰:"诗,可

---

① 李泽厚、刘纲纪:《中国美学史》(第一卷),北京:中国社会科学出版社 1984 年版,第 68 页。

② 李泽厚:《美的历程》,北京:生活·读书·新知三联书店 2009 年版,第 61 页。

③ 彭富春:《论孔子》,北京:人民出版社 2016 年版,第 21 页。

④ 彭富春:《论孔子》,北京:人民出版社 2016 年版,第 50 页。

⑤ 李泽厚、刘纲纪:《中国美学史》(第一卷),北京:中国社会科学出版社 1984 年版,第 118 页。

以兴，可以观，可以群，可以怨。"（《阳货》）孔子对诗的作用的分析，首当其冲的就是"兴"。"兴者，起也"，"起情故兴体以立"（《文心雕龙·比兴》）。"兴"，即兴起，是通过对事物的直接感觉唤起人的情感，由于引起了情感，"兴"才得以成立。关于"兴"的作用，《比兴》曰："观夫兴之托谕，婉而成章，称名也小，取类也大。"这是从文学艺术创作的角度说的，即"兴"主要在于委婉地寄托讽喻，语言上表述的是小事，但思想上譬喻的意义却很广泛。这种"以小见大"的思路虽然阐明了"兴"在文学艺术中的作用，却没能穷尽"兴"在孔子那里对于人的塑造的内容。

从思想的维度出发，"诗可以兴"之"兴"，孔安国注为"引譬连类"，① 朱熹注为"感发志意"。② 所谓"引譬连类"，就是基于特殊性寻求普遍性，功能上类似于康德的"反思性的判断力"，其中也有想象力的作用。当然，在孔子这里，"类"指的是社会的伦理道德规则，所以引譬连类的作用并非知识论上的通过个别的例证获得普遍性的道理，也不是文学艺术中的创作规则，而是在于使个体的情感通过联想的作用通达社会性的情感，亦即唤起个体向善的自觉。换句话说，"兴"就是基于人感性的直观，通过想象力的作用通达普遍的情感，这便是朱熹所谓"感发志意"。朱熹云："兴，起也。《诗》本性情，有邪有正。其为言既易知，而吟咏之间，抑扬反复，其感人又易入。故学者之初，所以兴起其好善恶恶之心，而不能自已者，必于此而得之。"③己丑之悟后，朱熹认为"未发"是性（仁义礼智），是心之体；"已发"是情（恻隐、羞恶、辞让、是非），为心之用；心主性情，贯通于"已发""未发"之间。以本体言，性无不善；以其发用言，则时善时不善，这便需要"居敬"和"穷理"的工夫。而《诗》"有邪有正"，在"吟咏之间"又能激起人的情感又容易让人进入其中，使人向善去恶，正是最适合启蒙的涵养工夫。总的来说，"感发志意"使"引譬连类"的最终目的不是说理教训，而是用艺术的形象去感染人、教育人。④ "兴"在中国美学史上奠定了"以有限求无限"的基本规则，要求每个人能够通过有限的形象而有超越感性直观的联想，以达到自由的审美状态并与社会情感通达一致，使人受到情感上的感染和教育。

---

① 何晏注：《邢昺疏·论语注疏》，北京：北京大学出版社 1999 年版，第 237 页。
② 朱熹：《四书章句集注》，北京：中华书局 2011 年版，第 166 页。
③ 朱熹：《四书章句集注》，北京：中华书局 2011 年版，第 100 页。
④ 李泽厚、刘纲纪：《中国美学史》（第一卷），北京：中国社会科学出版社 1984 年版，第 123 页。

孔子后学吸收了孔子学说中关于"诗"的审美教育的内涵，发展了"诗教"这一教育理念。"入其国，其教可知也。其为人也，温柔敦厚，《诗》教也。"（《礼记·经解》）"温柔敦厚"作为诗教的特征，一方面指《诗》使人温柔敦厚，即"以诗教人"的功能，另一方面是说符合中庸之道的情感态度的温柔敦厚是诗教的"教人作诗"的原则。"诗教"的内涵主要有两个方面，一是启动善恶之心，发挥风俗教化的社会功效，二是温柔敦厚的美感追求。① 但是，孔子也认识到了单纯学《诗》的片面性，他说："诵诗三百，授之以政，不达；使于四方，不能专对；虽多，亦奚以为？"（《子路》）。《诗》读得多，但不能应用，无法将受到的情感勃发外化为实际的行动，更不用说将自身的行动变为一般的准则，是没有意义的。《诗》作为审美教育中的开端环节，起到的是"启蒙"的作用，接下来，还需要"礼"的"培养"。

（二）培养："立于礼"

周朝礼乐文明的文化土壤产生了《诗》，其反映了周初到周末约 500 年的社会风貌，换句话说，《诗》与"礼"是同一经济基础下的不同上层建筑，二者"本是同根生"，关系紧密、相辅相成。同时，"礼"根本上来说是一种内在的道德情感的外化，从而有与《诗》相互兴发的可能，进而由《诗》入"礼"。《八佾》中有一个典型的例子：子夏问诗，孔子答曰"绘事后素"，子夏顿悟"礼后"，即人是先有内在的仁，再有外在的礼，就像先有白底再有绘画一样。人有了礼就有了修养和节操，就如同素色有了多彩形象之增益而愈发美丽，而这也可以归功于诗对于人意志的觉醒和情感的生发。另外，《诗》与"礼"二者关系的密切不仅体现在它们相伴相生，更是因为它们在成人的过程中不可分离。如果说，《诗》在审美教育中的作用是启发人、感染人，是成人的内在根据；那么礼的作用就是约束人、造就人，为成人提供外部条件。如若没有诗的兴发，礼就会抽象化、形式化为束缚，而若没有礼的范导，诗就难免走向任意，甚至离经叛道。感发于诗，"约之以礼"（《雍也》），《诗》兴起人的情感，"礼"调节人的情感，二者共同作用于审美教育便可相得益彰。

"禮，履也，所以事神致福也。从示从豊，豊亦声"（《说文解字·示部》），"礼"在原初意义上是敬神祭神从而谋求福祉的行为，起源于先民的巫

---

① 吴子林：《"文以化成"：存在境域的提升——孔子审美教育思想诠论》，载《文艺理论研究》2011 年第 4 期。

术活动和宗教祭祀之类的仪式，而后被周朝统治者革新为一种"和而不流""群居而不乱"(《荀子·礼论》)的普遍社会性规范。对于孔子来说，"礼"首先就是孔子所谓"吾从周"(《八佾》)中的周礼，并非一般意义上的"政""刑"，而是一种基于道德情感的普遍准则，作为"先王之道"，"礼之用，和为贵"(《学而》)。故而《为政》云："道之以政，齐之以刑，民免而无耻；道之以德，齐之以礼，有耻且格。"可以看出，孔子所推崇的"礼"并非政令和刑法，因为尽管它们可以维持群体生活的秩序，但它们对于民众来说是否定性的，只能避免民众犯错而无法使得民众知廉耻。孔子所追求的"礼"是肯定性的道德和礼制，可以说，"礼"是"仁"的具象化，合乎"礼"的过程实际上就是"仁"的外在表现，即所谓"克己复礼为仁"(《颜渊》)。这也难怪孔子会说"不学礼，无以立"(《季氏》)。"立"有"置于、置身"的意思，也可以理解为"站立"，人置身于礼中又因礼而立，故而"礼可使人立于世界之中"。① "立于礼"在社会群体的层面上的作用便是"'礼'使人获得行为规范，具体培育人选，树立人格，取得作为氏族群体成员的资格"。② 于是，"礼"是艺以成人的过程中重要的一个环节。

孔子所理解的"礼"时时刻刻都是与人相关联的，它不是墨守成规的制度，更不是没有生命内容的礼器。子曰："礼云礼云，玉帛云乎哉?"(《阳货》)，礼不可与作为礼器的玉帛对等，"礼为序，敬序重于玉帛"。③ 粗略地说，"礼"在以美育而成人的过程中可以有"礼制"和"礼仪"两个方面的理解。于是"立于礼"相应地也有两个方面的理解，一是"礼制"意义上的"以礼制情"，即通过"礼"克己之情欲；二是"礼仪"意义上的身心的同步修养。于"礼制"讲，所谓"立"是自作主宰，所谓"礼"是生活世界的边界，"立于礼"则是礼作为原则规定了情感的产生和表达，使人有发乎内心的应然，从而自己规定自己，自己给自己划定边界。但是，"礼"绝不是对人的情感的束缚，也不是要抑制人自然的情感，孔子所倡导的"礼"，是"得情理之中，因而克服这种对立所建立的生活形态"。④ 在解释"礼制"之作用的基础上，朱熹对于"礼仪"也有阐发。

---

① 彭富春：《论孔子》，北京：人民出版社 2016 年版，第 142 页。

② 李泽厚：《论语今读》，北京：生活·读书·新知三联书店 2004 年版，第 230~231 页。

③ 彭富春：《论孔子》，北京：人民出版社 2016 年版，第 322 页。

④ 徐复观：《谈礼乐》，见《徐复观文集》(第二卷)，武汉：湖北人民出版社 2009 年版，第 25 页。

《集注》云:"礼以恭敬辞逊为本,而有节文度数之详,可以固人肌肤之会、筋骸之束。故学者之中,所以能卓然自立,而不为事物之所摇夺者,必于此而得之。"①在朱熹看来,礼不仅是约束人知行的规范,而且可以塑造人的形体,故而人可以"卓然自立"。的确,礼不仅可以作为一套行为规范系统,人还可以通过履行与礼相关的仪式收敛身心、整齐纯一,提高个人整体的艺术修养以达内外兼修、文质彬彬。当然,"礼制"和"礼仪"二者本就是一物两体,共同作用于人的现实生活。人的内外统一关键在于人的现实存在,也就是一种合于礼制的生活。②

无论是"礼仪"还是"礼制","礼"都关乎人的现实存在,是人存在的原则,于是我们可以从人性的内部塑造和社会的外部环境两方面考察礼如何限定人生活世界的边界。于人性塑造方面讲,"三达德"仁、智、勇都需要服从礼的规范。子曰:"知及之,仁能守之,庄以莅之,动之不以礼,未善也"(《卫灵公》),这便是说,(为政者)智足以胜其位,仁足以配其位,亦能以敬居位,但如若行动不合礼,仍是不够好的;又曰:"勇而无礼则乱"(《泰伯》),勇敢没有礼的约束,就会变为鲁莽,甚至成为动乱的祸根。另外,恭、慎、直等美德倘若没有礼的规定,就会极端化使自身变为恶意,招致恶行。也就是说,"唯有礼使人的美德成为美德,而让人的人性得到健康成长"。③于社会环境讲,礼不仅是人的生活的普遍准则,也是治理国家的基本原则。颜回询问"礼之目",孔子回答说:"非礼勿视,非礼勿听,非礼勿言,非礼勿动"(《颜渊》),这意味着礼直接指导人的存在、思考和言说,人生活在世界中必然要受礼的规定和范导。关于"以礼治国",子曰:"能以礼让为国乎,何有?不能以礼让为国,如礼何?"(《里仁》),治理国家既需要为政者以礼让治理国家,也需要民众懂得相互礼让,"让"即不争,由此人得以依本性而存在,于是天下太平,礼也不至于沦为空文。

不容忽视的是,孔子关于"礼"的思考有其自身的边界,他所追求的"礼"毕竟建立在血缘宗法等级关系的基础上,从而把艺术与审美局限在了宗法伦理所限定的范围之内,服从于"迩之事父,远之事君"(《阳货》)的实用目的。另外,孔子未能认识到人与自然之间相互生成的关系,仅仅认为艺术作品只具有

---

① 朱熹:《四书章句集注》,北京:中华书局2011年版,第100页。
② 彭富春:《论孔子》,北京:人民出版社2016年版,第386页。
③ 彭富春:《论孔子》,北京:人民出版社2016年版,第387页。

"多识于草木鸟兽之名"(《阳货》)这样一种有限的认识关系。换句话说，孔子所追求的个体的发展奠基于小农经济体制下相对封闭的社会结构之上，也建立在人被自然规定的世界观之中。① 但孔子的"礼教"对于人的美育作用不可抹除，正是"礼"让人能够卓然自立于天地之间，调和人与自然之间的关系，进而达成个体与社会之间的和谐统一，尽管是一种局限状态下的统一。孔子被抛入那个"礼坏""乐崩"(《阳货》)的时代，提出要回复到富于人道主义精神的早期奴隶制社会以解决面临的时代问题，不仅在于对"礼"的创造性转化和继承，还在于对"乐"的肯定与颂扬，而后者对于人的审美教育来说是一种完成。

(三)完成："成于乐"

在《论语》中，"乐"主要有两种理解，一种是与礼并举，作为艺术形式的"乐(yuè)"，另一种是作为内心情感的满足状态的"乐(lè,古音为luò)"。孔子之前的古人关于"乐"的讨论，主要是"乐(yuè)""乐由中出，礼自外作"(《礼记·乐记》)，"乐(yuè)"与"礼"相生相成，也是在先民祭祖敬神的原始祭祀活动中产生出来的，并与歌舞同属一体，"供物奉神即是礼，歌舞娱神即是乐"②。孔子之前关于"乐"的具体问题是"乐"与"和"的关系以及"乐"与"德"的关系，前者从生理基础、精神状态、社会功能乃至于宇宙本性等诸多方面表达了"和谐共生"、合目的性与合规律性统一的朴素思想，后者则通过与"乐"相关的综合性艺术为基础讨论美善关系，具体地说，即是乐在社会伦理中所起的作用。

孔子所理解的"乐(yuè)"是礼乐文明中与诗、歌、舞同属一体的雅正之乐，《八佾》篇中，孔子就以"始作，翕如也；从之，纯如也，皦如也，绎如也，以成"的论述阐释了鲁国的太师是如何演奏音乐的。但他对于"乐"的理解与体验绝不局限于艺术形式，子路问成人，孔子的回答中就有"文之以礼乐"(《宪问》)，孔子在此直接肯定了乐在教育中的作用。孔子同样十分肯定艺术的纯粹审美功用，《述而》云："子在齐闻《韶》，三月不知肉味。曰：'不图为乐之至于斯也！'"《韶》乐之美，难以名状，孔子只得以"乐之至"来形容，欣

---

① 参阅李泽厚、刘纲纪：《中国美学史》(第一卷)，北京：中国社会科学出版社1984年版，第153~154页。值得指出的是，这里对于孔子乃至其所处的时代环境所下的判词确实有待商榷，比如"宗法伦理"是否限制了"礼"乃至"美"，"审美"是否应该与"政治功用"无关，是否需要高于一般的"认识关系"等等。

② 杨华：《先秦礼乐文化》，武汉：湖北教育出版社1996年版，第11页。

赏《韶》乐带来的精神的愉悦甚至让孔子忘却了感官的享受。至于"乐(lè)"，它是"外在的规范最终转化为内在的心灵的愉快和满足"。① 子曰："知之者不如好之者，好之者不如乐之者。"(《雍也》)这即是说，知道某物的人不如喜好某物的人，而喜好某物的人又不如以某物为快乐的人。"知"可能只是被动地接受，"好"可能只是一时的兴趣，而"乐"则是不以环境为转移的内心的愉悦。如果说"礼"是外部的规范，那么"乐"则是内部的满足，人有礼有乐意味着外在与内在、社会与心灵的统一，从而达到了"仁"的境界。礼无乐则空，乐无礼则盲，没有内心愉悦的"礼"只能是空洞的说教，没有外部规范的"乐"不过是低级的感官冲动。另外，《论语》中还有"乐(yào)"这样一种理解，出自"智者乐水，仁者乐山"。(《雍也》)这里的"乐"是乐于、喜爱的意思。不同于"乐(lè)"表达的是快乐的情态，"乐(yào)"表达的是快乐的意向，不过也指向一种情感满足的心理状态。

所谓"成"，就是完成，也可以说是"圆成"。② 而"成于乐"所"成"之物，有"成性"(孔安国)、"成学"(朱熹)、"成德"(程颐)、"成心"(刘因)和"成性情"(刘宗周)等诸多不同的理解。其实，"心""性情""德"等概念的关联在中国哲学的话语体系之中本就十分紧密，"学"又是"上达"的过程，故而其是修养"心""性情""德"的手段。所以，尽管先贤们对于"成"的内容有不同理解，但莫衷一是之下又有根本性的一致，即"成于乐"的直接目的就是"成人"。他们都以为"乐"指音乐，而"成于乐"即通过学习音乐"和成己性"，这种"性"当然是指儒家所谓的德行，或者指孔子常说的君子人格。③

于是，当我们说"成于乐"，一方面是说乐是人修养的手段，贯穿审美教育的全过程并不断发挥作用，另一方面是说人通过对乐的感知和学习真正成为一个完全的人。朱熹同样也从这两方面论述"成于乐"，他说："乐有五声十二律，更唱迭和，以为歌舞八音之节，可以养人之性情，而荡涤其邪秽，消融其

---

① 李泽厚、刘纲纪：《中国美学史》(第一卷)，北京：中国社会科学出版社1984年版，第117页。

② "圆成"本为佛教语，意为"成就圆满"，后用作entelecheia(音译为"隐德莱希")中译名。隐德莱希是亚里士多德为了说明实体是如何生成的这一问题引入的概念，它表示的是实体由"潜能"发展为"现实"的运动过程，而"现实"既是一个正在进行的过程，也是一个已经完成的过程。"圆成"于此取隐德莱希义，本文"成于乐"即为亚里士多德所谓"现实"。

③ 王齐洲：《"成于乐"：儒家君子人格养成的性格特征和精神向度》，载《华中师范大学学报(人文社会科学版)》2017年第5期(总第56卷第5期)。

渣滓。故学者之终，所以至于义精仁熟而自和顺于道德者，必于此而得之。是学之成也。"①前句论述"乐"在审美教育过程中的形式及作用，后句阐明"乐"作为审美教育的终点成就了怎样的人。当然，作为艺术形式"乐"在人的审美教育中只是手段，绝非目的，孔子对"乐"的推崇也绝不是形成有关于乐的知识，而是关切于人的现实存在，即人格培养和情感培育。李泽厚认为，"'成'、'成人'、'为己之学'等等都远非知性理解，而是情感培育即情感性、意向性的塑造成长，此非理性分析或概念认知可以达到，而必直接诉诸体会、体认、体验；融理于情，情中有理，才能有此人性情感及人生境界，所以说'成于乐'也。"②

对于成人的境界来说，"礼乐并重，并把乐安放在礼的上位，认定乐才是一个人格完成的境界，这是孔子立教的宗旨"。③但孔子所理解的"乐"作为一种艺术形式离不开广义的礼，并被礼所规定。他在评价季氏在庭院中以天子的规格享受乐舞时说"是可忍也，孰不可忍也?"(《八佾》)，季氏忍心为了感官享受去破坏制约"乐"的"礼"，就没有什么是不忍心做的了。同时，礼乐并重也是为何孔子说《韶》尽善尽美而《武》尽美未尽善的原因，"孔子所要求于乐的，是美与仁的统一"，④而美与仁之所以能够在"乐"中统一，在于"仁"以和为贵，而乐又有和谐的本质——它追求的不仅是人际关系中的上下、长幼、尊卑秩序的"和"("上下和")，而且还是天地神鬼与人间世界的"和"("天地和")。⑤乐舞的目的不仅在于沟通天人之际，而且还效用于人际，即"神人以和"且"人人以和"。正是在追求内在生命的和谐这一点上，"乐"与"仁"是息息相通的。⑥

三、美育何为

生活世界是欲望、技术和大道或者智慧三者的聚集活动。⑦孔子的审美教

① 朱熹：《四书章句集注》，北京：中华书局 2011 年版，第 100~101 页。
② 李泽厚：《论语今读》，北京：生活·读书·新知三联书店 2004 年版，第 231 页。
③ 徐复观：《中国艺术精神》，上海：华东师范大学出版社 2002 年版，第 3 页。
④ 徐复观：《中国艺术精神》，上海：华东师范大学出版社 2002 年版，第 9 页。
⑤ 李泽厚：《华夏美学》，桂林：广西师范大学出版社 2001 年版，第 29 页。
⑥ 张明：《"成于乐"：孔子"仁"境的诗性呈现》，载《中国文化研究》2009 年第 2 期。
⑦ 彭富春：《论大道》，北京：人民出版社 2020 年版，第 211 页。

育思想落实到人的生活世界，自然也就意指对于人的欲望、技术和智慧的教育。分而言之，孔子的美育思想的作用一是"化欲为情"，即将自然性的欲望提升为社会性、文明性的欲望，也就是情感；二是"由技到艺"，即超出一般技术的规定，把技术提升为艺术，同时也将人艺术化；三是"转识成智"，也就是把关于艺术的常识转变为关于人的存在的智慧。

（一）化欲为情

所谓"化欲为情"，是让欲望划定自身的边界，让人的自然性欲望提升为普遍的情感。这种以具体化抽象，以有限求无限的原则在孔子对《诗》之兴发的讨论中得到彰显，《诗》对于情感的规范，正说明诗所兴起的情感具有社会性和普遍性的特征。孔子追求的"普遍"正是普遍的道德情感，道德情感是组织宗法伦理社会的基础，它在个人身上的生发和养成是"成人"的根本。另外，儒家的德性有着深刻的理性主义内涵，这在基于道德情感建立起来的"礼"上得到具体的显现。《诗》是以有限求无限，本质上还只是个体的情感，但"礼"作为一种客观的秩序，就扬弃了《诗》之兴发的本能性和原始性，升华为合理合情的社会情感。"礼"生于情感又规范情感，最后在"乐"中摒弃自身的外在性和强制性，实现情感的完满表达。由《诗》对情感的直接生发，转向"礼"对原始性情感的制约和范导，最后在"乐"中实现情感的完满表达，这一辩证的过程就是孔子凭借艺术进行审美教育的根本脉络。通过审美教育，也就是艺术的熏陶，人性得到了洗礼，心灵得到了净化，欲望得到了升华。①

君子和小人的区别之一就在于君子在欣赏艺术时能够"以道制欲"。"乐者，乐也。君子乐得其道，小人乐得其欲。以道制欲，则乐而不乱；以欲忘道，则惑而不乐。"（《礼记·乐记》）音乐可以让人获得快乐，但君子是因为得道而快乐，而小人是因为欲望得到满足而快乐。君子用道调节欲望，快乐而没有纷争；小人被欲望支配，陷入纷争从而得不到快乐。孔子讨论六艺之一"射"的基本理路便是"以道制欲"，他说"君子无所争。——必也射乎！揖让而升，下而饮。其争也君子。"（《八佾》）一般的射击活动都以胜利为目的，"所争为所欲之争"，② 而君子在射击之前相互揖让，射罢便下堂去饮酒，整个射击活动都合乎礼制，即"以道导欲"，体现出君子求道而不求欲的倾向。当然，

---

① 彭富春：《美学原理》，北京：人民出版社 2011 年版，第 252 页。

② 彭富春：《论孔子》，北京：人民出版社 2016 年版，第 42 页。

"化欲为情"并不是要取消掉欲望，没有欲望支撑的情感是空洞的，或者说是不可能的，这在于"普遍的东西不是作为规则和规箴而存在，而是与心境和情感契合为一体而发生效用"。① 普遍的情感不能摒弃个体的欲望，因为"人本身并不是无欲望的，如同那些无生命的存在者一样，也不是完全能够克制和消灭欲望的"。② 孔子"尽善尽美"的言说，就是有欲有情的集中体现，《韶》乐既有动人心弦的"美"的形式，可以满足人的感官欲望，又有"善"的内容，故而既能够满足人欣赏美的欲望，又是人普遍的道德情感的寄托。

(二) 由技到艺

所谓"由技到艺"，就是在人与物打交道的活动中，将主导因素从物的因素转变为人的因素，从而把人身体性的活动提升为身心的活动。"技"的甲骨文字形是一个人利用杆子支撑身体，可以理解为人将工具当作自己身体的一部分进行实践活动。然而，尽管人利用外部工具试图克服自身的有限性，但使用工具的人仍是有限的，因为"技"的活动本质上还只是合规律性的身体性的活动。如果说"技"的目的是为了实现物的转化，那么"艺"所完成的便是人与物本性的显现。虽然"艺"最原初的意义"种植"也是一种技术活动，但"种植不是自然的，而是人类的、人为的和文化的"，③ 即"让生长"，从而达到人与有生命的物的共生状态。换句话说，在"艺"的活动中，人超出了一般技术的有限性，合目的性和合规律性达到了统一（"技进乎道"），"艺"也就从身体性的活动升华为身心的自由活动。于是，"由技到艺"是"艺"之为"艺"的内在逻辑。

"孔子提出的'艺'虽并不等于后世所说的艺术，但包含了当时和后世所说的艺术在内，而主要是从熟练掌握一定物质技巧即技艺这个角度来强调的。"④ 孔子对待技术和艺术的态度，正是"由技到艺"的具体体现。孔子不把艺术活动等同于原生性的生存活动，樊迟向孔子请教种庄稼和蔬菜，孔子直言不如老农、老圃，樊迟走后，孔子用"上好礼""上好义""上好信"来反诘"焉用稼"（《子路》）。也就是说，君子（统治者）一旦掌握了礼乐之道，就不再需要谋生

---

① ［德］黑格尔：《美学》（第一卷），朱光潜译，北京：商务印书馆 2017 年版，第 14 页。

② 彭富春：《论大道》，北京：人民出版社 2020 年版，第 84 页。

③ 彭富春：《美学原理》，北京：人民出版社 2011 年版，第 197 页。

④ 李泽厚、刘纲纪：《中国美学史》（第一卷），北京：中国社会科学出版社 1984 年版，第 120 页。

的技艺来获得自身的确证。另外，孔子也并非反对"技"、消解"技"，他说："吾何执？执御乎，执射乎？吾执御矣。"(《子罕》)"御"是六艺之中最下等的技艺，御车之人也一般为仆人，但孔子不讳言自己"御"，为的就是以言传身教的方式告诫弟子们不能好高骛远，追求礼乐便不屑于学习使用末等之技艺。

孔子的根本思路是"以道引技"，没有德性引导的技艺都是"鄙事"。一方面，一般性的技艺只可能与人的生存相关，孔子"吾不试，故艺"(《子罕》)中的"艺"就仅仅是一些谋生的手段。另一方面，孔子不仅认为君子的"艺"不能仅仅是低级的技术，同时君子自身也不能被技术化，即"君子不器"(《为政》)。唯有技艺与仁道相融合，并受到仁道的指引，它才能超脱出形式的束缚走向艺术，人也才能摆脱技术化走向艺术化。"在仁的最高境界中，突破了一般艺术性的有限性，而将生命沉浸于美与仁得到统一的无限艺术境界之中。这可以说是在对于被限定的艺术形式的否定中，肯定了最高而完整的艺术精神。"①孔子审美教育中"由技到艺"的根本思路就是超越艺术活动中的有限性，从而通达关于美和自由的无限体验。

(三) 转识成智

"转识成智"原是佛教词汇，借用于此可以理解为审美教育让人一般日常意义上的意识转化为关于人的存在智慧。传世文献里的《诗》、"礼""乐"其实存在两个不同层面：一是"数术"层面，即作为语言形态的"诗(言)"，作为仪式形态的"礼(仪)"，作为声音形态的"乐(音岳)"；二是"义理"层面，即作为意志品质的"诗(志)"，作为理性人格的"礼(理)"，作为快乐精神的"乐(音洛)"。② 前者就是关于艺术的常识，后者则表达出艺术的智慧。其实，"数术"层面的《诗》、"礼""乐"尽管属于孔子所谓"游于艺"中的"艺"，但不足以承载"兴""立""成"的精神内涵。尽管成人需要文本基础和艺术技巧，但这都并非孔子立论的重心，他更关注的是"义理"层面的《诗》、"礼""乐"对君子人格的养成和塑造，他强调"君子谋道不谋食"(《卫灵公》)、"士志于道"(《里仁》)便是他这一倾向的确证。

具体说来，孔子所云"兴于诗"，就是要求弟子们不拘泥于《诗》的文本，

---

① 徐复观：《中国艺术精神》，上海：华东师范大学出版社 2002 年版，第 19 页。
② 王齐洲：《"兴于诗"：儒家君子人格养成的逻辑起点》，载《江西师范大学学报(哲学社会科学版)》2017 年第 2 期(总第 50 卷第 2 期)。

而要基于"数术"的《诗》感悟到"义理"的《诗》,即通过对《诗》的歌咏突破有限的文本生发出无限的情感,进而体认到君子人格之"志"。于《诗》之"数术"讲,《诗》能起情,于《诗》之"义理"讲,《诗》可言志。"立于礼"更是如此,孔子对于"礼"的强调绝不是要让弟子们掌握礼器的使用方式,具备祭祀时形式上的礼仪和礼节,而是让弟子们体会到"礼"中所蕴含的文化精神。他对"礼之本"的回答"礼,与其奢也,宁俭;丧,与其易也,宁戚"(《八佾》)就是孔子追求"礼"的智慧而反对刻意追求"礼"的形式例证之一。至于"成于乐",就更能够说明孔子在审美教育中"转识成智"的思路。君子人格的养成固然需要音乐的陶冶,但拘泥于音乐的形式、节奏就无法领会音乐之中"和"的本质,反而可能像季氏一样"八佾舞于庭",完全走向了"仁"的反面。

史伯璇认为:"盖非'兴'无'志',非'立'无'据',非'成'无'依'。'兴'虽在'诗',而所兴者则是'志道';'立'虽在'礼',而所立者则是'据德';'成'虽在'乐',而所成者则是'依仁'。"①(《管窥外编·杂辨》)虽然有将"道"与"艺"牵强比附之嫌,却也道出了孔子审美教育思想的协同性和一致性,即"由道引艺",体现在艺术对人的审美教育之中,便是"转识成智"。当然,正如"化欲为情"不是有情舍欲,"由技到艺"不是得艺弃技,"转识成智"也并非拥有智慧而抛弃意识,智慧只是反过来规定意识,使意识转变为智慧。没有对于"数术"的《诗》、"礼""乐"的反复钻研与琢磨,就不可能获得"义理"层面的《诗》、"礼""乐",在这个意义上,"转识成智"即是"由艺达道"。

四、结　　论

孔子的成人之道,一方面是教育培养一个人的过程,另一方面是让人成为已完成的人。孔子的美育思想作为其教育的方法之一,在培养受教育者的君子人格上发挥了重要作用。孔子的美育以人的"仁道"为基础,又以"仁道"为目的,整个过程可以概括为"艺以成人","艺"就是所谓"六艺"。"游于艺"是孔子对人与艺术打交道方式的根本概括,指向自由自在的审美心境。具体说来,孔子主要是从《诗》、"礼""乐"对人格的培养塑造阐释其审美教育思想的,这正好符合人的教育中启蒙、培养、完成三个环节。正如启蒙、培养、完成在

---

① 转引自王齐洲:《"成于乐":儒家君子人格养成的性格特征和精神向度》,载《华中师范大学学报(人文社会科学版)》2017年第5期(总第56卷第5期)。

"成人"的过程中没有前后高下之分，且每一个环节都不可缺失，《诗》、"礼"
"乐"三者同样难分深浅难易、精粗贵贱，它们相伴相生、相须为用，融贯为
一个整体。孔子审美教育的作用体现在人的生活世界之中，就是将人的自然性
欲望提升为社会性情感，将技艺活动中起主导作用的物的因素升华为人的因
素，并将人的生存活动升华为生命活动，再将人日常的意识转变为智慧。当
然，孔子的"人"是被家国情怀、礼乐文化所规定的人，不是单个的抽象物，
孔子"艺以成人"的目的也绝不止步于"人性的完满实现"，① 更是要将美落实
到人类现实的社会生活。孔子所推崇的和谐是"神人以和""人人以和"，而不
是通过"审美趣味""在个体身上建立起和谐"，从而"把和谐带入社会"。② 孔
子的审美教育思想在今天仍有充沛的生命力，尤其是在这个技术主义的时代
中，给我们"由技到艺"的启发，让我们能够摆脱技术对人的异化而走向艺术
化。同时，"化欲为情"能消除享乐主义对人的侵蚀，让人一般的欲望提升到
普遍的情感，"转识成智"则可以排解掉弥漫在时代氛围中的虚无主义，为我
们提供在世的智慧。

（涂念祖　武汉大学哲学学院）

---

① ［德］席勒：《审美教育书简》，冯至、范大灿译，上海：上海人民出版社 2003 年
版，第 120 页。

② ［德］席勒：《审美教育书简》，冯至、范大灿译，上海：上海人民出版社 2003 年
版，第 236 页。

日常生活的希望在于节日

——列斐伏尔的革命理想观

李 奕

受柏拉图影响，近 2000 多年西方哲学的主基调都落在了那个包含真知的理性世界，日常生活场域因其自身的流变性、不确定性常常被排斥在哲学思考之外。直到尼采开启现代哲学的大门，感性世界才逐渐被人们所重视，"日常生活"也得以重现曙光，进入了西方学者的视野。在前人的基础之上，列斐伏尔对"日常生活"这一研究范式做了系统深入的理论总结，并对日常生活的地位、概念、异化的主要表现以及解决途径进行了创造性的阐发，在哲学史上初次建立了一套完整的日常生活批判理论体系。

在其著作《日常生活批判》中，列斐伏尔首先就对西方哲学史上漠视和排斥日常生活领域的哲学展开了抨击。他立足于一种新的哲学视角，将日常生活作为哲学的研究对象，并将两者融合起来，实现二者的相互批判。接着，列斐伏尔认为，单是以工作、家庭和闲暇活动这三种元素的统一体来概括日常生活是远远不够的，他进一步考察了日常生活与其他活动的关系：一方面，日常生活与那些高级、专业、特别的活动不同，它是一种剩余物，无疑具有单调性与重复性，这在一定程度上导致它是易受压迫的；另一方面，这些高级、专业、特别的活动又无法从根本上与日常生活分离开来，"日常生活是所有活动交汇的地方，日常生活使所有活动在那里衔接起来，它是所有活动的共同基础"，①它犹如一片肥沃的土壤，深处充满着创造性的生命活力，一切社会活动和社会关系在其中得以发生和发展。后期，他又试图对"日常生活"的本质作出说明，概括起来主要有以下几点：第一，日常生活是一个不附属于经济政治的独立平

---

① ［法］亨利·列斐伏尔：《日常生活批判》，叶齐茂、倪晓晖译，北京：社会科学文献出版社 2018 年版，第 90 页。

台；第二，日常生活是一个无穷无尽的周期循环过程。日常生活的永恒轮回在经验生活中显示出单调重复的一面，而在新资本主义社会，这种重复又服从着技术与官僚阶层的要求，因此造成了现代日常生活的全面异化。

一、日常生活的困境：全面异化

列斐伏尔在继承马克思异化学说的基础之上，进一步发展了马克思的异化思想，把马克思的异化范畴扩大至日常生活领域。他认为，异化不仅仅局限于马克思所说的经济劳动领域，真正的异化场所是日常生活，且会随着时代环境的发展变化而呈现出新的形式。列斐伏尔认为，之前工业社会的发展重心是在生产领域，新资本主义社会已经将统治的魔爪彻底伸入到消费领域，他否定了用"技术社会""消费社会""景观社会"等概括新资本主义社会特征的看法，认为这些称谓不足以揭示出现代社会的本质特征，反倒给其蒙上了一层面纱，于是他将此称之为"消费受控制的科层制社会"，[1] 来表述现代社会受专业化、技术化和官僚化控制的状态，并且重点考察了这一社会下的异化现象。在这个社会里，"日常生活已经不再是那个有着潜在创造性的'主体'，它已然成为社会组织中的一个'客体'"，[2] 日常生活表现出全面深刻的异化。

从物的角度看，由于商品和货币在世界范围的扩张，加上大众传媒的介入，广告充斥着日常生活的方方面面，现代社会的"消费物不仅被符号和'美德'所美化，导致它们成为消费物的所指，而且消费基本上同这些符号相关联"。[3] 消费对象不再是单纯的物本身，而是一种被宣传出来的、极具商业性的符号意象。越来越多的商品在市场上呈现出的价格背离了价值规律，其背后的原因便是符号价值对商品的渗透。从人的角度看，现代社会是一个不断地制造虚假的消费需求，使人丧失主体性和个性的世界。技术广泛应用于日常生活，将不可能变为可能，在某种程度上会使人们沉溺于虚假的幻象之中，从而丧失对自己日常生活真实状态的思考，失去批判日常生活的意识。现代社会通

---

① 有关这一概念的翻译问题，可参阅刘怀玉：《现代性的平庸与神奇——列斐伏尔日常生活批判哲学的文本学解读》，北京：北京师范大学出版社2018年版，第288页。

② Henri Lefebvre. *Everyday Life in the Modern World*. New York：Haper&Row, Publishers, Inc. 1971, pp. 59-60.

③ Henri Lefebvre. *Everyday Life in the Modern World*. New York：Haper&Row, Publishers, Inc. 1971, p. 92.

过无孔不入的营销手段引导着人们追求流行时尚，刺激着人们去购买并不需要的商品，人们只在乎自己是否走在时尚前沿，一旦发现自己落伍，就会感到焦虑不安。这种消费心理的异化使主体的消费行为很容易受到广告和宣传的控制。对于很多人来说，商品背后的符号意义远远大于其使用价值，因此不惜一切代价也要让自己披上"时尚""成功"的外衣，以获得心理上的认同感和一种虚假的优越感。在消费的过程中，看似有众多的商品可供消费者随心所欲地进行选择，实际上，在这个机械复制的时代，所谓的"多样性"不过是一种虚假的"重复性""同质性"。吴宁教授指出，"我们所谓的'判断和选择'只是虚幻的假象，我们所做的选择是受广告、电视等媒体等引导和操纵的，我们是一个实实在在的'客体'"。① 不仅消费物本身是被创造出来的符号，连消费者也是受到欺骗和控制的，这导致现代社会的主体个性尽失，风格千篇一律。从人与人之间的社会关系看，在当下社会，即使很多时候人们都处在拥挤不堪的人海中，也时常会感受到寂寞和孤独。逐渐"原子化"的个人和他人之间缺少真正的交往，对社会问题漠不关心，尽管爆炸般的信息每天都朝人们铺天卷地而来，但似乎并没有什么话题可以进行深入的情感交流。这就是列斐伏尔所谓的"生活意义的零度化"状态，它源自"节日、风格、艺术作品的消失"。②

二、日常生活深处的希望：节日

现代日常生活既有单调重复的局限性，又遭受着深刻的异化，在这种情况下，如何超越日常生活固有的局限，消灭异化才是问题的关键所在。为消除日常生活的异化，哲学史上的理论家主要做了两种尝试。第一种思路，将日常生活看作是一个异化沉沦、阻碍着人的精神解放且无可反抗的领域，因此试图在日常生活之上寻求一个诸如艺术、科学等更高级的世界。第二种思路则是辩证地看待日常生活本身，从日常生活内部寻找到"非凡性"的积极力量实现超越。这一路径的着落点不是日常生活之外的彼岸，而就在日常生活之中。列斐伏尔就是后者的代表，将内部超越作为其理论基点。

受黑格尔的影响，列斐伏尔一直强调二重辩证性，在对"日常生活"的看

① 吴宁：《列斐伏尔日常生活批判理论评析》，载《中共浙江省委党校学报》2005 年第 9 期。

② 刘怀玉：《现代性的平庸与神奇——列斐伏尔日常生活批判哲学的文本学解读》，北京：北京师范大学出版社 2018 年版，第 393 页。

法上也是如此。他认为，日常生活虽然是一个单调琐碎、被现代性压迫的领域，但也永远保持着生命活力和潜能，所以并非无药可救。从某种程度上来说，在拯救日常生活这一道路上，列斐伏尔继承了马克思"异化的道路和摆脱异化的道路在现实中是同一条道路"的思想，回归到日常生活中去寻找希望之光。尽管如此，他却并没有走上马克思所主张的经济政治革命道路，因为这些革命的成功无法彻底改变人们第二天的生活状态，他提出了一种新的观点——日常生活的希望在于节日。

(一) 节日的本质

列斐伏尔是沿着西方节日思想史脉络、从节日的本原意义出发来谈"节日"的，与当今社会人们普遍理解的节日大相径庭，他指的并不是带有政治性或历史性的纪念节日，也不是被"技术"制造出来的节日，而是一种与日常生活融为一体、以酒神精神为本质的狂欢节。

列斐伏尔在古希腊社会以及 20 世纪 40 年代的法国乡村找到了他所推崇的"节日"的踪影。他在《一个周日在法国乡村写下的笔记》写道：在那时，人们有自己特有的节日，每当节日来临之际，相邻村庄的民众会聚在一起举办大型盛宴，并为庆祝活动做出"祭献"。"每个人都必须给这个节日做出'祭献'，谁拒绝参与，谁就会让自己脱离这个社会，谁就要承担打破自然和人类生活正常规律的后果。"①所以，在这一天，他们会拿出经年累月的全部积蓄，真诚热情地欢迎所有到场的人，"通过庆典赞美大自然，为大自然的恩赐而欢欣；不仅如此，这种乡村节日把大自然与人的社会联系到了一起，把它们合二为一"。②

尽管列斐伏尔将节日的源头回溯到古希腊，但这样的节日最早却要追根溯源到原始社会。法国人类学家莫斯在《礼物》一书中，通过礼物交换这一形式考察了原始社会中人与自然、人与人之间的关系，其中最为典型的礼物交换形式——"夸富宴"，③ 与列斐伏尔所描绘的节日场面有异曲同工之妙，哪怕一贫如洗，也要在节日的狂欢中将一切挥霍耗尽。不过，这里的"挥霍耗尽"不

① ［法］亨利·列斐伏尔：《日常生活批判》，叶齐茂、倪晓晖译，北京：社会科学文献出版社 2018 年版，第 188 页。

② ［法］亨利·列斐伏尔：《日常生活批判》，叶齐茂、倪晓晖译，北京：社会科学文献出版社 2018 年版，第 188 页。

③ ［法］马塞尔·莫斯：《礼物》，汲喆译，陈瑞桦校，上海：上海人民出版社 2005 年版，第 70 页。

同于现代社会下的消费无度。在原始社会中，万物皆有灵，自然拥有神秘的力量和至上的权力，出于对自然的敬畏和对祖先神的崇拜，人与人、村庄与村庄之间不得不紧密地结合在一起，来求得生存的安全感，这造就了一个共同体社会，因此，节日也是所有人共同的节日，人在节日里的"挥霍耗尽"首先是出于社会共同体道德性的情感，目的是向亡灵和诸神献礼，在整个过程中与神圣者相沟通，以保证未来的风调雨顺，避免招致不幸。列斐伏尔进一步指出："从一开始，节日庆典就与日常生活形成了鲜明的对比，但是，节日庆典没有与日常生活分开。"①节日原本与日常生活没有明确的界限，两者相互融合，不可分割。只不过在节日里，人和宇宙万物处于同一时空，高度交融，人的各种情感力量得到空前的爆发，会比平时更为热烈和欢快。

此外，列斐伏尔从拉伯雷的狂欢节那里获得了灵感，找到了一个新的视角论述节日。他生动地描述了节日期间欢歌劲舞的活动画面：在化装舞会中，男性和女性或是互换衣着或是披上兽皮和戴上面具；数对新人一同举办的盛大婚礼；竞争激烈的赛跑、比武、选美比赛……人们放纵地吃喝玩乐，不受规则限制，最后在混战和狂欢中结束这一天。这毋庸置疑是对平庸的日常生活的有力冲击。在平常生活中，所有人都遵循着既定的秩序体系和条文律令，性别、年龄、种族、职业、财富、社会地位等犹如一道道无法跨越的无形屏障，将人与人区分开来，每个阶级的人画地为牢。然而节日暂时打破了所有的界限与束缚，在狂欢节的庆祝活动中，一切都是平等的，"每一个社会成员都超出了自我，大自然、食物、社会生活、人们自己的身体和心灵都一下子成为让人们精力充沛和愉悦起来的源泉"。② 在这期间，所有人都紧紧跟随狂欢节的节奏生活，自由快乐的气氛围绕在每一个人的身边，人与人之间不再相互疏远，人回归到了自身，并在这种氛围中与宇宙万事万物融为一体，人在日常生活中一切不可承受之重得到最肆意的宣泄，由此获得身体上的解放和精神上的自由。虽然许多思想家都指出了"狂欢节是对日常生活的颠覆"这一点，但在列斐伏尔那里，这种颠覆并不意味着矛盾的彻底解决，而是通过谈判对话进而对其重构。这种重构的可能性来自节日本身在日常生活之中逐渐积累的力量。因此，

---

① ［法］亨利·列斐伏尔：《日常生活批判》，叶齐茂、倪晓晖译，北京：社会科学文献出版社 2018 年版，第 191 页。

② ［法］亨利·列斐伏尔：《日常生活批判》，叶齐茂、倪晓晖译，北京：社会科学文献出版社 2018 年版，第 187 页。

列斐伏尔的狂欢节日是"在对日常生活的否定之中完成肯定"。①

在列斐伏尔笔下，无论是节日外部展示出的献祭和狂欢，还是节日内部固有的重构精神，都是尼采推崇的狄奥尼索斯精神的重现。处在迷醉状态的酒神狄奥尼索斯，在面对人生的痛苦时毫不回避，放纵狂欢地演绎悲剧的人生，在尽情破坏中融入宇宙万物。而狄奥尼索斯自身，在神话传说中就经历了由被杀害到重获新生的过程，完全符合列斐伏尔由"否定"到"肯定"的二重辩证逻辑。所以，列斐伏尔所谓的"节日"本质上是酒神精神的显现，在狂欢中否定着常规的世界，同时又达到对生活和生命的肯定。

(二) 节日与"瞬间"

在对日常生活概念的论述中，列斐伏尔就曾指明日常生活是一个重复与循环的时间过程，平凡琐碎和永恒轮回的悲剧性在日常生活中是根深蒂固的，这意味着任何一种解决日常生活异化问题的途径都要面临与永恒轮回的对抗。节日狂欢作为一种暂时性的超越，如何能改变永无止境的周期轮回？列斐伏尔对"瞬间(moment)"②理论的诠释，可视作对这个问题的回答。

列斐伏尔一开始将"瞬间"解释为诸如狂欢、愉快、恐惧等的那种"短促而决定性"的感觉，③ 后来，他将"瞬间"定义为那种全面实现可能性的努力。④ 这一概念的形成深受 20 世纪初法国哲学家柏格森"绵延"的影响。在柏格森看来，真正的绵延不是指物理意义上钟表时间的流逝，而是将不同的瞬间汇聚在一起，贯通过去的经验、现在的在场和未来的希望的意识之流，能够创化万物。列斐伏尔的"瞬间"就具备这样的绵延性，这说明它不是一个简单的、转瞬即逝的时刻，它有自己的记忆和内容，也有它的动机，瞬间在整个过程中都启示着人们日常生活深处潜伏着决定性的剧变，为拯救日常生活而努力。就这样，瞬间将日常生活与节日结合了起来，节日期间散发出的光彩照亮了沉闷的日常生活，并且，在节日鸣金息鼓时，节日早已把一切激情、狂欢、创造性融

---

① 陆扬：《何以批判日常生活》，载《学术月刊》2009 年第 1 期。

② 目前不同的学者对此有不同的翻译，如叶齐茂、倪晓晖将此译为"契机"，刘怀玉则称为"瞬间"。为了突出时间性的问题，本文在此采取后者的译法。

③ 刘怀玉：《论列斐伏尔对现代日常生活的瞬间想象与节奏分析》，载《西南大学学报》(社会科学版)2012 年第 3 期。

④ [法]亨利·列斐伏尔：《日常生活批判》，叶齐茂、倪晓晖译，北京：社会科学文献出版社 2018 年版，第 533 页。

入这样的瞬间，也只有在这个时候，节日才具有打破平庸的日常而使日常生活获得解放的意义。

列斐伏尔所追求的日常生活革命理想始终是以绵延性为本质的瞬间，而节日便是一种理想的瞬间。正如刘怀玉教授所说："列斐伏尔的一个核心逻辑是强调日常审核具有永恒的轮回性与瞬间的超越性，即平日的单调无奇性与某个瞬间的神奇性超越性的辩证统一。"①他一直坚持着现代社会异化问题的出口一定是日常生活的节日化和瞬间化，试图以一种审美意义上的情感时间去改变日常生活没有尽头的异化状态。

(三) 在现代社会实现节日的复兴

随着时代的发展，列斐伏尔前后期思想有所转变，尽管贯穿列斐伏尔理论的节日的本质始终并未改变，但是他也意识到仅仅依靠"日常生活的节日化"已经不能完全解决当代日常生活的问题。在现代社会，节日已经失去了传统意义上的庆典精神，不但与日常生活相脱离，还受到消费主义的控制，沦为商品营销的手段，总之，节日已经虚无化、技术化和享乐化了。正是在这种情况下，列斐伏尔呼吁：必须要重新实现真正的节日的复兴。于是，他在后期提倡日常生活文化革命，包含节日的复兴、身体革命和都市革命。值得一提的是，他所谓的"文化革命"，"不是以文化为基础和目标的革命"，② 而是要"创造一种非制度性的生活风格的文化"。③ 换言之，就是把艺术形式融入日常生活，让"日常生活成为艺术品"。

在列斐伏尔看来，恢复节日的本质，使真正的节日重见天日，可以振兴传统的庆典精神，化解现代社会中日常生活和节日之间的矛盾，实现对异化的超越。他在后期对前期实现日常生活节日化的理想蓝图进行了反思和进一步发展，传统的节日狂欢是以封闭的熟人社会为依托的，而现代是一个开放型的陌生人社会，乡村社会的节日场景难以在都市社会中实现，因此需要对都市社会进行革新。这就涉及都市革命的问题。都市社会的改革和革命重点不是在生产

---

① 刘怀玉：《现代性的平庸与神奇——列斐伏尔日常生活批判哲学的文本学解读》. 北京：北京师范大学出版社 2018 年版，第 178 页。

② Henri Lefebvre. *Everyday Life in the Modern World*. New York：Haper & Row, Publishers, Inc. 1971, p. 205.

③ Henri Lefebvre. *Everyday Life in the Modern World*. New York：Haper & Row, Publishers, Inc. 1971, p. 205.

力和生产关系上，而是要创造一种全新的生活方式，"必须为个人和团体的聚会提供时间和地点，让有着不同的职业和生活方式的人们聚集在一起"，① 只有在这种情况下，才能够再次回到传统社会节日里人们共同狂欢的场面。此外，节日的复兴还离不开主体——人的改变。"消费受控制的科层制社会"在无形之中控制着人的身体和欲望，比起封建社会用法律和制度对人进行束缚，这种控制是更为深层次、全方位的，如果放任自流，那么这种恐怖统治就会从最基本的身体领域扩大到人类的整个领域，破坏人的能力与潜能。列斐伏尔在此所谓的"身体革命"，最主要的还是指性意识的变革与革命，这对于实现日常生活节日化具有不可或缺的意义，但这并不是说要完全废除对人类性行为的约束，而是要转变人们对性别与社会之间关系的认知观念。有了身体革命和都市革命做铺垫，节日的复兴指日可待，列斐伏尔认为，只有万物一体、无拘无束、平等欢快的节日场面回归于现代日常生活，异化问题才会得到彻底的解决，人才会成为全面的、完整的、自由的人。

三、反思：日常生活节日化的理想

在解决日常生活异化问题的路径选择上，日常生活节日化是列斐伏尔从一而终的坚持。早中时期，他力图借助于节日和狂欢、诗意化的瞬间来超越单调乏味的日常生活，消除现代性带来的异化。后期，他寄希望于文化革命，也是将节日的复兴作为其革命理想的终点站，都市革命和身体革命都是节日得以恢复的必要前提，前者从物质上提供聚集狂欢的场所，后者则是从精神上破除人所受到的各种压抑，使人的欲望得到释放。

列斐伏尔构建节日与狂欢这个瞬间的背后，实则是他在用审美现代性来改变机械重复的日常生活。不过，"他不是要借审美现代性来批判艺术文化的大众化，而是要批判现代社会及其深层机制"。② 而这也恰恰是弊病所在，尽管节日与狂欢在反抗消费受控制的科层制社会、实现生存的审美化与自由化上的确有积极的作用，然而，仅仅依靠这无法从根本上改变社会现实的，日常生活节日化过于理想化和浪漫化，带有浓厚的乌托邦色彩，哪怕他在后期辅之以文

---

① Henri Lefebvre. *Everyday Life in the Modern World*. New York：Haper&Row, Publishers, Inc. 1971, p. 190.

② 吴宁：《日常生活的审美化与审美现代性——列斐伏尔的人道主义美学二题》，载《马克思主义美学研究》2006 年第 12 期。

化革命，依托于都市化的空间改造来复兴节日时，亦未获得成功。他过分夸大了审美的批判救赎功能，割裂了都市化与工业化的关系，没有真正改变生产力与生产关系的节日化生活，脱离了强大的物质基础的都市生活，最终只能沦为一座空中楼阁。究其根本，列斐伏尔依旧无法避免西方马克思主义者的通病。具体来说，他颠覆了马克思主义物质生产是第一性的基础逻辑，认为马克思主义本质上不过是一种生产主义的意识形态，并进一步批判了现代性视野下的资本主义消费符号逻辑。

不可否认的是，列斐伏尔诉诸日常生活的节日化、文化革命是有合理之处和积极意义的。在宏观的经济政治革命面前，有关日常生活的微观问题似乎显得微不足道，文化革命也被认为是水到渠成的事情。但如何解决日常生活的困境，超越单调乏味的"日常性"，实现日常生活的意义化，从某种程度上来说，是面向全人类生存的普适性问题。列斐伏尔意识到无论是经济政治革命的胜利还是形而上的终极关怀都没办法彻底改变日常生活固有的单调重复，因此把社会革命的目光转向日常生活领域，主张进行一场改造生活的文化革命，这是非常具有创造性和远见性的观点。但值得注意的是，在现代社会中，"让日常生活成为艺术品"的口号随处可见，各种类型的节日活动层出不穷，列斐伏尔提出这句口号的初衷被大众误解，许多标榜"美学""生活艺术"旗帜的商业行为实际上与列斐伏尔的思想主张背道而驰，这反倒恰恰是列斐伏尔所批判的一种"伪美学化"现象。列斐伏尔对日常生活进行批判，以"节日"作为其革命理想，并非指当今社会被赋予商业化目的的节日的匆忙回归，他提倡的节日彰显着肯定生命和生活的本真意义。而他主张让日常生活成为艺术品，的确表现出他试图用生活艺术推动异化的终结的乌托邦追求，但不容忽视的是，他是基于文化批判的立场上在其文化革命的蓝图中提出这一点的。列斐伏尔从未消解哲学美学形而上的意义，相反，他认为"文化革命的基本特征是哲学精神的实现，文化批判这个术语就是对哲学的全面认可，是对哲学的理论与实践意义的认可，是对哲学在教育、体验、思想以及社会方面的意义的认可"。① 为了让日常生活成为艺术品，他还做出了实践尝试，试图打造一个都市化的空间，将其艺术化的理想具象化、实践化，尽管他的都市革命在实践中失败了，但在这一点上，他已经比很多西方马克思主义者都更进了一步。

---

① Henri Lefebvre. *Everyday Life in the Modern World*. New York：Haper&Row, Publishers, Inc. 1971, p. 203.

结　语

　　列斐伏尔的哲学一改传统哲学的做法，推动了哲学研究对象向日常生活的转变，试图实现日常生活与哲学的相互批判，自此让人们更加关注日常生活世界。他不仅探讨和批判了"消费受控制的科层制社会"下的现代日常生活，对其异化状态作了较为全面的描述，还对日常生活进行了重新建构，从日常生活内部深处去探索解放的可能性，并指出日常生活的希望在于节日。列斐伏尔追溯到古希腊社会去寻找节日的踪影，将其视为一种与日常生活融为一体、以酒神精神为本质的狂欢节，突出了节日的审美超越功能和社会批判功能，并借助诗意化的"瞬间"赋予节日以超越永恒轮回的可能性，后期更是提出文化革命以创造一种崭新自由的生活风格，克服现代日常生活的异化。列斐伏尔意识到了现代生活和节日的分离，节日同样遭受异化，所以把恢复真正意义上的节日一以贯之于日常生活批判理论中。虽然节日与狂欢的瞬间对日常生活的解放具有一定的积极意义，但是日常生活节日化终究是一种浪漫主义的诗意化想象。然而，对列斐伏尔的评价不能用"一位不切实际的乌托邦者"寥寥数语画下句点，实际上他也承认自己就是一位乌托邦者，但是他始终认为"为了获得所有的可能性，我们需要不可能性"。为此，我们应更多关注他在解决日常生活异化问题上所探索到的可能性，因为这种可能性代表着一种张力，足以给当下社会以及相关研究带来深刻的启示。

（李奕　武汉大学哲学学院）

徐复观对"庄子艺术精神"的阐发

——兼论《庄子》美学的语境问题

曾思懿

徐复观(1903—1982)是当代新儒家学派的代表人物之一,他毕生致力于以儒家思想和民主政治回答中国面临的现代性问题。20世纪60年代,他从对先秦诸子人性论的研究转向中国艺术,写作了《中国艺术精神》一书。在书中,他提出中国艺术精神可以追溯至儒家和道家的两大传统,其中孔门孕育的"乐教"理论因其自身的局限性而走向衰落,而以庄子为代表的道家精神孕育了朴素自然的艺术精神,并直接影响了山水画的兴起与发展。此书甫一出版便引发两岸学界长时间的讨论,至今依旧是人们研究山水画和《庄子》美学无法回避的论著。与此同时,"《庄子》美学"的合法性问题也备受关注:一方面,从当代接受的西方范式的"美学"来看,《庄子》一书并未涉及对艺术乃至美的本体问题的讨论;另一方面,从后世受庄子及庄子学派理论影响的艺文活动出发,重构《庄子》美学合法性的做法亦不具备强说服力。中国美学史的书写赋予了《庄子》在中国美学研究中的地位,那么,在面对上述的合法性争议时,《庄子》美学在何种程度上得以证成?

前人对徐复观"庄子的再发现"理论的得失已有充实详尽的研究,[①] 因此本文将不再试图对这一理论体系本身进行直接研究,而试图在简单梳理其概念

---

① 徐复观的"庄子艺术精神"在两岸学界有着重要的影响力,因此很多论著都直接或间接涉及这一理论。对这一理论进行直接研究的专著有《庄子艺术精神析论》(颜昆阳,1985)、《徐复观与中国文化》(李维武,1997)、《徐复观心性与艺术思想研究》(耿波,2007)、《徐复观艺术诠释体系研究》(张晚林,2007)、《徐复观美学思想研究》(郑雪花主编,2010)、《徐复观与20世纪中国美学》(刘建平,2015)等,众多期刊和学位论文也对此进行了直接研究。此外,这一理论还体现于学者们对中国美学史的书写中,如《百年中国美学史略》(章启群,2005)等。

体系和理论特色的基础上，回到由这一理论引发的"《庄子》美学"合法性之争的问题上，从语境的角度再次反思"《庄子》美学"的可能性。

一、徐复观对"庄子艺术精神"的证成

首先需要对徐复观所言"中国艺术精神"进行澄清。20 世纪中叶，港台新儒家提出了"中国艺术精神"的命题并对其进行了阐发，如方东美认为"中国艺术精神"是一种生生之德，唐君毅将孔子之"游"视为中国艺术精神的本质。对这一命题用力最深的当属徐复观，他对庄子艺术精神的再发现成为近百年来庄子美学研究的滥觞。但"艺术精神"并不等同于"美学"，而是指《庄子》一书中具有艺术化特征的语言与思想，这就有别于研究一般艺术与感性体验的"美学"。毫无疑问，"美学"与"艺术精神"间存在着颇多共性，这也是为何后来的研究者将"庄子艺术精神"等同于"庄子美学"，但它们之间的差异性亦是研究徐复观思想不可忽略的。那么，徐复观是如何证成"庄子艺术精神"的呢？

在《中国艺术精神》一书中，徐复观将庄子艺术精神刻画为"中国艺术精神主体之呈现"。在徐复观的思想体系中，"主体"是一个重要的维度，但艺术精神的"主体"不是人，而是人之"心"。[①] 他认为庄子艺术精神必须通过工夫修养在现实人生中加以体认，以当代"为艺术而艺术"和"为人生而艺术"的视野观之，庄子艺术精神隶属于后者。他开篇即提出，在现实人生中体认的"道"是最高的艺术精神，因此徐复观对"庄子艺术精神"的证成便需要回答以下两个问题：第一，"道"如何与艺术精神关联；第二，作为主体的"心"如何达至"道"。

对于第一个问题，徐复观是从人生境界和具有艺术意味的活动两方面回答的。首先，他对"道"和"艺术精神"作了以下两规定："一是在概念上只可以他们之所谓道来范围艺术精神，不可以艺术精神去范围他们之所谓道……另一是说道的本质是艺术精神，乃就艺术精神最高的意境上说。"[②]他在此明确了"道"与"艺术精神"之间的关联并非充要关系。其次，他以先秦诸子的人性论

---

① 徐复观：《中国艺术精神·石涛之一研究》，北京：九州出版社 2013 年版，第 84 页。

② 徐复观：《中国艺术精神·石涛之一研究》，北京：九州出版社 2013 年版，第 60~61 页。

为切入点，论证了道家的出发点和归宿点与儒家一样落实于现实人生，不同之处在于儒家强调"成己成物"，而庄子则反对有所成。他承认庄子哲学没有涉及艺术意欲和具体艺术对象，但认为庄子之"道"不仅有形而上的思辨趣味，也是人通过修养工夫能够达到的人生境界，"他们所用的工夫，乃是一个伟大艺术家的修养工夫；他们由工夫所达到的人生境界，本无心于艺术，却不期而然地回归于今日之所谓艺术精神上"。① 最后，他提出对现实人生的体认也会涉及具体的艺术活动，这些活动可以升华成"道"，如《养生主》一篇中提到的"庖丁解牛"便是技进于道的例证之一，技术的解放给人了带来极大的主体性自由，这种自由与庄子追求的"道"相契合。至此，徐复观构建了"道"与艺术精神之间的联系——"道"在人生中的实现即是艺术精神的呈现。

对于第二个问题，徐复观是通过对庄子哲学中"心斋""物""美""乐""巧""游"等概念的诠释来回答的。他认为这些概念与庄子艺术精神密切相关，展现了通往艺术精神的方法，构成了艺术精神的内容和境界。首先，通往艺术精神的方法是"物化"。徐复观注意到庄子是将"心"视为人的主体，"心斋""坐忘"成为艺术人格修养的起点。《庄子》借孔子和颜回之口如是解释"心斋"与"坐忘"：

> 气也者，虚而待物。唯道集虚。虚者，心斋也。②
> 堕肢体，黜聪明，离形去知，同于大通，此谓坐忘。③

"心"与人的知觉活动有关，在面对外物时会产生意欲和是非判断，因此徐复观认为"心斋"和"坐忘"是通过以下两条路径达到的："一是消解由生理而来的欲望，使欲望不给心以奴役，于是心便从欲望的要挟中解放出来……另一条路是与物相接时，不让心对物作知识的活动；不让由知识活动而来的是非判断给心以烦扰，于是心便从知识无穷的追逐中，得到解放，而增加精神的自由。"④"心"经由"心斋""坐忘"的修养工夫被确立为艺术精神的主体，同时，

---

① 徐复观：《中国艺术精神·石涛之一研究》，北京：九州出版社 2013 年版，第 60 页。
② （清）郭庆藩：《庄子集释》，王孝鱼点校，北京：中华书局 2016 年版，第 154 页。
③ （清）郭庆藩：《庄子集释》，王孝鱼点校，北京：中华书局 2016 年版，第 292 页。
④ 徐复观：《中国艺术精神·石涛之一研究》，北京：九州出版社 2013 年版，第 81 页。

美的观照的发生离不开客体对象，固徐复观将庄子的"物"概念引入艺术精神体系中，即美感的实现是"物我合一"乃至"物我两忘"的过程。庄子寻求之"物"并非自然界中的万物，而是"物之所造""物之祖""物之初"，即未经人事干扰过的物之本性和本质，这也正是庄子自然观的体现。徐复观借用郭象注庄子时的术语"与物冥"来解释审美观照的主体与客体：主体是"与物冥之心"，客体是"与物冥之物"。在主体和客体的条件具备以后，徐复观认为此时需要共感和想象力的作用，方能"将天地万物涵于自己生命之内，以与天地直接照面"。① 其次，艺术精神的内容是"大美""至乐"和"大巧"。在对第一个问题的回答中，徐复观已经完成了将"道"与"艺术精神"相联系的工作，而"美""乐""巧"则涉及艺术品的形式、效果和创造等具体问题。在道家哲学中，老庄对世俗中的"美""乐""巧"是持反对态度的，那么这三者又是如何成为庄子艺术精神的内容的呢？徐复观的答案是要超越世俗，即超越"世俗浮薄之美"以把握"大美"、超越"世俗感官的快感"以把握"大乐"（即"至乐"）、超越"衿心着意的小巧"以把握"大巧"。② 在完成从"心"达至"道"的方法论建构以后，最后他以"游"来象征"体道"这一最高的艺术精神。他认为庄子的"游"在语义上与"游戏"之"游"相同，但此处的"游戏"并非指具体的游戏活动，而是"精神状态得到自由解放的象征"，③ 亦即庄子所言"逍遥游"。至此，徐复观以概念诠释的方式完成了从"心"至"道"的艺术精神体系的建构。

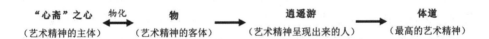

"心斋"之心　物化　物　逍遥游　体道
（艺术精神的主体）　（艺术精神的客体）　（艺术精神呈现出来的人）　（最高的艺术精神）

徐复观对庄子艺术精神的证成

回答完这两个问题以后，徐复观随即将庄子的人生观（宇宙观）、生死观、

---

① 徐复观：《中国艺术精神·石涛之一研究》，北京：九州出版社 2013 年版，第 103 页。

② 徐复观：《中国艺术精神·石涛之一研究》，北京：九州出版社 2013 年版，第 67 页。

③ 徐复观：《中国艺术精神·石涛之一研究》，北京：九州出版社 2013 年版，第 73 页。

政治观以及艺术的创造与欣赏与"艺术精神"相联系，以完成最后的论证——"艺术精神"必须在现实人生中加以体认。纵观上文所涉及的徐复观对庄子艺术精神的论证，可以发现他的思想特色之一，即考据与解释并重。在《中国艺术精神·自序》中，他说：

> 我在探索的过程中，突破了许多古人，尤其是现代人们，在文献、在观念上的误解。尤其是现在的中国知识分子，偶尔着手到自己的文化时，常不敢堂堂正正地面对自己所处理的对象，深入到自己所处理的对象，而总是想先在西方文化的屋檐下，找一席容身之地。

徐复观批评了其时台湾学术界盛行的以西释中的学术风气，提倡阐释要回归中国传统文化的本源。纵观《中国艺术精神》一书，徐复观的阐发也频繁引用了现代西方美学家的理论，① 这一看似矛盾的做法实则是徐复观的论证路径的体现，也即他的另一思想特色：迁回与进入。②

二、徐复观的论证路径：迁回与进入

徐复观"中国艺术精神"的问题意识来源于其所处的时代。他并不是第一个探讨该问题的学者，与他同属新儒家的阵营的方东美、唐君毅等学者对此均有过论述。20 世纪的中国处于巨变的语境中，传统艺术文化在全球化、现代化的冲击下逐渐式微，"西方中心主义"曾长时间造成了中国传统文化与现代西方文化处于"自我"/"他者"的二元对立模式中。如徐复观一般的知识分子，他们面临着中国及中国文化该往何处去的问题，在以传统文化回应时代语境的同时，对"中国艺术精神"的讨论也无可避免地会带上时代色彩。因此，徐复观对庄子艺术精神阐释所使用的"迁回与进入"的路径又大致可

---

① 这一点也使他的理论招致当代学者的批评，如谢仲明认为："徐复观在论证庄子的精神即是艺术的精神中，引进了不少西方美学家作为佐证，如雅克尔曼、黑格尔、雅思培、李普斯、哈曼乃至胡塞尔、康德、谢林、派克等，但这些西方美学家的理论，片段零散地被引进说明庄子，其恰当性及相应性，极成疑问。"(《论徐复观对庄子的解释》，载《东海大学徐复观学术思想国际研讨会文集》，1992 年)

② 这一方法论最早由法国汉学家弗朗索瓦·朱利安提出，具体的表述为"绕道希腊，回归中国"。对于 20 世纪在西方化、现代化影响下思考"中国该往何处去"问题的知识分子而言，他们也在自觉或不自觉中使用了这一方法。

分为以下两部分：第一，绕道西方，回归中国；第二，绕道古代，回归现代。

徐复观在对庄子艺术精神进行阐释时，经常会把《庄子》中的概念和观念置于中西比较的视野之下。首先，对于作为艺术精神主体的"心斋之心"，徐复观曾提出"消解意欲"和"忘知"，他认为这两点在现象学中也能找到根据，例如现象学的"归入括弧、中止判断"即与"忘知"有相同之处，不同的之处在于现象学暂时的"忘知"，而庄子的"忘知"会将主体带入物我两忘、主客合一的场域。其次，在对艺术精神的客体"物"进行探讨时，他引用了现代审美心理学的知识，例如以李普斯的"内模仿说"解释"心"通过情感作用泯灭与"物"之间的距离从而达到主客合一的状态，又如引入康德美感结构中的"想象力"概念来解释《庄子》中那些超越现实生活的寓言故事。再次，在论述艺术精神的内容"大美""至乐""大巧"时，他也借助了托尔斯泰、温克尔曼的理论，进而讨论了"美"与"快感"是否能作为艺术的规定、希腊艺术之美与庄子所言艺术化人生的比较等问题。最后，对于以"游"为象征的"体道"，他则以卡西尔、黑格尔、席勒加以比较，他以卡西尔的论断"艺术是对自由的表明和确证"入手，认为黑格尔所言"绝对精神王国"与庄子所言"道"在使人得到自由解放方面有着共同的祈向，又以席勒的"游戏说"描绘呈现艺术精神的"游"。此外，他对庄子艺术精神的定位还受到了 19 世纪现代西方美学"艺术与道德"之争的影响，将庄子的艺术精神定位为"为人生而艺术"。

在《中国艺术精神》一书中，以中西比较视野研究传统概念与观念的内容俯拾皆是，这也可从侧面反映出西方美学思潮在当代中国的传播。徐复观在书中涉的诸多中西比较首开国内先河，① 为后来学者以西方思想研究《庄子》哲学提供了启发与范式。当然，徐复观的这一方法固然有可取之处，但他对西方思想多为零碎的引用，而忽视了理论的整全性和不同理论之间可能存在的张力，从而使这些理论有注《庄子》之嫌，甚至有学者直言将书中所引西方思想去除亦无碍于徐复观思想体系的完整性。但我们也要注意，徐复观绕道西方的目的是为了回归中国，他对在西方文化冲击下的中国传统文化主体性怀有隐忧，期冀于在中西之间找到中国传统文化得以可能的道路，正如他在《传统与

---

① 暂且搁置徐复观所引用的胡塞尔的观点能否推导出审美观照的"心斋"的问题，他确是第一个以现象学的观点分析庄子的"心斋"和审美观照的学者。

文化》一文中以武汉的江汉会合比喻传统的更新与形成："长江的河床，便是把许多旧流、新流，融和在一起的力量。假使新流一下子冲垮了原有的河床，并不仅会泛滥成灾，连长江和汉水，也都会消失掉。"①

徐复观自谓处于"学术与政治之间"，儒家传统与民主政治在他身上兼而有之，从他对庄子艺术的人生观、生死观、政治观等的诠释也可看出新儒家学派的思想底色。首先，他将《庄子》一书视为庄子身处变动时代中寻求生命安顿的产物，他所言"艺术精神"的立足点并非艺术及艺术品的本体，而是社会人生，因此他推导出"艺术与道德"在庄子处获得了统一。② 其次，他提出庄子的艺术观与宗教有相似之处，他说："人对宗教的最深刻的要求，在艺术中都得到解决了，这正是与宗教的最高境界的会归点，因而可以代替了宗教之所在。"③艺术教育的观点自柏拉图已有之，近现代的施蒂纳(Max Stiner)、密尔、席勒等人对此均有论述，在中国 20 世纪初期亦有蔡元培引发的"以美育代宗教"的讨论，从古代到近现代，艺术尤其是艺术教育与社会政治一直存在着密切的联系。最后，他认为庄子的政治观是一种经过净化的政治，"无为而治"在现实中无法实现，只能通过想象在艺术境界中实现。他将庄子的政治理想与儒家政治理想等量齐观(前者通过"艺术精神"，后者通过"仁义")，认为它们都强调"生的完成"，还引用托尔斯泰"艺术能代替公共事业，使人能共同生活"④的观点来强化庄子"生的完成"，赋予庄子艺术精神以现世关怀。

徐复观之所以能够在诠释庄子艺术精神时绕道古代回归现代，除却庄子哲学本身具有的生命力外，还与他的人生旨趣、时代语境有关。从世界的环境来看，现代文明带来日新月异的同时也带来人的异化，现代艺术以其叛逆精神推翻传统，以致西方学界充斥着"艺术终结论"的论调，从徐复观所用的形容词"残酷、混乱、孤危、绝望"便可看出他对现代艺术所持的反对态度；从徐复观所处的环境来看，20 世纪中叶台湾地区的自由主义思潮在"白色恐怖"氛围下日渐兴起，徐复观等新儒家知识分子肩负着将"道统"意识与现代民主政治

---

① 徐复观：《论文化》，北京：九州出版社 2014 年版，第 524 页。

② 徐复观：《中国艺术精神·石涛之一研究》，北京：九州出版社 2013 年版，第 113 页。

③ 徐复观：《中国艺术精神·石涛之一研究》，北京：九州出版社 2013 年版，第 119 页。

④ 原文见[苏]列夫·托尔斯泰：《什么是艺术?》，南京：江苏美术出版社 1990 年版，第 256~258 页。

相结合的沉重文化责任。他将古代圣贤的思想理论比作一块裹头的尺布,并认为这块尺布是无法抛却的"生命的自身",① 他说:"每星期七天,五天时间我是面对古人,一天半或两天时间我又面对当代。这种十年如一日的上下古今在生活中的循环变换,都来自我们国家的遭遇对我所加的鞭策。"②

通过考据与解释、迂回与进入的路径,徐复观将庄子艺术精神阐释为"道"在日常生活中的呈现,完成了生命安顿的课题。但也正因这一路径所包含的强烈时代性,庄子形而上学特质的"道"和唯美性格被赋予"文以载道""为人生而艺术"的倾向,缩限了庄子哲学的视阈。同时,徐复观也有用生命哲学构建庄子美学的倾向,这使得他的理论在被学界广泛接受的同时也引发了"《庄子》美学"合法性之争的公案。

三、"《庄子》美学"的语境问题

20 世纪 60 年代中期,《中国艺术精神》在中国台湾地区首次出版,20 世纪 80 年代中后期被大陆地区引进,它虽然不是第一本提及《庄子》美学的论著,但其影响力之广辐射了几十年间海峡两岸的《庄子》美学研究。徐复观在该书中的基本观点是:第一,《庄子》代表了中国艺术精神;第二,山水画是庄子艺术精神的独生子。因此,学界的大部分质疑主要是围绕"庄子艺术精神这一命题是否成立"③和"庄学与山水画之间的关联是否成立"④两部分展开的,

---

① 徐复观:《无惭尺布裹头归·生平》,北京:九州出版社 2014 年版,第 190 页。
② 徐复观:《无惭尺布裹头归·生平》,北京:九州出版社 2014 年版,第 200 页。
③ 章启群在《怎样探讨中国艺术精神——评徐复观〈中国艺术精神〉中的几个观点》(2000)一文中从《庄子》的'道'与中国艺术精神的最高意境是否相同?"《庄子》中的得'道'者是否具有一种艺术的精神或境界?""庄子有自然美观念吗?"三个问题出发,全面否定了徐复观对庄子艺术精神的观点;十九年后,章启群发表了《作为悖论的"庄子"美学》(2018)一文,又一次从本体论、认识论、价值论三个层面指出了当代《庄子》美学研究中存在的误区和问题,并认为"庄子"美学是悖论。孙中峰在《庄子之"道"与"艺术精神"的关系——对徐复观、颜昆阳先生论点的评述与商讨》(2002)中批评了徐复观将"道"与"艺术精神"同质化的观点,认为二者在本质和境界上都存在着差别。
④ 对这一点进行质疑的文章数量较多,比如在论及宗炳《画山水序》时忽视了佛教的影响、观点中仅视文人画为庄子艺术精神的代表而忽视了山水画中的院派画、忽视了对庄子再阐释的魏晋玄学的重要性等。

前者直接引发了"《庄子》美学"的合法性之争。① 前人对庄子美学的合法性问题已有较为充足且成体系的讨论，为我们反思《庄子》美学提供了诸多洞见，故本文无意直接回应合法性问题，而希望能在前人基础上，引入"语境"的视角并结合《中国艺术精神》一书来探索"《庄子》美学"得以可能的路径之一。

"语境"(context)是现代西方文艺理论和批评中的常见术语，长期以来被认为是阐释"文本"(text)的重要或决定性因素。② 中国古代亦有与语境类似的表述，如孟子"知人论世"，即强调对历史人物的臧否要考虑其所处的时代背景。在从语境视角反思《庄子》美学之前，需要对本文涉及的"文本"和"语境"做一个澄清。首先，本文所论及的"文本"是《庄子》一书，由《庄子》引出的后世的庄子学研究和艺文活动——如魏晋玄学家对庄子的注释、山水画实践等均不在本文"文本"考虑范围之内。其次，本文使用的是广义的"语境"概念，即将"语境"视为一个不断扩展的多重语境，并延续鲍尔和布莱森的思路，在使用语境分析法时将"语境"分为生产语境(the context of production)和评价语境(the context of their commentary),③ 将生产语境中的作者意图、思想史背景和评价语境中的后世接受等因素都纳入对《庄子》美学的反思中。

首先，对文本的阐释应考虑作者的创作意图，即作者在创作《庄子》时是否有"美学"意识。自唐宋以来，《庄子》的作者问题一直处于争议之中，当代学者对作者归属也未达成明确的定论，只就"内篇为庄子原作"达成共识。作

---

① 针对"庄子美学"的合法性问题，也有很多学者进行了回应。刘建平撰写了《再论怎样探讨中国艺术精神——评徐复观〈中国艺术精神〉兼与章启群诸先生商榷》(2008)《庄子美学的"悖论"及其反思》(2019)两篇文章来论证庄子艺术精神和美学的合理性；萧振邦在《〈庄子〉有美学吗？——重构庄子美学》(2011)一文以"突现美学"的进路和"最优价值"论证庄子美学的合理性；陈本益和饶建华在《庄子美学辩正》(2014)一文中认为庄子的"坐忘""心斋"自魏晋以来被转化为审美范畴，从而形成了道家的美学。罗双在《庄子美学非悖论——为庄子美学的合法性辩护》(2020)一文中以彭富春"无原则的批判"理论为视角，划分了庄子美学得以可能的四个边界，从庄子的诗意美学、伦理学的角度指出了庄子美学的可能道路。

② 当然，这一观点也在当代遭受了颇多质疑，学者们反驳的主要出发点是"语境"并非阐释文本的决定性因素，如 Rita Felski 在 Context Stinks 一文中即对"语境决定一切"的思潮提出了反对意见，鉴于本文只是把"语境"作为评价庄子美学合法性的可能路径之一，固不会涉及当代"文本/语境"之争。

③ Mieke Bal & Norman Bryson. Semiotics and art history：A Discussion of Context and Senders，collected in the *Art of Art History：A Critical Anthology*，edited by Donald Preziosl，p. 251.

者的创作意图通常与他的生命旨趣、时代氛围有关。作者之一的庄子曾在宋国担任漆园吏一官，但最终辞官隐居，安于贫困。他对于言说是持批判态度的，例如：

> 道恶乎隐而有真伪？言恶乎隐而有是非？道恶乎往而不存？言恶乎存而不可？道隐于小成，言隐于荣华。故有儒墨之是非，以是其所非而非其所是。欲是其所非而非其所是，则莫若以明。①

他认为儒墨之间的争论起源于修辞化的语言，通过语言来进行辩论通常无法达到目的，即他所言"大辩不言"。那么这是否与他自己的著书立说相矛盾呢？庄子所追求的言论是对言说的超越，他主张"寓言""重言"和"卮言"，不以言辞遮蔽道的本质，不在名实之间纠缠，向往"得意忘言"的境界。因此，从庄子对言说的态度可以推测出他可能的创作意图之一，即超越言说、消弭是非判断，以"莫若以明"彰显天地万物的本性。庄子对"本性"的执着在其他诸多篇章中也多有体现，尽管到目前为止还不能将这种追求归结为一种美学意识，但至少可以看出庄子有追求本真的超越性观念。再回到孕育出这一旨趣的社会时代，杨宽曾这样描述庄子生活的战国时期："把'战国'作为时代名称，起于西汉末年刘向汇编的《战国策》，这是确切的，连年进行兼并战争正是这个时代的特征。"②在这样一个风云诡谲的乱世中，人们往往为外物所役，无法安顿自己的生命，如同庄子在《人间世》中描写的散木、支离疏一般，为求全于世不得不毁身坏形、弃绝才智。自身的生命旨趣和所处的时代环境促使庄子致力于寻找免于异化、达到绝对自由的方式，他最终找到的答案是要从精神上获得超越，即他所言"逍遥游"。萧振邦"突现理论"可为庄子创作意图中的美学意识提供一种解释，他在《〈庄子〉有美学吗？重构〈庄子〉美学》一文中说道："《庄子》陈论的时代毕竟突现为一不良状况——乱世，而身处乱世中的人因而有可能会祈向特定优位/最优价值，并寻求各种方法凸显、实现之。"③按照萧氏的思路，"美的缺失"是庄子所处时代的底色，这一底色影响了庄子的创作意图，他提出"天地有大美""尧舜共美"等思想，并期冀在"逍遥游"中获

---

① （清）郭庆藩：《庄子集释》，王孝鱼点校，北京：中华书局 2016 年版，第 69 页。
② 杨宽：《战国史》，上海：上海人民出版社 2003 年版，第 2 页。
③ 萧振邦：《庄子有美学吗？——重构庄子美学》，载《鹅湖学志》2011 年第 47 期。

得无限的自由，这一创造即蕴含着美学精神。从创作意图来考察庄子美学意识的进路必然会面临一个问题，即庄子确有安顿生命的意向，但他的生命哲学从何种意义上能够与美学意识相关联？这一问题或许可以通过《庄子》的第二重语境——"中国哲学"的语境来回答。

其次，对文本的阐释还要把它放进所处的思想背景中，即在"中国哲学"①的语境中思考"《庄子》美学"。日本学者将"aesthetic"一词翻译为"美学"，20世纪初王国维等中国学者借道日本将西方美学思想引介至中国，20年代中后期美学的学科体系逐渐形成。当代学者对"《庄子》美学"的质疑多是从西方美学的范式出发的，认为《庄子》一书中没有涉及对美的本质、美感、艺术品等一般美学问题的讨论，因此不能算是严格意义上的美学著作。但回到"中国哲学"的语境中，在王国维正式引入西方美学思想、提出艺术的批评和研究应独立于经学或考据学的主张之前，有关美或艺术的思想散见于经史子集之中，尤其在先秦诸子那里，形而上学的命题与美学思想之间并无明晰的边界。因此，对这一语境的考察即可等同于考察中国哲学是否具有美学的意趣？古代"中国哲学"有着丰富的人生论思想，但未能发展出如"西方哲学"一般的认识论，这是学界普遍的共识。张岱年认为中国哲学的特点之一就是"合知行"，② 即中国哲人往往通过身体力行来完成知识建构，这一点可在《庄子》文本"坐忘""心斋"等修养工夫处体现。因此，如果中国哲学有对美的认知，那么这种认知一定是与安身立命的命题相关联的，在此意义上，我们可以从《庄子》中的生命论出发探讨其是否具有美学思想。徐复观《中国美学精神》将庄子之"道"视为最高的艺术精神有其合情合理之处：第一，庄子将"心"视为艺术精神的主体，并以"心斋""坐忘"的工夫建构心灵，使得审美观照有发生的可能。他重视客体的"物"，提出"主客合一""物我两忘"的物化观，"物化"的关键在于移情和共感，《秋水》篇辩论中庄子"知鱼之乐"即体现了"物化"可能带来的审美愉悦。第二，庄子追求的"大美""至乐""大巧"可被视为对现实体验的批判，人在日常生活中所见的是异化之美、耳闻的是人籁与地籁、欣赏的是工匠之巧，他对审美感觉的追求使得美感活动有开始的可能。第三，庄子诉求的这一体验即"逍遥游"，这也是体道的象征，这一想象力的活动拓展了美感

---

① 中国"哲学"自身也面临着合法性之争。考察"哲"字的起源，《说文解字》解释为"哲，知也"，《诗经》中说"世有哲王"，《皋陶谟》言"知人则哲"，亦有智慧之义，因此本文的"中国哲学"是在此意义而非西方范式下而言的。

② 张岱年：《中国哲学大纲》，南京：江苏教育出版社2005年版，第7页。

发生的可能场域。综上，我们可以看到《庄子》生命论中包含美感经验的可能性，但在以"中国哲学"语境解构《庄子》美学思想的同时，也应意识到《庄子》作者的言论具有随感式、经验式、直觉式的特征，需要对它们进行严格的辨析。

最后，读者接受也影响着文本的阐释，因《庄子》而延伸出的理论与实践也在一定程度上参与了"《庄子》美学"的建构。当代法国文艺理论家罗兰·巴特著名的"作者之死"理论揭示了读者在文本阐释中的能动性，一个文本想获得整全的语境是困难的，因为语境会随着时间的更替不断扩展。从晋代郭象第一个系统阐释《庄子》开始，近2000年间出现的《庄子》注疏本不可计数，且阐释方式也多种多样，既有从训诂、版本、义理等出发的阐释，亦有以儒释庄、以佛释庄。这些注疏之间并未形成统一的思想理路，甚至不同注疏之间还存在着相互诘难的关系。徐复观在《中国艺术精神》中认为庄子艺术精神的普遍自觉是从魏晋时期开始的，竹林名士因对残酷现实的痛切感受而向《庄子》寻求慰藉，并将《庄子》从思想上的思辨落实为生命的安顿。魏晋以来，《庄子》阐释是从三条脉络出发构建"《庄子》美学"的：第一是竹林名士、郭象等开启的从哲学角度阐释《庄子》，其中的一些命题包含超越性的美学意识；第二是古代画论家、文论家、书论家等开启的从艺术实践阐释《庄子》，其中的一些命题与艺术创作问题直接相关；第三是现代人从现代美学的角度①阐释《庄子》、为"《庄子》美学"辩护，从而赋予它合法性的氛围。从此意义上说，徐复观《中国艺术精神》也是评价语境中的一部分，他以"迂回与进入"的路径论证了《庄子》从"心"至"道"的艺术精神，形成了一个相对融贯的阐释体系。

综上，从《庄子》作者的创作意图来看，人生旨趣上他并不认同言说，《庄子》文本的创作是无可奈何之事，他在《天道》中说："意之所随者，不可以言传也，而世因贵言传书。世虽贵之，我犹不足贵也，以其贵非其贵也。"②但在"美"不在场的时代，他不得不使用语言和叙事的策略来完成生命的安顿；从《庄子》所处的"中国哲学"的语境来看，中国哲学和美学之间有着黏着关系，对美的认知通常包含在哲人的人生论命题之中；从《庄子》的后世接受来看，古今的学人们在哲学命题、艺术实践、现代美学三条脉络对《庄子》作出了具

---

① 指在一定程度上接受了现代美学的理论和立场后，再对《庄子》中的文化意象、篇章结构、语言艺术、阐释接受等展开的研究。

② （清）郭庆藩：《庄子集释》，王孝鱼点校，北京：中华书局2016年版，第495页。

有美学意蕴的阐释,构建了"《庄子》美学"的语境。因此,从语境角度出发反思当代"《庄子》美学",是有存在的合法性可能的。

四、结　　语

徐复观对"庄子艺术精神"的讨论贯连了其本人对庄子的再发现及后人对《庄子》美学的研究,在这一过程中,可谓成也"艺术精神",败也"艺术精神"。"艺术精神"可以回应《庄子》美学的合法性问题,徐复观的高明之处在于他在"艺术精神"而非"美学"的学科框架下讨论《庄子》,从庄子自身的思想逻辑推导出他的自由精神所具备的审美性。失败则在于"艺术精神"这一概念本身的含混性,徐复观在《中国艺术精神》一书中并未澄清何谓艺术、何谓艺术化,以及何谓艺术精神。而这些是我们讨论《庄子》美学不可回避的问题。

在证成"庄子艺术精神"之后,徐复观还讨论了《庄子》对中国美学的影响,认为《庄子》经过魏晋玄学的发挥,直接在中国山水画中得到落实。徐复观特别强调艺术精神对生命安顿的作用,认为需要通过"追体验"的方式进入艺术世界,这一路径固有可取之处,但他对创作主体精神的过度强调,使得艺术中颇为重要的媒介、技法等因素被排除在外,亦忽视了其他理论形态如儒家、佛家对中国艺术的贡献。此外,从"语境"角度出发探讨的"《庄子》美学"确乎有成立的可能,也似乎又一次回到了"自我"/"他者"的二元对立中,如何在一个中西融合的视阈中完成"《庄子》美学"的现代重构,① 仍是任重而道远的问题。

"中国艺术精神"的命题自 20 世纪中叶被提出,引发了持续至今的长时间讨论。这一命题之所以有如此强的生命力,与时代的表征息息相关。在中国古代,士人阶层是中国美学史中的主体,他们合"心"与"道",在进行"美"理论的形而上建构的同时又在日常的艺术实践中体认之。但随着士人阶层在现代的

---

①　这一点的实现依赖《庄子》不断扩展的评价语境。中西融合视阈中的现代《庄子》美学研究主要可以分为海外庄学研究和国内学者的西学阐释。近几十年来,海外庄学蓬勃发展,葛瑞汉、史景迁、安乐哲、爱莲心等诸多学者对此亦有过专门论述。与此同时,《庄子》美学在 1950 年后的港台地区和 1980 年后的大陆地区一直是研究热点,以西学阐释的相关论著层见叠出。但值得注意的是,在进行现代意义上的《庄子》美学重构时要避免过度阐释的问题,生产语境仍然是文本阐释中的重要因素。

消失，传统的艺术媒介亦无法完全承载现代人的生命体验，"艺术终结论"之后，中国艺术该何去何从？徐复观对庄子艺术精神的生成或许能提供一种回答——自先秦始，庄子艺术精神即在历代语境或继承、或更新，最终沉淀于当下之境。当下，《庄子》以及其他经典文本的"语境"仍在不断扩展，契合当代的"中国艺术精神"也正处于生成中。

（曾思懿　武汉大学哲学学院）

电影中的黑白与彩色

王妍昕

电影是视觉性的艺术，色彩作为重要的视觉因素是电影视听语言中不可或缺的一环，是电影感染力和冲击力的必要保证。1935 年的《浮华世界》，是第一部基于 3-color technicolor 技术制作的彩色影片。但早在 1928 年，就有美国摄影师研制出彩色软片，拍摄的时候装上红、绿、蓝三种人工涂画的滤光镜便可摄制出彩色短片，两个美国音乐家在观看彩色短片《海军》后，深为其中色彩的不够逼真而感到惋惜，遂和伊士曼·柯达公司合作开始改进彩色摄影技术。经过三年的不懈努力，他们终于成功地研制出世界上第一张两色冲晒程序的感光彩色胶片……但在此之前，电影艺术的先驱者们也没有闲着，在拍摄之余，想方设法实现电影的彩色，用自己的艺术实践积极赋予色彩意义。

一、黑白中的彩色

(一) 乔治·梅里埃的尝试

早在 1902 年，乔治·梅里埃就用手工上色的方式完成了《月球旅行记》。作为电影艺术的先驱者，他无心沿袭卢米埃尔兄弟的"纪录片"，认为电影是"造梦"的艺术，是想象和现实之间的桥梁。由此，他醉心于在荧幕上呈现梦境的世界，而梦，当然是五彩缤纷的！这个凭借想象力做事的男人，为了实现自己的艺术追求用人工上色的方式，变黑白为斑斓！在其最负盛名的电影《月球旅行记》中可以看到，梅里爱大师的色彩运用是没有任何理性的，红黄蓝绿七彩纷呈，色彩的选择好像就是为了把调色盘上所有的颜色用尽。大概在大师眼里，色彩就是梦呓，就是为了让世界脱离黑白的单调和严肃吧。

（二）格里菲斯的尝试

格里菲斯在 1915 年《一个国家的诞生》中的色彩运用实现了有意识的混乱，即导演有意使用色彩来区别时空和人群。但他的制作并没有严格按照某一种标准来成片。如果说格里菲斯用色彩区别了空间，在影片开头，室内做了调色处理，而室外用黑白来表示，但在影片中段小女孩在室内的场次也变成了黑白的画面；如果说大师用色彩区分了不同阵营，但在影片中段表示同一群人的战争场面时，他将远景处理成了红色，近景则处理成了绿色；如果说导演用色彩来区别时间的前后，但最后一分钟营救的场次，他又是通过不同阵营来处理的色彩。所以说，格里菲斯在《一个国家的诞生》中，虽然有意识地区分空间、人群、时间等元素，却由于其立场不坚定、不明晰而最终导致了一场混乱和失败。

1916 年，格里菲斯在《党同伐异》中同样运用了染色技术，通过不同颜色讲述了不同的故事。这一次他开始用颜色来区分情节和作为表意元素，如将不同的章节处理成不同的颜色，较好地起到了统一情绪的作用，但由于现存很多版本的色彩呈现不尽相同，故不在此做进一步的讨论。

（三）爱森斯坦的尝试

1925 年，爱森斯坦在其作品《战舰波将金号》中，将红旗染色，使得黑白影片中呈现出局部的彩色，这一抹红冉冉升起吸引了所有观众的注意力，将大家的爱国热情调动起来并统一爆发，较好地达到了情绪渲染的作用。他在这里通过在黑白画面中出现局部的色彩将观众的目光都吸引到了红旗上，将影片情绪烘托到了顶点！类似的处理手法沿袭到了彩色电影时代，比如史蒂文·斯皮尔伯格《辛德勒名单》中的红衣小女孩。

二、彩色中的黑白

自 1935 年《浮华世界》问世以来，彩色电影迅速发展，人们开始将色彩运用到影片的情感表达、时空划分、情节推动等方面……而黑白电影日益落寞，尤其是 70 年代进入主打视觉刺激的新好莱坞时代，黑白片更退守为艺术电影、小众电影最后的堡垒。现在黑白影片的制作工业流程和成本甚至比彩色电影更高，大多黑白片是在后期制作阶段再将电影中的色彩处理成黑白，相较于电影发展初期的黑白片，彩色电影时期的黑白运用是有意味的主观艺术选择，而非受到技术限制的无奈之举。以下将列举三种黑白与彩色的互嵌模式，并举例分析其美学意蕴。

(一) 彩色镜头

首先要讨论的是含有彩色镜头的黑白电影，这些影片中的彩色以镜头为载体，构成彩色镜头或彩色镜头组，成群或分散地嵌入黑白电影中，与黑白镜头共存而达到突出对比、时空转化和认知改变等效果。《大佛普拉斯》这部电影将这两种镜头的共存互嵌使用得出神入化，其中大部分镜头是黑白的，只有老板车上行车记录仪拍摄的画面才是彩色的。影片用彩色镜头和黑白镜头的对比表现了阶级的对立，导演借角色之口说出了"有钱人的世界果然都是彩色的"，一语双关点明了主题。这样极富创造性的镜头运用打开了色彩运用的新思路！

另外，如万玛才旦导演的影片《撞死了一只羊》中，司机去了和杀手同一家餐馆，也向老板娘打听了被害人地址的这一段落。导演用黑白镜头插叙了杀手和司机在同一位置、用同样方式询问老板娘的画面，让两个不同的灵魂呈现出隔着不同时空，却在相同频道对话的观感，吻合了导演想表达的灵魂相惜的神秘主题。

其他还有《我的父亲母亲》中用彩色段落回溯过往的青春岁月和用黑白段落来表现年华已逝的现在；《柏林苍穹下》中用黑白镜头表现没有知觉的天使视角，用彩色镜头表示拥有丰富感情的人类视角，明显的色彩变化能让观众感受天使世界的百无聊赖和人世间的丰富多彩。

(二) 彩色元素

和上文所说的"彩色以镜头为载体嵌入黑白电影"的情况相异，在彩色电影时期，有些黑白影片会让镜头中出现局部的彩色引导观众的关注点、突出强调某种物件或起到暗示的作用，这样的影片就是在镜头内部使用了彩色元素。例如《辛德勒名单》中将一个犹太小女孩的斗篷处理成了红色，让这一个小生命从"二战屠杀了近600万犹太人"这句话中跳脱出来，加剧了杀戮的血腥和残忍，塑造了典型化表达，将视点由整体群像集中到独立的个人，让观者也从冷眼旁观、俯瞰众生的高位降下了视角而想到身边人或是自己，像这样的色彩运用更能唤起观众的共情和同理心。

还有一些在镜头中添加彩色元素的电影，将色彩作为符号来使用。在《罪恶之城》中，局部的色彩都是带有意象化表达的符号，其中红色的浴袍、床单代表着欲望的流淌，蓝色的牛仔裤、小轿车代表着神秘和冷酷，而黄色的恶魔和头发成为罪恶的能指。这是一个欲望、冷酷、罪恶横飞的世界，这三种颜色的交织拼凑向我们展现了这些黑暗元素之间相互裹挟的"暧昧"关系。

（三）完全黑白

当然，在彩色电影时代，依然有些艺术家选择要制作完全黑白的影片，如迈克尔·哈扎纳维希乌斯的《艺术家》和阿方索·卡隆的《罗马》等，这是黑白影片对这个彩色影片的时代的嵌入。其中，《艺术家》不仅是黑白影片，还是默片。故事发生的时间是 1927 年，正值默片与有声片交替时期，世界第一部有声片《爵士歌王》诞生于 1927 年。男主角乔治·瓦伦丁是无声片时代的大明星，他在影院外做宣传时与迷恋他的女影迷佩蒂相识，佩蒂恰好在这个有声片崛起的时期进入影坛，二人中一个没有跟上时代，被淘汰了，而另一个却乘风破浪，成为红星。这是一部默片，但它与 20 世纪 20 年代仅仅表现爱情的默片相异，真正要表达的是他们俩面对机会时不同的选择和最后导致的不同结果，用现在的理解和当下的思想去解构历史和默片，也许这才是当下仍然需要制作默片的原因。

在技术层面上，《艺术家》使用彩色胶片滤去颜色洗印出黑白效果，再打上字幕。并且缩小银幕尺寸，做成 4∶3 的比例。过去的默片不仅仅是黑白的、无声的，还有一个显著的特征就是每秒拍摄 18 格，现在的电影都是每秒 24 格或者 48 格，这两者的区别在于前者由于每秒钟记录下的动作画面比较少，因此连续播放时肉眼可以察觉到明显的动作不连贯，演员的表演会显得夸张。米歇尔·哈扎纳维希乌斯导演将摄影机调成每秒 22 格，用彩色胶片可以拍摄出丰富细腻的层次，22 格的拍摄速度既可使观众感受到默片的效果，又不至于显得太过滑稽而影响影片传达的情绪。除此之外，这部黑白的默片无论是叙事段落还是镜头调度，都采用的是当下观众所熟悉的现代电影工业制作技法。

由此可知，无论是从内容层面，还是技术层面，当下黑白影片的制作不仅与当下的彩色电影相异，与曾经的默片也不可同日而语；优秀的艺术家能完美地解构这两者，并进行恰当的拼凑与融合，赋予黑白默片全新的时代意义。

三、为什么制作默片

上面提到当下要制作出一部黑白默片并不是一件容易的事，那为什么还要费时费力地拍摄创作呢？"黑白默片全新的时代意义"到底指的是什么呢？

（1）黄金时代综合征。正如伍迪艾伦在《午夜巴黎》中表达的观点：人们总是讨厌现在，而崇拜过去。我们好不容易发明了彩色胶片和有声片，又开始想念无色无声的时代了，当我们在制作默片的时候，致敬的并不仅仅是一部部过去的影片，更多的是那个已经远去、不会再来，却在我们记忆深处熠熠生辉的那个时代。

（2）默片只是一个影片种类，它既不是褪去颜色的彩色电影，也不是隐去声音的有声片。在技术空前发达的当下，默片再也不是艺术无奈的选择，更不是任何一种其他形式影片的代替、简化方式，它有着自己完整的创作体系。所以说即使熟练掌握有声片、彩色片制作工业的导演，也不一定能拍好默片，如崇尚暴力美学的吴宇森，面对无声的炮弹和黑白的作战现场也会手足无措；偏爱大段台词的伍迪·艾伦也会因为发不出声音的演员而焦头烂额。默片不再是局限于时代的无奈之举，它就和哑剧一样，只是一种表达艺术的载体，在任何时代都有其独立的生存空间，不应当仅仅作为文艺和情怀的牵引载体。如《艺术家》的导演米歇尔·阿扎纳维西于斯就没有选择和观众拉开距离，在创作的时候以商业性作为影片的第一性，还有卓别林的《寻子遇仙记》和《淘金记》是跨越时代的影视佳作，就算是当今拍出这样的影片，也必然能获得票房和口碑的双丰收。

四、为什么要拍黑白电影

如果说当代默片更多的是对黄金时代的缅怀与追忆，那么黑白电影则更多地应该被看作是一种独立的艺术手段。奥斯卡第 92 届金像奖的最佳影片颁给了韩语片《寄生虫》，其导演奉俊昊非常喜爱黑白影片，扬言要将《寄生虫》也制作出黑白的一版来放映。在被问到原因时，奉俊昊的回答直率得可爱："是想让这部电影变得经典。对我来说可能有些虚荣心作祟，因为每当我想到经典，想到的都是黑白片。我就想如果把我的电影也做成黑白的，那它们也会变得经典吧。"诚然，奉俊昊导演的回答十分单纯活泼，但黑白作为一种正在逐渐成熟起来的艺术表达载体确实是有其底层逻辑存在的。

(一)艺术层面

在这个信息爆炸的年代，要想让自己的作品被人看见，就要足够吸引眼球，而色彩无疑是输送信息最有力的工具之一，所以现在随处可见其被滥用的身影。但也有些艺术家不去盲从和跟风，而是坚持自己的艺术主张而不使用彩色。以下将展开说明抽象主义、极简主义、色彩虚假论、接受美学和中国古典主义美学在理论层面对黑白电影创作的影响。

1. 虚即是实

抽象派又称为抽象主义，诞生于 20 世纪初期，是一个极具影响力的艺术流派。抽象主义艺术家通过简化物体的表现来唤起共通的情感。第一部公开放映的抽象电影是德国艺术家沃尔特·鲁特曼(Walter Ruttmann)的《光影游戏作品1》[1](Lichtspiel Opus I, 1921)——用不同的色彩和形状勾勒出可视的音乐流动。正是由于沃尔特·鲁特曼使用的艺术表现元素十分抽象，每个人从中得到感受是截然不同的，这些体验才能如此具体的加诸各人，因为它只是一块"毛玻璃"；透过这块"毛玻璃"，每位观众都在用自己的生活经历和情绪流变将形象描画具体，且这块"玻璃"愈模糊，其能容纳的视野便愈广阔，所以艺术家需要做的就是尽可能地抽象出原始的形象元素。

而黑白电影也是这样一层滤镜，通过对色彩的简化来表现更多的色彩——让观众的个人记忆和心理状态来为影片上色，反而使故事和角色能更加贴近观众个人。贝拉·塔尔拒绝使用彩色胶片拍摄电影就是因为彩色电影的色彩不能吻合每个人记忆中的颜色，它只是失真的人工雕饰和设计。这种色彩不能让人感到亲切，相反会令观众排斥和反感，所以不如用单纯的黑白来创作，让观者自行上色，这样一来反倒更真实。

所以说，黑白影像和抽象主义作品虽然在形式上是相异的——黑白电影强调色彩的剥离而抽象主义作品则仍然把色彩当作一个重要的表意元素——但是其本质上都是在提炼一种最包含的表达方式来表达最普世的情感和触及最广泛的观众。

---

① 高莲莲：《抽象电影研究系列——沃尔特·鲁特曼的"视觉交响曲"》，载《文艺生活·下旬刊》2021 年第 6 期。

2. 少即是多

极简主义①可以说是 20 世纪影响最大的思潮之一，它旨在追求形式上的简单极致和思想上的简明优雅，通过最简单的形式来传达最准确和丰富的内涵。极简主义思潮贯穿了整个 20 世纪的艺术活动，不论是建筑师密斯凡德罗提出的"少即是多"的思想，还是设计中的国际主义风格和减少主义风格……其背后或多或少都有极简主义的"影子"。值得注意的是："少"不是空白而是精简，"多"不是拥挤而是完美。极简主义并不是一味做减法，而是有目的地去简化。包豪斯的建筑强调以人为本，将功能作为设计的出发点，所以一砖一瓦都是浑然天成无以复加的。

黑白电影对色彩最大限度地做了减法，使眼睛放松了警惕，由此大脑可以将更多的精力分配到其他感官，即放弃不必要的元素能让观众把注意力集中到艺术形态或故事情节等方面，拾取到更多关键信息。《金刚狼：暮狼寻乡》推出的圣诞夜黑白特别版令粉丝惊叹，从彩色变成黑白，削减了片中的暴力成分，使得剧情起伏如此细腻动人！彩色在片中不仅是色彩的丰富，同时也使得片中的信息点爆炸式地喷溅到观众面前，往往观众的目光都聚焦在明度和饱和度最高的颜色上。比如充满挑衅的红色，是血的颜色，天生就具有极强的吸引力。在满是血色的画面里，导演很难让观众将注意力集中到别的物件上，比如演员的表演、衣服的质感和故事情节的变化、细腻的情绪，等等。而将其调整为黑白电影，自然就减少了血腥暴力的吸引，让观众能抽身出来关注其他方面的信息。可以说，在《金刚狼：暮狼寻乡》的混战场景中，彩色版虽然包含更多的信息，但观众只能沉浸在一片暴力奇观中欣赏血腥；黑白版虽然舍弃了色彩的原色，反而能让观众收获更多其他的信息点。

极简主义对黑白电影的影响不仅是形式上的简化，对色彩做减法，更是其"少即是多"的内核。电影艺术家为了让观众不被鲜艳的色彩"夺走"而只能自断"维纳斯的双臂"，这种对于观众注意力的挽留后面还会再提到。

3. 假即是真

电影色彩的出现在一定程度上是为了使电影更加贴近现实生活的彩色，但

① 樊露雪：《极简主义下的丰富意蕴——论贝拉·塔尔电影中的声音设计》，载《电影新作》2018 年第 3 期。

被称为"20 世纪最后一位电影大师"的匈牙利导演贝拉·塔尔对电影技术的迭代非常警惕，他不仅对 20 世纪以来的数字摄影技术嗤之以鼻，甚至也不认可科达后面推出的彩色胶片技术。他曾说："我讨厌彩色电影，因为它总是很虚假，你知道，绿色不是真正大自然的绿色，红色像有点带血液的样子，总是有些不对劲。所以我对自己说，我只拍摄黑白电影，使用黑白两种纯净的颜色。刚开始你会觉得我的电影有些'矫饰'，但不久后你会发现这是电影真正的颜色。"①贝拉·塔尔的代表作《都灵之马》《撒旦的探戈》《鲸鱼马戏团》等，都采用了黑白胶片来拍摄制作。1982 年《麦克白》这部电视剧作品诞生，标志着导演的创作方向从现实主义转向对生命的形而上思考，影片描绘的对象也从具体的人变成了抽象的人，甚至可以说他们只是一个存在的物质，这些人对生活的没有思考，只是日复一日地延续生命。影片展现了导演对生命悲观主义的态度，和对世界冷漠待人的咒骂。这些电影因其卓越的思想高度和艺术手法为导演赢得了艺术电影的最高成就，其中，难以忽视的一点就是，导演全部采用了黑白胶片来拍摄影像，黑白代表着永恒，贝拉·塔尔就是要运用永恒的黑白在创作中探索人类永恒的意义。

《都灵之马》描绘了一个令人绝望的故事，世界末日也不过如此了。影片的最后父女俩没有水，火也点不着了，无休止的风沙似乎要将一切倾覆。技术

① 《贝拉·塔尔：我需要他人的慷慨》，新浪网，https://news.sina.com.cn/s/2007-06-12/165013212627.shtml，2007-06-12。

要为内容服务，黑白这两种颜色的选择也正是如此，没有色彩的世界省略了一切生机和情感，世界冷酷地站在生存的对立面，让虚无去吞噬一切。而人也没有一点温情，父女俩的脸上不曾出现一丝微笑，两个人生活在一起，脸上大部分时候没有任何表情，偶尔有的只有皱皱眉头。黑白光影下，两个人雕塑般形如枯槁，他们从个体的、鲜活的生命抽离出来，成为宏观意义上的两个人，甚至变化普天之下的两件物品。这些影像一刀一刀地在每个人、每个观众的心中刻上绝望。这些正是彩色没有办法书写的冷漠与永恒，贝拉·塔尔正是运用黑白的这种特质在创作中探索着人类生存的意义。

4. 召唤想象

20世纪60年代中期，接受美学成为文学研究的主流，主要的代表人物是姚斯和伊瑟尔。在此前，文学研究的重点是对文本和作者的分析，而接受美学则着眼于文学的接受研究、读者研究和影响研究。接受美学虽然有较大的唯心主义成分，但其全新的研究视角也给了电影研究极大的启示。伊瑟尔在书中写道：文本写出的部分给我们知识，但只有没有写出的部分才给我们想见事物的机会；的确，没有未定的成分，没有空白，读者就不可能发挥想象。① 这一观点同样适用于电影艺术，导演在作品中通过设计"空白""空缺"而导致不确定性，从而呈现一种开放性的结构，召唤观众的主动参与、联想想象和再创造。

电影《不成问题的问题》中的黑白运用也可以看作是一种"空白"，黑白的影像世界留给观众对色彩的想象空间，让人物的在每个观众脑海中呈现出不同的色彩，给予观众发挥自己主观能动性的机会，增强观众在观影过程中的参与感，让人物更多地穿上了带有"观众经验"的衣服，令电影的受众获得独一无二的审美体验。

5. 以形写神

道家哲学在艺术领域中有很深远的影响，"知其白，守其黑，为天下式"，表现了中国文人的理想与追求，虽然此"黑白"并不是黑和白这两种颜色，但是由于中国表达的含蓄，常会用到黑白两色来隐喻和象征自己"知白守黑"的内心追求。

中国山水在元代发生了重大转折——画家赵孟頫强调书法入画，以单纯的

---

① 朱立元：《接受美学导论》，合肥：安徽教育出版社2004年版，第179页。

墨色来体现色彩的效果，从此水墨便占据了画坛的统领地位。书法入画强调了"以形写神"的思想，"文以达吾心，画以适吾意"成为中国文人的艺术追求；将传神作为艺术创作的第一要义，形可处于似与不似之间，形似未必可传神，神似也未必需达形。从此山水画不再追求一五一十地状物，而是运用观念化的色彩来表现万物之根本，甚至将黑白置于至高无上的地位，认为五色令人目盲。

电影《不成问题的问题》是梅峰导演的处女作，改编自老舍的同名短篇小说。影片讲述了抗战时期重庆树华农场中所发生的故事，农场主任丁务源因其中式的人情管理制度成效低而被革职，可新主任实干家尤大兴却因为不近人情而被赶走。老舍原作中的树华农场本是一座调色盘，黄的柑橘、红的苹果、青的松树、绿的江水……经过梅峰导演的改造，这片"桃源"瞬间成了黑白的世界。① 影片抛弃了色彩的斑斓，仿佛抛弃了世界的喧嚣，黑白仿佛是大慈寺的高墙，隔绝了外界的战火纷飞，带给墙内一片祥和安宁。当然，这片安宁只是宏观上的整体氛围，显微镜下的世界可就没那么云淡风轻了。没有色彩的夺目，人情的流露更为触目。在这片黑白的世界里，人性中的锋芒被磨平了棱角，只剩下含蓄的世故和圆滑的精明耐人寻味。

(二)技术层面

色彩的选择除了体现艺术家在精神层面的艺术追求，更直观的，它带给观众的是一种技术层面的视觉感受，例如塑造如同雕塑一般的人物形象、营造丰富的黑暗层次和压抑感、历史感、荒诞感……黑白画面带给我们的这些感受可以大体上分为客观感受和主观感受。其中，客观感受指的是画面本身所携带的特性，即物理属性，例如营造出整体画面的水墨之感，增加画面的对比度和颗粒感让人物形象如雕塑般硬朗；而与之相对的是电影带给观众的主观感受，即画面呈现带给观众的内心感受，如逼仄感、压抑感、历史感、荒诞感……

1. 客观感受

黑白影像能带给观众独特的视觉感受，如黑白版《金刚狼·暮狼还乡》中，导演通过光影塑造使得角色更加立体和伟岸，尤其是男性形象的刚强更明显，

---

① 齐营：《不成问题的问题：黑白影像下的生活哲学》，载《电影文学》2020年第22期。

每一个形象都如同冰冷坚硬的雕塑一般站在观众面前。

黑白电影也可以体现朦胧的水墨画之感——黑色白色，是阴是阳，是墨是纸，这两种颜色，天然地就让人联想到山水人文画。那为什么要在电影中营造水墨风格？在《不成问题的问题》中导演刻意使用了水墨风格来营造中式人情般克制的氛围，黑白的画面使得镜头将层峦叠嶂的山水拍得清淡至简，做到画面风格与情节发展相辅相成，画面远景中的湖面，乍看上去冷冽清明，细看却是暗流涌动，流水在整体静态克制的氛围之下呈现出内敛含蓄的戏剧性。正如影片中所有冲突情节的呈现，也是隐忍与留白的，导演只将人物的心思隐藏在世故的行为上、圆滑的对白中、会意的微笑上、暧昧的眼神中。虽然这个剧本所要表达的问题本身是尖锐讽刺的，但影片并没有高调地指责与批判，只是娓娓道来、如画卷般舒展呈现出来。

2. 主观感受

除了上述客观感受，黑白影像还能带给观众一些独特的主观感受——黑白影像中基泽一家人(《寄生虫》)的穷困窘迫更触目惊心，他们所居住的半地下室更逼仄脏乱，令人窒息，污水横流的厕所、顶头压抑的客厅、塞满垃圾的空间……而富人阶层的豪宅在黑白影像中则显得更加雄伟空阔，光洁的大理石的反光冰冷又刺眼，令人目眩。黑白，让影片的主题——贫富两极的巨大反差更放大了。

此外，黑白还能给观众带来历史感，这植根于每个人的潜意识中，因为在电影最早的发展阶段，一些珍贵的影像资料都是黑白画面的。因此当人们看到黑白画面时，很容易联想到历史事件，表达出一种类似纪录片的真实性，所以《罗马》的导演阿方索·卡隆想要表现童年时真实的社会图景时想到了黑白、《八月》的导演张大磊想要表现父辈那个年代的真实时也想到了黑白。

最后，笔者将重点讨论一下黑白电影带给观众的荒诞感。① 在存在主义的叙事框架中，"荒诞"指的既是一切宏大叙事的虚幻，也是一切个人叙事的徒劳。存在主义认为，必须清晰地指出，世界毫无理性，人生亦毫无意义。惟其如此，人类才有可能获得真正意义上的"绝对的自由"，然后做出选择，并且承担责任。

---

① 盖琪：《在虚无中自嘲：荒诞喜剧电影的亚类型边界与本土话语机制》，载《当代电影》2019 年第 7 期。

存在主义的观念席卷了同时代所有的艺术活动，最具有代表性的是荒诞派戏剧的诞生，代表作包括《秃头歌女》《等待戈多》《女仆》等，它们以存在主义意义上的"荒诞"为主题，在形式上不再遵循传统戏剧的模式、原则和方法，而是以"荒诞"的形式直接呈现在舞台上，以舞台上荒诞不经的语言、动作、道具陈设等，直喻世界的荒诞。这种创新的主题和形式吸引了电影创作者的注意，推动了荒诞电影的诞生。

《不成问题的问题》就是一部荒诞电影，黑白的影像将观众与故事间离，让观众始终保持理性思考。"创办一座农场必定不是为看着玩的"，况且其用水、出品、设备都是极好的，战争背景下时人的需求也是不差的，赚钱是没有问题的。但这座农场偏偏就是专门用来筹备红白喜事、摆酒设宴而不挣一分钱的。围绕这个问题，片中召开股东大会，送礼逢迎、换新厂长、群众起义，闹了一出又一出，最后还是老样子。这像极了故事之前、故事之中和故事之后都在等待戈多，生活一如既往，什么都没变。

3. 注意力的转移

首先，要给予观众确切的主客观感受，黑白影像的秘密武器是"注意力的转移"，导演通过黑白两色来操控观众的注意力作用于其视觉层面。屏蔽掉一部分视觉信息，观众的耳朵和心灵反而更能打开，更能感知到剧本中极其丰富的信息。奉俊昊导演在接受采访时说，(《寄生虫》)黑白版会让人们更加关注质感。观众在看彩色版《寄生虫》时难免忽略贫富两家人所穿衣服的质感，但在黑白版中会长平整如镜的衣服，跟基泽皱皱巴巴衣服的对比变得触目惊心。黑和白虽然丢失了彩色世界的情绪引导，却更容易逼近现实的真实。

其次，抛弃色彩的斑斓，只有黑白的影像令我们漠视世界的外表，转而对人物的情绪变化更为敏感。《修女伊达》这部黑白影片不仅呈现出一种与主角身份十分相符的端庄典雅的艺术氛围，更把修女艾达的情绪提升到最引人注意的地位。当艾达体验完"人间的一天"后，双眼清澈见底，看破世俗，这样的情感抒发不仅有演员演技的高超，更因为导演采用了黑白来处理这部影片，让艾达"迷人的红发"没有出来分散观众的注意力。还有的影片甚至抛弃了台词(《都灵之马》中的台词就少得可怜)，让人将视线更多地凝聚在画面中的细节上，塑造了主角不愿意与社会发生联系的寂寥。

再次，黑白弱化了画面的视觉冲击，令观众专注于人物和剧情。因大量的血腥片段被定为 R 级的《金刚狼：暮狼还乡》彩色版还原了漫画家斯蒂夫·麦克尼芬原著漫画的暴力美学特征，满足了观众的期待视野。但是在黑白版中，那些暴力的瞬间作用于观众的情绪层面多于视觉层面。一位资深影迷在看完黑白版《金刚狼：暮狼还乡》后到 IMDb 上留言："观看彩色版时，我一直在期待什么时候出现刺激的打斗场景，但黑白版则让我更加关注故事的发展和走向了。"黑白使得观众不至于太过关注那些血浆喷洒和血肉横飞，而更关注的是故事和人物，尤其是在洛根埋葬 X 教授的那一段，正是黑白的影调让葬礼上的生离死别更加深刻。

最后，相比于色相本身的强弱属性，观众难以注意到其明度、对比度等变化。可以说，在多彩的世界里，观众对画面的关注是跟着色相走的，而色相往往是平铺的，这样就会压缩电影画面的纵深。但是在观看黑白影片时，观众会更加注意光线的变化，所以空间纵深层次也会更加丰富。

五、结　语

在失去了技术壁垒的当下，黑白和其他所有颜色一样只是一种色彩而已，具有自己独立的质感和优势。对黑白的选择和运用，既是电影人对艺术观点的坚持，也是其为了表达思想而挑选的最佳影像呈现方式。"文以载道"，任何载体都不能游离于意识形态而独自存在，如果技术载体和思想表达不是相辅相成、相得益彰，那将毫无意义。黑白电影有其特定的审美意蕴和其独特的表达体系，他们不应该只蜗居在文艺片的一隅，曲高和寡地自说自话。掌握黑白处理技巧和适用范围应该列入所有导演的必修课，使艺术在当下五光十色的信息世界中，多一分严肃认真的思辨。

（王妍昕　武汉大学艺术学院）

视界政体的解构：舞剧"东方灵欲"
三部曲研究

邱　颖　谢　迟

　　视觉传达是当代社会审美情感现代性问题的一种重要表现方式，其中视觉感官凭借其直观立体的意义表达、情感传递延展自身的感知空间，而作为感知主题"看与被看"的辩证不可避免地遵循于视觉性社会建构的规范。"一种可称为'视觉中心主义'的传统，这一传统建立了一套以视觉性为标准的认知制度甚至价值秩序、一套用以建构从主体认知到社会控制的一系列文化规制的运作准则，形成了一个视觉性的实践与生产系统，用马丁·杰（MartinJay）的话说，一种'视界政体'（Scopicregime）。"①也就是说，视觉中心主义视域中的视界政体强调视觉性审美主体、现代性认知秩序，并受制于社会至文化规制过程中的阐释规则。由此，观看主体与客体之间呈现为权力规训中的复杂且隐性的存在。"在后现代主义哲学家那里，对视觉中心主义的反叛意味着要取消视觉与知性的必然联系、取消一种主客分离的观看方式，以及消解观看与权力和压制的关系。"②他们更加强调解构主客的分离，并消解审美权力的层级关系，消解视觉能力和观看行为所确立的视觉中心主义，通过身体"祛魅"排斥一体化的权威和神圣性。

　　赵梁的"东方灵欲"三部曲包括上阕《警幻绝》、中阕《幻茶迷经》、下阕《双下山》（以下简称三部曲），不仅是艺术跨界的风向标、东方美学意味与当代艺术的活态样本，在突破视觉权力中心，揭示传统的舞蹈视觉表征变迁方面也有所创造。从现有的资料来看，对"东方灵欲"三部曲的研究主要聚焦于舞

---

　　① 吴琼：《视觉性与视觉文化——视觉文化研究的谱系》，载《文艺研究》2006年第1期。

　　② 陶锋：《反视觉中心主义：后现代主义视域中的培根艺术》，载《南京艺术学院学报（美术与设计版）》2015年第6期。

剧文化内涵、艺术特征、民族精神、观演关系、东方题材的研究。以视觉权力理论切入对"三部曲"的研究并不多见，笔者拟分析"三部曲"舞剧中反视觉中心主义的策略，所带来舞蹈艺术身体主体地位的回归，表现角色精神层面的高扬，和对于审美价值终极表达的文化意义。

一、凝视主体的主客辩证

"凝视"作为视觉文化研究的一种范式最早可参见柏拉图的"洞穴"喻言，他将凝视作为探究真理的重要方式，而在当代审美现代性视域中，凝视往往具有一定的权力意味，如周宪先生所言"视线总是蕴涵了种种欲望"。① 这就要求"看与被看"所强调的内容偏重于主体方面，而客体更多地扮演一种被"欣赏"的状态，隐喻作品所具有的对主体审美趣味。

这种"凝视"的主体表现在舞台剧中时，舞者以规训的身体，与其他角色、观众进行交流与对话。实际上，舞蹈的身体正是处在一种"凝视"的状态。在《幻茶迷经》中凝视的主导地位被"凝视"与"被凝视"的辩证关系所取代，"男性看和女性被看"的关系也转换为"女性看和男性被看"的关系。② 在看与被看的模糊中，身体拒绝观看主体权力的禁锢，突破了制式化的行为秩序。作为人性欲望的显现，茶幻充满欲望的眼光强化了身体的独立性地位，建立起她自身的主体性。面对三位不同阶级男子——樵夫、高士、僧人的凝视，表现出不同的状态。茶幻面对劳动人民的樵夫时，那跨步蹲的小碎步、竹竿的勾搭，茶幻是高高在上的，高冷的神情面对樵夫视而不见。而面对温文尔雅的高士时，却是踱着京剧八字步，挥着纸扇，小心翼翼却又情难不已，茶幻早已看穿并控制着高士。而僧人作为法相庄严的修行中人，面对茶幻的引诱，僧人极力抗拒，内心的欲望却开始萌发，又藏着畏惧，这使他的抵抗变得不堪一击。在与茶幻的双人舞中，他不敢直视茶幻凝聚欲望的双眼，实质内心的火焰已熊熊燃烧。由此，性别范畴中的凝视辩证呈现为一种反传统的男主女次的单向规约，它受到了涉及视界政体的影响出现了对传统视觉中心主义的拒斥。

此外，如果从福柯所界定的对身体的规训，他同时还包括时空层面的关联。《双下山》的小尼姑"空"朝着观众大喊"凭他打我、骂我、说我、笑我，在

---

① 周宪：《视觉文化转向》，北京：北京大学出版社2007年版，第78页。
② 周宪：《视觉文化转向》，北京：北京大学出版社2007年版，第80页。

观众周围跑来跑去，痴笑狂奔穿梭于舞台上下。"观演距离的消解让观众解放了身体，被赋予运动和话语的权力，自身不再沦为展演空间中被宰制的一方，而是成为展演空间这个场域中的一个具有自主性和权力的个体。"①多感官的直接介入和开放式渠道，形成"去中心化"的在场，基于此，意味着观众与演员双方通过沟通与链接，确认了个体的自主性与权力。在此意义上，观演关系的重塑超出处于绝对主导的视觉中心，突破了视觉权力的优越性。《幻茶迷经》中被看者通过身体认知图示来展现观看欲望，视觉文化借用场域的构建，在暗中推动和支持自我对他者的感知，观众凭借着"移情""动觉"与除视觉之外的"多感官"的交流，在事物敞开和自我融入沟通渠道中，被眼前的画面所吸引，深陷其中而难以自拔。他们彼此观望，互为镜像，《观茶迷经》的观众已和樵夫、高士、僧人或茶幻混合为一体，不仅借助樵夫、高士或僧人的视角，或完全裸露、或半遮半掩、或压抑着自己观看着茶幻，同时也借助茶幻的视角轻视着樵夫、掌控着高士、挑逗着僧人。自始至终悄无声息地游荡于剧场空间的无垢，观众在看戏的过程中，又被无垢观看，观众在凝视演员的过程中，又被无垢所凝视，视觉权力在观众和演员、旁观者和当事人等多元混杂的因素缠绕中瓦解。

在"三部曲"中，观演互动的交流方式涵盖演员与受众关系的变化，从二元分离的主客体关系到与受众进行平等对话与互动，身体突破空间对于行为的控制，呈现更灵活的双向交流与互动，消解了天然的观演的界限以及"看与被看"的权力服从。

二、文本权力的解构

"三部曲"全都改编于经典文本，解构意味着破解权威，打破语言文本的特殊与独一性秩序。正如德里达反逻各斯中心论观点，"解构"所要破解、分析和对抗的恰恰是"语言之外别无其他""文本之外别无其他"这种结构主义语言观。"三部曲"的文本解构与重塑便是典型代表，舞剧以身体摆脱权力的禁锢，文本中人物角色的快适追求和生命情态得到充分展现。文本的反叛重塑对视觉权力加以改造，带来文本权力的解构，作为绝对意义的中心突破文化权力的制约，祛除文本规范的烙印。

---

① 唐元：《体验式文化展演的空间生产与记忆建构——以"又见敦煌"为例》，载《艺术百家》2018 年第 5 期。

如下阕《双下山》，改编于著名昆曲折子戏《思凡》与《下山》，"明代的昆曲文本为中日从事新舞蹈运动的舞蹈家们提供了一个共同的着力点，把非语境化的一系列概念"新与旧、神与欲、国家与世界、传统与现代"变成自身可感的富有差异性的经验。① 赵氏尼姑法号名为"色空"，在仙桃庵寄活了16年，不堪佛门寂寞而与小和尚"本无"私逃。《思凡》从明代走来，冲破道德律令秩序的尼姑一角扮演者既是梅兰芳，也是日本舞蹈家藤荫静枝，还是新舞蹈运动代表吴晓邦。"三部曲"中的《双下山》体现出了赵梁文本构作独立追求的精神面孔，为了突出本我的解放与自我的禁欲，编导将尼姑赵色空拆分成"色"和"空"两角，舞者李楠施演"色"，"空"由戏曲男旦演员董飞扮演。男演员反串和第三种中间角色"身""语""意"的设定，通过自己的身体找到等值的虚构以超越现实状态，身体呈现对于其他角色说明的能力，角色实现文本"真"与"假"的对话。西方现代舞与东方古典文化(戏曲、中国古典舞、中国民族乐器以及日本舞蹈)的嫁接极力表达色空观、突出"色"与"空"既相互对立又相辅相成，最终指向文本的"虚"与"无"。

而《警幻绝》脱胎于《红楼梦》，赵梁的文本构思突出宝玉梦游太虚幻境，痴情男女在舞台上肉体欲望赤裸直观展现，"让身体的主体性地位建立，这也是个体冲破社会宰制的可能性出路"。② 在这里，身体主动积极的生产着欲望和冲动，本能冲动和感官知觉变得合理。身体寻找欲望表达的出口，并成为观众转化欲望的切口，最终这些情欲只是一场虚无的梦。以原著为基础的二次重塑，糅粹现代精神创作"身体"在开放的文本空间叙述着个性存在，建构突破文化规制的准则。

赵梁的改编解构了被改编作品的原初主旨，固有的文本权力被新文本消解，拓宽了文本的"陌生化"效果。所改编的新文本不仅消解、含混了原初文本重点表现的主客关系，从视觉建构而言也是对传统的一种"违逆"，这无疑加强了对规范的反叛精神。

三、舞剧角色的反转

"三部曲"角色在编导的设定下，成为特定情境中的角色，以男演员角色

---

① 马楠：《"思凡"在中日"新舞蹈运动"中的跨国界传播》，载《北京舞蹈学院学报》2019年第4期。

② [法]福柯：《福柯集》，杜小真编选，上海：上海远东出版社2002年版，第238页。

反串，抵制女性气质的规训，及"第三种中间角色"的无性别设定，消解二元对立为主。"抵制舞蹈身体异化，身体作为权力的承受者，权力与身体展现了主动与被动的对偶关系。"①当身体不再是等待判决的对象，追寻自我表征的权力。突破显现出独立自主性的表达言说，便已突破"凝视"的过剩权力对肉体置换到灵魂的驯服。

《幻茶迷经》"绝色女子"茶幻，由杨海龙扮演。作为被观看的对象主动勾起男性的观看欲望，肢体语言在展示时充分实现最大量的展示符号。茶幻服饰妆容道具和有设计的人物交流行动完成了由"外在"到"身体"的视觉形象。头戴凤冠、手拿白色面具遮脸、在面具之下整张脸涂着白底，抹着黄色逐渐变成红色的眼影，红色眼影一直延伸到眼角外缘，假发遮住耳垂，眼睛化成很长的泪滴状，整张脸美丽而没有恶意，和性感融为一体。身着鲜红色仙鹤曳地长裙、手持花伞，姗姗而来。在似近而远的意境中具有明显的视觉隐喻特点。

而《双下山》中的尼姑赵氏法号"色空"，"色"素面含花，含蓄而羞涩，美却流露出天真、暧昧、温暖、性感、挑逗和大胆。"'空'手持拂尘唱着'色'的心事，同步舞动的'色'则是'空'心中最完美的化身。"②男女分饰女性"赵色空"一角，"空"的男性气质"精神的、理性的、独立的、勇猛的、独立的、理智型的、客观的、擅长抽象分析思辨的"，③ 消解"色"的女性气质中感性的、冲动的特质。她以这样的方式，遵守佛门清规戒律的"空"和逃离枷锁追随红尘的"色"的多重性格特质构成了尼姑赵色空，并且抵制了他者对于"色"的权力凝视。打破特定的性别气质和性别刻板印象的束缚，身体得到自主性言说，作品得以自由的纵深爱与精神的意味。

"二元结构是一种社会和文化的'全视机器'，它想当然地使对立双方的一方优越于另一方，而且还体现为它对那被归入低级一类的事物的贬抑。"④被改编作品通过无性别的角色、中性气质的设定消解二元对立，两性角色的分裂在个体得到统一，拒绝"一元"凌驾于"另一元"的权力关系。《三部曲》中介于男

① [法]米歇尔·福柯：《规训与惩罚》，北京：生活·读书·新知三联书店1999年版，第349页。

② 刘春：《三千性相一年之中——从舞剧"双下山"说起》，载《舞蹈》2015年第12期。

③ 李银河：《女性主义》，济南：山东人民出版社2005版，第127页。

④ 吴琼：《视觉性与视觉文化——视觉文化研究的谱系》，载《文艺研究》2006年第1期。

人、女人中间的"无我"角色，如《幻茶迷经》中的无垢、《警幻绝》中的小鬼、《双下山》中的身、语、意。一种高度抽象化的具象，以抽象思维创造意象的手法来制造性别的模糊，从动作—形象—想象—动作的阐释只为舞剧主题的终极表达。《幻茶迷经》中的"无垢""无我"的状态贯穿于整个舞剧，始终以一种客观的态度捕捉着观众和其他角色最压抑的本能冲动，《警幻绝》中两个小鬼与主角保持平行，复刻主角的欲望。"三部曲"超越男女性别差异的二元对立思想，呈现在舞台上的只是一样东西即角色。舞蹈的身体在视觉权力的压制下挣脱，实行独立创新的审美意味，生命的意义和人性的自由必然会借助角色表达呈现了新的审美意味和形式特征。

性别气质体现了不同的行为感觉方式和思维模式，在构建具有女性气质的理想身体中，"弥散、匿名和微观的规训权力因其遮蔽性造成了女性气质是自然生成的假象，许多女性'内在化'了这种对自我的规训而不知"。① 在"三部曲"中，赵梁通过以男演员反串来混淆性别气质，打破权力的渗透，《观茶迷经》的"茶幻"，《双下山》中小尼姑"空"，都是由无意识转换为自觉，以理性的、精神的男性气质来表达女性，消解视觉权力的规训。

四、舞台道具的解构

舞剧创作通过编导的独特视角进行诠释，让视象和意义的创造大于作品本身，在"假定性"原则下，充分利用道具、服装、空间场地，产生超越本身的语义或意指功能，并且给角色表演的视觉世界带来一定的延宕和多义性，观众将会从所提供的视觉阐释角度中得到丰富的想象可能性。为消除视觉中心的规则之外提供了舞剧主题视觉表达的自由空间。

在《双下山》中，镜子的运用是一段极为经典的表述。素面朝天、持斋静心的"空"对镜梳妆，香艳绮靡、秀色可餐的"色"从镜中出。"'镜子'在这里既指生活物质之镜，又指'目光'之镜。"②拉康作为质疑视觉中心两个人物之一，他提出的镜像理论，婴儿在面对镜中的影像时，从刚开始的混沌到确认镜中的"他"就是"我"时，本质是自我认同与自我意识的确认。舞者的身体正是

---

① ［美］佩吉·麦克拉肯：《女权主义理论读本》，艾晓明、柯倩婷译，桂林：广西师范大学出版社 2007 年版，第 286 页。

② 徐颃：《"凝视"与"超越凝视"——视觉权力下舞蹈身体的"异化"与"反异化"》，中国艺术研究院 2012 年博士学位论文。

在"镜"的相互"凝视"过程中开始自我的身体形象认同。"空"与"色"的凝视，不只是"空"对"色"的看，同时也是主体的"空"面对欲望对象的"色"的注视，"是主体的看与他者的注视的一种相互作用，是主体在'异形'之他者的凝视中的一种定位"。① 一面是春光无限的娇娥，另一面是孤影青灯下的尼姑。在这一刻"空"确认了"色"与和尚走向世俗"姻缘"，和"空"本能欲望通过"色"得到实现。在拉康看来，"凝视与其说是主体对自身的一种体认和确知，不如说是主体向他者的欲望之网的一种沉陷，凝视是一种统治与控制力量，是看与被看的辩证交织，是他者的视线对主体欲望的捕捉。传统的视觉中心主义所建构的中心化主体就在这种视线的编织中坍陷了。"②一面是观念层面的佛理，无上无形；另一面是"色身"层面的表演，可见可感。从"色"和"空"的一体双生开始，而权力中心便在两者间确认彼此，投射欲望又捕捉欲望中瓦解。通过道具的多维视觉阐释，视觉中心被多重视角的交织所颠覆，提供了舞剧主题多维表达空间。

"三部曲"已然打破传统的视觉中心主义，传统的"看"是对"被看着"的审视、凝望，"我"作为"看"的主体具有独视性。突破权力之后，看的主导力量被"看与被看"的辩证关系和流动性所取代。并且观演关系已受到重塑，传统的观演关系存在界限，只能表现出观众对演员投射注视，"三部曲"在一个开放透明的新场域中，突破了观众对演员的直视，使单向性转变为一种多向，甚至是多元视角。

五、余　论

尽管规训的力量无所不在，但身体的呈现一定程度上成为中国舞蹈的视觉主题，其中有些舞蹈还因为不合理的行为而引起争议。并且作为消费对象，被大多数人接受，牵引着大多数人的审美价值。赵梁的东方灵欲"三部曲"，文本通过编创者不断建构，祛除文化规范的烙印。建构作品突破视觉权力所表征的文化意义和价值观念的经验。通过角色个性表达的表现方式以及男舞者反串、女舞者的无性别设定，确立女性舞者身体的独立性，不再是"他者"目光

---

① 吴琼：《视觉性与视觉文化——视觉文化研究的谱系》，载《文艺研究》2006年第1期。

② 吴琼：《视觉性与视觉文化——视觉文化研究的谱系》，载《文艺研究》2006年第1期。

下的规训对象，通过道具的多维视觉阐释，为舞剧主题视提供了表达的自由空间。观众与演员双方通过沟通与链接，确认了个体的自主性与权力，突破"看与被看"的视觉权力的优越性，观演关系的重塑等揭开"三部曲"对于打破视觉权力多元阐释的奥秘。身体确乎是舞蹈艺术表达的核心媒介，纵观国内外的舞蹈艺术作品，身体涉及的并不仅仅是与身体相关的性和暴力话题。在当代中国的社会文化语境中，舞蹈主体地位的回归，开始对人性精神自由追寻表达之时，舞剧生态才得以健康发展。解构"文化权威性"在强调中国舞剧的创作发展的当下尤为重要。

中国舞蹈家协会于 2020 年 9 月主办中国舞蹈暨"荷花奖"舞剧高峰论坛，以面向与转向：中国舞剧创作观念、道路与问题为主题探讨，在中国舞剧发展四十余年，赵梁的"东方灵欲"三部曲凸显创作者的创新能力，与中国舞剧的独立特质。打破视觉权力动机与接受者互动，体现了分享快感、体悟审美的手段、勇气与信念。就此，舞蹈身体变成一种独立之"美"，在剧场敞开场域中观众与艺术促进互动，在接受艺术之美的氛围中，肯定观演双方、张扬角色之个性、放大人之欲念、慰藉人之心灵，这勾连着人性精神自由追寻的终极追求，也为中国舞剧创作提供了观念、道路方法的借鉴。

"东方灵欲"三部曲中舞蹈主体的独立意识、审美终极意义的表达特质、舞剧主题视觉自由地表达，较之于往常的舞剧，它消解了"功利性审美"。舞蹈运用身体进行的思想价值趋向的传达在于独立观念的精神表达，只是利用身体媒介进行有效的言说。视觉性具有先天的首要意义，当身体作为视觉观看的首要对象时，已具有相应合理性，身体的肉体性魅力以摆脱感官的束缚，通过审美作为中介，最终进入理性的自由王国。仪式性、纯粹性、开放性舞蹈艺术的建构，以及其内容呈现的丰富性和大众接受的主动性，一种在场感让作品有了生命，为观众充分理解或引领审美提供全新的机会，也让观演双方共同体验自我和对方的生命和存在。

（邱颖、谢迟　武汉体育学院艺术学院）

湖北省美学学会首届青年论坛："美、艺术与生命"学术研讨会会议综述

徐瑞宏　李奕　涂念祖　王方奇　贺念

2020 年 11 月 21 日，湖北省美学学会首届青年论坛"美、艺术与生命"在武汉顺利召开。来自全国各高校和科研机构的 60 多名青年学者参加了此次会议，彼此进行了真诚交流和热烈探讨，并同步开展了线上直播，为观众呈上了一场"诗与思"的盛宴。与会者结合各自的学术研究和生命体验，紧紧围绕"美、艺术与生命"的主旨，针对德国古典哲学美学、马克思美学、现象学美学、中国儒道禅美学、山水美学和乐感美学、造型配色美学和戏曲审美机制、陶艺美学、汉字美学以及节日美学等生活化美学，展开多学科、多维度的视域融合和平等对话，让首届青年论坛百花齐放、精彩纷呈。

其中，第一分会场由湖北省美学学会青年学术委员会主任贺念主持，武汉大学文学院教授李松、湖北美术学院副教授肖世孟担任学术评议。

来自武汉大学文学院的刘春阳副教授作了题为《艺术理论知识学建构中的三个问题》的报告。他认为已经建构起来的艺术理论以"科学主义与人文主义的对立""总体性与部门性的冲突"以及"自律性与他律性的拮抗"三个不兼容的形态表现出来，艺术理论还处于一种"未完成"状态。而这种对立与冲突的根源在于艺术理论的知识学属性不是一种客观知识，而是一种反思性的知识。在论述科学主义时，刘春阳以费德勒"艺术有其先验形式，即视知觉"作为切入点阐发了以视知觉为中心，按艺术形式的分析建构起理论系统。同时指出了鲍曼对这种理路局限性及批判：世界不是"几何的"。与科学主义相对的人文主义认为艺术在于对人的精神生活进行描绘，艺术现象、艺术活动与真假无关；总体性艺术理论是一种本体论架构，部门性艺术理论是一种具体的艺术实践，主要包括反映论、塑造论、互动论等。最后对于艺术理论中自律性和他律性的阐发中，主要的问题便是艺术到底有没有一种独立于人类社会实践之外的、能

够自我定义的属性。之后，在座学者与报告人就论文中涉及的"艺术理论"究竟是"艺术"还是"艺术学"问题进行了热烈讨论。

来自湖北大学哲学学院的青年学者庄严做了题为《"呼吸"的身体现象学初探》的报告。他基于对新冠肺炎疫情肆虐的反思，从"欲、技、道"三方面出发对"呼吸"做了现象学的探讨。他指出，从欲望的层面看，呼吸是一种生理行为，即生的能力，同时情绪的改变会带来呼吸的改变。从技术的层面看，经过训练后的呼吸可以在艺术创作中产生作用——直接影响即音乐、舞蹈、戏剧等，其间接影响通过其他感官表现出来，与中国古典美学范畴中的"气"直接相关。从智慧的层面看，呼吸是人的基本存在样态，他进而讨论了呼吸中的人与世界的关系以及呼吸与灵感的关系。在提问与讨论环节中，点评人对报告人敏锐的学科意识和现实关怀表示肯定。另外一位学者给出了"呼吸"的现象学另一种思考维度，即人与自然(人的生存环境、大气污染)、人与社会(同呼吸共命运，人类命运共同体)和人与自我(气与人的精神相关)三个层次。

来自德国弗莱堡大学的青年学人庞昕报告的主题为《艺术与诠释——帕莱松的生存论美学与自由存在论》。他一开始从目前身处疫情蔓延的德国现实出发，指出时代现实深入了我们对哲学和美的思考。他报告的内容先是对帕莱松思路历程的介绍，他指出伽达默尔、迪科、帕莱松奠基了现代诠释学，帕莱松则将哲学当作诠释学，也将诠释学当作哲学，他的思想有三个阶段：生存哲学、美学、自由存在论。紧接着，他从海德格尔《艺术作品的本源》出发探讨了"真理"与"个人"的多重关系，兼论了艺术创作中艺术家的地位，然后引出了帕莱松对于"真理""个人"乃至于"生存"的思考。最后，由帕莱松"生存作为诠释"出发，落脚到了"自由"，帕莱松也通过对上帝"自由"的思考完成了他的诠释学。点评人认为这篇论文给我们带来了创见式、推进性、启示般的思考。来自武汉大学的学者贺念梳理了报告人对艺术家和作品之间的关系的规定，即艺术家只是对作品自身形成过程进行"诠释"，作品不是主体的人建立起来的，提出艺术家的"特色"到底是什么的问题。其他学者也提出了类似的问题，即艺术家在艺术创造过程中扮演了怎样的角色，怎样定义一个"艺术家"，艺术存在是一种艺术纯粹性的存在，艺术家是不是与艺术品同等重要等问题。报告人对各位学者的提问做出了简洁有力的回应：对艺术家创作过程和结果的反思，并不是给出一个艺术家的定义，聚焦于讨论艺术作品的自我生成过程，讨论"艺术"和"物"的区别，在这个视角中，艺术家与艺术品的关系就淡化了。艺术作品的创造过程就变为人的存在真理的发生过程，最终的思考还是人的生存样态和人的自由。艺术家并不重要，人人都可以是艺术家。

来自湖北第二师范学院的青年学者甘露报告了《论审美经验的生命力》。她首先对西方哲学美学的发展做了依次简单的梳理，她指出西方传统的美学在其发展过程中逐渐将审美经验与日常经验区分开来，试图将审美经验抽象为审美认识。她认为审美经验始终与生命相关，而杜威通过对审美经验，尤其是审美经验的连续性的分析揭示了审美经验如何得以展现生命的力量。杜威从生命和知觉意义上的连续性入手讨论了审美经验的连续性，从而将经验恢复为经验本身，于是审美性作为审美性本身，审美经验也有了作为审美经验的完整性。点评人指出报告人在论述观点之前做了一次西方哲学美学史的梳理和拨乱反正是必要的，同时文章逻辑严密，论述精当，问题聚焦。一位学者提问：在杜威的著作中，除了"经验"，有没有"经验"和"体验"的比较？报告人承认杜威那里没有直接的大段地论述"经验"与"体验"的地方，杜威强调的并非艺术家和观赏者本身，而更关注艺术体会中的经验(现象)问题；如果把体验强调出来，可能会抽离经验现象中的一些其他环节而只注重一些个体的东西。

来自黄冈师范学院的青年学者黄恺做了《论〈论语〉中乐的审美境界》的报告。他从"什么是乐""如何获得快乐"和"乐的意义和价值"三个方面讨论了"乐"在《论语》中的审美境界。第一，关于"什么是乐"，他提出乐可以是情感的愉悦(字源学)、生理满足的快乐(生理学)、肯定的情绪、心灵的满足(心理学)、存在自身的本性(存在学)，并最后将快乐的本性归结为情态性(生理，心理和语言)和意向性。第二，关于"如何获得快乐"，他认为可以从自然山水、与人相处和与自身的精神获得了悟和圆满三种方式获得。这种过程可以归纳为从认识到实践，从外在礼仪的规范到内在的心灵自由的过程。第三，关于"乐的意义和价值"，他认为即认识自我、体认自然、践行大道。在讨论环节中，来自武汉大学的青年学人涂念祖通过对报告人全文脉络的梳理，提出第一节中对"乐"的规定是否可以用在后两节中，成为它们的一个环节或内在要求？报告人对这种思路表示肯定，同时也陈述了自己对于文章架构的看法。另外，有的学者基于报告的内容询问报告人我们对孔子的认识是不是应该不局限于"仁"，而是"与道同在"。报告人认为这二者是内在相同的，它们之间有共通性。

来自武汉大学哲学学院的学者董军做了《论中国意象艺术中的情感》的报告，他从中国意象艺术的基本特征、中国意象艺术中的情感、中国意象艺术中的意象、意象与情感的辩证关系四个方面讨论了中国意象艺术中"情感"这样一种本质性现象，并分析了意象与情感二者之间的内在关联。在讨论环节，来自武汉大学哲学学院的学者贺念对报告人的文章进行了简单梳理，指出文章对中国传统画论中的诸多表达进行了哲学提炼，并点出了中国艺术中情感必已经融入意象之中的根本原因，是一个有益的尝试。

来自武汉大学哲学学院的硕士生涂念祖做了《论康德哲学美学中的二元倾向及其批判》的报告。他首先指出了康德所面临的时代问题以及康德的解决方式，其次指出了康德解决这些问题的二元论倾向所带来的问题，最后落脚到康德《判断力批判》中的一些二元论思维和主客体模式思维影响下的诸多可商榷之处。他试图以"共生"的视角克服康德对于人与自然的二分；用"美规定人"批判康德美学中形式主义与主情主义的二元对立；再以马克思对人劳动的规定试图将康德的人本主义美学提高到人学实践论美学的高度。点评人认为报告人的论文行文既有历史的阐释，也有理论的论证，是不可多得的，但文章缺少必要的结论，需要加一个结论让文章的脉络更加清晰。来自武汉大学哲学学院的学者贺念认为报告人说康德对人的规定是"理性"并不妥当，因为康德说的其实是"有限的理性存在者"，即人有感性和情感。报告人承认这是其思维的一次偷懒，把康德说的人划归为"理性"是为了和后面的马克思对人的规定是"感性"区别开来，这种含义的辨析需要他再重新思考。

来自湖北美术学院的肖世孟副教授做了《中国传统配色思想研究》的报告。他精心准备了报告的PPT，以图文并茂、理论与实践相结合的方式勾勒出了中国传统配色的宏大画卷。在讨论的环节中，有些学者从自然体系和文化体系的分野中询问报告人是否可以将"黑"这种色彩在其报告的理论范式中阐释清楚，同时是否能够破除报告人的理论基础之一《周易》的先验性而从现实中去讨论色彩的实证性？报告人认为情感、心理的因素是可以实证的，《周易》的这样一种先验的理论也并不是与现实完全无关，其可以给经验实证提供一些范导作用。来自武汉大学哲学学院的赖俊威博士也认为以官能为基础的自然体系也与文化体系有关。同时他指出中国的色彩的观念性很强，中国古典著作中少有讨论色彩，并向报告人请教中国文人的色彩系统何以建构？报告人主要从"色"成为简略的形式的这一历史过程中对赖俊威的问题作出了回应。

来自武汉大学哲学学院的贺念副研究员做了主题为《海德格尔论诗人对"家"与"国"的双重建基》的报告。报告分为三个部分。第一，海德格尔名言"诗人为大地创建尺度"的哲学含义是什么？poetisch（诗意的）本来的词源poiesis，是制作、创制的意思。亚里士多德将它作为真理（aletheia）展开自身的五种方式之一。而柏拉图则认为诗所表达的并不是真，因为它不能提供"度"，能够创建尺度的是"几何学"。海德格尔提出这一观点，其实包含了对亚里士多德和柏拉图论诗之创制活动的综合性思考，即：它是真理性的创制活动，它创造的不是一般具体的某物，如一个木匠生产桌子，而是为人居住在大地之上创建了一个不同于科学度量的"另一尺度"。第二，"大地之上的家究竟何在"？如果诗人的言说打破了技术的宰制导致的"无家可归"，从而让人归家的话，那么"家"究竟何在必须得到更进一步的具体规定。贺念认为，它既不是一个幻想世界，也不是指逃避城市回归乡野，而是具体化地表现为：人诗意地居住在"物"上。物是一个地方，一个聚集天地人神的场所（比如海德格尔对"壶"的分析），只要物物化，那么它就允诺了人的归家，允诺了一个"道场"，这是海德格尔思想中极其精妙之处。第三，诗人作为存在的建基者，不仅建基个体此在诗意居住的家园，也建基本真性的民族共同体（国）。正如荷马等人通过创建语言而建基了古希腊民族，荷尔德林等人则通过诗歌道说而预示了德意志民族未来的可能性。点评人首先对报告人的报告作出了高度评价，同时认为报告人可以论述一下海德格尔语境中"民族"与"国"的区别。黄冈师范学院的学者黄凯从《艺术作品的本源》中对农鞋作为物与报告人强调的"物是一个地方"的区别和联系在哪里？报告人认为这在于海德格尔中晚期思想的分野。中期是从艺术作品《农鞋》出发阐释它如何揭示了物之物性，器具作为物不能直接展现自身的真理，它需要一个媒介（艺术）才得以让真理发生，晚期则阐释"物"作为聚集的直接性。来自武汉大学哲学学院的博士生赖俊威沿着黄恺的思路，向报告人提问海德格尔《艺术作品的本源》中"有用性"与"可靠性"的区别？报告人解答道：有用性是基于早期《存在与时间》中的思路，从称手性出发讲器具都是"用于干什么的"，而可靠性（Verlaessigkeit）是艺术作品揭示出了农夫的"生活世界"。农鞋虽然破旧，坏了，也就是说丧失了"有用性"，但却可能更具有"可靠性"。这其实是海德格尔对早期思想的一种推进性思考。

在茶歇之后，来自武汉大学文学院的李松教授作了《新中国十七年戏曲艺人经济收入的制度变迁》的主题发言。他从具体的报刊论文、研究专著等资料出发，立足戏曲本体，梳理了戏曲改革的历史发展脉络，从国家、社会、艺人和市场等多维度阐释了戏曲的发展路径，尤其重点从收入制度层面探究十七年戏曲改革中的艺人心态、身份认同以及戏改成效，揭示了十七年戏曲改革中社会主义文化制度的内在机制、管理方式以及效果等多重面相。他着眼于审美生产机制，以经济收入作为了解政治、经济、艺术三者互动的观察平台，为当代中国戏曲研究，开拓了社会史、经济史、制度史、文化史之维度。

湖北美术学院的青年学者李冰以月亮为例，从传统造型的维度，对宇宙天体的取形化象进行了别开生面的分析。他认为，中国传统造型中涉及的各种天体星宿林林总总，有的是直接通过眼识的辨别而作其形，但更多是通过心识的臆想得其象。眼识图形往往具有明显的直观优势，因此在人类的历史河床上能看到很多的与人类密切相关的天体图形物像，但更多是天体心识臆想拟人化的一种创作。结合东方三圣、昊天金阙无上至尊玉帝、准提菩萨等道教和佛教图像文化以及月下老人、嫦娥奔月等民俗文化图景的具体分析，他揭示了经文变图像中的投光与背光等艺术表现手法以及模式。

来自运城学院人文学院中文系的朱松苗副教授做了《"无乐"的智慧与庄子的生命境界》的视频连线主题发言。他认为，相对世人强调"乐"而言，庄子则强调了"无乐"——"至乐无乐"。其"无乐"有四重内涵：一是对人为之乐之否定，即"至乐"反对人为之乐，以此守护人、保护物；二是对自然本能之乐之超越，即"至乐"要忘记有限的快乐；三是"无乐"自身，"至乐"的本性就是"无乐"，它是"无为""无言""虚静""恬淡""粹"的快乐——即被"无"所规定的快乐；四是"无无乐"，"至乐"不仅否定人为之"乐"，而且否定人为之"无乐"，唯有通过不断的自我否定，它才能保持其虚体本性。因此"至乐无乐"表面上区分的是"乐"与"无乐"，实际上揭示的却是自然与人为、有道与无道，它强调的是人们要去人为而顺自然、去无道而就有道，而这正好显现了庄子的智慧与生命境界。

东北师范大学的副教授周璇做了视频连线，进行了《功能化的消解——现代陶艺发端中欲望转向的问题》的主题发言。她认为，现代陶艺是现代艺术的重要组成部分，以其发端的"奥蒂斯革命"和"走泥社"为视点，并从"技—欲—道"之关系出发，可以更清晰地洞见现代陶艺的本源，这也意味着从现代陶艺的存在本身，敞开其技术、欲望和大道的内涵，并揭示此三者何以在现代陶艺的艺术作品中获得统一。

来自武汉大学哲学学院的赖俊威博士，做了《元代山水画的"山居"概念及其图式》的主题发言。他认为，在唐宋与元代山水画的比较过程中，存在一个从"行旅"向"山居"主题转变的画史现象。山居图打破传统山水画"游观泛览"的对象性审美模式，表现主体偏于一隅的"心止"意向。山居意趣骤兴于元代文人圈，首先起于民族性政治退避，其次关乎道禅思想，最后立足山水画功能的冲决，主要依据文人身份、抒情性笔墨、止观式时空结构展开图绘；元代

"山居"图既蹈袭了前人对山水的理解，又创造性地将山水画视为个体心灵的现实归处，基于特定历史限制的"止观"视象结构完成山居图式的绘制，突破传统山水画的窠臼——不仅改变了人们对山水功能的对象性认识，同时将山水彻底服务于人的内心，充分强调现实主体借山以居的持久性心灵场域。

武汉大学文学院文艺学教研室青年教师朱俐俐做了《汉字之美的符号学观照》的主题发言，她认为，汉字符号生成沿承了"立象尽意"的美学思路。汉字符号的形、音、义的结合，使其具有独特的意指性，既以图"象"的形式成为对象的象征，体现着华夏先民思维方式和生命状态的转变，又以语言要素的身份指示对象，体现对象的主要特征；其能指与所指关系的任意性与非固定性复杂、悠久，受到了字源、字形演变等多方面的影响，更是由其视觉图像性所决定。汉字的审美符号功能体现在对对象及其意义的命名上，也体现在对对象概念的构想、分辨和进一步表达上。汉字"六书"造字法体现着符号生成中的普遍的抽象与投射原则，又有其特殊性，弥合了不同的符号模式，体现着字的艺术的美学基因。

来自华中师范大学文学院的高越博士，做了《论"乐境"》的主题分享。她认为，"乐"与"境"组合而成的"乐境"，蕴含着"乐"的情感因素与"境"形而上韵味。"乐境"诉诸中国古人的精神追求，其本质是一种精神境界的整体超越。"乐境"超越了一般的情感体验，意欲营构一种"忧乐圆融"的效果，而在与宇宙万物的同化运动中，"乐境"超越了具体的时空体验，实现了生命的刹那永恒。最为重要的是，"乐境"在精神层面上试图实现一种审美体验和生命体验相融合的整体超越。在儒、道、禅三家思想中，"乐境"分别表现出不同的情感缘起和价值旨归，形成了三种较为成熟的"乐境"形态。

武汉大学哲学院博士王方奇，以"和：侗族节日蕴涵的深意"为主题，做了有关少数民族美学研究的发言。他认为，侗族节日与普通节日的最大区别，在于它是一个全民族共同参与的审美活动，其凝聚了侗族文化柔性的"和"的内涵，体现了以"和"为美的审美理想。他分别从神人以和、天人以和、人与人和、隐与显合等方面论述了"和"之显现，从以节日审美化的方式传承民族文化，以凝聚天地人神的方式强化自我的民族性，以顺乎自然的方式构建原生态的诗意栖居的生存方式，来探讨"和"的功能；从"和"胚胎于侗族生产和生存的需要，"和"孕育于侗人对节日的期盼，"和"显现于节日"乐"的过程，"和"形成于侗人的节日审美体验，来分析"和"的生成。这些分析，从人类学、民俗学、文化学、解释学等研究视角，启发我们重新思考后疫情时代节日及其审美意义。

青年论坛第二分会场由湖北省美学学会副秘书长、华中师范大学文学院讲师王海龙主持，武汉大学哲学学院欧阳霄副研究员、武汉东湖学院李跃峰老师担任学术评议。

武汉大学哲学学院美学专业博士研究生陈瀛在报告《"留白"与"空白"的区分与边界——中国绘画的审美与文化张力及其建构》中指出，道家文化中的"虚""实"的观念启迪了中国绘画审美，由此形成"空白"与"留白"概念。"空白"是指绘画作品中纸上没有被填满的部分，"留白"则更像"空白"一词的提炼，其中"留"字更是表达了作画者的主观能动性与思维的创造性。这两个词在中国绘画史中起着推进作用，代表了中国绘画审美及其背后的中国文化。

湖北第二师范学院的唐克石老师的报告《试谈中华陶瓷艺术品评理论体系的重建》从中华文艺理论中的语言、品级、修养与崇道四个方面考察中华陶瓷艺术品评理论体系重建过程中应当被关注的问题。

武汉大学哲学学院美学专业博士研究生钟贞的报告《乡村振兴，美学为何——以浙江丽水松阳改造为例》围绕乡村振兴战略的大背景、历史沿革、美学在其中的作用、提炼提升几个方面展开介绍，思考环境美学对于乡村建设探索的重要性。她指出，乡村振兴之所以成为近年来国家最为重要的国家战略之一，是因为经过改革开放 40 余年发展与沉淀，虽然城市发展取得了瞩目成就，但乡村空心化与老龄化情况严重，因此乡村振兴战略的提出是希望能用城市取得的成就来反哺农村，实现城乡均衡发展。浙江丽水松阳作为乡建的重要试点，其建于公元 199 年的东汉时期，具有得天独厚的历史遗存。同时环境也非常优美，自然村具有自身特色和传统手工艺门类，很好地诠释了生活美学。

武汉大学哲学学院美学专业硕士研究生耿明雅认为"真"源自道家思想，而在《庄子》一书中首次大量出现。其文章《浅论庄子"真"的含义与实现》，从整体观的视域下进一步考察了"真"在不同语境中的不同指称，即主要指事物的客观存在与人的精神境界。从"真"的结构上将《庄子》的"真"分为道真、物真、人真，就"真"自身而言又分为真知、真相、真言。庄子以"全性保真"为前提，通过逍遥"神游"修身养性，拒绝世俗与"去伪存真"的方式获得"真"的完满实现。

武汉大学哲学学院美学专业博士研究生任珈萱的报告《论慧能的"自性"——从体、相、用出发》从三个层面对"自性"进行了分析。自性作为自身而言，在"体"的层面上是空、无自性的；在"相"的层面上是"假有的"、有生有灭的;在"用"的层面上是"心不染境"、不落二边的。但在究竟意义上而言,它是非空非有、亦空亦有、空有不二的。为使被遮蔽的自性得以开显,慧能提出"无念"法门,在此"无"包含三层含义:否定之无、悖论之无、绝对之无。此"无"法门是顿悟法门,若人能在当下一瞬转念,即可见性成佛。

武汉大学哲学学院美学专业硕士研究生曾思懿认为"《庄子》美学"面临合法性争议的问题:一方面,徐复观通过考据与解释的方式,联系《庄子》中"心斋""物""游""道"等概念,证成了"庄子艺术精神是'道'在人生中的实现"这一命题。另一方面,徐复观通过迂回与进入的方式以西方美学思想阐释《庄子》,又以"庄子艺术精神"回应中国现代性的课题。虽然"庄子艺术精神"的证成为当代《庄子》美学研究提供了启发和范式,但徐复观思想中隐含的倾向性也使这一命题受到质疑。因此,由"语境"出发,曾思懿在《徐复观对"庄子艺术精神"的阐发——兼论〈庄子〉美学"的语境问题》一文中考察了《庄子》文本的创作意图、思想背景和读者接受,反思对《庄子》进行"美学阐释"的可能性。

武汉大学哲学学院美学专业硕士研究生曾诗蕾则在比较美学的视域下,由艺术作品、艺术世界、艺术家入手考察了当代美学定义艺术的几种路径,继而提出中国美学中的"艺术家本位"现象,并就"谁是艺术家"这一问题作出回答,认为艺术家就是通过提取物像生成作品,又通过文字赋予物像意义之人,最重要的是,这二者都必须被艺术家本人的生命所统摄。最后,文章联系当下热议的生活美学、生命美学以及实用主义美学,定位中国艺术家本位理论在国际学术语境中的位置,试图对中西美学作出更为深入的理解与考察。

今年年初新冠疫情暴发,引起了人们对公共环境安全的关注。为了让人获得更好的发展以及给子孙后代创造更好的空间,重新思考人与自然的互动性关系是非常有必要的。湖北商贸学院的李娜老师为此做了一场《后疫情时代对人与环境的反思——从绘画中看宋人对和谐环境的价值追求》的汇报,通过自身对宋代绘画和建筑的了解和研究,以小见大,指出宋代建筑中顺应地势、因势布局等设计理念是天人合一的哲学思想的一种显现,并进一步由此探讨了当下社会人与自然的关系。

来自武汉大学哲学学院美学专业的硕士研究生李奕,受 21 世纪初国内的一场学术大讨论"日常生活审美化"的启发,将"日常生活批判理论之父"——亨利·列斐伏尔一以贯之的革命理想观作为对象进行了研究。其论文《日常生活的希望在于节日》阐述了"消费受控制的科层制社会"下的日常生活遭受全面异化的困境,并进一步指出,"节日"是列斐伏尔用以改变日常生活悲剧性的瞬间狂欢，具有肯定生活和生命的本真意义，在现代社会中实现节日的复兴也是其文化革命主张中的一个重要环节。最后，李奕从审美和革命两个维度对此做出了评析。王海龙老师肯定了此篇论文的研究价值，对当下中国社会现状和日常生活哲学美学研究具有启发性的意义，同时也对论文的篇幅结构提出了指导性的建议。

武汉体育学院硕士研究生邱颖的报告《打破权力中心主义：赵梁舞剧东方灵欲"三部曲"的创作研究》运用视觉文化与视觉权力关系的相关理论，解读了"三部曲"的创作方式，并指出：编创者对于文本的解构，充分展现了角色身体脱离权力监禁之后的快适追求和生命情态；角色反串、无性别设定对舞蹈身体异化的抵制，道具的多义性功能对"权力的眼睛"的消解；看的主导地位被看与被看的辩证关系所取代，以及观演关系的重塑，对舞蹈艺术主体地位回归的重要价值。

立足于中国特色社会主义进入新时代的大背景，武汉大学哲学学院美学专业硕士研究生高会卓，以一篇《马克思主义美学中国化的理论维度与最新成果》的论文，结合彭富春教授近年提出的以马克思主义思想为指导，以中国传统"儒道禅"思想为内容的"共生"理论以及十九大报告中习近平总书记从诸多方面对马克思主义美学内涵所作出的阐发，探讨了当代中国的马克思主义美学如何实现中国化的问题。

武汉大学哲学学院美学专业硕士研究生邓义融，在阅读亚里士多德经典文本的基础之上，提出了一个鲜为学界论及的问题，即亚里士多德给实践活动提出的原则是中道，给理智活动提出的要求是逻各斯，他是否对同样作为实现活动的技艺给出了一个原则？在《论亚里士多德技艺的中道原则》一文中，邓义融结合《诗学》中的中道思想论证了"中道原则同样适用于技艺"这一观点，同时进一步指出：中道在形而上学层面上指向作为极因的善和美，把握这种本原意义上的善和美才能做到合乎中道。

来自武汉大学哲学学院美学专业的硕士研究生徐瑞宏的报告《苏珊·朗格"艺术幻象"内涵新探》对苏珊·朗格符号论美学体系中"艺术幻象"这一核心范畴的内涵作出了新的诠释。感受是"艺术幻象"的本体，"艺术幻象"是一种将人类感受转化为可见或可听的抽象形式；与生命机体结构存在同构关系的抽象形式本质上是一种生命形式，"艺术幻象"正是由生命形式呈现出自身，其呈现过程也是召唤生命存在本身从缺席到在场、从遮蔽到显示的过程；"艺术幻象"是艺术创造的新境界，因而构成了艺术的本质。

第二分会场最后一位作报告的是来自武汉大学艺术学院戏剧与影视学专业的硕士研究生张子钰，其论文《贾樟柯电影中的家园问题探究：真实感下的文化乡愁》从所处时代物质环境中的家园和精神情感需求层面的家园两个维度阐述了贾樟柯电影中的"家园"意识，并谈及家园背后所蕴含的乡愁情怀。李跃峰老师评论到，贾樟柯的电影非常有深度，所传达的主题和思想可以给予当下社会的观众以深刻的反思与启发，如同论文中所言，人们的观影过程其实也是寻求心灵上的寄托和归依的过程，贾樟柯的电影用真实感和痛楚感让人的精神世界得以舒张，犹如"家园"一般带给人们归属感，因此他鼓励同学对贾樟柯的电影理论展开研究。

在分组报告结束之后，所有与会学人回到第一会场进行大会总结。湖北美术学院肖世孟副教授与湖北省美学学会青年学术委员会副主任、武汉大学哲学学院副研究员欧阳霄分别向大会汇报了各自会场的发言与讨论情况。最后，湖北省美学学会青年学术委员会主任、武汉大学哲学学院副研究员贺念对首届青年论坛进行了总结发言，他首先简要回顾了湖北省美学学会辉煌的历史成就，并指明成立青年论坛的宗旨是"继往开来"。他将首届青年论坛的成果概括为如下四点：

一是积极嵌入，以美启真，关怀当下。学人们针对后疫情时代的到来，表达了美学学科面向生活问题的积极心态，彰显了美学和艺术工作者的社会责任心。

二是学科交叉，以艺通道，视野开阔。青年学人的报告结合中西哲学、美学、文学与艺术等学科对美学基本问题进行了独有见地的分析，契合了"新文科建设"的时代要求，也对年轻学人各自的学术研究有极大促进作用。

三是尊重生命，以美储善，活泼温润。所有的美学讨论话题，植根于美学始终是人学的根本宗旨，让人在平实的生活中，领悟生命之美的真意。

四是芙蓉初发，平台初建，未来可期。通过此次首届青年论坛的实验探索，鼓励年轻学者自由思考，深入研究，努力搭建了对话互动的学术新平台，让湖北美学在青年人的思想碰撞中开出更美的花朵。

（徐瑞宏、李奕、涂念祖、王方奇、贺念　武汉大学哲学学院）

图书在版编目(CIP)数据

美学与艺术研究. 第 11 辑/湖北省美学学会编.—武汉：武汉大学出版社,2023.2
ISBN 978-7-307-23498-7

Ⅰ.美…　Ⅱ.湖…　Ⅲ.①美学—文集　②艺术美学—文集
Ⅳ.①B83-53　②J01-53

中国版本图书馆 CIP 数据核字(2022)第 247392 号

责任编辑:胡国民　　　责任校对:李孟潇　　　版式设计:韩闻锦

出版发行:**武汉大学出版社**　（430072　武昌　珞珈山）
　　　　（电子邮箱：cbs22@whu.edu.cn　网址：www.wdp.com.cn）
印刷:湖北金海印务有限公司
开本:720×1000　1/16　印张:33.25　字数:595 千字　插页:2
版次:2023 年 2 月第 1 版　　2023 年 2 月第 1 次印刷
ISBN 978-7-307-23498-7　　定价:86.00 元